带你走进鼠辈家族

主编◎王子安

汕頭大學出版社

图书在版编目（C I P）数据

带你走进鼠辈家族 / 王子安主编. -- 汕头 : 汕头大学出版社, 2012.5(2024.1)
ISBN 978-7-5658-0784-8

Ⅰ. ①带… Ⅱ. ①王… Ⅲ, ①鼠科－普及读物 Ⅳ. ①Q959.837-49

中国版本图书馆CIP数据核字(2012)第096798号

带你走进鼠辈家族　　DAINI ZOUJIN SUBEI JIAZU

主　　编：王子安
责任编辑：胡开祥
责任技编：黄东生
封面设计：君阅书装
出版发行：汕头大学出版社
　　　　　广东省汕头市汕头大学内　邮编：515063
电　　话：0754-82904613
印　　刷：唐山楠萍印务有限公司
开　　本：710 mm×1000 mm　1/16
印　　张：12
字　　数：71千字
版　　次：2012年5月第1版
印　　次：2024年1月第2次印刷
定　　价：55.00元
ISBN 978-7-5658-0784-8

前　言

这是一部揭示奥秘、展现多彩世界的知识书籍，是一部面向广大青少年的科普读物。这里有几十亿年的生物奇观，有浩淼无垠的太空探索，有引人遐想的史前文明，有绚烂至极的鲜花王国，有动人心魄的考古发现，有令人难解的海底宝藏，有金戈铁马的兵家猎秘，有绚丽多彩的文化奇观，有源远流长的中医百科，有侏罗纪时代的霸者演变，有神秘莫测的天外来客，有千姿百态的动植物猎手，有关乎人生的健康秘籍等，涉足多个领域，勾勒出了趣味横生的“趣味百科”。当人类漫步在既充满生机活力又诡谲神秘的地球时，面对浩瀚的奇观，无穷的变化，惨烈的动荡，或惊诧，或敬畏，或高歌，或搏击，或求索……无数的探寻、奋斗、征战，带来了无数的胜利和失败。生与死，血与火，悲与欢的洗礼，启迪着人类的成长，壮美着人生的绚丽，更使人类艰难执着地走上了无穷无尽的生存、发展、探索之路。仰头苍天的无垠宇宙之谜，俯首脚下的神奇地球之谜，伴随周围的密集生物之谜，令年轻的人类迷茫、感叹、崇拜、思索，力图走出无为，揭示本原，找出那奥秘的钥匙，打开那万象之谜。

鼠是哺乳动物的一科，繁殖迅速，种类甚多，有的能传播鼠疫等病原，并危害农林草原，盗食粮食，破坏贮藏物、建筑物等。鼠虽然口碑不佳，相貌也不讨人喜欢，还落得个“老鼠过街，人人喊打”的千古骂名，但从社会、民俗和文化学的角度来看，它早已脱胎换骨，由一个无恶不作的“害人精”，演化出来一个具有无比灵性，聪慧神秘的“小生灵”。

《带你走进鼠辈家族》一书讲述的是跟鼠类动物有关的内容，共分为四章。分别从鼠类动物的类别、生活习性、繁殖特点、常见的鼠类动物、与鼠有关的习俗和典故、鼠俗语、鼠成语、鼠与人类的关系等方面对鼠类动物进行了详细的介绍，语言通俗易懂，文字简练生动，具有很强的趣味性和故事性。相信青少年读者阅读此书后，一定会对鼠类动物有一个全方位的了解。

此外，本书为了迎合广大青少年读者的阅读兴趣，还配有相应的图文解说与介绍，再加上简约、独具一格的版式设计，以及多元素色彩的内容编排，使本书的内容更加生动化、更有吸引力，使本来生趣盎然的知识内容变得更加新鲜亮丽，从而提高了读者在阅读时的感官效果。

由于时间仓促，水平有限，错误和疏漏之处在所难免，敬请读者提出宝贵意见。

2012年5月

目录

第一章 话说鼠类动物

第二章 常见的鼠类动物

第三章　趣说鼠文化

第四章　趣谈鼠之窗

第一章

话说鼠类动物

鼠，俗称“耗子”，是哺乳动物的一科，门齿终生持续生长，常借啮物以磨短，繁殖迅速，种类甚多，有的能传播鼠疫等病原，并危害农林草原，盗食粮食，破坏贮藏物、建筑物等。

鼠虽然口碑不佳，相貌也不讨人喜欢，还落得个“老鼠过街，人人喊打”的千古骂名，但从社会、民俗和文化学的角度来看，它早已脱胎换骨，由一个无恶不作的“害人精”，演化成为一个具有无比灵性、聪慧神秘的“小生灵”。早在几千年前，我国民间就流传着所谓“四大家”“五大门”的动物原始崇拜，即是对狐狸、黄鼠狼、刺猬、老鼠、蛇的敬畏心理的反映。人们普遍认为，这些动物具有非凡的灵性，代表着上天和鬼神的意志。由此可见，鼠确实与人类的生活有着千丝万缕的联系。本章主要从鼠科动物概述，鼠科的主要类别，鼠类动物的生活习性、繁殖特点，我国常见的鼠类，以及我国应对鼠害的防治措施来简单介绍一下鼠类动物。

鼠科动物概述

鼠科有500余种，是哺乳动物的第二大科，其成员非常多样化，可以分成几个亚科，其中多数成员属于鼠亚科。鼠科中鼠属的黑家鼠、褐家鼠和小鼠属的小家鼠是最成功最常见的哺乳动物，一般视为害兽，也被培养出白化品种供医药试验用。除了人为扩散的种类外，鼠科的自然分布只限于旧大陆，其中有不少种类分布局限，也有一些种类濒于灭绝或者已经灭绝。

鼠科有两个分布中心，一个分

布中心是亚洲南部到大洋洲一带，其中以南洋群岛属种最为丰富；另一个分布中心是非洲，其种类少于上一地区。这两个地区分别拥有各自的属种，只有小鼠属等极少数为两个地区所共有。除了随着人类传播的几种家鼠以外，鼠科只有姬鼠属和巢鼠属两个属种可见于欧洲和亚洲北部，拟家鼠等少数种类则分布于亚洲其它地区以外，鼠科的其他种类均局限于这两个地区，其中巢鼠属仅巢鼠一种，分布于欧亚大陆广大地区，体小轻盈，是体型最小的啮齿类之一，尾部具缠绕性，可以在禾草上攀爬，又称旧大陆禾鼠，与新大陆仓鼠类真正的禾鼠相对应。

鼠科成员能适应不同的生存环境，形态和习性也比较多样化。典型的鼠科成员形态和习性与家鼠类似，但有些也有较大区别，如澳洲的澳洲水鼠体型较大，体重可达1000克，半水栖性，以鱼和其他水生动物为食；澳洲的窜鼠为双足跳跃行动，主要生活于荒漠地带，类似美洲的更格卢鼠；非洲的刺鼠、

琉球群岛的琉球刺鼠和从睡鼠亚科移入的刺睡鼠（刺毛鼠）等身上的毛成为了有保护作用的棘刺；还有不少种类适应树栖生活。鼠科中光是鼠属一个属内就有水栖、树栖以及有刺成员等多种不同的成员。鼠属是啮齿类最大的一个属，也是最混乱的一个属，有人认为超过180种，是哺乳动物的最大一属，也有人将一些成员合并或移出，只剩下分布基本限于东南亚和大洋洲的大约80种，种类少于食虫目麝鼩属，但即使这样，鼠属仍然是啮齿目的最大一属。

【知识百花园】

“耗子”说法的由来

五代时（公元907—960年）战争频繁，统治者变本加厉搜刮百姓，他们给苛捐杂税立了许多稀奇古怪的名目。据《旧五代史·食货志》记载，赋税除正项之外，还有许多附加税，如农家吃盐要上盐税，酿酒要交酗税，养蚕要上蚕税。不仅如此，附加税之外还有附加，名为“雀鼠耗”。官府规定：每缴粮食一石，加损耗两斗。连丝、棉、绸、线、麻、皮这些雀鼠根本不吃的东西，也要加“雀鼠耗”，每缴银十两加耗半两。到后汉隐帝时，“雀鼠耗”由纳粮一石加耗两斗，增到四斗，百姓更是苦不堪言，但又不敢公开抱怨皇帝，便将一肚子怨气发泄到老鼠身上，咒骂老鼠是“耗子”。这一说法，便流传至今。

鼠科的主要类别

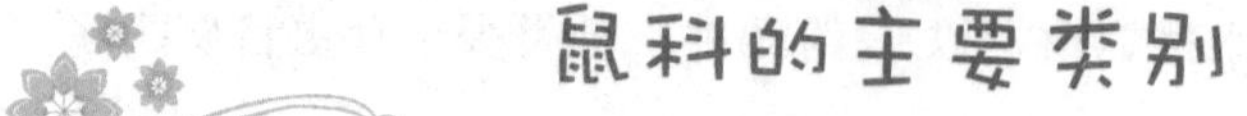

*仓鼠科

仓鼠科是哺乳动物的最大一科，现存种类超过600种，化石种类也不少，可以分成几个不同的亚科和族，而这些亚科和族的划分争议也比较大。仓鼠科以新大陆种类最多，其中南美洲所有的鼠型亚目成员均属此类，其次是欧亚大陆北部的主要鼠类，在非洲大陆和马达加斯加也有分布，并且是马达加斯加仅有的啮齿类，而在鼠科的分布中心亚洲东南部和大洋洲却没有分布。

*沙鼠科

沙鼠科因主要分布于荒漠地带而得名。沙鼠主要分布于非洲，在亚洲内陆地区和欧洲也能见到，其中有几种见于我国北方特别是西北

地区。沙鼠非常适应干旱地区的生活，一生中几乎不用喝水，有锋利的爪，可挖掘复杂的洞穴，并在洞穴中储藏大量食物。沙鼠中有些种类后肢比较长，将身体远离滚烫的沙地，适合跳跃行走，尾较长，用于平衡。沙鼠是沙漠肉食动物的重要食物来源。

*瞎鼠科

瞎鼠科又称鼹型鼠科，是高度适应地下穴居的啮齿类，比其他的穴居啮齿类更加特化，眼睛已经完全退化，没有外耳，尾巴也消失。瞎鼠有很大的头和发达的门齿，更多的是使用头和门齿而不是用前肢来挖洞。瞎鼠主要食用植物，偶尔也食用昆虫等其他食物。瞎鼠分布于里海、中近东、北非和东南欧地区。

*竹鼠科

竹鼠科包括亚洲的竹鼠、小竹鼠和非洲的速掘鼠，是适应地下穴居的啮齿类。竹鼠主要分布于我国南方，向南可到达马来西亚和苏门答腊，常生活于竹林中，喜食竹子的地下茎和竹笋，体型肥大，体重可达600～800克。小竹鼠体型较小，分布于从缅甸、泰国到尼泊尔、不丹一带，并出现于中缅边境地区。速掘鼠又称非洲竹鼠，分布于东非，对地下生活的适应高于竹鼠，但是不及瞎鼠，有外耳和有视力的眼睛，尾巴也相对较长。

*睡鼠科

睡鼠科分为分布于欧亚大陆的

*睡鼠总科

睡鼠总科因夜行性，分布于温带的种类有冬眠习性且冬眠时间很长而得名，但是睡鼠总科的成员也有一些分布于非洲，在那里并不需要冬眠。对于睡鼠总科的分类有不同的意见，传统上分为睡鼠科、刺睡鼠科和荒漠睡鼠科，也有人将后两科均置于睡鼠科中，现在则一般将分布于南亚和睡鼠亚科和分布于非洲的笔尾睡鼠亚科。其成员有蓬松多毛的尾巴，外形酷似肥胖的松鼠，体型多比较小，树栖性，食植物，偶尔吃动物性食物。温带地区的睡鼠夏天在树上筑巢，冬天主要在贴近地面的树洞中冬眠，也利用穴兔遗弃的洞穴，冬眠前将身体吃得很胖。睡鼠科基本上是夜行性动物，但是生活在比较阴暗的热带雨林中的笔尾睡鼠白天也出来活动。

我国华南的刺睡鼠科置于鼠科中。

*荒漠睡鼠科

荒漠睡鼠科仅荒漠睡鼠一种，分布于哈萨克斯坦东南部的荒漠地区。荒漠睡鼠的外形和习性均和睡鼠不同，尾部的毛短，用后肢跳跃，主要食昆虫，也食植物，在沙漠上挖洞居住，并在洞中储存食物。

*跳鼠科

跳鼠科是适应荒漠生活的啮齿类，因后肢长而用双足跳跃方式行动而得名。与其它类似的跳跃行动的啮齿类相比，跳鼠的后肢和尾更

长，后肢长甚至超过前肢的4倍，尾端毛长形成尾穗，有些种类还有较大的耳，通常眼睛也较大。跳鼠科主要分布于亚洲中部和西部的干旱地区，也见于非洲北部。我国有数种跳鼠，其中长耳跳鼠基本上是我国特产，分布于我国西北地区，国外仅见于蒙古的外阿尔泰。长耳跳鼠形态比较特殊，可独自构成一亚科。与其他跳鼠相比，长耳跳鼠吻尖、眼小而耳朵极长，几乎有头体长的一半，是耳朵比例最大的动物。

*跳鼠总科

跳鼠总科为善于跳跃的小型啮齿类，后肢长于前肢，尾细长。跳鼠总科分布于欧亚大陆、北美洲和非洲北部，可以分成林跳鼠科和跳鼠科。跳鼠总科包括一些体型最小的啮齿类，其中分布于巴基斯坦的小号角跳鼠头体长不到5厘米，是最小的啮齿目成员，林跳鼠体长多不到10厘米。跳鼠总科成员有冬眠习性，其中有些种类冬眠时间很长。

* 林跳鼠科

林跳鼠科是分布于北方大陆的一个小科，其中北美洲和欧亚大陆各有2属。林跳鼠科成员的后肢虽然长于前肢，但是远不及跳鼠科的后肢长，有些种类后肢仅略比前肢长，耳朵比跳鼠短而圆，外形略似典型的鼠类，尾巴长但尾端无跳鼠那样的尾穗。林跳鼠科成员生活于森林、沼泽和开阔地带，食果实、种子和昆虫，其食物构成因种类而异。在我国，四川林跳鼠不仅是特有的种，也是特有的属，分布于我国西部自甘肃到云南之间，数量非常稀少。

*仓鼠亚科

仓鼠亚科与西方鼠亚科可能有较近的亲缘关系，有人将西方鼠亚科并入仓鼠亚科。仓鼠主要分布于亚洲，少数分布于欧洲，其中不少种比较适应干旱地区的生活，另有一种白尾匙鼠分布于非洲，也有人将白尾匙鼠归入马岛鼠亚科。典型的仓鼠亚科成员体型肥胖，尾短，比较可爱，其中原分布于中近东地区的金仓鼠被广泛作为宠物来饲养，被称为“金丝熊”。

*鼢鼠亚科

鼢鼠亚科是适应地下生活的啮齿类，尾短，眼睛很小，视力差，外耳退化，仅是小的皮褶。鼢鼠主要分布于我国，也见于蒙古和西伯利亚，栖息于森林边远、草原和农田，白天居住在地洞中，晚上偶尔会到地面活动，以植物的根、茎、种子为食，在洞穴中储存大量食物。鼢鼠挖洞速度极快，洞穴系统复杂，分支多，平时地面没有明显出口，但附近有不规则的土堆。

*冠鼠亚科

冠鼠亚科仅包括分布于非洲东北部的冠鼠。冠鼠身上的毛较长，有时会竖起形成冠状，冠鼠尾部的毛也较长，看起来尾巴比别的仓鼠类更粗。冠鼠体型粗壮，颇似豚鼠，体重可达2.5千克，是鼠型亚目中体型最大的成员。冠鼠白天躲在洞穴中，晚上爬到树上觅食，虽然身体看似笨重，爬树技术却很高超。

*田鼠亚科

田鼠亚科又称亚科，是仓鼠科的第二大亚科。主要分布于欧亚大陆和北美洲，最北可进入北极圈，最南到达东南亚和南亚的北部和危地马拉。田鼠亚科是欧亚大陆和北美洲北部最主要的啮齿目，并在那一地区的食物链中起到重要的作用。田鼠亚科适应比较多样的生存环境，有些种类适应草原和农田的生活，有些种类适应森林生活，有些种类栖息于高山上，有些种类栖息于北极苔原地带，有些种类为穴居性，还有些种类为半水栖，多数食植物性食物，少数食动物性食物。田鼠亚科中的不少成员为群居性，其中有些种类的旅鼠在数量过多时还有成群迁徙的习惯。旅鼠数量的多少对北极地区的肉食性动物有很大影响。

*马岛鼠亚科

马岛鼠亚科因分布于马达加斯加岛而得名，是岛上仅有的啮齿类，共有十多种。马岛鼠种类虽然不多，但是非常多样，有树栖也有陆栖，还有跳跃行走的成员，其食性也从植物到昆虫均有。有人认为岛上这些不同的鼠类不是单一起源，可以将马岛鼠亚科取消而将其成员分别置于其他类群。

*西方鼠亚科

西方鼠亚科主要分布于中南美洲，少数分布于北美洲，是南美洲仅有的鼠型亚目成员，由于缺少其他啮齿类的竞争，发展成了种类繁多、生活习性非常多样的一个类群，约有350种，超过了仓鼠科的半数。西方鼠亚科的多数成员外形和习性类似旧大陆的鼠科的典型成员，占据着鼠科在旧大陆的位置，但是也包括食昆虫和小型动物的成员、食鱼和食水生无脊椎动物的半水栖成员、穴居的成员和树栖的成员，它们占据着各种不同的生存环境。

鼠类动物的生活习性

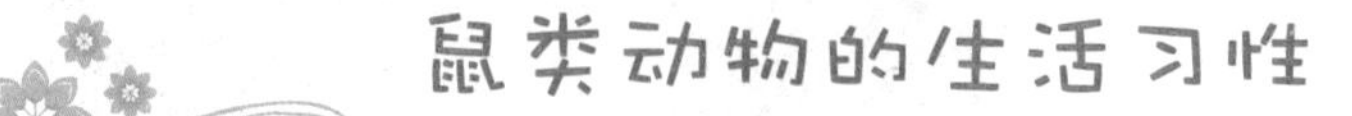

鼠通常在夜间活动，白天休息。家栖鼠多栖息在厨房、杂物堆、牲畜圈、饲养房、仓库、下水道、电线电缆沟；野栖鼠大多栖息在农田及丛林之处。鼠的生活习性主要表现在以下几方面：

（1）繁殖力。鼠的个体小，性成熟早，怀孕期短，产仔数多。大多数鼠类每年产仔数次，每次可产仔4～8只。母鼠受孕不到3个月，即可产仔，仔鼠2～3个月成熟，即可繁殖后代。鼠的寿命一般

为一年左右，由于较强的繁殖能力，通常灭鼠达标后半年内，又会恢复到达标前的鼠密度。

（2）行走。老鼠是昼伏夜出的动物，主要是避开人类的干扰，多在夜间活动，活动时靠墙根或固定物边行走，形成鼠路。褐家鼠多在100～150米范围内活动；小家鼠活动范围较小，多在栖息地30～50米内觅食、活动。

（3）攀登和跳跃。三种家鼠均能攀登,其中黄胸鼠更善攀登，褐家鼠能垂直跳高60厘米，小家鼠也能跳高30厘米。

（4）游水。三种家鼠均能游水，褐家鼠水性最好，能在水面浮游60～72小时，潜水30秒钟。

（5）栖息。褐家鼠有趋湿性，主栖地下层，善打洞栖居；黄胸鼠和小家鼠喜干燥，黄胸鼠主栖高层，小家鼠多靠近食源处栖居，栖居条件简单，常在抽屉、报纸堆、旧鞋、絮窝栖居。

（6）打洞。鼠善于打洞，褐家鼠在松软的土壤可打洞长达3

米，深度可达0.5米。咬噬，家鼠有一对非常坚硬锐利的门牙，因此家栖鼠喜欢咬建筑材料、衣服、书籍，以达磨牙的目的。

（7）迁移。栖息场所是鼠类生存的基本条件，如原栖息地受到干扰破坏，或食源缺乏，鼠类发生疫病等原因，老鼠便会迁移。故灭鼠前不应改变鼠类栖息、活动环境，以免影响灭鼠效果。

（8）探索行为。老鼠的好奇心很重，它们会经常不断探索周围环境的物体、食源、地形、躲藏场所，以不断适应生存繁衍的环境。

（9）摄食行为。老鼠在观察环境时，同时也会尝试环境中的食物，开始先取食少量，随后逐渐增加，以此来提防因摄食不当引起中毒死亡。这种行为，也就造成了使用急性灭鼠毒饵后鼠拒食的原因。

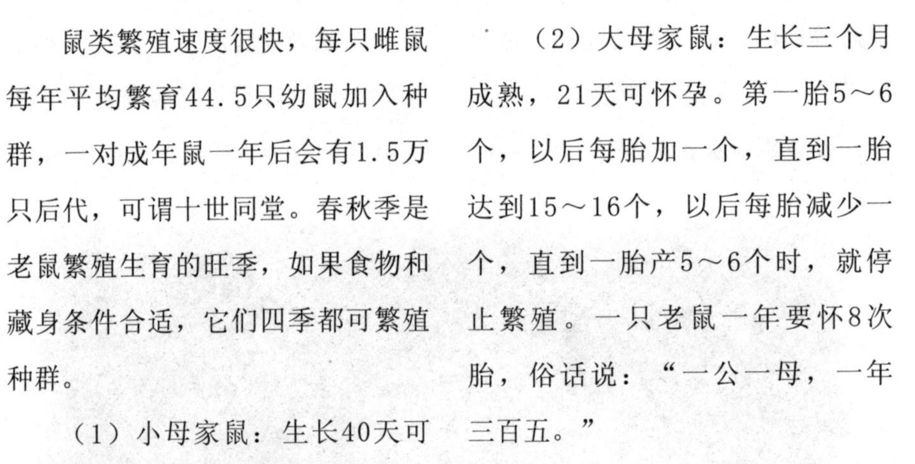

鼠类动物的繁殖特点

鼠类繁殖速度很快，每只雌鼠每年平均繁育44.5只幼鼠加入种群，一对成年鼠一年后会有1.5万只后代，可谓十世同堂。春秋季是老鼠繁殖生育的旺季，如果食物和藏身条件合适，它们四季都可繁殖种群。

（1）小母家鼠：生长40天可受孕。

（2）大母家鼠：生长三个月成熟，21天可怀孕。第一胎5～6个，以后每胎加一个，直到一胎达到15～16个，以后每胎减少一个，直到一胎产5～6个时，就停止繁殖。一只老鼠一年要怀8次胎，俗话说："一公一母，一年三百五。"

（3）小老鼠：小鼠成熟早，繁殖力强，寿命1～3年。新生仔鼠周身无毛，通体肉红，两眼不睁，两耳粘贴在皮肤上。12天睁眼，一周开始爬行。

我国应对鼠害的防治措施

我国是褐家鼠等鼠类的“美好家园”，尤其是江淮及华南地区、西南地区、华北北部山区以及东北农牧接壤的地带，鼠害一年比一年严重。鼠类就像一支扑不灭的“地下游击队”，行动极为猖狂。每只老鼠一年要吃3000克食物，除了人类可以吃的食物外，还包括塑料、电线、木头、肥皂等人类使用的物品，都可以成为它们的“美味佳肴”。最令人愤慨的是，老鼠大规模侵袭农田，有时一夜之间就会把

这些农作物需要1400万亩左右良田，约占我国可耕地面积的1%左右。也就是说，在我国栖息的数十亿只老鼠每年导致1400万亩粮田颗粒无收。

因此，人们提起褐家鼠等各种老鼠，无不深恶

田野中的玉米、稻米等农作物一扫而光。我国每年因鼠害造成的损失极为惨重：粮食30～40亿千克，棉花20～30万担，甘蔗10万吨以上。而生产

痛绝。

褐家鼠已经成功地适应了人类居住环境，是一种伴人动物。由于人类的活动，解决了对它们来说很难跨越的地理隔离，为它们的扩散创造了条件。例如，新疆原本没有褐家鼠，西北的干旱区隔离了褐家鼠。但是20世纪，自从兰新

铁路通车以后，褐家鼠开始在中国内陆干旱区扩散。1975年，在往返于北京-乌鲁木齐的列车上首次发现褐家鼠。褐家鼠随着铁路向新疆扩散，1979年8月在吐鲁番发现了褐家鼠，4年后在乌鲁木齐火车西站发现了褐家鼠。1988年前后，褐家鼠开始向乌鲁木齐市区与郊区扩散，并沿铁路向南扩散到库尔勒，沿公路扩散到吐鲁番市。现在，褐家鼠正沿着沙区公路向南疆扩散。褐家鼠这种伴人动物随着人类活动而不断侵入人类新的生活环境。

科学发展到今天，人们深刻地认识到，灭鼠即是“消灭老鼠”的概念是十分不准确的，我国现有鼠类180多种，有害的只有褐家鼠等10余种，并且只有在形成一定密度之后才能造成危害，只要将其种群控制在一定的密度之下，便不会形成危害。要“斩尽杀绝”所有的鼠类是不可能的，也是不应该的。因为大多数鼠类都是其天敌的主要食物，如果灭尽就会破坏生态平衡。所以，“灭鼠”的任务实际上应该是指有效地控制鼠害，想方设法地

消灭鼠类中的过剩部分，使鼠害不再影响人类的正常生活。如果不以科学指导而去盲目灭杀，在巨大的投入之后只能是劳而无功。就药物灭鼠而言，毒饵的配制、投放的时间、地点、范围都要有较强的科学性。

黄鼬、鹰、猫头鹰、蛇类等鼠类天敌的存在，一定程度上减少了鼠类对农作物和人类的危害，对防止鼠害大暴发、防止疾病的传播、维持生态系统中的物质循环和生态平衡等方面都起到了重要的作用，称得上是人类的益友。它们中大多是稀有的物种，有的虽然尚未成为濒危物种，但由于砍伐森林和环境污染，其数量也在不断减少，所以人类应该更多地关心它们的处境，努力改善它们的生存状况。

第二章

常见的鼠类动物

从动物学的角度看，鼠可分广义的鼠和狭义的鼠。广义的鼠是指所有啮齿动物，它广布于全世界，适应多种多样的生活方式，有地栖的、树栖的、半水栖和地下生活的，有善于跳跃的、奔跑的、攀援的、滑翔的、游泳的、挖掘的。尽管如此，但其基本特征是一致的，就是都具有二上二下四个齿形门齿，无犬齿。齿髓腔不封闭，故门齿能一直生长。为抑制门齿生长，鼠就要经常啃咬硬物，结果给人类造成极大危害。狭义的鼠包括仓鼠科和鼠科，各有100多个属，它们的共同特征是体型小，被毛鼠灰色，吻光，眼小，尾裸而具鳞片。在我国，最常见的鼠有褐家鼠、黑家鼠、黄胸鼠、小家鼠四类。在这一章，我们就来给大家介绍一下常见的几种鼠类动物。

沙　鼠

沙鼠是一个包含共15属约110个物种的亚科，广泛分布于非洲、印度以及亚洲其他地区和欧洲的荒漠、草原、山麓荒漠、戈壁和沙漠。有的种类也侵入到开垦后的农田地区。15属包括：小沙鼠属、索马里侏儒沙鼠、沙鼠属、大沙鼠、肥沙鼠属、蓬尾沙鼠、普氏沙鼠、兜沙鼠、肥尾沙鼠、大裸蹠沙鼠属、小裸蹠沙鼠属、短耳沙鼠、南非小沙鼠属、鳞掌沙鼠属等。中国有3属7种，短耳沙鼠是中国特有种，分布于新疆维吾尔自治区南部、内蒙古自治区西部和甘肃省西部。沙鼠因栖息于干旱的荒漠地区而得名。体型小，体长7～20厘米；头圆、眼大，耳壳较短；毛呈沙黄色；听泡发达、听觉灵敏；后肢长

为前肢的1～2倍，适于跳跃；尾较长，一般等于或略大于体长，跳跃时起保持身体平衡的作用。

（1）长爪沙鼠。长爪沙鼠亦称长爪沙土鼠、蒙古沙鼠或黑爪蒙古沙土鼠（内蒙一带）、黄耗子（河北坝上地区）、砂耗子等。在动物分类学上属于哺乳钢，啮齿目，仓鼠科，沙鼠亚科，沙鼠属。长爪沙鼠体长10～13厘米，尾长9～10厘米，背毛棕灰色，腹毛灰白色，耳明显，耳壳前缘有灰白色长毛，内侧顶端有少而短的毛，其系部分裸露。尾上被以密毛，尾端毛较长，形成毛束。爪较长，趾端有弯锥形强爪，适于掘洞，后肢跖的和掌被以细毛，眼大而圆。寿命2～3年，通常5～6个月配种，性周期4～6天，妊娠期24～26天，哺乳期21天。成年雌鼠体重60～75克，雄性70～80克。分布在内蒙古自治区及其毗邻的省区，包括河北省北部、山西、陕西、甘当、宁夏、青海等地的草原地带。蒙古人民共和国和苏联布里亚特地区也有分布。

（2）子午沙鼠。子午沙鼠属啮齿目仓鼠科。别名黄耗子、中午沙鼠、午时沙土鼠。体长100～150毫米，尾长近于体长，耳壳明显突出毛外，向前折可达眼部。体背毛浅棕黄色至沙黄色，基部暗灰色，中段沙黄色，毛尖黑色。腹毛纯白色，尾毛棕黄色或棕色，有的尾下面稍淡或杂生白毛，尾端具毛束。爪基部浅褐色，尖部白色。听孢发达，上门齿前面有一条纵沟。

子午沙鼠主要分布在内蒙古中部、河北张家口向西、陕西、甘肃、宁夏、山西、青海、新疆等省区。部分子午沙鼠的洞穴筑在比海平面还低154米的艾丁湖，是住的最低的陆栖动物。主要食物为蔬菜、杂草和牧草、粮食等作物。主要为害植物种子及其营养体，秋季盗贮粮食，在黄土高原，其洞穴可加速水土流失。

子午沙鼠主要栖息于荒漠或半荒漠地区，有时也见于非地带性的沙地和农区。在内蒙古，子午沙鼠的典型生活环境为灌木和半灌木丛生的沙丘和沙地。子午沙鼠的洞系可分为越冬洞、夏季洞和复杂洞。洞口直径3～6厘米，1～3个洞口，有时4～5个，多开口于灌丛和草根下，洞道弯曲多分支，总长度2～3米，深度多为30～40厘米，有的分支在接近地表处形成盲端，以备应急之用。越冬洞洞道深，窝巢深达2米以下。雌鼠在妊娠和哺乳期间出入洞口之后，常将洞口堵塞。子午沙鼠不冬眠，喜在夜间活动，活动高峰为子夜0时。食性杂。在内蒙古，子午沙鼠4月份开始繁殖，繁殖期长，可达7个多月，每年繁殖2～3次，妊娠率低，6月下旬的妊娠率为33.3%，且逐月下降。每胎产仔2～11只，多为4～6只。子午沙鼠从春季到秋季约增长10倍，其死亡率为90%左右，自然界中活到一年的不到1%。

【知识百花园】

子午鼠防治方法

子午沙鼠喜食种子，且爱寻找撒在地上的种子，因此用毒饵法灭鼠效果最好。在人口稀少的荒漠地带，也可用飞机撒播，高标50米，间隔70米，沿两边撒2条，灭鼠效果较好。

（1）农田建设要考虑到防治鼠害，如深翻土地，破坏其洞系及识别方向位置的标志，能增加其天敌捕食的机会。

（2）清除田园杂草，恶化其隐蔽条件，可减轻鼠害。

（3）作物采收时要快并妥善储藏，断绝或减少鼠类食源。

（4）保护并利用天敌。

（5）人工捕杀。在黑线姬鼠数量高峰期或冬闲季节，可发动群众采取夹捕、封洞、陷阱、水灌、鼓风、剖挖或枪击等措施进行捕杀。有条件的地区也可用电猫灭鼠。

（6）毒饵法。用0.1％敌鼠钠盐毒饵、0.02％氯敌鼠钠盐毒饵、0.01％氯鼠酮毒饵、0.05％溴敌隆毒饵、0.03％～0.05％杀鼠脒毒饵，以小麦、莜麦、大米或玉米(小颗粒)作诱饵，采取封锁带式投饵技术和一次性饱和投饵技术，防效较好。也可使用1.5%甘氟小麦毒饵，半年内不能再用，宜与慢放毒饵交替使用，且该毒饵使用前要投放前饵，直到害鼠无戒备心再投放毒饵。

（7）烟雾炮法。将硝酸钠或硝酸铵溶于适量热水中，再把硝酸钠40%与干牲口粪60%或硝酸铵50%与锯末50%混合拌匀，晒干后装筒，筒内不宜太满太实，秋季选择晴天将炮筒一端蘸煤油、柴油或汽油，点燃待放出大烟雾时立即投入鼠洞内，入洞深达15～17米处，洞口堵实，510分钟后害鼠即可被毒杀。

（8）熏蒸法。在鼠洞内，把注有3～5毫升氯化苦的棉花团或草团塞入，洞口盖土；也可用磷化铝，每洞2～3片。

（9）拌种法。播种时用甲基异柳磷拌种。

（3）肥尾沙鼠。肥尾沙鼠是沙鼠中的一个物种，也是肥尾沙鼠属下的唯一物种。科学分类为：动物界，脊索动物门，哺乳纲，啮齿目，鼠科，沙鼠亚科，肥尾沙鼠属。别名通心粉鼠、胖尾巴沙鼠。分布在撒哈拉沙漠北部、胎生、以昆虫、蔬菜为食。身长10～13厘米，尾长5厘米，肥尾沙鼠有着粗而浓密的毛皮，看起来有些像仓鼠。唯一和仓鼠不同的就是它有着尖尖的鼻子，和一个肥胖得像球棒一样的尾巴。肥尾沙鼠会把食物和水份储存在尾巴里，就像骆驼把食物和水份存储在驼峰上一样，因此，一只健康的北非肥尾沙鼠应该有饱满的尾巴。肥尾沙鼠习惯生活在高温和比较干燥的环境，夜行性，晚上觅食，很爱干净，每天会用很多时间洗脸刷毛，很少排尿，尿液也没有刺鼻的味道。北非肥尾沙鼠非常可爱，它们不但外表像仓鼠，连行为也很像仓鼠。北非肥尾沙鼠不

像蒙古沙鼠那样有着强烈的好奇心。把它们放在手掌心上，它们只是坐在那里，对它们新的环境一点也没有兴趣，也不会试图逃跑。肥尾沙鼠怀孕的机率小、繁殖少、养殖困难。一只怀孕或哺乳中的母鼠，很可能杀了它的伴侣。当它们打架时，会发出大声的尖叫，而且咬对方的尾巴，通常它们的尾巴几乎都有永久的咬痕。建议初次饲养者养一对同性的肥尾沙鼠，这样应该会比一对异性的好养。当然，北非肥尾沙鼠也可以单独饲养。

（4）蓬尾沙鼠。蓬尾沙鼠又称丛尾沙鼠，是鼠科中的一个物种，也是蓬尾沙鼠属下的唯一物种。可发现于埃及、以色列、约旦、沙特阿拉伯以及苏丹。科学分类为:动物界，脊索动物门，哺乳纲，啮齿目，鼠科沙鼠，亚科沙鼠族，大沙鼠亚族，蓬尾沙鼠属，蓬尾沙鼠种。蓬尾沙鼠一般生活在开旷的荒漠地区，依靠复杂的洞系、灵敏的听觉和迅速跳跃来逃避敌害。有的白天活动，有的夜间活动。不冬眠。主要以植物为食。一生中很少喝水或完全不喝水，仅靠摄取食物中的水分来满足

需要。沙鼠具发达的爪,善于挖掘复杂的洞系。尤以大沙鼠最突出,每1个大沙鼠的洞系有洞口几十个到上百个，内有窝、“仓库”“厕所”，洞道相互交错，分为2～3层。在这种复杂的洞系中，有相对稳定的小气候。

沙鼠都是群居生活，这有助于它们发现天敌时互相报警，以逃避敌害。在灌木丛生的沙丘周围，鼠洞群就仿佛一个个暗堡，每个洞口都堆着一堆从洞中掏出的沙土，一个洞群有鼠洞8到9个，多的达二三十个。沙鼠的怀孕期，时间大概是24天。一只母沙鼠一生中大概生7胎，平均每胎5只到12只最多。（如果因为粮食不足，生活空间狭小，或其他因素生产过的母沙鼠可能会吃掉幼鼠。如果粮食充足，空间够大，就不会有这样的问题了，下一胎幼鼠也可以安然地成长）。刚出生的沙鼠，约1寸大小，没有毛且眼睛看不见。母沙鼠舔净它、抚育它，坐在它身上帮它保暖，大

部分的父沙鼠都是尽责顾家的。如果这一胎有很多只幼鼠，父沙鼠会把它们平分成两堆，不会偏心地对待它们。几天之后，毛色会渐渐明显。两星期之后，牙齿及毛发会完全长齐，它们可以爬动，虽然眼睛还没张开。3星期后，眼睛可以张开，这时就是断奶之时。12星期后，体重达56.7克，4个月后，就可以达到理想体重85～113.4克。寿命约2年。

沙鼠因贮存食物和挖掘复杂洞系而给农牧业带来严重危害。如在新疆的沙漠中，一个大沙鼠洞系中贮存牧草达40千克；内蒙古的一个长爪沙鼠洞系中挖出存粮达32.5千克。沙鼠还是许多疾病的传播者。长爪沙鼠和小亚细亚沙鼠对许多疾病有高度的敏感性，且易饲养和繁殖，已被作为实验动物。

沙鼠一个非常重要的解剖特征是脑底动脉环后交通枝缺损，如单侧颈动脉结扎常发生脑梗塞。因此沙鼠是研究人类脑血管意外的理想模型。

【知识百花园】

如何养殖沙鼠

（1）沙鼠体内有特殊的水分调节系统，使自己能排出浓缩的尿液与粪便，以节省水分，适应沙漠严酷的环境。由于粪尿量少，饲养沙鼠的环境便不容易发臭，这对饲养者而言是有利的。但这并不代表他们不需要喝水，事实上，虽然他们喝的水不多，但饲养者依旧要提供他们足够干净的饮水以便它们自由取用。

（2）沙鼠需要较为干燥的环境，且为群居的动物,它们非常需要同伴互相理毛玩耍。沙鼠有极强的领域性，他们以小家庭为单位，在自己的窝附近构筑领域。若有陌生鼠侵入，他们会毫不留情的把它赶走。所以若要介绍新成员给成年的沙鼠，必须要花费一番功夫慢慢来才行。比如将原来的饲养箱用铁网隔成两半，让他们彼此看得到，但是无法攻击对方，接着每隔两个小时将它们换边，适应对方的味道。这个动作持

续两天之后，再慢慢把隔间移除，观察几个小时看他们是否会打架。如果还是会，就必须再放入隔网，进行重复换边的动作。

（3）沙鼠的母性强，公沙鼠也会帮忙照顾小孩，且为一夫一妻制。所以在沙鼠分娩后，并不需要把公母沙鼠分开。

（4）沙鼠需要的饲养空间较大。由于沙鼠时常有站立、跳跃的行为，运动量大，所以养育沙鼠的笼子必须大。一只沙鼠所需的空间最少要有30厘米×60厘米×30厘米(长×宽×高)，两只则需要1800厘米×1800厘米×30厘米(底面积×高)。垫料方面可以使用干净的纸张、牧草等等，深度至少需要达到3厘米以上。

（5）在食物方面，除了标准的磨牙鼠饲料外，也可以给予牧草、综合谷物、矿盐块、新鲜蔬果。但是像葵花子这种高脂肪的种子，只能偶尔给予作为零食。常吃的话，不但容易过胖，还会得心血管方面的疾病。另外新鲜的食物必须保持清洁，每天若有剩下来的必须清除掉，否则沙鼠吃了可能会拉肚子。

（6）沙鼠的长尾巴很容易因外力而脱落，所以在抓取沙鼠的时候，绝对不可以抓它们尾巴的末端，而是应该轻轻地把它们整只托起，用另一只手盖住。若非不得已要抓尾巴，则必须抓住尾巴的前端，也就是靠近屁股的部分，以免扯断其尾巴。

仓鼠

仓鼠是仓鼠亚科动物的总称。共七属十八种，主要分布于亚洲，少数分布于欧洲，其中中国有三属八种。除分布在中亚的小仓鼠外，其他种类的仓鼠两颊皆有颊囊，从臼齿侧延伸到肩部。可以用来临时储存或搬运食物回洞储藏，故名仓鼠，又称腮鼠、搬仓鼠。

该科各种类动物基本都属中小型鼠类。体长在5～28厘米之间，体重在30～1000克。体型短粗。尾短，一般不超过身长的一半，部分品种不超过后腿长度的一半，甚至基本看不到。仓鼠有一对不断生长的门牙，三对臼齿，齿型为1003，成交错排列的三棱体。臼齿具齿根，或不具齿根而终生能生长。主要食物为植物种子，喜食坚果，亦食植物嫩茎或叶，偶尔也吃

小虫。多数不冬眠，冬天靠储存食物生活。少数品种在天气寒冷情况下会进入不太活跃的准冬眠状态。

仓鼠是夜行性动物，日间睡觉，晚上才活动。他们通常到晚上七至十时才最活跃。为什么仓鼠总躲起来？因为仓鼠原居于沙漠地带的洞穴之中，白天他们会躲在洞子中睡觉，以避开野兽的攻击。躲在黑暗处是他们的本能，他们认为黑暗才有安全感。但仓鼠与人相处得久了，警觉性会低一点，也会改变他们的野外本能，在任何地方也能呼呼大睡。仓鼠视力差，只能模糊辨形，颜色只能分辨黑白。毛色繁杂。全年繁殖，每胎5～12只。平均寿命2～3年。仓鼠部分品种因为和人亲近，已成为近年流行的宠物，如黄金仓鼠、加卡利亚仓鼠、坎贝尔仓鼠、罗伯罗夫仓鼠等。

仓鼠最常见的毛色以由脸颊到腹部为白色，背部为褐色的居多，但也有由深浅褐色形成的斑点，毛色多为灰色，而后培育出了金色、花斑色等，甚至是长毛的多样化品种。各种仓鼠长的都很像，只是体型和毛色稍微有一点区别，个性则差不多。其中罗伯罗夫斯基鼠是多瓦夫类仓鼠中体型最小的，动作快而个性较胆小，成长期背上的毛色会由黑转成茶色。仓鼠是很可爱的宠物之一，所以很多小朋友或女性一看见这种“活毛公仔”时，都会对它爱不释手。

仓鼠面颊有皮囊。上下颚各有一对锐利的门齿。身体背部体毛为浅黄褐色或棕黄色，腹侧面、前肢、后肢内侧为黑色。体侧面前端各有3块白色或淡土黄色斑。足白色，略带浅黄色。它们与老鼠不同，只有一条很短的尾，甚至没有尾巴。除了中国仓鼠的尾巴比较长，其它品种的仓鼠也只有少于一厘米的尾巴。仓鼠最有趣的地方是懂得把食物藏在腮两边，在安全的地方才吐出，所以有人称仓鼠为大颊鼠。而仓鼠这个名字的由来就是来自德文“hamstern”，意思是贮藏。

目前大家所饲养的仓鼠大多是属于多瓦夫类仓鼠和黄金鼠。黄金鼠原产于叙利亚、黎巴嫩、以色列，于1938年引入美国后才正式成为宠物。其他多瓦夫类仓鼠中还有坎培尔仓鼠，也有叫枫叶鼠、短尾松鼠、趴趴鼠、一线鼠的，原产于贝加尔湖东部、蒙古、黑龙江省、河北省、内蒙古；加卡利亚仓鼠也叫枫叶鼠、短尾松鼠、趴趴鼠、三线鼠，原产于哈萨克东部、西伯利亚西南部；罗伯罗夫斯基仓鼠，有人叫老公公鼠，原产于俄罗斯、哈萨克、新疆维吾尔、蒙古西南部等地。

仓鼠栖息于荒漠等地带。夜行性。善于挖掘洞穴。仓鼠的门齿会不停的生长，所以它们的上下门齿必须不断的啃些硬的东西来磨牙，一方面避免门齿长得太长，妨碍咀嚼，一方面保持门牙的锐利。以杂草种子，以及昆虫等为食。

仓鼠的寿命很短，平均2年左右， 4个月大的仓鼠已经成年。当然不同品种的仓鼠的寿命的长短也有少许不同。相对来说罗博夫斯基仓鼠的寿命最长，为3～3.5年。仓鼠长相奇特，小巧玲珑，活泼灵敏，十分逗人喜爱，而且无异味，具有玩赏价值，适宜做宠物在室内饲养，因此在我国各地大多还被视为宠物。

仓鼠的毛皮丰厚，明亮光滑，好像丝绒，独具特色，所以其毛皮的商品价值，还亟待开发。此外，仓鼠还有繁殖力强、成活率高、饲养容易、管理简便、成本低等优点，所以大力开展人工饲养仓鼠是一条极具潜力的致富之路。

田鼠

田鼠是一种常见的啮齿类动物，体型粗笨，多数为小型鼠类，个别达中等，如麝鼠，体长约30厘米，体重约1800克；四肢短，眼小，耳壳略显露于毛外；尾短，一般不超过体长之半，旅鼠、兔尾鼠、鼹形田鼠则甚短，不及后足长，麝鼠的尾因适应游泳，侧扁如舵；毛色差别很大，呈灰黄、沙黄、棕褐、棕灰等色；臼齿齿冠平坦，由许多左右交错的三角形齿环组成。共18属110种，广泛分布于欧洲、亚洲和美洲。中国有11属40余种。

田鼠的栖息环境从寒冷的冻土带直至亚热带。有栖息于草原、农田的田鼠和兔尾鼠；也有栖息于

森林的林鼠和林旅鼠；还有栖息于高山的高山鼠；以及适于半水栖的水鼠和麝鼠。某些种类因适应特殊的环境，形态上产生了某些相应的特化。如以地下生活为主的鼹形田鼠，四肢短粗有力，爪发达，门齿粗壮，适于挖掘复杂的洞道，而眼、耳壳则很小；适于水栖的种类，后足趾间具半蹼，尾侧扁，利于游泳。田鼠多为地栖种类，它们挖掘地下通道或在倒木、树根、岩石下的缝隙中做窝。有的白天活动，有的夜间活动，也有的昼夜活动。多数以植物性食物为食，有些种类则吃动物性食物。喜群居，不冬眠。田鼠中的一些种类数量变动很大。旅鼠在数量高时还有迁徙的习性。每年繁殖2～4次，每胎产仔5～14只，寿命约2年。

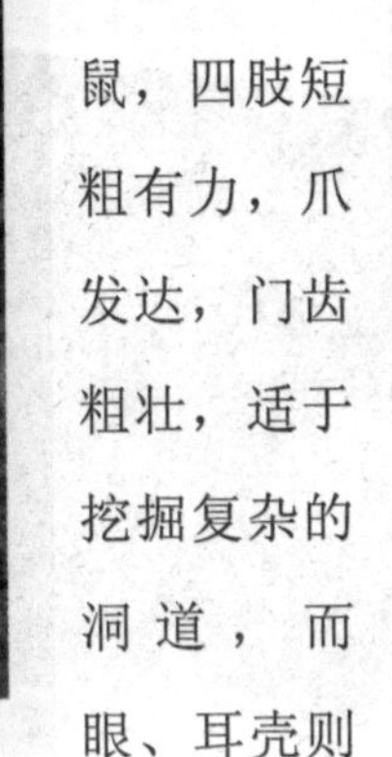

田鼠除个别种类的毛皮可以利用外，绝大多数对农、牧、林业有害，特别是一些群栖性强、数量变动大的种类。另外，田鼠为蜱传斑疹伤寒、兔热病、脑炎等传染病病原的天然携带者，与流行病学有关系。

黄胸鼠

黄胸鼠的体形中等，比褐家鼠纤细，体长135～210毫米；尾和脚也较纤细，大部分的尾长超过体长，后足长小于35毫米；耳大而簿，向前折可遮住眼部。雌鼠乳头5对，胸部2对，鼠蹊部3对。背毛棕褐色或黄褐色，背中部颜色较体侧深。头部棕黑色，比体毛稍深。腹面呈灰黄色，胸部毛色更黄。重要的识别特征是前足背面中央有一棕褐色斑，周围灰白色。尾的上部呈棕褐色，鳞片发达构成环状。幼鼠毛色较成年鼠深。

黄胸鼠主要分布在长江流域以南，西藏东南部和秦岭、嵩山一带往南地区，华南各省及其沿海地区，江苏、淮河以南和山东鲁南等地区也有发现。

黄胸鼠是我国的主要家栖鼠种之一，长江流域及以南地区野外也有栖居，但除西南及华南的部分地区外，一般数量较少。行动敏捷，攀缘能力极强，建筑物的上层，屋顶、瓦楞、墙头夹缝及天花板上面常是其隐蔽和活动的场所。夜晚黄胸鼠会下到地面取食和寻找水源，在黄胸鼠密度较高的地方，能在建筑物上看到其上下爬行留下的痕迹。黄胸鼠多在夜晚活动，以黄昏和清晨最活跃。它们有季节性迁移习性，每年春秋两季作物成熟时，会迁至田间活动。栖息在农田的黄胸鼠洞穴简单，洞径4～6厘米，洞口内壁光滑，出口多。窝巢内垫有草叶、果壳、棉絮、破布等。大型交通工具如火车、轮船上也常会发现其踪迹，危害严重。

黄胸鼠多与大家鼠混居。它们在建筑物上层，褐家鼠在下层。该鼠一年四季均可繁殖，7～8月是繁殖高峰，一年繁殖3～4次，每胎6～8仔，个别多达16仔，幼鼠出生3个月后性成熟，寿命长达3年。

黄胸鼠同小家鼠有明显的相斥现象，两者之间的斗争十分激烈，常常是胜利者居住，失败者被排斥。

黄胸鼠食性杂，喜食植物性及含水较多的食物。它们吃人类的食物，也吃小动物，还有的咬食瓜类

作物花托、果肉。主要栖息在室内，靠近村庄田块易受害，为害程度不亚于褐家鼠。它们还会咬坏衣物、家具和器具，咬坏电线，甚至引发火灾。要想对其进行防治，可采用防鼠与杀灭相结合的措施。一是防鼠：主要在房舍内进行，如堵塞鼠洞，使其无藏身之所；妥善保存粮食，断绝鼠粮，可抑制鼠类的生存繁殖；搞好环境卫生，整理阴暗角落特别时杂物堆、畜舍和阴沟；改变房屋的结构或修建防鼠实施，阻止其进入房屋的上层等等，可降低其种群数量。二是灭鼠：化学防治以抗凝血灭鼠剂为主，但黄胸鼠的耐药性比褐家鼠高，容易漏灭，因此在黄胸鼠密度比较高的地区，应相对提高药量。同时，黄胸鼠的新物回避反应及其栖息特性，决定在使用毒饵灭鼠时，应延长投饵时间和高层投饵。在火车、轮船上可用熏蒸法灭鼠。

【知识百花园】

灭黄胸鼠的好方法

（1）毒饵法

5%磷化锌毒饵：用5千克玉米或豆类粉碎为4～6块，用500克稀面汤拌混，再加入5%磷化锌拌匀即成；

敌鼠钠盐毒饵：用0.05%敌鼠钠盐1克与2千克米饭或玉米面拌匀即成；

灭鼠眯毒饵：用1份灭鼠眯粉50克与19份饵料：玉米渣55克或面粉350克、粗糖50克混合拌匀；

中草药毒饵：用马前子20个炒热油炸后晾干研细，掺入1碗炒面、食用油100克，加入适量水拌匀，制成豆粒大小药丸即成。

（2）堵洞法

用玉米轴或秆沾磷化锌毒糊，堵塞鼠洞。毒糊用磷化锌12%、白面

13%、水75%，先把油、盐、葱爆炒发香后，把水倒进去煮开，再用少量水把面粉调成稀面糊倒入锅里熬成浆糊，待冷却后再放入磷化锌，充分搅拌均匀即成。

（3）毒液法

把灭鼠药用30～40倍水稀释后，放在缺水的地方，引诱害鼠饮食而灭鼠。

（4）熏蒸法

把氯化苦3～5毫升，用注射器注入棉花团或草团里，将药团塞入鼠洞，洞口盖上土；也可用磷化铝2～3片投入鼠洞中，防效优异。

（5）烟雾炮法

点燃灭鼠专用烟雾炮后，待放出大量烟雾时，投入有效鼠洞15～17厘米深处，再用泥土堵塞洞口，经5～10分钟老鼠即可被毒死。

巢鼠

巢鼠别名苇鼠，是体型最小的鼠类之一，身长5.5～7.5厘米，体重只有5～7克。头骨狭小，脑颅较隆起，颧弓细弱，颧弓比小家鼠窄，鼻骨比小家鼠短小，鼻骨后缘达不到前颌骨后缘连线，无眶上嵴和颞嵴，顶骨和顶间骨的连合缝在中部平直，里侧成两钝角而小家鼠顶骨和顶间骨的缝不平直而成一锐角。耳壳短而圆，向前拉仅达眼与耳距离之半，耳壳内具三角形耳瓣，能将耳孔关闭。尾细长，多数接近体长或长于体长，巢鼠尾巴具有缠绕性，可以在茂盛的禾草中灵活地攀爬。门齿后方无缺刻，上颌第一臼齿具3横嵴，

第一横嵴上有3个齿突，中齿突最大，外齿突最小，内齿突仲向下方。第二横嵴与第一横嵴棚似，第3横嵴3个齿突较发达，但齿突间距离较小，因而齿突高度显得较短。第二上臼齿与第一上臼齿相似。第三上臼齿较小，第三横列齿突不明显。

巢鼠的四肢及尾背面均呈棕黄色调，腹毛及四肢内侧和尾的腹面均纯白色。毛色变化较大，常随着环境、气温、湿度不同而有不同的体色。我们采自繁昌县的一只标本，背毛呈深黄色，臀部毛色更为鲜艳，呈棕红色，且具光泽；而采自黄山和祁门的标本，背部毛色均呈棕褐色，毛尖略显沙黄色，臀部略呈棕黄色，四肢背面略呈淡棕色，尾背面棕褐色。腹面毛色灰白色，毛基浅灰色，毛尖灰白色。

已知国内有三个亚种，安徽省标本属四川亚种，另一个为东北亚种，再一个为台湾亚种。

巢鼠广布于欧亚大陆，国内见于南北各地，如东北三省、河北、陕西、甘肃、碣建、广东、广西、台湾及湖南、湖北、江西、浙江、安徽等省。

巢鼠在安徽省不论是淮河以北或长江以南，或山区、或平原均有分布，但数量稀少。由于体型小，我们常用的一般鼠铗不易将其捕获，据颍上县群众反映，巢鼠有时筑巢于芦苇上，蒙城、太和群众反映，巢鼠常栖居于麦田中，作窝于麦秸之上。

从我们捕捉的几只标本来看，其中3只是从大别山区和皖南山地的常绿阔叶林和落

叶阔叶林捕捉的，1只是在东至县刚刚开垦的湖滩草地中捕捉的，还有1只是在繁昌县江滩苇地捕捉的。

据杜增瑞等(1959年)报道，夏季巢鼠主要居住在杂草和作物的茎上，把许多草茎架在一起，用植物叶子造一个球形巢，大小与拳头相似，只有一个巢口。秋季多在草堆中作一个盘状巢或在地下挖洞。巢鼠繁殖的很快，每年繁殖1～4胎，每胎以6～9只居多。从东至县湖滩捕捉的1只巢鼠胃内容物看，巢鼠主要食物为芦根，荆三棱等禾本科植物的根茎。在祁门和黄山阔叶林内捕捉的2只巢鼠，胃内容物主要为茶籽、毛栗、苔藓、地衣等，另外还有昆虫及丁质外壳。

巢鼠对农林业虽然危害不大，但在某些自然疫源性疾病的传播上有一定意义，目前已知它是流行性出血热、钩端螺旋体病及鼠疫传染源之一。

麝 鼠

麝鼠属啮齿目，仓鼠科，麝鼠属。俗称青根貂、麝香鼠。因其阴部的腺体能产生类似麝香的分泌物而得名。又因它们生活在水域，善游泳，而有水老鼠、水耗子之称。原产北美洲，20世纪初才引种到欧洲。1957年开始先后在中国黑龙江、新疆、山东、青海、江苏、浙江、湖北、广东、贵州等地饲养。

麝鼠是一种小型珍贵毛皮兽。体型像个大老鼠，身长35～40厘米，尾长23～25厘米，比田鼠体型大，体重0.8～1.2千克。麝鼠周身绒毛致密，背部是棕黑色或栗黄色，腹面棕灰色。尾长呈棕黑色，稍有些侧扁，上面有鳞质的片皮，

有稀疏的棕黑杂毛。刚离窝独立生活的小鼠，尾巴的侧扁不明显。麝鼠头小，稍扁平，颈短而粗与躯干部没有明显界限。眼小，耳短隐于长被毛之中，耳孔有长毛堵塞。嘴钝圆，有胡须。上下颌各有一对长而锐利的门牙，呈浅黄色或深黄色，露于唇外。四肢短，前足4趾，爪锐利，趾间无蹼，后足略长于前足，趾间有半蹼，并有硬毛。有一种鼢鼠与麝鼠相似，应注意区分。鼢鼠比麝鼠体形小，尾长仅5～6厘米，不侧扁呈圆柱形，其后肢趾间无蹼，体毛颜色较浅。

麝鼠适应性很强，对温度、湿度要求并不十分严格，它可以在我国寒冷的东北、干旱的西北地区生存繁殖，也可以在南方多湿温暖、甚至高温炎热的地区落户。麝鼠常栖居在低洼地带、沼泽地、湖泊、河流、池塘两岸，这些地方水草茂盛，环境清静。它们的洞穴主要分布在岸边，在浅水的芦苇和香蒲的草丛中，也有的在水上飘筏的物体上筑巢。麝鼠的洞穴是分枝的，有许多盲道分叉，其中有几个粮仓贮存饲料，并有几个通道直通向有水的地方。

麝鼠爱活动，但由于相对肥胖，四肢短小，身体伏地，因此其活动范围比较小，也相对地固定，区域性很强，而且活动的时间、次数、路线也有一定的规律性。麝鼠喜欢游泳，在水中活动自如，潜水能力很强，能2分钟不露头，若遇敌害时可潜水5分钟不换气，最长可达7分钟。游速每分钟可前进20～35米。夏季多在浅水区，秋冬季在深水区。麝鼠好斗，行动比较隐蔽，一般情况下与不同家族的鼠群很难友好相处，而且多是以血缘关系结群，在对敌剧烈格斗时，常不惜伤亡。麝鼠的视觉和嗅觉相当迟钝，但听觉却很灵敏。

从解剖上看，麝鼠的繁殖系统结构和家兔、海狸鼠等其他哺乳动物差不多，只是麝鼠中公鼠有一对特殊的麝鼠香腺，位于阴茎两侧，即处于腹肌与被皮之间，开口于阴茎包皮

内侧，重1～9克。在配种季节，这对腺体会分泌乳黄色油性粘液，具有浓郁的香味，而在非配种季节，香腺收缩变小，没有分泌物产生。麝香腺是麝鼠的主要副产品之一，其腺体外观呈椭圆形，横径10～15毫米，纵径18～20毫米，其大小随公鼠的体型特征及发育阶段不同而有所改变。整个腺体由香囊和香腺两部分组成：香囊为一层薄膜，布满毛细血管，囊体呈海绵状，囊内形成许多不规则的腺泡，内存油状粘液，即麝香原液。从3月份进入繁殖期，香腺开始发育，分泌麝鼠香，其功能主要是通过香味传递兴奋信息，引诱母鼠发情。麝鼠一般6个月性成熟，可进行交配。

麝鼠以草类食物为主，动物性食物吃得很少，一般只在植物性饲料不足或繁殖季节、麝鼠发生疾病期间需要补饲时，才偶尔吃些小型动物，如河蚌、田螺、杂鱼、泥鳅等。麝鼠的食物一般不会发生季节性短缺，但不同季节的食物，还是有不同的适口性。在越冬期、产仔泌乳期，由于活动减少，在放养的情况下，麝鼠出动时往往一次性大量采集食物，贮藏在洞道的“粮仓”里，贮仓内一般是十分清洁干燥的，所以贮存的食物很少腐烂变质，可以存放很长时间。在家养的圈舍中没有专门的“粮仓”，一般它们把食物贮存在小室或走廊的角落里。麝鼠体型小，食量也不大，一般日采食量相当于其体重的40%～50%，即平均每只每天吃植物饲料0.25～0.5千克；谷物种籽25～50克就够了。夏天相对吃的多一些，冬天少些。

除采食新鲜的饲料外，麝鼠也有吃软粪的习惯。它们会将自己新排出的粪便重新吃进去进一步消化吸收其中的营养成分，如蛋白质、无机盐、维生素等。

麝鼠是一种小型珍贵毛皮兽。雄性麝鼠在4～9月繁殖期间能通过生殖系统的麝鼠腺分泌出麝鼠香，具有浓裂的芳香味。麝鼠香既可以代替麝香作为名贵中药材，又是制作高级香水的原料。麝鼠香中含有降麝香酮、

十七环烷酮等成分，除具有与天然麝香相同的作用外，还能延长血液凝固的时间，可防治血栓性疾病。麝鼠油脂可用来制皂、制革和餐具的涂料、燃料和油漆工业的附加剂等。

麝鼠还是一种经济价值很高的毛皮动物，毛皮质量可与水貂皮相媲美，毛皮丰密柔软，有特殊的分水功能，防寒保暖性能好，是制裘的上等原料。麝鼠已被国家列为重点发展的毛皮动物，已是国家指定收购的裘皮，国际市场的贸易量在千万张以上，而我国收购量仅几十万张。因此，麝鼠毛皮打入国际市场的前景看好。

麝鼠属于草食动物，适应能力极强，繁殖快，可栖息于不同的自然地带和各种不同的环境中。易饲养，成本低，管理方便，经济效益高。

人工饲养场多采用标准圈舍，家庭饲养常用笼舍。无论如何，麝鼠的圈舍要有窝室、运动场、水池三个部分。窝室分为内室和外室两间，内室较大，外室可以小些。内室是产仔用的，外室是休息用的。

具体形式可以多种多样，大致分为平式和立体式两类。

平式圈舍是三个部分在一个平面高度上。平式圈舍的底面、四壁都要用砖石砌成，水泥勾缝。可以根据养殖场的规模确定几个或多个连接在一起，各部的尺寸，只要相对合理即可，并不十分严格。运动场朝水池的方向要稍有倾斜，在靠近窝室的前面修一小平台，供吃食、休息。运动场的顶上用铁丝网或石棉瓦覆盖，但要留投食口。水池用水泥抹平，要保证有足够的深度(0.2～0.3米)，水池靠运动场的一侧要做成斜坡状，便于上下。水池需设排水孔，以便换水。此圈还适合饲养成年麝鼠。

立式圈舍，窝室和运动场在上层，上下通过梯子相连。这种圈舍便于冬季保温、夏季防暑，也能使休息和繁殖的环境保持干燥，对繁殖有利。饲养者应咨询水封洞、全封闭、楼式窝室的修建方法。

仔鼠长成幼鼠后，应分开饲

养，所以应建立专门的幼鼠圈舍。0.5千克左右重的鼠可以集中饲养，其圈舍的窝室、运动场及水池均为共用。但超过100天的则不能再混养，容易咬架，造成皮伤甚至死亡。

麝鼠开始建场饲养都是先从外地买种，扩大繁殖，到一定规模后再行选种。种鼠的引入过程，有个环节值得高度重视，即选择和运输。种鼠购种最适宜的时间为每年的3～4月份和9～10月份。此时不冷不热，便于运输，而且其生长发育正处于最佳时期；关于种鼠年龄的选择最好为5～10月龄的育成鼠。即一般在秋季应引当年春季头胎育成鼠；春季则应选取头一年的第二、第三胎育成鼠；外观选择结膜湿润、眼有神、活泼好动、体型匀称、被毛均匀整齐、色泽明亮

一致、底绒丰富、针毛灵活的育成鼠。公鼠要求个体大，后肢粗壮有力，母鼠要求体型细长，四肢较高；性别搭配麝鼠外观上很难分出公母。育成鼠的性别可以从以下几个方面综合确定：第一，肛门距尿生殖孔距离，公比母长约1/3；第二，肛门与尿生殖孔间的毛被，公的毛密，母的毛稀；第三，翻扒尿生殖孔，露出紫黑色圆形龟头为公，若为粉红色空洞(阴道)为母；第四，触摸尿生殖孔前方两侧，若有隆起，即为公鼠(隆起部分是附睾及麝香腺)，若无，则为母鼠；第五，排尿特征，提起尾部使之间断性排尿，一般公鼠排向头部，母鼠排向后方；第六，行为上较大胆，性情粗暴的是公鼠。最好从不同地方，或从同一地方不同饲养场，或同一饲养场的不同鼠群家族中挑选，以防止近亲引起的退化。

种鼠的运输最好用小笼，每笼1只，可以2或4个笼连在一起，形成“公-母-母-公”四位一体，既可防止好斗的公鼠间互相咬斗造成伤亡，也有利于运输；起运前要喂足饲料，笼内放些青绿多汁的饲料，使其自由采食。长途运输要备足瓜、萝卜、白菜等含水多的饲料。汽车运输要遮风、挡雨、避日，火车运输要注意通风透气；运输途中要随时注意观察其精神状态，暑天多进行水浴，保证饮水。水浴时，把笼子斜放入装水

的大盆中，让鼠浸入水中，露着头呼吸即可。

对于麝鼠的营养需求，目前国内才刚刚开始研究，以往养殖户都是根据经验估计的，这是不科学的。由于研究的较少，各方面的意见也不统一，我们只选最实际的试验结果介绍给大家，即营养水平与生长发育的相关研究。研究证明，消化能和粗蛋白的需要水平高低可直接影响麝鼠体型的大小、皮张幅度及繁殖性能。当遗传的条件一致时，饲料里蛋白质浓度就成了幼鼠生长速度的主要因素。试验证明，日粮中粗蛋白水平为18%～20%时，其日增重和饲料利用率最好，蛋白浓度过高，也不会有好效果，反而造成蛋白质饲料的浪费。在喂料方面，除前面介绍过麝鼠可食的食物外，特别提出一些麝鼠不喜欢吃的和有毒害的植物，它们是玉竹、小玉竹、紫宛、苍耳、草乌、毛茛、白头翁、山芍药、威灵仙、侧金盏花、唐松草、石龙芮、天南星、蓖麻、烟

草、白屈菜、大麻、毒芹、羊蹄、鼠李、龙葵、曼陀萝、麻黄等。

准备配种期是从静止期向配种过渡的阶段，一般在1～3月，约100天。这一时期的主要任务是促进生殖器官的迅速发育，以保证其在配种期有正常的性机能。（1）供给其充足的维生素A、维生素E，加喂些大麦芽、胡萝卜等，同时供水充足，提供游泳条件。（2）调整体况降低脂肪较高饲料的供给，加大运动量，增强体质，对过瘦的要加强营养。（3）经常保持与人接触，便于人工操作。（4）分窝、配对选择年龄在5～10月龄的育成鼠做种鼠，避免近亲的情况下进行配对，并淘汰过肥、过瘦者。（5）配对前需进行适应性培养，方法是先将年龄、体型、体重相近的两个个体，分别装在中间隔有铁丝网的长方形笼内，使它们彼此隔网嗅闻，看得见咬不着，几小时或1～2天后，若气味相投了，就可以放在一起。

传统的配种方法方法是将已确定公母的鼠放入同一室内饲养，直到繁殖季节结束。可这一方法缺点是公鼠在整个繁殖季节里不能得到充分利用，还可能由于母鼠的原因造成全年空怀，损失很大。比较好的办法是“更换种鼠法”。就是一对公母配对一段时间以后(大约30天)，仍不见母鼠有妊娠表现，应取出公鼠将此鼠放入其他发情鼠圈舍内，并对这只公鼠进行触摸睾丸、观察性行为等性能力后再使用。原来的母鼠若再次发情，要另选一只公鼠与之配对。这种方法可使公鼠的繁殖能力得到充分发挥。对于母鼠数量多的和同窝后多日不见怀孕的情况更有意义。饲料供给由于种鼠(特别是公鼠)消耗很大，必须加强营养，此时要喂其新鲜可口的水草，补充动物性饲料和维生素A、维生素E等，补料宜在中午时一次性补给为好。要保证配种的环境水池贮水丰满、干净，保证水质，因交配在水中进行。要保持周围环境安静，光线要暗，必要时用黑布将圈舍遮住。

配种10天后，用左手抓住母鼠尾巴，抬起，令其前爪抓着笼壁，右手呈“八”字形在母鼠腹壁上由腹股沟向胸部方向轻轻摸索，如摸到花生米大小的、滑动且不易捉到的便是胚胎。麝鼠一胎多仔，胚胎

发育极快，需大量营养，此期关键是喂品质好的饲料，新鲜多样，保证蛋白质、维生素、矿物质的需要。若不注意营养，常会引起流产、死胎或弱仔。

防止流产、保胎是饲养管理的重要工作。由于饲料发霉，营养不全尤其是维生素B、维生素E缺乏均可引起怀孕母鼠妊娠中断，造成吸收胚胎或流产；意外的伤害和某些传染病也可引起流产。母鼠怀孕后，突然精神沉郁，喜卧于室内，并经常回舔阴部等常是要发生流产的预兆。为了防止流产，应供给母鼠新鲜、营养和恒定的饲料，防止机械损伤，保持安静，忌惊扰。对于机械损伤性流产，只见鲜血未见胎儿的，可肌肉注射黄体酮0.5毫升保胎。如果发现妊娠鼠突然腹围变小，阴道排出发育不全的

胎儿或流出红褐色块状物及污血，或排出油里发亮的“粪便”，则表明已经发生了流产。产前准备主要是打扫窝室，铺好垫草，加固圈舍，造成安定的产仔环境，避免骚扰。若母鼠受到惊吓，会狂躁不安，有时会吃掉刚生下来的仔鼠，或弃之不喂，活活饿死。

在产前1～2天，公鼠一边向室内运送母鼠絮产窝的草，一边用草把通向运动场的门堵严，十分忙碌，这意味着母鼠将要临产。当听到小鼠“吱吱”叫声，可认定已产仔。1只母鼠一年可产2～3胎，每胎相距34～35天。初产母鼠一胎6～7仔，经产母鼠每胎4～7仔，平均6仔，成活率可达99%。母鼠产仔后，一周左右不出产窝，而公鼠十分繁忙，不断给母鼠送饲料，用草堵门，在运动场和外室当警卫，

一遇情况，以身体护门保护母仔安全。有时也会出现难产，当发现预产期超过，母鼠外阴部红肿，流出污血，并剧烈收缩，有排泄动作，只是胎儿不出，或卡在产道内。此时应紧急注射垂体素或脑垂体后叶素，肌注0.3毫升。若20分钟仍未产出，可再注射1次。若一昼夜仍未产出，需进行人工助产。人工助产一般是先用低浓度消毒水清洗外阴部，然后用甘油润滑阴道，再随母鼠的阵缩将胎儿拉出，必要时进行剖腹取胎。

麝鼠母性很强，泌乳力也好，一般用不着对仔鼠进行过多的人工辅助护理，只要护理好母鼠就可以了。对仔鼠进行性别鉴定时要戴手套，在母鼠偶尔出窝时进行，先用窝草揉搓双手后再进行检查。出生后1～3日龄的仔鼠，在粉红色的腹面上有紫红色乳头痕迹，但并无突出来的感觉；4～6日，乳头略突出于表面；6日龄时，腹毛已长出，乳头被覆盖，只见绒毛包裹的部位有一小圆点；10～13天，胸部绒毛掩盖了圆点，而腹部的仍可看到；14天后胸、腹部都见不到，此为雌性。若出生后腹面平平，没有乳头痕迹，偶尔只见不规则的突生黑点，此为雄性。用以上方法鉴别

雌、雄，准确率可达97.6%。当然，到了100日龄后，鉴别率可达100%。

仔鼠20天后可以出室，30天可断奶（最迟40天）。可先将健壮的、个体大的分出，后分体小的、弱的。幼鼠有零食习性，饲喂次数一般为每天3～4次，60日龄后接近成熟，可按常量饲喂，即每日每只350克，精料50克。要勤换水，勤打扫，勤补食，要注意检查，特别是帮助游泳上不了岸的幼鼠爬上岸，以免淹死。

从10月到第二年1月为越冬恢复期，这一时期主要是进行御寒、增热。御寒也很简单，只要设法使圈舍坚实不透风，保温，窝室内多铺些干草，干燥、柔软就可以了。改变供水，清理水池，防冻裂。每天除喂些多汁饲料外，也可加喂一些青干草。此外，每天每只喂40克精饲料。另外，麝鼠有贮食的特性，所以投喂草料时不必每日投入，最好每10天或15天投喂一次。这样，

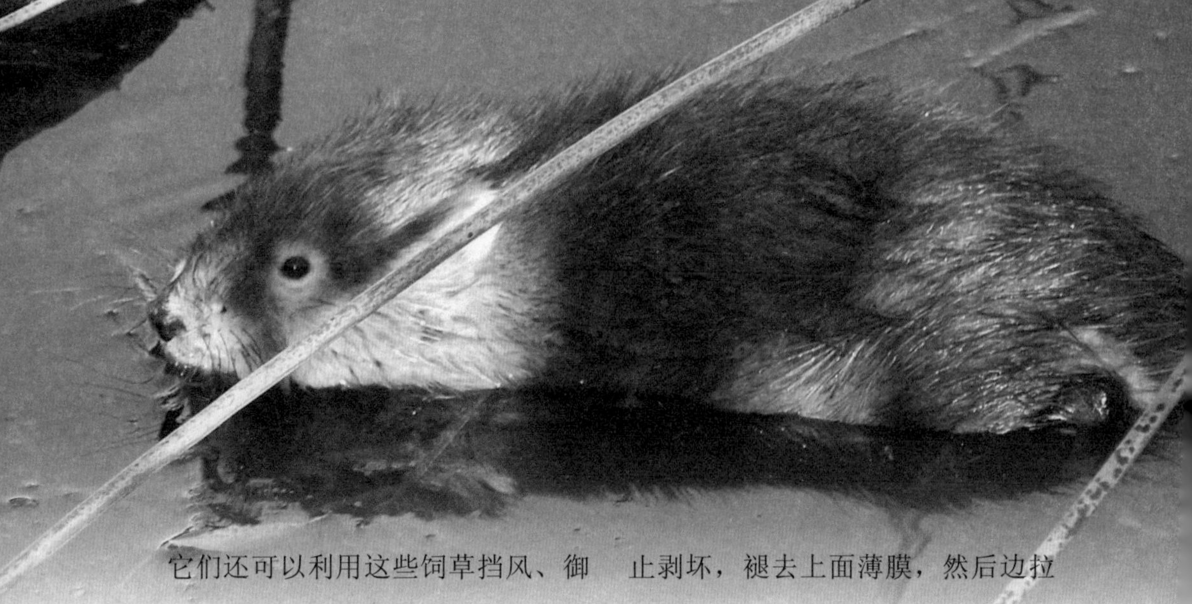

它们还可以利用这些饲草挡风、御寒。值得注意的是麝鼠冬天活动量减少，容易产生疾病，应特别注意。最容易发生门齿过长影响采食，应经常检查，如过长应及时用钳子剪断。

麝鼠的毛皮加工与海狸鼠的毛皮加工过程是一样的，可以剥成片状，也可以剥成圆筒状，其初加工的过程也是分刮油、上楦、干燥三步，不过楦板的尺寸有些不同。

麝鼠的取香可在活体和死体上进行。死体取香——在剥皮时，将香囊小心地剥下，麝香囊位于公鼠尿生殖孔前方的腹中线两侧，取囊时，先用镊子或止血钳将开口一端也就是尿道口掐住，然后腾出一只手小心剥离，就像剥猪胆那样，防止剥坏，褪去上面薄膜，然后边拉边剥，从根部取下，将香取出；活体取香——取香前为保定麝鼠需用铁丝网卷制成保定笼，笼呈圆锥形，长30厘米，上部的开口5厘米，下部开口15厘米。将雄鼠一手提尾，把头送入保定笼内，当其钻入到上开口时，迅速连笼掐住鼠的颈部保定好。另一人用拇指和食指摸到香囊的准确位置，先轻轻的按摩一会，然后把排香管开口处捏挤几下，使排香口通畅，再从香腺囊的上部向下部逐段按摩和捏挤，香液就会从包皮口处流出来。另一手持试管或玻璃瓶承接香液。一侧采香后，再采另一侧。采香时用力要适度，免得造成麝鼠疼痛而抑制泌香。

黑家鼠

黑家鼠被认为是原产于印度、缅甸一带的动物，后来因为航运的发达而随船广布于全世界。因此，有时也被称为“船鼠”。黑家鼠的尾巴比身体还要长，借助尾巴的缠绕功能，使得它们的攀爬技能十分高超。黑家鼠非常胆小，通常在夜深人静时才在天花板或棚架上活动。但只要有人注意到它们，它们就会立刻静止不动。

黑家鼠也是让人深恶痛绝的鼠科动物之一。它盗取食物、咬坏衣物，主要传播鼠疫、鼠型斑疹伤寒、恙虫病、钩端螺旋体病、蜱传回归热、沙门氏菌感染、弓形虫病等多种疾病，对人类危害极大。

睡 鼠

睡鼠是啮齿目的一科，因有冬眠习性而得名。体型皆小，外形颇似鼠科动物，而多数种类的尾却很像松鼠科的林栖种类；身体被覆厚而密的软毛；尾长，多被以长毛；头骨的听泡膨大，内部被骨质膜分隔成几个室；具20枚牙齿，每颗臼齿的咀嚼面均具有几列横向的珐琅质齿脊；没有盲肠。

睡鼠是英国境内最小最害羞的哺乳动物，尾巴与身体差不多长。它们的寿命通常是5年，但在其中3/4的时间里，都在睡觉。也就是说，一年中的春季、深秋以及冬季大约9个月时间里，睡鼠都处于冬眠的状态。而即使不是在冬眠的夏天里，它们也是终日呼呼大睡，直到夜间，才出来到处活动，在有刺的树枝上跳来跳去，觅食它们喜欢的浆果。

睡鼠共7属15种，分布较广，西起英国，东到日本，北自瑞典，南到非洲南部和印度。中国有2属2种：即睡鼠和四川毛尾睡鼠。

睡鼠别名林睡鼠，体型中等。体长85～120毫米，尾长60～113毫米。仅重30～100克体背面赤褐色或灰褐色带黄色。体腹面灰白色、污白色、浅黄或白色略带浅黄色。体侧面毛色界线分明，尾扁而蓬松，尾污灰，较体背面略暗。尾端稍带白色，足白色，眼眶黑色。主要生活于海拔3500米以上的混交林和阔叶林以及沟谷灌木丛中。在伊犁的霍城也进入果园。在尼勒克的标本采自低山区中无林也无灌木的岩石坡上。睡鼠主要营树栖生活。以果实、种子、茎叶、嫩枝和芽为食，也食昆虫和鸟卵。黄昏和夜间活动。在树上营巢，巢呈球形，离地表0.25～12米。5～8月繁殖，通常每年1～2胎，以1胎居多，每胎3～7仔，以3～4仔居多，最多产6～7仔。有冬眠现象。

小家鼠

小家鼠别名鼷鼠、小鼠、小耗子、米鼠仔等，分布很广，遍及全国各地，是家栖鼠中发生量仅次于褐家鼠的一种优势鼠种。种群数量大，破坏性较强。

小家鼠为鼠科中的小型鼠，体长60～90毫米，体重7～20克，尾与体长相当或略短于体长。头较小，吻短，耳圆形，明显地露出毛被外。上门齿后缘有一极显著的月形缺刻，为其主要特征。毛色随季节与栖息环境而异。体背呈现棕灰

色、灰褐色或暗褐色，毛基部黑色。腹面毛白色、灰白色或灰黄色。尾两色，背面为黑褐色，腹面为沙黄色。四足的背面呈暗色或污白色。

小家鼠是人类伴生种，栖息环境非常广泛，凡是有人居住的地方，都有小家鼠的踪迹。住房、厨房、仓库等各种建筑物、衣箱、厨柜、打谷场、荒地、草原等都是小家鼠的栖息处。小家鼠具有迁移习性，每年3～4月份天气变暖，开始春播时，它们就从住房、库房等处迁往农田，秋季集中于作物成熟的农田中。作物收获后，它们随之也转移到打谷场、粮草垛下，后又随粮食入库而进入住房和仓库。最喜食各种粮食和油料种子，初春也啃食麦苗、树皮、蔬菜等，在苹果贮藏库，昼伏夜出，到处乱窜，对塑料袋小包装、纸箱等破坏性较

大。

小家鼠昼夜活动，但以夜间活动为主，尤其在晨昏活动最频繁，形成两个明显的活动高峰。

小家鼠繁殖力很强，一年四季都能繁殖，以春、秋两季繁殖率较高，冬季低。孕期20天左右，一年可产仔6～8胎，每胎4～7只。初生鼠于当年可达到性成熟并参与繁殖。

小家鼠危害所有农作物，盗食粮食。主要危害期为作物收获季节。危害时一般不咬断植株，只盗食谷穗，受害株很少倒伏。而在居民区内的危害很大，无孔不入，往往啮咬衣服、食品、家具、书籍，其他家用物品均可遭其破坏和污染。同时大量出入于人类的住所，可传播某些自然疫源性疾病。

鹿 鼠

鹿鼠是北美分布最广泛、数量最多的啮齿动物，也是善于广泛觅食的鼠种。它们既能从野外寻找食物，又常出入居民住宅觅食。其食物主要是植物种子和昆虫。其体形比我们常见的小家鼠大不了多少。但鹿鼠能传播一种肺部疾病。因为其体内有一种病毒，主要通过雾状的尿液排出体外。人们呼吸到这种毒气后，就会发生肺部病变。

草原犬鼠

在北美大陆上，生活着一种充满灵性的小动物——草原犬鼠，它们的个体与野兔相似，身披黄褐色的绒毛，极善跑跳，当它们在草原上飞奔、跳跃时，远远看去和飞翔一样。早在1804年，美国的一位农牧业官员在完成了由东向西穿越大草原之后，就在写给美国政府的报告中称：“看到了无穷无尽的犬鼠。”生物学家们推断，19～20世纪之交，生活在北美大陆数百万英亩的低矮混生草原

上的犬鼠约有500亿只。

草原犬鼠身长约30厘米，尾长约8厘米。体型矮胖，配上短短的尾巴。成群聚居在草原中所挖掘的彼此相通的穴道中。由于习惯群体的生活，即使饲养多只也不会打架。草原犬鼠在生态影片经常出现，非常可爱，很受人们的欢迎。尤其是站立及坐下的动作，更是让人喜爱异常，也很容易被人养驯。同时它们的尾巴会如狗般摆动，很惹人喜爱。

草原犬鼠是一种极为有趣的动物，它们彼此间能够用独特的鼠语进行交谈，比如，谈天气，谈即将来临草原犬鼠的风暴等。它们对穿黄衬衣的高个男人和穿绿衬衣的矮个男人、北美小狼、红尾鹰以及许多其他生物都有对应的专用术语。对于以往从未见过的事物，它们甚至能够铸造新的“单词”，采用口径一致的称呼。

草原犬鼠甚至说不同的当地方言，彼此之间能够用带有家乡口音的方言沟通。他认为，研究显示，动物之间存在着相当复杂的信息交流传达系统。观察者们以往用连续叫喊、高声咆哮和

表示惊讶的呦、呀声来描述草原犬鼠的喋喋不休。大部分科学家认为，草原犬鼠发声只是为了抒发一些内心的感受，如表示“好痛！”“饿！”“呀！”等。

草原犬鼠是高度社会化的动物，一般来说，一个草原犬鼠的家庭包括1个雄性和2～4个雌性，以及大批的幼兽。草原犬鼠家庭中的雌性似乎有相当严格的等级，一个家庭大概占地20000平方米左右(其实园子里连200平方米都没有)，有一套基本独立的地道系统。这20000平方米下面充满了最深可以挖到5米的地道。草原犬鼠主要用前肢修理大地，后肢往外蹬土，洞口还会高出地面敲实以防进水，洞口附近会有敌害出现时的避难室，

再往下还会有储藏室、居住室、厕所等等，一般地道尽头还有铺了柔软草垫的主巢，基础设施相当完善。

北美草原犬鼠为多种肉食动物，如赤褐鹰等各种鹰类、狐狸、蛇、黑足雪貂等的取食对象。尤其是美国的珍稀动物黑足雪貂几乎全靠捕食草原犬鼠和居住其洞穴为生。草原犬鼠极善挖洞，它们挖成的洞穴往往成为蛇、兔子，甚至蝾螈、甲虫类的防身、居住场所。

一些植物学者认为，草原犬鼠是一种自然施肥者，它们可以连续不断地修剪草原，使草原增加蛋白质的含量和草的分解能力。但是，美国的农场主们却很讨厌这些草原犬鼠，原因是它们挖洞破坏草场，而且每年要吃掉约7%的草场饲

料。在一些农场主的带动下，从40年代末期开始，一些美国人大肆杀灭这种草原犬鼠。他们所采用的方式多为毒杀和放猎狗追杀。由于犬鼠的个体远远大于一般的鼠类，于是又有人用枪来射杀草原犬鼠。在北美各国联邦政府、州政府和地方政府几十年大规模的围剿下，草原犬鼠的生存空间与个数大为减少，仅从墨西哥到加拿大就比几十年前减少了98%。

北美草原犬鼠是草原生物链中的重要一环，它们吃植物，同时又为其它肉食动物提供食物来源。犬鼠的数量下降，是导致黑足雪貂濒危的重要原因。目前草原犬鼠保护者们采用的方法是人工捕捉犬鼠后送往丹佛附近的落基山区野生动物保护区，在那里，它们可以自由而安全地生活。在美国的蒙大拿、怀俄明和丹克塔斯等地都已建立了专门的草原犬鼠保护基地。在志愿者与动物保护人员的努力下，已将近700只犬鼠转移至这些保护区中。一些生态学者指出，重建草原犬鼠的生态体系需要用上百万亩草地。可见一个地区的生态系统可以在短时间内被“轻而易举”地破坏，但要修复却需要几代人的不懈努力，北美草原犬鼠的逐渐消失就是一个很好的例证。

随着保护生物物种的呼声日益增高，许多民间团体也向政府提出要求保护草原犬鼠。美国不少自然保护者也把目光投向了这种可怜的小动物，有的人甚至达到了“狂热”的程度，他们手拉手地站成一排，试图拦住向草原犬鼠开枪的农场主。为了防止这种动物绝灭，美国“鱼类与野生动物保护协会”出资1500万美元实施保护规划。墨西哥政府已将其中的5个种列为濒危物种。美国尤他州则将其列为临界绝灭种类。

褐家鼠

褐家鼠别名大家鼠、沟鼠，属啮齿目鼠科，是家栖鼠中较大的一种，体长150～250毫米，体重220～280克，尾明显短于体长，被毛稀疏，环状鳞片清晰可见。耳短而厚，向前翻不到眼睛。后足较粗大，长于33毫米。雌鼠乳头6对。该鼠毛色有变，与其年龄、栖息环境有一定的关系，通常幼年鼠较成年鼠颜色深，棕色调不明显。多数体背毛色多呈棕褐色或灰褐色，毛基深灰色，毛尖深棕色。头部和背中央毛色较深，并杂有部分全黑色长毛。体侧毛颜色略浅，腹毛灰白色，与体侧毛色有明显的分界。

褐家鼠广泛分布于全国各地，凡是有人居住的地方，都有该鼠的存在。它是广大农村和城镇的最主要害鼠，数量多、为害大，是贮藏期苹果为害较大的害鼠之一。

褐家鼠栖息场所广泛，主要为家、野两栖鼠种。以室内为主，占80.3%，室外和近村农田分别为14.3%和5.4%。室内主要在屋角、墙根、厨房、仓库、地下道、垃圾堆等杂乱无章的隐蔽处营穴。室外则在柴草垛、乱石堆、墙根、阴沟边、田埂、坟头等处打洞穴居。其洞穴分布为：墙根占67.7%，阴沟占8%，柴草垛占7.1%，田埂占5.4%，其他地方占11.7%。

褐家鼠具有迁移习性，在室内食物缺乏或密度过大的时候，它们会迁移到农田建造临时洞穴活动，但数量不大。同时，迁移与气候、季节、作物生长情况的变化等有密切关系，并以此在室内与农田之间进行往返迁移。

褐家鼠属昼夜活动型，以夜间活动为主。在不同季节，褐家鼠一天内的活动高峰相近，即16～20时与黎明前。褐家鼠行动敏捷，嗅觉与触觉都很灵敏，但视力差。褐家鼠记忆力强，警惕性高，多沿墙根、壁角行走，行动小心谨慎，对环境的改变十分敏感，遇见异物即起疑心，遇到干扰立即隐蔽。褐

家鼠在一年中的活动受气候和食物的影响，一般在春、秋季出洞较频繁，盛夏和严冬相对偏少，但无冬眠现象。在苹果贮藏库，褐家鼠以傍晚和黎明活动较多，机警狡猾，多走熟路，沿墙根、小塑料袋缝隙乱跑，对小包装塑料袋和塑料大帐破坏很大。

褐家鼠繁殖力强，一年可产6～8胎。孕期3周左右，每胎产仔

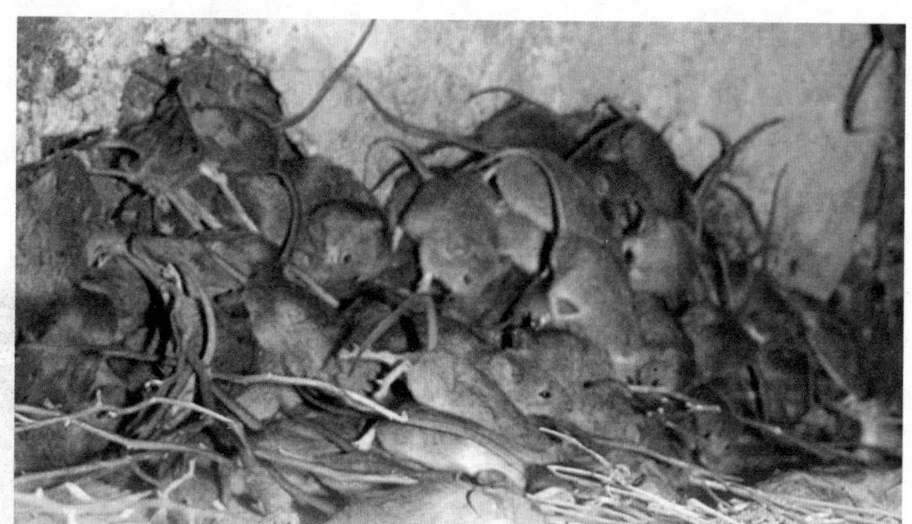

7～10只，多达15只。其繁殖期从1月下旬开始，到12月上旬结束，历时320天，12月中旬到1月中旬为滞育期。幼鼠产下后3个月左右即达到性成熟，寿命2年左右。褐家鼠食性广而杂，凡是人类所用食物，它都可以取食。尤喜食肉类物品及含水分较多的苹果等果品，粮食类食品中喜食小麦、大米等。据测定，成年褐家鼠平均日食量为10.33克，年食量即3.77千克左右。

褐家鼠分布广，适应性强，繁殖率高，为害重；与人类活动关系密切，防治难度比较大。因此，必须采取科学防治方法，才能控制其为害。根据其发生消长规律、食物因素、人们农事活动等综合考虑，冬春季是该鼠防治的最佳时期，这一时期的防治对减轻全年鼠患都有重要作用。在灭鼠方法上，应以药物灭鼠为主，辅以人工诱杀和器械灭鼠。灭鼠药剂以敌鼠钠盐、溴敌隆等慢性抗凝血杀鼠剂饱和投饵效果最好，而且要大范围内连片统一进行。在突击灭鼠后，要采取有效措施长期巩固，常抓不懈，才能达到最终控制的目的。

老挝岩鼠

老挝岩鼠是科学家在距离泰国边境附近的老挝中部地区的一次探险活动中发现的一种啮齿类动物，这种啮齿类动物从外表上看既像松鼠，又有点类似岩鼠，它性情温顺，长着一根长长的尾巴，身上的毛又浓又密，因而科学家们先给它起了个绰号叫老挝岩鼠。老挝岩鼠行走的样子和步履蹒跚的鸭子有些相像，后足张开成一定角度，这种

姿势非常适合攀岩。

科学家最初认为，它们是一种全新的啮齿类动物。然而在经过大量研究后，美国匹兹堡卡内基自然历史博物馆古生物学家玛丽•道森指出，这种动物并非一个全新物种，而是“灭绝”了1100万年后再度出现的一种动物，学名为“Diatomyidae”。这条消息立即在科学界引起巨大轰动。道森与法国和中国同行在当时最新的一期《科学》杂志上公布了这种动物的“新身份”。

据佛罗里达州立大学退休教授大卫•雷德菲尔说，目前，科学界实际上对这种生物还几乎一无所知，例如它的具体种属、它的现存数量，以及采取怎样的保护措施等等。幸运的是，经过四次失败的尝试后，雷德菲尔教授和他的朋友、鸟类观察专家乌泰居然逮住了一只活的老挝岩鼠，在对它进行录像后，科学家们又将这只小家伙送回了它位于岩石里的住所。

这种新发现的老挝岩鼠已经被生物学家们列入一个新的物种，因为科学家们在肉类市场上发现有人出售这种动物的肉。但在雷德菲尔他们拍摄这段录像之前，科学家们从来没有见过活的老挝岩鼠。

第三章

趣说鼠文化

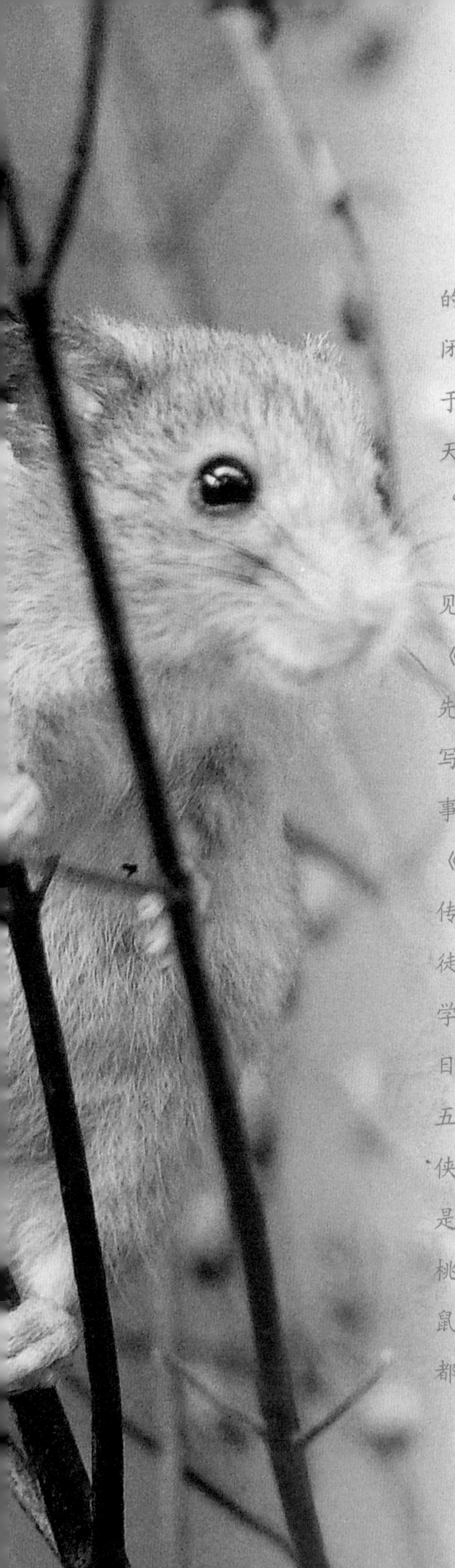

在十二生肖中，居首位的是老鼠。我们的原始先民认为，天地生成时，世界是个封闭黑暗混沌的世界，后来这个混沌世界被善于挖洞的老鼠挖了一道缝儿，气体流通了，天地之间的万物才有了生机。因为鼠有此“鼠咬天开”之功，居于生肖之首。

在古代文学作品中，鼠的形象随处可见，且内涵不断被丰富和深入。唐代王度的《古镜记》写鼠妖为魅，开后世鼠婚故事之先河。《西游记》第八十一回至八十三回，写无底洞中的老鼠精逼唐僧成亲，是鼠婚故事的发展。清代蒲松龄《聊斋志异》中有《阿纤》一篇，写人鼠恋爱，生动传神。清传奇《十五贯》中的娄阿鼠既是鼠窃狗盗之徒，又是杀人凶手。但以鼠为绰号者，在文学作品中并不都是坏人，《水浒传》中的白日鼠白胜，属一百单八将中的人物；《三侠五义》中大闹东京的“五鼠”，更是结拜的侠义之士，受到读者的喜爱。此外，老鼠还是民间年画、剪纸中的“吉祥物”，与寿桃、福字等吉祥图案放在一起，名曰“寿鼠”“福鼠”，人们对于福气和运气的期望都通过老鼠这一载体传达出来。

民俗剪纸鼠文化

在中国人的观念中，老鼠经历了图腾神崇拜、精灵神崇拜、生殖神崇拜、吉祥神崇拜的发展过程。在中国年节民俗艺术(剪纸、年画、面塑等)中，鼠文化是个重要的主题。尤其在年俗剪纸中，表现老鼠的形象随处可见。传说天地之初，浑沌未开。老鼠勇敢地把天地咬破，使气体流动，阴阳从此分开，民间俗称“鼠咬天开”。农妇们巧妙地剪了老鼠咬破合碗或顶开合碗的形象，以合碗象征天地，阴

阳交合，生育万物，这里的老鼠成了开天辟地、生育万物的子神。李长卿《松霞馆赘言》解释：“子何以属鼠也？曰：天开于子，不耗则其气不开。鼠，耗虫也。于是夜尚未央，正鼠得令之候，故曰属鼠。”

老鼠的繁殖力强，寿命长，于是在民俗剪纸中，表现老鼠繁衍育子的主题大量出现。例如：老鼠娶亲、老鼠联烟、老鼠登蜡台、老鼠偷油吃等等。老鼠娶亲亦称老鼠嫁女，是我国汉族和部分少数民族地区广泛流传的年节民俗剪纸。其活动日期因地而异，有腊月二十七、除夕、正月初一、正月初三、正月初七、正月初十、正月十四。俗称该日是“老鼠嫁女日”，民间多贴民俗剪纸“老鼠嫁女”，其最初功能是祭祀生殖神子鼠，目的是祈求结婚早生子、多生子。“老鼠联烟”，以“烟”谐音“姻”，

"联烟"即结婚之意。古人认为多子多福，而"老鼠吃麦穗""老鼠吃葡萄""老鼠吃南瓜"中的"麦穗""葡萄""南瓜"，皆为多籽，用比拟象征手法寓意祈求人类繁衍不断，子孙满堂。民俗剪纸子鼠为阴极的象征，多是出现在年节期间的腊月至正月，这正是除旧布新、送阴迎阳的时刻，具有祛灾纳吉的象征意义。

随着历史的进步，原生态的年节民俗剪纸鼠文化逐渐演变发展为祈求福、禄、寿、喜、财的吉祥文化，展示出中华民族特质的幸福观、人生观。人们将老鼠与蝙蝠、佛手、麋鹿、桃子、石榴、桂花、贯钱、珠宝、粮仓、鲢鱼等吉祥物组合在一起，利用谐音和象征手法，为自己和他人祝福、进禄、增寿、添喜、招财，出现了瑞鼠祈祥、灵鼠闹春、福鼠临门、禄鼠高晋、寿鼠延年、财鼠兴旺、鼠闹天仓、鼠年有余、瑞鼠顶桂、瑞鼠燃灯、鼠回娘家等年俗吉祥鼠文化剪纸。而今更出现了鼠吹喇叭、鼠打锣鼓、鼠扭秧歌、鼠提花灯、鼠迎奥运等鼠文化娱乐剪纸，反映出时代的新气象，也为中华鼠文化增添了丰富深刻的内涵。

古今画家很少喜欢画鼠，但国画大师齐白石笔下的老鼠却气韵生动，形神兼备。他所画的《老鼠与油灯火》构图简洁凝练，形象鲜明，油灯画在左边，油芯上的火焰似被微风吹拂，画的右下侧是 只老鼠，形简意足，画尽了老鼠机敏伶俐的特点。

“老鼠嫁女”“老鼠娶亲”的年画和剪纸在我国民间视为“吉祥物”，过年过节时贴在墙上和窗户上。四川绵竹印制的《老鼠嫁女》年画，表现一伙老鼠掮旗打伞，敲锣吹喇叭，抬着花轿迎亲。骑在癞蛤蟆背上的是“新郎”，头戴清朝的官帽，手摇折扇，双目注视着一只大金箱，显出一副贪婪的样子。正当这伙丑类大摇大摆，招摇过市之时，等待它们的却是一头大黄猫。前面鸣锣开道的一对鼠兄鼠弟，其中之一已被猫的利爪抓住，另一只则咬在猫的嘴上。此时，坐在花轿里的“新娘”，自知末日来临、泪流满面。这幅年画反映了人们鲜明的爱憎情感。

与鼠有关的风俗

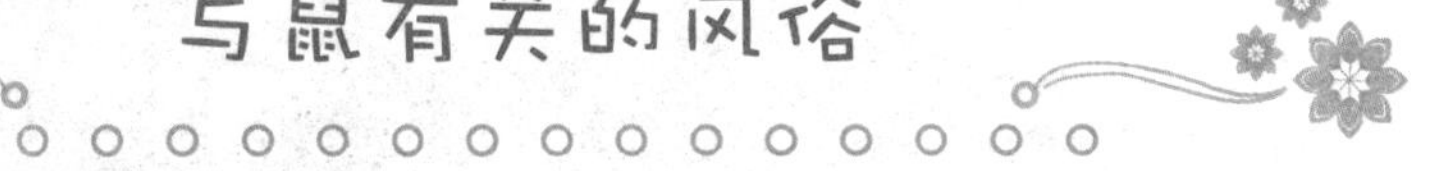

在古代，粮食是引来人与鼠对立的关键因素。同时，粮食也是导致某些地区有鼠崇拜习俗的原因。乌丙安《中国民间信仰》一书就此论道：南方民族中崇拜鼠王的习俗值得注目。白族有的氏族祖先传说有始祖男神四女儿与大鼠成婚繁衍后代，叫做鼠氏族。德昂族古老的信仰中，鼠王统管牛、马、虎、豹、象等动物，是鼠王拥有粮食种，传给人类代代种植才有了粮食吃。傣族也流传着远古人类祖先向鼠王讨来谷种，从那时起人才学会了种粮食吃的谷种起源神话。正是人与鼠的这种矛盾关系造就了与鼠有关的各种岁时风俗。

*“蒸瞎老鼠”

在青海的乐都、民和、平安、湟中、互助等地，作为汉族民间岁时风俗，旧时每年的农历正月十四日晚，都“蒸瞎老鼠”。说这一天，人们用面捏成十二只瞎老鼠，以椒仁做眼，七窍俱备，用蒸笼蒸熟，次日元宵节的拂晓呈献于供桌，并烧香祈祷，盼望这一年老鼠只食草根，不伤庄稼，以求一年顺利，并获丰收。

*“照虚耗”

“照虚耗”是流传地区较广的一项民间年节习俗，并有历史传统。其时间说法不一，有农历腊月二十四日说、除夕说以及正月十五日说三种说法。宋孟元老《东京梦华录》卷十：“（十二月）二十四日交年……夜于床底点灯，谓之照虚耗。”宋吴自牧《梦粱录》卷六：“（十二月二十四日）其夜家家以灯照于卧床下，谓之照虚耗。”明田汝成《西湖游览志馀》卷二十“熙朝乐事”：“（除夕）燃灯床下，谓之照虚耗。”清道光九年《阜阳县志》卷五：“（上元夜）门户、碓、井等各设灯，谓之照耗。”可见这一风俗的历史悠久。一般认为“虚耗”就是老鼠，照虚耗意在防范老鼠吃供品。另一说则认为虚耗是可使财物虚耗之鬼物，点灯一照，即可驱邪求吉。

*“打老鼠眼”

旧时浙江南部地区，元宵节有“打老鼠眼”的岁时风俗。这一天，人们煮好黑豆，站在室内梁下手抛黑豆到梁上，口中念念有词："西梁上，东梁下，打得老鼠光铎铎（断绝之意）。"一般以抛七粒为率，据说以黑豆从西梁上去到东梁落下为有效。可见"打老鼠眼"就是人们希望断绝鼠患的一种企盼。

*"敲击避鼠"

在湖北荆州一带，正月十五晚，各家的小孩手拿簸箕、罐子、破瓢等敲击，边敲边唱："正月十五敲破瓢，老鼠落儿不成苗；正月十五敲破罐，老鼠落儿不成算；正月十五敲簸箕，老鼠落儿不成器。"鲁西南一带有类似的做法，只是时在二月二，人们一边敲瓢一边唱："二月二，敲瓢叉，十个老鼠九个瞎，还有一个不瞎的，眼里长着棠梨花。"在云南，正月十六日的驱鼠仪式是这样的：一人左手拿葫芦，右手拿刀子，绕屋随走随锯，也有放在地上拖的，一边锯或拖一边唱："葫芦拖一拖，老鼠死一窝，葫芦锯一锯，鼠儿不成器。"另一个人手拿鞋子，在地上拍，边拍边唱："鞋子掼一掼，鼠儿死一万；鞋子拍一拍，鼠儿死一百。"

*"滚葫芦"

在山西运城有滚葫芦的习俗。正月初十日，当地人常常拿一细腰葫芦，从窗边滚到炕沿，从锅台滚到门槛，凡是老鼠常走的地方都要滚上几滚，滚时还要念道："葫芦葫芦滚八匝，老鼠生下一窝瞎娃娃。只有一个有眼的，猫逮啦。"

*"熏鼠火"

东北地区还有在农历正月第一个子日燃熏鼠火的做法，孩子们在田埂上撒稻草点火烧杂草，叫熏鼠火，农家还会根据火势大小来占卜当年庄稼的丰歉。火叫“熏鼠”，其目的可想而知。

*“烧老鼠爪”

在河北赞皇，村民从山上砍来红葛针柴（形似老鼠爪）在空地上点火烧，叫“烧老鼠爪”。每年的腊月初一是贵州平塘毛南族的送鼠节，每到这一天清晨，村中的男女老少就到山野中的指定地点举行送鼠仪式，仪式由寨老和祭司共同主持，人们大唱《送鼠歌》，过年，年轻人还要举行砸老鼠比赛。

*“老鼠嫁女“

老鼠嫁女的民间传说，在我国很流行。旧时民间俗信，老鼠嫁女，亦称鼠娶亲、鼠纳妇、老鼠娶亲等，是传统民俗文化中影响较大的题目之一，是在正月举行的祀鼠活动，其情节“版本”不一。具体日期因地而异，有的在正月初七，有的在正月二十五，不少地区是正月初十，也有的是夏历正月十四的夜半。

在江南一带的民间传说中，说老鼠是害人的，不吉利，故有旧历年三十夜要把老鼠“遣嫁出门，以求吉利”之俗。

台湾居民认为初三为小年，传说初三晚上是老鼠结婚日，所以深夜不点灯，在地上撒米、盐，人要早晨上床，不影响老鼠的喜事。

山西平遥县初十日将面饼置墙根，名曰“贺老鼠嫁女”。

上海郊区有些地方说老鼠嫁女是在正月十六，这天晚上，家家户户炒芝麻糖，就是为老鼠成亲准备的喜糖。上海一带也有避老鼠落空的习俗。老鼠外出觅食，失足落地，称为“老鼠落空”，据说见者多为不吉利，非病即死，必须禳解。其方法是沿街乞讨白米，谓百家米，回家用以煮饭，食后便可化解。

湖北孝感民间还传说正月十五晚上，是老鼠嫁女的日子，人们不能在家里喧闹。妇女要在床下点一盏麻油灯，边拜边说：“请红娘子看灯。”据说这样，一年就没有臭虫骚扰了。人们还用竹篮从屋上抛过去占棉花丰歉。仰则主丰收，仆则歉收。

有些地方还用老鼠嫁女日的风俗行事作为祝子巫术。如陕西千阳民间以正月十五为老鼠嫁女日，是日家家都做老鼠馍。俗信当年过门的新媳妇吃了老鼠馍的鼠尾巴，便可怀孕；隔窗把老鼠馍扔进新媳妇房中，“老鼠”仰面朝天为生男之兆，反之为生女之兆。

河南民间传说，正月初七、十七、二十七是老鼠嫁女之日，俗语有“初七娶，十七嫁，二十七添娃娃”，故上述三天要吃饺子。

在北方，老鼠嫁女是在正月

二十五日的晚上。在这天夜里，家家户户不点灯，全家人坐在炕头上，一声不响，只是摸黑吃着用面粉做成的“老鼠爪爪”、“蝎子尾巴”和炒大豆。不点灯、不出声的意思是为老鼠嫁女提供方便，生怕惊扰了娶亲喜事。吃“老鼠爪爪”表示人们期望老鼠的爪子发痒，好早些起来行动；吃“蝎子尾巴”即是为了老鼠嫁女出洞时不会受到蝎子伤害。吃炒大豆发出嘎嘣的脆响，似乎是给老鼠娶亲放鞭炮。

湖南宁远则以十七日为“老鼠嫁女”，这一日忌开启箱柜，怕惊动老鼠。前一天晚上，儿童将糖果、花生等放置阴暗处，并将锅盖簸箕等大物大敲大打，为老鼠催妆。第二天早晨，将鼠穴闭塞，认为从此以后鼠可以永远绝迹。

在老鼠嫁女夜晚，湖南资兴一带则在屋角、过道遍插蜡烛，意思是将老鼠娶亲途经之路照得通亮。

还有的地区在老鼠娶妇日忌做针线，怕扎烂鼠窝；晚上忌点灯，怕惊动鼠女的花轿；很早就上床睡觉，也为不惊扰老鼠，俗谓你扰它一天，它扰你一年。

此外，除汉族外，正月十五彝民山寨里称为“老鼠嫁女节”。传说，远古时代，洪水泛滥，仅有伏羲姐妹因进戎芦而幸免于难。可是，当洪水退却后，她们却出不来了。是老鼠啃破戎芦，才将她们放出，人类因此才得以繁衍生息。古老的彝族山歌中至今还保留着“子鼠啃破红香木，露出王母绣花鞋”“盘古出来开天地、伏羲姐妹闹人烟”之类的唱词。这大概就是由老鼠救人祖先这一传说演化而来的。至今，还有彝民认为老鼠与人分享粮食是应该的，因为是它们使人类获得了新生。一些地区的彝民甚至以为盖房，起屋后，如果没有老鼠作伴是件憾事。在他们看来，只有老鼠愿来之地才是吉地佳处，人住了才会粮丰财茂，吃穿有余，无灾无难。更值得玩味的是，彝语中老鼠叫“黑”或“阿黑”，而日子叫“黑妮”，意即“老鼠的日子“。于是不难发现，在彝民敬鼠的背后，隐藏着一个重要的原始观念：人类（至少是彝族）的社会生活是从老鼠啃破戎芦放出伏羲姐妹时开始的。

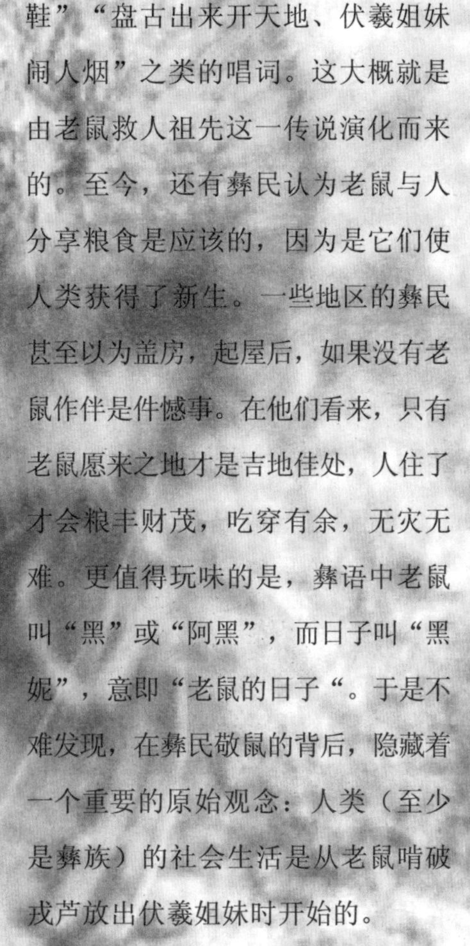

农历正月第一个子日，朝鲜族亦在这一天要进行熏鼠火民俗活动。农家的孩子们在田埂上撒下稻草并点燃，以达到烧除杂草并驱赶田鼠的目的。这一项民俗活动，有利于灭鼠、灭虫，草木灰还可以肥田。另外，子日属鼠，在这一天燃一把熏鼠火，其象征性使人们得到了心理上的满足。

【知识百花园】

老鼠嫁女的文化内涵

一般认为，老鼠嫁女日的行事与禁忌实质上是一种祀鼠活动。而各种鼠婚故事、歌谣以及年画剪纸等民间工艺品，是对祀鼠活动所作的解释。老鼠何以成为人们奉祀或崇拜的对象呢？大约有如下两种原因：一、图腾崇拜，如有人认为古代的偃姓以鼠为图腾。二、关于鼠的感生神话，如汉族《十二属的传说》称，鼠有打开天地、化生万物的神通。彝族神话《葫芦里出来的人》称，人类起源于葫芦，而葫芦原是密封的，是鼠在葫芦上咬开一个洞，人类得以出世。瑶族神话《谷子的传说》、畲族神话《稻穗为何像老鼠尾巴》称，是鼠帮助人类取来了稻种。这些传说均反映出鼠在古人的动物神崇拜中的特殊地位。

有人认为，作为民俗文化事象的老鼠嫁女，表达了民众根绝鼠患的愿望；之所以采用“遣嫁”方式，是因对鼠患充满畏惧，于是以提供食物、熄灯禁光等迎合鼠类习性喜好的献媚行为来掩饰真实目的，这是一种在矛盾心态中的趋利避害的选择。古代没有统一的“灭鼠日”，立春之后为老鼠繁殖期，为免遭鼠害，人们绘制“老鼠娶亲”图，实际行动则是夜晚熄灯灭火，骗稚儿早睡，以诱老鼠出洞捕杀之。还有人认为，嫁灾观念，由来已久。《方言一》：“嫁，往也。自家而出谓之嫁，由女而出为嫁也。”所谓嫁灾、嫁非、嫁鼠，包含有把灾祸、是非、鼠虫逐出家门的意思。民间俗信中为鼠择日婚嫁的日期大多在腊月二十三到正月二十五，此时正是鼠类繁殖的高峰季节，送鼠出嫁，意味着送鼠“自家而出”，从人们的心理来看，便可达到杜绝鼠患的目的；另一方面，老鼠嫁女又是岁时文化中对子鼠母神信仰的产物。鼠属子，为十二支之首，“子为阴极，幽潜隐晦，以鼠配之”。子鼠为极阴的象征，而腊月至正月，正是新旧岁时交替时刻，故选择这一时段嫁鼠，还具有除旧迎新、送阴迎阳、祛灾纳吉的象征意义。

与鼠有关的典故

* 投鼠忌器

这则成语出自《汉书·贾谊传》："里谚曰：'欲投鼠而忌器。'此善谕也。鼠近于器，尚惮不投，恐伤其器，况于贵臣之近主乎。"西汉初期的贾谊是著名的政治家和辞赋家。他写的政论文章十分出色，能够切中当时朝政的弊端，提出很多高明的见解。《陈政事疏》是其中最著名的一篇。在这篇奏疏中，他指出诸侯混战割据，竞相扩展势力范围，严重威胁到中央的集权统治，建议朝廷削弱诸侯的势力。在奏疏中，贾谊还提出应该实行严格的等级制度。皇上处于最高地位，大小官吏就像一级一级的台阶，应该做到尊卑有序、界限分明。王侯大臣犯罪，应该将他们处死，因为他们是皇帝身边的人，不能采用对付老百姓的刑罚来惩罚他们。有一个俗语说，原本想扔东西砸老鼠，但又担心会砸坏老鼠旁边的物品。这个比喻很好，老鼠靠近器物，人惟恐损伤器物而不敢扔东西去砸它。对皇帝身边贵族大臣的处置也是如此，如果对皇帝身边的人采用惩处老百姓的刑罚，就会使皇帝的尊严受损。用投鼠忌器来比喻想采取行动又有所顾虑，想做而又不敢放手去做。

*老鼠听经

清朝的时候，在浙江省杭州武林门内，有一座庵堂，住持是上静下然尼师。她每天早晚焚香诵经礼佛，很有修行。

在顺治五年的元旦清晨，庵里正准备作早课时，突然传来老鼠的吱吱叫声。静然尼师朝梁上看说：“老鼠啊！你爬得比佛像还高，是不礼貌的，赶紧下来吧。若要听经，可以到我身边来。”那只老鼠歪着头，好像很注意听的样子，然后往下窥探了片刻就跑掉了。

不久，尼师们开始作早课，老鼠听到木鱼声，就又跑出来。起初，它只敢伏在门边，后来就渐渐地敢跑到尼师身旁，接着又爬到供桌上，伏在佛经旁，听尼师们诵经念佛。

当早课完毕，静然尼师便对老鼠说：“你也知道听经念佛啊！嗯，真有善根，难得！难得！听经

念佛有功德，不但能消除磨难和障碍，同时可以增加福报和智慧，还可发愿回向，求将来往生到西方阿陀佛的国土——极乐世界。以后要常来听经修行，才能脱难畜生的身体啊！”老鼠听了，仿佛有所领悟

而惭愧的样子，低叫了数声，便缓缓离去。从此，每当木鱼声响起，老鼠便跑出来听经念佛，庵里的人也都习以为常，而且很欢迎它。

如此，过了一年。有一天早课念佛完毕，鼠突然起身向佛像顶三拜，大家都觉得不可思议，于是好奇的围着它瞧。老鼠接着又向静然尼师顶礼一拜，便寂然不动了。静然尼师俯身看了看，很欣然的说道：“阿弥陀佛，它往生了！”随即拿起引磬，招呼大众道：“大家赶紧念佛，送它一程吧！阿弥陀佛、阿弥陀佛……。”

几天后，老鼠的身体坚硬如石，并且散发出一阵阵的旃檀香味。老鼠听经念佛修行，也能坐化往生，真是稀有难得啊！

有一位尼师，就这件事请问师父说：“任何一个众生，要想生到西方极乐世界，都必须具足信、愿、行三个条件。这只老鼠也有吗？”师父说：“当然有！他如果对佛没有信仰的心，便不会来；他天天来听经念佛，不就是修行吗？他如果没有发愿想求生西方极乐世界，如何能够预知要往生的时辰，而会先行礼佛，还向我们拜别呢？他不但确有修行，而且还具足信愿行三种资粮呢！”于是尼师们便为它造了一个小木龛，以出家人的礼节安葬它，并竖了一座小塔来纪念它。

当人们见闻到这件事，都引以

为修行的借镜。想想看：一只老鼠，尚且知道要听经念佛修行，我们人类怎么可以不如一只老鼠呢？

有诗曰：

众生佛性一般同，
鼠子听经积善功。
脱却畜身极乐去，
浮图一座永褒崇。

*十二生肖之鼠第一的由来

传说有一天玉皇大帝要排十二生肖，定下了牛、虎、兔、龙、蛇、马、羊、猴、鸡、狗、猪、猫。玉皇大帝让他们第二天来排名次。那时猫和老鼠是好朋友，猫对老鼠说：“明天你要早点喊醒我，我是十二生肖之一，明天我要上天排名次。”老鼠满口答应了。

第二天，老鼠早就醒了，他没有喊醒猫，而是自己上天了。那时刚好到排名次的时候，玉皇大帝按牛、虎、兔、龙、蛇、马、羊、猴、鸡、狗、猪、猫的顺序排了十二生肖。玉皇大帝问动物们有没有意见，惟有老鼠提出了异议：“我认为不应该选猫，他一点也不尊重您。您瞧，他现在还在睡觉呢，根本不把您要排十二生肖的事放在眼里。”玉皇大帝一看，猫果真在睡觉！他勃然大怒，一气之下，决定永远不允许猫再上天。同时，他让老鼠顶替猫的位置。老鼠又说话了：“我一定要排在第一位！”“为什么?难道你的贡献比牛还大吗！”“人们都认为我比牛大多了。”玉皇大帝没有办法，只

好让人们来评判。人间到云端的人都说："呵！好大的牛啊！"接着，他们看到了站在牛头上的老鼠，都说："好大的老鼠！竟然比牛还大！"玉皇大帝只好让老鼠排在第一位。

*"米老鼠"的由来

华特·迪士尼小时候和他的爸爸生活在农场里，他的爸爸从来不给他买玩具。因为他爸爸认为玩是没有用的，工作才是正经事。爸爸让华特·迪士尼看守农场。他天天和动物们在一起，并且成了朋友。华特·迪士尼常常在地上拿着树枝画他的动物朋友。因此他被爸爸打了一顿。可是他仍然很爱画画。

1922年，当华特·迪士尼21岁的时候，他曾在堪萨斯市成立过一家"欢笑卡通公司"，那是一段十分艰苦的时期。在堪萨斯市一间破烂不堪的车库里，沃尔特在画板上描绘他漫画家的梦。

有一天，当华特·迪士尼辛苦伏案画画的时候，有一只小老鼠瑟瑟缩缩地爬到桌子上偷食面包屑。当小老鼠发现华特·迪士尼没有赶它走或置它于死地，就大胆地与他逗乐，甚至淘气地爬上他的书桌和画板，仿佛在看他画画似的。

在寂寞和苦闷中，这一大一小的生灵建立起了深厚的友谊。在短短的两个月时间里，那只小老鼠成为华特·迪士尼忠实的小朋友。它虽然淘气，却也很温驯，更会撒娇，有时甚至蜷伏在华特·迪士尼的手掌心里睡大觉。华特·迪士尼很喜欢看着它，研究它的每一个动作，甚至还会对着镜子又皱鼻子、又努嘴巴，学着小老鼠一大堆可爱的小动作。

当欢笑卡通公司要关门的时候，华特·迪士尼需要认真考虑小老鼠的"出路"问题。他打定主意，一定要让小老鼠离开这里。就在公司关门的当天晚上，华特把小老鼠带到附近的树林里，放走了它，并在心里默默地对小老鼠道了别。

小老鼠是走了，但小老鼠实际上却又没走。因为6年来，小老鼠可爱的形象一直活在华特·迪士尼的心里。也许是人类尔虞我诈的事情太多，华特·迪士尼倒更喜欢小动物的那种坦诚和无欺。就在华特·迪士尼计划要制作一部新的卡通片，计划要塑造一个新的角色时，那只令他念念不忘的小老鼠就突然从他的脑海里蹦了出来。

华特·迪士尼先画了几张老鼠的草图，拿给奥比看。奥比一看就乐了，这只老鼠太像华特·迪士尼了：它的鼻子、面孔、胡须、走路的姿势和表情，都好像有华特·迪士尼的影子，现在就缺华特·迪士尼的声音啦！这张画是华特·迪士尼以自己的脸为模特，是华特·迪士尼面孔的写照。他本来打算给小老鼠取名叫莫蒂默，但是，奥比嫌莫蒂默这个名字女人味太足了，而且也不够响亮。迪士尼的妻子莉莲的看法与奥比一样，她说不如叫米奇更好。奥比认为，米奇这个名字起得很棒。这样，小老鼠就有了米奇这个名字。

在中国，小朋友所熟悉的“米老鼠”这三个字，其实就是从“米奇老鼠”简化而来；“米奇老鼠”按照英文的用法，就是“一只名叫米奇的老鼠”的意思。当华特·迪士尼看到要把奥斯华夺回来是多么轻而易举时，他露出了笑容。此时，华特·迪士尼已经领悟到了电影业的经营方式。

接下来，迪士尼和伙伴们便要设计米老鼠的个性。经过反复的讨论和推敲，原本只是“平面”的米老鼠，在有了个性之后，渐渐“立体”起来。他和伙伴们希望米老鼠是一个温柔可亲、善解人意，但也有些急躁粗心的小家伙；它很有正义感，喜欢打抱不平，常常不自量力，使自己身陷险境；它颇有些机智，也很勇敢，所以最后总能化险为夷；它还有淘气的一面，常常喜欢恶作剧，开一些无伤大雅的小玩笑。

对于米老鼠的真正来历，现在已经众说纷纭了。而大部分传说都说是由迪士尼创造的。他曾说过，他在奥斯华电影争夺战失败后，在回加州的火车上，梦见了米老鼠这个角色，而后，由于妻子莉莲厌烦“莫蒂默老鼠”这个名称，于是，他就把名字改为米老鼠。

华特也曾提到这个角色的另外一个来源。在堪萨斯市时，经常有一只老鼠常常在他的画板周围玩耍，给他留下了深刻的印象。这两个故事流传甚广。但是，米老鼠真正的来源，应该是华特和奥比密切合作的结果：华特想像出米老鼠极具趣味的特性和创造出他的声音，而奥比则描绘出它的具体动作和形态。

接着，华特和奥比讨论怎样把这个新角色推向公众。恰好，当时美国飞行员查尔斯·林德伯格（1902—1974年）首次单人驾驶“路易士精神号”单翼飞机，成功地从美国飞越大西洋，直达法国的巴黎，成为新一代美国人心目中最了不起的冒险家。

一直到1928年3月，报纸上都还经常可以看得见，有关林德伯格或有关飞行、飞机、冒险等相关题材连篇累牍的报道，公众更是依然把他视为民族英雄。华特说，这个社会热点我们必须抓住，就让米老鼠开飞机吧，我想观众会喜欢的。他们约定，由华特编写剧本，奥比制作。于是，华特根据林德伯格的事迹，构思了一个简单、有趣的故事。这就是《米老鼠系列影片》第一部——《疯狂的飞机》。

《疯狂的飞机》剧本很快写好了，可是制作却成了问题。为了保密，他们采取了两条措施。一方面，华特一改以往的宽宏，派了监工去监视那些画家的工作。华特强调说，一定要让他们埋头作画不得消闲，连擦鼻涕的工夫都没有，这样，他们就没有精力去注意我们在干些什么。

另一方面，米老鼠的制作是在严格保密的状态下进行的。奥比把自己关在房间里，以每天700张画面的速度绘制这部新的影片。莉莲和另外一个可信赖的女工则躲在车库里，把奥比绘制的图画描在赛璐珞片上。拍摄工作由华特负责：等到画家们下班后，他便紧张地工作一夜，而到天亮之前就把一切都收拾起来，像是什么也没发生过。

1928年5月10日，《疯狂的飞机》在好莱坞日落大道的电影院试映了。试映虽然没有引起轰动，但观众的反映还不错，令华特信心倍增。华特用最后的资金又拍了两部米老鼠短片。在第二部《骑快马的高卓人》中，米老鼠是一个勇敢的骑手；在第三部《威利号汽船》中，米老鼠又成了一个能干的船员。

华特·迪士尼的卡通王国里有许多可爱的卡通明星，其中资格最老、同时也是最受欢迎的角色，无疑应当首推米老鼠。米老鼠诞生于1928年，到2008年，米老鼠已经有80岁了。虽然米老鼠的年纪已经不小了，但是其魅力却始终未曾稍减。不知道米老鼠陪伴过多少小朋友的童年，带给多少小朋友无尽的欢乐。米老鼠，这只全球最知名的“老鼠”，早已成为华特·迪士尼卡通王国的招牌和重要标志。

从米老鼠开始，一个接一个的卡通形象被华特·迪士尼带到了观众的面前。从《疯狂的飞机》开始，米老鼠从美国走向全球，魅力至今不衰。毫不夸张地说，它已是风靡全球、最受欢迎的卡通形象了，有人甚至称它为“魔幻之影”。在80年以前，就是1923年的时候，动画片不像现在红火，可23岁的华特不这么认为，他认为动画米老鼠的前身——奥斯瓦尔德片的前景非常好，所以他注册了“迪士尼兄弟动画制作公司”。在米老鼠形象诞生之前，迪士尼曾经创作过一只叫奥斯瓦尔德的长耳朵卡通兔形象，很受观众欢迎。1928年，就是米老鼠诞生的这一年，在一次从纽约回堪萨斯的火车上，迪士尼和一些卡通设计师们一起讨论，如何创作一个更可爱的卡通形象。他们把奥斯瓦尔特画在纸上，然后开始修改：先把尾巴变短，变圆再修改尾巴和脚……不一会儿，一个可爱的老鼠形象就跃

然纸上了！华特眼前一亮：就是这只小老鼠！他的夫人莉莲马上给它起了个响亮的名字“Mickey Mouse”（米奇老鼠）。

因为米老鼠是迪士尼先生的构思，又是迪士尼先生制作出来的，很多人认为米老鼠出自迪士尼之手，其实不是这样。米老鼠的最初原型是他的设计伙伴伍培·艾沃尔斯执笔设计的。维·史密斯和费洛伊德·戈特佛森创作的米老鼠的故事。米老鼠的形象设计出来以后，迪士尼便开始用它来制作动画片。

与鼠有关的故事

＊“谁动了我的奶酪？”

两只小老鼠（嗅嗅和匆匆）和两个小矮人（哼哼和唧唧）每天都在迷宫中度过，寻找他们各自喜欢的奶酪。他们以各自不同的方式，不懈地追寻着自己想要得到的东西。终于有一天，在某个走廊的尽头，在奶酪C站，他们都找到了自己想要的奶酪。幸福的生活开始了。哼哼和唧唧庆幸奔波的生活结束了，他们想在C站过永远安逸的生活。但是，嗅嗅和匆匆像以前一样，每天早早地来到C站，享受美味的同时还时刻关注着周围的变化，并且总是一身准备随时“再赴征程”的打扮。

突然有一天早晨，当这4个小家伙来到C站的时候，他们发现，这里已经空空如野，那些新鲜的奶酪不见了。看到这情景，嗅嗅和匆匆并没有吃惊，因为他们早已经察觉到C站里的变化。他们立刻告别了C站，再次走进黑暗的

迷宫去寻找新鲜的奶酪。而哼哼和唧唧却无法接受这个变化。他们情绪激动地叫骂这世界的不公平和那个偷走了奶酪的家伙。继而，他们又想到，这也许是个噩梦，也许第二天奶酪又会出现。于是，以后几天，他们仍然每天赶到C站，但每次都是失望。

终于有一天，唧唧明白了：他们每天都在重复同样的错误。于是，他对哼哼说："事情改变了，就再也回不到原来的样子，我们只能改变。"但哼哼对未来的恐惧此时已经变成气恼，他什么都不想做。

重新走进迷宫的唧唧有时犹豫，有时担心害怕，有时困惑。但是，他一直坚持着。当他走进奶酪N站，那堆积如山的奶酪使他惊呆了，而且，他发现老朋友嗅嗅和匆匆早已到达多时了。唧唧明白了，只有改变才能使人获得幸福和成功。

*"臭老鼠"的故事

战国时代，庄子和惠施是好朋友。两人经常一起辩论对任何事的看法。

后来，惠施做了魏国的宰相。庄子知道了，就想到魏国去拜访这位老朋友。

魏国一些爱进谗言的小人就对

惠施说：“庄子这次来我们魏国，可能别有企图。或许是要来谋取您的相位，您可千万要小心啊！”

惠施觉得他们说得很有道理。于是他就派了许多士兵，到魏国各地搜查庄子的住处。士兵们找了三天三夜都没有找到庄子，然而庄子却在第四天早上亲自登门拜访惠施。

庄子说：“老朋友，你知道南方有一只鸟叫吗？这是一种很珍贵奇异的鸟，它由南海出发飞向北海。在途中，若不是梧桐树，它绝不停在上面休息；除了竹结的果实外，它绝不吃别的东西；不是甜美的泉水，它也不喝。当它正悠然自在地飞翔时，地上正好有一只猫头鹰，刚抓了一只臭老鼠，猫头鹰以为它要来抢夺自己的臭老鼠，就抢先地向它怒叫一声！“我说惠施啊！你该不会拿魏相来对我怒叫吧？”庄子说完，就笑着看惠施。

惠施觉得非常惭愧，不好意思地对庄子说：“这……这是我以小人之心度君子之腹，让我以酒宴向你赔罪吧！”

*《舒克贝塔》

小老鼠舒克出生在一个名声非常不好的老鼠家庭，一生下来就注定背上了“小偷”的罪名。舒克不愿意当小偷，于是他决定离开家，

开着直升飞机到外面去闯闯，用自己的劳动来换取食物……

贝塔也是一只小老鼠。从他降生的那天开始，就有一个可怕的影子始终跟踪着。那影子就是小花猫咪丽。贝塔不愿饿死，他得想办法活下去。后来，贝塔当上了坦克兵，击败了咪丽。他决心去寻找属于自己的生活，去一个没有猫的地方……

机缘巧合，舒克认识了贝塔，两只小老鼠不打不相识，很快成为了好朋友！他们又认了一个小男孩——皮皮鲁。在皮皮鲁的帮助下，舒克和贝塔创立了舒克贝塔航空公司，为更多的小动物们服务。

航空公司的运行也不是一帆风顺，海盗总是三番五次的来给他们捣乱，机智勇敢的舒克和贝塔最终战胜了海盗，让小动物们都过上了快乐平静的生活……

*《料理鼠王》

即使是再微不足道的小人物，也有怀揣梦想的权利，哪怕他只是一只生活在阴沟里的老鼠呢……别看人家是老鼠，可也有一个好听的名字——雷米，而他的梦想，是成

为法国五星级饭店厨房的掌勺。也许作为人类的你，可能不会觉得这个想法有多么地惊世骇俗，但雷米是一只老鼠，除了蟑螂之外，人类在厨房里最没办法接受的啮齿类动物。

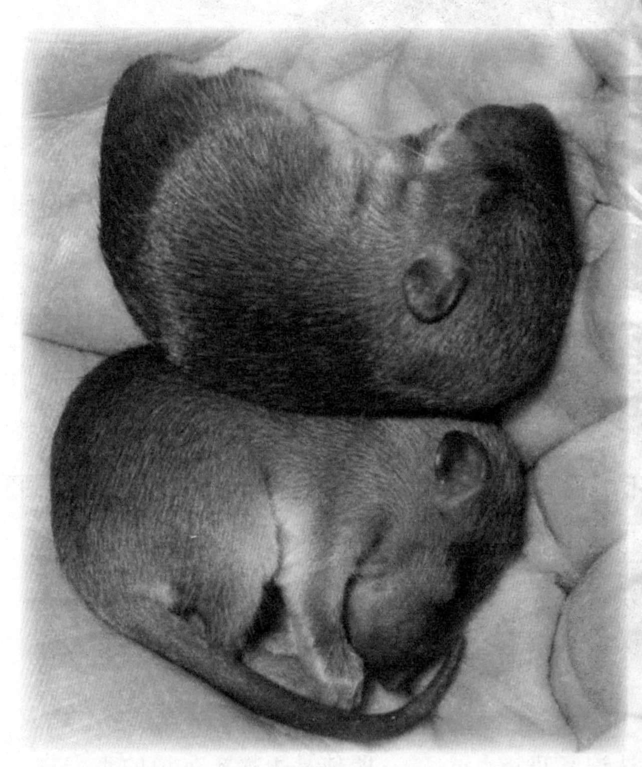

由于在嗅觉方面有着无与伦比的天赋，雷米的一生都浸透在“厨师”的光辉理想之中，并且努力地在朝这个方向艰难地迈进，丝毫不去理会摆在自己面前的事实：厨师是这个世界上对老鼠最怀有病态恐惧的职业。不要以为所有的老鼠都像雷米这样“不切实际”，至少他的家人都还算正常，而且对于雷米的异想天开皆嗤之以鼻，快乐而满足地过着老鼠都在过的与垃圾堆为伴的生活。这个时候的雷米已经有点走火入魔了，凡是看到能吃的东西，他都会情不自禁地想象：到底是火烧、还是嫩煎好呢……

你还别不信，有的时候梦想和现实，真的只有一步之遥。雷米在一个偶然的机会里，竟然搬到一家法国餐馆的下水道里安家。这还不算什么，最神的是，这家餐馆的创始人，恰恰就是雷米毕生的偶像——法国名厨奥古斯汀·古斯特，他曾说过的那句“人人都能当厨师”早就被雷米奉为金玉良言。可是雷米也有自己的麻烦，因为他不能让自己在厨房中被发现，否则就会引起惊天动地的可怕混乱，他很苦恼：“为什么自己只是多长了几根胡子和一条尾巴，就要受到这种不公正的待遇呢？”

就在雷米饱受折磨准备放弃的时候，却发现餐馆厨房里有一个倒霉的学徒林奎尼，因为生性害羞而遭排斥的他，在厨艺上更是没什么天赋，即将面对被解雇的命运。于是乎，同被逼上绝境的一人一鼠，竟然结成了一个不可思议的同盟：林奎尼以人的身份在前台“表演”，雷米则奉献了他那有创造力的大脑，在幕后进行操纵。没想到，他们竟然共同获得了不可思议的成功。林奎尼在雷米的帮助下，成为了整个法国饮食业的“天才厨师”。他们撼动的可不仅仅是巴黎，还包括整个世界的价值观。

但这时林奎尼和雷米的意见不同，有人钻了空子，把小雷米带走了，可偏偏在那天晚上有一位特殊的客人要来品尝他们的特色菜。关键时刻雷米回来帮助林奎尼，两人

和好如初。

*《精英鼠探》

《精英鼠探》是著名导演格劳盖瑞尔·莫罗创作的又一部电脑动画巨片，是当年动画片类型电影中比较卖座的一部影片，并被世界许多媒体称为“开创电脑动画新高峰”的一部巨制。导演格劳盖瑞尔·莫罗运用手中先进的制作技术将拟人化的老鼠形象提高到了崭新的高度。

影片是围绕着黑社会和奶酪城展开的。力量强大的黑帮头子阿尔卡统让他的爪牙喽罗们敲诈勒索、四处掠夺原先一直平静的奶酪城，并统治了整个奶酪市场，实行固定价格，狠狠地大发了一笔邪恶之财。

奶酪城市民们创造出的财富被阿尔卡统用来行贿，很多城市的高层领导、甚至很多警察局官员都包括在内。在控制了政府的各大部门，并把整个警局置于控制之中后，阿尔卡统过着逍遥法外的生活。但是一批极具重要的奶酪货品的被窃给了这个黑帮头子沉重的打击。因为这次窃案引起了联邦警局的重视，他们决定派出精英鼠探埃利安、歌德和威尔逊到奶酪城调查整个事情。

阿尔卡统收到警局的通风报信，得知埃利安一行人将来到奶酪城调查奶酪失窃一案，决定给他们一个下马威。精英鼠探等人到达第一天就遭到阿尔卡统两个笨蛋手下凶残的追杀，不但险些丧命，还因破坏设施，被旅店老板赶了出去，不得不露宿街头。还好有同样看不惯阿尔卡统邪恶势力的饭店老板杰克和美丽性感的女歌手戴维的帮助，几人终于有了地方休息。阿尔卡统的追杀不断，加上到处都有他的同伙人，几乎把警探们逼到绝境。埃利安等人下定决心决不向恶势力低头，加紧侦破奶酪失窃案，最终案件有了一些眉目。

在奶酪城一个隐蔽的仓库，精英鼠探埃利安一行人发现了失窃的奶酪，果然不出大家所料，奶酪真

的是阿尔卡统指使手下偷的。正当大家为案件的侦破高兴时，流浪儿穆尼偷走了奶酪，并妄想可以和阿尔卡统做交易。可是，心狠手辣的阿尔卡统怎么会任由一个小毛孩儿摆布。埃利安、歌德等人不计前嫌，在杰克的帮助下，识破了阿尔卡统的种种阴谋，营救出了穆尼。除此之外，警探们不仅抓住了阿尔卡统及其幕后最大的黑手，还抓住了一大批为阿尔卡统做事的警察局官员，把正义重新带回到奶酪城。

鼠的象征意义

（1）“神明”

在十二生肖中，坐在头把交椅上的正是“神明”的老鼠。原来，我们的先民认为，天地生成时，世界是封闭、黑暗、混沌的，后来这个混沌世界被善于挖洞的老鼠挖了一道缝儿，气体流通了，天地万物才有了生机。因为鼠有此“鼠咬天开”之功，居于生肖之首自然是天经地义了。其实在上古时期，鼠确曾是我们先民崇拜的神物，以至今天我们还称其“老鼠”，岂不知“老”在汉语中带有“大”和“尊”的含义，特别是在中国各地的民间传说中，鼠的化身多是神异之物，普渡众生。传说，远古时代洪水泛滥，仅有伏羲姐妹因进戎芦（即葫芦）而幸免于难，可是当洪水退去后，她们却出不来了，是老鼠啃破戎芦，才将她们放出，人类因此才得以繁衍生息。古老的彝族山歌中至今还保留着“子鼠啃破红香木，露出王母绣花鞋”“盘古

出来开天地，伏羲姐妹闹人烟”之类的唱词，大概就是由老鼠救人类祖先这一传说演化而来的。

（2）“通灵”

早在几千年前，我国民间就流传“四大家”“五大门”通灵动物的原始崇拜，即是对狐狸、黄鼠狼、刺猬、老鼠、蛇灵性的敬畏心理反映。人们普遍认为，这些动物具有非凡的灵性，代表着上天和鬼神的意志。至今民间还认为鼠性通灵，能预知吉凶灾祸。其实，鼠生于自然，长于自然，对自然界将要发生的不测，如地震、水灾、旱灾、蝗灾等，做出一定的行为反应是很正常的，这是地球生物具有的某种特殊本能，只是有些限于人类自身的知识，还未能揭示出它的神秘和规律罢了。在唐山大地震前夕，人们惊异地发现鼠群向郊外奔窜，或者三五结伙蜷缩在马路、街道等相对空旷的地方，却不知这种迹象暗示着什么。类似的事情，在古代曾上演过多次，所以老鼠在人类心目中变成了通灵的神物。

（3）“吉祥”

在民间，人们对于福气和运气的期望都会通过老鼠这一载体传达出来，因为人们认为，鼠能预知吉凶灾祸。周公解梦便有对鼠的深刻描述：如果梦见麝香鼠，则意味着事业成功、封官达贵；已婚女人梦见手里托着家养的老鼠，预示着有喜，要生孩子；男人梦见老鼠在咬自己，灾祸就会避免；男人梦见松鼠，艰苦奋斗定有所获；旅行中的人梦见松鼠，自己的目标一定通达，而且旅行会舒适，事业会成功……老鼠成为一种传达福气和运势的表达。此外，老鼠还是民间年画、剪纸中的“吉祥物”，与寿桃、福字等吉祥图案放在一起，名曰“寿鼠”“福鼠”。

（4）“妖魅”

在古代文学作品中，鼠的形象随处可见，且内涵不断丰富和深入。唐代王度的《古镜记》写鼠妖为魅，开鼠婚故事之先河。《西游记》第八十一回至八十三回，写无底洞中的老鼠精逼唐僧成亲，是鼠婚故事的发展。清代蒲松龄的《聊斋志异》中有《阿纤》一篇，写人鼠恋爱，生动传神。清传奇《十五贯》中的娄阿鼠既是鼠窃狗盗之徒，又是杀人凶手，但以鼠为绰号者，在文学作品中并不都是坏人，《水浒传》中的“白日鼠”白胜，属一百单八将中的人物；《三侠五义》中大闹东京的“五鼠”，更是结拜的侠义之士，受到读者的喜爱。此外，历史上曾有过老鼠嫁女节：一般在正月二十五晚上，当晚家家户户都不点灯，全家人坐在堂屋炕头，一声不响，摸黑吃着用面做的“老鼠爪爪”等食品，不出声音是为了给“老鼠嫁女”提供方便，以免得罪老鼠，给来年带来隐患。在青海的一些地区有“蒸瞎老鼠”的风俗：每年农历正月十四，家家用面捏上十二只老鼠，不捏眼睛，然后用蒸笼蒸熟，待元宵节时摆上供桌，并点上灯烧香，乞求老鼠只食草根，勿伤庄稼，以保这一年丰收。

（5）“机灵”

鼠嗅觉敏感，胆小多疑，警惕性高，加上它的身体十分灵巧，穿墙越壁，奔行如飞，而且它还兼有另两项突生的本领：从数十米甚至上百米的高空、楼顶坠落到地上，翻转身，喘息一下便像没事一样该干啥就干啥，绝对没有粉身碎骨的性命之忧；它虽说不是水生动物，也没有超强的游泳本领，然而窄沟浅水池塘是挡不住它的，为了求生，它可以一口气在水底钻好几米远，自己则毫发无损，所以要摔死或淹死老鼠那可真有些白费心机。人们常用“比老鼠还精”来形容某人的精明机灵，鼠的机灵成为一种类比的标准，可见它的机灵已经上了相当的档次，正如人们形容轿车品质卓越，一定会说“比奔驰还好”一样。同样，形容一个人行动迅速，顺时应变，我们也常说他“像老鼠一样善变”。

（6）“生育”

鼠的繁殖力强，成活率高。譬如一只母鼠在自然状态下每胎可产下5～10只幼鼠，最多的可达24只，而妊娠期只有21天，母鼠在分娩当天就可以再次受孕，幼鼠经过30～40天发育成熟，其中的雌性加入繁衍后代的行列。如此往复，母鼠一年可以生育5000只左右子女，至于孙子、孙女、曾子、曾孙辈已多到无法计算。据研究，母鼠体内含有一种独特的化学物质，能够刺激雄鼠永远拜倒在它的“石榴裙”下，这大概也是鼠界能生会养的原因之一，故而民间将子女成群的善生母亲戏称为“鼠胎”或“鼠肚”，比喻她的生育能力特强。

（7）“生存”

除了生育能力特强外，鼠的生存能力也特强，它的成活率高、寿命长，如非遇到天敌猫的袭击或人类大规模的扑灭行动，大多数都能安享晚年、寿终正寝，而且子孙满堂，这是其他动物可望而不可及的。据动物学教科书介绍，老鼠无犬齿，门齿与前臼齿或臼齿间有间隙，门齿很发达，无齿根，终生不断生长，需常借啮物以不断磨短它们，几乎什么都吃，什么都咬，而且专爱啃“硬骨头”。老鼠对气候及自然环境的适应性极强。它们的踪迹遍及世界各地，无论是平原还是山岭，森林还是草原，城镇还是乡村，荒漠还是冰原，甚至天上的飞机、海上的轮船也是老鼠活动的天堂。地球上老鼠的数量大大超过人类。据专家估计，仅印度就有差不多50亿只老鼠，占世界鼠类数量的1/3。中国的老鼠数量也极为惊人，褐家鼠和小家鼠遍布全国各地。在南方，缺齿鼹鼠、大绒鼠、板齿鼠和白腹巨鼠居多，而北方的鼠类则以田鼠、麝鼹鼠和山鼠为主。

（8）“鄙微”

鼠生就一副小巧玲珑的体态，喜欢上窜下跳，是无法与“光明正大”连在一起的。我国第一部诗歌总集《诗经》中有篇叫《硕鼠》，是把贪污吏比作硕大的老鼠，并不是说真有这么大的老鼠；古书《韩诗外传》中有《社鼠》篇，同样也是老鼠“鄙微”的比喻：齐景公问晏子：“做人最怕什么？”晏子笑了笑，严肃地说：“社鼠躲在土地庙里，跑出来只是为了偷吃东西。人们要捉，又怕毁了土地庙里的器物，得罪了土地爷遭到报应，所以拿它无可奈何。现在君王身边就有这样的社鼠，愿君主别再庇护他们。”这是晏子借鼠进言，向齐景公讲述治国之道。就鼠的喻义而言，总与微不足道、不足挂齿连在一起，如鼠窃狗盗指一般的“小毛贼”，《旧唐书·萧铣列传》中描述隋朝末年社会混乱状况时说：“自隋朝维绝，宇县瓜分，小则鼠窃狗盗，大则鲸吞虎距。”其他如“鼠子”“鼠辈”等具有同等意思，并隐含有鄙视、看不起的贬义。三国时王允讨厌凉州胡文才、杨修两人，故意当众说：“关东鼠子欲何为耶？”，以此来表达自己蔑视鄙微的不满情绪。

趣味鼠戏

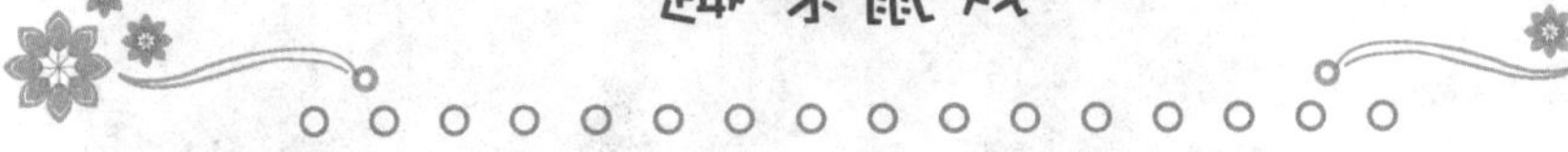

老鼠的舞台形象不是很多，中国人最熟悉的可能要数戏剧《十五贯》中的娄阿鼠，况钟借娄阿鼠系鼠年出生，老鼠偷油(游)，而让他吐露真情。而《米老鼠与唐老鸭》当属鼠戏动画片的佼佼者。随着人民物质生活水平的提高，温饱之余开始思娱乐，相当一部分人喜欢蓄养白鼠，闲暇戏鼠消遣，姑且可算是鼠戏之列吧。

说起老鼠当“演员”的历史，我国堪称世界上之最。早在1500多年前的东晋时期，民间就已经有了“老鼠推磨”“老鼠荡秋千”等鼠戏表演。到了清代，鼠戏十分盛行。《聊斋志异》《清稗类钞》《燕京岁时记》中就有记述。《聊斋志异》中有一篇《鼠戏》记叙有一个人在长安街上演老鼠扮演的剧目，他背着一个袋子，里面盛了十几只小鼠。常常在稠人广众之中拿出一个木做的小架子放在肩上，俨然像一座楼阁，于是拍着鼓板唱着杂剧，歌声才起，便有老鼠从袋子里跑出来，

戴着假面具，穿着小衣服，从他背上爬到楼中，像人一样站起来舞蹈着，表现出来的男女悲欢的情态，跟他所唱的杂剧中的情形，完全相吻合。

绘于清代的《耍耗子图》中注："其人用小木架，上有各种玩物，小鼠数个顺绳爬上。有小鼠能钻塔、进瓜、汲水、钓鱼……"然而，现实生活中的鼠戏要比这些记述生动而有趣的多。驯鼠艺人背着木箱，走街串巷，箱内装着"鼠演员"，箱上扎个彩漆的木制小舞台，横梁竖柱。艺人手执铜锣，口唱俚曲，手击锣点儿，指挥着演出。"鼠演员"按事先练好编排的程序，依次表演"太公钓鱼""刘金进瓜""三娘汲水"等节目，直到艺人喊一声"戏完讨赏"，这些小精灵便拱手谢幕，然后返回箱匣内。

北洋军阀直奉大战期间，京郊有个叫邓瓢儿的人为躲避战乱，意外地在山上捕到一只漂亮的白鼠，他精心地训练它转伞、过天桥、登火轮等表演技巧。最精彩的节目是"纺棉花"。那是一架用细木棍精制成的小纺车，车上缠着线。邓瓢儿把白鼠放在纺轮里，让它仰卧着。白鼠这样躺着，极不自在，便本能地扒纺车的轴梁。轴梁圆而光滑，一受力就旋转起来，纺轮也随之转动。白鼠害怕极了，越急着扒轴梁，轮子就转动越快，如此反复，看上去就像白鼠在纺棉花。

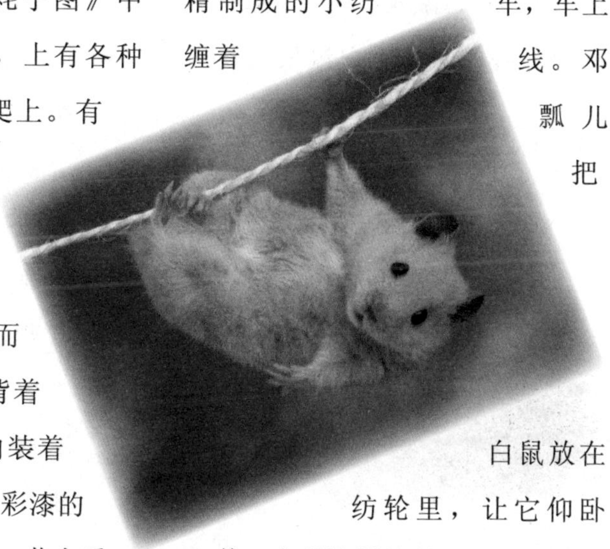

旧时，北京、南京等城市有一些艺人为了谋生，想出了耍耗子这一行当。耍耗子的人背着个小木箱

和一个特制木架，架上装有小塔、竹圈、风车、梯子等道具，艺人沿街吹锁呐或敲小锣，以招引观众。表演时，艺人先把木架支好，再从架子上端斜拉下一根绳梯，然后打开木箱盖子，敲响小锣，木箱里的已训练好的几只小白鼠依次跑出来，沿着绳梯蹿上木架，表演爬梯、钻圈、转风车、荡秋千、双鼠摔跤、走独木桥等小节目，还会随着锣声翩翩起舞。耗子演得妙趣横生，孩子们看得喜笑颜开。此时，艺人忽然一声响锣，耗子纷纷躲进木箱，他便伸出小锣向观众收钱。在那缺少娱乐的年代，艺人排演的鼠戏，给人们带来欢乐，尤其为儿童所喜闻乐见。按照清代的习俗，每年春节期间，从初一到初五，妇女不许出门玩耍。于是，妇人与艺人讲好价钱后，就把鼠戏演到家里来。这种简便易行的鼠戏便成为一种在当时很时髦，很受欢迎的节日文娱活动，也为贫穷的艺人们赚得换大米的铜钱。

老鼠经过训练，可以成为动物杂技演员，这是毋容置疑的。旧时，有一首题为《驯鼠》的竹枝词写道：“猫与同眠昔已曾，养驯更不避人行。岭南始信称家鹿，赋黠何因玉局生。”现代，国外有的马戏团驯教老鼠这一宠物表演吊环、荡秋千、走天桥等幽默有趣的节目，也堪称时代的鼠戏。瑞士巴塞尔“毛斯”马戏团里最小的演员，就是几只经过训练，表演精彩的老鼠。在舞台上，人们看到了老鼠与猫和睦相处，在表演走钢丝时，老鼠竟坐在猫腿上向观众致意，逗得观众哈哈大笑。

鼠邮票

在我国，老鼠的民间故事很多，最有名的是“老鼠娶亲”，“老鼠嫁女”，并成了艺人创作年画的题材，深受广大群众喜爱。还传到邻邦越南等国。因此，越南1996年发行的生肖邮票（全套2枚和一枚小型张）就采用“老鼠嫁女”的故事。

老鼠是一种令人讨厌、有害而又机灵的小动物，它们的形象常在文学作品中出现，有情爱的也有憎恨的。最早是《诗经》中的《魏风·硕鼠》；《西游记》第81～83回写无底洞的老鼠精逼唐僧成亲，是鼠婚故事的发展；《聊斋志异》中的“阿纤”篇是写人鼠恋爱的，生动传神！《十五贯》中的娄阿鼠是鼠窃、杀人犯；《水浒传》中的白日鼠白胜却是108将中的人物；《三侠五义》中大闹东京的“五鼠”，则是义侠之士，受到读者的喜爱。如此等等，不一而足。

加纳1996年发行的《丙子年》生肖邮票小版张，采用“老鼠娶亲”的故事，由四枚邮票组成，分别描绘老鼠娶新娘的热闹场景：第一图，新郎骑马，鼠们鸣锣、吹唢呐开道；第二图，迎亲的鼠们扛着“百年”“好合”的喜事木牌；第三图，鼠们抬着花轿，花轿里坐着新娘；第四图，迎亲的鼠们抬着嫁妆。有趣的是，一鼠还

提着一条鱼，想必是孝敬“猫老爷”的。

中国民间有一首传唱很久的儿歌：“小老鼠，上灯台，偷油喝，下不来。”把老鼠说的天真可爱。据说老鼠闻到油壶里的香味，想吃，但进不去，怎么办呢？经过反复几次，最后用长尾巴伸进壶嘴里蘸油，终于吃着油了。这个

故事很有趣，因此邮票设计家把它搬上生肖邮票。如我国1996年发行的《丙子年》生肖邮票（1960—1）第一图：老鼠一手持灯台，左侧还有一油葫芦图章，鼠的尾巴已快伸进油葫芦了。生肖鼠邮票构图比较直白的，如格林纳达-格林纳丁斯和非洲的冈比亚发行的生肖邮票。

我国1996年发行的生肖邮票（1996-1）第二图和2007年的贺年

邮资明信片（有奖）第一图就采用“鼠咬天开”的民间传说：远古天地未开之时，宇宙混沌一片，是老鼠将密封的天地咬破，阴阳气才漏了出来，万物才得以滋生，鼠还引来了火种，从天上偷来了谷种，鼠有创世之奇功，因此鼠排在生肖之首位。在我国一些少数民族的创世神话中，也有与“鼠咬天开”类似的传说，如拉祜族的创世史诗《牡帕蜜帕》，描述天神厄莎培植了一个育人的葫芦，但人在葫芦中长成却出不来，只有老鼠将葫芦咬破一个洞，迎出了扎笛和娜笛兄妹，这二人就成了拉祜族的祖先。

亚洲一些国家受中国文化的影响，也有关于天鼠（神鼠）的传说，这可见于韩国、蒙古、泰国、不丹等国发行的鼠年生肖邮票。

韩国1984年发行的《甲子年》生肖邮票，主图是一尊手持武器、威武站立的石刻浮雕鼠神像。原型取自新罗王朝开国功臣金庾信将军墓地十二生肖石刻浮雕神像。

蒙古1972年发行的《壬子年》生肖邮票以天鼠（神鼠）和航天器赛跑构图——图案左侧是一只肥大的鼠在向前奔跑，右边是两位美国宇航员驾驭的“阿波罗15号”的登月车在后面紧追不舍，形象生动逼真，构图幽默、浪漫。1996年1月1日蒙古发行的生肖鼠邮票（全2种）则

以神话传说的天鼠为设计理念，浓墨重彩描绘腾云驾雾的天鼠。

泰国1996年发行的生肖鼠邮票，取材于泰国神话佛祖转轮十世“拘蓬那纳”，描绘天神骑鼠的风采。天神驾驭的鼠当是“天鼠”（神鼠）。

不丹王国与我国为邻，受西藏文化影响，采用藏历，1996年是“火鼠”年，因此不丹发行的《丙子年》生肖邮票，以传说中的“火鼠”设计。在我国《神异经》中也有“火鼠”的记载：南方有火山，长40里，生不尽之木，昼夜火燃，火中有鼠，重百斤，毛长二尺余……

1997年不丹王国发行的生肖小版邮票，其中有一枚主图为一只奔跑于月球和地球之间的老鼠，显然，这只鼠也是天鼠（神鼠）。

鼠俗语

在诸多民间俗语和俏皮话中，鼠也显示出了积极的参予精神：

老鼠过街——人人喊打：形容处境艰难。

老鼠上秤锤——自称自：形容自不量力。

老鼠窖里倒拔蛇：形容头绪纷繁，难以处理之事。

骑老鼠耍手艺——木人小马使刀枪：比喻气势不够威风。

狮子捉老鼠——大材小用：形容不被重用。

鼠舔猫屁——找死：比喻自讨苦吃。

猫哭耗子——假慈悲：形容人之假仁假义。

一粒老鼠屎，坏了一锅汤：形容害群之马，因个人之弊坏了团体利益。

是个猫儿能逼鼠，是个男人能作主：形容各尽所能。

苍蝇找烘缸，老鼠找米仓：形容什么样的人就喜欢处在什么样的环境。

汤泼老鼠——一个也跑不了。

鼠摆尾巴——小玩意儿。

鼠成语

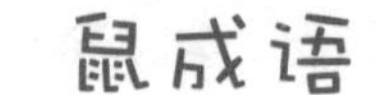

【抱头鼠窜】 形容急忙逃走的狼狈相。

【城狐社鼠】 城墙洞中的狐狸，社坛里的老鼠。比喻有所凭依而为非作歹的人。语本《晏子春秋·问上九》：“夫社，束木而涂之，鼠因往讬焉，熏之则恐烧其木，灌之则恐败其涂，此鼠所以不可得杀者，以社故也。”

【鸱张鼠伏】 比喻时而嚣张，时而隐蔽。

【痴鼠拖姜】 比喻不聪明的人自找麻烦。

【虫臂鼠肝】 意谓造物赋形，变化无定，人亦可以成为微不足道的虫臂鼠肝。只有随缘而化，才能所遇皆适。语本《庄

子·大宗师》："以汝为鼠肝乎？以汝为虫臂乎？"成玄英疏："叹彼大造，弘普无私，偶尔为人，忽然返化。不知方外适往何道，变作何物。将汝五藏为鼠之肝，或化四支为虫之臂。任化而往，所遇皆适也。"

【胆小如鼠】语本《魏书·汝阴王天赐传》："言同百舌，胆若鼷鼠。"后以"胆小如鼠"或"胆小如鼷"形容胆量极小。

【奉头鼠窜】狼狈逃窜。奉，通"捧"。

【狗逮老鼠】见"狗拿耗子"，形容多管闲事。

【狗盗鼠窃】像鼠狗那样的盗贼。比喻成不了气候的反叛者。

【狗偷鼠窃】同"狗盗鼠窃"。

【狗头鼠脑】喻奴才相。

【孤雏腐鼠】比喻微贱不足道的人或物。

【孤豚腐鼠】同"孤雏腐鼠"。

【过街老鼠】比喻人人痛恨的坏人坏事。

【狐奔鼠窜】形容狼狈逃窜之状。

【狐凭鼠伏】像狐鼠一样凭借掩体潜伏。形容坏人失势，胆怯藏匿之状。

【蠖屈鼠伏】 形容卑躬屈膝向人讨好的样子。

【稷蜂社鼠】栖于稷庙的蜂、社庙的鼠。比喻仗势作恶而又难以除掉的坏人。

【进退首鼠】进退不定，犹豫不决。首鼠，踌躇。

【狼奔鼠窜】形容仓皇乱跑。

【狼奔鼠偷】 形容坏人到处扰乱。

【老鼠过街，人人喊打】比喻害人的人或事物，人人痛恨。

【罗雀掘鼠】谓粮尽而张网捕雀、挖洞捉鼠以充饥。比喻想尽办法筹措 财物。

【马捉老鼠】比喻瞎忙乱。

【猫哭老鼠】喻假慈悲。

【猫鼠同处】见“猫鼠同眠”。

【猫鼠同眠】亦作“猫鼠同处”。猫和老鼠睡在一起或生活在一起。比喻上下串通一气，狼狈为奸。

【鼠年大吉】在鼠年里啥事都好。

鼠歇后语

被追打的老鼠——见洞就钻；

出洞的老鼠——东张西望；

拉牛入鼠洞——行不通；

拉着娄阿鼠叫干爹——认贼作父；

老鼠嫁花猫——冤家变亲家；

老鼠进洞——拐弯抹角；

老鼠进棺材——咬死人；

老鼠啃鸡蛋——无从下口；

老鼠碰上猫——在劫难逃；

老鼠钻风箱——两头受气；

老鼠钻象鼻——一物降一物；

老鼠打摆子——窝里战；

老鼠同猫睡——练胆子；

老鼠瞌瓜子——一张巧嘴；

老鼠咬猫——无法无天；

老鼠给猫拜年——全体奉送；

老鼠娶媳妇——小打小闹；

老鼠啃皮球——客(瞌)气；

老鼠骑在猫身上——好大的胆子；

老鼠进书房——咬文嚼字；

老鼠钻油壶　　有进无出；

老鼠偷秤砣——倒贴(盗铁)；

老鼠钻人堆里——找死；

老鼠跳到钢琴上——乱谈(弹)；

老鼠掉进醋缸——一身酸气；

老鼠管仓库——越管越光；

老鼠替猫刮胡子——拼命巴结；

打鼠不着反摔碎罐罐——因小失大；

地老鼠跑江南——走路不少，见天不多；

耗子进老鼠夹——离死不远；

庙里的老鼠——听的经多；

黑天捉老鼠——找不着窟窿；

红眼老鼠出油盆——吃里扒外；

老鼠扒屎盆——替狗忙；

老鼠背上生疮——发不大；

老鼠吃猫饭——偷偷干；

老鼠掉进粪坑里——越闹越臭；

老鼠进猫窝——白送礼；

老鼠爬横竿——爱走极端；

老鼠爬香炉——碰了一鼻灰；

老鼠拖木锨——大头在后头；

老鼠窝里的食物——全是偷来的；

粮仓里养鼠——有损无益；

猫儿抓老鼠——祖传手艺；

猫守鼠洞——不动声色；

猫戏老鼠——哄着玩；

阴沟里的老鼠——明的不敢来暗地里来；

开水泼老鼠——不死也要脱层皮。

第四章

趣谈鼠之窗

有一些仁人志士。由此可见，鼠文化已经有了悠久的历史。而且有关鼠的趣闻传说也成为人们由厌恶到喜爱鼠的一个重要原因。鼠类在哺乳动物中是数量最多、分布最广，因为它们有着极强的生存适应能力和极高的繁殖能力。鼠类由于破坏能力强，给人类的生存带来了一定的威胁。因此，长期以来一直是人类最痛恨的动物，在人们心目中，老鼠就是损耗粮食、传播疾病的害虫。然而对于老鼠的科学实验又为人类的科学发展作出了巨大贡献。老鼠与人的关系是复杂的，值得我们认真客观地去对待和处理。

鼠之最

*世上最长寿的老鼠

来自美国密歇根大学医学院的消息说，一只名叫尤达的侏儒老鼠日前度过了他的4岁生日，这使得他成为老鼠家族中最长寿的成员。

老鼠的平均寿命是两年多一点，而尤达的4岁大致相当于人类的136岁。它能如此长寿是由于基因突变造成的。基因的变异影响了它的垂体和甲状腺的发育，胰岛素的分泌也有所减少。因此，尤达的身形要比一般老鼠小三分之一，并且对寒冷非常敏感。

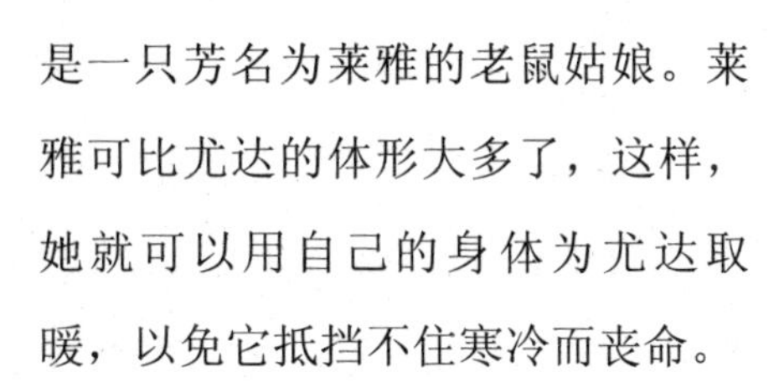

据密大医学院老人病学研究中心副主任理查德·米勒博士说，虽然尤达已经一大把年纪了，但是它的各项身体机能仍然非常完好。它不仅活动敏捷，性欲活跃，并且“看上去相当不错”。尤达的爱妻是一只芳名为莱雅的老鼠姑娘。莱雅可比尤达的体形大多了，这样，她就可以用自己的身体为尤达取暖，以免它抵挡不住寒冷而丧命。

*世界最大的老鼠

世界上最大的老鼠是属于美洲的负鼠，它躯体很大，长得差不多跟大猫一样。美国某科学家曾经捕捉一只负鼠，体重有10千克，身长有半米以上。它喜食小昆虫和树叶，这负鼠比较聪明，会装死骗人或骗其他动物。

*世界最小的成年老鼠

据英国《太阳报》报道，英国一市民喂养的一只老鼠的体长只有2.5厘米，也就相当于1元的人民币硬币大小，是目前世界上最小的成年老鼠。

小鼠的主人是当地一家宠物商店的老板，36岁，名叫曼迪·鲍尔。她是花80英镑买下的这只小鼠。据曼迪·鲍尔说，这只小鼠的“兄弟”们生长都很正常。只有它虽然正常进食，但个头却再也不长了。她说她并不想再把它卖出去，“我还希望能够让这只小鼠进《世界纪录大全》呢。”

*世界最肥的老鼠

据报道，俄罗斯出现了一只世界上“最肥的”老鼠：体重竟然高达20多公斤。这只名为“卡蒂”母鼠的主人说，“卡蒂”只对食物感兴趣。“卡蒂”的腰围已68.6厘米。这只“硕鼠”吃香肠的速度大约是每分钟一根半。

鼠之趣闻

*无畏老鼠

在自然界，猫和老鼠之间从来没有“友谊”可言，就像卡通片中“汤姆”和“杰瑞”一样，你追我躲的游戏一刻不停。不过，日本科学家却通过基因改造逆转了老鼠的天性，让它不仅敢与猫“大眼瞪小眼”，还能玩得亲密无间，上演了一出现实版的《老鼠爱上猫》。

日本东京大学的研究者给实验鼠移植了一种名为“白喉毒素”的基因，这样就能定向移除老鼠大脑中的嗅球神经细胞，而这种细胞的功能是接收从鼻腔的嗅觉感知细胞传来的神经刺激，并做出反应。

实验产生了非常奇异的效果，老鼠在失去这种神经细胞后出现了“大脑短路”，它面对自己的天敌猫非但毫无惧色，还表现得一脸好奇，甚至胆大妄为地爬到猫身上磨蹭翻滚。东京大学的研究人员板野说：“它们依然能闻到猫的气味或狐狸和雪豹的尿味，但没有任何恐惧表现。它们和猫相处得很愉快，还和猫嬉戏打闹。”

为了拍摄“猫鼠同欢”的照片，实验中的小猫也是研究者特别挑选的，它们天性温顺而懦弱，并且事先已经“酒足饭饱”。如果在拍摄照片的过程中哪只猫感到不耐烦，对面前不知死活的老鼠起了杀心，研究者就会立刻把它抱走。

*超级老鼠

“超级老鼠”是一种转基因动物,它可以不知疲倦地奔跑数小时,寿命更长,拥有更强繁殖能力,吃得更多而不增加体重……美国科学家培育出的这种转基因老鼠震撼了世界,引起人们的遐想:培育超级老鼠的技术手段能否应用于人类,改善人类的能力?从第一只超级老鼠诞生至今,科学家已经培育出500只超级老鼠。

“超级老鼠”的超级之处在于它能长跑数小时而不知疲倦,吃得巨多而不会发胖,更为活跃,寿命更长。它们体能超群,堪与最优秀的运动员媲美。

“超级老鼠”的制造者、美国俄亥俄州凯斯西储大学生物化学教授理查德·汗森表示,这种老鼠的体能可与环法自行车大赛5连冠兰斯·阿姆斯特朗相媲美。它能以每分钟20米的速度连续跑5小时,一共6000米,这相当于一名自行车运动员毫不停歇地骑上阿尔卑斯山。

拥有这样的好身板,自然也食量惊人。与同辈相比,这种经过基因改造的鼠食量增加60%,几乎为其他老鼠的两倍,但体重只有它们的一半,因而无须担心体形问题。与同笼的普通老鼠相比,它们活跃10倍。它们的寿命也更长,能活到3岁。

面对这种超级老鼠，即使是培育它们的美国科学家对此也感到惊讶万分，因为他们只不过改造了它们的一个新陈代谢基因而已。汗森教授坦率地表示，这些改基因鼠的体能和行为改变完全出乎他们的预料。

汗森教授说，第一只超级鼠大约诞生时，当时的研究人员向其胚胎里注入了一种影响磷酸烯醇丙酮碳酸激酶产生的基因。结果，这只老鼠的变化非常显著，而且在出生几周后就显得卓而不群，在笼子里转来转去，非常活泼。

*巨型老鼠

在位于印度尼西亚的新几内亚岛上，有一个原始森林，该原始森林被称作生态学中的“失落世界”，科学家在这个原始森林里发现了新物种：巨型老鼠和高山侏儒负鼠。据考证，这两种动物过去从未被人类所发现。

巨型老鼠的体型特别大，是普通老鼠的5倍，更令人感到惊讶的是它并不害怕人类。相比之下，名列世界最小有袋动物榜单的高山侏儒负鼠就显得害羞许多。

2009年6月份，来自印度尼西亚科学院和一个名为“保护国际”的生物多样性保护组织的科学家们深入到位于巴布亚东部的福贾山脉，展开此次科学考察活动。一位参加考察的科学家表示：“巨鼠的个头有城市里普通老鼠的5倍大，它对于人类没有恐惧感，经常明目张胆地在帐篷中来回穿梭。”

*疯狂老鼠

在美国阿拉斯加州，有一个名副其实的“老鼠岛”。自从200多年前一群挪威老鼠随商船来到这个岛上以后，当地的鸟类就遭了殃。

据美国媒体报道，这种体格健壮的挪威老鼠是在1780年随一艘日本船只来到这个渺无人烟的小岛上的，此前阿拉斯加还未曾有老鼠出没。而自从这些老鼠来到了岛上，曾经动听的鸟声就此消失。这是因为，这些老鼠以鸟蛋、雏鸟以及成年海鸟为食，而这些鸟类经常在荒芜的海岛或火山岩的裂缝中做窝。

这种挪威老鼠通常一年产仔4～6次，每次能产下6～12只幼鼠，1年之内在某一区域，一对老鼠可以繁衍出5000多只后代。而在老鼠岛上到处都是一片狼藉，老鼠洞以及老鼠的足迹、排泄物和咀嚼过的植物残渣随处可见。

2007年秋季，阿拉斯加当地政府出台了一项规章制度，要求船员必须检查所在船只上是否有老鼠，如果发现一概消灭。违反该条例者将被罚款1万美元并受到入狱1年惩罚；如果是公司，罚金将高达20万美元。此外，当地政府还印发了15000本宣传册发放给船员，指导他们如何控制老鼠登船及上岸，如何准备捕鼠装置等。

这种鼠患不止发生在阿拉斯加，世界上不少地方都有因老鼠成灾而酿成的悲剧。据美国加利福尼亚州的一家岛屿保护组织介绍，大约有40%～60%的海鸟及爬行动物的灭绝都与老鼠有关。

*扫雷老鼠

鼠类家族成员并非都如疯狂老鼠那般可恶，一些非洲仓鼠经过训

练能够成为“扫雷专家”，为挽救人类生命立下了汗马功劳。

在非洲的莫桑比克，工作人员正在训练嗅雷老鼠，用于探测地雷。莫桑比克是受地雷严重危害的国家之一，上世纪70年代爆发的内战在莫桑比克的国土上遗留下了200多万枚地雷，至今仍有许多地雷等待清除。

研究发现，老鼠在排雷方面有着无法比拟的天赋。它们嗅觉灵敏，一只探雷鼠花半个小时就能完成100平方米区域的扫雷工作，而人工扫雷要完成同样的工作量则需要一周时间。

在嗅雷鼠训练中心，研究人员已经成功训练出一批探测地雷的“高手”。训练中心工作人员每天下午训练老鼠，训练场地是一块块面积100平方米的正方形区域，研究人员在这些区域中埋放了数颗地雷。

训练时，工作人员站到一边，给每只老鼠的小腿上系一根绳子。老鼠顺着这根线，嗅探地雷。发现地雷位置后，它们会抓挠地雷表面上的泥土。由于老鼠身体轻盈，即使它们踩在地雷上，也不会发生爆炸。每成功一次，训练人员便会给它们食物作为奖赏。

非洲仓鼠的训练过程非常严苛，在经过至少一年的严格训练和一连串的考试后，合格的老鼠才能最终“毕业”，开始执行真正的探雷任务。

1997年，肯尼亚扫雷专家首次提出了将仓鼠用于扫雷工程，他们指出，非洲撒哈拉沙漠北部地区广泛繁衍着仓鼠，这些仓鼠并不会对当地居民传播疾病。由于嗅雷鼠在莫桑比克的探雷任务中表现出色，安哥拉也已经计划引入这种老鼠。

* 疯老鼠

在医学院和研究所的实验室里，有无数的老鼠充当着实验动物的角色。美国科学家通过基因改造技术，培育了世界上第一批患有人类疯病的转基因老鼠。研究者向一批老鼠卵细胞中植入了一种“疯病基因”，这种基因与人类身上一种高致病率的突变基因相似，而改造过的卵子经过人工受精后形成了可成活的胚胎。而当这批小老鼠降生，它们的大脑出现了与人类精神病人类似的活动，时而抑郁消沉，时而紧张好动、活跃过度。

领导这项研究的是约翰-霍普金斯大学的神经病学学者喜田孝俊。他表示：“这种基因变异老鼠为进一步了解精神类疾病提供了新的重要手段，比如精神分裂症或神经错乱等。”

研究人员认为，培育出具有精神病人症状的实验鼠，将有助于通过大量动物实验，查明精神病发病原理，从而开发出能根治这种病症的新药物或开发基因疗法。不过，这种培育“疯老鼠”的做法也招来动物权利保护人士的强烈批评。他们认为，这种研究是一种道德败坏的行为，所制造的老鼠生来就注定遭受精神病的折磨，是很不人道的。

* 捣乱老鼠

2007年4月9日，越南河内的飞机场里发生了一件不大不小的事件。一架准备飞往日本的航班临时推迟起飞时间长达近4个小时，整个事情的起因竟是一只不该出现在飞机上的小白鼠。

当天，一名乘客在登机后突然发现一只老鼠在地板上跑，于是立即告诉了乘务员。经过一番追捕，乘务员最终在食物储存间里捉到了这只老鼠。由于担心老鼠会咬坏飞机上的主要线路，十几名机师还耗费了几个小时进行检修。据悉，在整个过程中，乘客并不在飞机上，他们的行李也被清除出机舱。大约4个小时后，飞机最终在被确认安全后顺利起飞。

这并非老鼠第一次在飞机上闯祸。去年12月，80只老鼠空中大闹沙特航班，在乘客中引起了一阵恐慌。当天这架飞机从沙特首都利雅得飞往北部城市塔布克。最初一切情况都正常，但1小时过后，有乘客忽然觉得不太对劲，脚下似乎有动静，低头看到的景象让他们大吃一惊：数十只老鼠在他们脚下蹿来蹿去。一时间，机舱里尖叫声此起彼伏。

据报道，当时机舱里一共出现了80只老鼠，它们全是从一名乘客的行李里跑出的。当飞机降落在塔布克机场后，飞行员叫来警察把行李的主人带走。

鼠类宠物

*豚鼠

荷兰猪，又名天竺鼠、葵鼠、豚鼠、几内亚猪，在动物学的分类是哺乳纲啮齿目豚鼠科豚鼠属。尽管名字叫“几内亚猪”，但是这种动物既不是猪，也并非来自几内亚。它们的祖先来自南美洲的安第斯山脉，根据生物化学和杂交分析，豚鼠是一种天竺鼠诸如白臀豚鼠、艳豚鼠或草原豚鼠等近缘物种经过驯化的后代。因此，这种动物在大自然已经不复存在。在南美土著的民间文化中，豚鼠占有重要地位，它们不仅是一种食物来源，也是一种药物来源和宗教仪式的祭品。

豚鼠是珍贵的皮肉兼用的多用途草食动物。体型短粗而圆，头较大，眼大而圆还明亮，耳圆，上唇分裂，耳朵短小；四肢短，前脚具4趾，后脚3趾，无

外尾。人工培育许多品种，除安哥拉豚鼠被长毛外，体毛皆短，有光泽。体毛有黑、白、灰色、褐、花色等，也有具各色斑纹的。

豚鼠是啮齿目豚鼠科的通称，因肥笨且头部长的像猪得名。也叫荷兰猪。豚鼠科共5属15种，为南美洲特产。栖息于岩石坡、草地、林缘和沼泽。穴居，集成5～10只的小群，夜间寻食，主要吃植物的绿色部分。终年繁殖，每胎生1～7仔，正常情况生2～4胎，最少1胎，最多7胎。原产地是南美洲秘鲁一带，天然食物是青草、植物的根以及果实种子，是绝对的素食主义者。野生的豚鼠身材苗条运动灵活，长期被人类当作宠物饲养，以致由于好吃懒做缺乏运动而变得胖乎乎的，很招人喜爱。豚鼠喜欢多只挤在一起，这是因为野生状态下多只生活在一起可以增加发现敌人的机率。豚鼠会通过轻微的叫声相互沟通。如果你

居住的空间太小没有条件供猫猫狗狗活动，或者害怕被抓伤咬伤，那么就选择体型小巧，个性温柔的豚鼠吧。虽然都是鼠类，豚鼠却比传统的仓鼠更招人喜爱。它的个性也很温顺，除非把它惹急了，否则它很少会咬人。豚鼠是素食主义者，在食物上没有特殊要求，体质强健不易生病。它很聪明，如果你好好对待它它就会认得你，会陪你玩耍。它个头适中，既不像仓鼠那样过于小巧，也不像兔子那样会长到很大，更适合于拿

在手中玩耍(约15～20厘米)。它行动笨拙可爱，不像仓鼠或者松鼠那样一旦跑了就捉不住，很适合于小孩子或者老年人饲养。它的价格也不高，也不需要专业的饲养设备。只要准备一个大小合适的笼子，每天供应新

鲜的水和食物，经常陪它玩耍，定期清理小窝，它就能健康快乐的成长。养的熟了它还会在你下班回家的时候出来迎接你，会跑到你身上跟你要食物吃。

豚鼠的寿命可以长达10年之久，你饲养之前必须要有心理准备。确保你家里没有猫狗等会伤害它的其他动物。它每天都必须供应水和食物，它的排泄物会有味道（如果每天喂给它芹菜的叶子，它的尿液的味道会变为中药汤的气味，比较容易让人接受），它有时候会发出叫声，还会啃咬东西。

（1）生物特性

①喜群居，头大，颈短、耳圆、无尾，全身被毛，四肢较短，前肢有四趾，后肢有三趾，有尖锐短瓜，有抓人，不喜于攀登和跳跃，故可放无盖小水泥池中进行饲养。习性温顺，胆小易惊，有时发出吱吱的尖叫声，喜干燥清洁的生活环境。

②嗅觉、听觉较发达，对各种刺激均有极高的反应，如对音响、嗅味和气温突变等均极敏感，故在空气混浊和寒冷环境中易发生肺炎，并引起流产，受惊时也易流产。

③豚鼠是草食性动物，嚼肌发

达而胃壁非常薄，盲肠特别膨大，约占腹腔的1/3容积，粗纤维需要量比家兔还要多，但不象家兔那样易患腹泻病。

④豚鼠食量较大，对习惯了的食欲旺盛，但对变质的饲料特别敏感，常因此减食或废食，甚至引起流产。对抗菌素也特别敏感，投药后容易引起死亡和肠炎，如使用青霉素，不论剂量多大，途径如何，均可引起小肠和结肠炎，甚至使其发生死亡。对青霉素的敏感性比小鼠高1000倍，故用青霉素治疗时应特别小心。与大鼠和小鼠相反，它夜间少食少动。

⑤豚鼠属于晚成性动物，即母鼠怀孕期较长，为59～72天，胚胎在母体发育完全，出生后即已完全长成，全身被毛，眼张开，耳竖立，并已具有恒齿，产后1小时即能站立行走，数小时能吃软饲料，2～3日后即可在母鼠护理下一边吸吮母乳，一边吃青饲料或混合饲料，迅速发育生长。

（2）生理特点

①体内（肝脏和肠内）不能合成维生素C，所需维生素C必须来源于饲料中。人、灵长类及豚鼠体内缺乏合成维生素C的酶，因此饲养豚鼠时，需在饲料或饲水中加维生素C或给新鲜蔬菜，当维生素C缺乏时出现坏血症，其症状之一是后肢出现半瘫痪，冬季尤其易患，补给维生素C，则症状就很快会消失。

②耳窝管敏感，便于做听力实

验，豚鼠对700～2000周/秒纯音最敏感，如常用2000周/秒音频来观察新霉素对内耳毒性的研究。

③能耐低氧、抗缺氧，比小鼠强4倍，比大鼠强2倍。

④对结核杆菌、布氏杆菌、钩端螺旋体、马耳他热布鲁氏菌、白喉杆菌、Q热病毒、淋巴细胞性脉络丛脑膜炎病毒等很敏感。

⑤豚鼠易引起变态反应，血清诊断学上的“补体”即是由豚鼠血清制成的。

⑥豚鼠的胸腺全部在颈部，位于下颌骨角到胸腔入口中间，有二个光亮、淡黄色、细长成隋圆形、充分分叶的腺体。肝分四个主叶和四个小叶。肺分七叶，右肺四叶左肺三叶。

⑦豚鼠的性周期为12～18天，妊娠期62～72天，哺乳期21天，产仔数1～6只，为全年、多发情性动物，并有产后性周期。

动物性周期分为多周期（一年有多次性周期）和单周期（一年有一次性周期）二大类。除灵长类以外，所有哺乳动物的生殖周期存在着明显的种属差异，有些动物如狗、猫、猎、马、牛等仅在生殖季节才有这种周期性变化，其余时间生殖器官处于萎缩休息状态，但小鼠大鼠、地鼠、豚鼠等动物在正常情况下全年都表现出生性周期的往返循环。

豚鼠和小鼠、大鼠、地鼠、兔鼠实验动物，尚有产后性期，即动物怀孕生仔后，在48小时之内或在哺乳期的某个时间内又可能受孕，称产后性期或反常怀孕。

⑧豚鼠正常体温为37.8℃～39.5℃，心跳频率200～360次/分，呼吸频率69～104次/分，潮气量1.0～3.9毫升，通气率10～28/分，耗氧量816立方毫米/克活体重，血压75～120毫米汞柱，红细胞总数4.5～7.0百万/（立方毫米），血红蛋白11～16.5克/100毫升血，白细胞总数5000～6000立方毫米，血小板11.6万/立方毫米，血浆总蛋白5.0～5.6克，血容量占体重的6.4%，染色体32对，寿命5～7年。

*龙猫

龙猫，又名毛丝鼠，绒鼠，栗鼠。它的学名叫南美洲栗鼠，属于哺乳纲啮齿目豪猪亚目美洲栗鼠科动物，因其酷似宫崎骏创作的电影TOTORO中的卡通龙猫，所以后被香港人改名叫“龙猫”。龙猫性格温顺、可爱、聪明、好奇、活泼、乖巧、调皮、安静、胆小、爱干净、讨人喜欢。

龙猫性格非常温顺，活泼，喜欢跳来跳去，好动，富有好奇心，对每件新事物都先嗅嗅，再咬咬来研究一番。龙猫属于高原动物，不易生病；龙猫很干净，没有寄生虫。龙猫自己会用浴沙洗澡，并且可以自己度过周末，不用担心照料问题；龙猫是单一素食的动物，因此他的粪便呈椭圆形干燥颗粒状，没有味道，养在室内没有问题。龙猫的毛很软，并且不会像犬猫那样大量脱毛。如果要饲养龙猫，建议从幼猫2～3月龄断奶后就开始喂养，这样龙猫最容易与主人达到默契和亲近。但哪怕是中途开始饲养成年龙猫，龙猫也能逐渐聪明的呼应主人的关爱。龙猫并非终生只认一个主人、只听一个主人的话，但常会在关爱自己的主人之中“挑选”一个人最为亲近和依赖。

龙猫是平和温顺的宝贝，平均有15～20年寿命。不具有任何主动攻击性，碰到敌人也只是逃跑或者朝敌人撒尿两招。当他信任你时就会很乐意与你玩耍，活泼、好动如孩子，喜欢跳来跳去。天生胆小的惹人怜爱，一有什么风吹草动便会第一时间躲起来。每只龙猫都有其自己的个性，乖巧、调皮，矜持或者是娇纵，但共同的一点就是她需要你去爱她、关注她、保护她，不要试图用体罚来教育它，那会引起它对主人的逆反心理，反而使它不信任你作出背过身的表现对你视而不见。

【知识小百科】

饲养龙猫注意事项

（1）夏天是龙猫难过的季节，因为龙猫毛很厚，所以在夏天天气闷热的时候，家里最好开空调来降低室内温度。

（2）龙猫笼子要放在阴凉、空气流通的地方，但不可放在风口处，如果龙猫一直被风直接吹的话会感冒。

（3）平时可以用少量零食来讨好龙猫，接近它；可是不可多喂，比如葡萄干，每天喂1到2颗的分量就可以了。如果多喂零食的话不仅会让龙猫挑食、不吃主食导致长期营养不良，更可能造成龙猫的消化不良、腹泻。

（4）龙猫笼子要摆放在安静的地方，如果周围环境吵闹，龙猫会因紧张而休息不好。

（5）龙猫刚到新家时，主人先不要急着把它放出笼子来，要先让它自己在笼子里呆上一段时间以熟悉新环境和新主人，然后再放出来让它玩会儿，时间掌握可以先短点，游玩空间也可以先以小空间为宜。

（6）平时主人没事时可以在龙猫笼子旁轻轻地叫龙猫的名字，并和它说说话，这样做可以让龙猫记住它的名字和主人的声音，要注意的是一定要亲切地说，不可大声地骂它，否则龙猫只会怕你而不会和你接近。

*花鼠

花鼠是胎生哺乳动物，又叫五道鼠、金花鼠、豹鼠、串树林、沿俐棒、花黎棒、花仡伶等。花鼠约有20种，我国仅有1种，分布于东北、华北、陕西、甘肃南部及四川北部等地。体长约11～15厘米，尾长约10厘米，体重100克以上。背毛黄褐色，臀部桔黄或土黄色，背上有5条黑色纵纹。多在树木和灌木丛的根际挖洞，或利用田埂石缝穴居。常白天活动，晨昏之际最活跃。善爬树，行动敏捷，不时发出刺耳叫声。食物有各种坚果、种子、浆果、花、嫩叶以及昆虫。花鼠有贮存食物和冬眠的习性。由于对食物贮存地记忆不强，一定程度起了“播种”的作用。早春开始繁殖，孕期约30天，每胎4～6仔，每年2窝。

饲养花鼠的房舍一般要求选择东南方向、冬暖夏凉、又有一定光线的地方，这样有利于花鼠健康。房舍可以用铁丝网或木板钉成，面积要适当地大一点。单笼饲养时，外面活动笼大小可以为60×25×45厘米，或是用双层的笼，其大小为55×45×45厘米，从而作为其采食、喝水、运动和繁殖时交配的场所；外笼的四周和顶可以用铁丝编成，网眼大小为3.5～4厘米，而笼底则可以用粗一点的铁丝编织；两侧面和后面也可用玻璃或铁皮代

替，装有小门，便于动物推出或清扫卫生，或投放食物和水。除了外笼以外，还要有窝箱，作其栖息、休息和产仔的场所；窝箱可以围1.5～2.0厘米厚的木板钉制而成，其长宽高为30×25×25厘米或45×35×45厘米。外笼可以同窝箱安装在一起，也可以分别放置，让花鼠自由出入。

花鼠也可以进行大规模饲养。在这种情况下，就需求有较大的笼舍，分成运动场和动物休息、睡觉的房舍两部分。在运动场内，要栽有树木或安置供花鼠攀爬跳跃的栖木。雄雌性成年花鼠在非繁殖期间要分开饲养为好。如果是留作种用的花鼠要给予特别的照顾，并可以分开饲养。饲养笼比其他单笼饲养个体的面积要大一些，以保证它有足够的运动量，大小可以为90×30×45厘米，笼的底面要有承粪板，以便清洁和消毒。每个饲养笼内要放置有食盆架和饮水盆，并且将它们固定好，以免被掀翻弄脏或弄湿其环境，食盆可以用搪瓷盆或塑料小盆。

饲料搭配比例应该特别注意蛋白质的含量和质量。饲喂花鼠的饲料有混合饲料、粗饲料和青绿多汁饲料。混合饲料一般由大麦、小麦、玉米、黄豆和麸皮等组成，含量为25%大麦或小麦、20%玉米、15%豆饼、10%黄豆、20%麸皮、6%鱼粉、3%骨粉和1%食盐，这种混合饲料的营养成分为：20%以上的蛋白质，6%脂肪和42%碳水化合物等。粗饲料主要有花生、向日葵和核桃等；青绿多汁饲料有白菜、胡萝卜、油菜、桑树叶、冬青叶；夏秋两季也可以饲喂一些瓜果之类的食物，如黄瓜、西红柿和西瓜等。每天每只花鼠的饲料投喂量大约为：混合饲料30克左右，粗饲料200～250克和青绿多汁饲料150～200克。每天分早、中、晚三次投喂，每天投喂点固定是必要的。对于幼龄的花鼠，要适当增加饲喂的次数，以保证它随时取食和满足它生长发育的能量和营养需求。

在不同时期，花鼠对食物的营养需求有不同的变化。对于雌性，在妊娠期、哺乳期饲料要多样化，并尽量做到饲料新鲜，营养成分完全，以满足胎儿或幼仔生长发育的营养需求，特别要提高日粮中的蛋白质成分。对不同发育阶段的幼仔，饲养时也必须注意食物营养结构的组成。雄性在配种期、恢复期，也要加强营养，多增加鱼粉、牛奶的供给量。饮水一定要注意清洁，夏季要经常换水，冬季则避免饮用冰冻水，从而减少动物体质不良和感染疾病的可能性。

属鼠的名人

*帝王将相

(1) 王莽

王莽，公元前45年生于魏郡元城(今河北大名县)，是西汉末年掌握进行大权的外戚，篡权称帝后，建立新王朝。

王莽九岁那年，祖父去世，伯父风继承了阳平候爵位。十三岁时，汉元帝死，王凤以大司马，大将军身份辅佐堤，王家开始掌握了西汉朝廷的大权。不久，王莽先后有五个伯叔父同日封候，世称“五侯”。只有王莽这支因父亲王曼早死，没有受封，在显赫的王氏家族中，地位最为低下。

王莽竭力追求政治权势。他一面发愤读书，孝敬父母，抚养孤侄，以博取名声；一面曲意奉承有权有势的伯叔父们。公无前八年，王莽叔父病死，王莽继任大司马取位。一年后，成帝死，哀帝刘欣即位。王莽被肃大司马一职，又过四年，哀帝死，王莽官复原取，拥立年公九岁的刘欣为汉平帝，由太皇太后

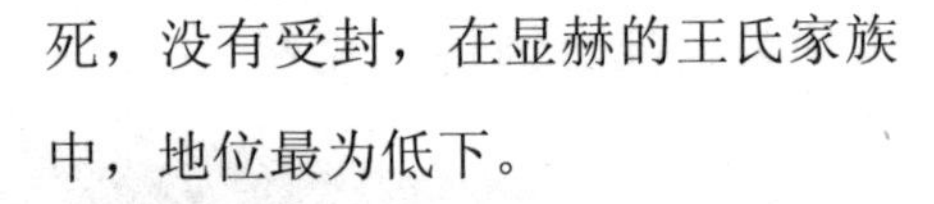

王政群临朝听政，实际上，朝政操纵在王莽手中。

公元五年，汉平帝死，王莽又选择皇帝的玄孙，年仅两岁的儒子婴为继承人，自己以“周公”自命，做了“摄皇帝”。公元八年，王莽去掉“摄”字，终于做了真皇帝，改国号为新。时年，王莽五十二岁。

王莽称帝后，打起复古的旗帜进行改制，企图以此缓解社会危机，固巩帝位，但改制的结果，“富者不得自保，贪者无以自存”，只有王莽统治集团和经办改制的官吏得到大利，社会危机反而更加加深。终于公元十七、十八年间，爆发了绿林赤眉农民大起义。公元二十三年，绿林军把王莽四十三万军队消灭。当年十月，起义军攻破长安，王莽狼狈逃到未央宫内渐吕之上，被商人杜砂杀死。

（2）明成祖

明成祖生于1360年的明成祖朱

棣是明太祖朱元璋的第四个儿子，是明代著名皇帝，颇有建树的政治家。

公元1370年，朱棣10岁，被封为燕王，10年后，赴任守北平。燕地与蒙古接壤，他出塞巡边，筑城屯田，多有建树。1395年，明太祖朱元璋去世，朱允炆继位，称建文帝。1401年，燕王军在朱棣率领下攻入京师，建文帝下落不明，朱棣登上皇位，史称明成祖，次年改元永乐。

明成祖即位后，马上实行削藩，解除了诸王兵权，调集30多万工匠，百万民工，大兴土木建京城。经三年半营建，北京城于1421年建成。城周长22 500米，城内经皇宫为中心，形成一条从正阳门、天安门、午门、三大殿到钟楼的南北走向的中轴线。城中重要干道多南北向，小巷多东西向，整齐严肃，具有城市规划建筑的规模。使北京不仅是中国历史上城市建筑的典范，也是当时世界上最雄伟壮丽的城市。

1421年，明成祖正式迁都北京。从1409年起，为对付蒙古贵族的南犯，明成祖先后五次北征，防止了蒙古贵族的入塞骚扰，使明代社会经济在比较安定的环境下得到了恢复与发展。

明成祖为了巩固和加强

新政权，在即位不久，即令翰林院学士解缙等人，先后组织了3000余人参与，编成了《永乐大典》，它的编纂是一项宏伟而浩繁的工作，对保存我国古代文化典籍，有着重大贡献。

在对外关系上，永乐年间，明成祖就恢复了广州、泉州、明州三市舶司，此外，他还派大臣到各国宣扬国威，其中，郑和七下西洋的出使，最具有深远意义。

明成祖在位22年，在削藩、建都、治河、文化、外交及加强国防、巩固中央集权等方面，都作出了卓越的成绩。1424年，明成祖在第五次远征蒙古贵族阿鲁台的归途中，因病而死，终所65岁。

（3）鲁肃

鲁肃，字子敬，临淮工城(今安徽定远)人，出身士族名家，三国时为孙吴名将。东汉未年，天下大乱，鲁肃率部众百余人跟随周瑜到东吴，受到孙权敬重，与周瑜一道负责北方防务，对付曹操。他生性耿直、憨厚、顾大局、识大体，在东吴朝野享有较高威望。

公元208年，曹操率百万大军南下，准备渡江破蜀灭吴。大敌当前，鲁肃与周瑜力主破曹，坚定了孙权的信心，打击了东吴内部为首的主和派。鲁肃力劝孙权、周瑜联结刘备，共同对敌，尔年他亲自到刘备处接来诸葛亮舌战群儒，为孙、刘联盟的促成起了关键作用。结果赤壁

一战，曹操元气大伤，天下三分的形势得以明朗化。

赤壁战后，鲁肃由赞军校尉升为奋武校尉，接替了周瑜的职权（周瑜已死），继续执行联刘破魏的政策，在诸葛亮六出祁山时，多次指挥东吴军队东面策应，所以无论是曹魏，还是后来的司马晋，都不敢轻易南犯，使三国鼎立的局面在一段时间内相对稳定，有利于社会经济的恢复和发展，鲁肃因而也成为三国时期的一代名将。

（4）戚继光

戚继光，字元敬，号南塘，晚号孟清，山东蓬莱人，抗倭名将，著名军事家。

戚继光出身于将门世家，自幼喜好玩枪弄棒，演练兵法战阵，20岁时便被任命为登州卫指挥佥事，相当于现在的军分区副司令员。

那时候，日本国内发生了较大的政治变动，失去了往日特权的一些日本浪人纠群结伙，乘船涌向了隔海相望的中国沿海，他们烧杀抢劫，无恶不作，被人们称为“倭寇”。倭寇来去无规律，行踪飘忽不定，令人防不胜防，沿海百姓恨之入骨却又无可奈何，只好纷纷逃往内地。

戚继光所在的登州也是倭寇经常骚扰出没的地方，他曾率驻军闻警而动，抵抗倭寇，但收效不大，主要原因在于沿海太平日久，多无战事，军备废驰，明军几乎没有战斗力。于是他开始考虑编练新军，恰在这时，朝廷调他到倭患最为严重的浙江任参将，全面负责抗倭事宜。到任伊始，他开始实施酝酿已久的练兵计划——从农民、矿工中招募新勇，大大改善了抗倭军队的素质和战斗力，打击倭寇，屡获胜利，时人称之为“戚家军”。

1562年，戚家军台州大捷，倭寇元气大伤，不敢再在浙江登陆；1563年，戚继光率兵援助福建抗倭，横屿一战，捣毁了倭寇老巢，1565年再入闽境，大获全胜，升为总兵。戚家军转战闽浙多年，终于扑灭倭寇，后戚继光奉命镇守蓟州，负责北方防备16年；南调广东，保境安民，所到之处，军纪严谨，秋毫无犯。

戚继光后来以年高体弱辞去官职，潜心研究兵法、机械、战阵等，著有《纪效新书》《练兵实纪》等。

*文化名人

（1）庄子

庄子又名庄周，宁国蒙人，是战国时期我国著名的哲学家、思想家和文学家。他出身贫寒之家却能安贫乐道；博学广识，饱读诗书而一生清贫，生计最艰难时，他不得不向监河候借粟度日。楚威王慕才名，派专使送来厚金丝帛聘他到楚做官，他不为所动，潜心治学，终成一代名师。

庄子继承和发展了老子的学说，特别是“道法自然”的思想，他提出的“万物与我为一，天地与我并生”的哲学“天人合一”的思想，强调顺乎自然、无为而治，对后世，特别是汉初休养生息政策的制定和实施起了关键作用。有一次，他睡觉时梦见蝴蝶，醒来后说：“不知是庄子梦见蝴蝶，还是蝴蝶梦见了庄子。”代表了他的相对主义观点，当代著名作家贾平凹的畅销小说《废都》中的主人公取名“庄之蝶”即源于此，可见庄子思想在社会上流传之久、影响之远。

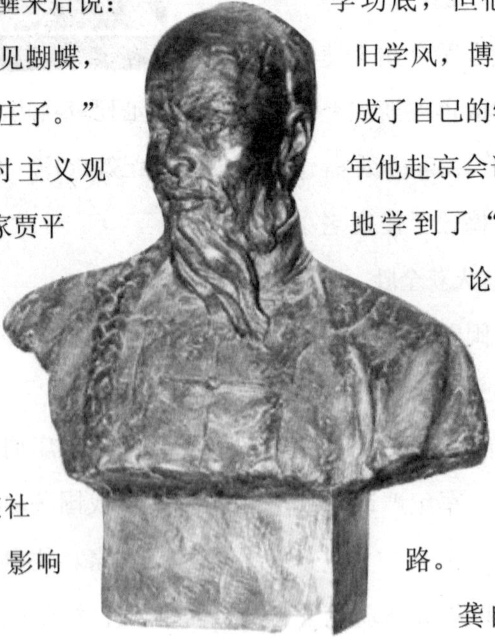

庄子的文学造诣也很高，他散文中“汪洋辟阖，仪态万千”等名句，在战国时期诸子百家文论中最为突出，直到今天我们还在使用。他的著名作品结集为《庄子》流传于世。

（2）龚自珍

龚自珍又名巩祚，浙江仁和人，清代中期著名思想家、文学家。他出身于官僚地主家庭，从小受到他的外祖父——著名汉学家段玉裁的学术影响，打下了深厚的治学功底，但他摒弃了考据的旧学风，博览兼收，逐渐形成了自己的学术风格。1819年他赴京会试不中，却意外地学到了“公羊学”的理论，从此走上了以“微言大义”阐述他社会变革主张和关心人民生计的道路。

龚自珍在社会问题

上提出了两项变革主张，一是为了改变贫富不均的状况，必须打破土地高度集中的局面，分田于民，充分发挥百姓的智慧和积极性；二是在政治上改造现行国家机器，杜绝官僚主义和腐败现象，用新人带来新风气。他的名作“九州生气恃风雷，万马齐喑究可哀。我劝天公重抖擞，不拘一格降人才。”表达的就是这种思想。

龚自珍还是一个可贵的爱国主义思想家，在19世纪上叶外患日渐严重的情况下，他热情讴歌历代抵抗主张，客观上为林则徐的禁烟运动打下了良好的舆论基础。

龚自珍的散文和诗歌，自成一家，诗词瑰丽奇特，有“龚派”之称，这都与他狂傲不羁的性格有关，其中《病梅馆记》《明良论》《己亥杂诗》等都是诗文名篇，后人将他的作品辑为《龚自珍全集》。

（3）杜甫

杜甫字子美，唐代大诗人。公元712年出生于河南巩县一个下层官僚家庭。他自幼好学不倦，6岁时即能吟诗作赋，表现出卓越的文

学才华。他年轻时两次漫游大江南北，骑马而行，饱览四季风光，加上时值盛唐，天下太平，使他对祖国山河充满了热爱之情。

公元746年，杜甫来到京城长安寻找发展机会，不料一住十年，屡被奸相愚弄，怀才不遇，仕途失意，使他开始用另一种眼光冷静地看社会。这时唐政权已由盛转衰，各种社会危机日益尖锐，杜甫一改往日

浪漫奔放的诗风开始行文揭露现实的黑暗，他的名作《兵车行》《丽人行》等都作于这一时期。

安史之乱爆发后，杜甫被卷进了逃难的人流，感受到了国破家亡的痛苦，为此他写下了“感时花溅泪，恨别鸟惊心”的《春望》诗；唐肃宗曾给他一个“左拾遗”的谏官职位，但不久又受不了他的犯颜直谏，将他赶回老家“探亲”，稍后又将他的官职一降再降，最后变成了华都州的参军，迫使他最终辞官而去。

杜甫在颠沛流离的生活中，写下了深沉悲壮的名诗“三吏”“三别”，即《新安吏》《石壕吏》《潼关吏》《新婚别》《垂老别》《无家别》。他在友人的帮助下，在成都南闻盖了一所茅屋安身，茅屋偏被秋风所破，发出了“安得广厦千万间，大庇天下寒士俱欢颜”的感叹。770年冬，他流浪到湘江下游，在一只破旧的小篷船里，饥寒流和疾病终于夺走他的生命，一颗文坛巨星就这样殒落了。

杜甫一生共写诗3000余首，是唐代诗人的杰出代表，被人们称为“诗圣”，他的诗以写实为主，所以又有“诗史”之誉，他的作品收入《杜工部集》。

* 巾帼名流

（1）贾南风

贾南风公元256年生于名门世家，是晋初名臣贾充之女，后入宫嫁给司马衷，司马衷登基后被立为皇后，史称“贾后”。她善于审时度势，在晋朝宫廷及权利斗争中左右逢源。惠帝即位之初，杨太后的父亲杨骏把持朝政，她联络楚王司马玮等计杀杨骏，又请汝南王司马亮辅政，牵制楚王，尔后借司马读之手除掉司马亮，弄得群王人心惶惶，人人自危，大权完全旁落她一人之手。贾后专权十年，终于导致“八王之乱”，她自己也被赵王司马伦处以极刑。

（2）上官婉儿

唐代女诗人，陕西陕县人。其父上官仪是贞观进士，官至弘馆学士，西台侍郎，是唐初著名诗人，他的诗被人称为“上官体”，后因触怒武则天被杀，上官婉儿随其母配入内庭，因她诗文绮丽，颇有乃父之风，所以14岁时得到武则天常识，负责为她掌管诏命工作，后封为昭容。她曾建议扩大书馆，增设学士，并代朝廷品评天下诗文，后在玄宗政变时遇害，开元

初年，玄宗曾命人将她的诗文结集，共有20卷。

(3) 珍妃

珍妃，他他拉氏，是满洲镶红旗人，姿色优美，聪慧过人，被选入清宫，是光绪帝的爱妃。她对慈祥太后垂帘听政，反持大权极为不满，多次规劝光绪皇帝亲政掌权，引起西太后的嫉恨。后来，她又鼓励光绪支持康有为、梁启超的维新变法运动，试图在变法中摆脱太后控制，遭到太后仇恨；变法失败

后，她与光绪被囚禁，是最后陪伴光绪的最善解人意、知书达理的嫔妃。八国联军攻占北京前，慈祥太后终于捏造借口，将她推进井里溺死。今北京尚存“珍妃井”。

* 谏官直臣

魏征，河北馆陶人，是唐初著名政治家，也是名扬千古的谏官直臣。580年，魏征生于贫寒流的乡下人家，幼时失父，生活更为清贫，不久出家做了道士。隋朝末年，时局动荡，寺观也非世外净土，魏征参加了李密领导的瓦岗起义军；李密为李渊、李世民所败，瓦岗军归顺大唐；在与窦建德部作战中，瓦岗旧部失散，被窦建德收编，魏征被封为起居舍人；不久，窦建德复被唐打败，魏征等归唐为好，替太子洗马；太子发现魏征奇才，对他破格重用，倚为心腹谋士，魏征投桃报李，为太子与李世民争夺天下继承皇位出谋划策；后

经玄武门之变，李世民用政变形式夺取皇权，打败太子，继位为唐太宗。魏征本来应被处死，但太宗欣赏他的耿直与才华，升他为谏议大无，后及至宰相、郑国公。

魏征敢于直谏，先后向太宗陈谏200多条，成为谏臣典型。太宗问魏征，人君怎样才能明，怎样才是暗？魏征回答他“兼听则明，偏信则暗”劝太宗兼听广纳；唐政权稳定后，他又提醒太宗，“居安思危”“慎终如始”；他犯颜直谏，不留情面，只要皇上有错，决不姑息。一次，太宗被他说得恼羞成怒，退朝后恨恨地说：“总有一天我要杀死这个乡巴佬！”长孙皇后忙问究竟，他说：“魏征常常当众侮辱我，让我下不了台！”长孙皇后连忙向他道贺：“主明臣直，魏征如此忠直，是因为陛下是明主。”

魏征63岁时不幸病故，太宗闻讯后痛哭流涕地说：“用铜作镜，可以整衣帽；用史作镜，可以见兴亡；用人作镜，可以知得失。魏征死，我就失去了一面镜子。”可见君臣感情相当深厚。

魏征的治国言论见于《贞观政要》。他还写有《隋书》总序和《梁书》《陈书》《齐书》的总

论，主编过《群书治要》。他的治国思想和忠直的精神，传为后人楷模。

*仁人志士

（1）李富春

李富春，1900年生于湖南长沙市，是我国著名的无产阶级革命家。1919年10月赴法国勤工俭学。1922年6月，参加旅欧中国共产主义青年团总支部的委员，后转为中国共产党党员。1925年1月，被派往莫斯科东方大学学习，同年8月回国，在广州任国民革命军第二军政治讲习班班主任，编辑《革命》半月刊。

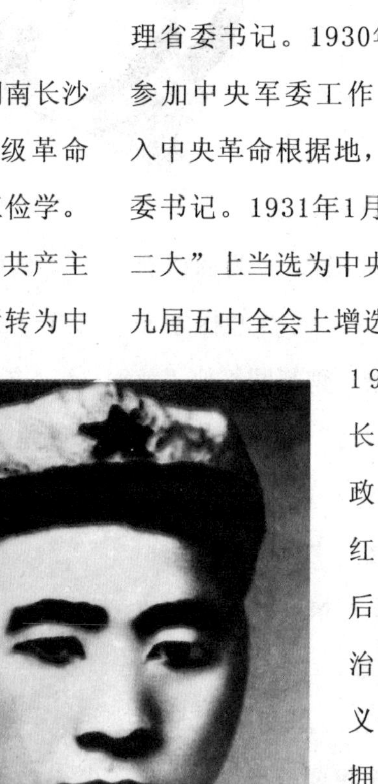

1926年7月，参加北伐战争，在攻克南昌战役中功勋卓著。同年冬，任中共江西省委委员，代理省委书记。1926年底，任黄埔军校武汉分校政治教官。1926年，在上海坚持地下工作，历任江苏省宣传部长，代理省委书记。1930年6月，到上海参加中央军委工作。1931年，进入中央革命根据地，任中共江西省委书记。1931年1月，在全苏“第二大”上当选为中央执委，在中共九届五中全会上增选为后补委员。1934年，参加长征，任红军总政治部副主任和红三军团政委，后代理红军总政治部主任。在遵义会议上，坚决拥护毛泽东的正确路线和领导。党中央到达陕北后，任中陕宁省委书记。抗日战

争时期，历任中共中央副秘书长、中共中央组织部部长、中央财政经济部部长、办公厅主任等职。解放战争时期，率大批干部奔赴东北，先后任中共中央西满分局书记、东北局党务副书记、东北人民政府副主席、东北军区副政委，参加领导东北人民解放战争。建国后，历任政务院财政经济委员会副主任、国家计划委员会副主任、重工业部部长、国务院副总理等职。

1975年1月，李富春同志因病于北京逝世。

（2）张闻天

张闻天，别名洛甫，1900年出生，是我国马克思主义理论家和革命家，曾是中国共产党的主要领导人。

张闻天早年曾留学日本和美国。青年时期参加五四运动，加入“中国少年学会”。1925年，加入中国共产党，赴苏联学习。1930年4月，任中共中央宣传部长，同年6月，为中央政治局委员和政治局常委。1933年在中国共产党六届五中全会上，当选为中央政治局委员和书记处书记。同年任中华苏维埃共和国中央政府人民委员会主席，参加长征。1935年1月，在遵义会议上，抛弃王明“左”倾杨会主义，站到正确路线的一边，被选为中共中央总书记，主持中央的日常工作，直到1937年12月。在中国共产党第七次全国代表大会上，继续当选为中央委员和中央政治局委员，抗战胜利后，为东北革命根据地的开辟和建设做出了积极贡献。全国胜利后，先后任驻苏联大使和外交部第一副部长。1956年，当选为中共第八届中央委员，在中央政治局扩大会议上，受到错误的批判。此后，被分配到中国科学院经济研究所，从事社会科学理论研究工作，结合中国的实际，从事理论著作。“文化大革命”开始后，遭到林彪、江青反革命集团的残酷迫害达10年之久。1976年7月，在江苏无锡病逝。

（3）王力

王力是我国著名的语言学家、教育家、诗人、翻译家。

王力1900年生于广西博白县。曾入上海南方大学，民国大学学习。1926年，入清华大学国学研究院，学习语言学。翌年毕业，赴法国巴黎大学，专攻实验语言学。其间翻译法国小说、剧本30多部。1932年回国，在清华大学任教。1936年著《中国文法学初探》，领导研究汉语语法特点，提出研究新方法，对语言学界影响颇大。抗日战争全面爆发后，先后在长沙临时大学、广西大学、西南联合大学任教，研究现代汉语语法，并曾赴河内远东学院研究东方语言。抗日战争胜利后，先后在中山大学、岭南大学任教授兼文学院院长。1952年，全国高校院系调整，任

中山大学教授兼语言系主任，中文系副主任。两年后，任北京大学中文系汉语研究室主任，中文系副主任。他历任中国文学改革委员会委员、中国社会科学院学部委员、国务院学位委员会语言文学科评议会负责人、国家语言文学工作委员会顾问、中国语言学会名誉会长、中国音韵学研究会名誉会长等职。

王力先生热爱祖国，追求进步，有专著40多部，论文近200篇。

【知识百花园】

鼠的相关知识

老鼠长有一对不断生长的大门牙，所以小老鼠总是咬坏衣柜、木箱以不停地磨牙。老鼠的长尾巴有很好的平衡作用，即使从五层楼上摔下也不会受伤。

英国剑桥大学和史密斯克兰比彻姆大学的研究人员在《自然》杂志上发表文章说，由他们培育的一种转基因老鼠在比同类进食多得多的情况下，却总能保持“苗条轻盈的体态”，这一研究成果为给人类找到一种可以不限制食量的新型减肥药开辟

了广阔前景，它将不同于以抑制食欲为机制的各类当代减肥药。

科学家经研究发现，老鼠尤其爱看电视广告镜头，每每这个时候，老鼠特别兴奋，嘴里叫得特别欢，胡须也不停地摆动。

负责该项研究的约翰·克拉彭博士介绍说，他们培育的老鼠可以在其肌肉细胞的线粒体内产生大量的一种叫做“解联藕蛋白质-3”的物质，这种物质可加速新陈代谢，同时把从食物中摄取的能量转化为热量散发出去，而不会转化成脂肪积聚在体内。因此这些老鼠想吃多少就吃多少，体重却比其他正常老鼠轻得多。实验表明，转基因老鼠在食量比正常老鼠多15%~54%的情况下，其脂肪组织却比正常老鼠要少44%~57%。

克拉彭博士表示，在老鼠身上的这项研究成果使得研制能促进大量消耗热量而不只是单纯抑制食欲的人类减肥药品成为可能。但克拉彭博士同时指出，无论开发出什么新型减肥药品，调节饮食以及坚持不懈的体育锻炼都永远是减肥者的首选之路。

鼠与人类的关系

我们的老祖宗从千千万万种动物里选出老鼠作为十二生肖之一，可见老祖宗慧眼识鼠，对老鼠格外青睐。这不仅大大提升了老鼠的地位，也牢牢奠定了老鼠与人类友谊的基础。

研究发现老鼠和人类99%的骨骼结构相同。据报道，耶路撒冷大学的研究人员首次公布了《老鼠骨骼断层扫描图》，图中清晰地展示了老鼠骨骼结构的细部特征，包括极微小的骨骼，其精确程度到毫米。如果把老鼠按比例放大并舒展开来的话，那么除了脸部、足部和尾巴外，老鼠的骨骼构架同人类相比，几乎没有什么区别。此外，在病理上，老鼠和人类的骨细胞也有很多的共同之处。

英美科学家通过研究得出结论，老鼠基因密码链的长度与人类相差无几，老鼠为25亿对核苷酸，略少于人类的29亿对核苷酸。80%

的人类基因与老鼠完全相同，99%的人类基因与老鼠非常相似。所有这些指标，是在外形上与人类更为接近的猴子都没有达到的。正是基于上述原因，科学家普遍借助老鼠从事治疗人类疾病的研究工作。他们认为，通过老鼠研究基因的功能情况，比通过人体更容易一些。

*鼠对人类的贡献

第一，人类与老鼠共享着80%的遗传物质和99%的基因，因此了解老鼠非常有助于了解人类自身，因此老鼠为人类的科学研究实验提供了实验品。在漫长的科学探索过程中，科学家们经常采用老鼠作为他们研究对象以及新发明的科研产品的实验对象。可以说，千千万万的白老鼠为人类文明的发展牺牲在了实验室里。比如说，一项对老鼠进行的试验研究表明，维生素B_2有可能用来帮助治疗脓血症病人，目前这种治疗措施至少有助于提高患有败血症的啮齿类动物的存活率；科学家由老鼠实验证明社会地位影响大脑结构；科学家们也通过对老鼠的研究发现环境污染会危及生物后代。上述的这些实验，有的对于医学发展有实质性的推动作用，不

少病人因此受惠；有的实验甚至涉及到社会科学范畴，对于研究人类的社会行为有巨大贡献；还有的实验提高了人们对于环境污染的认识和重视，对于环境保护有着深远的影响。

第二，老鼠的生命力极强，能在极度恶劣的环境中生存，通过研究老鼠生命力强的原因，有望把其有利的因素作用在人类身上使人类的生存发展素质有所提高。科学家经过一系列实验，证明有的老鼠已经具有遗传性的抗药能力。第二次世界大战后，美国在西太平洋埃尼斯托克环礁的恩格比岛和其他岛屿上试验原子弹，但岛上的老鼠既没有残废，也没有畸形，而且长得特别壮。这一切事实，给科学家们提出了问题之余同时也给了他们一个极大的研究空间。可惜的是，到目前为止，还没有科学家能够对这些问题做出完整、科学的回答。

值得一提的是，老鼠作为生物链中不可缺少的一环，为蛇、鹰等动物提供了食物，从某个层面上说，它们为维持生态系统的平衡也具有一定的价值。

*鼠对人类的危害

老鼠对人类的危害主要有损耗粮食和传播疾病两大方面。

老鼠是一种贪吃的动物，每只老鼠每天要吃掉相当于它体重的1/5/FONT>1/10的食物。老鼠北方叫耗子，真是名符其实。据估计，每年生产的粮食约有5%被老鼠夺去，全世界每年被损耗的粮食有5000万吨，损失上亿美元。另外老鼠还能盗食森林的种子，啃食幼苗、树皮，给森林带来严重的危害。老鼠能破坏草原，与牲畜争夺牧草，影响畜牧业。

鼠类与人类生活的关系密切，数量多、分布广、迁徙频繁，是很多疾病发生和流行的传播媒介，能传播鼠疫、流行性出血热、钩端螺旋体病等30多种疾病。鼠疫是原发于鼠类并能引起人间流行的烈性传染病，传染性极强，历史上死亡率很高，有古诗为证“东死鼠，西死鼠，人见死鼠如见虎。鼠死不几日，人死如圻堵”。据估计，有史以来，死于鼠源疾病的人数，远远超过直接死于战争的人数。鼠疫已有1500年的历史，公元一世纪，埃及、叙利亚就有记载，历史上鼠疫有过三次大

流行：6世纪东罗马帝国第一次大流行，流行时间长达50年，死亡1亿人；14世纪在欧洲第二次大流行，死亡2500万人口，占当时欧洲人口的1/4。18世纪末19世纪初，第三次大流行，死亡4000万人。鼠疫疫源地分布世界各地，全世界有200多种老鼠是鼠疫菌的保菌动物。人间鼠疫在世界一些地区还时有发生。如停息了26年之久的印度，1994年又重新爆发人间肺鼠疫。SARS流行可能与老鼠有关。去年我国一些省市暴发流行SARS，相关机构对其病源开展了广泛研究。有关专家认为非典可能与老鼠有关。

* 人类应该如何把握与老鼠的关系

说起应该如何对待老鼠，不少人会回答应该对老鼠赶尽杀绝。不可否定的是，在日常生活中，老鼠对于人类来说绝对是个祸害，应该对其进行预防甚至消灭。但我认为我们消灭老鼠的最好方法应该是遵循生物科学原理。

中学的生物课本有提到过，一个物种要生存，必须要有足够的生存空间以及食物。而老鼠之所以这么猖獗，就是因为在城市里有太多的空间如下水道、垃圾堆填区等，以及足够的食物如人们随便放置的食物等，能够让它们生存。因此，只要人们通过搞好环境卫生以及把食物放好来创造一个不适合老鼠生存的环境，便可以比较有效地消灭老鼠。

不少人为了达到较快的灭鼠效果，会采用老鼠药来毒杀老鼠。其实，这是一个既害老鼠又害人类的方法。其中最具代表性的便是被称为“毒鼠强”的老鼠药。毒鼠强对人畜毒性极强，1克毒鼠强可在几分钟内毒死100人，没有有效的解毒剂。加之其作用太快，往往来不及抢救，事后解剖尸体也很难发现痕迹。毒鼠强化学性质稳定，无论在老鼠体内还是在自然界，都难分解失效，毒力多年不减，造成长期

污染。它甚至还会被植物吸收，使之成为真正的“毒草”。因此，我们应该避免用老鼠药来达到消灭老鼠的目的。

而在科学领域，我们不应该对老鼠敬而远之，而应该进一步加深对老鼠的研究，揭发其生命力极强的奥秘，以及通过对其的实验研发出更多对人类有用的科学产品，让老鼠在科学领域方面能够更好地为人类服务。

美国俄亥俄州大学的生物化学家不久前培育出了一种体形超大、生命力极强的老鼠。据介绍，这种老鼠刚一出生就特别的活跃，即使是在不吃不喝的情况下，也能够连续跑上5～6个小时不停歇，而且跑的速度很快。原来，科学家在老鼠的胚胎中注入了一种专门负责产生一种蛋白质的高活性基因，可以使这种蛋白质在肌肉中的含量高出一般老鼠的上百倍。据介绍，这种老鼠的食量比一般老鼠要多出好几倍，但不会导致体态肥胖，而且寿命也长很多，能活到相当于人类的150岁。即使到了晚年，这种老鼠仍然能够保持极旺盛的生育能力。科学家表示，人类也有类似的基因，假如人类能有如此高强的体力和耐力，那将会培养出超高强的运动员。但出于道德的原因，目前还不能在人的身上做同样的试验。

老鼠对人类有着巨大的危害的同时，又对人类有着科学方面的贡献。我们在认清其危害的同时，还应该客观地看待它的价值。因此，我们应该对对我们有害的老鼠进行生物学消灭，同时又应该在科学研究和实验上对老鼠进行充分的研究和利用。

鼠年的祝福短信

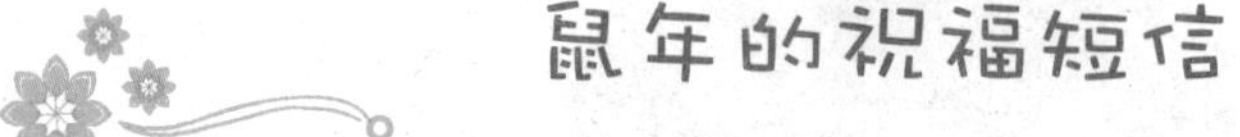
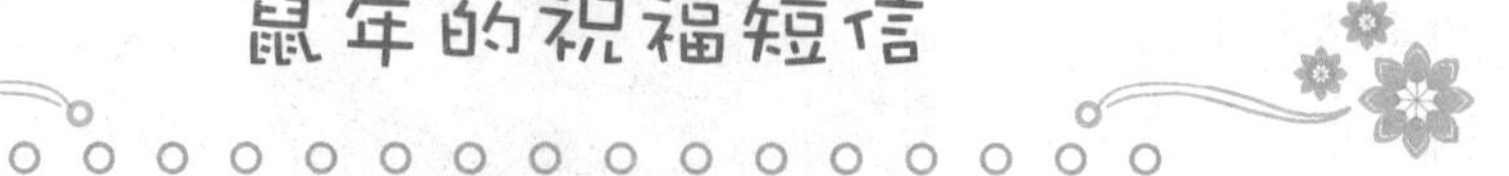

（1）贺新春，庆佳节，恭喜发财！过年好，万事顺，事事如意！财旺福旺运道旺，三鼠开泰迎旺年！

（2）祝你山鼠绵鼠吃不完，洋国到处游，洋钱一桶桶……总之，鼠福不浅，鼠鼠顺手！

（3）我把祝福和希望，悄悄地放在将融的雪被下，让它们沿着春天的秧苗生长，送给你满年的丰硕与芬芳！新年快乐！

（4）祝您新的一年身体健康！工作顺利！升官、发财，鼠鼠得意！

（5）鼠年祝愿您：工作舒心，薪水合心，被窝暖心，朋友知心，爱人同心，一切顺心，永远开心，事事称心！

（6）鼠年我的的愿望：水泥马路长青草，火锅一点底就掉，皮衣店面都关门，全世界人都属鼠。

（7）祝你鼠年喜气洋洋，满面阳光灿烂，爱情扬眉吐气，事

业洋洋得意，晦气扬长而去，万事阳关大道！

（8）天增岁月人增寿，春满乾坤福满门。三鼠开泰送吉祥，五福临门财源茂。恭祝新春快乐，幸福安康！

（9）短信贺岁，岁岁平安，安居乐业，业和邦兴，兴旺发达，大吉大利，力争上游，游刃有余，青春永驻，祝你快乐！

（10）祝：新年进步，三鼠开泰，心想事成，步步高升！

（11）新春之庆，人人之喜。齐喜庆过肥年。祝您鼠年好事连连，笑口常开。

（12）祝你鼠年：大名鼎鼎，大吉大利，大红大紫，大显身手，大炮而红，大鸣惊人，大马当先！

（13）黑马牵出鼠，鼠过皆吉祥。好运交华盖，行走在康庄。财进江入海，官升佛跳墙。大喜须清醒，襄阳不洛阳。

（14）鼠年到，鼠年到，有成绩，别骄傲，失败过，别死掉，齐努力，开大炮，好运气，天上掉，同分享，大家笑！

（15）马尾巴的功能，是金鼠开泰的惊喜。老朋友的祝福，是真情无期的永续。祝福的话被千万人说过，我便有幸省过。

（16）鼠年春节到，短信来问好。愿你白天顺，夜晚睡好觉。天上掉黄金，打着你的脚。要问我是谁，请看手机号。

（17）祝金鼠开泰，喜气鼠鼠，鼠蹄奋进，得意鼠鼠！

（18）恭祝鼠年万事胜意，财源广进，恭喜发财！

（19）新年快乐，三鼠开泰，洋洋得意，好事连连，一帆风顺，十全十美，发财，发财，发洋财。

内燃机先进技术译丛

内燃机原理（下）

——工作原理、数值模拟与测量技术

（原书第7版）

［德］京特·P. 默克（Günter P. Merker）
吕迪格·泰希曼（Rüdiger Teichmann） 主编
高宗英　等译

机 械 工 业 出 版 社

本书分上下两卷，涵盖了内燃机从工作原理、工作模拟流程到测试技术等主要领域。尽管覆盖面很广，但在某些章节中还是针对有关内容做了比较深入的阐述，这对读者综合理解问题有较大的帮助。本书除分析了整个动力总成系统以外，还从技术的角度对发动机的优化进行了探讨和评估，从而使读者可以根据自己的条件有目标地做出相应的决定。本书适合内燃机及汽车动力专业技术人员阅读使用，是专业读者案头必备的工具书。

丛书序

我国的内燃机工业在几代人前仆后继的努力下，已经取得了辉煌的成绩。从1908年中国内燃机工业诞生至今的一百多年里，中国内燃机工业从无到有，从弱到强，走出了一条自强自立、奋发有为的发展道路。2017年，我国内燃机产量已突破8000万台，总功率突破26.6亿千瓦，我国已是世界内燃机第一生产大国，产量约占世界总产量的三分之一。

内燃机是人类历史上目前已知的效率最高的动力机械之一。到目前为止，内燃机是包括汽车、工程机械、农业机械、船舶、军用装备在内的所有行走机械中的主流动力传统装置，但内燃机目前仍主要依靠石油燃料工作，每年所消耗的石油占全国总耗油量的60%以上。目前，我国一半以上的石油是靠进口，国家每年在石油进口上花费超万亿美元。国务院关于《“十三五”节能减排综合工作方案》的通知已经印发，明确表明将继续狠抓节能减排和环境保护。内燃机是目前和今后实现节能减排最具潜力、效果最为直观明显的产品，为实现我国2030年左右二氧化碳排放达到峰值且将努力早日达峰的总目标，内燃机行业节能减排的责任重大。

如何推进我国内燃机工业由大变强？开源、节流、高效！“开源”就是要寻求石油替代燃料，实现能源多元化发展。“节流”应该以降低油耗为中心，开展新技术的研究和应用。“高效”是指从技术、关联部件、总成系统的角度出发，用智能模式全方位提高内燃机的热效率。我国内燃机的热效率从过去不到20%提升至汽油机超30%、柴油机超40%、先进柴油机超50%，得益于包括燃油喷射系统、电控、高压共轨、汽油机缸内直喷、增压系统、废气再循环等在内的先进技术的研究和应用。除此之外，降低发动机本身的重量，提高功率密度和体积密度也应得到重视。完全掌握以上技术对我国自主开发能力具有重要意义，也是实现我国由内燃机制造大国向强国迈进的基础。

技术进步和技术人员队伍的培养不能缺少高水平技术图书的知识传播作用。但遗憾的是，近十几年，国内高水平的内燃机技术图书品种较少，不能满足广大内燃机技术人员日益增长的知识需求。为此，机械工业出版社以服务行业发展为使命，针对行业需求规划出版“内燃机先进技术译丛”，下大力气，花大成本，组织行业内的专家，引进翻译了一批高水平的国外内燃机经典著作，涵盖了技术手册、整机技术、设计技术、测试技术、控制技术、关键零部件技术、内燃机管理技术、流程管理技术等。从规划的图书看，都是国外著名出版社多次再版的经典图书，这对于我国内燃机行业技术的发展颇具借鉴意义。

据我了解，“内燃机先进技术译丛”的翻译出版组织工作中，特别注重专业性。参与翻译工作的译者均为在内燃机专业浸淫多年的专家学者，其中不乏知名的行业领军人物和学界泰斗。正是他们的辛勤工作，成就了这套丛书的专业品质。年过8旬的高宗英教授认真组织、批阅删改，反复修改的稿件超过半米高；75岁的范明强教授翻译3本，参与翻译1本；倪计民教授在繁重的教学、科研、产业服务之余，组织翻译6本德文著作。翻译人员对于行业的热爱，对知识传播和人才培养的重视，体现出了我国内燃机专家乐于奉献、重视知识传承的行业作风！

祝陆续出版的“内燃机先进技术译丛”取得行业认可，并为行业技术发展起到推动作用！

序

由 G. P. Merker 教授主编的《内燃机》一书，在过去主要针对计算模拟部门的工程人员并成为他们公认的信息来源。今天人们几乎可以说，模拟和实验两者之间的交流比以往任何时候都顺畅。不少工程人员都会做些少量的模拟计算工作或必须将他们的实验结果通过计算来评估。但是由于各人的知识和经验基础不尽相同，有时也难于做出正确的判断，为了在各种不同的观点之间建立桥梁，本书的内容不断地扩展和完善，书名也相应地改为《内燃机原理》。

全书经过扩编后形成的现在的版本涵盖了内燃机从工作原理、工作模拟流程到测试技术等主要领域。尽管覆盖面很广，但在某些章节中还是针对有关内容做了比较深入的阐述，这对读者综合理解问题有较大的帮助。

但我个人今天特别要强调的则是这本专业著作的作用还不仅于此，它除了考虑与分析了整个动力总成系统以外，还从技术的角度对发动机的优化进行了探讨和评估，从而使读者可以根据自己的条件有目标地做出相应的决定。此外，该书也是理论和实践相结合的典范，适合用作大学生的教科书和工程技术人员继续提高的教材，或者简单的一句话，它就是本专业读者有问题时每天需要翻阅的工具书。而且我也知道，主编和作者们花费了很多心血和宝贵的自由时间才完成这部很有价值的专著，为此，我在此要特别感谢为促成此书成功出版而做出贡献的所有同仁。

Helmut List（AVL 总裁）
于 格拉茨（Graz），奥地利

中文版序

德国是内燃机的故乡，逾百年来内燃机工业在德国兴盛不衰。德国的内燃机产品以性能优异、可靠性高、寿命长而著称于世，引领着内燃机技术的发展方向，是我国内燃机工业界学习的榜样和赶超的对象。

随着科学技术的进步，许多新的设计思想、设计方法、计算软件以及测量技术和实验方法等纷纷引进到我国内燃机工业中来。特别是近几十年来，内燃机从产品的外观到内部结构设计，各项性能指标都发生了重大变化，推动内燃机工业又进入一个繁荣发展的新时期。同样，在新时期里，也必然会出现反映总结技术进步和创新的代表性著作。

《内燃机原理》一书的主编是 G. P. Merker 教授和 R. Teichmann 博士，他们两人曾长期在德国和奥地利大学任教，并在著名内燃机公司中担任科技研发部门的领导人，积累了丰富的理论知识和实践经验。他们的著作在世界著名的 AVL 研究所的大力赞助和支持下，作为德国汽车技术杂志（ATZ）和德国发动机技术杂志（MTZ）的专业丛书出版，并经过多次反复补充和修改，至今已经发行到第 7 版。这是一本为发动机和汽车专业科技工作者提供了大量信息和现代化综合技术讨论的优秀图书，它具有以下特点。

1. 详细地叙述了与汽车、内燃机紧密有关的数值模拟技术

在现代内燃机和整车设计或样机调试改进过程中，数值模拟技术所起的作用越来越大，几乎从内燃机到整车的各个系统都用它来预测性能，调整参数，以达到优化性能以及对比实验结果的目的。目前有不少相应的商用软件在使用，但本书的重点是对内燃机的进排气系统中的流动、涡轮增压系统、燃油喷射、缸内气体流动、燃烧和有害排放物的形成，直至排气后处理系统中有害排放物变迁过程的模拟，其中包括模拟难度较大的全部动力系统中的瞬态过程和内燃机燃烧室内高度不稳定的燃烧过程的模拟。以内燃机燃烧过程的模拟为例，本书作者为了便于初学者容易入门，从热力学、传热传质学、流体动力学和化学反应动力学基本方程出发，分别对均质混合气燃烧和喷雾燃烧的各种燃烧模型或火焰传播模型，以及在零维、准维和三维模拟计算中的应用做了详细介绍，这样就帮助读者对各种商业计算软件增加理性认识，从而具备可以针对具体的研究对象、计算要求对程序做出适当修改，判断计算结果与实验结果不一致原因的能力。

2. 燃烧诊断技术

本书还重点介绍了内燃机示功图测量及分析技术，以及燃烧诊断技术，特别是最新发展的激光诊断技术。

3. 涡轮增压技术

由于涡轮增压技术对降低燃油消耗率、减少污染、减轻重量、提高功率、降低转速、减小尺寸等的明显效果，以及在各类内燃机上的普遍应用，因此，本书很重视对涡轮增压技术的论述，包括单级涡轮增压以及各种可变装置，两级涡轮增压和双涡轮增压等的介绍，并且对叶轮和涡轮壳内的气体流动，涡轮机叶栅设计等均有论述。

总之，本书的内容十分充实，将近十年来内燃机科技进展的主要方面均收入其中，并且理论联系实际，特别注意模拟计算和实验数据的相互验证，指导读者根据具体条件，有目的地进行选择和修正。因此本书受到现任 AVL 研究所总裁 Helmut List 教授的高度评价，认为："本书是工程技术人员在有问题时，每天需要翻阅的工具书。"

2014 年，本书主译人，我国著名内燃机专家、江苏大学前校长高宗英博士在去奥地利交流时发现此书。回国后，在德国 Springer - vieweg 出版社和中国机械工业出版社的大力支持下，迅速组织一支以上海、无锡、镇江等地的知名高校和研究单位相关人员为主的翻译队伍，共同开展本书的翻译工作。特别是高宗英教授虽近八旬高龄，但为了我国内燃机工业的繁荣和赶超世界先进水平，勇挑重担，重整书桌，挑灯夜战，加上各位参与人员的共同努力，确保了我国这支翻译队伍在专业水平、文笔流畅方面能够与原书的高水平相得益彰。

本书是一本优秀的内燃机原理著作，它特别适合内燃机、汽车、拖拉机、工程机械等行业的工程技术人员阅读、自修和提高使用，并且可供有关从事技术开发、鉴定、产品服务的技术人员作为实用手册使用。同样也可作为高校内燃机专业的研究生参考教材。在此，我谨代表中国内燃机学会专家咨询委员会向中国内燃机界的有关同志郑重推荐此书。

中国内燃机学会名誉理事长
兼专家咨询委员会主席
西安交通大学教授
蒋德明
于西安

第7版前言

当今在内燃机和汽车领域的研发工作中，已广泛采用各种商业化的标准计算程序，应用这些程序可以模拟整车和全部动力系统中的瞬态过程，也包括内燃机燃烧室内高度不稳定的瞬态燃烧过程。但在这些计算程序中，照例不会给出源代码，而在有关文献中也缺少相互参照的说明，而用户渴望知悉更多有关这些程序中物理和化学模型的信息。因此，本书编者特别希望尽可能阐明这些程序中各个项目物理和化学方程式的含义，并指明应用有关程序时的可能性与条件。

由于信息来源过于丰富，本书只能将重点局限于阐明内燃机的内部过程，着重介绍建模过程中有关热力学、流体动力学和化学反应方面的机理。

对于目前出版的第7版而言，是将与工作原理、数值模拟和测量技术相关的内容分别在五篇中加以介绍，其中所有章节均有独立性，也有拓展的可能。

第一篇在第2章中介绍热力学的基本知识；第3章则完全改写并由于增添了载货车用发动机、内燃机小型化、复合动力驱动和增程器等内容而使其篇幅大为增加；第4章燃油喷射系统是全新的内容；第5章增压系统也是重新改写过的。

第二篇介绍内燃机燃烧、有害物形成的物理和化学机理以及排放测量分析技术，其中第7章增加了降低有害排放物方面的内容；

第三篇介绍内燃机整个或部分过程的零维和准维数值模拟，优先考虑与此相关的计算和测试任务。

第四篇介绍内燃机的三维数值模拟，其中第17章增压的数值模拟是新增补的。

第五篇介绍内燃机在整个动力系统中的地位和今后的发展前景。

在附录中专门介绍了一款附有FIRE源代码的商业三维模拟程序。

我们希望通过本书能使读者对内燃机的数值模拟方面有一个清晰与明确的了解，使其对于读者在科学研究与工程技术工作方面有较大的帮助。

我们感谢所有作者在完成本书编写过程中建设性地合作与贡献。特别感谢AVL LIST（李斯特）公司对于本书编写在专业咨询和提供材料方面的支持。对于本书的章节组织和内容安排我们也与多方面同行进行过讨论，其中特别感谢Springer－Vieweg出版社的Gerhard Haußmann硕士、Ewald Schmitt先生以及Elisabeth Lange女士与我们之间的良好与建设性的合作。

Günter P. Merker
Rüdiger Teichmann
于德国泰特拉克（Tettnag）和
奥地利格拉茨（Graz）

主要作者介绍

Günter P. Merker，工学博士、博士后、大学教授：1942 年出生于德国奥格斯堡（Augsburg），1964—1969 年在慕尼黑工业大学（TU München）机械工程专业学习，其后在该校工程热力学教研室任助教，1974 年获得博士学位，1978 年博士后毕业。1978—1980 年在德国 MTU 公司 - 慕尼黑（ München）分部工作。1980 年应聘任卡尔斯鲁厄大学（Uni。Karlsrihe）制冷技术 C - 3 级教授，1986 年又回 MTU 公司 - 弗里德利希港（Friedlichshafen）总部工作，任发动机分析与计算部门主任。从 1994 年起应聘为汉诺威大学（Uni。Hannover）的 C - 4 级教授并领导内燃机燃烧工程研究所直至 2005 年退休。在这期间主要从事载货车柴油机燃烧的实验和理论研究，共指导 43 名博士和 4 名博士后。在传热、流体力学和内燃机领域单独或共同发表了 140 多篇论文和 6 部专著，并担任不伦瑞克（Braunschweig）科学协会高级会员。退休后作为自由技术顾问仍活跃在内燃机工业领域。

Rüdiger Teichmann，工学博士：1960 年出生于德国诺德豪森（Nordhausen），1982—1987 年在德累斯顿工业大学（TU Dreseden）机械工程系汽车专业学习，其后在该校作为上述单位的研究生和科研助教攻读博士学位，直到 1990 年，论文内容为载货车用柴油机燃烧系统的改进。1991 年获得博士学位后进入慕尼黑（München）的 BMW 公司从事动力系统的前期开发工作，其工作范围涉及内燃机的工程热力学、燃烧系统改进、换气过程及其标定等多个领域。1999 年转到奥地利格拉茨（Graz）的 AVL 公司，任示功图分析研究部门的生产部主任，工作三年后担任整个部门的负责人，而且从 2005 年起该部门的工作范围还包括光学测量技术和单缸试验机燃烧过程的研究。2007 年起他还负责将 AVL 公司的汽车测试技术也进行整合在一起。Dr. Teichmann 博士是许多著作的作者或参编人，同时也应聘担任高校本专业硕士生（Dipl. - Eng. ）的指导教师工作。

编辑的话

本书由德文的内燃机经典著作《Grundlagen Verbrennungsmotoren》的第7版翻译而成。原著由德国汉诺威（Hannover）大学内燃机研究所主任、工学博士京特·P. 默克（Günter P. Merker）教授和奥地利AVL公司内燃机测试技术负责人吕迪格·泰希曼（Rüdiger Teichmann）博士主编。翻译团队则由原江苏理工大学（现江苏大学）校长高宗英教授主持，成员包括江苏大学、无锡油泵油嘴研究所、同济大学、上海交通大学以及德国博世（Bosch）公司的教师和专家。本书中文版分为上下两册，上册包括工程热力学和化学方面的基础知识、活塞式内燃机工作原理、燃油喷射、增压、燃烧技术和废气有害物形成、消减及其测试等内容；下册包括针对内燃机工作过程和主要零部件数值计算的零维、一维、现象学和三维模型以及对于动力总成系统的研究和对内燃机技术未来的展望。

主持翻译的高宗英老师是改革开放后首位在国外（1981年于奥地利）取得内燃机博士学位的中国访问学者，当时国内多家报刊均为此进行了报导。但在开始进行本书的翻译时，高老师已不再年轻，而是年近八旬的老人。说来也巧，恰好我们在取得本书的中文版权时，高老师到欧洲探亲时，也在书店看到这本书，觉得它对国内的内燃机行业非常有参考价值，于是毅然自行把这本厚重的“大部头”买下来并带回国和我们联系，从而成就了这项难度和工作量均很大翻译工作的起动。

其实高宗英教授对于我们出版社来说并不陌生，早年他就曾为本社翻译出版过《内燃机设计》《内燃机设计总论（李斯特内燃机全集新版第一卷）》等德文专著，也参加过本社出版的内燃机全国统编教材（《内燃机学》和《内燃机测试技术》）的编、审工作，因此我们对他再次主持本书的翻译是充满信心的，唯一担心的是他年事已高，不知他身体能否面对这项繁重的任务坚持下来；对此高老师也曾主动向我们表示，万一出现身体不适无法坚持的情况，便请团队中其他德语较好的同志来继续完成他的任务。幸好上述双方的担心并未成为现实，他也是在向出版社交清了全部稿件后，才在2017年暑假期间江苏大学汽车学院与出版社方面举行的座谈会上代表整个翻译团队与我们出版社正式签订了翻译出版合同。

作为行业后辈，在合作的过程中，感觉我们要从高老师身上学习的东西很多：

1. 极强的事业心和使命感

通过与高老师多次接触，发现他聊得最多的就是内燃机。我国内燃机事业的每一点发展、每一项技术进步都会令他兴奋不已。对于内燃机工业被某些专家错误地视为“夕阳产业”，内燃机“即将被淘汰”的错误认识以及学校中内燃机专业一度不受重视的现象，则令他忧心忡忡。高老师最希望的是，他曾经为之终生付出的我国内燃机事业，不仅能做大，更要做强！为此，即使已近暮年，仍决心以本书的出版为行业的发展站好最后一班岗！

2. 严谨的治学和工作态度

在本书的翻译过程中，高老师不仅亲自负责一部分内容的翻译，而且还要负责全书的统稿和校对工作。由于翻译团队中各位译者语言习惯不尽相同，水平也不一致，为译文流畅和符合中文习惯，他在修改稿件时动了不少脑筋。由于他年事已高眼睛又不太好，在电脑修改上容易出错，故一般是将所有文稿打印出来，带上老花镜或手执放大镜，逐字逐句修改，批阅增删，每天均要工作至晚上11点左右才罢手。稿件初步改好后，请学生们在电脑上对照电子版修改打印并再作进一步的修改，凡此三遍才以完整的电子版形式上交。目前仅在高老师处保存的部分打印稿，就已超过半米多高！由于原书也系由多位学者编写，内容涉及面又很广，书中文字和名词中除德文外有时还夹杂英文和希腊文，尤其是几个字母的缩写更是五花八门，重复难辨。为此高老师不仅请德国朋友自费在网上购买了本书英文第4版（内容虽少，但也有助翻译）供团队使用外，自己有问题也不耻下问，遍寻答案，除了向在德国、奥地利的亲朋好友以及专家发邮件探讨辩疑外，也常与翻译团队和学校内各有专长的同事进行讨论，有时为了德文中有一个疑难词句，不惜发出十几封邮件探讨，务求得到满意的结果为止。由此可见，老一辈学者精益求精的严谨治学和工作态度真是值得我们学习！

3. 强烈的集体荣誉感

高老师在教育上桃李满天下，在学术上的成就也为行业所公认。但高老师引以为自豪的并不是个人的成就，而是他为集体挣得的荣誉。高老师是改革开放后首批公派赴奥地利留学的，由于勤奋努力，便在短短两年零三个月的时间内，克服了语言障碍并在柴油机燃油喷射系统研究方面取得突破性进展，从而在以要求严格著称的格拉茨（Graz）理工大学获得了科学技术博士学位，其难度可想而知！使高老师更为自豪的是，通过他回国后与校内自己团队的共同努力，使学校内燃机专业在1984年获得当时国家教委和国务院特批的博士点，他本人则被特批为教授和博士生导师，这就使得当时的镇江农业机械学院（江苏大学前身）的内燃机专业可以比肩国内的名校。然而高老师对于这些成绩的取得却显得十分谦虚，正如他在为庆祝八十寿辰出版的论文集使用的标题“我们的一小步”那样，他在交稿后的正式签约会上也向出版社表示，这或许是他今生为行业贡献的最后一部大型译作，但也只是代表他们学校和兄弟单位为全国内燃机学科和行业迈出的“一小步”，以促进中国的内燃机事业今后能迈出更大的步伐，其真切情意确实令人感动。

总之，极强的事业心和使命感、严谨的治学和工作态度、强烈的集体荣誉感，是以高老师为代表的老一辈专家留给我们行业的宝贵财富。作为后辈，汲取前辈传承的知识与精神财富，为行业发展贡献自己的力量，是我们新一代和后辈义不容辞的义务！

由于本书整个翻译和出版工作量太大，未能赶在他八十大寿时作为献礼出版，但来日方长，我们也预祝高老师今后每一个生日快乐，祝他和我国全体老一辈专家们健康长寿，笑口常开，虽然近黄昏，夕阳无限好！

译者名录

（以姓氏拼音字母为序）

杜家益　（Du Jiayi），江苏大学
范明强　（Fan Mingqiang），一汽集团无锡油泵油嘴研究所
高宗英　（Gao Zongying），江苏大学
何志霞　（He Zhixia），江苏大学
梅德清　（Mei Deqing），江苏大学
倪计民　（Ni Jimin），同济大学
孙敏超　（Sun Minchao），长城汽车股份有限公司动力研究院
魏胜利　（Wei Shengli），江苏大学
张璠琳　（Zhang Fanlin），德国 Bosch 公司
张玉银　（Zhang Yuyin），上海交通大学
赵国平　（Zhao Guoping ），江苏大学

缩写与公式符号

德语缩写符号

AG	工作气体
AGR	废气再循环
AMA	排气测量装置
ATL	废气涡轮增压器
AV	排气阀
BMEP	平均有效压力
BV	燃烧过程
CAI	可控自行点火（可控自燃）
CCR	燃烧室废气再循环
CFD	计算流体动力学
CI	压燃
CLD	化学发光检测仪
CNG	压缩天然气
CPC	凝结颗粒计数
CR	共轨
CVS	定容取样（器）
DI	直接喷射
DME	二甲醚
DoE	试验设计
DRV	压力调节阀
DZ	Dammköhler（达姆科勒）数
EGR	废气再循环
EPR	排气道废气再循环
EV	喷油规律/排气阀
EMA	能量转换装置
FAME	脂肪酸甲酯
FID	氢火焰离子化检测仪
FNN	快速神经网络
FTIR	傅里叶（Fourier）变换红外线光谱仪

GDI	汽油机缸内直接喷射
Gz	Gretz（格雷兹）数
HCCI	均质充量压燃
HD	高压
HE	液力腐蚀
HFO	重油
IMEP	平均指示压力
INN	智能神经网络
IR	红外线（的）
LDA	激光多普勒（Doppler）测速仪
LDS	激光二极管光谱仪
LET	低端转矩
LIF	激光诱导荧光（法）
LLK	增压空气冷却器
LNG	液化天然气
LPG	液化石油气
LWOT	换气过程上止点
MDO	船用柴油
MFB 50%	燃烧进程 50% 的质量分数
MOZ	马达法辛烷值
MTU	德国发动机和涡轮机联合公司
ND	低压
NDIR	不分光红外检测仪
NN	神经网络
NT	动力涡轮
Nu	Nusselt（努谢尔特）数
OT	上止点
PAK	多环芳香烃
PCB	多环联苯
PCT	多环三联苯
PCV	压力控制阀
PD	泵-喷嘴
PDA	相位多普勒（Doppler）测速仪
PIV	粒子图像测速仪
PLD	泵-管-嘴

PMD	顺磁检测仪
Pr	Prandtl（普朗特）数
RDE	实际行驶排放
Re	Reynolds（雷诺）数
RG	残余气体，废气
RME	菜油甲酯（菜籽油）
ROZ	研究法辛烷值
Sc	Schmidt（斯密特）数
SCR	选择性催化还原
SI	火花点火（点燃）
SOC	充量状态
TC	涡轮增压
UT	下止点
UV	紫外线（的）
VKM	内燃机
V－Soot	烟度指数
VTG	可变涡轮几何截面（增压器）
VVT	可变气门正时
ZOT	着火（爆发）上止点
ZV	着火延迟
ZZP	着（点）火时刻

公式符号

a	声速（m/s）
A	火焰前锋表面积［m^2］
$[A]$	比摩尔浓度［mol/mol］
b_e	燃油消耗率［g/(kW·h)］
B_m	模型常数
c	速度［m/s］
C_d	流量系数
c_m	活塞平均速度［m/s］
C，c	常数
c_V	比定容热容［J/kg］
c_p	比定压热容［J/kg］
d_{hyd}	液力直径［m］

D	活塞直径［m］
D	扩散系数
E	能量［J］
E	弹性模量［N/m^2］
E_A	活化能［J］
e	比能［J/kg］
e	偏心度［m］
f	摩擦系数
G	自由焓［J］
g	比自由焓［J/kg］
$\bar{g}$	摩尔自由焓［J/mol］
H	焓［J］
H_u	低热值［J/kg］
$\bar{h}$	比焓［J/kg］
$\bar{h}^o$	摩尔焓，克分子焓［J/kg］
$\bar{h}^o$	标准生成焓［J/mol］
h	高度［m］
I	冲量，动量［kg · m/s］
J	Jakobi（雅可比）矩阵
K	平衡常数
K	气穴数，空化数
k	速度常数
k	湍流动能［m^2/s^2］
l_L	积分长度单位［m］
l_T	Taylor（泰勒）长度单位［m］
l_K	Kolmogorov（柯尔莫哥洛夫）长度［m］
l	连杆长度［m］
M	转矩［N · m］
m	质量［kg］
m	Vibe（韦伯）参数
N	颗粒数
n_i	物质的量［mol］
p	压力［bar，$1\text{bar}=10^5\text{Pa}$］
p_m	平均压力［bar］
$\dot{P}$	功率［W］

Q	热量［J］
$\dot{Q}$	热流量［W］
q	比热量［J/kg］
$\dot{q}$	热流密度［W/m^2］
q^*	参数
R	气体常数
r	空气含量
r	半径［m］
r	反应速率
s	比焓［J/(kg·K)］
s	火焰转播速度［m/s］
s	活塞位移［m］
s	长度［m］
T	温度［K］
t	时间［s］
U	内能［J］
u	比内能［J/kg］
u，v，w	速度分量［m/s］
V	体积，容积［m^3］
v	比容［m^3/kg］
W	功率［W］
x'	比值，关系
x，y，z	长度坐标［m］
z	气缸数

下　　标

0	静止或参考状态
1	出口
1	流入
2	流出
a	出口
ab	导出
ad	绝热
AG	工作气体
Arr	Arrhenius（阿伦尼乌斯）
B	燃料
b	燃料

BB	曲轴箱通风
Beh	容器
Bez	相关参数
c	Car not（卡诺）循环
c	压缩
ch	化学的
D	节流阀
Dampf	蒸汽压力
diff	扩散的
e	有效
e	入口
g	气相
geo	几何的
ges	全部
i	i 类
i	内部
irr	不可逆的
is	等熵的
j	j 类
K	燃料
k，l，m，n	分类下标
komp	压缩
krit	临界的
l	层流的
l	向后（左）
LL	增压空气
Max	最大
Min	最小
n. V.	压气机后
n. T.	涡轮后
p	等压
R	反应
r	摩擦
r	向前（右）
s	等熵的

Sys	系统
t	技术的
t	总计
t	湍流的
tats	实际的
th	热力的
theo	理论的
T	涡轮
TL	涡轮增压器
uv	未燃的
v	已燃的
V	压气机
Verbr	燃烧，已燃的
vp	Seiliger（赛林格）循环
v. T.	涡轮前
v. V.	压气机前
w	壁面
w^1	湍流波动参数
$\tilde{w}$	摩尔量，克分子量
$\bar{w}$	平均值
zu	引入
Zyl	气缸

希腊字母符号

α	传热系数 [W/(m² · K)]
β	传质系数 [m³/s]
Γ	自由表面积 [m²]
Δ	差数，差分
δ	差数，差分
Δh	反应焓 [J/kg]
Δp	压力损失 [bar]
ε	压比
ε	冷却系数
Θ	误差
ζ	转动惯量 [N · m]
ζ	摩擦系数

η	收缩系数
η_v	动力黏度［Pa·s］
λ	转化率，转化（换）度
k	绝热指数，等熵系数
λ	过量空气系数
λ	摩擦系数
λ	导热系数
λs	连杆比
μ	化学势［J/mol］
ν_i	运动黏度［m^2/s］
ξ	化学计量系数
ξ	原子数比
δ	比值
π	化学势［J/kg］
ρ	压比
τ	密度［kg/m^3］
φ	特征时间［s］
ψ	曲轴转角［°KW］（德），［°CA］（英）
ψ	流出（动）函数
ω	角速度［rad/s］

目　录

上卷目录

第一篇　活塞式内燃机

第二篇　内燃机燃烧、有害排放物的形成和消减、排放测量技术

目　录

下卷目录

第三篇　零维、一维和现象学模型

第四篇 工作过程的三维数值模拟

第五篇　系统研究及展望

第三篇　零维、一维和现象学模型

第10章　内燃机工作过程计算基础

Franz Chmela，Gerhard Pirker 和 Andreas Wimmer

目前，已有诸多不同的计算方法可以对发动机工作过程进行分析和模拟。通常，分析这个概念是指对一个存在的系统进行描述。通过对这个系统的观察，总结出该过程所符合的物理定律，并将其中的重要参数在数学计算模型中表达出来。一旦通过试验证明模型的计算结果足够准确，就可以进入数值模拟阶段。在这种情况下，数值模拟可以理解为对类似系统的特性进行预测。

Pischinger 等人（2009）对现有的计算方法作了如下分类和描述：

零维模型　在该模型中假定缸内工质在同一区域中的热力参数只随时间变化而不随位置而异。它采用基于热力学第一定律的热力学模型进行燃烧室系统的计算，其优点在于能够简单而快速地提供计算结果，从而能对发动机工作过程从能量角度作出正确评估，但不能解析燃烧室的空间流场或者局部区域的现象。如果将燃烧室视为其中各点物性相同的整体，这样的模型称为单区模型，而双区模型则将燃烧室分为两个部分，但不是以通常的空间位置概念来划分，而是按工质未燃和已燃两个区域来划分的。与此相似，也可以把燃烧室分为多个区域。基于以上理论的计算程序通常称为内燃机“内部过程计算”“循环过程计算”或是“工作过程计算”。

准维模型　准维模型的特点是，在其他情况与零维模型所规定的条件相同的情况下，将与空间位置相关的变量作为时间的函数来处理，以描述燃烧系统的空间现象和几何特性。

一维和多维模型　如果将变量分别表达为一维或者多维坐标的方程式，则称为一维或多维模型，其中一维模型主要用于进排气系统中管内气体流动的计算。

为了详细计算在燃烧室以及进排气系统中的复杂流场，可以应用多维计算流体动力学模型（Computational Fluid Dynamics，CFD）。在进行燃烧室系统的多维计算时，首先要确定工质在空间内的湍流运动，以此作为混合气形成、燃烧以及有害物质生成的基础。CFD 模型将燃烧室划分为大量的有限体积元（单元），并应用守恒定律对其进行数值求解。实际发动机工作过程三维计算的结果，除了受到所用的模型的精确性影响以外，也会受划分网格的数量和稳定性判据对计算时间需要的限制。

以下将介绍各种分析和数值模拟（主要是基于零维及准维模型的发动机工作过程计算和一维换气过程计算）的理论基础。有关其详细的信息可以参见 Pischinger 等（2009）和 Wimmer（2000）的相关著作，这些著作对内燃机的热力学基础和工作过程的各种计算方法均有非常全面和详尽的描述。

10.1　零维和准维模型

10.1.1　基本方程式

燃烧室是一个非稳态的开口系统，其中所有的参数在时间及空间上都是剧烈变化的（图 10.1）。在每个工作循环中都经历着一系列复杂的变化过程，对于这些过程，在热力学上可作如下分类（Pischinger 等，2009）：

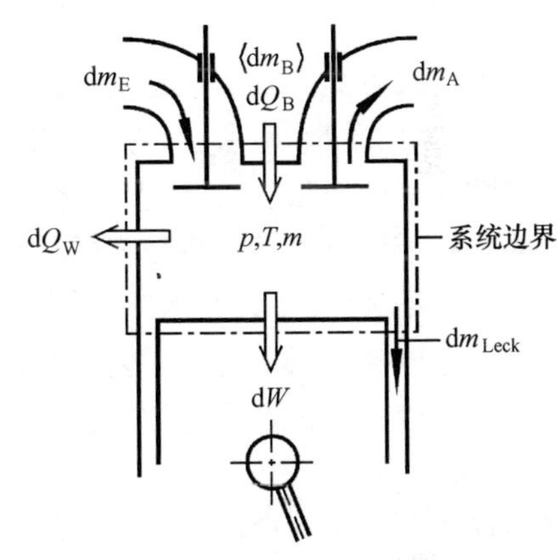

图 10.1　燃烧室系统（Pischinger 等，2009）

- 物质传输：通过系统边界有流入气体质量 dm_E、流出气体质量 dm_A、泄漏量 dm_{Leck}，在直喷式发动机（含柴油机和汽油机）中还包括燃料的质量 dm_B。
- 能量传输：燃料通过燃烧化学反应释放的热量 dQ_B；排气带走和通过壁面传出的热量 dQ_W，以及系统对外所做的功 dW。所有质量流通过其焓值变化以及与外部能量交换均参与了能量传输。
- 系统中储存的内能变化 dU 与外能变化 dE_a 相同。

为了对该系统进行计算，原则上可以应用质量、能量和动量的守恒定律，以及工质的热力学状态方程。对燃烧室系统的零维热力学建模而言，通常需满足以下条件：

- 燃烧室被分为若干个区域，每个区域被视为均质。通过这一假设，将一个区域中的所有参数均简化为时间或曲轴转角的函数，不考虑区域内的差异。
- 燃烧室内的工质被视为理想气体的混合气，假设其中的空气组分、燃烧后的气体和以及随混合气吸入的燃油蒸气在所有时刻都是均匀混合的。
- 不考虑工质的摩擦力。
- 选取特定的系统边界，使模型可以不考虑外部能量的影响。

- 按照能量守恒定律，将燃料通过化学反应，即燃烧释放的热量 dQ_B作为系统的热量输入。燃料制备、蒸发或着火延迟通常不会在模型中得到体现。如果要对这些过程进行数值模拟，则需要一系列其他模型。

质量守恒 通常的连续性定律 $\dot{m} = \sum \dot{m}_i$ 表明，在所控制的空间内质量 m 的变化等于流入和流出质量流的总和。对燃烧室系统应用质量守恒定律并写成对应曲轴转角 φ 的方程式。对于混合气外部形成的发动机采用公式（10.1），对于混合气在缸内形成，即只吸入空气后才将燃烧室喷入燃料的直喷式发动机则采用公式（10.2）：

$$\frac{dm}{d\varphi} = \frac{dm_E}{d\varphi} - \frac{dm_A}{d\varphi} - \frac{dm_{Leck}}{d\varphi} \tag{10.1}$$

$$\frac{dm}{d\varphi} = \frac{dm_E}{d\varphi} - \frac{dm_A}{d\varphi} - \frac{dm_{Leck}}{d\varphi} + \frac{dm_B}{d\varphi} \tag{10.2}$$

由以上两式可见，工质质量 m 在燃烧室内的变化，主要是由换气过程中的流入质量 m_E和流出质量 m_A所引起的。在做功行程的高压阶段，工质还会因气体通过活塞环间隙泄漏的质量 m_{Leck}产生变化。

在前一种情况下，发动机吸入的是可燃混合气，故供给发动机的燃料质量 m_B已包含在流入质量 m_E中；在后一种情况下，由于吸入的是纯空气，为了达到质量平衡则必须考虑到以后单位时间内向缸内喷入的燃料量 $dm_B/d\varphi$。在喷油压力、喷油器针阀升程以及流量系数已知的情况下，发动机的喷油过程可以通过流通方程式来计算。

能量守恒 对于开口的非稳态系统，考虑到以上针对燃烧室的前提条件，根据热力学第一定律可导出以曲轴转角为函数的能量平衡方程式（10.3）：

$$-\frac{p dV}{d\varphi} + \frac{dQ_B}{d\varphi} - \frac{dQ_W}{d\varphi} + h_E \frac{dm_E}{d\varphi} - h_A \frac{dm_A}{d\varphi} - h_A \frac{dm_{Leck}}{d\varphi} = \frac{dU}{d\varphi} \tag{10.3}$$

上式左边的第一项 $pdV/d\varphi$ 代表了以容积变化的形式对外发出的功率，它相当于气缸单位时间内压力和气缸容积变化率的乘积；左边第二项和第三项分别代表由燃料燃烧释放热量的放热率 $dQ_B/d\varphi$，以及通过气缸壁面的散热率 $dQ_W/d\varphi$。接下去的三项是单位时间内流入、流出系统的质量焓流，以及从系统泄漏的质量焓流（不考虑外能，以及直喷式发动机中喷入燃烧室燃油质量所具有的焓值）。方程式的右边代表燃烧室内的内能变化率 $dU/d\varphi$。

状态方程 根据燃烧室内的工质是理想气体的假设，可以写出其状态方程为

$$pV = mRT \tag{10.4}$$

如果也将式（10.4）对曲轴转角的求导，可得：

$$p\frac{dV}{d\varphi} + V\frac{dp}{d\varphi} = mR\frac{dT}{d\varphi} + mT\frac{dR}{d\varphi} + RT\frac{dm}{d\varphi} \tag{10.5}$$

以上各式原则上可用于燃烧室系统的计算。通过建模过程中相应的假设，必须

尽量减少上述三个公式中的未知项。另外需要注意的是，为了使每个微分方程可解，需要有相应的初始条件，即对应某一特定的曲轴转角，所有的变量都必须为已知量。在单区模型中需要计算以下未知量：由温度 T 和压力 p 的变化过程确定的工质状态、各时段工质组分以及燃料通过燃烧释放出的热量 dQ_B，而作为发动机工作过程计算最重要的初始条件是某一特定曲轴转角（通常是进气结束时刻）下的工质的质量 m、组分及状态。

如果知道了以上四个变量中的一个，就能根据物性的多项式（参见10.1.2节）计算另外三个变量，因为工质内能 U、压力 p、气体常数 R、温度 T 和工质组分间的相互关系是确定的。在分析实际的发动机时，需要给出实测的气缸压力曲线，由此可以得出其他参数。其他参数中最主要的是燃烧过程，它给出了有关燃烧特性参数的重要信息，如燃烧始点、燃烧持续期以及燃烧速率与放热规律等。将实际发动机工作过程的损失与理想过程进行比较，可以判明发动机的优缺点，并指出其优化潜力。对于燃烧过程的数值模拟，需要借助于经验公式或是对燃烧现象先期模拟的结果，由此可以得到燃烧室内压力、温度以及工质组分的变化过程，从而能够预估发动机的性能，即所期望的指示功、燃油耗以及各项损失，并研究发动机各种结构与运转参数对它们的影响。

10.1.2 物性参数

求解10.1.1节中所述的各项公式要用到燃烧室内混合气的物性参数。为此，必须首先要确定燃烧室内每种气体组分的物性参数，然后就可以根据燃烧室内混合气的组成确定混合气的物性参数。

通常采用多项式的方法来计算各组分的物性参数。现以NASA公式（Burcat和Ruscic，2005）中的7参数多项式为例加以说明。该公式适用于理想气体，因此相关参数只与温度 T 相关，此外计算中还需用到摩尔气体常数 R_m：

恒压下的摩尔热容为

$$\frac{C_p^0}{R_m}=a_1+a_2T+a_3T^2+a_4T^3+a_5T^4 \tag{10.6}$$

每摩尔的技术焓为

$$\frac{H_T^0}{R_mT}=a_1+\frac{a_2T}{2}+\frac{a_3T^2}{3}+\frac{a_4T^3}{4}+\frac{a_5T^4}{5}+\frac{a_6}{T} \tag{10.7}$$

每摩尔的自由焓为

$$\frac{G_T^0}{R_mT}=a_1(1-\ln T)-\frac{a_2T}{2}-\frac{a_3T^2}{6}-\frac{a_4T^3}{12}-\frac{a_5T^4}{20}+\frac{a_6}{T}-a_7 \tag{10.8}$$

上述多项式里的系数可以通过多种渠道获得。利用这些多项式以及各组分的摩尔质量 M_i，就能够计算出比热容、比焓值以及自由焓值。此处仅列举计算某组分 i 的比焓值：

$$h_i = \frac{H_{T_i}^0}{M_i} \tag{10.9}$$

为了能够确定全部工质的比焓值 h，除了每个组分的焓值 h_i 外，还需要知道每种组分在工质中所占的质量比例 μ_i

$$h = \sum_i h_i \mu_i \tag{10.10}$$

其他的物性参数在理论上也可以按同样的方法计算。

通过定压比热 c_p 和工质的比气体常数 R 可以确定定容比热 c_v

$$c_v = c_p - R \tag{10.11}$$

通过膨胀功 pv，可以从比焓值 h 中得到工质的比内能 u。通过气体状态方程，也可以将膨胀功用 RT 来表示。这时必须再用到工质的比气体常数

$$u = h - pv = h - RT \tag{10.12}$$

由此得到的比内能 u 既包含了化学内能，也包含了热力学内能。因为化学内能已经反映在燃料热值和燃烧过程中，故此处只需要考虑热力学内能。以下 10.1.3 节中将要介绍的单区模型应用的是只与温度相关的内能，它实际上相当于定容比热：

$$\frac{\partial u}{\partial T} = c_v \tag{10.13}$$

10.1.3 单区模型和多区模型

如果将整个燃烧室视为一个均匀的区域，则称其为单区模型。该模型适用于对实际发动机循环的热力计算，从而可对发动机性能进行全局评估，但不能反映燃烧室内温度分布的局部差异。单区模型可以为内部混合气形成，即只吸入空气的发动机（柴油机和直喷式汽油机）给出令人满意的结果，虽然这类发动机缸内实际的混合气分布和燃烧过程是极为不均匀的。对于外部混合气形成，即吸入混合气的发动机（进气道喷射汽油机），单区模型可以在过量空气系数大于或等于 1 的情况下应用。在空气不足，即过量空气系数小于 1 的情况下，燃油未燃烧部分的化学能仍然以内能形式存在，为了能考虑到这部分能量，需要将燃烧室划分为一个已燃区和一个未燃区。对于将燃烧室划分为两个或多个区域，可以有不同的观点和目的，作如此处理后除了用于计算汽油机浓混合气区域以外，也可以用来求解缸内局部的温度分布，这一点对于计算有害物质的形成来说是十分重要的。

单区模型 单区模型不仅可以对气缸压力曲线进行分析，也可以利用事先给定的燃烧过程，来对发动机的整个工作过程进行数值模拟。图 10.2 所示为单区模型中能量流的示意图。此处只考虑发动机循环中的高压部分，为了对这部分进行计算必须先给出其初始条件，即气缸中的空气质量、燃油质量、残余气体量和压力。除了残余气体量以外，其他一般都有现成的测量数据可供使用。如果仅仅是为了数值

模拟或是不知道所需的初始条件，也可通过一维换气过程计算来确定。而为了确定残余气体量，则需要进行一维换气过程的数值模拟。

通常，在分析高压部分时会忽略气缸漏气的质量流。此外，在内部混合气形成发动机中还需要模拟喷入的燃油质量流，以及其所具有的焓值。以下以柴油机为例，在括号｛｝中表示的即为喷入的燃油质量流。当然，只有在这部分燃油燃烧以后，该项才存在于相应的热力学系统中，其含义为已燃烧的燃油等于输入的能量。

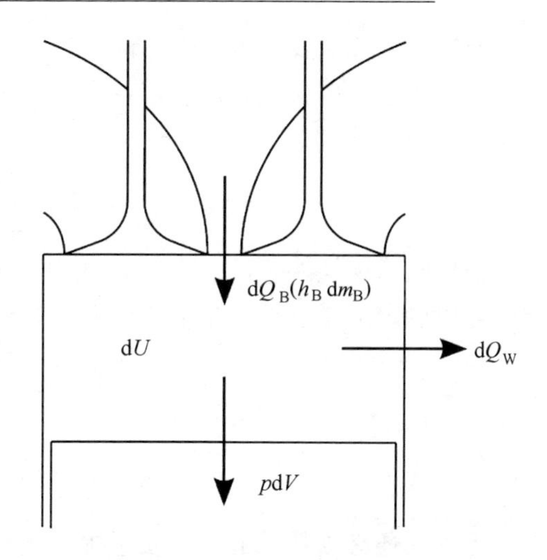

图 10.2　单区模型的能量平衡示意图

气体状态方程　如 10.1.1 节所述，它可以在所有范围内应用。由于比气体常数 R 只取决于该气体的摩尔质量，因此如果它在燃烧过程中保持不变（例如甲醇），则气体常数的变化等于 0。略去 $\mathrm{d}R/\mathrm{d}\varphi$ 这一项后，气体方程可简化为

$$p\frac{\mathrm{d}V}{\mathrm{d}\varphi}+V\frac{\mathrm{d}p}{\mathrm{d}\varphi}=mR\frac{\mathrm{d}T}{\mathrm{d}\varphi}\left\{+RT\frac{\mathrm{d}m_{\mathrm{B}}}{\mathrm{d}\varphi}\right\} \tag{10.14}$$

内能模拟　在 10.1.1 节中已经提及，内能中以化学能存在的那部分可以从外界输入的热量的变化 $\mathrm{d}Q_{\mathrm{B}}/\mathrm{d}\varphi$ 来表达。因此，这里只需模拟热力学内能的变化，它对应于定容比热 c_{v} 乘以温度的变化率 $\mathrm{d}T/\mathrm{d}\varphi$

$$\frac{\mathrm{d}U}{\mathrm{d}\varphi}\approx mc_{\mathrm{v}}\frac{\mathrm{d}T}{\mathrm{d}\varphi}\left\{+u\frac{\mathrm{d}m_{\mathrm{B}}}{\mathrm{d}\varphi}\right\} \tag{10.15}$$

能量平衡　根据上述假设 10.1.1 节所描述的能量平衡方程式可简化为

$$-p\frac{\mathrm{d}V}{\mathrm{d}\varphi}+\frac{\mathrm{d}Q_{\mathrm{B}}}{\mathrm{d}\varphi}-\frac{\mathrm{d}Q_{\mathrm{W}}}{\mathrm{d}\varphi}\left\{+(h_{\mathrm{B}}-u)\frac{\mathrm{d}m_{\mathrm{B}}}{\mathrm{d}\varphi}\right\}=mc_{\mathrm{v}}\frac{\mathrm{d}T}{\mathrm{d}\varphi} \tag{10.16}$$

在各个时间步长，即单位时间内转化的燃料质量 $\mathrm{d}m_{\mathrm{B}}/\mathrm{d}\varphi$，可以通过 $\mathrm{d}Q_{\mathrm{B}}/\mathrm{d}\varphi$ 以及热值 H_{u} 求得

$$\frac{\mathrm{d}m_{\mathrm{B}}}{\mathrm{d}\varphi}=\frac{1}{H_{\mathrm{u}}}\frac{\mathrm{d}Q_{\mathrm{B}}}{\mathrm{d}\varphi} \tag{10.17}$$

总体反应式　在理论空燃比和稀混合气的情况下，可用以下总体反应式来确定总的燃烧产物

$$\mathrm{C}_x\mathrm{H}_y\mathrm{O}_z+\left(x+\frac{y}{4}-\frac{z}{2}\right)\mathrm{O}_2\rightarrow x\mathrm{CO}_2+\frac{y}{2}\mathrm{H}_2\mathrm{O} \tag{10.18}$$

如需详细描述工质组分的转化或离解状况，或者是对于浓混合气情况，则必须用化学平衡法计算，有关细节将在以下 10.1.4 节中描述。

通过总体反应式，可以在了解燃油组分的情况下，获知到某个时刻为止参与反应的燃油质量，也可以确定燃烧室内某个时刻的工质总的组分。

从燃烧开始点 φ_{VB} 至考察时间点 φ，所燃烧的燃油质量为

$$m_{B_{um}} = \int_{\varphi_{VB}}^{\varphi} \frac{dm_B}{d\varphi} \tag{10.19}$$

根据已经燃烧的燃油质量，再通过总体反应式以及参与反应的物质的摩尔质量，可以确定出燃烧过程中形成的各燃烧产物的质量

$$\Delta m_{CO_2} = x m_{B_{um}} \frac{M_{CO_2}}{M_B} \tag{10.20}$$

$$\Delta m_{H_2O} = \frac{y}{2} m_{B_{um}} \frac{M_{H_2O}}{M_B} \tag{10.21}$$

另外，还必须从总的氧气质量中减去燃烧所消耗的氧气量

$$\Delta m_{O_2} = -\left(x + \frac{y}{4} - \frac{z}{2}\right) m_{B_{um}} \frac{M_{O_2}}{M_B} \tag{10.22}$$

由此可从燃烧中已转化物质的质量中得到每种物质的质量

$$m_i = m_{i_{\varphi_{VB}}} + \Delta m_i (m_{B_{um}}) \tag{10.23}$$

双区模型 为了描述双区模型，可以回溯到 10.1.1 节所介绍的基本公式。如图 10.3 所示，对于两个区域的计算将用到两个可以互相流动的热力学系统。一个是未燃烧的缸内工质（用下标 u 表示），另一个是已燃烧的缸内工质（用下标 v 表示）。

如在单区模型部分所述，直接喷入的燃油，例如柴油，出现在括号 {} 中。对柴油机来说，假定柴油是在燃烧时刻才进入系统的。因此在热力学系统中，未燃区内根本不存在液体，柴油也只是在燃烧开始以后，以可燃混合气的形式进入已燃区的。

质量平衡 未燃区的质量以 $dm_{uv}/d\varphi$ 的速率减少并转移到已燃区。

$$\frac{dm_u}{d\varphi} = -\frac{dm_{uv}}{d\varphi} \tag{10.24}$$

已燃区的质量则以同样的速率增加，增加的部分就是从未燃区流入的质量。在柴油机非均质燃烧情况下，则还需另外加上已燃烧燃油的质量流 $dm_B/d\varphi$：

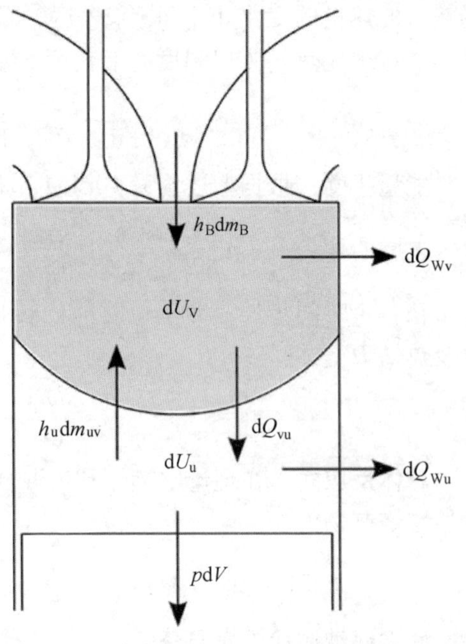

图 10.3 双区模型的能量平衡

$$\frac{\mathrm{d}m_{\mathrm{v}}}{\mathrm{d}\varphi}=\frac{\mathrm{d}m_{\mathrm{uv}}}{\mathrm{d}\varphi}\left\{+\frac{\mathrm{d}m_{\mathrm{B}}}{\mathrm{d}\varphi}\right\} \tag{10.25}$$

能量平衡　能量平衡也可以采用 10.1.1 节中已介绍过的方式，与在单区模型中情况一样，这里也只关注高压部分并忽略气缸漏气的质量流。除了缸壁传热 $\mathrm{d}Q_{\mathrm{W}}/\mathrm{d}\varphi$ 以外，两个区域之间还存在热量流动。因此，在未燃区的能量平衡如下所示

$$-p\frac{\mathrm{d}V_{\mathrm{u}}}{\mathrm{d}\varphi}-\frac{\mathrm{d}Q_{\mathrm{W_u}}}{\mathrm{d}\varphi}+\frac{\mathrm{d}Q_{\mathrm{vu}}}{\mathrm{d}\varphi}-h_{\mathrm{u}}\frac{\mathrm{d}m_{\mathrm{uv}}}{\mathrm{d}\varphi}=\frac{\mathrm{d}U_{\mathrm{u}}}{\mathrm{d}\varphi} \tag{10.26}$$

在建立已燃区的能量平衡方程时，除了从未燃区来的焓流 $h_{\mathrm{u}}\mathrm{d}m_{\mathrm{uv}}/\mathrm{d}\varphi$ 以外，还需要像非均质燃烧那样考虑到柴油燃烧带来的焓流 $h_{\mathrm{B}}\mathrm{d}m_{\mathrm{m}}/\mathrm{d}\varphi$

$$-p\frac{\mathrm{d}V_{\mathrm{v}}}{\mathrm{d}\varphi}-\frac{\mathrm{d}Q_{\mathrm{W_v}}}{\mathrm{d}\varphi}-\frac{\mathrm{d}Q_{\mathrm{vu}}}{\mathrm{d}\varphi}+h_{\mathrm{u}}\frac{\mathrm{d}m_{\mathrm{uv}}}{\mathrm{d}\varphi}\left\{+h_{\mathrm{B}}\frac{\mathrm{d}m_{\mathrm{B}}}{\mathrm{d}\varphi}\right\}=\frac{\mathrm{d}U_{\mathrm{v}}}{\mathrm{d}\varphi} \tag{10.27}$$

在前述的单区模型中，把燃烧释放的能量视为从外界输入的热量流 $\mathrm{d}Q_{\mathrm{B}}/\mathrm{d}\varphi$。而在双区模型中则与此相反，将燃烧视为内能变化的一部分。此外，通过燃烧后混合气组分的变化，系统的化学内能也随之发生变化。如果要应用化学平衡来计算所产生的组分，可以将两个区域之间发生的燃烧反应归入已燃区。这些反应是基于已燃区的压力和温度的变化所引起的化学平衡变化而产生的。

气体状态方程　另外，对于每个区域，均可以应用 10.1.1 节中已介绍的气体状态方程式。未燃区和已燃区的气体方程分别如下所示：

$$p\frac{\mathrm{d}V_{\mathrm{u}}}{\mathrm{d}\varphi}+V_{\mathrm{u}}\frac{\mathrm{d}p}{\mathrm{d}\varphi}=m_{\mathrm{u}}R_{\mathrm{u}}\frac{\mathrm{d}T_{\mathrm{u}}}{\mathrm{d}\varphi}+m_{\mathrm{u}}T_{\mathrm{u}}\frac{\mathrm{d}R_{\mathrm{u}}}{\mathrm{d}\varphi}+T_{\mathrm{u}}R_{\mathrm{u}}\frac{\mathrm{d}m_{\mathrm{u}}}{\mathrm{d}\varphi} \tag{10.28}$$

$$p\frac{\mathrm{d}V_{\mathrm{v}}}{\mathrm{d}\varphi}+V_{\mathrm{v}}\frac{\mathrm{d}p}{\mathrm{d}\varphi}=m_{\mathrm{v}}R_{\mathrm{v}}\frac{\mathrm{d}T_{\mathrm{v}}}{\mathrm{d}\varphi}+m_{\mathrm{v}}T_{\mathrm{v}}\frac{\mathrm{d}R_{\mathrm{v}}}{\mathrm{d}\varphi}+T_{\mathrm{v}}R_{\mathrm{v}}\frac{\mathrm{d}m_{\mathrm{v}}}{\mathrm{d}\varphi} \tag{10.29}$$

体积函数　此外，为了求解以上方程组，还需要对两者的体积进行定义。此时，未燃的体积 V_{u}与已燃的体积 V_{v}之和必须等于总体积 V

$$V=V_{\mathrm{u}}+V_{\mathrm{v}} \tag{10.30}$$

这种关系也可以用微分形式表示

$$\frac{\mathrm{d}V}{\mathrm{d}\varphi}=\frac{\mathrm{d}V_{\mathrm{u}}}{\mathrm{d}\varphi}+\frac{\mathrm{d}V_{\mathrm{v}}}{\mathrm{d}\varphi} \tag{10.31}$$

气缸壁热量分布　因为绝大多数气缸壁传热模型（参见本章 10.1.6 节）都是为单区模型开发的，所以必须根据平均气体温度来确定总的气缸壁热量流。平均气体温度可以通过气体状态方程式得到，然后将总的气缸壁热量流分摊给每个区域。

Hohlbaum（1992）选用了一种非常简单的划分方法，即不考虑两个区域之间的热量流，而是通过燃烧室的平均气体温度来确定总的缸壁热量流。它在两个区域间的分配则按以下定义进行：

$$\frac{\mathrm{d}Q_{\mathrm{W_u}}}{\mathrm{d}Q_{\mathrm{W_v}}}=\frac{m_{\mathrm{u}}^{2}}{m_{\mathrm{v}}^{2}}\frac{T_{\mathrm{u}}}{T_{\mathrm{v}}} \tag{10.32}$$

进入已燃区的质量流　为了进行计算，还需要定义从未燃区进入已燃区的质量流。如果是进行数值模拟，它将通过一个燃烧模型来给定，但也可以通过一个给定的燃烧过程来计算。此处需要注意的是，在已燃区应用化学平衡计算时，也会有一定的热量释放，但这部分能量不是由未燃区与已燃区之间的质量流所引起的。进入已燃区的质量流需要借助于过量空气系数 λ 以及最小空气需要量 $L_{\min}$ 来确定：

对于均质燃烧方式（未燃区已经含有燃油）有

$$\frac{\mathrm{d}m_{\mathrm{uv}}}{\mathrm{d}\varphi}=(1+\lambda L_{\min})\frac{\mathrm{d}m_{\mathrm{B}}}{\mathrm{d}\varphi} \tag{10.33}$$

此时式（10.33）中所应用的燃烧过量空气系数 λ 等于总的过量空气系数。

对于非均质燃烧方式（燃烧时才喷入燃油）有

$$\frac{\mathrm{d}m_{\mathrm{uv}}}{\mathrm{d}\varphi}=\lambda L_{\min}\frac{\mathrm{d}m_{\mathrm{B}}}{\mathrm{d}\varphi} \tag{10.34}$$

此时式（10.34）中所应用的燃烧过量空气系数 λ，可能会与总的过量空气系数有很大的差异。

进入已燃区的质量流组分　在均质燃烧的情况下，从未燃区进入已燃区的质量流组分与未燃区的组分是一致的。在非均质燃烧的情况下，例如在柴油燃烧时，必须定义一个燃烧的空燃比，据此得出进入已燃区的柴油的燃烧产物和多余空气。为了描述非均质燃烧时的燃烧空燃比，需要用到另外的模型，对此可参见 Hohlbaum（1992）以及 Pischinger 等（2009）发表的文献。

多区模型　构建多区模型的方法从原理上来看，与双区模型几乎相同。对于每个增加的区域，上述建模方法同样适用。只需要额外定义各个区域之间的质量迁移以及气缸壁面的传热分布情况。

10.1.4　化学平衡

上文已经提到，利用总体反应方程式可以在某些情况下描述总的气体组分。为了详细地计算工作气体的组分，特别是在混合气过浓的情况或为了考虑气体的离解过程，均需要用到化学平衡。另外，还可以通过改变平衡状态计算已燃区的其他氧化物。

除了计算工作气体的组分外，掌握化学平衡知识主要还可用于预测氮氧化物排放。

化学平衡计算　化学平衡计算可借助于 Pattas 和 Häfner（1973）的方法来进行。使用到的组分有 12 种：H_2O、CO_2、O_2、N_2、H_2、OH、CO、N_2O、NO、N、O 和 H。为了计算这 12 个未知量，需要 12 个方程式。其中包括 8 个化学反应方程式，3 个原子平衡方程式以及分压定律。

化学反应方程式　对于上述 12 种组分，可选择以下 8 个化学反应方程式来计算其平衡状态。通过平衡常数，可以根据这 8 个方程来确定每种组分的分压比例

$$CO+\frac{1}{2}O_2\rightarrow CO_2 \qquad k_1=\frac{p_{CO_2}}{p_{CO}\sqrt{p_{O_2}}} \tag{10.35}$$

$$H_2+\frac{1}{2}O_2\rightarrow H_2O \qquad k_2=\frac{p_{H_2O}}{p_{H_2}\sqrt{p_{O_2}}} \tag{10.36}$$

$$OH+\frac{1}{2}H_2\rightarrow H_2O \qquad k_3=\frac{p_{H_2O}}{p_{OH}\sqrt{p_{H_2}}} \tag{10.37}$$

$$\frac{1}{2}H_2\rightarrow H \qquad k_4=\frac{p_H}{\sqrt{p_{H_2}}} \tag{10.38}$$

$$\frac{1}{2}O_2\rightarrow O \qquad k_5=\frac{p_O}{\sqrt{p_{O_2}}} \tag{10.39}$$

$$\frac{1}{2}O_2+\frac{1}{2}N_2\rightarrow NO \qquad k_6=\frac{p_{NO}}{\sqrt{p_{O_2}}\sqrt{p_{N_2}}} \tag{10.40}$$

$$N_2+\frac{1}{2}O_2\rightarrow N_2O \qquad k_7=\frac{p_{N_2O}}{p_{N_2}\sqrt{p_{O_2}}} \tag{10.41}$$

$$\frac{1}{2}N_2\rightarrow N \qquad k_8=\frac{p_N}{\sqrt{p_{N_2}}} \tag{10.42}$$

平衡常数 k_1 到 k_8 可以通过式（10.43）确定：

$$k_p=e^{-\frac{\Delta G_r}{RT}} \tag{10.43}$$

自由焓的变化量 ΔG_r 可以通过参加反应的各种物质的自由焓表示：

$$aA+bB\rightarrow cC+dD \qquad \Delta G_r=cG_C+dG_D-aG_A-bG_B \tag{10.44}$$

Pattas 和 Häfner（1973）也公开发表了大量根据 Arrhenius（阿伦尼乌斯）定理确定的平衡常数。Grill（2006）给出了 Burcat 和 Ruscic（2005）根据物质特性参数计算出的平衡常数与 Pattas 和 Häfner（1973）得出的平衡常数之间的差别。

Dalton（道尔顿）**定律**　各气体分压之和必等于燃烧室内气体的总压力

$$p=\sum_i p_i \tag{10.45}$$

摩尔组分可以通过各分压来确定

$$v_i=\frac{p_i}{p} \tag{10.46}$$

原子比例　另外还需要 3 个原子比例保持不变的方程组，至于有哪些原子进入原子比例中，理论上来讲是不重要的，只是需要注意不要使除数为 0。例如，Grill（2006）采用了以下的原子比例

$$\frac{N_{\mathrm{O}}}{N_{\mathrm{N}}}=\frac{p_{\mathrm{H_2O}}+2p_{\mathrm{CO_2}}+2p_{\mathrm{O_2}}+p_{\mathrm{OH}}+p_{\mathrm{CO}}+p_{\mathrm{N_2O}}+p_{\mathrm{NO}}+p_{\mathrm{O}}}{2p_{\mathrm{N_2}}+2p_{\mathrm{N_2O}}+p_{\mathrm{NO}}+p_{\mathrm{N}}}=\text{常数} \tag{10.47}$$

$$\frac{N_{\mathrm{C}}}{N_{\mathrm{O}}}=\frac{p_{\mathrm{CO_2}}+p_{\mathrm{CO}}}{p_{\mathrm{H_2O}}+2p_{\mathrm{CO_2}}+2p_{\mathrm{O_2}}+p_{\mathrm{OH}}+p_{\mathrm{CO}}+p_{\mathrm{N_2O}}+p_{\mathrm{NO}}+p_{\mathrm{O}}}=\text{常数} \tag{10.48}$$

$$\frac{N_{\mathrm{H}}}{N_{\mathrm{O}}}=\frac{2p_{\mathrm{H_2O}}+2p_{\mathrm{H_2}}+p_{\mathrm{OH}}+p_{\mathrm{H}}}{p_{\mathrm{H_2O}}+2p_{\mathrm{CO_2}}+2p_{\mathrm{O_2}}+p_{\mathrm{OH}}+p_{\mathrm{CO}}+p_{\mathrm{N_2O}}+p_{\mathrm{NO}}+p_{\mathrm{O}}}=\text{常数} \tag{10.49}$$

由此便得到具有12个方程式的方程组来确定相关的气体分压，上述方程式中可能有部分是非线性的，但可用Newton（牛顿）法则来求解。

化学平衡计算　以下两个图表列举的是甲烷在50bar压力下燃烧的化学平衡计算结果，图10.4和图10.5分别为在不同的过量空气系数和不同的温度下的图线。

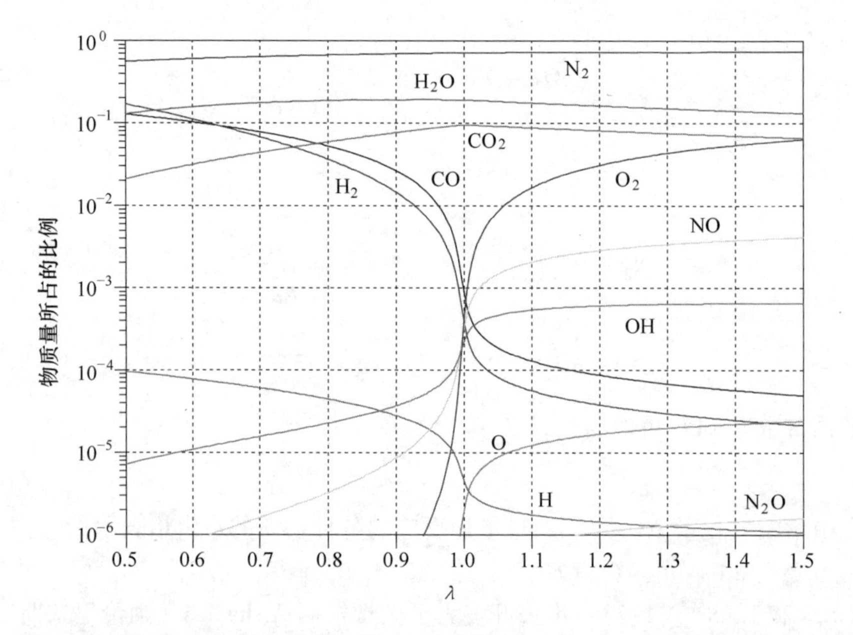

图10.4　甲烷的化学平衡，λ为变量，$T=2000\mathrm{K}$，$p=50\mathrm{bar}$

化学平衡计算重现了工作气体的组成成分。如图10.4所示，图中涉及的燃烧过量空气系数可以小于、等于或者大于1。这时总体反应方程式意义就不大了，但如果化学平衡计算仅局限在总体反应方程式中的组分，则在理论空燃比或者稀混合气的情况下，化学平衡计算和总体反应方程式得出的结果应该是一致的。

通过观察温度更高的区域可以清晰地发现，通过总体反应方程式对燃烧所做的简化并不能反映原子团的形成。此外，当温度大约超过2700K时开始产生了氮的离解。这两种效应均对已燃区的温度产生影响，并进一步影响氮氧化物的形成。通过对原子团层级的描述，才可以在已燃区反映这些原子团的进一步氧化的现象。

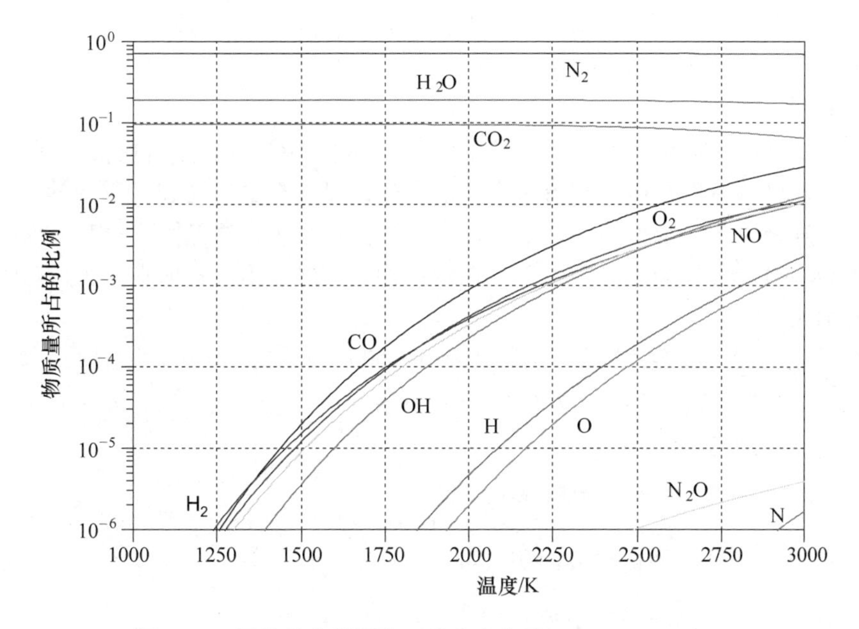

图 10.5　甲烷的化学平衡，温度为变量，$\lambda=1$，$p=50\text{bar}$

10.1.5　充量更换

内燃机整个工作循环的计算由高压阶段和充量更换（即换气过程）两部分组成，为此也需对换气过程进行分析。气缸中的气体质量或者残余气体质量可以通过流量方程或者热力学第一定律来确定，如果采用前一种方法，除了其他的已知条件外，还需要测量进、排气道中的低压曲线。

换气过程的简化计算方法是应用热力学第一定律，借助于低压阶段中的气缸内压力曲线来计算通过系统边界的质量（Feßler，1988）。这时并不需要测量进排气道中的低压曲线，否则计算结果就会因为系统已知量过多而无法得到协调。

在气门开启重叠期间，也必须区分通过进气门和排气门的质量流方向，方程组的数目会少于未知量的数目。这意味着气门叠开阶段从缸内排出的气体质量只能通过外推法得到，而不可能对其进行准确计算。

换气过程基于气体动力学的一维计算比上述方法复杂得多，有关其细节将在 10.2.2 节中介绍。

10.1.6　传热

在内燃机的分析和数值模拟过程中都会碰到传热问题（除本节外，也可参见本章后面各节）。因为燃烧室内的环境非常复杂，所以建立合适的模型来准确描述其传热过程是十分困难的。近几十年来已有很多相关计算模型的研究，其中既有带有维度的现象学模型，也有基于相似理论、无维度的经验公式以及相关的物理模型（Wimmer，2000 和 Pischinger 等，2009）。

1. 概述

内燃机缸内气体侧的非稳态传热绝大多数以强制对流的形式进行，在此过程中能量传输通过湍流的传质、层流边界层的导热，以及充量运动和工质到燃烧室壁面的温度梯度来决定。辐射热所占的比例在汽油机中很小，这是因为这时主要是选择性气体的辐射，而在柴油机中由于存在颗粒物的辐射，因此辐射在整个传热中所占比例要稍大一些。

为了描述对流传热，通常采用如式（10.50）所示的 Newton（牛顿）公式

$$\dot{Q}_G(t)=A_G\,\dot{q}_G(t)=A_G\alpha_G(t)\left[T_G(t)-T_{WG}(t)\right] \tag{10.50}$$

式中 $\dot{Q}_G$——气体侧的缸壁热流量（W）；

$\dot{q}_G$——气体侧的缸壁热流密度（$\frac{W}{m^2}$）；

A_G——气体侧的传热表面积（m^2）；

α_G——气体侧的传热系数（$\frac{W}{m^2\cdot K}$）；

T_G——工作气体温度（K）；

T_{WG}——气体侧的缸壁表面温度（K）。

考虑到辐射传热，可以根据 Stefan - Bolzmann（斯蒂凡 - 玻尔兹曼）辐射定律导出式（10.51）

$$\dot{Q}_{Str}(t)=A_{Str}\dot{q}_{Str}(t)=A_{Str}\varepsilon_G C_S\left[\left(\frac{T_G(t)}{100}\right)^4-\left(\frac{T_{WG}(t)}{100}\right)^4\right] \tag{10.51}$$

式中 $\dot{Q}_{Str}$——通过辐射产生的热量流（W）；

$\dot{q}_{Str}$——通过辐射产生的热量流密度（$\frac{W}{m^2}$）；

A_{Str}——热辐射表面积（m^2）；

ε_G——辐射比；

C_S——黑体的辐射常数（$\frac{W}{m^2\cdot K^4}$）；

T_G——工作气体温度（K）；

T_{WG}——气体侧的缸壁表面温度（K）。

实践中经常会对气体侧的传热简化为用单一的传热系数进行计算，该系数反映了以式（10.52）中的对流和辐射两部分传热。为此很多作者只给出了一个同时也考虑到辐射的对流传热系数。但如果将辐射部分单独列出，则有式（10.53）所示总的壁面传热系数

$$\dot{Q}_{G,ges}(t)=\dot{Q}_G(t)+\dot{Q}_{Str}(t)=A_{G,ges}\dot{q}_{G,ges}(t)=A_{G,ges}\alpha_{G,ges}(t)\left[T_G(t)-T_{WG}(t)\right] \tag{10.52}$$

$$\alpha_{G,ges} = \alpha_G + \frac{1}{T_G - T_{WG}} \varepsilon_G C_S \left[\left(\frac{T_G}{100} \right)^4 - \left(\frac{T_{WG}}{100} \right)^4 \right] \tag{10.53}$$

式中 $\dot{Q}_{G,ges}$——气体侧缸壁总的热量流（W）；

$\dot{q}_{G,ges}$——气体侧缸壁总的热量流密度（$\frac{W}{m^2}$）；

$A_{G,ges}$——气体侧总的传热表面积（m^2）；

$\alpha_{G,ges}$——气体侧总的传热系数（$\frac{W}{m^2 \cdot K}$）。

2. 基于 Newton（牛顿）计算方法的模型

在实践中常常根据容易操作的 Newton（牛顿）计算公式来建立模型，其中缸壁的热量流密度$\dot{q}_W$ 为传热系数 α_G，与测得的气体平均温度 T_G与缸壁温度 T_W之差的乘积

$$\dot{q}_W(t) = \alpha_G(t)[T_G(t) - T_W(t)] \tag{10.54}$$

为了计算在每个时刻传递的总热量 dQ_W，还需要将热量流密度乘以与气体接触的表面积 A，它通常由分布在气缸盖、缸壁以及活塞上的相应传热面积构成，对于这些受热情况不同的面积，需要各自给定它们的表面温度 T_W，这些温度可以选用经验值或者对其表面温度测量的结果。相对于气体温度的波动来说，表面温度的波动是很小的，因此在一个工作循环中通常可以假设它们为常数，即有

$$dQ_W(t) = \alpha_G(t)A[T_G(t) - T_W]dt \tag{10.55}$$

由此可见，传递的热量与平均气体温度与壁面温度的差值成正比。比例系数即为随时间变化的当地平均传热系数 $\alpha_G(t)$，该系数与很多参数，如压力、温度、流场和燃烧室几何形状与尺寸等有关。为了确定其关联性，工程人员长期以来开展过大量的研究工作。

目前，主要采用基于相似理论的传热公式。在相似理论中，将所有与同一现象有关的参数都归结为无量纲数，并以其组分的函数来表达所述现象的关联性，其优点是可以对所有“相似”的系统（尽管其中某些单个物理参数不尽相同），得出普遍适用的结论。对于强制对流传热而言，主要的无量纲数是 Reynolds（雷诺数 *Re*）、Nusselt（努塞尔特数 *Nu*）以及 Prandtl（普朗特数 *Pr*），其中 Reynolds 数相同意味着流动状态相似；Nusselt 数表示无量纲的传热系数，也是温度场相似的标志；最后 Prandtl 数则综合决定了温度场的物质的特性。三者之间的关系如下式所示

$$Nu = f(Re, Pr) = C\left(\frac{d}{l}\right)^{m_1} Re^{m_2} Pr^{m_3} \tag{10.56}$$

而传热系数在湍流状态下的稳态管道流场中则可以表示为 Reynolds 数和 Nusselt 数的函数。对于双原子气体（空气和可燃混合气近似为双原子气体），Prandtl 数与比热比 c_p/c_v成正比，且在所研究的温度范围内可以视为一个常数，其值大约为 0.7。由此得到式（10.57）

$$Nu = C_K Re^m \tag{10.57}$$

该式1965年第一次由Woschni提出并作为计算传热公式的出发点。与之前提到的关系式相比，它的优点是出现的常数 C_k 为无量纲数。所有基于此关系的传热公式应用的都是Reynolds－Colburn（雷诺－柯尔本）式中相似准则。根据这种准则，在充分发展的湍流的边界层中的热交换与动量交换相似。

3. Woschni的传热计算方法

Woschni（1965）所推荐的传热系数计算方法在发动机工作过程的计算中得到广泛应用。基于相似理论和物性随温度变化的多项式，Woschni成功地将式（10.57）转换为清晰易懂的便捷计算公式。当然，视发动机类型和运行工况的不同，需要采用不同的常数。该公式最初是为柴油机拟定的，后来Woschni在1970年又对其进行了修正和扩展。最后Woschni和Fieger（1981）证明该式对汽油机也是同样适用的。上述计算传热系数的Woschni计算公式如下所示

$$\alpha_G = 130 d^{-0.2} p^{0.8} T^{-0.53} (C_1 w)^{0.8} \tag{10.58}$$

$$w = c_m + \frac{C_2}{C_1} \frac{V_h T_1}{p_1 V_1} (p - p_0) \tag{10.59}$$

式中 d——气缸直径（m）；

p——缸内压力（bar）；

p_0——倒拖时的缸内压力（bar）；

T——平均气体温度（K）；

w——特征速度（m/s）；

c_m——活塞平均速度（m/s）；

V_h——单缸排量（m^3）；

C_1——常数，对于

高压过程 $C_1 = 2.28 + 0.308 c_u / c_m$

换气过程 $C_1 = 6.18 + 0.417 c_u / c_m$

c_u——具有进气涡流的涡流速，$c_u = d \pi n_D$（m/s）；

n_D——稳流气道试验台中叶轮测量仪的转速，叶轮直径为缸径 d 的70%（r/s）；

C_2——常数，对于

预燃室式柴油机 $C_2 = 0.00622$

直喷式柴油机和汽油机 $C_2 = 0.00324$

Woschni选择了平均活塞速度作为Reynolds（雷诺）数中的特征速度，将其视为与“燃烧环节”紧密相连的一环。式（10.59）中的第二项用来考虑燃烧传热过程的增强作用，其数值与发动机倒拖工况（p_0）和点火工况（p）之间的压力差相关。下标1表示压缩开始时的工作气体的状态。

然而实际研究一再证明，Woschni公式中的传热系数特别是在倒拖工况和负荷

较低的情况下数值偏低，因此，Huber 在（1990）年采用下式替代了 Woschni 传热系数公式中的速度项

$$w = c_m \left[1 + \left(\frac{V_c}{V} \right) p_{mi}^{-0.2} \right] \tag{10.60}$$

式中　p_{mi}——平均指示压力（bar），其值恒≥1。

于是，在式（10.58）中必须采用比式（10.59）计算值更大，或者按式（10.60）计算出的速度 w。式（10.60）中新出现的 V 是随着曲轴转角不断变化的气缸体积。

4. Hohenberg 的传热计算公式

Hohenberg（1983）在他的计算方法中，以不断变化的体积 V 作为特征长度，他提出的公式特别适用于直喷柴油机，即传热系数为

$$\alpha_G = 130 V^{-0.06} p^{0.8} T^{-0.4} (c_m + 1.4)^{0.8} \tag{10.61}$$

上述基于相似理论的现象学计算方法，虽然在一定程度上考虑到了物理本质，并在多年的实践中证明了其有效性。但在普遍有效性和计算精确度越来越高的要求下，这类方法还是显示出了一定的局限性。因为传热过程取决于当时的流场状态，所以单用 Reynolds 数中的平均活塞速度，并不能精确地反映随曲轴转角变化的湍流和传热现象。此外，这种计算方法也没有考虑燃烧室的几何结构特征，而燃烧室结构对流场和传热的影响也是很大的。由于这些原因，传热计算模型的发展出现了两种发展趋势：一种仍然是采用基于相似理论的现象学模型，但在选择反映 Reynolds 数的特征速度时充分体现燃烧室内的非稳态流场；另一种则采用下文所述的物理学模型。

5. 物理学模型

为了替代采用 Newton 传热公式的现象学模型，Kleinschmidt（1993 和 1995）提出了一种计算传热的物理学模型，其原理如下所述：

为了建立以及求解描述物理过程的偏微分方程组，必须在进行物理建模的过程中采取若干简化的假设。Kleinschmidt 在其模型中提出了以下前提条件（参见图 10.6）：

- 燃烧室壁的温度场是线性的，在 $t_0 = 0$ 时，壁面温度为 T_{w0}。
- 燃烧室壁面当 $t_0 = 0$ 时，仅与静止、无湍流的气体层接触，气体层内的温度 T_0 和压力 p_0 是均匀的。
- 当 $t > t_0$ 时，由于 $T_{W0} \neq T_0$ 在燃烧室壁与气体之间开始热交换，并伴随着压力 $p(t)$ 随时间迅速变化的过程。
- 不考虑壁面平行方向上的气流运动，温度梯度沿壁面垂直方向。假定主要的物理过程均发生在气体和壁面之间很薄的边界层内，而边界层厚度与燃烧室壁的曲率半径相比又非常小，故整个问题可以作为一维来考虑。
- 不考虑压力 p 在各点的不均匀性。

• 化学反应过程通过总体反应方程式以 $C_xH_y + v'_{o2}O_2$ →产物的形式描述，反应速度为 J_B，反应焓变为 ΔH^0_{mR}。

• 湍流和热辐射在求解过程中作为附加项处理。

由此，在燃烧室壁－气体空间的控制区域内，可列出以下偏微分方程组：

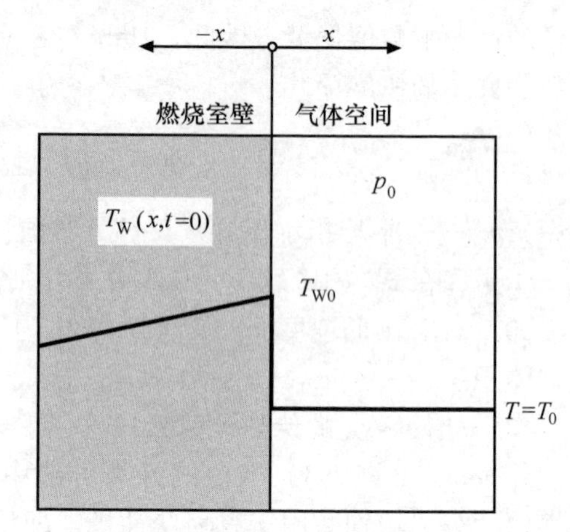

图 10.6　燃烧室壁和气体之间非稳态传热的初始状态（Pischinger 等，2009）

对于燃烧室壁面的能量平衡有

$$\frac{\partial \vartheta}{\partial t} = a\frac{\partial^2 \vartheta}{\partial x^2} \qquad (10.62)$$

对于气体空间的能量平衡有

$$\frac{\partial T}{\partial t} - \frac{1}{\rho c_p}\frac{\mathrm{d}p}{\mathrm{d}t} + w\frac{\partial T}{\partial x} = \frac{1}{\rho c_p}\frac{\partial}{\partial x}\lambda(T)\frac{\partial T}{\partial x} - \frac{1}{\rho c_p}\Delta H^0_{mR} J_B \qquad (10.63)$$

对于质量平衡有

$$\frac{\partial \rho}{\partial t} = -\rho\frac{\partial w}{\partial x} - w\frac{\partial \rho}{\partial x} \qquad (10.64)$$

式中　ϑ——内壁温度（K）；

a——导温系数（m^2/s）；

T——气体空间温度（K）；

p——气体空间压力（N/m^2）；

ρ——密度（kg/m^3）；

c_p——比热容[J/(kg·K)]；

w——流动速度（m/s）；

λ——导热率[W/(m·K)]

ΔH^0_{mR}——反应焓变（J/kg）；

J_B——反应速度[$kg/(m^3 \cdot s)$]。

连同以下边界条件：

$$\vartheta(-x=0,t) = T(x=0,t) = T_W(t) \qquad (10.65)$$

$$-\lambda_W\left(\frac{\partial \vartheta}{\partial x}\right)_{-x=0} = -\lambda(T_W)\left(\frac{\partial T}{\partial x}\right)_{x=0} = \dot{q}_W(t) \qquad (10.66)$$

与给定的内壁温度 ϑ、气体温度 T 和流动速度 w 等初始条件以及函数 $p(t)$ 和 $J_B(x,t)$ 一起，可以计算待解函数 $T(x,t)$、$\vartheta(x,t)$、$w(x,t)$ 以及 $\dot{q}_W(t)$。为了考虑燃烧室内的湍流，Kleinschmidt 建议给出壁面热流系数，该系数根据发动机的 Reynolds 数，通过相似准则由稳态管流导出。至于求解以上方程组所需要进行的数学转换，可以参见 Kleinschmidt（1993）的相关著作。

对复杂过程建立物理学模型和求解相关偏微分方程组是比较困难的任务。通常需要为此采取很多简化的假设，但这些假设的有效性和正确性常常会受到质疑，而且尽管有各种简化，求解偏微分方程组仍然还是非常复杂的。因此将传热的物理学模型与之前的 Newton 计算方法相比，会明显增加编程与计算方面的工作量。尽管物理学模型对理解物理过程最终来说还是必要的，但是为了快速得到结果而建立的热力学过程计算（例如准维模型）似乎更为实用。

6. 考虑缸内流场的计算方法

如上文所述，仍然存在优化计算传热过程的可能性，即用尽可能接近燃烧室内真实条件的特征速度来计算公式（10.57）中的 Reynolds 数。为此，也可用较为复杂的模型来考虑湍动能，并将燃烧室划分为若干小区域，由此可以获得局部的传热信息。

7. Bargende 的传热计算方法

Bargende，Hohenberg 和 Woschni 在 1991 年提出了一种计算方法，其中 Reynolds 数中的特征速度既考虑到宏观 $k-\varepsilon$ 模型中的湍流动能 k，又考虑到瞬时活塞速度 c_K：

$$w = 0.5\sqrt{\frac{8k}{3} + c_K^2} \tag{10.67}$$

为了确定湍动能，需要求解关于 k 的微分方程（见式 10.68），该式仅适用于从进气结束后的高压部分。

$$\frac{dk}{dt} = -\frac{2}{3}\frac{k}{V}\frac{dV}{dt} - \varepsilon\frac{k^{1.5}}{L} + \varepsilon_q\frac{k_q^{1.5}}{L} \tag{10.68}$$

湍流动能从初始值 k_{ES} 开始，通过压缩和挤气流增强，又通过耗散而消减，其值始终是不断变化的。

相关的传热系数的关系式如下：

$$\alpha_G = 253.5V^{-0.073}p^{0.78}T_m^{-0.477}w^{0.78}\Delta \tag{10.69}$$

将当前气缸容积 V 作为特征长度，通过平均气体温度和平均壁面温度的平均值 $T_m = \frac{T_G + T_W}{2}$ 来反应物性随温度的变化。新出现的 Δ 是燃烧项，通过不同的工作温度差，即已燃工作气体与壁内温度之差（$T_v - T_W$）和未燃工作气体温度与壁内温度之差（$T_{uv} - T_W$）来表达（式 10.70）：

$$\Delta = \left[X\frac{T_v}{T_G}\frac{T_v - T_W}{T_G - T_W} + (1-X)\frac{T_{uv}}{T_G}\frac{T_{uv} - T_W}{T_G - T_W}\right]^2 \tag{10.70}$$

式中　X——燃烧比例函数。

8. Wimmer（2000），Pivec（2001）和 Schubert 等（2005）的传热计算方法

因为流场的变化情况对传热的影响很大，所以优化传热建模的首要任务是找到尽可能接近实际情况的特征速度，为此需要考虑燃烧室的几何尺寸，有时也需要在模拟工作温度差异时注意各部分之间的区别。

在本章中将首先介绍对 Woschni 计算方法用于换气过程传热计算时速度项的修正，修正后的计算结果有了明显的改善。接着讨论一种针对高压阶段的计算方法，其中主要参考了 Borgnakke 等人模型（1980）中湍动能的理论，并根据 Reynolds - Colburn（雷诺 - 科尔本）相似准则来确定传热系数。进一步的研究将着眼于建立一个统一的关系式，使其不仅适用于换气过程，也适用于高压过程。

一种从根本上优化高压过程中传热计算方法要求能在确定特征速度的模型中反映燃烧室内气体的流动速度和湍动能。为了建立一个合适的湍流模型，曾经将文献中提到的若干模型与三维流体计算的结果进行比较，结果表明，Borgnakke 等的模型效果较好，因此可以作为进一步计算的基础。

为了使 Borgnakke 等的湍流模型在湍动能的模拟上更加优化，将与 k 和 ε 的乘积项扩展用于挤气气流、燃油喷射以及排气气流的部分，参见式（10.71）和式（10.72），并根据相应的 CFD 计算结果对模型参数进行修正。修正工作的具体过程和取得的结果在 Pivec（2001）的相关著作中有详细的描述

$$\frac{\mathrm{d}(mk)}{\mathrm{d}t} = \dot{m}_{\mathrm{Ein}}k_{\mathrm{Ein}} + \frac{2}{3}(1+\alpha)k\frac{\mathrm{d}\rho}{\mathrm{d}t} + \dot{m}_{\mathrm{q}}k_{\mathrm{q}} + \dot{m}_{\mathrm{Inj}}k_{\mathrm{Inj}} + \dot{m}_{\mathrm{Aus}}k_{\mathrm{Aus}} - m\varepsilon \tag{10.71}$$

$$\frac{\mathrm{d}(m\varepsilon)}{\mathrm{d}t} = \dot{m}_{\mathrm{Ein}}\varepsilon_{\mathrm{Ein}} + \frac{4}{3}\varepsilon\frac{\mathrm{d}\rho}{\mathrm{d}t} + \dot{m}_{\mathrm{q}}\varepsilon_{\mathrm{q}} + \dot{m}_{\mathrm{Inj}}\varepsilon_{\mathrm{Inj}} + \dot{m}_{\mathrm{Aus}}\varepsilon_{\mathrm{Aus}} - C_{\varepsilon}m\frac{\varepsilon^2}{k} \tag{10.72}$$

根据 Morel 等的计算方法可以通过式（10.73）来确定特征速度。

$$w = \sqrt{w_{\mathrm{x}}^2 + w_{\mathrm{y}}^2 + 2k} \tag{10.73}$$

式（10.73）中 w_{x} 和 w_{y} 为与所研究的区域表面平行的速度分量，因此对于在缸套采用的是轴向的速度分量 w_{a} 和切向速度分量 w_{t}；在缸盖附近是径向的速度分量 w_{r} 和切向的速度分量 w_{t}。

计算时传热系数采用的是 Reynolds - Colburn（雷诺 - 科尔本）相似准则，而每个与边界层厚度相关的表面区域的摩擦系数 λ_{r} 则按式（10.74）确定（见 Holman，1997）

$$\lambda_{\mathrm{r}} = 0.0592Re^{-1/5} \tag{10.74}$$

借助于 Wimmer（2000）提出的验证计算方法，可以从根本上确认该传热模拟优化的可行性。通过对几何尺寸的进一步分析和计算还可以确认燃烧室内缸壁热流的分布情况。

Schubert 等（2005）对该模型做了进一步的改进和优化。对柴油机而言，这个模型在湍动能方面的计算有很好效果。当然，还必须解决当地温度分布差异过大的问题，因为仅仅基于平均温度是无法准确计算壁面传热的。

热辐射　除了对流传热以外，在燃气侧还需要考虑通过辐射的热量交换。工作中气体的能量会以不同波长的电磁波向外发散。当这些电磁波与燃烧室壁面接触时，一部分会反射，一部分会被吸收。被吸收的这部分辐射将转化为热量，使燃烧室壁的温度提高。辐射热所占的比例可以通过燃气的辐射能力来确定。对此还需要区分气体辐射和因为颗粒物的存在而引起的辐射，两者一起则构成了火焰辐射。

在汽油机中，混合气的燃烧不会形成明显的光亮效应，因此主要是由 H_2O、CO_2和 CO 气体引起的气体辐射。这些气体称为选择性放辐射源，因为它们只是在特定的波长内辐射和吸收。在汽油机的传热过程中，辐射传热占的比例要比对流传热少得多，故它只处于次要地位。

炭烟或颗粒物辐射系柴油机所特有。由于存在微小的燃油颗粒以及局部空气不足的原因，会产生具有发光火焰的炭粒物燃烧。炭烟粒接近灰体，在整个波长范围内都会产生辐射效应。这也是炭烟或颗粒物辐射比气体辐射强得多的原因。对于小型柴油机来说，考虑颗粒物辐射具有实际意义，因为其辐射的热量可能多达对流传热的 50%。

两种辐射形式均由产生辐射的气体及火焰厚度决定，当其厚度达到一定数值时，发光的火焰表现出近似黑体的辐射效果。辐射热取决于辐射形式、辐射层厚度以及热量交换侧的气体与壁面之间的辐射和吸收能力，这种能力用辐射比 ε 来表示。如果物体能够完全吸收外来的辐射则称为黑体。反之，如将外来辐射完全反射则称为白体，而当一个物体只吸收某些特定波长的辐射时，则称为有色体；物体对所有的波长都以同样的比例反射，则称为灰体。

根据 Stefan – Bolzmann（斯蒂凡 – 玻尔兹曼）辐射定律，辐射比为 ε 的物体在温度为 T 时的 $\mathrm{d}t$ 时间内，在参考面积 A 上向外辐射的能量 $\mathrm{d}Q_{\mathrm{Str}}$为

$$\mathrm{d}Q_{\mathrm{Str}} = \varepsilon C_{\mathrm{S}} A \left(\frac{T}{100}\right)^4 \mathrm{d}t \tag{10.75}$$

式（10.75）中黑体的辐射常数 $C_{\mathrm{S}} = \dfrac{5.77\,\mathrm{W}}{\mathrm{m}^2 \cdot \mathrm{K}^4}$。在最简单的情况下，设有两个相对平行的壁面，它们的温度分别为 T_1和 T_2（$T_1 > T_2$）并假定其辐射比为常数，则由辐射引起的热交换为

$$\mathrm{d}Q_{\mathrm{Str}} = \varepsilon_{12} C_{\mathrm{S}} A \left[\left(\frac{T_1}{100}\right)^4 - \left(\frac{T_2}{100}\right)^4\right] \mathrm{d}t \tag{10.76}$$

式中　ε_{12}——综合辐射比，由两壁面各自的辐射比计算所得：

$$\varepsilon_{12} = \frac{1}{\dfrac{1}{\varepsilon_1} + \dfrac{1}{\varepsilon_2} - 1} \tag{10.77}$$

但实际内燃机燃烧室内的情况要复杂得多，因为辐射换热不仅发生在表面，还与上述气体的参数有关。尽管如此，在大多数情况下还是会应用一个类似于式（10.76）的公式来计算辐射传热。其中的两个壁面温度的 T_1和 T_2将由气体温度 T_{G}

和燃烧室的壁面温度 T_{Wi} 来取代。后者包括活塞、气缸盖和气缸套的相应表面。总的表面积 A 由各单个面积 A_i 取代。综合辐射比 ε_{12} 也由单个辐射比 ε_i 取代。该辐射比要能描述一些最重要的辐射，即气体辐射（ε_G）、颗粒物（炭烟）辐射（ε_R），或两者共同构成的火焰辐射（ε_F）：

$$dQ_{W,Stri} = \varepsilon_i C_S A_i \left[\left(\frac{T_G}{100} \right)^4 - \left(\frac{T_{Wi}}{100} \right)^4 \right] dt \quad (10.78)$$

气体的辐射比 ε_G 除了与波长相关外，还受气体种类、温度、分压和总压以及气体层厚度的影响：

$$\varepsilon_G = 1 - e^{-k_G p_G s} \quad (10.79)$$

式中 k_G——与气体种类、气体温度及壁面温度有关的常数（m/N）；
p_G——混合气分压（Pa）；
s——辐射气体层厚度（m）。

气体层厚度 s 与水力直径的确定方法相似。只是对活塞式发动机的圆柱形燃烧室而言，不是燃烧室体积 V 与燃烧室表面积 A 比值的 4 倍，而是 3.6 倍，即有

$$s = 3.6 \frac{V}{A} \quad (10.80)$$

有此式可见，s 与曲轴转角有关，而且在上止点达到最小值。因为一方面 k_G 不容易确定，另一方面，在文献（例如，Hottel 等 1967；德国工程师协会 VDI 热力学百科全书 1974）中又能查到对内燃机很重要的气体 H_2O 和 CO_2 的确切辐射值（与气体温度 T_G 和乘积项 $p_G s$ 相关），所以比较简单的做法可以用以下关系式近似地确定气体辐射比：

$$\varepsilon_G = \varepsilon_{CO_2} + \varepsilon_{H_2O} - \Delta\varepsilon_G \quad (10.81)$$

式中 $\Delta\varepsilon_G$——一个被减去的因数，它与 ε_{CO_2} 和 ε_{H_2O} 一样，也与 T_G 以及 $p_G s$ 乘积项相关，表示的是混合气中由于各成分光谱重叠而使辐射减小的因素。

由炭烟造成的辐射比 ε_R 与气体辐射的表达式相近：

$$\varepsilon_R = 1 - e^{-k_R \rho_R s} \quad (10.82)$$

式中 k_R——与炭烟颗粒物大小和形状相关的常数（m^2/kg）；
ρ——排气中炭烟的浓度（kg/m^3）；
s——辐射气体层厚度（m）。

从 Pflaum 和 Mollenhauer（1981）的文献中可以发现，k_R 值在 1.6（大排量增压发动机）与 9.6（小排量自然吸气式发动机）之间。

对发光火焰来说，综合辐射比 ε_F 为

$$\varepsilon_F = \varepsilon_G + \varepsilon_R - \varepsilon_G \varepsilon_R \quad (10.83)$$

减去的那一项考虑的是炭烟辐射已经扩展到整个光谱，其中当然也覆盖了气体辐射部分，因此这部分辐射被重复叠加了一次。

通常来说，火焰辐射随着气缸直径（也就是辐射层厚度 s）以及负荷的增大而加强。根据负荷和气缸直径的不同，在一个工作循环中，辐射比 ε_F 的最大值可达 0.8 ~0.99，也就是接近黑体的辐射值。因此如前所述，ε_F 明显大于 ε_G。Pflaum 和 Mollenhauer（1981）对于缸径 100mm 左右的发动机给出的参考值为 $\frac{\varepsilon_F}{\varepsilon_G}=8$，对于缸径 400mm 左右的发动机为 $\frac{\varepsilon_F}{\varepsilon_G}=4$。

对于辐射传热的全面分析，包括各种物体几何特性对其的影响，可参见 Morel 和 Keribar（1986）的相关著作。

10.1.7　结果分析的合理性

发动机工作过程分析最重要的计算结果是燃烧率变化过程曲线，以及从发动机理想工作循环到实际工作循环之间各项损失。

发动机热力学计算时输入的所有参数，包括全部测量参数、压力变化过程分析结果（参见第 9 章 9.2 节“压力变化过程分析”），以及更进一步对能量平衡和损失分析（参见第 2 章 2.4 节有关“发动机工作过程”的分析内容）产生的结果等，均可能包含误差，从而降低了计算结果的准确性。例如，输入参数中有每一个工作循环中进入气缸的空气及燃料的质量，还有另一个重要的输入参数是缸内压力变化曲线，但由于采用的测量技术不完善也可能存在误差。输入参数还包括对排气中的有害物质含量、环境状态以及燃料组分的测量值等。

为了增加工作过程分析的说服力，需要找到修正测量误差并评估依据测量结果来分析计算的准确性。有关这方面的详细介绍，可以参见 Losonczi 等（2011）的相关著作。

1. 测量值的修正

物理参数的真实值由于测量过程中受各种干扰影响而无法得到。这些干扰因素可能是已知的系统偏差、单次随机影响以及未知的系统偏差等。通过对所使用的测量仪器的正确标定，可以在绝大部分情况下消除由已知的系统偏差带来的不利影响。对于随机影响（偶然因素）和未知的系统偏差，其偏差方向和偏差值大小都不清楚，只能利用适当的数据验证方法来加以消除，以尽量减少测量值的误差。

对此，首先假设测量误差和由此导出的结果的误差总是分散的随机变量，并在很大程度上符合 Gauss（高斯）正态分布。为了使数据修正方法的利用成为可能，需把测量参数概括为一组多维的随机变量。

一大批修正方法构成了所谓的基于数据的处理方式。这类处理方法通过对已有数据的分析来判别测量数据的质量好坏。它们包括数理统计学的逼近法或者是神经网络法。模糊专家系统就是根据这类方法的原理工作的，它的优点是应用范围广泛，而且并不需要对所研究的系统具有很多专业知识，缺点则是在部分情况下需要一些事先验证过的数据作为建模的训练依据，而且很难把为一个系统建立的模型用于另一个系统。另外，还有不少修正方法属于按物理定律原理的处理方式。广为应用的 Gauss 平衡计算（Streit，1975）也属于这类方法，

它能够根据事物的物理关联性修正测量数据以及与其相关的不确定度，其优点是不需要通过验证数据来建立模型，而且只需要对所应用的关联性稍做调整即可应用于其他系统，缺点则是需要对不同测量结果之间的理论上的联系有较详细的了解。

Gauss 平衡计算的目标是计算被测参数真实值的估计值，而后者是通过对测量值的修正和优化来得到的。若将测量值用矢量 x，其优化值用矢量 v 表示，则所求的估计值 $\overline{x}$ 即为两个矢量之和。

$$x = (x_1, x_2, \cdots, x_n) \tag{10.84}$$

$$v = (v_1, v_2, \cdots, v_n) \tag{10.85}$$

$$\overline{x} = x + v \tag{10.86}$$

该方法的基本理论是 Gauss 平衡原理（见式 10.87），即测量值和修正值利用协方差矩阵 S_x 加权的方差之和应为最小。

$$\zeta_0 = v^{\mathrm{T}} S_x^{-1} v \Rightarrow \min \tag{10.87}$$

该条件系由一个多维随机变量的概率密度函数导出，对此不再作深入讨论。作为权重来使用的协方差矩阵，包含了以方差形式表示的测量参数的不确定性，以及以协方差形式表示的测量参数之间的随机关联性。

$$S_x = \begin{bmatrix} \sigma_{x_1}^2 & \sigma_{x_{1,2}} & \cdot s & \sigma_{x_{1,n}} \\ \sigma_{x_{2,1}} & \sigma_{x_2}^2 & \cdot s & \sigma_{x_{2,n}} \\ \vdots & \vdots & \ddots & \vdots \\ \sigma_{x_{n,1}} & \sigma_{x_{n,2}} & \cdot s & \sigma_{x_n}^2 \end{bmatrix} \tag{10.88}$$

然而，对任务的优化求解还需要满足前面已提到的约束条件。这些约束条件可以是测量参数之间的物理关联性，如能量平衡和物质平衡，或者是测量值和数值模拟值之间的耦合。通过约束条件定义的方程组系统可以用矢量形式表达如下：

$$f(\overline{x}) = f(x + v) = 0 \tag{10.89}$$

假设误差以及所求的修正量相对于测量值而言很小的话，则可将上式用 Taylor（泰勒）级数展开以实现线性化［参见式（10.90）］，从而大大简化方程组的后续数学运算。

$$f(x) + \left[\frac{\partial f(x)}{\partial x}\right] v = 0 \tag{10.90}$$

由此产生的方程组还不可解，因为未知量的个数，即待修正的测量参数通常多于通过约束条件得到的方程数量。为了求解方程组，还需要应用 Lagrange（拉格朗

日）乘数法则。式（10.91）给出了矢量形式的 Lagrange 函数：

$$L = v^{\mathrm{T}} S_x v - \left[f(x) + \left[\frac{\partial f(x)}{\partial x} \right] v \right] \lambda = 0 \tag{10.91}$$

上述函数分别对优化量 v 和 Lagrange 算子 λ 求偏导数，可以得到一个使未知量和方程数相等的方程组。从而有可能求解这些方程并计算出所求的优化矢量，具体方程组就不在此处列举。

借助于以下实例就可以直观地看到该方法的效果。假设在发动机试验台架上，测得的燃料和空气质量及排气中的 CO_2 的测量值因为有误差而不准确。通过综合案例研究，应当设法研究是否能找到一种方法可以识别并修正单个误差。为此采用五个可能修正的测量参数，即给定的燃油质量、空气质量以及三种排气组分，即 CO_2、O_2 和 H_2O。作为约束条件选取四个方程，即能量平衡以及碳元素、氢元素和氧元素的物质平衡方程［参见以下式（10.92）~式（10.95）］。平衡这一概念指的是输入和输出之差为零：

$$m_{\mathrm{K}} H_{\mathrm{u}} - Q_{\mathrm{unv}} - Q_{\max} = 0 \tag{10.92}$$

$$m_{\mathrm{K}} \mu_{\mathrm{C}} - (m_{\mathrm{K}} + m_{\mathrm{L}}) \left(\mu_{\mathrm{CO}} \frac{M_{\mathrm{C}}}{M_{\mathrm{CO}}} + \mu_{\mathrm{CO_2}} \frac{M_{\mathrm{C}}}{M_{\mathrm{CO_2}}} + \mu_{\mathrm{HC}} \frac{M_{\mathrm{C}}}{M_{\mathrm{CH_4}}} \right) = 0 \tag{10.93}$$

$$m_{\mathrm{K}} \mu_{\mathrm{H}} - (m_{\mathrm{K}} + m_{\mathrm{L}}) \left(\mu_{\mathrm{HC}} \frac{4M_{\mathrm{H}}}{M_{\mathrm{CH_4}}} \right) + m_{\mathrm{H_2O}} \frac{2M_{\mathrm{H}}}{M_{\mathrm{H_2O}}} = 0 \tag{10.94}$$

$$0.232 m_{\mathrm{L}} - (m_{\mathrm{K}} + m_{\mathrm{L}}) \left(\mu_{\mathrm{CO}} \frac{M_{\mathrm{O}}}{M_{\mathrm{CO}}} + \mu_{\mathrm{CO_2}} \frac{2M_{\mathrm{O}}}{M_{\mathrm{CO_2}}} + \mu_{\mathrm{O_2}} \right) + m_{\mathrm{H_2O}} + \frac{M_{\mathrm{O}}}{M_{\mathrm{H_2O}}} = 0 \tag{10.95}$$

以上方程组中，m 是质量，M 是摩尔质量，μ 是各组分所占的质量分数。Q_{unv} 和 $Q_{\max}$ 代表未燃烧碳氢化合物的化学能，或通过热力学第一定律从气缸压力曲线计算得到的燃料转化能量。H_{u} 是燃料的低热值。

若将包含误差的测量数据代入以上方程，则方程的右边通常不为零。此处的任务是，找出全部最可能的测量值修正矢量使以上各方程的平衡条件得到满足。在本例中，不可能对通过约束条件建立的方程组进行求解，因为未知量的数目比约束条件多。因此该方程组的求解过程实际上也就是应用平衡计算的过程。

研究工作按以下步骤进行：首先，挑选出一个没有重大测量误差的工况点，因而在该点上所有约束条件基本上都能得到满足。然后施加一定的综合误差，即将燃油质量、空气质量以及排气中的 CO_2 含量各提高 2% 输入，其他的输入参数则保持不变（基础数据组）。通过改变上述输入参数，所有四个约束条件均被破坏。理想状况下，通过平衡计算应该能够修正这些有误差的输入参数，使所有约束条件重新得到完全满足。图 10.7 所示即为平衡计算的结果。

图 10.7 中，在纵坐标轴上标出了所考察的各个基础输入数据的相对偏差。蓝点代表基础测量数据中的测量值，蓝色柱状阴影是假定的不确定度，它基本上与各测量仪器的测量精度有关。在本例中为了简便起见，假定所有参数的不确定度都相

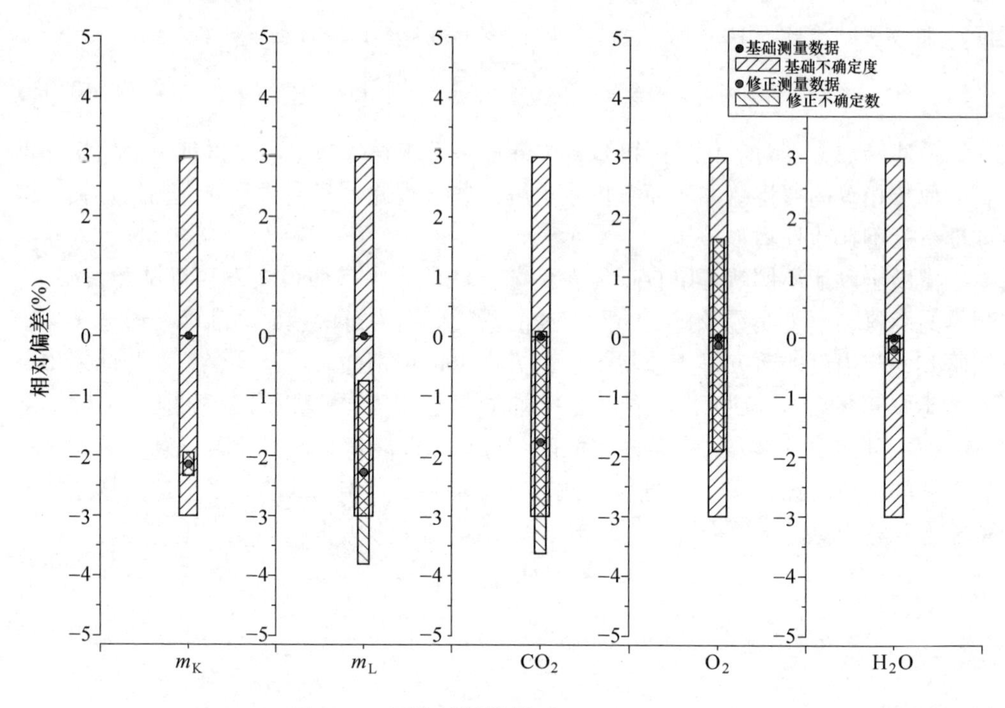

图 10.7　平衡计算结果（Losonczi, 2011）

同。红点与红色柱状阴影所示为修正值。可以清楚地看到，该方法可以识别出那些被改变的输入参数并给予修正。没有改变的参数则在结果中保持不变。同时注意到，为什么所观察的输入参数修正后的结果仍稍许偏离已知的基础值，这可能是由于数值解析的不精确性以及约束条件方程线性化过程中产生的逼近误差所致。此外，图 10.7 还给出了所有参数修正后的不确定度，它在以后结果分析的精确度评估中还会起重要的作用。

2. 由测量数据分析计算得到结果的精确度评估

由测量数据得出结果参数的质量可以由不确定度来评价。以下将对通过误差传递计算来对不确定度的方法做进一步介绍。利用这种方法不仅可以计算某一结果参数的总体不确定性，还可以由此确定哪些测量参数是产生不确定性的主要原因。

该方法的理论基础是 Gauss（高斯）误差传递定律（Großmann，1969）。如果所考察的结果参数 y 和测量参数 x_i之间存在明确的函数关系，可以按照以下公式来计算结果参数的方差。

$$\sigma_y^2 \sum_{i=1}^{n} \left(\frac{\partial y}{\partial x_i}\right)^2 \sigma_{x_i}^2 \tag{10.96}$$

以上公式包含原函数对测量参数的偏导数，并给出了测量参数通过其方差呈现的不确定性。

为评估各种不确定性对结果参数的影响，可以采用如下关系式：

$$B_i = \frac{\left(\frac{\partial y}{\partial x_i}\right)^2 \sigma_x^2}{\sigma_y^2} \qquad i = 1, \cdots, n \tag{10.97}$$

该式给出了某测量参数的误差在结果参数的总误差中所占的比例。

应用该方法时可按照以下步骤实施：首先，为了得出方差，先确定测量参数的标准差。为此可以进行前面讨论过的平衡计算或是采用测量仪器生产商提供的参数，也可以采用试验台上的经验值。其次，计算所需要的偏导数，列出输入参数和结果参数之间的数学关系。这种关系在发动机工作过程分析中，很难用简单的方程形式来表达的。为了保证所述评价方法具有尽可能高的灵活性，需要使用数值计算方法来求解偏导数。最后，当以上信息都具备后，便可以按照式（10.96）和式（10.98）来计算结果参数的不确定度 Δy。

$$\Delta y = \alpha \sqrt{\sigma_y^2} \tag{10.98}$$

式中　α——按希望得到的概率来选择（例如，如果期望的概率为 99.73%，则 $\alpha = 3$）。

3. 应用实例

此处也借助一个实例来说明，通过平衡计算确定的测量参数修正值即使很小，但也是具有重要意义的。为了表达略微修正起到的效果，这里给出按照以下公式（10.99）计算得到的指示效率 η_i：

$$\eta_i = \frac{p_i V_H}{m_K H_u} \tag{10.99}$$

式中　p_i——平均指示压力；

V_H——气缸总工作容积；

m_K 和 H_u——分别表示燃油质量和低热值。

如果气缸总工作容积，即发动机排量是已知参数且不受随机变量的影响，则仅还剩下其余三个参数，它们的可能值能够借助于平衡计算求得。在本例中选择的是一个真实的测量点，其测量质量很好，约束条件基本上得到满足。结果是所考察的输入参数 m_K 和 H_u 在平衡计算中只需作略微的修正。平均指示压力 p_i 情况也是如此，只是它并非输入参数，而是从输入参数中推导出的数值。这些参数的绝对数值如图 10.8 所示。图 10.8 中，蓝色柱形区域代表的是未经修正的状态，红色区域反映了通过平衡计算修正之后的结果。

图 10.8 右边显示了采用平衡计算前后按公式（10.99）计算出的指示效率。在本例中，尽管所考察的参数（平均指示压力，燃油质量和热值）在平衡计算以后变化都很小，但最后得出的效率差异仍然达到了 0.5%，对此也不应忽视。

10.1.8　通过给定燃烧过程的数值模拟

内燃机工作过程的零维数值模拟需要预先给定燃烧过程的规律。它们可以通过数学函数以替代燃烧过程的形式来近似表示，或者是借助基于简单物理关系的一般

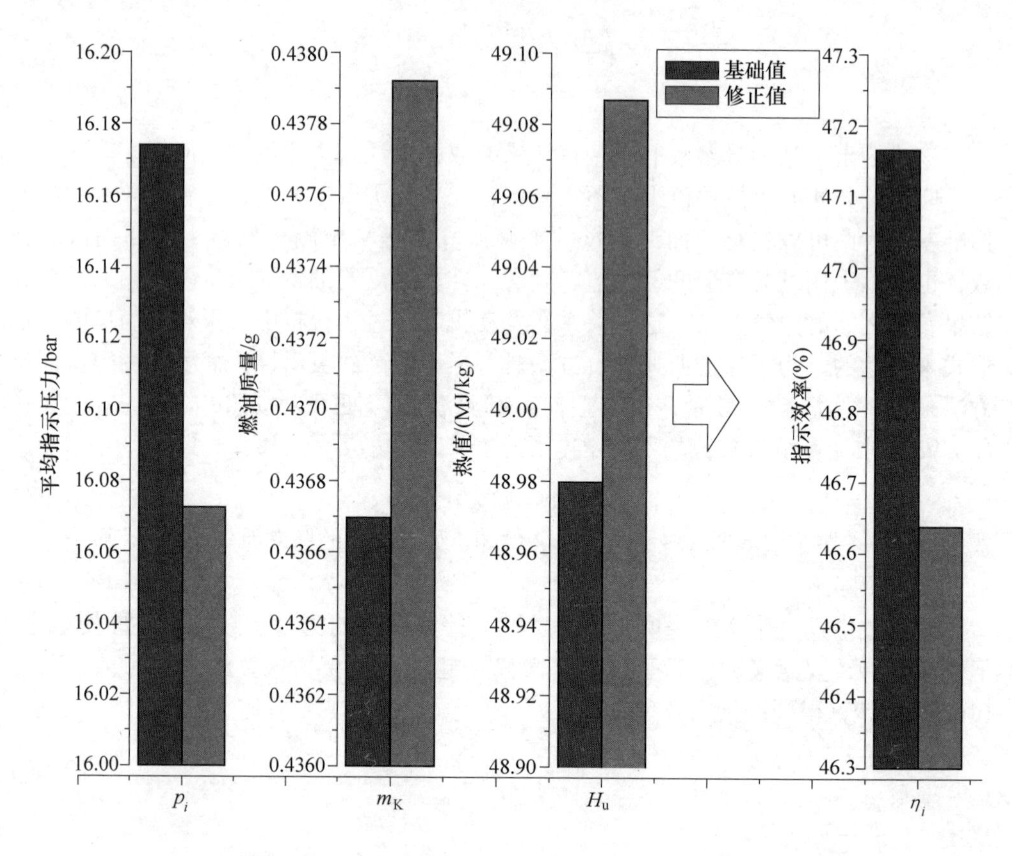

图 10.8　应用实例：指示效率（Losonczi，2011）

燃烧模型来进行计算。

1. 替代燃烧过程

若能为燃烧过程选择一个简单的数学函数，可以反映燃烧开始、燃烧持续期以及燃烧速度的变化，即可快速地考察并评估对不同发动机参数对其性能的影响。Vibe（韦柏）在 1970 年提出的描述燃烧过程的指数函数，由于其直观并便于操作而得到广泛应用。Vibe 将燃料燃烧时能量转化率定义为燃烧函数，即累计放热率 x，并给出如下公式：

$$\frac{Q_B}{Q_{B_0}} = x = 1 - e^{C\left(\frac{t}{t_0}\right)^{m+1}} \tag{10.100}$$

式中　m——燃烧函数的形状系数或称燃烧特性指数；

t——从燃烧始点开始计算的燃烧持续期；

t_0——整个燃烧持续时间。

如果把 99.9% 的燃油能量发生转化$\left(\frac{Q_B}{Q_{B_0}} = 0.999\right)$的时刻定义为燃烧结束（$t =$

t_0），则式（10.100）中的常数 C 的数值为 -6.908。

在实际应用中，燃烧持续期大多以曲轴转角度数来表示。若燃烧初始角为 φ_{VB}，燃烧持续期为 $\Delta\varphi_{VD}$，则上述转换率公式（10.100）可写为

$$\frac{Q_B(\varphi)}{Q_{B_0}} = 1 - e^{-6.908\left(\frac{\varphi-\varphi_{VB}}{\Delta\varphi_{VD}}\right)^{m+1}} \tag{10.101}$$

在式（10.101）中对曲轴转角求导，则可得到反映燃烧过程的放热率

$$\frac{dQ_B}{d\varphi} = \frac{Q_{B_0}}{\Delta\varphi_{VD}} 6.908(m+1)\left(\frac{\varphi-\varphi_{VB}}{\Delta\varphi_{VD}}\right)^m e^{-6.908\left(\frac{\varphi-\varphi_{VB}}{\Delta\varphi_{VD}}\right)^{m+1}} \tag{10.102}$$

图 10.9 中左图为不同的形状系数 m 时的燃料转化率（累计放热率），右图则为燃烧速率（放热率）相对于燃烧持续期的变化情况。由图 10.9 可见，形状系数 m 越大，能量转化越是推迟。

Vibe（韦伯）函数可通过调整三个参数来逼近某一实际燃烧过程，它们分别是：燃烧初始角 φ_{VB}，燃烧持续期 $\Delta\varphi_{VD}$ 以及形状系数 m。反之，可以应用最小二乘法或者相同能量转化法（Pischinger 等 2009），根据已有的燃烧过程来确定 Vibe 参数。如果要描述具有典型预混合特征的燃烧过程，则需应用双 Vibe 函数。

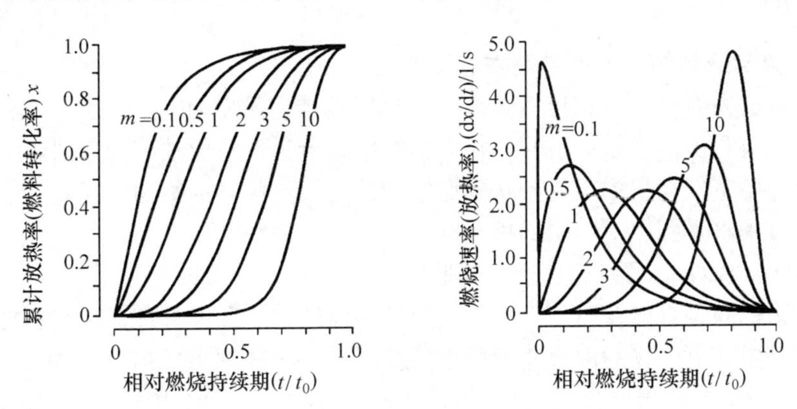

图 10.9　对应不同形状系数 m 下的累计放热率和燃烧速率（Vibe 燃烧函数）（Pischinger 等 2009）

图 10.10 所示为分别应用最小二乘法，以及按相同能量转化法确定的单 Vibe 函数与双 Vibe 函数的比较。由图 10.10 可见，计算所得的替代燃烧过程在有的部分差异很大，它们均不能完全真实地反映燃烧过程的所有细节。因此，用替代燃烧过程计算出的发动机工作过程与真实情况相比，首先在压力和温度方面就会有偏差。但尽管如此，Vibe 函数还是与很多实际燃烧过程的曲线形状非常接近，而且也很适合用于变参数计算。

2. 燃烧模型

与基于替代燃烧过程的计算相反，对燃烧过程的深入研究，要求人们具有在没

有预输入的情况下能够计算燃料质量转化过程的能力。在本书第 11 章“现象学燃烧模型”中，将详细介绍对于柴油机和汽油机燃烧过程的建模工作。至于对气体发动机的燃烧模型的描述，则可参见本书第 3 章 3.2 节“大型气体燃料发动机”。这些模型大多是以 Arrhenius（阿伦尼乌斯）和 Magnussen（马格努森）的相对简单的公式作为理论基础的，它们之间的基本关联，及其对汽油机和柴油机反应速率建模所应用的公式下面将会详述。

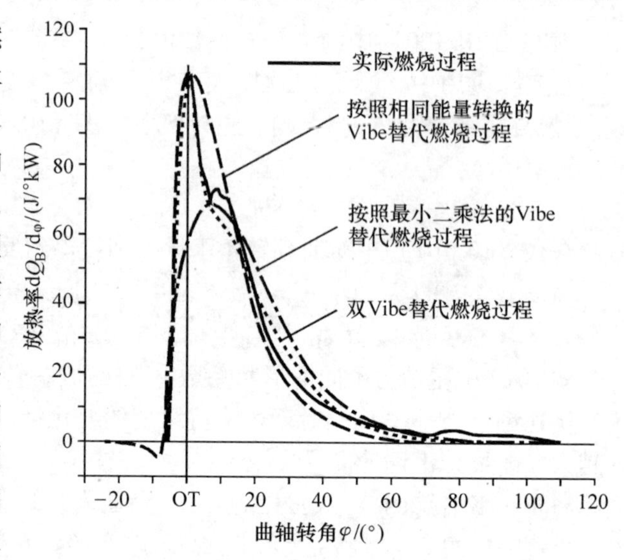

图 10.10　各种 Vibe 替代燃烧过程的比较（Pischinger 等，2009）

3. 着火延迟及燃烧速率的基本模拟方法

内燃机缸内充量的状态伴随着高压、燃料的能量释放和很大湍流动能的高温，其中湍流主要是由活塞运动引起，在柴油机中还会受到喷射油束动量的影响，而在气体燃料预燃室发动机中更受到从预燃室冲出的气流脉冲的影响。因此，混合气形成和燃烧过程将受到以上因素的控制（Chmela 等，2008）。

4. Magnussen（马格努森）反应速率

反应物之间是否能及时产生反应受分子层面的输运和混合过程控制。缸内的湍流动能可以提高反应物的混合速度，由其控制的反应速率可以借助于 Magnussen 和 Hjertager（1976）提出的公式（10.103）来描述。在式（10.103）中，k 是湍流动能，ε 是湍流动能耗散率

$$r_{\mathrm{Mag}} = C_{\mathrm{Mag}} c_{\mathrm{R}} \left(\frac{\varepsilon}{k} \right) \tag{10.103}$$

该项可以在三维数值模拟中用作 $k-\varepsilon$ 模型的表达式，但并不太适用于零维模型。借助于 Taylor、Morel 和 Keribar（1985）提出的一个近似公式（10.104）

$$\varepsilon = \frac{k^{\frac{3}{2}}}{2l} \tag{10.104}$$

由气缸工作容积导出的特征长度 l 可以更方便地进行零维计算。湍流项在此处只包含了由混合气形成参数所决定的湍流动能。特征长度 l 则根据气缸工作容积的立方根来估算

$$l = C_{Mag} c_R \frac{\sqrt{k}}{\sqrt[3]{V_{Zyl}}} \tag{10.105}$$

式（10.105）中的 C_{Mag} 为模型常数，c_R 为由反应速率决定的浓度，关于它们在后文中还会有进一步介绍。

Chmela 和 Orthaber（1999）描述了由喷射油束脉冲来计算湍流动能 k 的方法，Jobst 等（2005）则详细地阐述了如何由涡流和挤气流生成湍流动能。计算的第一步是确定上述因素具有的动能，该动能中的一部分将转化为湍流动能，其所占的比例与当时参与燃烧的混合气质量有关。

Magnussen 推荐的由反应速率决定的浓度 c_R 依燃烧方式（扩散燃烧与预混合湍流燃烧）和混合气中空气（或氧气）与燃料比（过量空气系数大于或者小于理论过量空气系数）不同而异。在扩散燃烧中，由反应速率决定的浓度比理论过量空气系数要小，也就是说，在 $\lambda > 1$ 时，c_R 等于燃料浓度 c_K；在 $\lambda < 1$ 时，c_R 等于氧气浓度 c_O。这两种浓度借助于混合气体积 V_{Gem} 来计算，公式如下：

$$c_K = \frac{m_K}{V_{Gem}} \tag{10.106}$$

$$c_K = \frac{0.232 m_L}{O_{2,min} V_{Gem}} = \lambda \frac{m_K}{V_{Gem}} \tag{10.107}$$

在有湍流预混合燃烧中，出口物质浓度 c_P 即为燃烧产物 CO_2 和 H_2O 的浓度，见式（10.108）：

$$c_p = \frac{m_p}{(1 + O_{2,min}) V_{Gem}} = \frac{3.6c + 9h}{1 + 2.6c + 8h + o} \frac{m_K}{V_{Gem}} = c_K \frac{m_K}{V_{Gem}} \tag{10.108}$$

式中　c，h 和 o——分别为燃料中碳、氢和氧的质量分数；

λ——过量空气系数；

$O_{2,min}$——理论化学计量，即理论需氧量。

氧气和燃烧产物的质量也均以理论空燃比时的质量为准。式（10.108）中与燃料化学成分有关的项在以后用 c_K 表示。

如果忽略混入的残余气体和回流的废气，以下式（10.109）中的混合气体积 V_{Gem} 仅包含燃料蒸气以及由局部空燃比决定的空气质量：

$$V_{Gem} = m_K \left(\frac{1}{\rho_{K,d}} + \frac{\lambda L_{min}}{\rho_L} \right) \tag{10.109}$$

Magnussen 计算方法最重要的应用实例就是用在直喷式柴油机中由混合气形成控制的扩散燃烧，其结果与实际情况相当吻合。

5. Arrhenius 反应速率

已混合反应物之间的反应速率系由反应动力学来控制。基本的化学反应可以近似用燃料和氧气之间的总体反应方程式来描述。如果假设反应产物的浓度增加遵循 Arrhenius 定律，则发动机内非湍流氧化过程的反应速率可以统一写成公式

（10.110）的形式：

$$r_{\mathrm{Arr}} = C_{\mathrm{Arr}} c_{\mathrm{K}} c_{\mathrm{O}} p^{\mathrm{a}} \mathrm{e}^{\frac{-k_2 T_{\mathrm{a}}}{T}} \tag{10.110}$$

在该方程式中，c_{K}和c_{O}分别是缸内工质中的燃料和氧气浓度。p和T则分别为缸内压力和（当地）温度。T_{a}是由活化能及气体常数导出的活化温度。指数a以及活化温度T_{a}必须根据反应种类由测量结果来确定。

燃烧期间当地的工质温度需要通过多区模型来计算，其中包含一个新鲜气体区和至少一个已燃区。浓度与之前一样，也是借助于式（10.106）和式（10.107）来确定。

总体来说，Arrhenius计算方法是一种模拟NO生成的较好的近似方法。在汽油机中，预混合新鲜工质中的原子团可能最终导致爆燃，其浓度的增长也可以通过Arrhenius方法模拟计算得到。同样适用的还有采用均质压燃方法中的燃烧速率的计算。

6. 综合计算方法

在发动机的燃烧中同时包括了上述Magnussen和Arrhenius两种反应类型，只是其贡献率可能不同。为了计算总的反应速率，可以将作为反应速度倒数的单个过程所需的时间τ_{Mag}和τ_{Arr}相加，以得到从混合前状态转变到反应后状态的总反应时间

$$\tau_{\mathrm{ges}} = \tau_{\mathrm{Mag}} + \tau_{\mathrm{Arr}} \tag{10.111}$$

上述两者之和即为综合反应速率的倒数，其结果如式（10.112）所示

$$r_{\mathrm{ges}} = \frac{1}{\tau_{\mathrm{ges}}} = \frac{1}{\frac{1}{r_{\mathrm{Mag}}} + \frac{1}{r_{\mathrm{Arr}}}} = \frac{r_{\mathrm{Mag}} r_{\mathrm{Arr}}}{r_{\mathrm{Mag}} + r_{\mathrm{Arr}}} \tag{10.112}$$

这种计算方法可以用于一系列模型，如着火延迟、炭烟生成或者直喷式柴油机预混合燃烧的燃烧速率的计算，根据经验，在这些情况下提高湍流水平均可大大提高反应速率。若各个过程的反应速率相差很大时，则总的反应受具有最小反应速率的反应的控制。

10.1.9 平均值模型

平均值模型与传统的发动机工作过程计算不同，它并不以按曲轴转角计算为依据，而只是研究整个工作循环的平均值［参见Pötsch（2012）以及Guzzella等（2004）发表的文献］。这样做的好处是，计算时间甚至比零维模型都要大大缩短。该方法主要应用在不需要按每度曲轴转角去考察发动机工作过程的并要求计算时间很短的情况。例如，可以用在进行适时控制电控单元的快速模拟计算中。

假设燃烧过程在给定的热力学边界条件下总是非常相似的，就可以进行简化，将高度瞬态变化的燃烧过程作为一个稳态过程来处理。内燃机的特性在平均值模型中系通过所谓的时间常数来考虑的。

以下来简单介绍在平均值模型中，对发动机系统各主要零部件的建模方法。

1. 容器

对系统中容器的模拟将采用本章 10.2.1 节中介绍的充满 - 排空法（充 - 排法）。假设整个容器内的热力学状态恒定，容器壁是绝热的。通过系统边界的质量流和焓流引起容器中内能的变化，压力和温度可以通过理想气体方程来确定。

2. 气缸内的燃烧，曲柄连杆机构的作用

平均值模型并不是按时间去解析气缸内燃烧引起的状态变化以及对驱动环节的作用，而将发动机看作一个整体，也就是说，认为它能够根据供给的空气和燃料质量，直接产生可燃气体和对外做功。

进气系统中的质量流可简单地认为与发动机的转速成正比。转矩决定于空气和燃料的质量，其中燃料所存储的化学能转化为机械功则用简单的关系式来模拟。平均压力通过有效热效率来确定，而后者又可以通过测量获得，并可在发动机万有特性曲线场中依据负荷和转矩来读取。对平均值模型来说，表达热效率的合理方法是将其作为燃料消耗量和发动机转速的函数。

曲柄连杆机构动力学通过简单的集中转动质量来模拟（Pötsch，2012），当然其中还要额外考虑飞轮储存的动能。考虑传动链影响在内的车辆，则由行驶阻力确定负载转矩，它在模型中必须作为已知量预先给定。

送入气缸的燃料中所包含的能量中，有很大一部分在循环后又从排气道排出。排气中的焓可以进入到涡轮增压器或排气后处理系统中，以保证它们工作所需要的温度。要确定排气温度必须首先知道空燃比和指示热效率。影响排气道中工作气体状态的其他因素还有喷油、点火提前角、燃烧过程以及传热等，但由于这些因素非常复杂，在平均值模型中不予考虑。然而对一些关键性的影响，如负荷对传热的影响还是应当认真考虑的。

3. 涡轮增压器的作用

用平均值模型来模拟发动机系统时，其核心部分就是对空气路径的模型化，而涡轮增压器在增压发动机中正好起着将发动机、进、排气系统耦合在一起的作用。

对压气机建模有两种方法，一种是查明与折合质量流量和折合转速有关的压比和效率；另一种是查明与压比和折合转速有关的质量流量和效率。后一种方法可以直接应用于平均值模型中。如果要用前一种方法，则还需额外建立压气机和进气稳压腔之间管道中的气体动力学模型。压气机的工作特性通过转速、压比、质量流量和效率来确定，压气机的出口温度则是压气机进口温度、压比和效率的函数。

在平均值模型中，涡轮的工作特性借助于质量流量和效率来描述，而这两个量又与涡轮压比和修正后的涡轮转速有关。

涡轮增压器转子的动力学影响系通过由压气机与涡轮的功率和转速确定的转矩平衡来加以考虑的。

10.2 换气过程建模

换气过程的计算在内燃机工作过程的热力学分析中占有十分重要地位，因为在换气过程计算中，可以求得对缸内压力曲线分析（评价燃烧过程和各项损失分配等）有重要意义的输入参数，如进气门关闭时缸内残余气体含量和工质质量。而这些参数对高压部分的计算起着关键作用。原则上来说，换气过程计算可以采用以下零维方法：

- 在不对进、排气系统压力测量的情况下，根据测得的缸内压力曲线，通过能量方程和气体状态方程进行计算。此时需要对气门叠开时的状态作出假设，计算所得的结果也只对发动机气门开启重叠角很小的情况适用。
- 根据测得的进、排气压力曲线以及缸内压力曲线，通过流量方程进行计算。

上述方法的精确度当然是有限的。特别是对具有全可变气门的发动机来说，在某些工况下气门叠开角可能很大，致使计算结果的质量无法得到保证（见 Witt，1999）。由于这个原因，通常将换气过程的计算扩展到一维模型，以便可以详细考虑进、排气系统的几何尺寸以及管道中的气体动力学过程，这对于高速发动机而言尤为重要，因为随着转速的提高，管内气体波动现象也会越来越强烈。这些波动通过反射在管道中不同的位置产生连续变化。根据管道的结构设计不同，它们也影响气体进入缸内的过程，因此进、排气管的正确设计对发动机的充气效率、功率，以及效率的优化都起着重要作用。

现代的换气过程计算程序往往集成于发动机工作过程计算的软件（例如，AVL Boost，GT－Power 等）中，通过预先给定 Vibe（韦伯）燃烧过程曲线，或者通过燃烧数值模拟建立的模型，能够对包括燃烧室、进气系统和由涡轮增压器、催化转化器组成的排气系统等在内的整个发动机系统进行计算。在以下的章节中会讲到，确定管道计算中确定气体动力学过程的出发点，是由能量和质量守恒定律导出的基本方程，它们针对的是非定常、一维、可压缩的层流流动，同时还要考虑到管壁摩擦和传热（Pischinger 等，2009）。

下面将介绍几种不同的计算换气过程的不同方法，从相对简单的充满－排空法到比较复杂的气体动力学分析法。

10.2.1 充满－排空法

充满－排空法（简称充－排法）是一种对管道系统进行计算的零维计算法（Pischinger 等，2009），其计算的基本思路是用若干小容积来替代有气体流动的管道，考察这些容积在非稳态时的充满和排空过程，计算其中的状态变化。相当于有一个与各气缸相连的排气容器，依据点火次序首先被充满，然后再通过涡轮排空。

为了便于计算，假定非稳态过程可以瞬时当作稳态来处理，而且容积内的压力和温度会迅速达到平衡。因此在每个时间点上，容器内状态都是一致的，也就是只考虑压力随时间的波动，而不考虑其在空间上的区别和空气动力学效应。其中最重要的简化是，假设容器内物质会立即完全混合，波动时间无限短，也就是声速无限大。当然这种容积内压力和温度会立即平衡的假设，与实际情况是有出入的，其偏差随发动机转速和容积的增加而变大。

上述充－排法当然不能反应气体动力学的影响，例如惯性增压或气波增压中的压力脉冲情况。但是对于诸如增压器选型、可变配气正时等的控制参数的选择以及工况数值模拟等初步设计和优化任务而言，视发动机用途和工况而异，采用这种相对简单的计算方法也不失为一种合理的选择。

10.2.2　气体动力学分析

以下列出换气过程的气体动力学分析中用到的基本方程（Pischinger 等，2009）。

1. 基本方程

为了推导一维非定常流动的基本方程，对图 10.11 中所考察的体积元 *ABCD* 列出连续性方程、动量方程和能量方程。

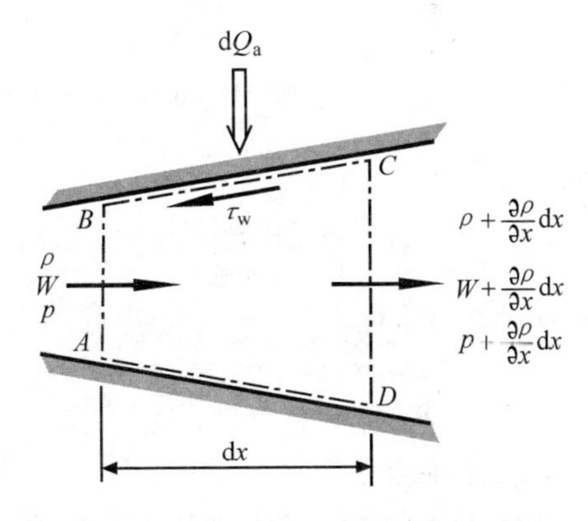

图 10.11　一维非定常流动的质量和能量平衡

2. 连续性方程

通过 *AB* 平面流入的质量

$$\rho wA$$

通过 *CD* 平面流出的质量

$$\left(\rho + \frac{\partial\rho}{\partial x}dx\right)\left(w + \frac{\partial w}{\partial x}dx\right)\left(A + \frac{\partial A}{\partial x}dx\right)$$

体积元 *ABCD* 中增加的质量

$$\frac{\partial}{\partial t}(\rho A dx)$$

由此得到平衡关系

$$\left(\rho + \frac{\partial\rho}{\partial x}dx\right)\left(w + \frac{\partial w}{\partial x}dx\right)\left(A + \frac{\partial A}{\partial x}dx\right) - \rho wA = -\frac{\partial}{\partial t}(\rho A dx) \tag{10.113}$$

以上方程式可以简化为

$$\frac{\partial(\rho wA)}{\partial x}dx = -\frac{\partial}{\partial t}(\rho A dx) \tag{10.114}$$

或经转化为

$$\frac{\partial\rho}{\partial t} + \rho\frac{\partial w}{\partial x} + w\frac{\partial\rho}{\partial x} + \frac{\rho w}{A}\frac{dA}{dx} = 0 \tag{10.115}$$

这里需要注意的是，管道的截面积只沿 x 轴方向改变，即有 $\partial A/\partial x = \mathrm{d}A/\mathrm{d}x$。

3. 动量方程（惯性方程）

外力（压力和壁面摩擦）会使质量元 $ABCD$ 加速：

AB 平面上的压力

$$pA$$

CD 平面上的压力

$$pA \frac{\partial(pA)}{\partial x}\mathrm{d}x$$

管壁压力在 x 方向上的分量

$$p\frac{\partial A}{\partial x}\mathrm{d}x$$

管壁摩擦

$$f_{\mathrm{r}}\rho A\mathrm{d}x$$

式中 f_{r}——单位质量的摩擦力（N/kg）。

加速度

$$\rho A\mathrm{d}x\frac{\mathrm{d}w}{\mathrm{d}t} = \rho A\mathrm{d}x\left(\frac{\partial w}{\partial t} + w\frac{\partial w}{\partial x}\right) \tag{10.116}$$

由此得到方程

$$pA - \left[pA\frac{\partial(pA)}{\partial x}\mathrm{d}x\right] + p\frac{\partial A}{\partial x}\mathrm{d}x - f_{\mathrm{r}}\rho A\mathrm{d}x = \rho A\mathrm{d}x\left(\frac{\partial w}{\partial t} + w\frac{\partial w}{\partial x}\right) \tag{10.117}$$

以上方程可以简化为

$$\frac{\partial w}{\partial t} + w\frac{\partial w}{\partial x} + \frac{1}{\rho}\frac{\partial p}{\partial x} + f_{\mathrm{r}} = 0 \tag{10.118}$$

4. 能量平衡

根据热力学第一定律，对于非稳态的开放系统中所考察的体积元 $ABCD$，以热、焓以及速度能的形式流入和流出的能量会改变体积元内存储的内能和速度能。

热流

$$\mathrm{d}Q_{\mathrm{a}} = \dot{q}\rho A\mathrm{d}x\mathrm{d}t \tag{10.119}$$

式中 $\dot{q}$——单位质量的热流（J/kg·s）。

总焓（焓和速度能）平衡

$$-\frac{\partial}{\partial x}\left[\rho wA\left(h + \frac{w^2}{2}\right)\right]\mathrm{d}x\mathrm{d}t \tag{10.120}$$

体积元内存储的能量（内能和速度能）平衡

$$\frac{\partial}{\partial t}\left[\rho A\mathrm{d}x\left(u + \frac{w^2}{2}\right)\right]\mathrm{d}t \tag{10.121}$$

由此得到总的平衡方程

$$\dot{q}pA\mathrm{d}x\mathrm{d}t - \frac{\partial}{\partial x}\left[\rho wA\left(h + \frac{w^2}{2}\right)\right]\mathrm{d}x\mathrm{d}t = \frac{\partial}{\partial t}\left[pA\mathrm{d}x\left(u + \frac{w^2}{2}\right)\right]\mathrm{d}t \tag{10.122}$$

若将 $h = u + p/\rho$ 带入上式，则转换为

$$\dot{q}\rho A - \frac{\partial}{\partial x}\left[\rho w A\left(u + \frac{p}{\rho} + \frac{w^2}{2}\right)\right] = \frac{\partial}{\partial t}\left[\rho A\left(u + \frac{w^2}{2}\right)\right] \tag{10.123}$$

如果将该方程与连续性方程（10.115）和动量方程（10.118）相结合，则可得到能量方程

$$\rho\frac{\mathrm{d}u}{\mathrm{d}t} = \frac{p}{\rho}\frac{\mathrm{d}\rho}{\mathrm{d}t} + (\dot{q} + wf_{\mathrm{r}})\rho \tag{10.124}$$

或进一步转换为

$$\rho\frac{\mathrm{d}u}{\mathrm{d}t} = \frac{p}{\rho}\left[\left(\frac{\partial\rho}{\partial p}\right)_{\mathrm{s}}\frac{\mathrm{d}p}{\mathrm{d}t} + \left(\frac{\partial\rho}{\partial s}\right)_{\mathrm{p}}\frac{\mathrm{d}s}{\mathrm{d}t}\right] + (\dot{q} + wf_{\mathrm{r}})\rho \tag{10.125}$$

若将声速 a 定义为

$$a = \sqrt{\kappa\left(\frac{\partial p}{\partial\rho}\right)_{\mathrm{s}}} \tag{10.126}$$

则能量方程可写为

$$\rho\frac{\mathrm{d}u}{\mathrm{d}t} = \frac{p}{\rho}\left[\frac{1}{a^2}\frac{\mathrm{d}p}{\mathrm{d}t} + \left(\frac{\partial\rho}{\partial s}\right)_{\mathrm{p}}\frac{\mathrm{d}s}{\mathrm{d}t}\right] + (\dot{q} + wf_{\mathrm{r}})\rho \tag{10.127}$$

该方程对所有介质均普遍适用。

对于比热恒定的理想气体声速为

$$a = \sqrt{\kappa RT} \tag{10.128}$$

则式（10.127）可以改写成以下形式

$$\frac{\mathrm{d}p}{\mathrm{d}t} = a^2\frac{\mathrm{d}\rho}{\mathrm{d}t} + (\kappa - 1)(\dot{q} + wf_{\mathrm{r}})\rho \tag{10.129}$$

通过对偏微分进行分解，可得理想气体的能量方程为

$$\frac{\partial p}{\partial t} + w\frac{\partial p}{\partial x} - a^2\left(\frac{\partial\rho}{\partial t} + w\frac{\partial\rho}{\partial x}\right) - (\kappa - 1)(\dot{q} + wf_{\mathrm{r}})\rho = 0 \tag{10.130}$$

5. 微粒的熵变

若有一个微粒通过所考察的体积元，其熵变按以下式（10.131）计算

$$\frac{\mathrm{d}s}{\mathrm{d}t} = \frac{\dot{q} + wf_{\mathrm{r}}}{T} \tag{10.131}$$

对非定常、黏性、非绝热的流动来说，其基本方程组是非均衡的偏微分方程组，它们在闭合条件下只有通过适当的简化才可求解。若采用“声速理论”，这时假设微粒的运动速度 w 远小于声速 a、管道不存在截面积变化（$\mathrm{d}A/\mathrm{d}x$）、状态变化是绝热且没有摩擦、密度和声速沿流线保持不变，则可以得出相对简化的关系式（Pischinger 等，2009）。通过这种方法能够快速地浏览发动机管道中的流动过程。

声速理论的前提条件是气体振动的幅度小以及密度与温度均保持一致，这就大大地限制了其应用范围，因此，声速理论一般只能用于进气管道以及低速或部分中速柴油机上。对于复杂的排气系统和高速发动机，用声速理论进行的分析精确度过

低，这时就必须再回到基本方程，以考虑管道中的气体动力学效应。上文已经提及，该微分方程组不可能通过积分求解，只能采用图解法或数值法逐步求解。这类求解方法有特征线法和差分法（Pischinger 等，2009）。两种方法的主要区别在于，前者是沿着 Mach（马赫）线（流体向右或者向左产生扰动时的传播轨迹线）积分，而后者是求解给定的 x、t 坐标上的点，从而大大减轻了编程求解的工作量。但差分法也有其缺点：在流场平面上的各网格点上的气体状态在计算中只能表达为（p，ρ，w）、（p，a，w）或者（p，T，w）的形式，这就造成了在分析结果时无从得知对很多分析都很重要的正、反向波分量的信息。而在特征法中由于是直接沿 Mach 线积分，对此却一目了然。这就意味着，为了确定前进（正向）波和反射（反向）波，需要以按差分法已经求得的各网格点气体状态矢量为基础，额外再使用特征线法。

在实际的计算过程中，单凭差分法或者特征线法还不足以确定发动机分支管道系统中的流动过程，为此只能对管内流动作总体分析。但是节流点、分支点以及类似的结构都会对分析产生明显的干扰，而且往往会有决定性的影响。总之，在这些系统节点处的流动过程是非常复杂的，对此很难进行更深入的分析。

尽管如此，如果还想计算就必须进行一定的简化，即把节流处的流动作为准稳态来处理，也就是认为它在一个非常短的时间段内是一维稳态运动。每个节流装置被限制在一个控制区间内，该区间的边界在每个时间点上均对一维流动的各项守恒定律适用，从而可以确定流入和流出截面的 p、a 和 w 值。节流装置本身用数学替代模型来表示，模型所对应的过渡条件即所限制的管道段的边界条件。节流装置所造成的损失由实验确定的流量系数来反应。该系数与流过的质量有关，也因节流种类的不同而异。节流种类可分为管道分支、管道缩小、管道扩大、管道中与管端的孔板。此外，节流损失也与各种容器的种类，如空滤器、排气管、消声器，或者带气门的气缸等有关。通过以上的简化后的方法，就可以研究任意形状的管道系统，为了求得系统内任何位置在任何时间的状态参数，除了按已有节流点分段以外，还要再对各节流点之间的管段再进行划分。

6. 传热

一维换气过程中的传热计算可以按照 Newton（牛顿）定律采用 $Nu=f(Re, Pr)$ 的关系式，也可以基于从边界层理论导出的 Reynolds（雷诺）相似准则，即 Reynolds - Collurns（雷诺 - 柯尔本）准则来计算（Colburn，1933）。

7. Zapf（扎普夫）关系式

通常在一维换气过程计算程序中，进、排气道的传热都是基于相似理论的 Zapf（1969）的关系式进行计算的。Zapf 在对大型柴油机研究基础上提出以下公式

$$\alpha_{EK}=2.152\left(1-0.765\frac{h_V}{D_{i,EK}}\right)\dot{m}^{0.68}T^{0.33}d_{EK}^{-1.68} \tag{10.132}$$

$$\alpha_{AK} = 1.785\left(1 - 0.797\frac{h_V}{D_{i,AK}}\right)\dot{m}^{0.5}T^{0.41}d_{AK}^{-1.5} \tag{10.133}$$

式中 $\alpha_{EK(AK)}$——进、排气道的传热系数（$\frac{W}{m^2 \cdot K}$）；

h_V——气门升程（mm）；

$D_{i,EK(AK)}$——进、排气道的气门座内圈直径（mm）；

$\dot{m}$——质量流量（$\frac{kg}{s}$）；

T——气体温度（K）；

$d_{EK(AK)}$——进、排气道的直径（mm）。

Pivec 等（1998）在现代设计的三种发动机上对其进、排气系统进行了测量，基于测量结果并考虑到不同的气道结构的影响对以上公式作出了修正。

8. Reynolds – Colburn（雷诺 – 柯尔本）相似准则

根据公式（10.134），通过壁面的热流与壁面的温度梯度成正比，而后者又是壁面速度梯度的函数

$$\dot{q}_W = -\lambda\frac{\partial T}{\partial y} \tag{10.134}$$

因为速度梯度又与壁面剪切应力成正比，故可以得出壁面热流密度和剪切应力的关系

$$\frac{Nu}{RePr} = \frac{\alpha}{w_a \rho c_p} = \frac{\lambda_r}{2}Pr^{-\frac{2}{3}} \tag{10.135}$$

式中 α——传热系数（$\frac{W}{m^2 \cdot K}$）；

w_a——自由（不受干扰的非强迫）流体速度（$\frac{m}{s}$）；

ρ——流体密度（$\frac{kg}{m^3}$）；

c_p——流体的等压比热[J/(kg · K)]；

λ_r—— 摩擦系数。

在此基础上采用动量定律可以推导出平板稳态层流边界层所产生的壁面剪切应力 τ_W 和摩擦系数 λ_r 之间的关系式（参见 Holman，1977）

$$\tau_W = \eta\frac{\partial w}{\partial y}\bigg|_{y=0} = \lambda_r\frac{\rho w^2}{2} \tag{10.136}$$

该相似准则也可近似用于平板间和管道内的湍流流动，只是这时的 Prandtl（普朗特）数必须和 1 在同一个数量级，不过这一点对于大多数气体都是适用的。通过该相似准则，可以在已知摩擦系数（如果没有进行传热测量）的情况下求得传热系数

$$\alpha = \frac{1}{2}\lambda_r \rho |w_{char}| c_p \tag{10.137}$$

因为摩擦系数 λ_r 与 Reynolds 数和壁面特性有关，因此在这种算法中还可以非常灵活地选用特征速度 w_{char}，将传热和当地的流动特性联系起来。

10.3 计算模型的耦合

在各个程序系统耦合的框架内，重要的边界条件均可以直接交换。对于各项子程序的集成不仅是对整个程序系统的进一步开发，也是迈向实现虚拟发动机这一愿景的重要一步，通过它可以对整个系统进行比较可信的先期计算。由于需要耦合的数量很大，此处只列举本章提到的用于发动机工作过程数值模拟的计算模型之间的耦合。

10.3.1 一维换气过程计算与发动机工作过程计算的耦合

目前的商业程序（AVL BOOST、GT - Power、…）中，均已将一维换气过程计算程序与发动机工作过程计算程序进行了耦合，其中的燃烧过程最初通常是用 Vibe 燃烧曲线来模拟。但现在也越来越多地使用本章 10.1.8 节所描述的燃烧模型，从而使先期计算更加贴近现实。

精确计算换气过程对内燃机工作过程的详细分析（对燃烧过程评价，各项损失分配等）有显著影响，因为在换气过程计算中可以求得高压计算必需的初始参数，如进、排气质量、充气效率、残余气体含量、特别是进气门结束时的缸内工质质量。由于直接测量这些参数比较困难，现在越来越多采用的方法是通过测量进排气系统中靠近气缸处的压力来确定这些参数。根据这些测得的压力变化曲线，就可以借助大大简化的模型来进行换气过程计算。该模型仅由气缸到测量位置之间的一段气道组成（例如，参见 Witt，1999）。这类计算可以直接在试验台架上进行并能立即提供结果参数。

对进、排气压力曲线测量的精度要求很高。在测量过程中，压力水平、振幅和相位均可能产生误差。为了评估各种因素的影响，也为了达到所需要的测量精度，曾对多台发动机的一系列工况点做了大量的变换参数的计算（Wimmer 等，2000）。图 10.12 ~ 图 10.14 分别显示了对一台汽油机和一台直喷柴油机相关计算的结果。

敏感性分析的方法是以一个测量结果标定好的计算模型为基础，分别改变进气和排气的低压曲线，以确定每次改变后关键参数的偏差。图 10.12、图 10.13 和图 10.14 表示了它们在两种发动机上对确定充量和残余气体质量结果的影响，两种发动机的工况点分别为：汽油机全负荷与 4800r/min，柴油机全负荷与 3000r/min。

由图 10.12 可见，进气的压力水平对缸内充量和残余气体含量均有很大的影响作用，而排气压力只对残余气体含量影响比较明显。由于作为研究对象的柴油机是一台涡轮增压发动机，所以其影响相较汽油机为小。

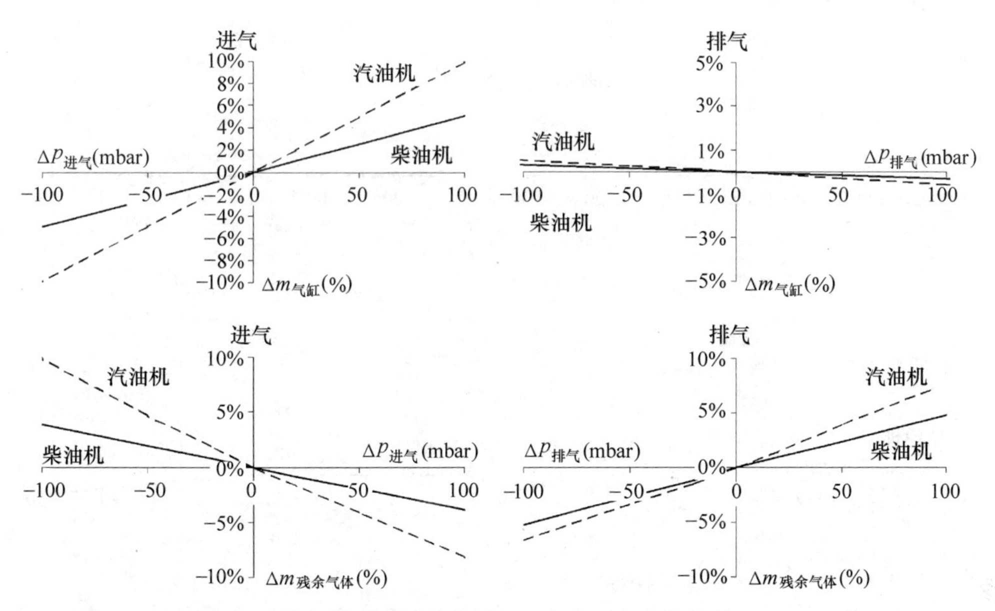

图 10.12　充量和残余气体质量计算结果与压力水平变化的关系（Wimmer，2000）

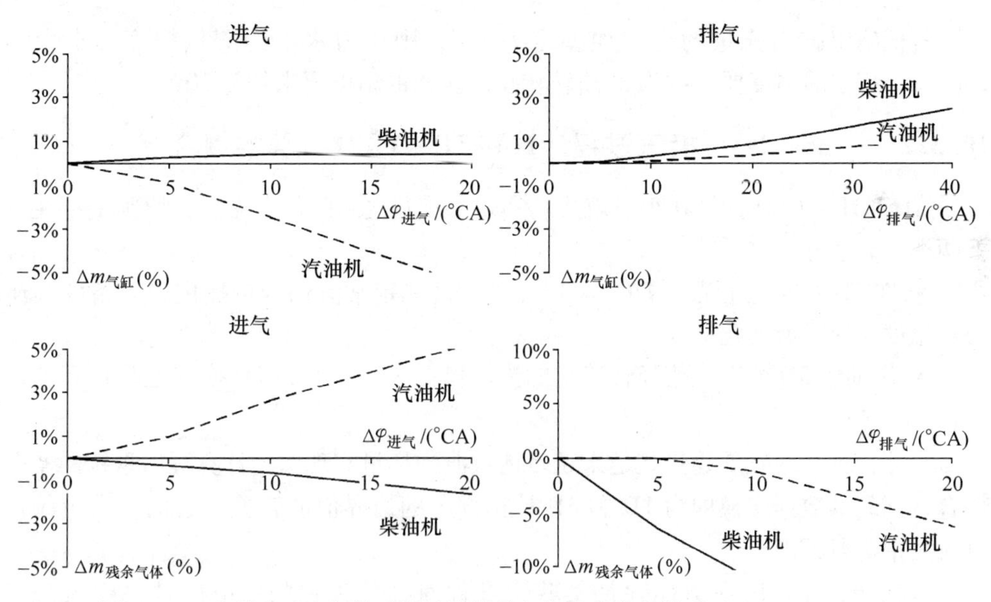

图 10.13　充量和残余气体质量计算结果与相位变化的关系（Wimmer，2000）

与压力水平的变化相比，相位和振幅误差对所考察的发动机及其相应的工况点的影响较小（见图 10.13 和图 10.14）。但是，相位和/或振幅的测量误差的影响与本身压力波变化过程密切相关。排气压力水平若出现误差，首先影响的是残余气体的含量。而测量进气道中压力变化曲线时，若其相位和振幅存在误差，会同时影响缸内充量和残余气体含量的计算结果。

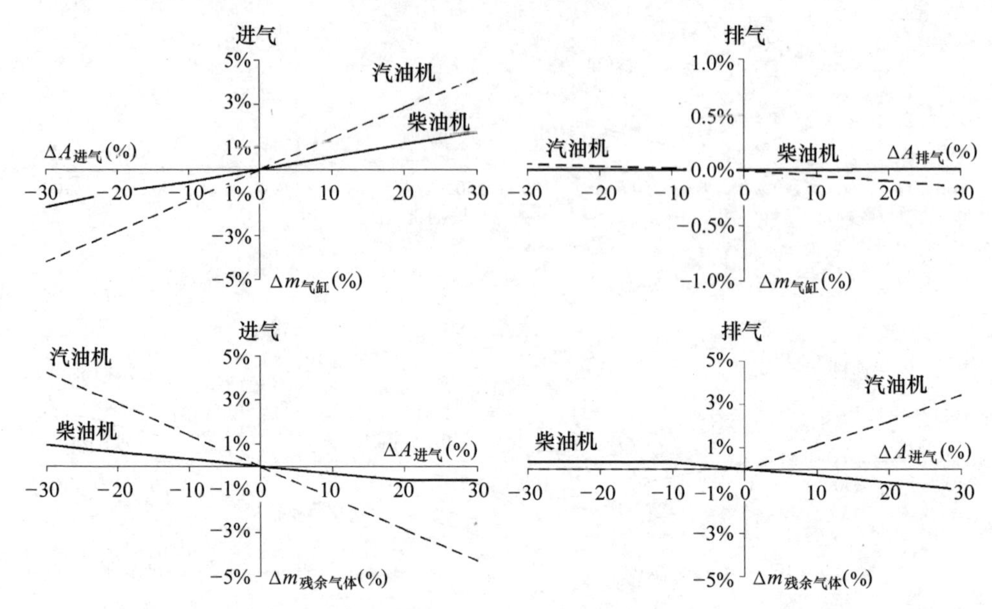

图 10.14　充量和残余气体质量计算结果与振幅变化的关系（Wimmer，2000）

若把确定缸内充量的允许误差定为1%，则压力水平的测量精度要求大约10mbar、相位的精度要求约为3°曲轴转角、振幅的精度要求约为10%。

10.3.2　一维（1D）换气过程计算和3D-CFD计算的耦合

1D和3D-CFD计算在很早就成功实现了相互之间的数据交换，原则上存在以下两类计算任务：

- 在1D-换气过程计算的基础上，为3D非定常流动分析提供边界条件（压力、温度、质量流变化曲线）。
- 借助于3D流动数值模拟确定的流动特征参数，作为1D换气过程计算的输入量。

当然，现在的发展趋势是越来越多地过渡到尽量实现两个计算程序系统的动态耦合，其间的数据交换即为1D和3D计算部分的边界值的转换，它们在特定的计算流程中进行处理。

这种计算方式已在诸如评估某些零部件对换气过程的影响的计算中实现了（Durst等，2000）。因为结构空间越来越小，所以影响流动的零部件的复杂性不断增大，如果采用传统的1D方法，那么很多复杂零件的影响（例如对充气效率）就不能得到足够准确的模拟，只有采用3D流动数值模拟才可能对复杂的几何形状进行仔细研究。但一维（1D）模型不能用于三维（3D）流动，这一缺陷只能通过两者之间的动态耦合来弥补。

10.3.3　一维换气过程计算和 DoE 方法的耦合（以气体发动机为例）

在全新发动机的设计中，可以通过应用一维（1D）换气过程计算和零维（0D）发动机工作过程数值模拟，来确定诸如行程/缸径比、压缩比以及配气正时等重要结构参数。为了实现各个计算过程中所需边界条件的数据交换，需要各计算程序之间紧密耦合，这主要是通过标准化和自动化过程来实现的。

由于系统的高度复杂性和自由参数的多样性，当借助 1D 换气过程计算进行数值模拟来优化的燃烧过程时，必须考虑采用试验设计（Design of Experiments，缩写 DoE）方法（Wimmer 等，2011）。可以用这种方法来优化的自由参数很多，特别是：压缩比、燃烧特性、配气正时，以及增压器匹配设计等方面。设计的目标是要在保证以下边界条件的前提下，实现尽可能高的发动机效率：

- 低于法规规定的 NO_x 限值。
- 最高许用缸内爆发压力。
- 无爆燃运转。

图 10.15 为应用 DoE 方法的基本流程。首先是借助于输入参数及其变化范围，在统计学算法的基础上制定“测量计划”（这里是“数值模拟计划”）。一维换气过程计算所得的结论性参数，也是今后在数值模拟中计算燃烧速率（放热率）、NO_x 生成情况，以及判别是否会产生爆燃等的重要前提。放热率模型的参数需要通过在实际发动机上的测量结果校准，也可以通过与 3D - CFD 燃烧模拟计算结果的协调来对比。用以上方法确定的实际参数和输入参数之间可以建立一个简易的函

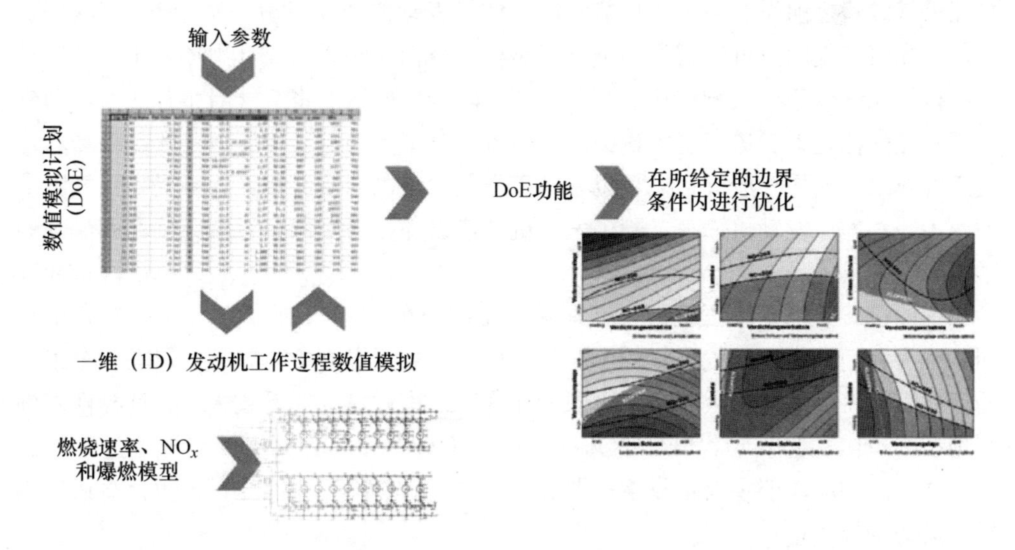

图 10.15　在数值模拟中应用 DoE 方法的流程（Wimmer 等，2011）

数关系式，以此来做进一步优化。图 10.15 中所示的例子是一个通过 DoE 方法对压缩比、过量空气系数、Miller 配气正时以及燃烧过程重心位置等参数研究的结果，图 10.15 中所有这些参数均以简化的形式（两维）表示。

10.4 瞬态数值模拟

发动机研发工作面临的挑战是不仅要在动态的测试循环，而且还要在车辆的实际应用中不断降低排放和油耗。这就使人们有必要在瞬态工况下对发动机特性进行数值模拟。目前广泛使用的一维数值模拟工具，如 GT – Power 或 AVL Boost 均可作为模拟的平台。

开发用于瞬态工况数值模拟的模型，需要以该发动机的稳态模型为出发点，再加上进气部分、排气部分以及废气再循环系统的一维模型。对于增压发动机来说，特别重要的是需要有一个详细描述涡轮增压器的模型，此外，在瞬态模拟中还需要对增压器转子给定一个转动惯量（Six，2011）。

描述发动机的瞬态工况当然要比稳态工况复杂得多。例如，为了使车辆加速，必须通过增加进入气缸中的燃油量来增大发动机转矩。这时，最小过量空气系数 λ_{min} 就不允许超过许可值（汽油机：$\lambda_{min} < 1$，柴油机 $\lambda_{min} > 1$）。

对自然吸气汽油机而言，可以通过打开节气门迅速增加进入气缸内的空气质量，从而迅速增大发动机的输出转矩。在加速过程中，发动机转速决定了进入气缸中的空气量，因而也就确定了可以供给气缸燃料的上限。通常在多缸发动机中，也只在进气歧管之前设有一个中央节气门。如果发动机要从部分负荷上升到全负荷，必须首先将节气门到进气门之间进气管路整个容积内的压力提升到环境压力，这对发动机的充气效率以及响应特性都有不利的影响。如果能将节气门布置在离发动机更近一点的位置上，进气管容积中的压力就能时刻保持与环境压力一致，将会取得更好的效果。同样，废气再循环也有助于降低发动机的节流损失，并提高进气管中的压力。对增压发动机而言，除了发动机转速以外，增压器也对响应特性有显著的影响。

柴油机几乎都是增压型的，其在瞬态工况下的工作机理也与汽油机不完全相同。因为它们一直在空气过量的工况下工作，当需要提高负荷时，可以在一个工作循环内直接将喷油量加大到炭烟极限所允许的最小过量空气系数 λ_{min}，这样就立刻实现了（有限的）转矩提升，上升的程度与负荷增加前工况点的空气过量系数有关，之后的响应功能主要依靠增压器压力的建立，取决于它能为目标负荷多快地提供所需的空气质量。

为了实现瞬态工况的模拟，必须在已有的稳态模型上增加两个单元：车辆单元和发动机控制器单元。前者的主要任务是输入行驶阻力，而后者则用于定义发动机目标转矩。通过行驶阻力和目标转矩可以求得发动机转速。此外，在与发动机的接口中还需事先给出空气质量、增压器压力以及炭烟界限有关的理论特性曲线场。对于增压器和 EGR 阀也需要设置调节器，以保证在每个工况点上均能达到增压器压力和空气质量的理论值，并由这两个参数综合给出 EGR 率。理论值特性曲线场可以直接从发动机的 ECU 中导出，也可以通过稳态模型的数值模拟计算得到。

10.5　液力过程的数值模拟

直喷式柴油机的燃烧过程主要由混合气形成，也就是主要由燃油喷射过程来决定的，而喷油过程本质上就是燃油在喷油系统中，从压力建立直到由喷油器喷孔喷出的整个液力过程，这个过程最终也控制了油束的形成。燃烧过程的优化，除了燃烧室的几何形状外，主要就是通过燃烧室与喷油液力系统以及喷射油束特性之间的合理匹配来达到的。为此，数值模拟也是相应研发工作中非常重要的手段（Regner，1998）。

10.5.1　液力系统数值模拟程序的构建

计算液力系统的数值模拟程序通常是模块化的，也就是说，一个计算模型由若干单元组成，如容器、阀门或管路等。

此项数值模拟的工作原理可以借助一个简单的直列式喷油泵来加以说明（参见 Regner，1998）。为此，喷油泵被拆分为若干单元，以便能进一步建模。首先，建立一个柱塞在其中运动的容器模型，这类若干容器被称为受控容器。进油室的燃油通过可控流通截面进入泵腔。进油截面受柱塞顶部边缘控制，故为一个受控截面。另一个类似的截面是柱塞斜槽棱边控制的复位截面，它用于结束喷射过程。

泵腔通过等容出油阀与阀门弹簧座腔相连。出油阀系由一个压力控制阀来模拟。同样，止回阀也通过一个压力控制阀来表示。泵腔通过弹簧座腔与节流腔高压油管相连，高压油管的另一端与喷油器相连，最后通过其中喷油嘴的针阀与燃烧室相通。

以下将简要介绍用于描述每个单元特性的数学 - 物理关系式。

1. 容器

容器是最简单的元件。容器作为模型元件的特点是相对于流动来说横向很宽，因此可以忽略流体的动能。同时又很短因此压力变化的传播速度影响也不起作用。容器包括泵腔、阀门弹簧座腔、节流腔和喷油嘴腔等。流体在容器中的状态变化遵循以下方程

$$\frac{V_i}{E}\dot{p}_i = \frac{\dot{m}_i}{\rho} - \dot{V}_i \tag{10.138}$$

$$\dot{V}_i = \sum_j D_{ij}\dot{x}_j \tag{10.139}$$

式中 V_i——容器体积；

$\dot{p}_i$——容器中单位时间的压力变化；

E——流体弹性模量；

$\dot{m}_i$——质量流量；

ρ——流体密度；

$\dot{V}_i$——单位时间的体积变化；

D_{ij}——容器内阀门有效承压面积；

$\dot{x}_j$——阀门运动速度。

容器内液体状态变化是由流体流入或流出，以及阀门或柱塞运动引起的体积变化造成的。

2. 受控容器

如果容器中的柱塞运动是一个给定的独立变量，则称为受控容器。例如包含柱塞的泵腔。这类容器可用以下公式表达

$$\dot{V}_i = \sum_j D_{ji}\dot{x}_i - c_{1000,i}\frac{n}{1000}D_i \tag{10.140}$$

式中 $c_{1000,i}$——$n=1000\text{r/min}$ 时的柱塞运动速度；

n——喷油泵的转速；

D_{ji}——容器 i 中的阀门 j 的承压面积。

压力控制阀　在数值模拟中使用压力控制阀这一元件来表示等容出油阀、节流阀和喷油嘴针阀。除了油泵柱塞以外，所有可运动的机械零部件都用压力控制阀来模拟，也包括在个别情况下不具备传统意义上阀门功能的零部件。这时只需要将对应的阀门承压面积或流通截面的值设置为 0 即可。由压力和弹簧力引起的阀门的运动可以用二阶微分方程来表示：

$$m_{vi}\ddot{x}_i + d_i\dot{x}_i + c_i x_i = -F_i + \sum_j p_j D_{ij} \tag{10.141}$$

式中 m_{vi}——阀体质量；

d_i——阻尼系数；

c_i——弹簧常数；

F_i——弹簧预紧力；

$p_j D_{ij}$——作用在阀门承压面上的压力；

x_i——阀门升程；

$\ddot{x}_i$——阀门加速度。

3. 流通截面

从 Bernoulli（伯努利）方程可以导出以下流通方程

$$\dot{Q}_{jk}=\frac{\dot{m}_{jk}}{\rho}=\mu A_{jk}\sqrt{\frac{2}{\rho}|p_j-p_k|}\operatorname{sign}(p_j-p_k) \tag{10.142}$$

式中　$\dot{Q}_{jk}$——容器 j 和 k 之间的流量；

$\dot{m}_{jk}$——容器 j 和 k 之间的质量流；

ρ——流体密度；

μ——流量系数；

A_{jk}——几何流通截面面积。

以上方程适用于容器间连接很短的情况，此时可以忽略流体质量运动的惯性。该方程可以应用在稳态和瞬态情况下，流通截面可以是常量或变量。

4. 恒定流通截面

其典型实例就是喷油嘴的喷孔，其恒定流通截面的特征为

$$\mu A_{jk}=\text{常数} \tag{10.143}$$

5. 受控流通截面

应用于受控截面或者复位截面。受控截面的流通面积变化遵循一个给定的与凸轮角度、受控容器的柱塞行程或时间相关的函数关系

$$\mu A_{jk}=\begin{cases}f(\varphi) & \text{或}\\ f(h) & \text{或}\\ f(t)\end{cases} \tag{10.144}$$

6. 阀控流通截面

流通截面为阀门升程的函数。以等容出油阀门为例：

$$\mu A_{jk}=f(x_i) \tag{10.145}$$

7. 管道

流体通过管道的时间与其长度有关，与压力建立与消除的时间大致相同。因此在管道中与容器、流通截面不同的是，需要考虑压力波的传播速度和液体流动速度，这一点可以通过 Euler（欧拉）运动方程和连续性方程来描述

$$\frac{\partial u}{\partial t}+u\frac{\partial u}{\partial x}+\frac{1}{\rho}\frac{\partial p}{\partial x}=-\frac{\lambda}{2d_L}u|u| \tag{10.146}$$

$$\frac{\partial p}{\partial t}=u\frac{\partial p}{\partial x}+E\frac{\partial u}{\partial x}=0, \tag{10.147}$$

式中　u——液体流动速度；

λ——管道摩擦系数；

d_L——管道直径。

为了求解以上两个偏微分方程，采用了 Hartree（哈特里）的特征线法（Regner，1998），其原理见图 10.16 所示。

特征线法可将偏微分方程转化为常微分方程，并沿着特征线求解。所对应的常微分方程称为兼容条件，而特征线称为方向条件，只有沿着特征线方向兼容性条件才有效。在这种情况下，得到两个需要沿着特征线 η 和 ξ 求解的方程（见图 10.16）。该方法所处的流动平面为通过坐标系 x 和 t 所确定的平面，计算网格保持恒定的网格距离。若在 $t-1$ 时刻 x 轴上的网格结点为已知，则 A 点和 B 点（特征线的出发点）的状态参数可通过结点之间的线性插值来获得，以此来计算 t 时刻的所有解。但对边界点而言，由于那里不再有特征线，只能采用与相连容器相同的方程求解。

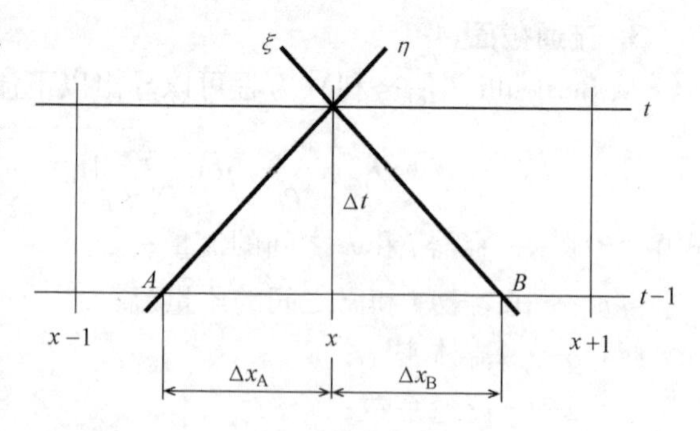

图 10.16　Hartree 特征线法（Regner，1998）

10.5.2　气穴现象

有一种描述喷油嘴液力系统的重要现象是气穴。它系指燃油液体在流线剧烈转弯且流动速度很高的情况下，其局部静压下降到液体的饱和蒸气压以下时，遂产生燃油蒸气泡（包括事先溶解在燃油中的空气），从而可能部分阻断液体的流动。具体的表现是，在流道某一最窄处前面压力不断上升，而后面背压保持不变的情况下，达到了某一压力值后质量流量将不再继续增加。以下将借助一个假想模型，通过流动途径的几何尺寸关系来解释这一现象（Fimml，2010）。

图 10.17 所示是一段弯曲的管道流动，其曲率半径为 r，径向高度为 s，宽度为 z。为了计算在这段管道中的流体的离心力，首先通过流体速度 u 来计算角速度 ω

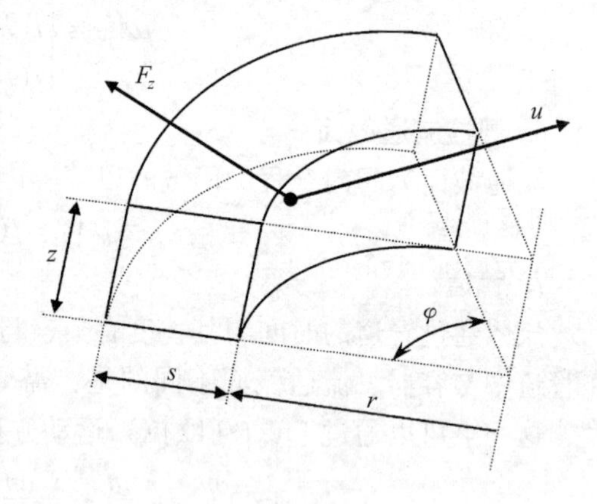

图 10.17　弯曲管道中的流动（Fimml，2010）

$$\omega = \frac{u}{r} \tag{10.148}$$

离心力作为压力作用在径向投影面积 A_p 上，A_p 可以通过式（10.149）来计算

$$A_p = r\varphi z \tag{10.149}$$

一个径向高度为 dr 的管道内流动薄层（微元）的质量可以通过转角 φ，根据式（10.150）得到

$$\mathrm{d}m = A_p \mathrm{d}r \rho_{\mathrm{Liquid}} = r\varphi z \mathrm{d}r \rho_{\mathrm{Liquid}} \tag{10.150}$$

该流体微元上作用的离心力 $\mathrm{d}Fz$ 通过公式（10.151）来计算：

$$\mathrm{d}F_z = \mathrm{d}mr\omega^2 = \varphi zu^2 \mathrm{d}r\rho_{\mathrm{Liquid}} \tag{10.151}$$

故作用在面积 A_p 上的压力为：

$$\mathrm{d}p = \frac{\mathrm{d}F_z}{A_p} = u^2\rho_{\mathrm{Liquid}}\frac{\mathrm{d}r}{r} \tag{10.152}$$

将式（10.152）对液柱高度 s 积分，得到式（10.153）变形后可得式（10.154）：

$$p_2 = p_1 + u^2\rho_{\mathrm{Liquid}}\int_r^{r+s}\frac{\mathrm{d}r}{r} \tag{10.153}$$

$$p_2 - p_1 = u^2\rho_{\mathrm{Liquid}}\ln\left(1 + \frac{s}{r}\right) \tag{10.154}$$

式（10.154）通常表达了在弯曲的管道流中，由于离心力引起的静压下降。在这种情况下，p_2 可以理解为喷油嘴喷孔出口处相对较低的背压 p_d。当缝隙高度 s 和曲率半径之比 s/r 足够大时，p_1 可能接近液体的饱和蒸气压 p_v。如果针对喷孔中的流动速度使用这一方程式，并将喷孔前的压力用 p_u 表示的话，则可得到以下方程式（10.155）：

$$p_d - p_v = \frac{2(p_u - p_d)}{\rho_{\mathrm{Liquid}}}\rho_{\mathrm{Lquid}}\ln\left(1 + \frac{s}{r}\right) \tag{10.155}$$

经过变形后即可得到判别气穴的基本方程（10.156）：

$$\frac{p_u - p_d}{p_d - p_v} = \frac{1}{2\ln\left(1 + \frac{s}{r}\right)} \tag{10.156}$$

通过以上方程，可将喷油嘴喷孔的几何尺寸与形成气穴的压力边界条件联系起来。因为燃油饱和蒸气压力相对喷油系统的工作压力来说非常小，通常可以忽略。上式左项的数值可以作为在任何压力下是否出现气穴现象的判据。Soteriou 等（1995）将其定义为气穴数或称空化数 CN（Cavitation Number，缩写 CN）：

$$\mathrm{CN} = \frac{p_u - p_d}{p_d - p_v} \sim \frac{p_u - p_d}{p_d} \tag{10.157}$$

气穴出现时的 CN 值称为临界气穴数 CCN（Critical Cavitation Number，缩写 CCN），若通过测量得知临界气穴数为 2，则可以借助于以下关系计算

$$\frac{s}{r} = e^{\frac{1}{2\mathrm{CCN}}} - 1 \tag{10.158}$$

通过式（10.158）右项反算出喷油嘴喷孔中最可能出现气穴的位置处的通道高度 s 与曲率半径 r 之比为 0.284。这也就是说，由于喷油压力很高，在喷油嘴的每个喷孔中，都会出现气穴现象。当然也可以通过对喷孔截面形状进行特别设计来对气穴的出现产生影响。例如，采用锥形喷孔，即需要将其截面沿流动方向不断缩小。

喷孔的圆锥度按以下定义的 K 系数来表示：

$$K-\text{Faktor}=\left(\frac{D_{\text{Eintritt}}[\mu]-D_{\text{Austritt}}[\mu]}{10}\right) \tag{10.159}$$

式中 D_{Eintritt}——喷孔入口处直径；

D_{Austritt}——喷孔出口处直径。

当 K 系数为正时，出现气穴的机会将会推迟到更大的压差下才会发生，或者是根本不再发生。此外，正的 K 系数对柴油机的混合气形成和燃烧过程也较为有利，通常可以使炭烟物排放明显降低。但这种结构也有缺点，那就是当没有气穴现象出现时喷油嘴比较容易结焦。

10.6 整车数值模拟

发动机从冷起动到达到工作温度这段时间内的特性十分重要，因为在法规确定的测试循环中，该时间段内产生的有害物质占整个排放的比例很大。其原因主要是催化转化器在低温下的转化能力不足。为了降低有害物质排放，对暖机过程进行模拟与分析就显得十分重要。对排放进行预测的前提是要准确地了解各零部件的温度，因为它们在很大程度上决定了有害物质的形成。

要完成整个任务，原则上应将整车数模程序和发动机换气过程计算程序结合起来。另外，还需要附加模型来模拟发动机和催化转化器的受热特性以及其中的化学反应。

上述程序系统的耦合系按图 10.18 所示的流程运行。第一步是从所选择的驾驶循环中提取当时的车速和加速度值，并以此确定所需的发动机功率、转速和转矩。利用操作人员模型还可以事先给定驾驶人的意图，由此得到的运行工况参数可以作为换气过程计算的输入量。通过换气过程计算程序可以（根据上一个时间步长得到的壁面温度）求出目标平均压力，有时可能还需要进行迭代，直至得到所期望的平均压力为止。该程序还能计算出燃油消耗率和排气能量（理想的情况下还应能确定排气的成分）。接下来是基于热力学网络对发动机热力学模型进行计算，算出作为下一个时间步长中换气过程计算输入的新的壁面温度［参见 Samhaber（2002），Beichtbuchner（2008），以及 Unterguggenberger（2012）的文献］。最后，借助于催化转化器模型确定催化转化器的温度、转化率以及在已知原始排放的情况下的有害物排放。

10.6.1 发动机热力学模型

对发动机结构的热力学特性建模采用的是集中点质量（替代质量）法。这种方法将一个区域内的物质简化为一个与该区域热容相当的点质量。该点质量的温度等于该物质区域的平均温度，因而能量保持不变，但其难点在于物质区域的合理选

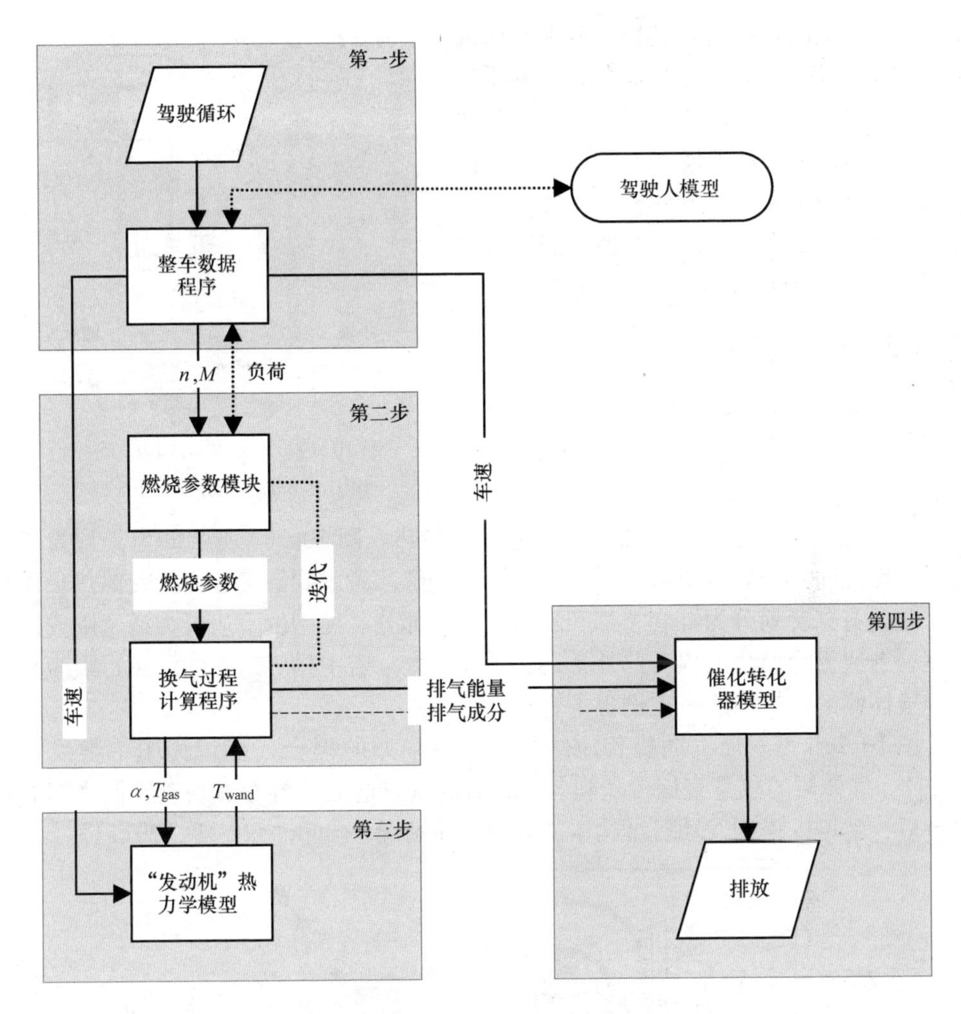

图 10.18　换气过程计算程序与整车数值模拟的耦合（Wimmer，2000）

取［见 Samhaber（2002）的文献］。例如，可选取温度梯度不大的区域，但这种情况事先又难以判断。另外，如果这个区域中包含不同的物质、它们的比热容又各不相同，那就可能用折算到某一材料的比热容来替代总比热容。通过适当的传热关系将各个替代质量联系在一起，从而确保发动机热力学模型中热分布正确（Beichtbuchner，2008）。

基于这种方法，可以将发动机结构分解为代表单个气缸的热力学网络（Samhaber，2002）。替代质量的数量原则上可以随意选择，但要注意的是数量越多，建立和标定模型所需要的时间也越长。另外需要注意的是，并不是模型越复杂，计算精度就越高。由于这个原因，需要根据应用目的来决定模型的复杂程度，具体实例如图 10.19 所示（Unterguggenberger，2012）。

流体循环　发动机结构受到的热负荷，不仅来自燃烧时产生的壁面热损失，也来自摩擦产生的热。这些热量分散到发动机结构内部的各个部分，再通过流体循环带走。流体循环包括了润滑油循环和冷却液循环，对于这两种循环即使在很简单的发动机热力学模型中也需要分开建模。另外，还需考虑两个循环之间通过油－水换热器进行的热交换（Unterguggenberger，2012）。

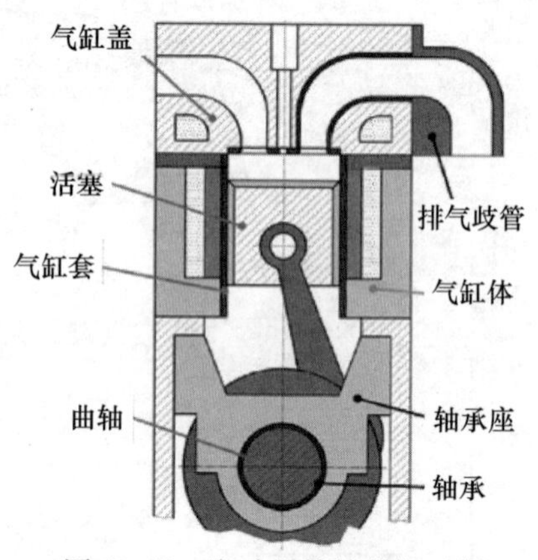

图 10.19　发动机结构分解示例（Unterguggenberger，2012）

10.6.2　受热模型

气体侧的热量输入（受热模型）主要受发动机的负荷以及电控单元（ECU）标定的影响。在受热模型中，气体侧计算的是从燃烧气体到燃烧室壁面和排气道壁面的传热。图 10.20a 所示即为一种为了计算受热情况而对与燃气接触的零部件进行的分解。考虑到缸套上部所受的热负荷更高，为此将缸套划分为缸套上部和缸套中部两部分。模型的下边界为活塞围成的燃烧室，上边界为燃烧室顶。此外，还必须计算气缸盖中排气道内的传热，因为它在整个气体侧的传热中所占比例也不容忽视。

图 10.20b 为表征发动机相应结构的受热模型的耦合（标识为图中虚线方框 Q_{wand}）。气体侧的热量直接传送到各分解后的点质量上，再考虑到点质量之间的热传导后，就可以得到发动机结构中的温度分布情况（Salbrechter 等，2011）。

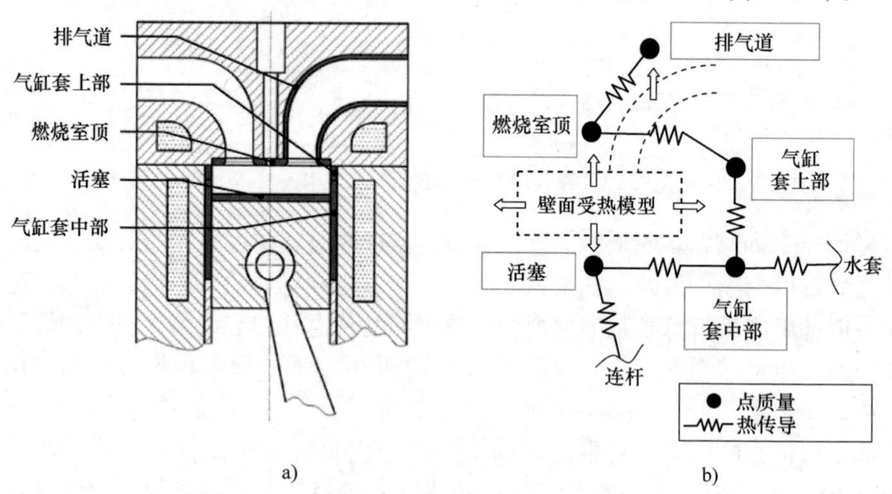

图 10.20　受热模型的分解（Salbrechter 等，2011）

受热模型的调试　确定气体侧传热的一种方法是进行热流测量，但由于其花费很高，故只有在极少数情况下才进行。通常的做法是进行零维发动机工作过程计算，分析缸内压力变化曲线，并采用合适的传热关系计算从工作气体到气缸壁面的传热量。在数值模拟过程中，传入的热量以每个工作循环的平均值的形式存储在模型中，其值与运行工况有关（Salbrechter 等，2011）。对于零部件受热情况的建模可以采用两种不同的模式，一种是以特性曲线场为基础，另一种是以参数为基础。

基于特性曲线场的受热模型　传热的数值模拟基于发动机特性曲线场来实现，即利用热机状态下的发动机的特性曲线场，来获得气体温度和传热系数。暖机过程中标定的变化则借助于修正系数来考虑。

基于参数的受热模型　为了进一步增加建模深度，把气体侧的传热情况视为不同电控单元温度的函数来模拟，其目的是为了在发动机暖机过程中可以直接通过标定来加以干预，并可以评估 ECU 数据变更后产生的影响。当然该方法的前提是要有一个准确的 ECU 模型。建立基于参数的受热模型时，不仅要考虑根据参数变化得到的经验性数据，而且也要利用按照物理模型的数值模拟结果。从而能够根据得到的数据导出气体侧与各种参数变化有关的受热模型（Salbrechter 等，2011）。

10.6.3　摩擦模型

发动机摩擦是除了气体侧传热以外的第二大热源，特别是在冷起时，摩擦对暖机起着不容忽视的作用。此外，摩擦还抵消一部分指示功率，因此对系统的热量传送和燃油消耗有着重要的影响。

为了研究驾驶循环对暖机性能的影响，需要首先详细了解发动机总体摩擦与相应的代表性温度（如润滑油温度）之间的关系。

现在发动机暖机过程的模型也越来越多地用于评价各种热量或者能量管理措施。因为这些措施常常会改变发动机内的温度分布，因此，构建各摩擦零部件模型至关重要。例如，热量管理措施中“分体冷却”（Split – Cooling）的首要目标，是通过提高活塞 – 缸套组的温度来降低该部位的摩擦。如果摩擦模型能够解析温度变化的话，则可以对上述措施进行精确的评估（Unterguggenberger 等，2012）。

物理摩擦模型　此类模型用于发动机零部件的结构设计和优化。它们在最简单的情况下可以表述为一维模型，其中包含许多假设以及诸如润滑油膜厚度和表面粗糙度等子模型。

润滑油膜厚度通过求解润滑缝隙的 Reynolds（雷诺）方程得到，为此需要有以循环周期为单位的燃烧室压力。对活塞组来说需要有较多的结构数据，如活塞环的设计和活塞裙部的形状。

对滑动轴承结构来说，则需要通过曲柄连杆机构运动学、轴承负荷、轴心轨迹和润滑油膜温度来计算摩擦功率。

一些通过上述详细模型得到的附加信息，如上止点时混合摩擦所占比例等，对于发动机暖机过程模型是不一定需要的，因为它们对摩擦损失几乎没有影响。有些子模型（如润滑油膜厚度），以及参数或假设（如表面粗糙度）等，反而会增加不确定性因素。为此，在这方面加大建模和计算上方面的投入并不合理［参见 Beichtbuchner（2008）的相关文献]。

经验性摩擦模型　为使发动机暖机过程模型普遍适用，必须在摩擦模型中对各个与摩擦相关的零部件分别建模，各部分摩擦的总和即为总摩擦。如果摩擦分配比例（如通过分解测量得到）未知，则可以通过交叉测量为建模提供重要信息。后者在发动机台架上进行时，冷却液和润滑油是分别控制的。例如，将润滑油温度保持恒定，使冷却液温度不断变化，在不同转速下进行测量。通过改变冷却液温度，可使发动机的摩擦产生变化。其主要原因在于活塞组，因为冷却液影响缸套的温度，从而对活塞组摩擦具有决定性的影响（Unterguggenberger 等，2012）。

图 10.21 为转速不变情况下进行的交叉变化测量结果。当冷却液温度从 90℃ 降到 40℃ 时，发动机的总摩擦，即主要由活塞引起的摩擦，提高了约 20%。鉴于降低活塞摩擦的热量管理措施很多，因此作为摩擦建模的最低要求，该摩擦副应该分开单独考虑。此外，系统中受温度影响最大的附件也应该单独建模。这样做的目的是使其余剩下的零部件仅受润滑油温度影响。模型本身可以将摩擦损失作为转速和温度的函数，以万有特性曲线的形式来构建，详细情况参见 Unterguggenberger（2012）的文献。实践表明，经验性模型，首先是物理-经验相结合的模型，可以很好地应用于发动机暖机过程的模拟，当需要考虑结构的几何参数（如轴瓦宽度）的影响时，物理-经验模型显得十分适用，而且这样做也可以将为一台发动机所建的模型套用到其他发动机上，具体情况参见 Beichtbuchner（2008）的文献。

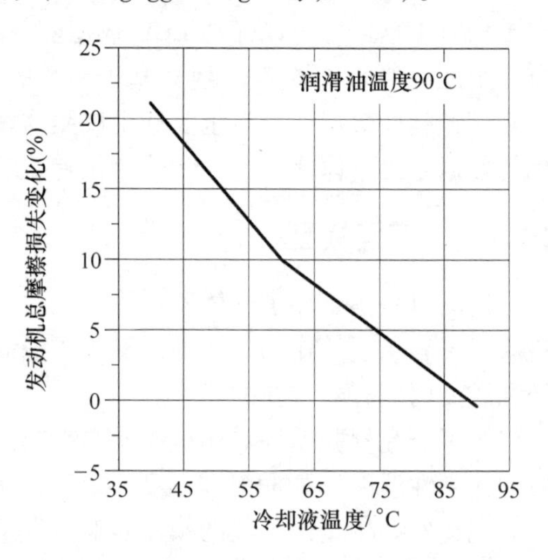

图 10.21　当润滑油温度恒定时，发动机总摩擦损失随冷却液温度的变化（Unterguggenberger 等，2012）

10.6.4　预测的准确性

通过前文介绍的各个子模型的耦合，最终可以得到关于整个系统的热力学特性的计算结果。接下来可以通过它与测量结果的对比较来评价模型的预测能力。

图 10.22 以某一试验发动机为例展示了对其热力学特性预测的准确性。图 10.22 中表示的是按为新欧洲行驶循环（NEFZ），以两种不同起动温度运行时数值模拟与测量结果的比较，它们分别是 20℃ 的冷起动和工作温度下的热起动工况。

图 10.22a－d 中选取了 4 种特别对摩擦进而对燃油耗有决定性影响的温度。除了冷却液和润滑油温度外，还有主轴承温度和有代表性的气缸套平均温度。

图 10.23 所示为对另外若干台试验发动机按 NEFZ 循环在 +20℃ 运行时热力学

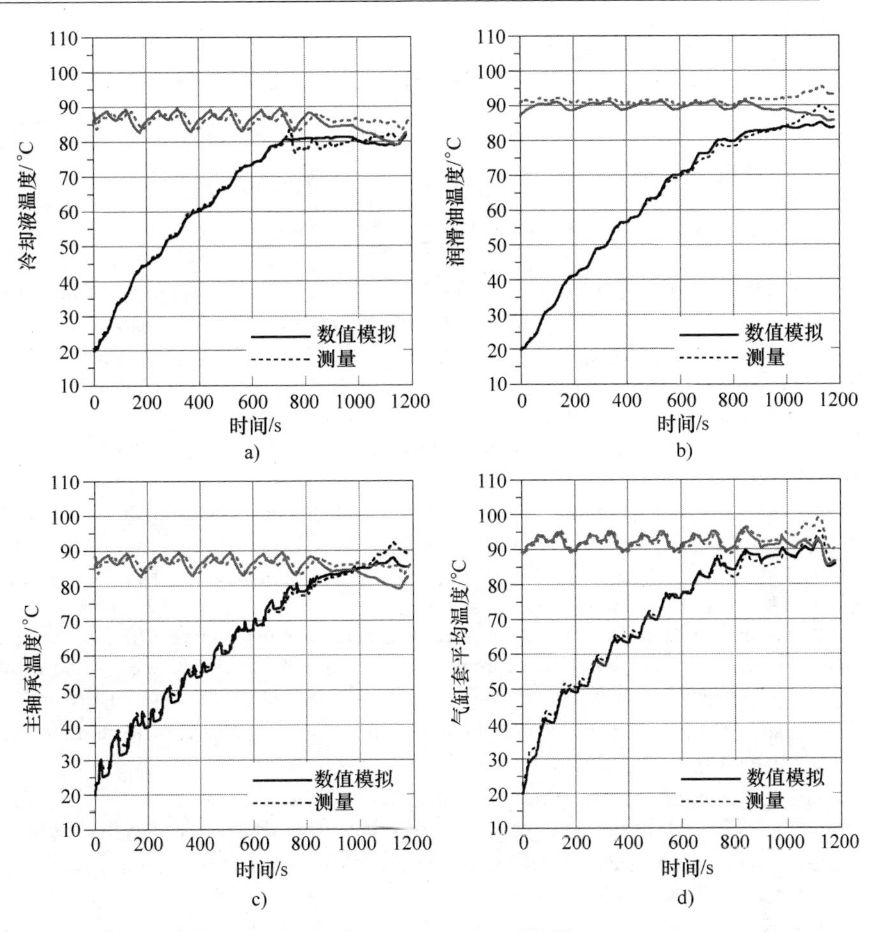

图 10.22 按新欧洲行驶循环（NEFZ）运行时的预测精度（Unterguggenberger 等，2012）

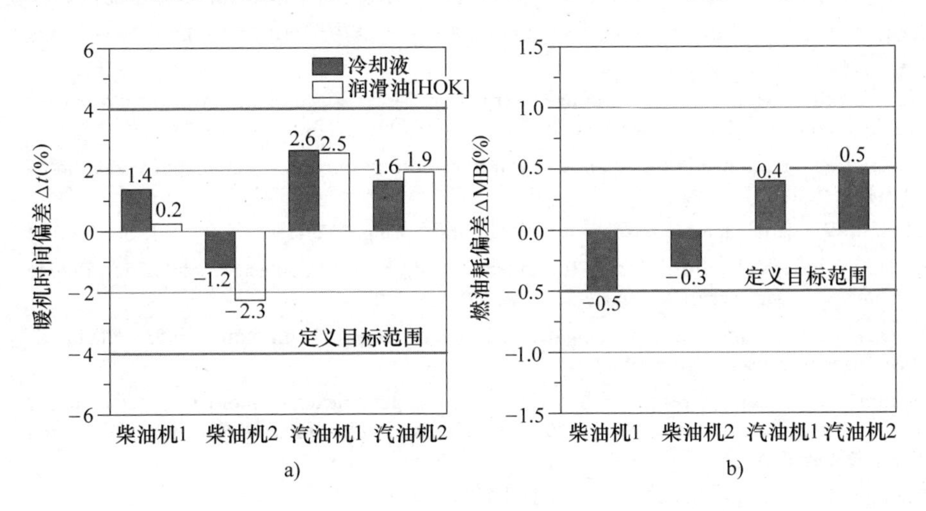

图 10.23 按 NEFZ 循环在 +20℃运行时的预测精度（Unterguggenberger 等，2012）

特性和燃油耗的预测精度。图 10. 23a 为数值模拟计算中冷却液和润滑油达到暖机温度的时间偏差。图 10. 23b 所示为燃油耗比较。众所周知，燃油耗是评价发动机热量管理措施的关键指标，由图 10. 23 可见，对试验发动机而言，数值模拟可以达到较高预测精确度，其最大偏差为 ±0. 5%。

参 考 文 献

Bargende, M.: Ein Gleichungsansatz zur Berechnung der instationären Wandwärmeverluste im Hochdruckteil von Ottomotoren (1991). Dissertation, Technische Hochschule Darmstadt

Bargende, M., Hohenberg, G., Woschni, G.: Ein Gleichungsansatz zur Berechnung der instationären Wandwärmeverluste im Hochdruckteil von Ottomotoren. In: 3. Tagung „Der Arbeitsprozeß des Verbrennungsmotors", Mitteilungen des Instituts für Verbrennungskraftmaschinen und Thermodynamik, Bd. Heft 62, Institut für Verbrennungskraftmaschinen und Thermodynamik an der TU Graz, Graz (1991)

Beichtbuchner, A.: Vorausberechnung von Reibung und Kraftstoffverbrauch im Motorwarmlauf (2008). Dissertation, TU Graz

Borgnakke, C., Arpaci, V.S., Tabaczynski, R.J.: A Model for the Instantaneous Heat Transfer and Turbulence in a Spark Ignition Engine. SAE Paper 800287 (1980)

Burcat, A., Ruscic, B. (2005): Third Millennium Ideal Gas and Condensed Phase Thermochemical Database for Combustion with Updates from Active Thermochemical Tables, Argonne National Laboratory is managed by The University of Chicago for the U. S. Department of Energy

Chmela, F., Orthaber, G.C.: Rate of Heat Release Prediction for Direct Injection Diesel Engines Based on Purely Mixing Controlled Combustion. SAE Paper 1999-01-0186 (1999)

Chmela, F., Pirker, G., Dimitrov, D., Wimmer, A.: Globalphysikalische Modellierung der motorischen Verbrennung. In: Festschrift zur Verabschiedung von Prof. Pucher. Springer-Verlag, Berlin (2008)

Colburn, A.P.: A Method of Correlating Forced Convection Heat Transfer Data and a Comparison with Fluid Friction. Trans AIChE **29**, 174 (1933)

Durst, B., Thams, J., Görg, K.A.: Frühzeitige Beurteilung des Einflusses komplexer Bauteile auf den Ladungswechsel mittels gekoppelter ID-3D-Strömungsberechnung. MTZ **61**, 218 (2000)

Feßler, H.: Berechnung des Motorprozesses mit Einpassung wichtiger Parameter (1988). Dissertation, TU Graz

Fimml, W.: Untersuchung der Auswirkungen der hydraulischen Eigenschaften von Einspritzdüsen auf die motorische Gemischbildung und Verbrennung (2010). Dissertation TU Graz

Grill, M.: Objektorientierte Prozessrechnung von Verbrennungsmotoren (2006). Universität Stuttgart, Disseration

Großmann, W.: Grundzüge der Ausgleichungsrechnung. Springer Verlag, Berlin, Heidelberg (1969)

Guzzella, C., Onder, C.H.: Introduction To Modeling And Control Of Internal Combustion Engine Systems. Springer Verlag, Berlin, Heidelberg (2004)

Hohenberg, G.: Experimentelle Erfassung der Wandwärme von Kolbenmotoren (1983). Habilitationsschrift, Technische Universität Graz

Hohlbaum, B.: Beitrag zur rechnerischen Untersuchung der Stickoxid-Bildung schnelllaufender Hochleistungsdieselmotoren. Universität Karlsruhe, Karlsruhe (1992). Universität Fridericiana (TH), Disseration

Holman, J.P.: Heat transfer, 8. Aufl. McGraw-Hill, New York (1997)

Hottel, H.C., Sarofim, A.F.: Radiative Transfer. Mc-Graw-Hill Book Company Inc., New York (1967)

Huber, K.: Der Wärmeübergang schnellaufender, direkt einspritzender Dieselmotoren (1990). Dissertation, Technische Universität München

Jobst, J., Chmela, F., Wimmer, A.: Simulation von Zündverzug, Brennrate und NO_x-Bildung für direktgezündete Gasmotoren. 1. Tagung Motorprozesssimulation und Aufladung. In: Haus der Technik Fachbuch, 54, expert verlag, Renningen (2005)

Kleinschmidt, W.: Zur Theorie und Berechnung der instationären Wärmeübertragung in Verbrennungsmotoren, in 4. Tagung „Der Arbeitsprozeß des Verbrennungsmotors". Mitteilungen des Instituts für Verbrennungskraftmaschinen und Thermodynamik, Graz **66** (1993)

Kleinschmidt, W., Hebel, M. (1995): Instationäre Wärmeübertragung in Verbrennungsmotoren, Universität Gesamthochschule Siegen

Losonczi, B., Chmela, F., Pirker, A., Wimmer, A. (2011): Erkennung und Korrektur von Messfehlern zur Erhöhung der Genauigkeit von Motorprozessanalysen. 13. Tagung „Der Arbeitsprozess des Verbrennungsmotors", Graz

Magnussen, B.F., Hjertager, B.H.: On Mathematical Modeling of Turbulent Combustion with Special Emphasis on Soot Formation and Combustion. 16th International Symposium on Combustion (1976)

Morel, T., Keribar, R.: A Model for Predicting Spatially and Time Resolved Convective Heat Transfer in Bowl-in-Piston Combustion Chambers. SAE 850204 (1985)

Morel, T., Keribar, R.: Heat Radiation in D.I. Diesel Engines. SAE 860445 (1986)

Pattas, K., Häfner, G.: Stickoxidbildung bei der ottomotorischen Verbrennung. Motortechnische Zeitschrift **34**(Nr. 12), 397 (1973)

Pflaum, W., Mollenhauer, K.: Wärmeübergang in der Verbrennungskraftmaschine, Die Verbrennungskraftmaschine, 2. Aufl. Bd. 3. Springer-Verlag, Wien New York (1981)

Pischinger, R., Sams, Th., Klell, M.: Thermodynamik der Verbrennungskraftmaschine, 3. Aufl. Springer Verlag, Wien – New York (2009)

Pivec, R.: Phänomenologische Modellierung des gasseitigen Wärmeüberganges in Verbrennungskraftmaschinen (2001). Dissertation, Technische Universität Graz

Pivec, R., Sams, Th., Wimmer, A.: Wärmeübergang im Ein- und Auslaßsystem. MTZ **59**, 658 (1998)

Pötsch, C.: Turbolader-Simulation für echtzeitfähige Ladungswechselrechnung (2012). Diplomarbeit, TU Graz

Regner, G.: Blasendynamisches Kavitationsmodell für die eindimensionale Strömungssimulation (1998). Dissertation TU Graz

Rein, M.: Numerische Untersuchung der Dynamik heterogener Stoßkavitation Max-Planck-Institut für Strömungsforschung. E.-A- Müller, Göttingen (1987)

Salbrechter, S., Wimmer, A., Pirker, G., Nöst, M.: Simulation des gasseitigen Wärmeeintrags zur Vorausberechnung des thermischen Verhaltens und des Verbrauchs im Motorwarmlauf. In: Motorprozesssimulation und Aufladung III. Expert Verlag, Berlin (2011)

Samhaber, C.: Simulation des thermischen Verhaltens von Verbrennungsmotoren (2002). Dissertation, TU Graz

Samhaber, Chr., Wimmer, A., Loibner, E., Bartsch, P. (2000): Simulation des Motoraufwärmverhaltens, Internationales Wiener Motorensymposium

Schubert, C., Wimmer, A., Chmela, F.: Advanced Heat Transfer Model for CI Engines. SAE-Paper 2005-01-0695 (2005)

Six, C.: Bewertung eines Ladungs-Kühlkonzepts für einen PKW-Dieselmotor mit Niederdruck-Abgasrückführung mittels transienter 1D-Ladungswechselsimulation (2011). Diplomarbeit, TU Graz

Soteriou, C., Andrews, R., Smith, M.: Direct Injection Diesel Sprays and the Effect of Cavitation and Hydraulic Flip on Atomization. SAE Paper 950080 (1995)

Streit, S.: Anwendung der Ausgleichsrechnung bei wärmetechnischen Versuchen (1975). Dissertation, Technische Hochschule Wien

Unterguggenberger, P.: Bewertung von Wärmemanagementmaßnahmen zur Reduktion des Kraftstoffverbrauchs im Motorwarmlauf (2012). Dissertation, TU Graz

Unterguggenberger, P., Salbrechter, S., Jauk, T., Wimmer, A.: Herausforderungen bei der Entwicklung von Motorwarmlaufmodellen. In: Wärmemanagement des Kraftfahrzeugs VIII. Expert Verlag, Berlin (2012)

VDI-Wärmeatlas: Berechnungsblätter für den Wärmeübergang, 2. Aufl. VDI-Verlag GmbH, Düsseldorf (1974)

Vibe, I.I.: Brennverlauf und Kreisprozess von Verbrennungsmotoren. VEB-Verlag Technik, Berlin (1970)

Wimmer, A.: Analyse und Simulation des Arbeitsprozesses von Verbrennungsmotoren – Modellbildung und meßtechnische Verifizierung (2000). Habilitationsschrift, Technische Universität Graz

Wimmer, A., Beran, R., Figer, G., Glaser, J., Prenninger, P.: Möglickeiten der genauen Messung von Ladungswechseldruckverläufen, 4. Internationales Symposium für Verbrennungsdiagnostik. AVL Deutschland, Baden-Baden (2000)

Wimmer, A., Winter, H., Schneßl, E., Pirker, G., Dimitrov, D. (2011): „Brennverfahrensentwicklung für die nächste Gasmotorengeneration von GE Jenbacher". In 7. Dessauer Gasmotoren-Konferenz, 24.–25. März, Dessau-Roßlau

Witt, A.: Weiterentwicklung der Druckverlaufsanalyse für moderne Ottomotoren, in 7. Tagung „Der Arbeitsprozeß des Verbrennungsmotors". Mitteilungen des Instituts für Verbrennungskraftmaschinen und Thermodynamik Graz, **77**, 53 (1999)

Woschni, G.: Beitrag zum Problem des Wärmeüberganges im Verbrennungsmotor. MTZ **26**, 128 (1965)

Woschni, G.: Die Berechnung der Wandverluste und der thermischen Belastung der Bauteile von Dieselmotoren. MTZ **31**, 491 (1970)

Woschni, G.: Einfluß von Rußablagerungen auf den Wärmeübergang zwischen Arbeitsgas und Wand im Dieselmotor, in 3. Tagung „Der Arbeitsprozeß des Verbrennungsmotors". Mitteilungen des Instituts für Verbrennungskraftmaschinen und Thermodynamik Graz, **62** (1991)

Woschni, G., Fieger, J.: Experimentelle Bestimmung des örtlich gemittelten Wärmeübergangskoeffizienten im Ottomotor. MTZ **42**, 229 (1981)

Zapf, H.: Beitrag zur Untersuchung des Wärmeüberganges während des Ladungswechsels im Viertakt-Dieselmotor. MTZ **30**, 461 (1969)

第 11 章　内燃机燃烧的现象学模型

Gunnar Stiesch, Friedrich Dinkelacker, Peter Eckert, Sebastian Rakowski, Franz Chmela, Gerhard Pirker 和 Andreas Wimmer

现在已经有各种不同的模型可用于发动机燃烧过程的计算，这些模型在考虑细节的程度和所需要的计算时间上都有很大差别（见 Stiesch，2003）。其中，现象学模型一般是指将燃烧和有害物质形成，与更高层级的物理和化学现象（如油束扩散、混合气形成、着火与反应动力学等）关联起来预先进行计算的模型。因为需要将燃烧室空间按照不同温度和不同成分划分成若干区域，故这类模型也称为准维模型。现象学（或准维）模型与零维（或热力学）模型的区别在于，后者在每个时间点上都把燃烧室简化为理想的充分混合的空间，并且以经验公式作为燃烧率计算的基础。另一方面，现象学燃烧模型与计算流体力学（Computational Fluid Dynamics，缩写为 CFD，参见本书第四篇，第 14 章及以后各章）模型也不相同，因为现象学模型有意识地放弃了对湍流三维流场的详细求解（见图 11.1），因而可以大幅度减少计算时间。对于发动机每转一圈，现象学模型的计算时间为若干秒，而 CFD 模型的计算时间则为若干小时（见图 11.2）。

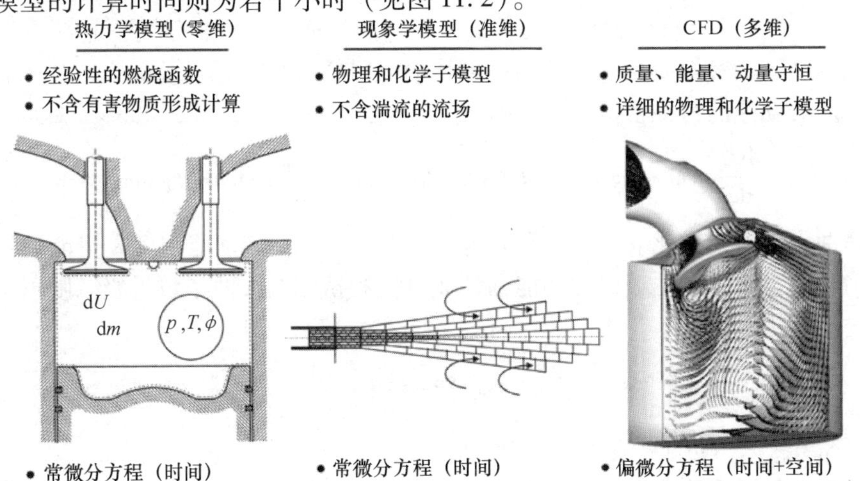

图 11.1　燃烧模型分类

以下将介绍一些重要的现象学燃烧模型。这些模型的首要目标是提前计算出与物理和化学特征参数有关的燃烧过程（放热规律）。此外，如果要求模型给出有害物质生成的信息，则需要将燃烧室分成温度和化学组成不同的区域。这是因为对有害物质生成起关键作用的化学反应的速率通常与温度成指数关系，所以仅仅知道缸内的算术平均温度是不够的（见本书第 6 章）。以下所描述的现象学模型中有一些将燃烧室以隐含的方式划分为温度和化学组成不同的区域，使其可以与相应的有害物质生成模型直接耦合，其中包括在以下 11.1.3 节中将会介绍的油滴蒸发燃烧（小区）模型。也有的现象学方法不包含区域划分，因此，后续还需要在计算放热率的同时计算有害物质排放，例如，可以采用第 10 章介绍过的缸内双区模型。

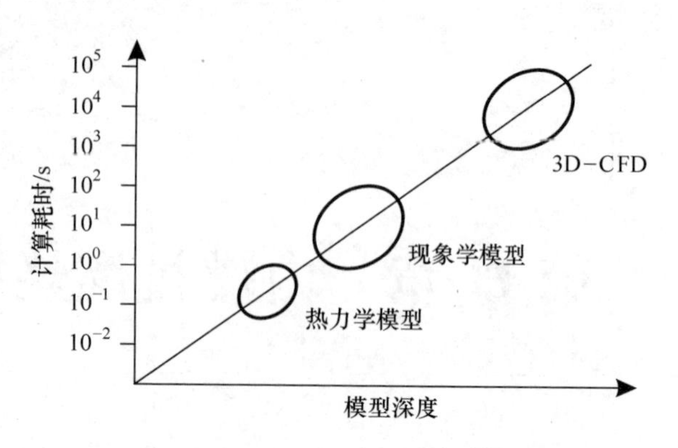

图 11.2　燃烧模型的深度和计算耗时

11.1　柴油机燃烧

11.1.1　零维燃烧过程函数模型

Chmela 等（1998, 2006）介绍了一个相对简单且计算时间较短的柴油机放热模型，这个模型介于零维和现象学模型之间，因为此模型没有对燃烧室内不同成分及不同温度的区域进行准维划分，也没有预先给定燃烧过程进行的经验公式（如 Vibe 函数），而只是将少数几个具有重要影响的特征参数进行耦合。这些参数是各个时刻下喷入的燃料质量、它们与已燃烧的燃料质量之差，以及代表空气和燃料混合速度的湍动能的特征密度

$$\frac{\mathrm{d}Q_{\mathrm{B}}}{\mathrm{d}\varphi}=C\cdot f_1(m_{\mathrm{B}})\cdot f_2(k)=C\cdot\left(m_{\mathrm{B}}-\frac{Q_{\mathrm{B}}}{H_{\mathrm{u}}}\right)\cdot\exp\left(\frac{\sqrt{k}}{\sqrt[3]{V_{\mathrm{cyl}}}}\right)\tag{11.1}$$

喷油率随时间变化 $\mathrm{d}m_{\mathrm{B}}/\mathrm{d}\varphi$ 作为边界条件给出，湍流动能密度 k 只能通过喷油规律射导出，因为燃油喷射的动能估计比进气和挤流的大两个数量级。喷射动能的产生的速率为

$$\frac{\mathrm{d}E_{\mathrm{kin,prod}}}{\mathrm{d}t}=\frac{1}{2}\dot{m}_{\mathrm{B}}(v_{\mathrm{inj}})^2=\frac{1}{2}\left[\frac{1}{\rho_{\mathrm{B}}c_{\mathrm{D}}A_{\mathrm{noz}}}\right]^2(\dot{m}_{\mathrm{B}})^3\tag{11.2}$$

式中　$c_{\mathrm{D}}A_{\mathrm{noz}}$——喷油嘴喷孔的有效截面积。

动能的耗散率简化后与动能自身的绝对值成比例，因此可以得出动能变化的微

分方程

$$\frac{\mathrm{d}E_{\mathrm{kin}}}{\mathrm{d}t} = \frac{\mathrm{d}E_{\mathrm{kin,prod}}}{\mathrm{d}t} - C_{\mathrm{diss}}E_{\mathrm{kin}} \tag{11.3}$$

在进一步考虑中，假定燃料和空气的混合并不能利用燃烧室中全部的动能，而只能利用其中的一部分，这部分可以用于混合气形成的动能为

$$E_{\mathrm{kin,mix}} = E_{\mathrm{kin}}\frac{m_{\mathrm{B}} - Q_{\mathrm{B}}/H_{\mathrm{u}}}{m_{\mathrm{B}}} \tag{11.4}$$

比湍流动能，即湍流动能密度 k 近似等于混合气形成所需的动能与扩散火焰中的燃料和空气的质量总和的比值，这时，假定火焰中的空燃比为化学计量比，因此有

$$k = C_{\mathrm{turb}}\frac{E_{\mathrm{kin,mix}}}{m_{\mathrm{B}}(1 + L_{\mathrm{min}})} \tag{11.5}$$

图 11.3 描述了典型的供给燃料质量和湍流动能，以及燃烧放热率随时间（曲轴转角）的变化规律。

这种模型的优点在于计算时间很短，比较容易掌握，而且能够较准确地反映燃油喷射系统（如喷油压力、喷油嘴喷孔截面积和数量）对燃烧过程的影响。缺点是难以描述着火延迟期，以及柴油机燃烧过程中典型的预混合部分。因为这两种现象都深受燃油蒸发速度的影响，如果要考虑这些影响因素，会使该模型的计算工作量显著增加。

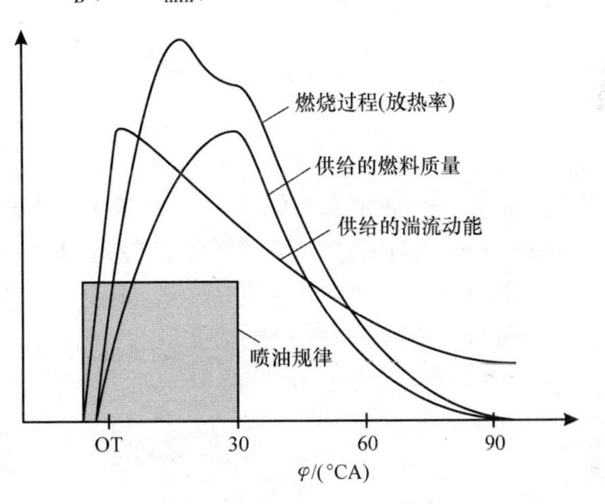

图 11.3　供给的燃料质量和湍流动能以及燃烧率随时间的变化规律（Chmela，1988）

11.1.2　稳态气体油束

有很多基于 Abramovich（1963）自由油束理论的建模方法，例如 deuNeef（1987）和 Hohlbaum（1992）提出的，用来计算直喷式柴油机的放热规律的模型。基于燃料蒸发速度，比混合气形成要快这一假设，可将燃油喷注视为在一个理想刚性旋转涡流场中的准稳态气体射流（见图 11.4）。燃烧速率则是燃油蒸气与空气混合气形成速率的直接函数。

可以通过对简化至喷注中间轴线的质量和动量平衡分析来确定射流，即喷注或油束前锋的扩散速度，以及由于缸内旋转涡流导致的方向改变。图 11.4 描述了在

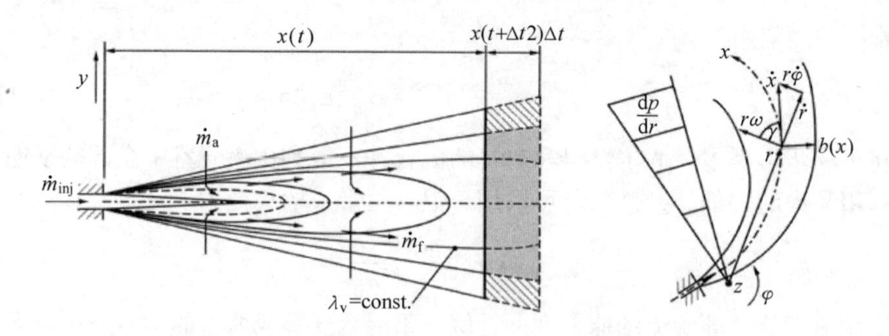

图 11.4　在刚性旋转涡流中的准稳态气相喷注模型

圆柱坐标系径向、切向及法向的动量平衡

$$\frac{\mathrm{d}}{\mathrm{d}t}(\mathrm{d}m_{\mathrm{jet}}\dot{r}) = \mathrm{d}F_{\mathrm{r}}, \tag{11.6}$$

$$\frac{1}{r}\frac{\mathrm{d}}{\mathrm{d}t}(\mathrm{d}m_{\mathrm{jet}}r^2\dot{\varphi}) = \frac{\mathrm{d}}{\mathrm{d}t}(\mathrm{d}m_{\mathrm{a}})r\omega + \mathrm{d}F_{\mathrm{t}} \tag{11.7}$$

$$\frac{\mathrm{d}}{\mathrm{d}t}(\mathrm{d}m_{\mathrm{jet}}\dot{z}) = 0 \tag{11.8}$$

式中　$\mathrm{d}m_{\mathrm{jet}}$——油束薄层的质量，其厚度为 $\mathrm{d}x$；

$\mathrm{d}F_{\mathrm{r}}$ 和 $\mathrm{d}F_{\mathrm{t}}$——作用在油束薄层上的径向和切向力；

下标 a——围绕在油束周围未参与燃烧的空气。

径向力是由径向压力梯度所引起，而径向压力梯度是由于气流旋转运动产生的：

$$\mathrm{d}F_{\mathrm{r}} = -\mathrm{d}V\frac{\mathrm{d}p}{\mathrm{d}r} = -\frac{\mathrm{d}m_{\mathrm{jet}}}{\bar{\rho}}\rho_{\mathrm{a}}r\omega^2 \tag{11.9}$$

而切向力近似等于：

$$\mathrm{d}F_{\mathrm{t}} = 0.1\frac{1}{\bar{c}}\frac{v_{\mathrm{inj}}}{br}(\omega - \dot{\varphi})\mathrm{d}m_{\mathrm{f}} \tag{11.10}$$

式中　$b = b(\boldsymbol{x})$，为与位置相关的圆形油束薄层的半径；$\bar{c}$——油束横截面的质量平均值。

借助于上述的关系，可以得到射流，即喷注或油束前锋在三维圆柱坐标系中的运动方程：

$$\ddot{r} + \bar{c}\frac{\mathrm{d}}{\mathrm{d}t}\left(\frac{1}{\bar{c}}\right)\dot{r} = r[\dot{\varphi}^2 - (1-\bar{c})\omega^2] \tag{11.11}$$

$$\ddot{\varphi} + 2\frac{\dot{r}}{r}\dot{\varphi} = \left[\bar{c}\frac{\mathrm{d}}{\mathrm{d}t}\left(\frac{1}{\bar{c}}\right) + 0.1\frac{v_{\mathrm{inj}}}{b}\right](\omega - \dot{\varphi}) \tag{11.12}$$

$$\ddot{z} = \bar{c}\frac{\mathrm{d}}{\mathrm{d}t}\left(\frac{1}{\bar{c}}\right)\dot{z} = 0 \tag{11.13}$$

喷注或油束的速度 $\dot{x}$ 和贯穿度 S:

$$\dot{x} = \sqrt{\dot{r}^2 + (r\dot{\varphi})^2 + \dot{z}^2}, S = x = \int_0^t \dot{x}\mathrm{d}t \tag{11.14}$$

油束锥度和沿轴向横截面半径的变化对空气与燃油的混合率有明显的影响。对于无涡流或气流旋转很小的燃烧过程，建议将油束锥角的标准值取为

$$(\mathrm{d}b/\mathrm{d}x)_{\omega=0} = 0.16 \tag{11.15}$$

当然，为了能够研究实际的油束锥角，在某些情况下可能需要对此值进行必要的调整，因为油束锥角受喷射压力、喷油嘴几何尺寸或空气和燃料的物性影响。对于涡流较强的燃烧过程，deNeef（1987）给出了下列油束锥角的修正公式

$$\frac{\mathrm{d}b}{\mathrm{d}x} = \frac{1 - C \cdot (r\omega/v_{\mathrm{inj}})}{1 + C \cdot (r\omega/v_{\mathrm{inj}})} \cdot \left(\frac{\mathrm{d}b}{\mathrm{d}x}\right)_{\omega=0} \tag{11.16}$$

$$C = \frac{r\dot{\varphi}}{\dot{x}} - \frac{1}{2}\sqrt{2}\frac{\dot{r}}{\dot{x}} \tag{11.17}$$

和

$$v_{\mathrm{inj}} = c_{\mathrm{D}}\sqrt{\frac{2\Delta p_{\mathrm{inj}}}{\rho_{\mathrm{f}}}} \tag{11.18}$$

为了能够确定油束内部的混合气分布，首先要通过质量守恒定律来计算沿油束 x 坐标轴的横截面上的平均燃料质量分数 $\bar{c}$。假设在一个油束薄层中，厚度 $\mathrm{d}x$ 所包含的燃料质量恒定（$\mathrm{d}m_{\mathrm{strahl}} \cdot \bar{c} =$ 常数），且在该薄层内的平均油束密度 $\bar{\rho}$ 远小于液态燃料密度 ρ_{f} 的话，则可以得出平均燃料浓度相对于油束锥角（$\mathrm{d}b/\mathrm{d}x$）随时间的变化:

$$\frac{\mathrm{d}}{\mathrm{d}t}\left(\frac{1}{\bar{c}}\right) = \frac{4}{d_{\mathrm{noz}}^2 v_{\mathrm{inj}}}\frac{\rho_{\mathrm{a}}}{\rho_{\mathrm{f}}}\left[2\left(\frac{\mathrm{d}b}{\mathrm{d}x}\right)b\,\dot{x}^2 + b^2\ddot{x}\right] \tag{11.19}$$

根据已知的油束横截面平均燃料浓度 $\bar{c}(x)$ 可进一步计算局部的燃料浓度 $c(x, y)$，由此得出一个与油束径向位置有关的浓度经验公式

$$c = c_{\mathrm{m}}\left[1 - \left(\frac{y}{b}\right)^{3/2}\right] \tag{11.20}$$

式中　c_{m}——油束中间轴线上的燃料浓度。

在 deNeef（1987）的模型中，假设燃烧率受到单位时间内喷入的燃料质量的限制，后者按与空气混合的化学计量比来计量，其确定方法下面将会介绍。因为油束中各个位置的燃料浓度是已知的，可以得到图 11.4 中所示的油束中过量空气系数 λ 分布的等值面。因此，与油束轴向位置相关某确定 λ 的无量纲半径 y/b 为

$$\frac{y}{b}(\lambda_{\mathrm{v}}, x) = \left[1 - \frac{c(\lambda_{\mathrm{v}})}{c_{\mathrm{m}}(x)}\right]^{2/3} \tag{11.21}$$

因为假设喷射油束为稳态的，所以油束内 λ 的分布没有变化。时间每增加一个步长 Δt，油束就会增加一个厚度为 Δx 的薄层（见图 11.4）。根据质量守恒定律，其中所含的燃料质量等于这段时间内的喷射质量（$\dot{m}_{\mathrm{inj}} \cdot \Delta t$），因此，在这个时间间

隔内越出 $\lambda_v = \text{const}$ 边界的燃料质量（图 11.4 阴影区域），应等于喷入的燃料与 λ_v 边界内的燃料质量的差值（图 11.4 灰色区域），即形成浓混合气，因此有：

$$\Delta m_{f,\lambda_v} = \dot{m}_{inj}\Delta t - \pi y^2(\lambda_v)\rho_a c_m\left[1 - \frac{4}{7}\left(\frac{y(\lambda_v)}{b}\right)^{3/2}\right]\dot{x}\Delta t \tag{11.22}$$

为了确定整个油束中以化学当量比与空气混合的燃料质量，需要对式（11.22）在浓混合气着火边界 λ_R 和 $\lambda = 1$ 之间求积分。因为燃料中仅有从 $\overline{\lambda} = \lambda_v$ 变到 $\lambda = \lambda_v + d\lambda_v$ 的新的一部分 $d\lambda_v$ 与空气混合（其部分混合过程已在上一个时间间隔内完成），故可以得到以下关系式

$$\Delta m_{f,stoic} = \lambda_{v,R}\dot{m}_{f,\lambda_{v,R}}\Delta t + \int_{\lambda_{v,R}}^{\lambda_v = 1} \dot{m}_{f,\lambda_v} d\lambda_v \Delta t \tag{11.23}$$

对喷油结束后进行简化时，假设油束已远离喷油嘴区域，而在沿射流方向的下游区域仍然保持稳态且没有变化。可以考虑将这种现象通过另外一个虚拟的油束来计算，它于主喷射结束以后开始喷射并向前传播，以抵消部分原始的油束。

用准动力学方程来描述燃烧率，该式表示燃料质量按照化学计量比燃烧的部分

$$X = \frac{m_{f,b}}{m_{f,stoic}} \tag{11.24}$$

根据 Arrhenius 函数得知

$$dX = A\rho_{jet}T_{jet}^{\beta}\frac{af_{stoic}(1-X)^2}{af_{stoic}-1}\exp\left[-\frac{E_A}{R_m T_{jet}}\right]dt \tag{11.25}$$

式中 T_{jet} 和 ρ_{jet}——整个喷射油束的平均温度和密度。

Arrhenius 常数 A，β 和 E_A 必须针对具体的发动机用经验值调整，以便通过试验来确定燃烧放热率。

因为用稳态气相喷注模型不能清晰地模拟燃油雾化和液滴蒸发，因此也几乎不可能详细描述着火延迟期。一个代替的办法是假设在某个时刻，当油束轴线上某一点的空燃比 λ_m 首先超过着火下限 λ_R 时，即出现燃烧，这时将有部分在油束区域外围的燃料与空气已按照化学计量比混合，这部分混合气放热过程进行得非常快，因而出现了柴油机燃烧放热规律典型的预混合－峰值（柴油机工作粗暴）现象（见图 11.5）。

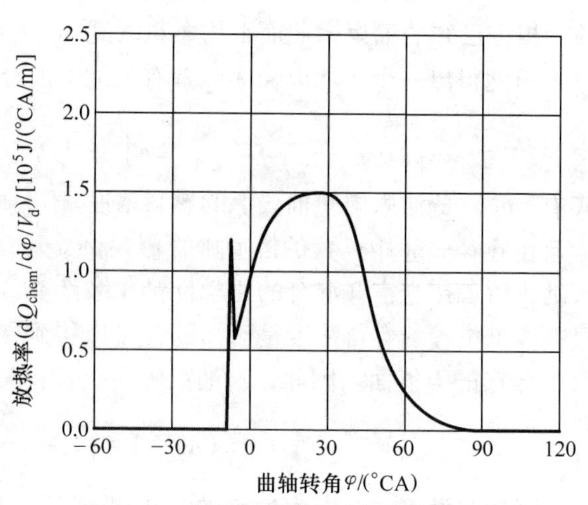

图 11.5 大功率高速柴油机在额定负荷下计算所得放热规律（Hohlbaum，1992）

值得注意的是，在此燃烧模型中通过经验确定的喷射油束锥角是一个具有决定性意义的参数，因为这个参数会对燃料和空气的混合速度以及燃烧率产生显著影响。此外，当油束接触到发动机气缸壁时，不受干扰的稳态气体射流的假定就不再成立。由于这个原因，上述气相喷注模型主要适用于描述有明显气体涡流的大型发动机的燃烧过程。

11.1.3　油滴蒸发燃烧（小区）模型

用以描述柴油机燃烧的常用模型是所谓 Hiroyasu（广安博之）等（1983）提出的油滴蒸发燃烧（小区）模型，如图 11.6 所示。这时将油束锥体按照油量相等的原则沿径向和轴向划分为若干同心锥体，形成许多独立的单元体，这就是所有小区的外缘构成油束的外表轮廓。通常，对每个气缸只计算一支油束，并假设所有其他油束具有同样的特性。

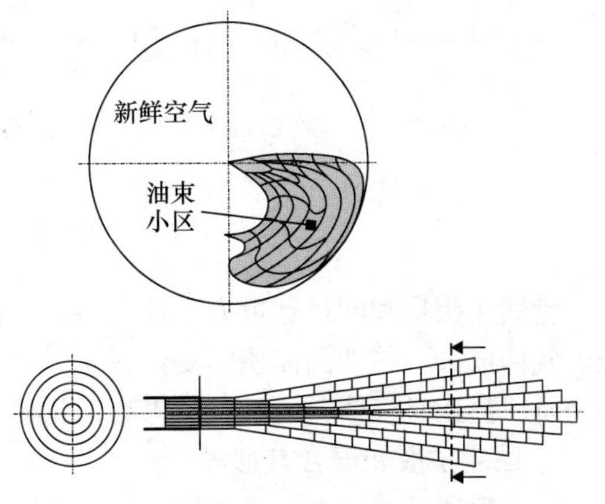

图 11.6　油滴蒸发燃烧模型（Hiroyasu 等，1983）

喷射油束的每个小区均视为独立的热力学控制容积，对其可建立质量和能量守恒方程，而在每个小区边界内部则求解各项最重要的子过程：如液滴蒸发、油气混合、燃烧和有害物形成等。由此可以得到每个小区各自的成分和温度的变化的历程。将各个小区的燃烧率累加，最终可得到单个油束乃至整个气缸内的放热规律。

后面将进一步详细介绍的 Stiesch（1999）提出的现象学燃烧模型是基于 Hiroyasu 方法的进一步发展。它在压缩行程时只存在一个延伸至整个燃烧室的单一区域，作为理想的混合区，在此区域内含有吸入的新鲜空气，而且当有废气再循环时还有燃烧产物。在喷油时间内，还连续地生成所谓的油束小区，它们不仅在轴向，而且也在径向分布，并仿造了喷射油束的整体形式。不论喷孔数量多少，仅研究单个油束，而不考虑相邻的油束之间的干扰作用。在喷油期间，对应每个时间间隔，小区内部会生成一个新的轴向“薄层”，由于每个小区均呈径向分布，遂构成了一个个环状结构。在刚生成轴向薄层时的小区内仅包含液态燃料，当过了一定的特征时间之后，燃料将雾化成细小的液滴，而且与周围进入的新鲜空气和燃气相混合，并在受到高温气体加热后开始蒸发。经过一段着火延迟期之后，燃料和空气混合气开始燃烧，小区边的温度持续升高并产生有害物质（NO 和炭烟）。

不仅液滴的雾化和蒸发，而且着火和燃烧均在小区界限内进行，因此需对每个小区分别进行计算。燃烧开始后，小区内不仅含有液态燃料和空气，而且还有气态燃料及燃烧产物（见图 11.7）。由于各个小区之间并不进行混合或能量交换，因此除了空气进入油束（也就是各小区）和壁面传热以外，所有的传输过程均在各小区边界内部进行。

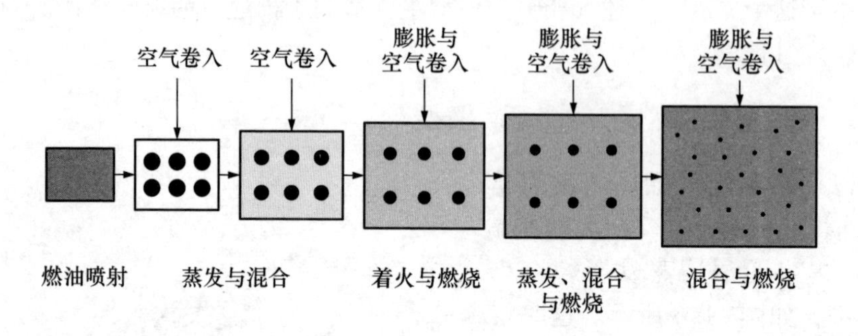

图 11.7　喷射油束单元（小区）内的变化过程

借助于质量和能量守恒方程以及状态方程，可以计算每个小区和新鲜空气区域内的气体成分、温度和体积的变化率。压力则仅随时间而变，而与位置无关，由于燃烧阶段高压时气体介质的声速很高，此项假设应当是合理的。

1. 油束扩散和混合气形成

一旦喷油开始，即可将油束小区视为连续的液体相，并以恒定速度进入燃烧室

$$v_{\mathrm{inj}} = 0.39\sqrt{\frac{2\Delta p_{\mathrm{inj}}}{\rho_{\mathrm{B,fl}}}} \tag{11.26}$$

直至开始雾化。每个小区的液态燃料质量 $m_{\mathrm{B,fl}}$ 与瞬间的燃油喷射率 $\dot{m}_{\mathrm{inj}}$、径向分布的小区数量 $k_{\max}$，以及时间步长 Δt 的关系为

$$\dot{m}_{\mathrm{B,fl}} = \frac{m_{\mathrm{inj}}\Delta t}{k_{\max}} \tag{11.27}$$

在经过一个特征时间间隔后，液相雾化成小的液滴，这个沿油束轴线的破碎时间为

$$t_{\mathrm{bu,c}} = 28.65\frac{\rho_{\mathrm{B,fl}} D_{\mathrm{D}}}{\sqrt{\rho_{\mathrm{L}}\Delta p_{\mathrm{inj}}}} \tag{11.28}$$

因为燃料和空气的相互影响，在油束边缘比其在沿轴向的中心部位要强烈的多，故假定破裂时间沿油束径向是按下列线性规律减少的话

$$t_{\mathrm{bu,k}} = t_{\mathrm{bu,c}}\left(1 - \frac{k-1}{k_{\max}}\right) \tag{11.29}$$

则油束外缘的小区会更早地破裂。由于气体进入油束小区，使其速度减小，因此沿油束轴向小区的速度为

$$v_{\mathrm{tip,c}} = 1.48\left(\frac{\Delta p_{\mathrm{inj}} D_{\mathrm{D}}^{2}}{\rho_{\mathrm{L}}}\right)^{1/4}\frac{1}{\sqrt{t}} \tag{11.30}$$

对于更外层小区的速度则近似认为随径向半径的增大呈指数规律降低

$$v_{tip,k} = v_{tip,c}\exp(-C_{rad}(k-1)^2) \tag{11.31}$$

若研究五个径向的油束小区（$k_{max}=5$），且假设外围小区的速度大约是中心轴向小区的55%，则可得出常数 $C_{rad}=0.374$。而且，喷射过程本身也对燃烧室内流动特性的改变有很大影响。喷射油束的动能大约比燃油喷射之初的湍流和滚流的动能大两个数量级，其结果就是，首先产生的油束小区因受到周围的气相的制约速度迅速下降，而后者，即喷油结束前产生的油束小区则几乎是在“静风区”运动。因此，油束破碎后小区的扩展速度按以下公式进行修正

$$v_{i,k} = C_1 v_{tip,k}\left[1+\left(\frac{i-1}{i_{max}-1}\right)^{C_2}\frac{\Delta t_{inj}}{C_3}\right] \tag{11.32}$$

式中　$i=1$——最先生成的油束小区；

$i=i_{max}$——最迟生成的油束小区。

常数 C_1 可略小于1，C_2 大约等于0.5，C_3 为第一个和最后一个小区之间的绝对速度差。

油束小区内的空气卷吸混合率根则按动量守恒原理来计算：

$$v_{i,k}(m_{B,P}+m_{L,P}) = \text{常数} \tag{11.33}$$

2. 液滴分布谱

破碎时间结束后，油束小区内的液态燃料裂解成许多小的液滴。其整体的特性可以用 Sauter（绍特）平均直径（Sauter Mean Diameter，缩写 SMD）来描述。它是指一种具有代表性的液滴的直径，该液滴的体积与表面积比等于油束中的所有液滴总体积与总表面积之比。因此可得

$$\text{SMD} = 6156\times10^{-6} v_{B,fl}^{0.385}\rho_{B,fl}^{0.737}\rho_L^{0.06}\Delta p_{inj}^{-0.54} \tag{11.34}$$

式（11.34）中 SMD 的单位为 m，燃油运动黏度 v 的单位为 m^2/s，密度 ρ 的单位为 kg/m，喷射压力差 Δp_{inj} 的单位为 kPa。假设所有液滴的大小相同，则在一个小区中的燃料液滴数量为

$$N_{Tr,p} = \frac{m_{B,P}}{\frac{\pi}{6}\text{SMD}^3\rho_{B,fl}} \tag{11.35}$$

为了详细描述液滴雾化以及随后的蒸发过程，可以采用液滴尺寸分布函数

$$g(r) = \frac{1}{6}\frac{r^3}{\bar{r}^4}\exp\left(\frac{-r}{\bar{r}}\right) \tag{11.36}$$

其中所出现概率最大的液滴半径为

$$\bar{r} = \frac{\text{SMD}}{6} \tag{11.37}$$

3. 液滴蒸发

描述液滴蒸发最常用的是混合模型，这时假定液滴内部总是等温的。用纯的正

十四烷 $C_{14}H_{30}$ 作为比较燃料，因为它与实际的柴油的物理特性相似。此外，Stiesch（1999）还提出了采用两种物质的混合物作为比较物燃料来做研究工作，例如体积分数 70% 的正癸烷 $C_{10}H_{22}$ 和体积分数 30% 的 α－甲基萘 $C_{11}H_{20}$。

从气体到液滴的对流换热可以用 Nußelt（努谢尔特）数 Nu 来描述

$$\frac{\mathrm{d}Q_{\mathrm{Tr}}}{\mathrm{d}t}=\pi\mathrm{SMD}\lambda_{\mathrm{s}}(T_{\mathrm{P}}-T_{\mathrm{Tr}})\frac{z}{e^{z}-1}Nu \tag{11.38}$$

式中　z——无量纲的修正系数，它反映了传热和传质在同时出现时，由于燃料蒸发而引起的传热量的减少

$$z=\frac{c_{\mathrm{P,B,g}}\frac{\mathrm{d}m_{\mathrm{Tr}}}{\mathrm{d}t}}{\pi\mathrm{SMD}\lambda_{\mathrm{s}}Nu} \tag{11.39}$$

液滴的蒸发率可由传质公式来计算

$$\frac{\mathrm{d}m_{\mathrm{Tr}}}{\mathrm{d}t}=-\pi\mathrm{SMD}\rho_{\mathrm{S}}C_{\mathrm{diff}}\ln\left(\frac{p_{\mathrm{cy1}}}{p_{\mathrm{cy1}}-p_{\mathrm{B,g}}}\right)Sh \tag{11.40}$$

Nußelt（努谢尔特）数 Nu 和 Sherwood（舍伍德）数 Sh 为

$$Nu=2+0.6Re^{1/2}Pr^{1/3} \tag{11.41}$$

$$Sh=2+0.6Re^{1/2}Sc^{1/3} \tag{11.42}$$

以上各式中 Reynold（雷诺）数 Re 可以通过液滴和气相之间的相对速度来计算，其值设为小区速度 $v_{\mathrm{i,k}}$ 的 30%。

最后燃料液滴的温度变化可以通过液滴的能量平衡来计算

$$\frac{\mathrm{d}T_{\mathrm{Tr}}}{\mathrm{d}t}=\frac{1}{m_{\mathrm{Tr}}c_{\mathrm{P,Tr}}}\left(\frac{\mathrm{d}Q_{\mathrm{Tr}}}{\mathrm{d}t}+\frac{\mathrm{d}m_{\mathrm{Tr}}}{\mathrm{d}t}\Delta h_{\mathrm{v}}\right) \tag{11.43}$$

式 11.43 中与直径和温度相关的液滴质量为

$$m_{\mathrm{Tr}}=\frac{\pi}{6}\rho_{\mathrm{Tr}}\mathrm{S_D}^{3} \tag{11.44}$$

4. 着火延迟期

着火延迟期常用简化的 Arrhenius 定律来描述

$$\tau_{\mathrm{zv}}=C_1\frac{\lambda_{\mathrm{P}}}{p_{\mathrm{cy1}}^{2}}\exp\left(\frac{C_2}{T_{\mathrm{P}}}\right) \tag{11.45}$$

式中　$C_1=18$，$C_2=6000$。

5. 放热

可以简单地认为，在达到着火延迟期之后，燃料与空气会按照化学当量比的总方程式完全反应并生成 CO_2 和 H_2O，详细的介绍可以参见 Stiesch（1999）的著作。

但实际上小区中最大的燃烧率，即放热率完全受到以下三方面的严格限制。一是在每个时间点，仅仅是已经蒸发的燃料可以进行反应

$$\dot{m}_{\mathrm{B,Ox,P}}\leqslant\frac{m_{\mathrm{B,g,P}}}{\Delta t} \tag{11.46}$$

二是也只有在小区中的空气可以参与反应

$$\dot{m}_{B,Ox,P} \leqslant \frac{m_{L,P}}{L_{min}\Delta t} \tag{11.47}$$

三是还要考虑预混合火焰的最大化学转化率，它是通过 Arrhenius 函数来描述的：

$$\dot{m}_{B,Ox,P} \leqslant 5\times10^{5}\rho_{min}x_{B,g,P}x_{O_2,P}^{5}\exp\left(-\frac{12\ 000}{T_P}\right)V_p \tag{11.48}$$

这一点在燃烧阶段后期显得格外重要，因为当缸内温度大幅度降低时化学反应将会变慢。

其他计算所需的热力学守恒方程在本书第 2 章，或更详细地在第 10 章均有介绍。燃烧室内各个单元的热力学状态参数的确定亦可参见 Stiesch（1999）的相关著作。

6. 模型的验证

图 11.8 和图 11.9 比较了在一台高速柴油机上分别对两个工况点的燃烧和压力变化过程进行测量的结果和计算结果的比较，该发动机的单缸排量为 3.96L，缸径为 165mm，转速为 1500r/min。

图 11.8 所示工况为模型验证的参考点，图 11.9 显示的则为预测的工况点。

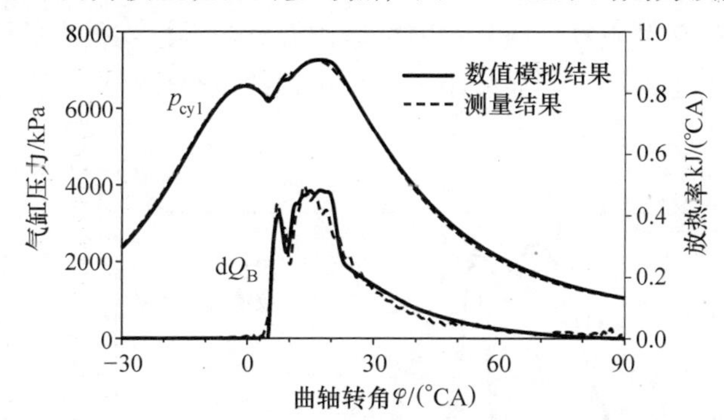

图 11.8　在一台高速柴油机上，压力和放热率测量值与数值模拟结果的对比，单缸排量 3.96L，转速 1500r/min，p_{me} = 9.8bar

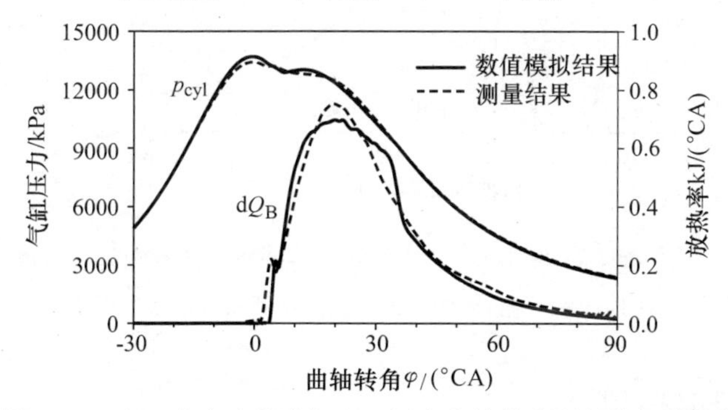

图 11.9　在一台高速柴油机上，压力和放热率测量值与数值模拟结果的对比，单缸排量 3.96L，转速 1500r/min，p_{me} = 22.2bar

7. 预喷的描述

为了能够描述有预喷射的柴油机的燃烧过程，Thoma 等（2002）拓展了上述油滴蒸发燃烧模型。因为油束扩展公式（式 11.30）仅能描述连续的燃油喷射，而对极少量的燃油预喷并不适用（参见 Stegemann 等，2002），因此 Thoma 等（2002）建议在描述预喷射时的小单元（区）时，将公式中时间由 $1/\sqrt{t}$ 改为 $1/t$。直到在主喷油阶段开始时，可将预喷的小区汇成一个单独的所谓的预喷区（见图 11.10）。

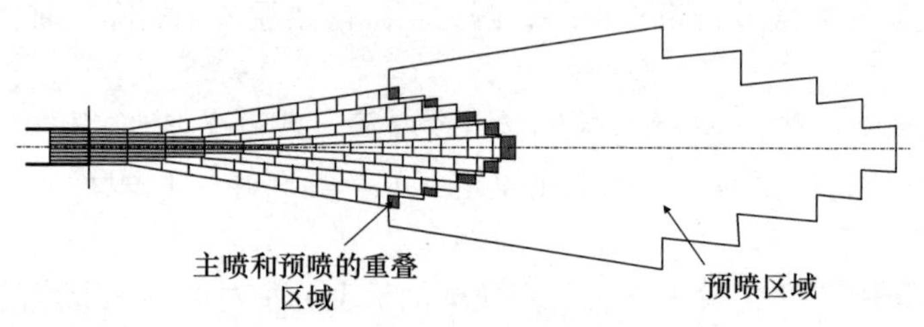

图 11.10　燃油预喷射和主喷射油束的混合（Thoma 等，2002）

由于预喷油束减速很快，主喷油束会很快进入预喷区域，因此，卷入主喷油束时已不再是纯粹的新鲜空气，而是预喷区域内温度与活性均很高的已燃气体，从而缩短了主喷的着火延迟期，明显减小了燃烧过程的放热规律中预混合部分产生的峰值。有关情况可以参见图 11.11。

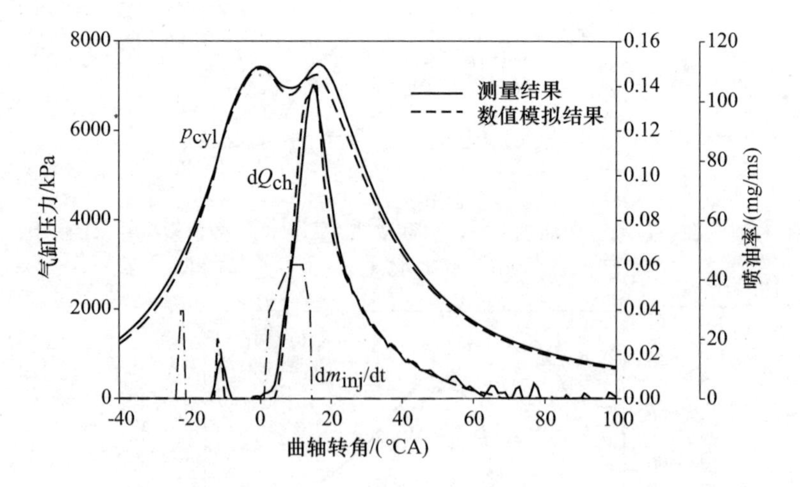

图 11.11　在一台带预喷射的载货车用柴油机上计算和试验所得的放热规律和气缸压力的变化过程（Thoma 等，2002）

11.1.4　时间尺度模型

Weisser 和 Boulouchos（1995）开发研究柴油机燃烧过程的现象学模型，它基于特征时间尺度，类似于 CFD 数值模拟中的涡团（Eddy）－破碎模型。这时对预混合燃烧和扩散燃烧要采用两个不同的时间尺度，因为假定预混合燃烧主要受燃料蒸发和反应动力学的影响，而随后的扩散燃烧则主要取决于燃料蒸气和空气湍流混合的速度。

燃料的雾化和蒸发与上述的油滴蒸发燃烧模型的建模很相似，然而此处油束仅沿轴向进行离散化，油束贯穿度则用 Dent（1971）提出的公式来计算

$$S = 3.07\left(\frac{\Delta p_{\text{inj}}}{\rho_{\text{g}}}\right)^{1/4}(D_{\text{noz}}t)^{1/2}\cdot\left(\frac{294}{T_{\text{g}}}\right)^{1/4} \tag{11.49}$$

现在假设定将首次着火前已经蒸发的那部分燃料作为预混合燃烧放热，其余燃料通过湍流混合控制的扩散燃烧放热，着火延迟期与基于 Arrhenius 公式油滴蒸发燃烧模型相似（见式 11.45）。

假定反应动力学控制的表征预混合燃烧的时间尺度与着火延迟期 τ_{zv} 成比例，则燃料的转化率为

$$\frac{\mathrm{d}m_{\text{prem}}}{\mathrm{d}t} = C_{\text{prem}}\frac{1}{\tau_{\text{zv}}}f_{\text{prep}}m_{\text{prem,av}} \tag{11.50}$$

式中　$m_{\text{prem,av}}$——加入预混合燃烧的全部燃料质量；

f_{prep}——考虑到这些燃料在某一时间点，实际上只有超出着火延迟期的那一部分才可以放热，由此产生的因数。

与公式 11.50 相似，扩散燃烧的转化率为

$$\frac{\mathrm{d}m_{\text{diff}}}{\mathrm{d}t} = C_{\text{diff}}\frac{1}{\tau_{\text{trb}}}f_{\text{A,turb}}m_{\text{diff,av}} \tag{11.51}$$

然而，在现象学方法内部湍流时间尺度 t_{trb} 很难像在 CFD 中那样，直接根据湍流流场的知识来确定，因而只能是借助于适当的简化方法进行估算。对此，湍流混合频率（湍流时间尺度的倒数）近似等于湍流黏度与其相应特征长度平方的比值

$$\frac{1}{\tau_{\text{trb}}} = \frac{u'l_{\text{I}}}{(X_{\text{char}})^2} \tag{11.52}$$

为了估算燃烧室的湍流黏度 $u'l_{\text{I}}$，可选择一种简单的方法：即认为湍流的源头有两个，第一个是进气的流动，其湍流强度 u' 与活塞平均速度成正比；特征长度 l_{I} 则与活塞余隙大小成比例。第二个是来自油束本身，两者均可借助各项守恒方程来求得，详见 Heywood 的文献（1988）。初始值通过喷射速度和喷油嘴喷孔直径求得。

湍流黏度的总和则相应为

$$u'l_{\text{I}} = (u'l_{\text{I}})_{\text{charge}} + (u'I_{\text{I}})_{\text{inj}} \tag{11.53}$$

燃料蒸气和空气间湍流扩散过程的特征长度尺度通过当时的气缸容积、宏观空燃比及喷油嘴的喷孔数来确定

$$X_{\text{char}} = \left(\frac{V_{\text{cyl}}}{\lambda N_{\text{noz}}}\right) \tag{11.54}$$

式（11.51）中的因子$f_{A,turb}$描述了火焰前锋由于湍流产生的皱褶导致有效表面积的增大

$$f_{\Lambda,turb}=\frac{u'l_I}{v} \tag{11.55}$$

式中　v——燃烧气体的运动黏度。

代入公式11.51后得

$$\frac{dm_{diff}}{dt}=C_{diff}\frac{u'l_I}{X_{char}^2}\frac{u'l_I}{v}m_{diff,av} \tag{11.56}$$

最后，为两种燃烧类型提供的燃料质量$m_{pre,av}$和$m_{diff,av}$系通过对其蒸发率和燃烧率的积分得到

$$m_{i,av}\int_{t_{i,0}}^{t}\left(\frac{dm_{i,evap}}{dt}-\frac{dm_i}{dt}\right)dt \tag{11.57}$$

式中　下标i——对应预混合燃烧pre和扩散燃烧diff两种类型。

1. 预喷的描述

Barba（2000）用一个独立的预喷燃烧模型拓展了上述方法。主燃烧过程仍然还是采用式（11.50）~式（11.57）来进行数值模拟，而预喷的燃烧则采用另外独立的子模型。这时假设预喷的燃料形成与空气和燃烧产物均匀混合的球形区域。起初，在该区域空气的卷入与燃料的蒸发速率成比例，预喷结束后则可通过一个与Reynolds（雷诺）数相关的简化的湍流模型来逼近。

预喷区域内的燃烧速度最终受到两个条件来的制约：首先是着火后形成的球形扩散湍流火焰前锋的传播速度（转换率上升）的限制；其次是受到可提供预喷区燃料质量（转换率下降）的限制。

主喷油束的燃烧则按照前述类似于Weisser和Boulouchos（1995）模型的方法进行计算。只是主燃烧的着火延迟期由于之前的预喷燃烧而缩短，其结果是减少了主燃烧过程中预混合气的量。

2. 喷油过程调整和废气再循环的描述

Rether等人（2010）在Barba（2000）和Pirker等（2006）工作的基础上，开发了一个现象学燃烧过程模型，用以灵活地对带高压喷射、多次预喷和后喷、喷射率调节和废气再循环的载货汽车发动机进行建模。这时将不同的预喷作为混合均匀的独立云团来看待。正如在Barba等人（2000）的文献中所分析的那样，喷射结束后混合气云团会变稀，且只能通过湍流预混合火焰放热。根据Damkoehler（达姆科勒）方法，湍流火焰速度中除了湍流外还包含层流火焰速度，后者与空燃比有关，且当混合气过稀时可能导致火焰熄灭。

主喷油束的预混合燃烧按Pirker等（2006）的介绍，可以用Arrhenius方法来模拟，但必须增加一项，用来表示由于采用废气再循环时较高的残余废气量导致层流火焰速度的降低。

主喷油束的扩展和和混合气形成如通常现象学模型中那样，一般采用贯穿度的经验公式（式 11.49），或是按动量守恒定律（式 11.33）来进行计算。这时，油束只沿轴向离散，而对于径向则采用燃料浓度和油束速度分布经验函数，由此可以得出径向分布的三个油束区：最里面是富油束核心，在此核心中由于氧气的缺乏和燃料准备的不足而没有出现燃烧；稍外面是接近化学当量比的混合气区域，该区会出现较快的“扩散燃烧Ⅰ”，它可以通过与湍流相关的时间尺度方法来计算；最外面是稀燃边缘区，其间因湍流较弱而导致较慢的“扩散燃烧Ⅱ”。因此，主喷油束最终的放热是由三部分，即预混合燃烧、扩散燃烧Ⅰ，扩散燃烧Ⅱ之和产生（如图 11.12 所示）。

Kozuch 等（2010）利用上述模型计算了重型载货汽车系列按 EPA07 或 EPA10 循环工作的情况，在经过一次对模型参数的标定后，在整个万有特性范围内，计算所得放热规律和通过示功图压力分析所得的结果吻合得很好。而且能对喷油规律、喷射持续期（负荷）、发动机转速、燃烧室的几何形状，以及喷油器的结构分布置等方面提出很好的建议。图 11.13 所示即为反映喷油率对放热规律测量和计算结果的影响的一个具体实例。

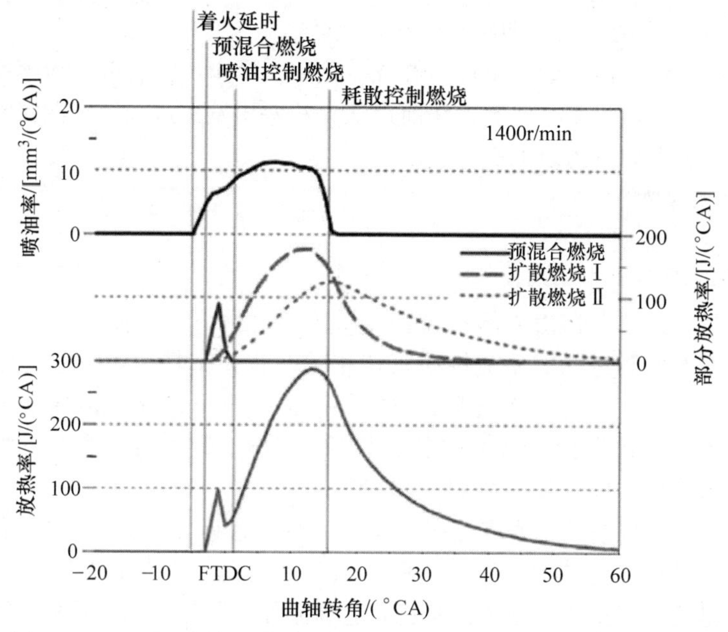

图 11.12　三种不同状态燃烧过程之间的相互联系（Kozuch 等，2010）

11.2　汽油机燃烧

对于均质燃烧的汽油机而言，现象学模型大多采取以下简化的假设：

- 燃料、空气和残余废气均匀混合。

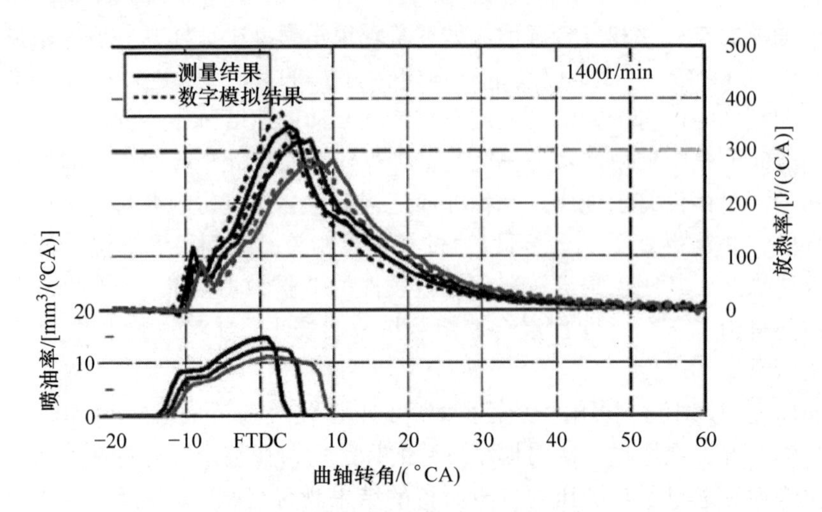

图 11.13　喷油率对测量和计算所得放热规律的影响

• 反应区域所占的体积与整个燃烧室容积相比非常小；火焰大多被视为无限小的薄层（小火焰模型）。

• 燃烧室分为两个区，即已燃区和未燃区。

对于建模工作，最主要的条件是燃烧转化率，即未燃混合气反应速率。从物理学观点来看，上述转化率与湍流火焰前锋从火花塞出发穿过混合气湍流的传播速度有关。该过程可以划分为以下三个阶段：

• 点火和起燃。

• 自由火焰传播。

• 接近壁面处火焰燃尽。

建模的焦点集中在自由火焰传播这一阶段，自由火焰传播与混合气性质（成分、温度、压力）和流场的湍流性质密切相关。有关文献中将它称为湍流火焰速度 S_t（见本章 11.2.1 节）。在遵循上述条件的前提下下，火焰传播速度将质量转化和热量释放直接联系在一起（见本章 11.2.2 节）。起燃阶段和接近缸壁处的火焰燃尽现象则单独模拟（见本章 11.2.3 节）。

汽油机现象学建模的主要难点在于缺少一些湍流流场的重要参数，例如湍流波动速度 u'，以及相关的湍流尺度。这些参数对燃烧速度和热量释放都有直接的影响。因此，建模的主要任务在于如何建立起湍流强度和尺度与发动机宏观参数之间的关系。在现代发动机设计方案中，例如对于可变进气流动（气道切换、涡流或滚流挡板、进气门部分开启等），由于采用各种方案时湍流性质差异很大，因此上述目的很难达到。同样，对于分层燃烧的直喷式汽油机，也很难用预混合火焰理论对其进行描述。总体来说，现象学模型对于汽油机重要性来说已经有所降低，而且近年来也缺乏对这一领域的进一步研究。尽管如此，现象学模型仍然还是具有一定的优势，它能很快地估算出放热规律、燃烧曲线的重心位置及其他类似参数，从而使得在很短时间内对大面积的特性曲线范围的计算成为可能（可参见 Grill，2006），而且它给出的一些基本概念对进一步详细空间解析的 CFD 模型也有重要参考价值。

11.2.1 层流火焰速度和湍流火焰速度

对于随时间变化的能量释放率和由燃烧引起的缸内压力上升而言，预混合火焰前锋的传播速度，即所谓火焰速度起着决定性的作用。这里，火焰速度又分为层流火焰速度 s_l 和湍流火焰速度 s_t 两种。层流火焰速度指的是一层很薄的预混合的火焰前锋在静止的混合气中的传播速度。该速度与火焰前锋中的详细的反应动力学，以及火焰内部的导热和扩散过程有关。层流火焰速度可以通过试验或者对火焰前锋反应和传输过程进行一维详细的计算得到（可用的计算软件有 Chemkin、Cosilab 或 Cantera 等）。如果需要采用经验性公式，常用的是 Metghalchi 和 Keck（1982）提出的碳氢化合物 - 空气混合气中的火焰传播速度的公式

$$s_l = s_{l,0}\left(\frac{T_u}{T_0}\right)^{\alpha}\left(\frac{p}{p_0}\right)^{\beta}(1 - c_R f_R) \tag{11.58}$$

由式（11.58）可知，火焰传播速度与温度和压力有关（参考条件为 $T_0 = 298\text{K}$，$p_0 = 100\text{kPa}$）。式（11.58）也考虑了残余气体的影响，f_R 即为按化学计量比燃烧时的残余气体含量，c_R 是一个常数，其推荐值在 $c_R = 2.1$（Metghalchi 和 Keck，1982）到 $c_R = 3$（Wallesten，2003）之间。指数 α 和 β 与燃料的种类有关。表 11.1 中列出了异辛烷的指数 α 和 β 的数值及其适用条件。

表 11.1 影响异辛烷层流火焰速度各项参数的相互关系（Metghalchi 和 Keck，1982）

α	β	条件		
		$\phi = 1/\lambda$	T	p
$2.18 - 0.8\ (1/\lambda - 1)$	$-0.16 + 0.22\ (1/\lambda - 1)$	0.8 ~ 1.2	298 ~ 700K	0.4 ~ 50bar

为了确定层流火焰速度 $s_{l,0}$，可以采用以下近似公式：

$$s_{l,0} = B_m + B_\lambda\left(\frac{1}{\lambda} - \frac{1}{\lambda_m}\right)^2 \tag{11.59}$$

式中 λ_m——$s_{l,0}$ 在 B_m - 时达到最大值的过量空气系数。

式中对应的一些燃料相关参数示于表 11.2 中。最新的研究工作给出了异辛烷在压力 10bar 以下更准确的关系式，同时还考虑到了残余气体含量更高的情况（Galmiche 等，2012）。

表 11.2 式（11.59）中的相关参数

燃料	λ_m	B_m/(m/s)	B_λ/(m/s)
甲醇	0.90	0.369	−1.405
丙烷	0.93	0.342	−1.387
异辛烷	0.88	0.263	−0.847
汽油	0.83	0.305	−0.549

在实际的发动机燃烧室中流场不是层流而是湍流。因此必须额外地考虑湍流对火焰前锋传播速度的影响。

由于湍流的影响使得在层流状态下平滑的火焰前锋表面“起皱”（火焰皱褶），因而使其表面积 A 增大。假设局部反应速率不变，则总的反应速率与火焰前锋表面积成正比地增大，这也就提高了燃烧速度。为了更好描述这一现象，引入湍流燃烧速度（或湍流火焰速度）s_t的概念。该速度既取决于层流火焰速度 s_l的概念，又受湍流速度波动程度的影响。Damköhler（1940）将其表达为最简单的形式

$$s_t = s_l + u' \tag{11.60}$$

湍流速度波动 u'在此处作为衡量湍流强度的一个尺度，通过对其测量所得随时间变化流动速度的均方根（Root - Mean - Square，缩写 rms）

$$u' = u'_{rms} = \sqrt{\overline{(u'(t))^2}} \tag{11.61}$$

为使湍流燃烧速度的计算更加准确，在下式中引用了经验数据

$$s_t = s_l \cdot \left(1 + C\frac{u'}{s_l}\right)^n \tag{11.62}$$

式中 Damköhler（达姆科勒）常数 C——主要与湍流尺度与火焰厚度有关；

n——取值在各种文献中为 0.5 ~ 1。

Koch（2002）在经过若干调整后得出的推荐值 $C = 2.05$，$n = 0.7$。

式（11.60）和式（11.62）都明确指出，湍流燃烧速度随着湍流强度的增加而提升，而在内燃机中湍流强度又与转速成正比。这也就是汽油机的燃烧持续期（与湍流燃烧速度成反比）在低转速下较长，而在高转速下较短的缘故。因此，尽管在高转速下混合气可用的时间很短但燃烧却很充分。这也是汽油机的工作转速能够显著高于柴油机的原因。

11.2.2 放热

为了进行汽油机的放热模拟，在现象学模型方面常用的是由 Blizard 和 Keck（1974）开发，并由 Tabaczinsky（1980）进一步发展的卷吸模型（Entrainment - Modell），下文将对其简单介绍。在卷吸模型中，设想将放热或火焰传播分解为两步，第一步描述了火焰根据湍流传播机理渗入未燃混合气中去，但不包含放热。渗入速度在 Tabaczinsky（塔巴金斯基）模型中为湍流波动速度 u'和层流燃烧速度 s_l相加，另外，湍流火焰速度也可以采用式（11.62）来计算。根据连续性条件可知单位时间下的充量质量为：

$$\frac{dm_e}{dt} = \rho_u A_t s_t \tag{11.63}$$

式中 A_t——火焰前锋的平均计算面积；

ρ_u——未燃物的密度。

第二步描述了通过燃烧的放热，其中与火焰接触的新鲜气体涡流区域以层流燃

烧的速度转化。这时，以 Taylor（泰勒）微观长度 l_T作为主导的涡旋尺度，它由积分尺度 l_I通过下式

$$l_T = \sqrt{\frac{15 l_I v}{u'}} \tag{11.64}$$

式中　v——运动黏度。

来定义，接着还可以定义特征燃烧时间为

$$\tau = \frac{l_T}{s_l} \tag{11.65}$$

由此得到在火焰区域的燃料质量转化速率

$$\frac{dm_b}{dt} = \frac{m_e - m_b}{\tau} \tag{11.66}$$

层流速度 s_l可以通过公式（11.58）来确定，但是积分尺度 l_I和湍流波动速度 u'因为不能通过流场求解而只能依靠模拟计算。为此在表 11.3 中择录了部分文献记载的 u'算法。表中 c_m为活塞平均速度，常数 c_T可选为 $c_T=0.6$。

表 11.3　部分文献记载的湍流波动速度计算方法

计算方法	年份
$u' = \frac{1}{2}c_m$	(1993)
$u' = 0.08 \cdot \bar{u}_1 \left(\frac{\rho_0}{\rho_1}\right)^{1/2}$ 其中 $\dot{u}_1 = \eta_V \frac{A_p}{A_{iw}} c_m$	(1982)
$u'_{ZZP} = c_T c_m$ 其中 $u' = u'_{ZZP}\left(\frac{\rho_M}{\rho_{M,ZZP}}\right)^{1/3}$	(1980)

湍流流场的积分尺度 l_I以及火焰结构描述了燃烧室内的大尺寸涡旋，但必须有测量值作为佐证。涡旋尺寸的范围为 $1mm < l_I < 10mm$。表 11.4 中列举了部分文献中记载的相关计算公式，其中 h_{BR}为燃烧室高度。

表 11.4　部分文献记载的积分尺度计算方法

计算方法	年份
$l_I = 0.2 \cdot h_{BR}$	(1993)
$l_{I,ZZP} = c_L h_{BR}$，其中 $c_L = 0.35$	(1980)
$l_I = l_{I,ZZP}\left(\frac{\rho_{M,ZZP}}{\rho_M}\right)^{1/3}$	

卷吸模型的前提是要有一个完全的火焰前锋。因此需要给燃烧一个起燃体积作为初始值，一般取全部充量质量的 1%。为了确定点火提前角，必须计算出点火提前角和相当于 1% 质量转化的曲轴转角之间的时间间隔，也就是起燃持续时间，为此可用式（11.67）计算：

$$\Delta t_{ED} = c_{ED} \tau \tag{11.67}$$

这里介绍的建模方法仅适用于均质混合的汽油机，其特征为预混合燃烧。至于分层燃烧的汽油机现象学模型则很难于文献中找到，其建模工作因为缺少几何解析方法而显得非常困难。为此 Koch（2002）提出了一种方法，把燃烧室分为两个均质区域，即新鲜气体区和烟气或废气区，而且每区域同样也可能包含新鲜气体和烟

气。在分层运行工况中，燃油在喷射后，接着是蒸发阶段，燃料和蒸气在新鲜气体区内互相融合。蒸发过程通过一个特征迟滞时间 Δt_{evap} 来描述，其结果是使新鲜气体区混合气加浓。燃烧分为预混合燃烧和混合控制燃烧两部分，两者的比例由一个适配因子来表示。该因子决定了喷入的燃料中有多大比例为预混合燃烧，多大比例为扩散燃烧。预混合燃烧放热用扩展的 Tabaczinsky（塔巴金斯基）公式来描述

$$\frac{dQ_{vor}}{dt}=A_t\cdot H_U\cdot\rho_u\cdot s_t\cdot Ex \tag{11.68}$$

式中 Ex——膨胀因子，表达了火焰前锋速度和已燃区扩散速度的叠加，而后一项扩散是由于已燃与未燃区的密度差所引起的（参见 Heywood，1988）。

混合控制的放热则通过一个与前述已知方法相似的时间尺度模型来描述

$$\frac{dQ_{dif}}{dt}=\frac{1}{\tau_{fluid}+\tau_{chem}}\cdot H_u\cdot m_{verf} \tag{11.69}$$

式中 τ_{chem}——化学过程的时间尺度；

τ_{fluid}——流体动力学的混合时间。

由于不同尺度的机理和原因不同，首先起主导作用的只是化学时间尺度，只有通过进一步燃烧使过程温度达到更高的情况下，流体动力学的时间尺度才显得更为重要。通过适当协调预混合燃烧与混合控制燃烧的比例分配，才可以模拟油束引导的直喷式汽油机在分层工作状态下的燃烧过程。

作为最后一个待计算的参数，是平均火焰前锋面积与已燃区容积之间的比值。为此假设火焰以火花塞为中心呈半球状传播。实际上活塞行程对火焰前锋传播过程的影响很大，但在不少研究中这个效应大多被忽视了。已燃区容积和火焰表面积之间的关系受燃烧室几何尺寸的影响是不容忽视的，特别当燃烧室不呈圆盘形时，需要针对那些几何形状进行前期计算。一旦火焰接触到壁面（例如活塞顶）时，火焰前锋的表面积会突然改变，在数据模拟计算中需要针对不同情况分别予以考虑。

当火焰前锋靠近或者到达壁面时，在比较接近实际情况的模拟计算中就需要考虑壁面燃烧对反应的影响，这时的情况与壁面温度密切相关（参见 Kleinschmidt，1999），它可能减缓甚至最终终止反应。总之，针对这种与空间和时间相关过程的现象学建模工作，涉及非常广泛的内容，此处不再详述。

11.2.3 点火

在汽油机中，燃烧是通过火花塞上的电火花放电引起的。假设存在一个恒定的、表征点火界限特征的绝热和等压起燃温度，可以通过火花塞区域内一个微小体积单元的平衡导出以下条件

$$h_{AG}(T_{ad,ZZP},p_{ZZP})=\frac{1-\kappa_{RG}}{1+\lambda L_{min}}H_u+h_{FG}(T_{u,ZZP},p_{ZZP}) \tag{11.70}$$

式（11.70）计算出的着火界限在很宽的温度范围内均与测量值吻合得很好（见 Scheele，1999）。

图11.14所示为通过压力变化过程分析得到的特征质量转化与通过卷吸模型计算结果的比较。用于计算湍流强度的常数 $c_T=0.6$，用于计算积分长度的常数 $c_L=0.35$，这样取值的目的是使质量转化点与从压力分析中得到的数值之间的时间间隔的数值保持一致。假设在燃烧开始时湍流强度在不同负荷下保持恒定，可以很好地复现燃烧持续时间的变化。

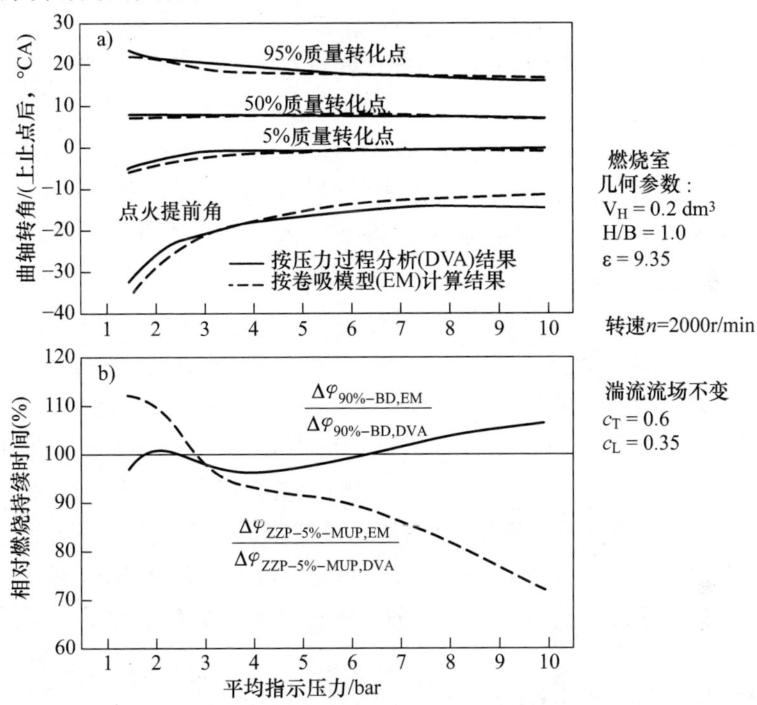

图11.14　通过压力分析和通过卷吸模型计算得到的质量转化的比较（来源：Scheele，1999）

11.2.4　爆燃

因为在汽油机中不正常燃烧和爆燃主要是一种局部现象，所以在没有几何解析条件下，建立现象学模型十分困难。Livengood 和 Wu（1955）认为，当达到以下条件时就会发生爆燃

$$\int_{t=0}^{t_{\mathrm{klopf}}} \frac{1}{\tau}\mathrm{d}t = 1 \tag{11.71}$$

式中　τ——着火延迟期；

t_{klpof}——压缩开始到自燃之间的时间。

着火延迟期可以用 Arrhenius 公式来描述

$$\tau = X_1 \cdot p^{-X_2} \exp\left(\frac{X_3}{T_U}\right) \tag{11.72}$$

结合以上述两个公式，可得 Livengood - Wu 积分式

$$\int_{t=0}^{t_{klopf}} \frac{1}{X_1 \cdot p^{-X_2} \cdot \exp(X_3/T_U)} dt = 1 \tag{11.73}$$

式中 p——燃烧室压力；

T_U——未燃气体的温度；

参数 X_1、X_2 和 X_3——需要与经验数据相匹配。

Elmqvist 等（2003）依据对发动机在不同负荷和不同转速下的大量爆燃测量数据进行参数匹配，优化了 Livengood 和 Wu 的算法。通过对测量结果进行误差平方最小化的计算，得到了优化后的参数 $X_1 = 0.021$、$X_2 = 1.7$ 和 $X_3 = 3800K$。

另外一个可与上述计算方法比较的现象学爆燃模型最初是由 Franzke（1981）提出，以后在 FVV（德国内燃机研究联合会）的研究项目中由 Spicher 和 Worret（2002）进一步完善。有兴趣的读者可以参阅本章后附的相关文献。

以上提到的方法都有一个对现象学模型可以说是“典型”的缺点，那就是需要使用大量测量数据（指发动机在接近爆燃工况运行的数据）来对模型进行标定。而基于反应动力学的方法则可避免这个缺点。这时通过简化或详细的化学过程来描述新鲜气体区中碳氢化合物的氧化，由此可以有效地预先计算出爆燃倾向。Halstead 等（1975）提出了一个简化的计算自燃过程的壳形 - 模型（Shell - Modell），该模型利用“虚拟 - 组分”之间的少数基元反应来模拟自燃。Li 等（1996）则建议采用了一个包含 29 个反应的更复杂的模型，该模型试图将 CO 的形成与自燃现象整合在一起。关于碳氢化合物的着火的概述参见本书第 6 章 6.2.2 节。

11.3 大型气体发动机

零维和一维的数值模型特别适合在设计阶段用于预测发动机的性能。对于点燃式 - 气体发动机来说，面临的挑战在于要模拟燃烧方式和燃料的多样性。为了避免针对这些特殊情况不断开发新的模型，需要找到尽可能通用的解决途径。如果一个模型的建立大部分主要基于物理定律，而不是依靠现象学的概念，那么这个模型的通用性就可能更好。为了实现这个目标，相关的 LEC（低排放燃烧）部门开发了一套通用性较好的数值模拟方法［参见 Chemla 等（2006），以及 Chemla 等（2008）］。图 11.15 所示为该 LEC 部门为气体发动机工作过程开发的数值模型概貌。

在高压过程中，气缸内充量由于压缩和放热温度很高，同时主要由活塞运动引发的湍流密度也很高，因此混合气形成和燃烧过程也被这两个特征所控制。燃料与空气的每一步转化都会引起相关组分浓度的变化。在发动机燃烧不同的反应过程中，其变化率遵循不同规律，而且它们发生的原因也不尽相同。

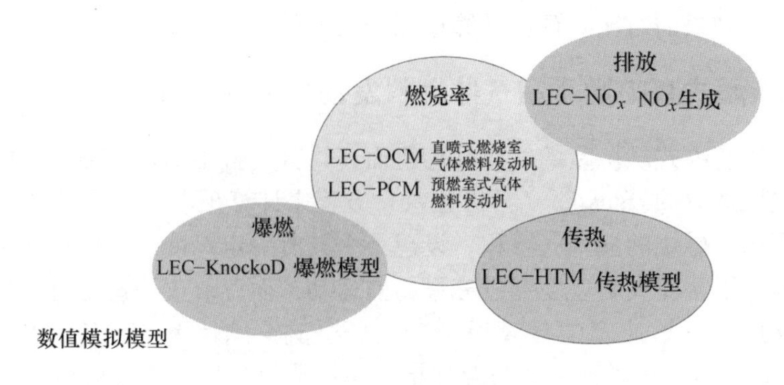

图 11.15　零维数值模型

一方面，当时反应物的可用性是通过分子层面上的运输和混合过程控制的，而局部湍流密度是加速反应物混合速度的动力。为此，受控的反应速率可以通过 Magnussen（马格鲁森）方法进行模拟［参见 Magnussen 和 Hjertager（1976）相关文献］。

另一方面，已经混合的反应物之间的反应速率则受反应动力学控制。作为其基础的化学反应可以近似地用燃料和氧之间的总体反应模式来描述。在发动机内无湍流的氧化过程中，反应产物浓度的增加可以通过 Arrhenius 定律来计算。

11.3.1　着火延迟

作为计算着火延迟的基础，可以用 Arrhenius 方程描述原子团浓度的增加［参见 Chmela 等（2006）、Chmela 等（2008），以及 Jobst 等（2005）的文献］。当计算出的原子团浓度达到某一限值时，燃料就能够着火。该限值如下

$$\int_{t_{ZZP}}^{t_{VB}} r_{Arr}(t)\,dt = 1 \tag{11.74}$$

这种计算方法适用于任意燃料和燃烧方式。但是模型中的常数还是需要根据测量值来确定。例如，图 11.16 所示即为在两种直喷式燃烧室和电火花点火式气体燃料发动机上，在不同的工况点测量得到的着

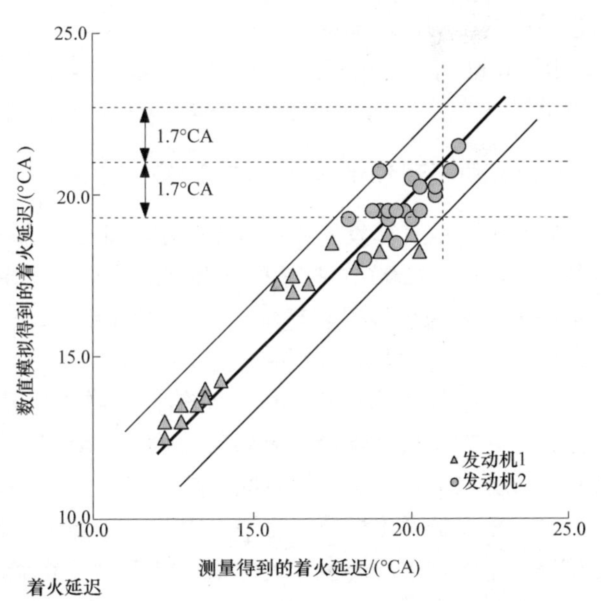

图 11.16　着火延迟的数值模拟值和测量结果的比较

火延迟和计算结果的对比。预测计算值和测量值的偏差范围仅为 ±1.7℃A。

11.3.2 点燃式直喷燃烧室气体燃料发动机的放热率

对于采用直喷式燃烧室的气体发动机而言，其气缸中的均质混合气由火花塞点燃。这时应该选取 Magnussen（马格鲁森）方程来计算预混合湍流燃烧。为了确定某个时刻可用于燃烧的混合气容积，设想一个具有一定厚度的半球形的火焰前锋从点火源出发，以湍流火焰速度穿过充量向前运动，而湍流火焰速度可以借助于湍流波动速度从层流火焰速度中计算得到。至于层流火焰速度的计算，另外用 Peters（彼特）公式，计算会碰到一个与温度相关的指数项，具体方法可以参见 Müller 等的文献（1997）。

缸内某一时刻存在的未燃的燃料量随着燃烧的进行而减少，其值可以通过燃烧开始前缸内已存在的燃料质量，与到该时刻为止释放的燃料能量的积分的差值来描述。当火焰前锋已经到达燃烧室壁面时，上述方法主要用来计算可用燃料在燃尽阶段的减少量。

从 Magnussen 方程出发，经过一些变形和简化（参见 Jobst 等，2005），最后得到的均质充量点燃式气体燃料发动机的燃烧率，即放热率方程如式（11.75）所示

$$\frac{dQ_G}{dt} = C_G \frac{m_{K,0}H_u - Q_G}{V_{zyl}^{\frac{7}{6}}}\tau_{1am}t^2 \tag{11.75}$$

由式（11.75）可知，放热率变化过程初期阶段是按 t 的平方上升的，这一点反映了火焰前锋的传播。但当燃烧接近尾声时，放热速度会受可燃混合气量，即燃料量减少的影响而逐渐变缓。

图 11.17 所示为用实例对该燃烧率模型的验证，图中表示的是在不同进气压力和过量空气系数情况下，用实测气缸压力分析所得的放热规律与模拟计算结果的比较。

11.3.3 点燃式预燃室气体燃料发动机的放热率

带预燃室的气体发动机中的燃烧情况非常复杂，对于数值模拟来说，一方面可以像 Chmela 等（2007）描述的那样回到物理公式中去；另一方面也可以使用纯经验性的方法来为燃烧过程建模（参见 Zhu 等，2009），该模型基于简单的双 Vibe（韦伯）函数用数学关系式将发动机的运行参数（如进气压力、进气温度、点火提前角、过量空气系数）和 Vibe（韦伯）参数之间建立起函数关系并进行建模。函数的标定在发动机试验台上应用实验设计（Design of Experiment，缩写 DoE）方法进行。该方法的优点是计算时间很短、操作性也十分简便。当然对其他结构的发动机来说，模型的通用性还很有限。因此，还是尽可能物理化的模型优点比较明显。在该模型中，把主燃烧室和预燃室看作是通过节流通道相连通的两个燃烧室，其间的主要参数为质量流量。图 11.18 所示为气缸内从点火到燃烧结束的燃烧变化的整个过程的变化。

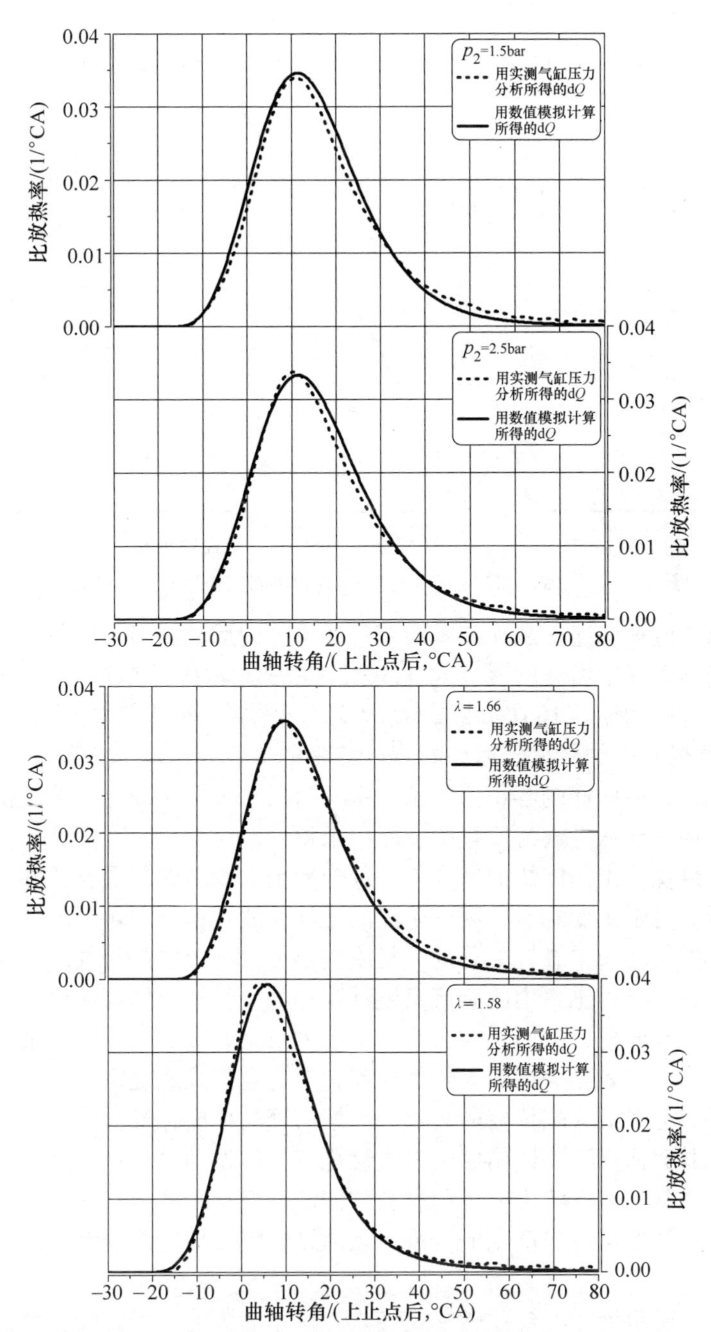

图 11.17　在不同进气压力和过量空气系数情况下，用实测气缸压力分析所得的放热规律与模拟计算结果的比较

由图 11.18 可见，从布置在预燃室中节流通道对面的火花塞放电（ZZP）为起点到预燃室的燃烧开始（BB_{VK}）为止的这一段时间称为着火延迟（ZV_{VK}）。起燃后形成的半球形火焰前锋面积，在燃烧开始后由于接触到预燃室壁面而很快受到制

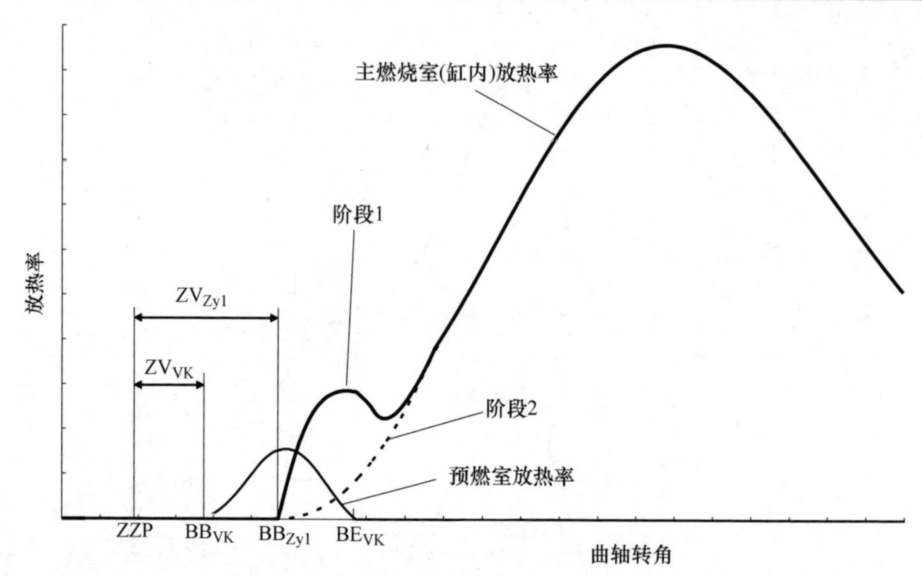

图 11.18　在气体燃料发动机中预燃室和主燃烧室内的燃烧过程的示意图

约，只能以湍流火焰速度从火花塞向节流通道方向运动。当火焰前锋到达节流通道时，即代表预燃室中燃烧的混合气首次进入主燃烧室中并立刻引燃（BB_{Zyl}）。与此同时，预燃室中的燃烧还在继续，直到室内火焰前锋到达的区域完全燃尽为止（BE_{VK}）。预燃室中的着火延迟和燃烧放热率的计算与直喷式燃烧室模型的计算方法相同，此处火焰前锋的容积依照预燃室几何尺寸关系来确定，湍流密度的计算与计算着火延迟一样从进气流质量的动能中求得。

从节流通道流出的燃烧的气柱与一部分周围的新鲜充量混合，并一起在湍流的控制下烧尽。对于主燃烧室中第一阶段的燃烧，放热率方程包含的一项源项是从预燃室中出来的气注中未燃烧部分的燃料质量，另一项源项是与气注中新鲜充量混合的那部分燃料。与预燃室中的湍流密度计算相似，气柱中的湍流密度也由出流气体质量的动能计算所得，然而还需要为此考虑流出预燃室的气体的质量。

与此同时，进入燃烧室的火焰气柱起到了与直喷式燃烧室发动机中火花塞相似的作用，并成为新的火焰传播的起点，火焰前锋的扩展在气缸中产生第二阶段燃烧的放热率，其数值模型可以仿照直喷式燃烧室气体发动机放热率的模型构建，只是需要特别考虑从预燃室流出的可用燃料和湍流密度，后者由点火时刻时充量中存在的进气涡流、活塞运动中产生的挤流，及从预燃室流出气注的动能总和折算到缸内质量所组成。

图 11.19 所示为在一台预燃室式气体燃料发动机上，当进气压力分别为 2.0bar 和 2.5bar 时，由压力变化过程分析和模型计算预测得到的放热率变化过程。由图可见，在两种工况下，二者得到的结果均吻合得很好。

同样，对气体燃料发动机来说过量空气系数也是很重要的工况参数，它的作用在模型中也得到了令人满意的反映（如图 11.19 和图 11.20 所示）。

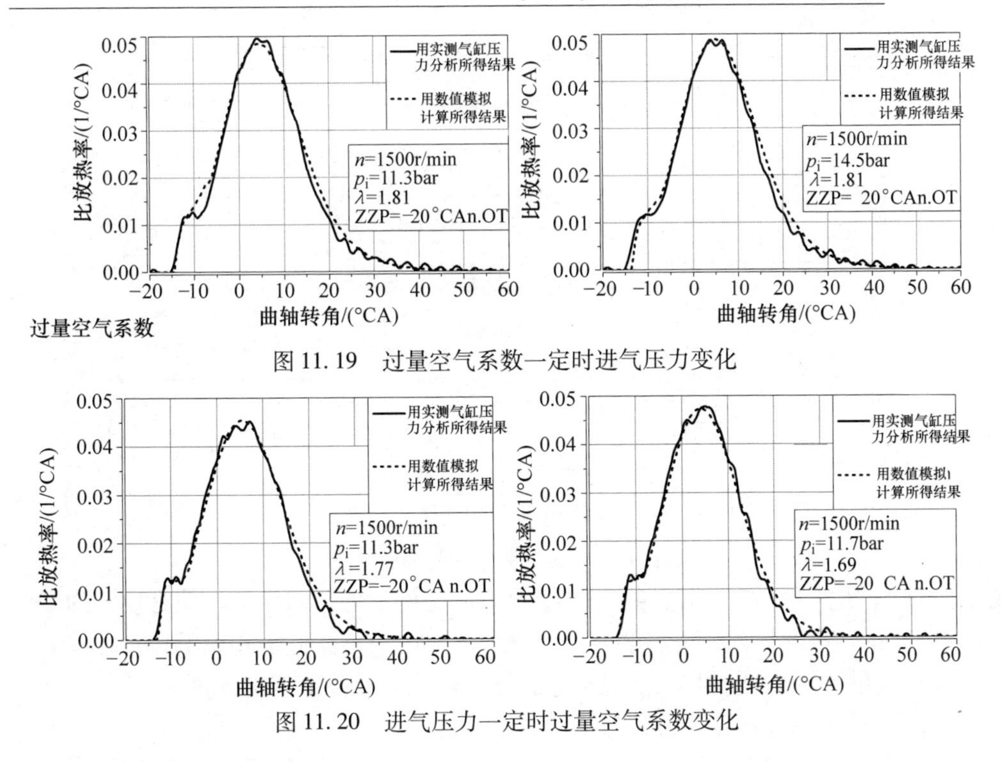

图 11.19　过量空气系数一定时进气压力变化

图 11.20　进气压力一定时过量空气系数变化

11.3.4　爆燃

为了描述和预测气体燃料发动机中与爆燃相关的现象，Dimitrov 等（2005）开发出针对爆燃开始、爆燃强度、爆燃频度和爆燃间隔等与点火提前角以及过量空气系数相关的模型。

对爆燃开始的判断与对着火延迟的模拟的原理一样，是利用 Arrhenius 关系式计算未燃充量中分子团浓度的上升。进气门关闭（ES）到爆燃开始（KB）之间的反应率由缸内压力（p）、未燃区温度（T_u）和燃料的甲烷值（M_Z）来确定。以下含有模型常数 a、b 和 n 的公式（11.76）描述了分子团浓度随时间的变化规律

$$I_K = \int_{t_{ES}}^{t_{KB}} p^n e^{-\frac{aM_Z+b}{T_u}} \mathrm{d}t \tag{11.76}$$

当从燃烧开始到燃烧终止之间的积分值 I_K 达到了某一门槛值，就认为数值模拟的燃烧循环中出现了爆燃，但要使分析更为可靠，还必须同时满足另外两个条件：即在爆燃开始时缸内仍有一定质量的未燃燃料，而且由数值模拟计算所得的爆燃强度也必须大于一定的门槛值。

因为对爆燃产生的机理尚未能彻底弄清楚，因此对其预测采用的方法应当是将随机成分与已知的峰值压力变化系数（COV_{pmax}）联系起来考虑。Dimitrov 等（2005）在此基础上阐述了对于爆燃频度预测的策略，其预测模型中的各个步骤可以参考图 11.21。

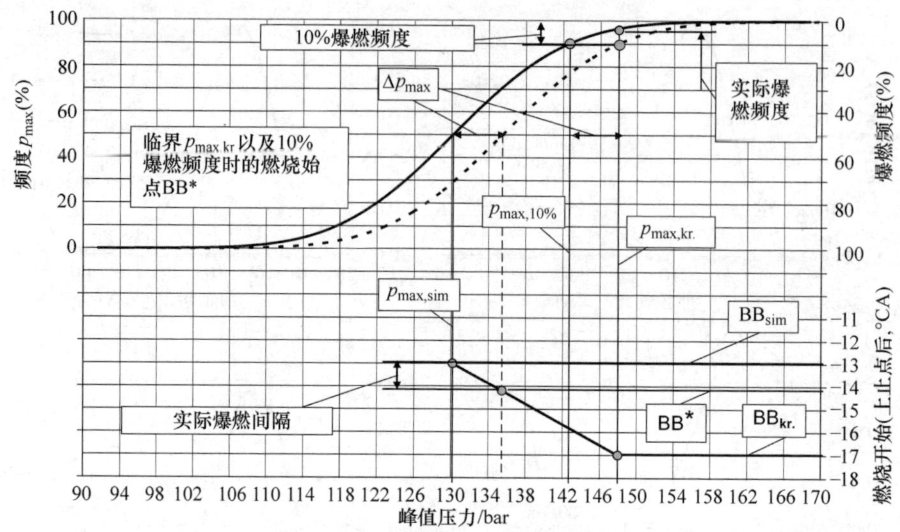

图 11.21　爆燃频度和间隔的确定

对以上方法稍做一点微小的拓展就可以同时确定爆燃间隔，也就是说，为了使爆燃频度达到爆燃界限，需将燃烧始点推迟一定的值。具体步骤如下：

1）借助于着火延迟和燃烧过程模型进行燃烧循环数值模拟计算。

2）借助循环过程计算得到峰值压力 $p_{max,sim}$。

3）根据 $p_{max,sim}$ 和峰值压力变化系数 COV_{pmax} 确定峰值压力频度分布的累积曲线。

4）重复步骤 1），应用爆燃开始和爆燃强度模型，改变燃烧始类（BB）以确定处于爆燃和不爆燃边界上的临界燃烧始点 BB_{kr} 以及相应的峰值压力 $p_{max,kr}$。

5）上述累积曲线在临界峰值压力（$p_{max,kr}$）达到 100% 的对应纵坐标差即为相应的爆燃频度。

6）为了确定爆燃间隔需要移动累积曲线，以便爆燃频度在临界峰值压力 $p_{max,kr}$ 处达到爆燃界限。

7）这时燃烧始点移动的量就相当于爆燃间隔。

8）将爆燃间隔换算为相应的点火提前角变化。点火提前角和燃烧始点之间的关系通过着火延迟模型来确定。

峰值压力变化系数（COV_{pmax}）是预先估算爆燃频度的基本参数。该值不可预测，而是在发动机开发过程中通过台架试验得到的实测值。因此，在数值模拟结果中爆燃频度不是以具体的数值，而是以系数可变的函数形式给出。

11.3.5　NO_x 排放和传热

对于燃烧过程中产生的氮氧化物浓度计算，可采用著名的 Pattas 和 Häfner（巴塔斯和海夫勒）模型，其结果已足够精确（参见 Pattas 和 Häfner 的文献，1973）。只是热 NO 的生成需要通过含有 6 个反应方程扩展的 Zeldovich（泽尔多维奇）机理来考虑。已燃区的温度则可借助于双区燃烧放热率模型进行计算。

为大型气体发动机建立合适的传热模型也非常重要，其传热强度受燃料化学组成，特别是其中氢和一氧化碳含量很大影响。

参考文献

Abramovich, G.N.: The Theory of Turbulent Jets. MIT Press, Cambridge, MA (1963)

Barba, C., Burkhardt, C., Boulouchos, K., Bargende, M.: A Phenomenological Combustion Model for Heat Release Rate Prediction in High-Speed DI Diesel Engines with Common Rail Injection. SAE Paper 2000-01-2933 (2000)

Blizard, N. C., Keck J. C.: Experimental and theoretical Investigation of Turbulent Burning Model für Internal Combustion Engines, SAE Paper 740191 (1974)

Chmela, F., Orthaber, G., Schuster, W.: Die Vorausberechnung des Brennverlaufs von Dieselmotoren mit direkter Einspritzung auf der Basis des Einspritzverlaufs. Motortechnische Zeitschrift MTZ **59**(7), 484–492 (1998)

Chmela, F., Dimitrov, D., Pirker, G., Wimmer, A.: Konsistente Methodik zur Vorausrechnung der Verbrennung in Kolbenkraftmaschinen. Motortechnische Zeitschrift MTZ **67**, 468–474 (2006)

Chmela, F., Dimitrov, D., Wimmer, A.: Simulation der Verbrennung bei Vorkammer-Großgasmotoren. In: 11. Tagung „Der Arbeitsprozess des Verbrennungsmotors". Graz (2007)

Chmela, F., Pirker, G., Dimitrov, D.: Globalphysikalische Modellierung der motorischen Verbrennung. In Wimmer, A. (Hrsg.), Simulation und Aufladung von Verbrennungsmotoren, S. 67–93, Springer Verlag, Berlin (2008)

Damköhler, G.: Der Einfluss der Turbulenz auf die Flammengeschwindigkeit in Gasgemischen, Zeitschrift für Elektrochemie und Angewandte Physikalische Chemie, **46**, 601–626 (1940)

deNeef, A.T.: Untersuchung der Voreinspritzung am schnellaufenden direkteinspritzenden Dieselmotor. Dissertation, ETH Zürich (1987)

Dent, J.C.: Basis for the Comparison of Various Experimental Methods for Studying Spray Penetration. SAE Paper 710571 (1971)

Dimitrov, D., Chmela, F., Wimmer, A.: Eine Methode zur Vorausberechnung des Klopfverhaltens von Gasmotoren. 4. Dessauer Gasmotoren-Konferenz, Dessau (2005)

Elmqvist, C., Lindström, F., Angström, A., Grandin, B., Kalghatgi, G.: Optimizing Engine Concepts by Using a Simple Model for Knock Prediction, SAE Technical Paper 2003-01-3123 (2003)

Franzke, D.: Beitrag zur Ermittlung eines Klopfkriteriums der ottomotorischen Verbrennung und zur Vorausberechnung der Klopfgrenze, Dissertation, TU München (1981)

Galmiche, B., Halter, F., Foucher, F.: Effects of high pressure, high temperature and dilution on laminar burning velocities and Markstein lengths of iso-octane/air mixtures. Combustion and Flame **159**, 3286–3299 (2012)

Grill, M.: Objektorientierte Prozessrechnung von Verbrennungsmotoren. Dissertation, Universität Stuttgart (2006)

Halstead, M. P., Kirsch, L.J., Prothero, A., Quinn, C.P.: A mathematical model for hydrocarbon autoignition at high pressures. Proceedings of the Royal Society A **346**, 515–538, London (1975)

Heywood, J.B.: Internal Combustion Engine Fundamentals, McGraw-Hill Book Company, New York (1988)

Hiroyasu, H., Kadota, T., Arai, M.: Development and Use of a Spray Combustion Modeling to Predict Diesel Engine Efficiency and Pollutant Emission. Part 1: Combustion Modeling. Bulletin of the JSME **26**, 569–575 (1983a)

Hiroyasu, H., Kadota, T., Arai, M.: Development and Use of a Spray Combustion Modeling to Predict Diesel Engine Efficiency and Pollutant Emission. Part 2: Computational Procedure and Parametric Study. Bulletin of the JSME **26**, 576–583 (1983b)

Hohlbaum, B.: Beitrag zur rechnerischen Untersuchung der Stickstoffoxid-Bildung schnellaufender Hochleistungsdieselmotoren. Dissertation, Universität Karlsruhe (1992)

Jobst, J., Chmela, F., Wimmer, A.: Simulation von Zündverzug, Brennrate und NOx-Bildung für direktgezündete Gasmotoren. 1. Tagung „Motorprozesssimulation und Aufladung". Berlin (2005)

Keck, J.C.: Turbulent Flame Structure and Speed in Spark-Ignition Engines, Proc. 19th Symposium (International) on Combustion, 1451–1466. The Combustion Institute, Pittsburgh, PA (1982)

Kleinschmidt, W.: Instationäre Wärmeübertragung in Verbrennungsmotoren, Fortschritt-Berichte VDI, Reihe 12, **383** (1999)

Koch, T.: Numerischer Beitrag zur Charakterisierung und Vorausberechnung der Gemischbildung und Verbrennung in einem direkteingespritzten, strahlgeführten Ottomotor. Dissertation, Eidgenössische Technische Hochschule Zürich (2002)

Kozuch, P., Maderthaner, K., Grill, M., Schmid, A.: Simulation der Verbrennung und Schadstoffbildung bei schweren Nutzfahrzeugmotoren der Daimler AG. 9. Int Symp für Verbrennungsdiagnostik. AVL, Baden-Baden, S. 201–216 (2010)

Li, H., Miller, D.L., Cernansky, N.P.: Development of a Reduced Chemical Kinetic Model for Prediction of Preignition Reactivity and Autoignition of Primary Reference Fuels, SAE Technical Paper 960498 (1996)

Livengood, J.C., Wu, P.C.: Correlation of Autoignition Phenomenon in Internal Combustion Engines and Rapid Compression Machines, Fifth Symposium (International) on Combustion, S. 347–356 (1955)

Magnussen, B.F., Hjertager, B.H.: On Mathematical Modeling of Turbulent Com-bustion with Special Emphasis on Soot Formation and Combustion. 16th International Symposium on Combustion (1976)

Metghalchi, M., Keck, J.C.: Burning Velocities of Mixtures of Air with Methanol, Isooctane and Indolene at High Pressure and Temperature, Combustion and Flame **48**, 191–210 (1982)

Müller, U.C.; Bollig, M.; Peters, N.: Approximations for Burning Velocities and Markstein Numbers for Lean Hydrocarbon and Methanol Flames. Combustion and Flame **108**, 349–356 (1997)

Pattas, K., Häfner, G.: „Stickoxidbildung bei der ottomotorischen Verbrennung", Motortechnische Zeitschrift, MTZ **34**, 12 (1973)

Pirker, G., Chmela, F., Wimmer, A.: ROHR Simulation for DI Diesel Engines Based on Sequential Combustion Mechanisms. SAE Paper 2006-01-0654 (2006)

Rether, D., Grill, M., Schmid, A., Bargende, M.: Quasi-Dimensional Modeling of CI-Combustion with Multiple Pilot- and Post Injections. SAE Paper 2010-01-0151 (2010)

Scheele, M.: Potentialabschätzung zur Verbesserung des indizierten Wirkungsgrades kleinvolumiger Ottomotoren. Dissertation, Universität Hannover (1999)

Spicher, U., Worret, R.: Entwicklung eines Klopfkriteriums zur Vorausberechnung der Klopfgrenze, FVV Abschlussbericht, Heft-Nr. 471 (2002)

Stegemann, J., Seebode, J., Baumgarten, C., Merker, G.P.: Influence of Throttle Effects at the Needle Seat on the Spray Characteristics of a Multihole Injection Nozzle. Proc. 18th ILASS-Europe Conf, S. 31–36, Zaragoza, Spain (2002)

Stiesch, G.: Phänomenologisches Multizonen-Modell der Verbrennung und Schadstoffbildung im Dieselmotor. Dissertation. Universität Hannover (1999)

Stiesch, G.: Modeling Engine Spray and Combustion Processes. Springer Verlag,, Berlin (2003)

Tabaczinsky, R.J.: Further Refinement and Validation of a Turbulent Flame Propagation Model for Spark Ignition Engines, Combustion and Flame **39**, 111–121 (1980)

Thoma, M., Stiesch, G., Merker, G.P.: Phänomenologisches Gemischbildungs- und Verbrennungsmodell zur Berechnung von Dieselmotoren mit Voreinspritzung. 5. Int Symp für Verbrennungsdiagnostik. AVL, Baden-Baden, S. 91–101 (2002)

Wallesten, J.: Modelling of Flame Propagation in Spark Ignition Engines. Dissertation, Chalmers University of Technology, Göteborg (2003)

Weisser, G., Boulouchos, K.: NOEMI – Ein Werkzeug zur Vorabschätzung der Stickoxidemissionen direkteinspritzender Dieselmotoren. 5. Tagung „Der Arbeitsprozeß des Verbrennungsmotors", TU Graz (1995)

Wirth, M.: Die turbulente Flammenausbreitung im Ottomotor und ihre charakteristischen Längenskalen. Dissertation, RWTH Aachen (1993)

Zhu, J., Wimmer, A., Schneßl, E., Winter, H., Chmela, F.: Parameter Based Combustion Model for Large Pre-chamber Gas Engines. ICES2009-76127. Proceedings of the ASME Internal Combustion Engine Division 2009 Spring Technical Conference, Milwaukee (2009)

第 12 章　排气后处理系统

Reinhard Tatschl 和 Johann Wurzenberger

12.1　排气后处理的方法

近年来在世界范围内，人们一直在致力于降低法规所允许的排放限值。排放法规视发动机种类、汽车/发动机类型、发动机功率，以及法规适用的国家/地区不同而异。例如，根据发动机种类可以分为柴油机和汽油机两大类，而新型缸内直喷式汽油机的排放法规则与柴油机的十分相近。根据汽车/发动机类型来划分的排放法规有：针对乘用车和小型商用车，中型和重型商用车（载货车、大客车），非道路车辆（拖拉机、建筑机械等），固定式的柴油机（如发电机组），以及用于火车和船舶的发动机。非道路车辆的发动机的排放法规则是根据发动机功率来划分的。各个国家和地区的排放标准所遵循的循环工况（如美国的 FTP、欧洲的 NEDC、日本的 JC08 等）和排放标准也各不相同。欧洲的道路车辆排放法规分为欧 2、欧 3、欧 4、欧 5 和欧 6，非道路车辆排放法规分为级别 II，IIIA，IIIB 和 IV 各档；美国道路车辆的排放法规为 US - 2004、US - 2007 和 US - 2010，非道路车辆排放法规为 Tier 2、Tier 3、临时 Tier 4 和 Tier 4 各档。中国和印度也有自己的排放法规，这些法规多是参照欧洲和美国标准制定的。目前最严格的排放标准（Euro 6、Tier 4、Stufe IV），从 2013/2014 起陆续在欧洲、美国推广。这些标准规定了未来发动机和排气后处理技术的规范。

为了实现保护人类和环境的目标，必须在排放法规中对一氧化碳（CO）、碳氢化合物（HC）、氮氧化物（NO_x）和微粒（PM），即颗粒物等的排放加以限制[⊖]。减少上述有害物质排放的技术，原则上可以分为机内净化技术和排气后处理净化技

⊖ 在各种标准中，对 HC 排放有不同的规定。如欧洲有些针对汽油机的标准中，规定了总碳氢（THC）（欧 4）和非甲烷 HC（欧 5）。同样对 NO_x 和 HC 的限制也有不同的描述，在欧洲的标准中，NO_x 和 HC 对于汽油机是分别限制的，而对柴油机则限制两者的总和。颗粒物排放在欧 5 之前是以比质量来限制的，此后又增加了对颗粒数的限制。

术两类。直喷式柴油机所采用的机内净化措施包括废气再循环（EGR）技术（减少 NO_x）和混合气形成的优化［减少 NO_x 和颗粒物（PM）排放］。后者要借助于燃油喷射系统、活塞顶部的形状，进气系统、燃烧系统等之间的优化来实现。由于 NO_x 和 PM 形成的趋势相反（减少 NO_x 排放导致 PM 的上升，反之亦然），因此在机内排放优化工作中必须要在两者之间取得折中。利用排气后处理技术可以给发动机的设计增加更多的自由度。例如，在缸内净化措施中，允许产生较多的 NO_x，然后利用废气后处理技术再有针对性地对其加以净化。

排气后处理采用的减少排放的方法包括不同的催化转化器、过滤技术、喷射技术等。如果说以氧传感器调节的汽油机多年来在采用三效催化转化器（TWC）方面富有成效，则现代柴油机后处理技术要复杂得多：为了减少 CO、HC 和 PM 排放，需要采用氧化催化转化器（DOC）、颗粒物过滤器（DPF）以及氧化催化转化器和开放式颗粒物过滤器的组合（POC）。DPF 和 POC 的区别在于前者的过滤效率超过 90%，而后者仅为 30% ~50%。另外，在针对炭烟的再生机理方面，DPF 既有被动再生也有主动再生方式，而 POC 仅有被动再生方式。针对 NO_x 的排气后处理技术基本上也分为两种，即利用 NH_3 作为还原剂的选择性催化还原法（SCR）和 NO_x 吸附型催化转化器。后者不仅应用于小型柴油机上，而且也可用在稀燃的直喷式汽油机上。排气系统中的喷射装置向废气中喷入精确定量的液态尿素溶液或者柴油，经过蒸发、热解和水解作用向 SCR 催化还原器提供所需的氨和柴油，从而提高 DPF 主动再生时所需的温度。

如何选用以上提及的各种排气后处理技术及其可能的组合方案，取决于以下一系列因素：发动机的大小及排气量、发动机的排放性能、各种排气后安装位置的大小等，但最重要的还是所需满足的排放标准。例如，对于需满足欧 5 标准的载货车发动机，可以根据基础发动机 NO_x 和 PM 的排放水平选用 DOC - DPF 或者 DOC - SCR 方案。而为了满足欧 6 标准，则在排气系统中不仅要求有限制 NO_x 排放的措施，还要有减少 PM 的措施。因此需要采用 DOC - DPF - SCR（见图 12.1）和 DOC - SCR - DPF 组合的方案（注意以上两种方案的排序）。第一种方案相对于第二种方案的优点是允许在 DPF 中被动再生，而第二种方案由于 SCR 催化转化器离发动机比较近，发动机冷起动时 NO_x 减排效果更好。将功能不同的催化转化器组合在一起来减少有害物排放的原因，一方面是为了改善冷起动时的起燃特性，同时也是为了节省安装

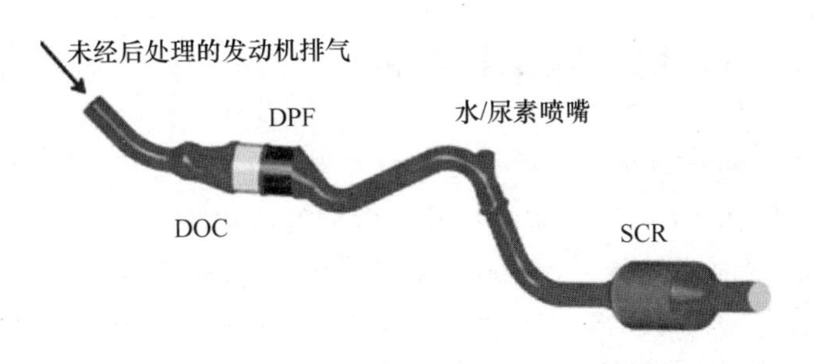

图 12.1　由 DOC、DPF 和 SCR 组成的欧 6 标准乘用车柴油机排气系统的实例

空间。为此，在 DPF 中增加了减少 NO_x 排放措施。此外，采用适当的涂层技术可以在过滤器中实现选择性催化还原（SCR），或者是吸附 NO_x 的功能。出于同样的原因也可以考虑将 DOC 的氧化催化功能集成到 DPF 中去。例如，利用分区涂层技术可以将用于减少 NO_x 的 SCR 和氨氧化功能在催化转化器内部不同长度位置上进行整合。除了对催化转化器或者过滤器在长度方向上不同区域进行涂敷外，还可以将不同催化功能的涂料重叠进行涂敷。另外，整个催化转化器的选择性可以通过孔隙扩散效应来控制。

大量的排气后处理技术及其复杂的组合方式是当代发动机排气系统开发和优化中面临的重大挑战。为了虚拟地比较不同的组合方式以减少研发费用，需要利用计算机数值模拟这项重要的辅助工具。

12.2 模型建立和数值模拟

在发动机排气后处理系统的设计和优化工作中，数值模拟起着越来越重要的作用。一维数值模型在早期的方案设计阶段就能对整体系统的布置效果，以及随后采用硬件的转化性能进行研究并作出评估，从而为最终的决断提供依据。同时，在初步设计阶段，考虑到各种废气处理装置的尺寸、位置、涂层和安装条件的不同，也可以使用详细的三维模型，进行数值模拟。此外，与实时－发动机模型相结合的废气后处理的高效计算模型，为控制器功能和算法的开发以及数据采集方面提供了基础。由于问题的多样性，因此建议针对具体情况应当相应采用专门的模型。

排气后处理系统的建模可以根据采用元件的不同来区分。它们通常由催化转化器，颗粒物（炭烟）过滤器，定量喷射装置和管道等构成。建模的基本假设和相关的方程式将在以下的章节进行介绍。对此还对几个具体的数值模拟结果进行了讨论。

12.3 排气催化转化器

蜂窝状的催化转化器已经在发动机排气后处理上使用了多年。这种结构由大量（几百个）平行的通道组成，以使气体和通道壁面有尽可能大的接触面积。在转化器壁面上，有一个或多个涂层，其上为催化活性成分（如铂、铑、钯等），用来转化诸如一氧化碳，未燃的碳氢化合物和氮氧化物等有害物。在多数情况下真正的催化转化反应过程是相当复杂的，其机理至今尚未完全清楚。但已经明确的是，有催化剂后的化学反应温度要比无催化剂的低很多。从而，在发动机正常的排气温度下就能减少有害物的排放。因此，转化过程在什么运行条件下（温度、气体质量流量和组成）发生，并在多大的程度上进行，反映了催化转化器的基本特性，也是催化转化器数值模拟要解决的核心问题。

开发排气催化转化器的理论模型，不仅扩展了对不同的催化效果的理解，而且也对实际排气系统的设计和优化有所帮助。根据提出的问题研究和当时的计算能力，近几十年来建立了许多深度不同的催化转化器模型（Depcik 和 Assanis，2005）。

12.3.1 基本方程

在蜂窝状催化转化器中的单个通道中产生的物理和化学效应如图12.2所示，它们原则上可以根据不同的传送机理来区分。其中包括通道中气相在轴向产生的热对流和传导，载体上为固相中的热传导而两相之间则是传质和传热的过渡。此外，还有在催化转化器涂层的多孔结构中出现孔隙的扩散效应、表面反应物的吸附作用、催化活性中心的化学反应和在孔隙系统中的气相反应产物的解吸作用等。通常，涂层不仅可以由均一材料制成，而且也可以由多层具有不同催化和扩散效应的材料组成。

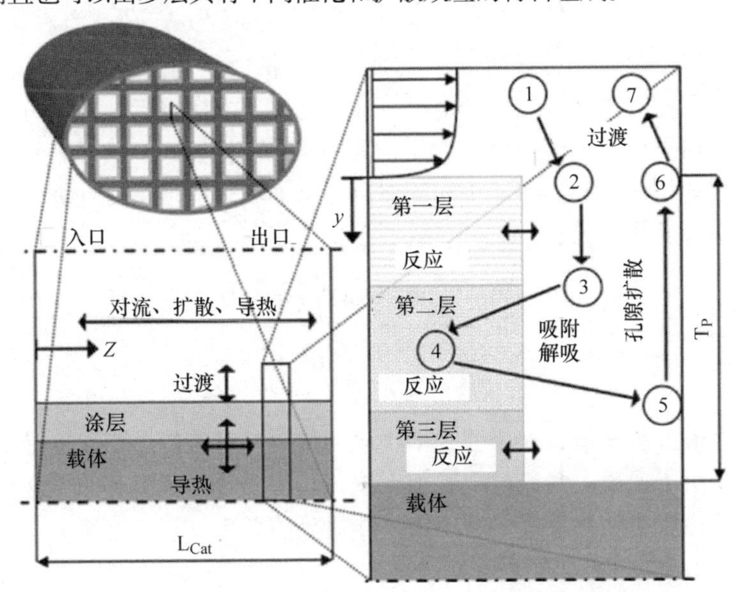

图12.2 蜂窝状催化转化器通道和涂层的功能及其多相催化反应过程

假设忽略催化转化器的径向梯度，可以将整个催化转化器看成沿轴 z 方向的一维（1D）模型。通道内部梯度对传质和传热的影响可以借助于经验公式来近似模拟。假设在涂层中具有扩散效应物质输送主要是垂直于通道方向，据此也可以建立一个1D模型（图12.2的 y 方向）来描述在涂层中沿此方向上的物质传送和反应。Dieterich（1998）将两种模型结合在一起并将其总结为1D+1D模型。

以下介绍的即为瞬态的1D+1D模型所需的守恒方程式。

通道中气相的连续方程为

$$\frac{\partial \rho_{g}}{\partial t}=\frac{\partial \rho_{g}\cdot v_{g}}{\partial z}+\frac{a_{geo}}{\varepsilon_{g}}\cdot\sum_{j}^{S}\beta_{j}\cdot(\rho_{g}^{P}\cdot w_{j,B}^{P}-\rho_{g}\cdot w_{j,g}) \tag{12.1}$$

公式等号右边第二项描述了通道里气泡和涂层内多孔系统气相之间物质转移的总和。这一项对于均相和稳态多相转化反应来说应当为零，但是它对分析涂层的瞬态吸附和解吸反应的平衡来说仍然是必需的。

催化转化器中的压力损失可以用以下动量守恒方程式来描述

$$\frac{\partial \rho_g \cdot v_g}{\partial t} = \frac{\partial(\rho_g \cdot v_g^2 + p_g)}{\partial z} + \zeta(\mathrm{Re}) \cdot \frac{\rho_g \cdot v_g^2}{2 \cdot d_{hyb}} \tag{12.2}$$

气相中所含的能量为

$$\begin{aligned}\frac{\partial}{\partial t}\left[\rho_g \cdot \left(\sum_j^S w_{j,g} \cdot h_{j,g} + \frac{v_g^2}{2}\right)\right] = &-\frac{\partial}{\partial t}\left[\rho_g \cdot v_g \cdot \left(\sum_j^S w_{j,g} \cdot h_j + \frac{v_g^2}{2}\right)\right] \\ &+ \frac{\partial}{\partial z}\left(\lambda_g \cdot \frac{\partial T_g}{\partial z}\right) + \sum_j^S \frac{\partial}{\partial z}\left(\rho_g \cdot D_{eff} \cdot \frac{\partial w_{j,g}}{\partial z} \cdot h_{j,g}\right) \\ &+ \frac{a_{geo}}{\varepsilon_g} \cdot \left[\alpha \cdot (T_s - T_g) - \sum_j^S \beta_j \cdot h_{j,g} \cdot (\rho_g^P \cdot w_{j,g}^P - \rho_g \cdot w_{j,g})\right]\end{aligned} \tag{12.3}$$

等式右边第二项（热传导）和第三项（交叉扩散）与第一项（对流）相比均很小，因此只有在气流速度很小的情况下才有意义。右边最后一项一方面表示导致与转化器壁面热交换的热源；另一方面，其中第二个代数式的负号表示要将气相中通过物质转移的焓从壁面的热能中扣除，以免壁面的热能被重复计算。

气相中所含的物质为：

$$\begin{aligned}\frac{\partial \rho_g \cdot w_{j,g}}{\partial t} = &\frac{\partial \rho_g \cdot w_{j,g} \cdot v_g}{\partial z} + \frac{\partial}{\partial z}\left(\rho_g \cdot D_{eff} \cdot \frac{\partial w_{j,g}}{\partial z}\right) \\ &+ \frac{a_{geo}}{\varepsilon_g} \cdot \beta_j \cdot (\rho_g^P \cdot w_{j,g}^P - \rho_g \cdot w_{j,g})\end{aligned} \tag{12.4}$$

与能量守恒方程相似，这个公式中物质的传导与对流传送相比也是很小的。物质量的变化是由于通道内和涂层上孔隙系统气相物质转移所引起的，这种质量转移间接反映了从涂层中转化反应对通道内气体组分的影响。

固相物质所含的能量为：

$$\rho_s \cdot c_{P,s} \frac{\partial T_s}{\partial t} = \frac{\partial}{\partial z}\left(\lambda_s \cdot \frac{\partial T_s}{\partial z}\right) - \frac{a_{geo}}{1-\varepsilon_g} \cdot \left[\alpha \cdot (T_s - T_g) - \int_{y=0}^{y=T_P} \sum_i^R \Delta h_i \cdot \dot{r}'''_i(c_g^P, T_s)\,dy\right] \tag{12.5}$$

等式右边最后一项表示所有通过涂层整个深度释放和消耗掉的反应热之和，反应热按壁面分配且仅向气相传热。

假设涂层的孔隙系统物质的扩散传送占主要地位，而且其传送方向与通道方向垂直（见图 12.2），涂层的厚度方面的温度又一致。因此有 1D 瞬态扩散反应质量平衡方程如下所示：

$$\frac{\partial(\rho_g^P \cdot w_{j,g}^P)}{\partial t} = \frac{\partial}{\partial y}\left(D_{j,eff}^P \cdot \frac{\partial(\rho_g^P \cdot w_{j,g}^P)}{\partial y}\right) + \frac{MG_j}{\varepsilon^P} \cdot \sum_i^R v_{i,j} \cdot \dot{r}'''_i(c_g^P, T_s) \tag{12.6}$$

由于扩散性物质的传送和催化剂引起的催化转化作用和吸附反应，而导致在孔隙中某确定位置物质局部浓度随时间变化。公式中有效孔隙的扩散系数考虑到了孔径、孔径分布或者孔隙弯曲度的影响。化学物质转化借助于比容积反应速率来表示。要全面描述局部的边界值问题需要有以下两个边界条件

$$\begin{aligned} y=0:&\quad \beta_{\mathrm{j}}\cdot(\rho_{\mathrm{g}}\cdot w_{\mathrm{j,g}}-\rho_{\mathrm{g}}^{\mathrm{P}}\cdot w_{\mathrm{j,g}}^{\mathrm{P}})=D_{\mathrm{j,eff}}^{\mathrm{P}}\cdot\frac{\mathrm{d}}{\mathrm{d}y}(\rho_{\mathrm{g}}^{\mathrm{P}}\cdot w_{\mathrm{j,g}}^{\mathrm{P}}) \\ y=T_{\mathrm{P}}:&\quad \frac{\mathrm{d}}{\mathrm{d}y}(\rho_{\mathrm{g}}^{\mathrm{P}}\cdot w_{\mathrm{j,g}}^{\mathrm{P}})=0. \end{aligned} \tag{12.7}$$

此处，在孔隙系统和通道的边界，物质传送是已知的。在涂层和载体的边界，具有一个零梯度的对称边界条件。

上述总结性的方程式考虑到了与多相不均匀反应系统相关的物质传送限制、孔隙扩散限制和反应限制等因素的影响。其中孔隙扩散传送的影响经常用简化的模型来取代严格的方程式。一种常用的方法是将反应速率乘上一个孔隙效率。Froment和Bishoff（1990）分析并推导了在确定的限制条件（等温系统、一阶反应）下的孔隙效率或者Thiele（蒂纳）模数。

根据准稳态条件的假设并忽略孔隙中的物质渐变，可以将上述的微分方程组简化为以下描述物质转移和反应的代数型平衡方程组：

$$\beta_{\mathrm{j}}\cdot(c_{\mathrm{j,g}}^{\mathrm{P}}-c_{\mathrm{j,g}})=\eta\cdot\sum_{i}^{R}v_{\mathrm{i,j}}\cdot\dot{r}_{\mathrm{i}}''(c_{\mathrm{g}}^{\mathrm{P}},T_{\mathrm{s}}) \tag{12.8}$$

式中的反应速率与催化转化器表面的几何尺寸有关。

在具体的使用情况下，究竟是采用详细的孔隙扩散模型还是简化的物质传送-反应模型，可以通过孔隙效率来估算或者通过数值模拟来决定。作为常用的数值模拟工具，AVL BOOST（2010）同时提供了以上简繁两种方法。

除了对转化反应还要对吸附和脱附反应（例如将O_2、NH_3或HC储存在催化转化器的各种涂层中）进行模拟，这就要用到式（12.9）。这时假设自由表面积的数量保持不变

$$\Gamma\cdot\frac{\mathrm{d}Z_{\mathrm{k}}}{\mathrm{d}t}=v_{\mathrm{i,(S,k)}}\cdot\dot{r}_{\mathrm{i}}''(c_{\mathrm{g}}^{\mathrm{P}},T_{\mathrm{s}}) \tag{12.9}$$

覆盖度的变化可以通过催化反应速率和与此相关的化学当量系数获得。在自由表面积较多的情况下，需对方程式做相应的扩展。

1D催化转化器模型中的传质和传热可以利用Nusselt（努谢尔特）和Sherwood（舍伍德）经验关系式来表示。另外，Sieder/Tate（Perry和Green 1997）建议采用以下关系式

$$\begin{aligned} Nu&=1.86\times(Re\cdot Pr)^{1/3} \\ Sh&=1.86\times(Re\cdot Pr)^{1/3}. \end{aligned} \tag{12.10}$$

Kirchner和Eigenberger（1997）也使用了以上类似方法来计算传质的问题。

12.3.2 催化转化器类型

车用催化转化器有很多种，可以分为四大类。它们是柴油机氧化催化转化器、三效催化转化器、选择性催化还原（SCR）转化器和NO_x吸附式催化转化器。具体应用中可视发动机及其对排放的要求而异，选择一种或多种组合的排放后处理系统。每种催化转化器的催化反应机理在许多文献中均有大量的研究和介绍，此处仅对主要几种催化转化器的基本特征做一个简要的说明。

1. 柴油机氧化催化转化器

氧化催化转化器（DOC）主要应用在稀燃发动机上，其任务有：氧化一氧化碳和未燃的碳氢化合物（HC），把氧化亚氮氧化成二氧化氮以及吸附碳氢化合物。有关过程可以用以下的反应式来描述

$$\mathrm{R1}: CO + \frac{1}{2}O_2 \rightarrow CO_2$$

$$\mathrm{R2}: C_nH_{2m} + \left(n + \frac{m}{2}\right)O_2 \rightarrow nCO_2 + mH_2O$$

$$\mathrm{R3}: NO + \frac{1}{2}O_2 \leftrightarrow NO_2$$

$$\mathrm{R4}: C_nH_{2m} + S \rightarrow C_nH_{2m}(S)$$

图 12.3 所示为用起燃曲线变化表示的 DOC 典型特征，由图可见其有害物的转化率是催化转化器温度的函数。

由图 12.3 中根据测量和计算（1D 模型）所得的曲线可以发现：CO 和 HC 的转化率随着温度的上升而升高，在温度较高的区域保持水平。在这个高温区域，催化转化器由于物质传送的限制无法完全发挥催化转化作用。在低温区域，试验得到的 HC 曲线的高转化率是由于吸附效应导致的，而在计算模型中并没有考虑到此项效应。试验所得到的 HC 曲线在大约 140℃ 下降表明，随着温度的上升 HC 的吸附能力下降。NO 的起燃曲线走势表明其最高转化率出现在 300℃ 左右，在此温度下，转化反应由动力学控制机制转变成热力学控制机制。此项转化反应对于由柴油

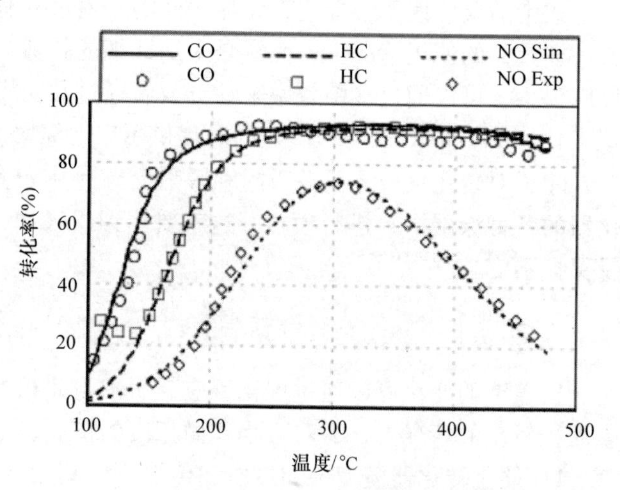

图 12.3 测量和计算所得的柴油机氧化催化转化器的起燃曲线

机氧化催化转化器和颗粒物过滤器或 SCR 转化器组成的排气后处理装置特别重要。

2. 三效催化转化器

三效催化转化器主要应用在氧传感器（λ 传感器）控制的发动机上，其作用为：氧化一氧化碳和未燃碳氧化合物，同时也减少氮氧化合物。而这两项功能只有对按照化学计量比燃烧后的排气才有效。为了平衡氧含量的波动，三效催化转化器上还有氧化铈涂层，以便根据不同工况（富燃或稀燃）吸附或释放氧气。三效催化转化器中发生的主要化学反应如下

$$\mathrm{R1:CO}+\frac{1}{2}\mathrm{O_2}\rightarrow\mathrm{CO_2}$$

$$\mathrm{R2:C}_n\mathrm{H}_{2m}+\left(n+\frac{m}{2}\right)\mathrm{O_2}\rightarrow n\mathrm{CO_2}+m\mathrm{H_2O}$$

$$\mathrm{R3:2NO+2CO\rightarrow 2CO_2+N_2}$$

$$\mathrm{R4:H_2}+\frac{1}{2}\mathrm{O_2}\rightarrow\mathrm{H_2O}$$

$$\mathrm{R5:NO}+\frac{1}{2}\mathrm{O_2}\leftrightarrow\mathrm{NO_2}$$

$$\mathrm{R6:CO+H_2O\leftrightarrow CO_2+H_2}$$

$$\mathrm{R7:C}_n\mathrm{H}_{2m}+n\mathrm{H_2O}\rightarrow n\mathrm{CO}+(n+m)\mathrm{H_2}$$

$$\mathrm{R8:2Ce_2O_3+O_2\leftrightarrow 4CeO_2}$$

$$\mathrm{R9:2CeO_2+CO\rightarrow Ce_2O_3+CO_2}$$

$$\mathrm{R10:}\left(2n+\frac{5}{4}m\right)\mathrm{CeO_2}+\mathrm{C}_nH_{2m}\rightarrow\left(n+\frac{m}{2}\right)\mathrm{Ce_2O_3}+n\mathrm{CO}+m\mathrm{H_2O}$$

图 12.4 显示了三效催化转化器中，通过计算和测量得到的 CO 和 NO 转化特性随温度（起燃）和废气成分（λ 控制）变化的函数关系。

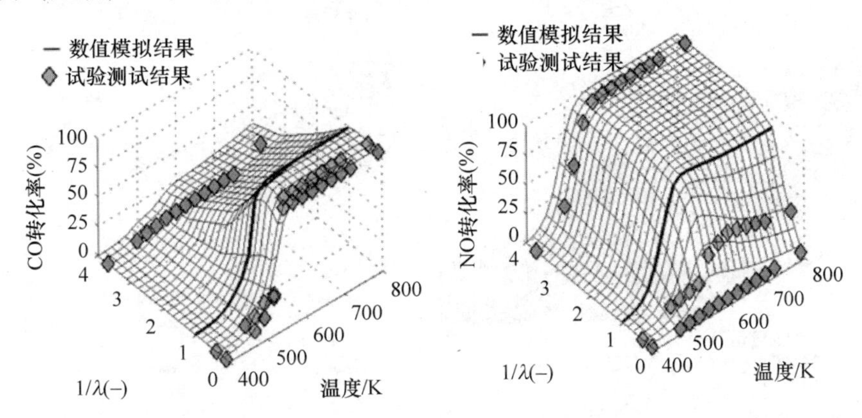

图 12.4　三效催化转化器中通过试验和数值模拟计算得到的 CO（左）和 NO（右）转化特性随温度和废气成分变化的函数关系［根据 Wurzenberger 等（2006）］

上述公式可以通过1D模型来计算。由图12.4可知，在稀燃条件下，CO在达到起燃温度后会完全转化（HC也同样适用），但NO却转化很少。只有当废气组分在$\lambda=1$附近时，NO的转化才变得明显，因为在这样的废气组成下才有足够的CO能够参加反应（见以上反应式R3）。当$\lambda<1$时，CO的转化率由于缺氧而降低，但NO则因为有过量CO的存在才能得到充分的转化。总的来说，三效催化转化器的工作窗口很窄，只有当废气组成在化学计量比（$\lambda=1$）附近区域时才会有效。

行驶循环的排放情况受冷起动阶段催化转化器的起燃效应影响很大。图12.5显示的是考虑了三维气流后，三效催化转化器中温度和物质分布的情况。图中所示为冷起动阶段的某个确定工况点，可以通过三维数值模拟来计算有关参数的径向分布，从而不仅可以用虚拟方式研究催化转化器结构与转化率之间的关系，而且也可以描述很难通过试验测量的流动特性。若想利用1D标定计算获得的动力学参数进行3D数值模拟，必须要注意两种方法中的所有子模型（由材料数据库确定尺寸、传热与传质、转化率和吸收率等）均需相同。这样才可根据对计算精度和计算量大小要求的不同，将两类模型有效地整合在一起，而不致对模型的系统性造成破坏。

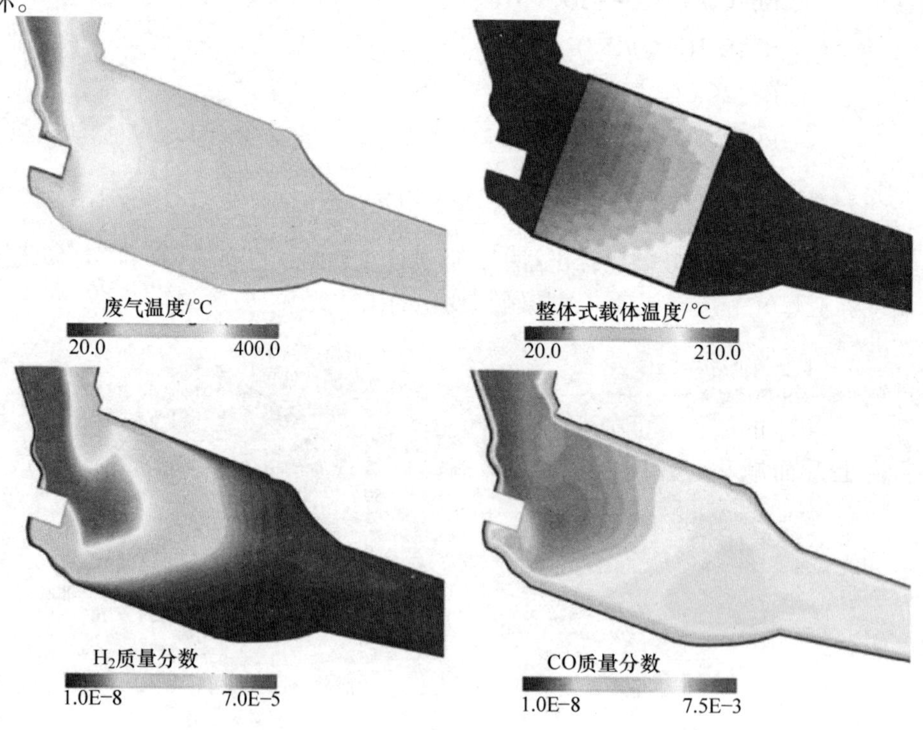

图12.5　三效催化转化器的3D－CFD数值模拟：
气体和固体温度、H_2和CO组分质量分数（Missy等，2002）

3. SCR 转化器

选择性催化还原（Selective Catalytic Reduction，缩写 SCR）转化器主要应用于稀燃的内燃机上，利用氨作为还原剂来减少氮氧化物排放。在排气系统中引入氨的典型的方式是需要在 SCR 催化转化器的上游喷入液态的尿素溶液。溶液的液滴蒸发后，尿素通过热解和水解过程转化成 NH_3、CO_2和 H_2O。在 SCR 转化器表面的氨则视发动机的工况不同产生吸附或解吸作用（R1）。氨与 NO_x之间的反应按照标准的、快速和慢速的 SCR－反应（R2－R4）进行，利用吸附氨的消耗来减少 NO 和 NO_2。当 NO/NO_2的比例接近 1 时，优先进行快速 SCR 反应，从而得到最好的转化效果。NH_3除了与 NO_x发生反应外，高温时也会被氧化。

$$R1: NH_3 + S \leftrightarrow NH_3(S)$$

$$R2: 4NO + 4NH_3 + O_2 \rightarrow 4N_2 + 6H_2O$$

$$R3: NO + NO_2 + 2NH_3 \rightarrow 2N_2 + 3H_2O$$

$$R4: 6NO_2 + 8NH_3 \rightarrow 7N_2 + 12H_2O$$

$$R5: 4NH_3 + 3O_2 \rightarrow 2N_2 + 6H_2O$$

如要研究在整个行驶循环工况中的瞬态脱氮特性，则需根据所选择的测试点对 SCR 转化器的反应特性进行标定。图 12.6 是在发动机 20 个不同负荷工况下，测量与计算所得的 NO_x 转化率的对比，这 20 个工况点的排气质量流量、气体组成和温度均不相同。模型中通过测量数据对 NH_3的吸附和解析特性进行协调，显示出计算结果与所有稳态工况点测量数据的一致性很好，而 NH_3 的表面覆盖面积随着温度上升而减小。在瞬态工况中，除了 NH_3 的覆盖面积外，还有存储和分离速度，以及 SCR 转化器的吸附能力均会对转化特性产生影响。

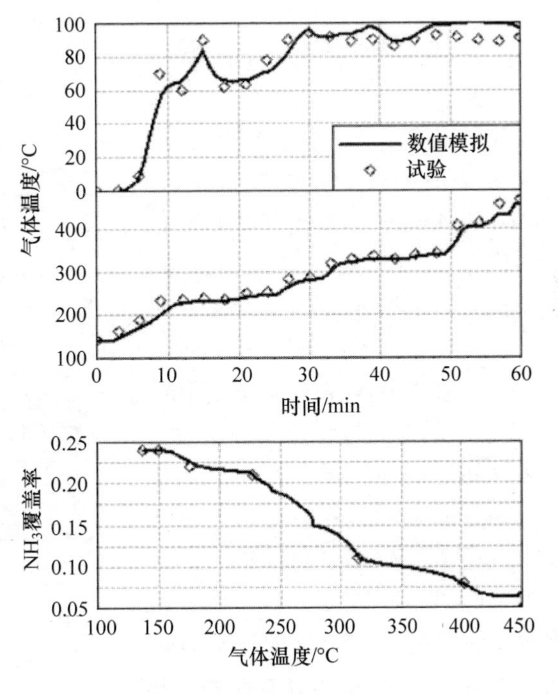

图 12.6　SCR 转化器试验和数值模拟计算结果的对比

4. NO_x吸附式催化转化器

NO_x 吸附式催化转化器作为 SCR 转化器的变型，在稀燃发动机上具有很好的脱氮作用，其基本原理是，在发动机稀燃阶段时，将 NO_x 储存于催化转化器涂层的碳酸钡微粒中，并生成硝酸钡。

在发动机富燃（以浓混合气工作）阶段，则以 CO 为还原剂将硝酸钡还原成碳酸钡并释放出 NO_x。因此，NO_x 排放的减少只能通过稀燃和富燃之间的循环切换来实现

$$R1: NO + \frac{1}{2}O_2 \leftrightarrow NO_2$$

$$R2: BaCO_3 + 2NO_2 + \frac{1}{2}O_2 \rightarrow Ba(NO_3)_2 + CO_2$$

$$R3: BaCO_3 + 2NO + \frac{3}{2}O_2 \rightarrow Ba(NO_3)_2 + CO_2$$

$$R4: Ba(NO_3)_2 + 3CO \rightarrow BaCO_3 + 2NO + 2CO_2$$

$$R5: NO + CO \rightarrow \frac{1}{2}N_2 + CO_2$$

在 NO_x 吸附式催化转化器中，除了自身的钡的反应外，还有与三效催化转化器相似的所有的转化和储氧反应。其他的过程，如内部微粒传送可以参见 Brinkmeier 等（2005）进行的建模和研究工作，该模型的核心在于考虑到了碳酸钡和硝酸钡中的不同的微孔直径和传送阻力。

12.4 柴油颗粒物过滤器

除了其他形式的过滤器之外，壁流式柴油颗粒物过滤器（Diesel Particulate filter，缩写 DPF）多年以来在汽车上用于减少颗粒物排放。过滤器载体的基本结构与蜂窝状催化转化器相似，在按棋盘状的排列物的相邻通道中各有一端是封闭的。图 12.7 所示即为过滤器中一个具有代表性通道的简化模型，按照气体的流动方向来看，入口通道的末端和出口通道的始端是封闭的。两个通道之间以多孔壁面分开，以便能将废气流过时其中所含的固态颗粒物过滤掉。这些颗粒物由炭烟、灰分、可溶的有机物，以及硫化物组成，为简单起见，下文将其统称为炭烟。过滤机理分为深度过滤和滤饼过滤（糊状）式两种，后者是指多孔壁结构被颗粒填满后开始形成的炭烟糊状

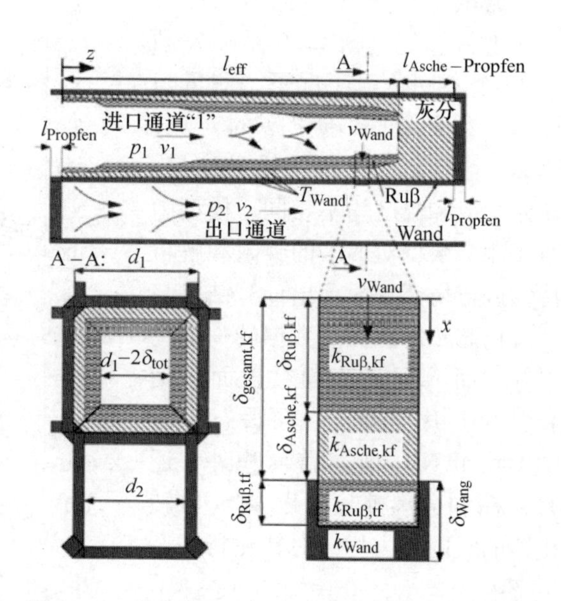

图 12.7　壁流式柴油机颗粒物过滤器对称的通道及其深度（tf）和炭烟/灰分糊状（kf）过滤层简图

物。在这种情况下，在排放的废气中也出现不可再生的灰，按行驶工况的不同，它们可以是灰黏糊、灰块状或者两者的结合体的形式集聚（长时间效应）。

12.4.1　基本方程

从建模层面看颗粒过滤器中出现的物理和化学现象，可以分为两种主要效应：一种是在过滤器通道内和通道壁之间的气体流动；另一种是颗粒的沉积和再生。从这两个效应相关的时间刻度的比较可发现，可以采用两个子模型来分别模拟过滤器中的气体流动和炭烟层的变化，再将两个子模型集成到上一层的过滤器整体模型中去。

1. DPF 的流动

为了计算流动和压力损失，可以假设它们在通道乃至整个载体中的径向梯度变化可以忽略不计，从而建立稳态的 1D 模型（见图 12.7 中的气流方向 z）。进口和出口通道的连续方程如下所示

$$\frac{\mathrm{d}}{\mathrm{d}z}(\rho_{g,1}\cdot v_{g,1}\cdot A_{F,1}) = -\rho_{g,1}\cdot v_{w,1}\cdot P_{S,1}$$
$$\frac{\mathrm{d}}{\mathrm{d}z}(\rho_{g,2}\cdot v_{g,2}\cdot A_{F,2}) = -\rho_{g,2}\cdot v_{w,2}\cdot P_{S,2} \tag{12.11}$$

通道中的稳态动量方程为

$$\frac{\mathrm{d}}{\mathrm{d}z}(\rho_{g,1}\cdot v_{g,1}^2\cdot A_{F,1}) = -A_{F,1}\cdot\frac{\mathrm{d}p_{g,1}}{\mathrm{d}z} - v_{g,1}\cdot(F_1\cdot\mu+\rho_{g,1}\cdot v_{w,1}\cdot P_{S,1})$$
$$\frac{\mathrm{d}}{\mathrm{d}z}(\rho_{g,1}\cdot v_{g,2}^2\cdot A_{F,2}) = -A_{F,2}\cdot\frac{\mathrm{d}p_{g,2}}{\mathrm{d}z} - v_{g,2}\cdot F_2\cdot\mu \tag{12.12}$$

以上第一个方程的最后一项表示因流经通道壁气流质量的减少，而导致的动量下降，以确保其不违背热力学第二定律。

通过通道壁的流动对连续性和动量守恒方程进行耦合，其流动的压力损失可以通过 Darcy（达西）压力损失方程来描述。对此，首先要建立灰分和其炭烟黏糊的厚度与当地气流速度之间的关系。对正方形截面（见图 12.8）的进气通道可以采用式（12.13）：

$$v_w(x) = v_{w,1}\cdot\frac{d_1-2\cdot\delta_{rk}-2\cdot\delta_{ak}}{d_1-2\cdot\delta_{rk}-2\cdot\delta_{ak}+2\cdot x} \tag{12.13}$$

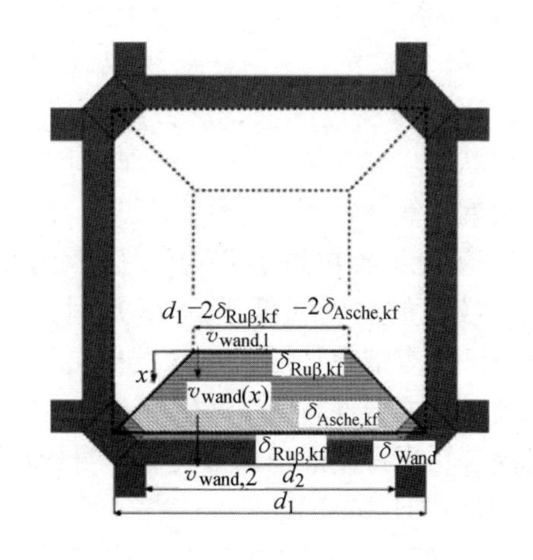

图 12.8　由灰分和炭烟组成的深度（tf）及糊状（kf）过滤层的结构

对于不是正方形的通道截面（如六边形、八边形……），其通道壁速度方程可以由其几何特征来确定。这类关联式是正确描述黏糊压力损失的必要条件。

将通道壁速度方程与描述一维通道壁段、深度过滤层、灰分和炭烟黏糊层的 Darcy 压力损失方程相结合，可以获得关于压力、通道壁速度和炭烟表面积之间的关联方程式

$$p_{g,1}-p_{g,2}=\Delta p_w+\Delta p_{rt}+\Delta p_{ak}+\Delta p_{rk}$$

$$=v_{w,1}\cdot\mu\cdot\left(\frac{d_1-2\cdot\delta_{rk}-2\cdot\delta_{ak}}{d_1}\right)\cdot\left[\begin{array}{l}\dfrac{p_{g,1}}{p_{g,2}}\cdot\dfrac{\delta_w}{k_w}+\dfrac{\rho_{g,1}}{\rho_{g,2}}\cdot\dfrac{\delta_{rt}}{k_{rt}}\\ +\dfrac{d_1}{2\cdot k_{ak}}\cdot\ln\left(\dfrac{d_1}{d_1-2\cdot\delta_{ak}}\right)\\ +\dfrac{d_1}{2\cdot k_{rk}}\cdot\ln\left(\dfrac{d_1-2\cdot\delta_{ak}}{d_1-2\cdot\delta_{rk}-2\cdot\delta_{rk}}\right)\end{array}\right] \tag{12.14}$$

总压力损失为各部分压力损失的总和，它由通道壁本身、炭烟深度过滤层以及由灰分和炭烟黏糊组成的糊状层等部分的压力损失组成，其中部分压力损失除了取决于几何尺寸外，还取决于该层的透气性能。

2. DPF 加载和再生

炭烟黏糊和炭烟深度过滤层可以用二维气体平面来进行描述。假设过滤层内部轴向的压力梯度变化小于垂直于孔壁的压力变化，可以将一个二维气体平面分成一系列的一维通道壁段（图 12.9）。每个壁段本身由四层组成（通道壁，炭烟深度过滤层，灰分糊状层，炭烟糊状层），各层的反应机理不同，包括炭烟与氧气或者与 NO_2 的反应，前者的反应温度通常高于 850K，后者则在相对较低的温度（低于 650K）时发生反应。在有催化涂层的过滤器中可以在深度过滤层内部将 NO 氧化为 NO_2，后者又可以继续与炭烟进行化学反应。通过催化涂层，也可使通道的多孔壁本身内部进行 CO 和 HC 的进一步氧化，其代表性的产物是 C_3H_6 和 C_3H_8。

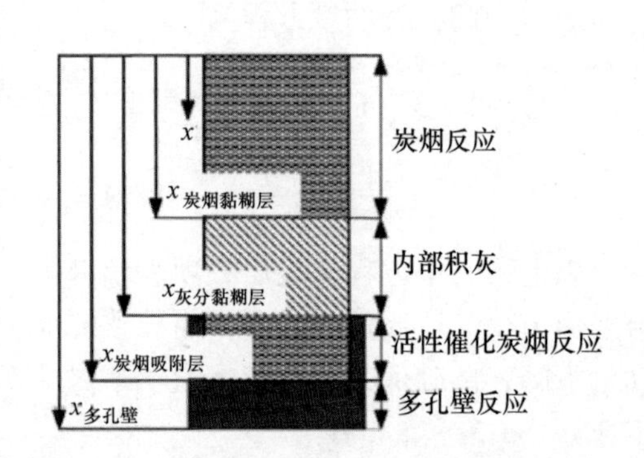

图 12.9　由管壁、炭烟深度过滤层和灰分与炭烟黏糊组成的 1D 通道壁段模型

一个静态、等温的一维平面模型可以计算炭烟的再生。流过通道多孔壁气流的连续性方程式如下

$$v_w\cdot\frac{d\rho_g}{dx}=\sum_j^S MG_j\sum_i^R v_{i,j}\cdot\dot{r}_i(c_g,T_s) \tag{12.15}$$

通过炭烟厚度局部气体流量的变化反应是沿 x 坐标方向所有反应的总和。作为局部气体组分和多孔壁温度函数的化学反应，需要与各种物质 j 的当量系数以及用摩尔质量计量的反应 i 一起加权和求和。为了平衡各种气态物质的量，可以采用式（12.16）来计算：

$$v_{\mathrm{w}} \cdot \frac{\mathrm{d}}{\mathrm{d}x}(\rho_{\mathrm{g}} \cdot w_{\mathrm{g,j}}) = \mathrm{MG}_{\mathrm{j}} \cdot \sum_{j}^{R} v_{\mathrm{i,j}} \cdot \dot{r}_{\mathrm{i}}(c_{\mathrm{g}}, T_{\mathrm{s}}) \tag{12.16}$$

这时，不同种类气态物质质量流的变化等于物质 j 参与的所有反应之和。

3. DPF 的总体模型

根据相应的稳态计算公式，可以对柴油机颗粒物过滤器中的流动，以及加载和再生进行计算，从而能够提供过滤器在相应稳态工况点的流场、压力损失分布、炭烟沉积率以及炭烟再生率的计算结果。为了能够计算过滤器颗粒沉积和再生时的瞬态特性，必须将子模型的计算结果集成在一个瞬态、非等温的两相模型中。将此模型集成到上一级的过滤器总体模型中时（Peters 等，2004），除了有着数值上计算速度快的优点外，同时也可以链接到以 CFD 为基础的流动模拟包中。

12.4.2 加载和压力损失

DPF 计算的首要任务是对过滤器压力损失的评估和预测。典型的问题涉及质量流、炭烟分布、通道几何尺寸、过滤器的渗透性、灰分和其他因素等对压力损失的影响。对于在汽车上的实际应用，最终仅需知道测量的压力损失与实际的堵塞情况有何关系，以判别是否需要采用热再生措施。为此，通过以下几个实例来进行讨论。

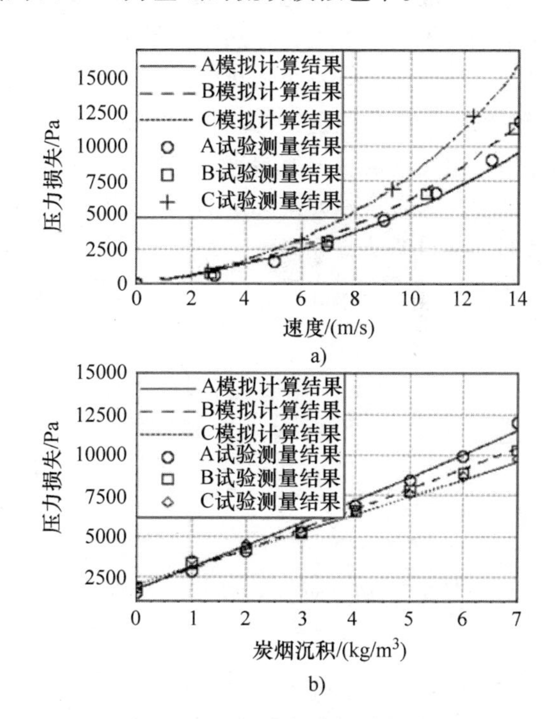

图 12.10 柴油颗粒物过滤器采用不同通道孔径比时，分别由测量和计算所得的压力损失曲线（入口/出口：A > B > C）。计算来源于 Wurzenberger 和 Kutschi（2007），测量来源于 Ogyu 等（2004）

a）滤芯无沉积物 b）滤芯上已有沉积物

如上所述，柴油颗粒物过滤器的压力损失系由一系列部分压力损失所组成。至于在某一个特定的工况下哪部分压力损失占主要地位，则需对不同通道孔的直径进行比较，以判别它们孰轻孰重。图 12.10a 显示的是在滤芯无沉积物的柴油机颗粒物滤清器上采用不同通道孔径比时，分别由计算和实测所得压力损失随气体流速的变化曲线。由图 12.10a 中比较可见，通道出口直径较小时压力损失较大。因为出口通道中的摩擦占主要地位，而且它随气体流速的增大而显著增加。图 12.10b 表示的则是在滤芯上有沉积物时，三种不同通道直径比下测量和计算得到的压力损失。由图 12.10b 可见，当过滤器沉积量大于 1.5g/L 时，采用最大的进口通道直径时的压力损失最小，其原因是这时的压力损失以炭烟黏糊层为主，它与炭烟厚度直接相关。采用较大的进口通道直径在炭烟质量相同时的炭烟厚度较小，因此压力损失也更小。

12.4.3 再生和温度分布

柴油颗粒过滤器中炭烟燃烧是一个极其复杂的不均匀化学反应过程，除了自身化学反应之外，还与炭烟颗粒的物理特性有很大关系。因此，想用一个通用的化学反应模型来描述不同过滤器的反应特性几乎是不可能的。在实践中需要首先根据试验数据标定再生模型，然后才能继续将它用于各种方案的计算。

作为反应模型参数化的结果，图 12.11 显示了沿着过滤器对称轴，在三个不同的无量纲的轴向位置处，分别用测量和计算所得温度的结果比较。对三个选定的位置来说，均明显地有一个加热阶段、一个温度峰值和一个下降阶段。温度峰值标志着当时发生再生反应前锋的位置和时间点，反应过程由此在过滤器中向前传播。可以看出，温度峰值从过滤器进口到出口处的范围内是不断增加的，而且形成较大的变化梯度。采用这种方式标定的模型可以用来进一步估算在不同行驶工况和再生控制策略下的过滤器最高温度。

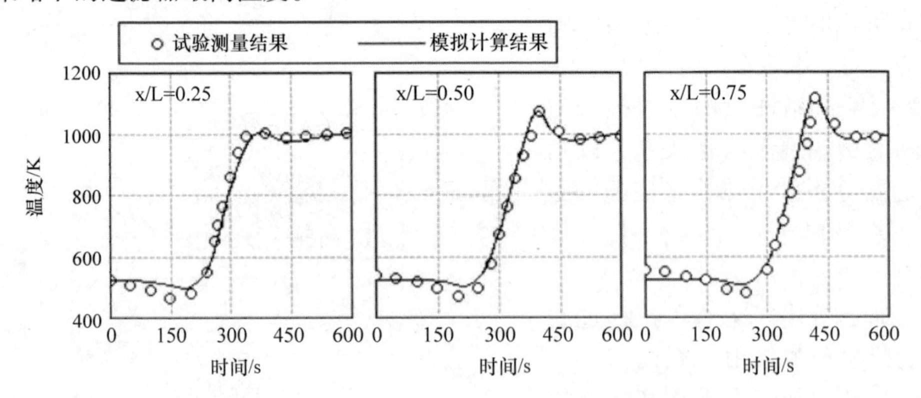

图 12.11　柴油颗粒物过滤器再生过程中，沿着过滤器对称轴在三个不同的轴向位置测量和计算（用于估算和优化反应参数）的温度变化曲线

如果将图 12.11 所示的一维过滤器再生模型的计算结果，通过试验数据校准以后，在满足下列前提，即所有子模型（通过几何尺寸描述得到的物质参数、传质与传热、DPF 的压力损失和流动、反应率等）均具有一致性的条件下，该 1D 模型的参数也可向 3D 模型传递。作为这种参数化传递的一个具体实例，图 12.12 显示

了组合式碳化硅过滤器再生期间，在某时间点上内部温度分布的情况。

由图 12.12 可以清晰地看出温度的径向分布。造成这种情况的原因是由于气流分布不均匀、径向热量损失，以及过滤器滤芯分块所引起的。后面的原因不仅导致了因分割壁（胶黏区域）存在使气流部分堵塞，而且也改变了过滤器通道内的流动，以及直接与分割壁接触通道内的炭烟沉积。由此产生的炭烟分布不均以及滤芯分块和胶黏区热力学特性不同，造成了单个管段和整个过滤器内径向温度分布明显的不均现象。借助于 3D CFD 模拟计算出的空间温度以及温度梯度的分布，可作为后续的热力学结构分析的基础。

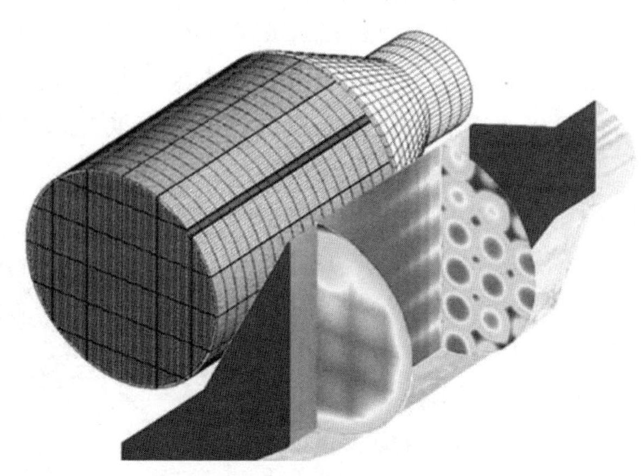

图 12.12　组合式碳化硅过滤器再生过程中滤芯的温度分布

12.5　喷射装置

排气后处理系统内喷射装置的任务是将流体喷入排气系统中。与此相关的两个具体实例为向载货车排气系统中喷入柴油或液态尿素溶液（wHL），喷入柴油的目的是用来促进颗粒物过滤器的再生，油滴在高温的排气中蒸发，然后在氧化催化转化器中发生反应，烧掉沉积在滤芯上的颗粒物，并提高了过滤器入口处温度。液态尿素溶液则是作为催化转化器中 NO_x 的还原剂，喷在 SCR 转化器前的排气气流中。

喷射装置的数值模型要解决的问题涉及液滴分布及其与壁面的相互作用、液滴蒸发的完善程度、静态混合的影响，以及压力损失和喷射的调节等。这些问题中的大多数只能通过 3D 计算方法（Birkhold 等，2006；Masoudi，2006）与相应的模型来进行研究。此外，在简化的假设下（例如液滴径向均质分布和完全蒸发）才可以用 1D 模型来研究喷射策略和调节算法（见第 12.6 节）。

在构建喷射装置的数值模型时，依据液态尿素溶液（wHL）喷射，针对其基本特征进行讨论，与此相应的物理和化学过程包括以下四个主要方面：

首先是液滴和气相的交换过程以及与此相应的质量、动量、能量和两相间的物质交换的平衡。在描述液滴蒸发时除了单个液滴在气流中的传送外，主要考虑的是传质和传热的问题。这种蒸发过程至少需要一个多元素模型来模拟水的汽化，以及液态尿素的热分解（生成氨和异氰酸）。

其次是液滴和固态壁面的相互影响，其程度的大小受碰撞速度，液滴回弹时壁面和液滴的温度，回弹时液滴变小或停留时间等的影响。

第三个方面主要是液滴在壁上的停留以及形成液膜的情况。对于这种壁面上的液膜，也必须像单个液滴那样，根据液态与气态之间的质量、动量、能量和组分交换，包括多元素蒸发以及与壁面的能量交换等来建立相应的平衡方程。

第四个方面是涉及化学反应的建模。这里除了 SCR 的催化转化外（见本章 12.3.2 节），还有异氰酸水解成氨的反应：

$$HNCO + H_2O \rightarrow NH_3 + CO_2$$

图 12.13 是喷射模拟的具体实例，图中表示的是液态尿素液滴的分布和尺寸。模拟结果有助于在阐明液滴分布、壁面液膜形成以及气态组分布的基础上，对不同喷射方案设计和混合器结构做出分析和评价，也有利于达到使氨在催化转化器入口均匀分布的目标。

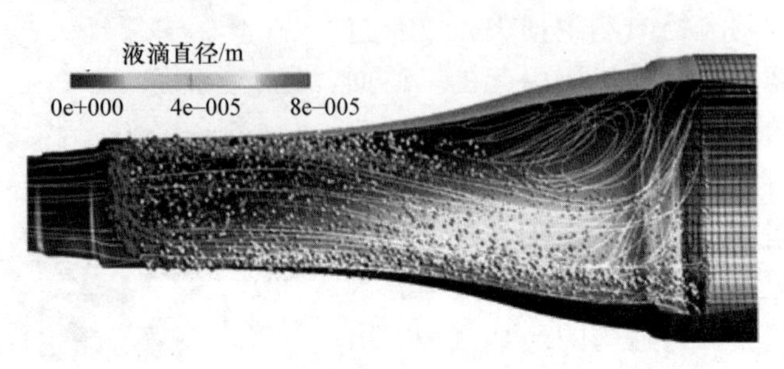

图 12.13　液态尿素溶液喷嘴和 SCR 转化器进口区域的液滴分布和尺寸

12.6　整体系统

对整个排气系统的模拟的目标是要在一个整体模型中计算由各种催化转化器、柴油机颗粒物过滤器，以及相应的喷射装置和管道组成的系统。碰到的典型问题涉及各元件之间的尺寸和排列、元件间的相互作用、整个系统的热力学特性，以及所应用的控制策略等。为了能在可接受的时间内研究这些问题，采用 1D 数值模型最为有效，这是因为对整体系统的研究往往要基于行驶循环工况来进行。图 12.14 描述了一个由氧化型催化转化器 DOC、柴油机颗粒物过滤器 DPF、尿素喷射装置、选择性催化转化器（SCR）和氨存储催化

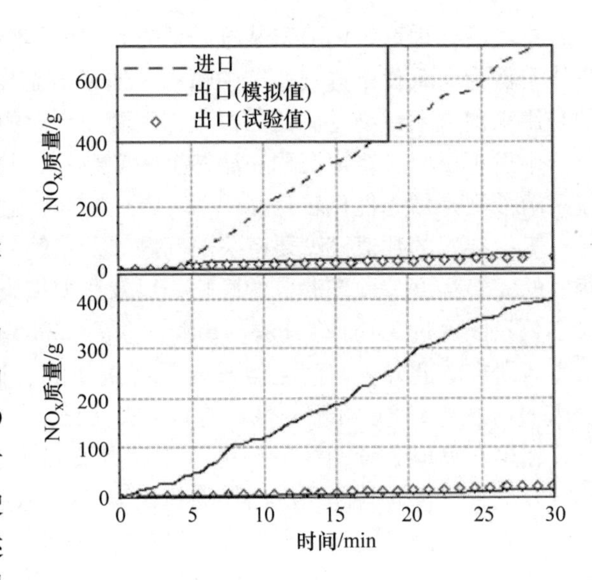

图 12.14　欧洲稳态循环工况（上）和欧洲瞬态循环工况（下）下的载货车排气系统中计算和测量所得累积 NO_x 排放的比较

转化器组成的载货车排气系统按行驶循环工况计算的结果。每个元件中的反应模型均通过试验数据来进行标定（例如起燃曲线），测量发动机未经处理的废气，即原始排放作为进口处的边界条件，对整个系统分别按欧洲稳态工况循环（ESC）和欧洲瞬态工况循环（ETC）进行计算。

图 12.14 显示了针对所研究的行驶工况下累积 NO_x 排放的试验与计算结果的比较。这种计算使得人们对循环工况排放的预测成为可能，从而可以在研发工作的早期阶段即为复杂的排气后处理系统的研究和优化提供依据。

12.7　术语表

$A_{F,n}$	通道的自由通流面积
α_{geo}	整体式载体的几何表面积
c	摩尔浓度
c_{jg}	气相中物质 j 的浓度
$c_{p,s}$	固相物质的比热
$D^{P}_{j,eff}$	有效多孔扩散系数
D_{eff}	有效扩散系数
d_1	通道直径
d_{hyd}	通道液力直径
F_n	摩擦系数
G_{zh}	传热的无量纲 Graetz（格雷兹）数
G_{zm}	传质的无量纲 Graetz（格雷兹）数
h_j	j 项反应的反应焓
k_w，$k_{rt}k_{ak}k_{rk}$	各层的渗透性
L_{Cat}	催化转化器长度
T_P	涂层厚度
MG_j	物质 j 的摩尔质量
$m_{russ,in}$	进口炭烟质量流
$P_{S,n}$	通道周长
P_g	气相压力
$p_{g,n}$	通道中压力
Δp_w	通过壁面的压力损失部分
Δp_{rk}	通过炭烟深度过滤层的压力损失部分
Δp_{ak}	通过灰分黏糊层的压力损失部分
Δp_{rk}	通过炭烟黏糊层的压力损失部分（总和）

r_i	i 项反应的反应率（折算至单位面积或容积）
S_c	无量纲 Schmidt（施密特）数
S_{rk}	糊状过滤指示剂
T_g	气体温度
T_s	壁面温度
T	时间
v_g	气相速度
$v_{g,n}$	通道中的速度
$v_{w,n}$	通过多孔壁面的流动速度
v_w	壁面速度
$v_{w,n}$	标准壁面速度
$w_{j,g}$	气相中物质 j 的质量比
x	x 坐标轴
y	y 坐标轴
Z_k	催化转化器中吸附物质的覆盖度
z	z 坐标轴
α	气相和固相物质之间的传热系数
β_j	物质 j 的材料过度系数
δ_{rk}	炭烟黏糊层厚度
δ_{ak}	灰分黏糊层厚度
ε_g	整体式载体的开式正面积
ε^P	涂层的可渗透性
η	多孔效率
λ_g	气相导热性
λ_s	孔壁导热性
ζ	摩擦系数
ρ_g	气相密度
$\rho_{g,n}$	通道中的物质密度
ρ_s	固相物质密度
μ	动力黏度
$v_{i,j}$	在 i 项反应中物质 j 的当量系数
Γ	自由表面

参考文献

AVL: BOOST Aftertreatment User Guide (2010)

Birkhold, F., Meingast, U., Wassermann, P., Deutschmann, O.: Analysis of the Injection of Urea-Water-Solution for Automotive SCR DeNOx-Systems: Modeling of Two-Phase Flow and Spray/Wall-Interaction. SAE Paper 2006-01-0643 (2006)

Brinkmeier, C., Opferkuch, F., Tuttlies, U., Schmeißer, V., Bernnat, J., Eigenberger, G.: Car exhaust fumes purification – a challenge for procedure technology. Chemie Ingenieur Technik **77**, 1333–1355 (2005)

Depcik, C., Assanis, D.: One-dimensional automotive catalyst modelling. Progress in Energy and Combustion Science **31**(2), 308–369 (2005)

Dieterich, E.: Systematische Bilanzierung und modulare Simulation verfahrenstechnischer Apparate. Wissenschaftsverlag, Aachen (1998). Doktorat, Universität Stuttgart

Froment, G., Bishoff, K.B.: Chemical Reactor Analysis and Design. Wiley & Sons Inc., New York, Chichester, Brisbane, Toronto, Singapore (1990)

Kirchner, T., Eigenberger, G.: On the dynamic behaviour of automotive catalysts. Catalysis Today **38**, 3–12 (1997)

Masoudi, M.: Bosch Urea Dosing Approach for Future Emission Legislature for Light and Heavy Duty SCR Applications. 9th DOE Crosscut Workshop on Lean Emissions Reduction Simulation, University of Michigan (2006)

Missy, S., Thams, J. Bollig, M., Tatschl, R., Wanker, R., Bachler, G., Ennemoser, A., Grantner, H.: Computergestützte Optimierung des Abgasnachbehandlungssystems für den neuen 1.8-l-Valvetronic-Motor von BMW. MTZ, 63(2-12):1203-1212 (2002)

Ogyu, K., Ohno, K., Sato, H., Hong, S., Komori, T.: Ash Storage Capacity Enhancement of Diesel Particulate Filter. SAE Paper 2004-01-0949 (2004)

Perry, R.H., Green, D.W.: Perry's Chemical Engineers' Handbook. Chemical Engineering Series, 7. Aufl. McGraw-Hill International, New York, St. Louis, St. Francisco, Auckland, Bogota, Hamburg, London, Madrid, Mexiko, Montreal, New Deli, Panama, Paris, Sau Paulo, Singapore, Sydney, Tokyo, Toronto (1997)

Peters, B., Wanker, R., Muenzer, A., Wurzenberger, J.C.: Integrated 1d to 3d Simulation Workflow of Exhaust Aftertreatment Devices. SAE Paper 2004-01-1132 (2004)

Wurzenberger, J.C., Auzinger, G., Heinzle, R., Wanker, R.: 1D Modelling of Reactive Fluid Dynamics, Cold Start Behavior of Exhaust Systems. SAE Paper 2006-01-1544 (2006)

Wurzenberger, J.C., Kutschi, S.: Advanced Simulation Technologies for Diesel Particulate Filters – A Modeling Study on Asymmetric Channel Geometries. SAE Paper 2005-01-1137 (2005)

第13章　复杂开发过程的对策

Christian Beidl 和 Hans – Michael Koegeler

从技术的角度对前述章节进行总结可以看到，近年来内燃机驱动装置在油耗和排放性能方面有了明显的改善。这中间起决定性作用的除了发动机内部的工作过程改善以外，更主要的是依靠智能化的控制和调节系统。后者不仅使新技术的应用成为可能，而且进一步拓展了优化整个动力系统的潜力。但这也增加了开发过程的难度，对于车辆发动机尤甚。就所有的动力系统而言，这是不容忽视的关键所在。因此，只有让系统性的模型具有较大的自由度，并能考虑到整个系统的特性来进行所有目标的优化，整个研发过程才能取得成功。

为此，必须考虑一些重要的边界条件。例如，车用发动机需要在宽广的负荷和转速范围内运行，因此应当对其逐点进行优化，但这在一般情况下是很难完全做到的。此外，对于用户十分重要的有害物排放等性能，主要也是由瞬态工况来决定的。

总体而言，内燃机作为机电一体化产品的研发过程，其机械和电子两方面必须互相协调一致，才能得到优化的结果。在这方面将来还会有很大的发展潜力，也就是说要采取机内措施，使发动机工作过程更加优化，另一方面，也可以通过与机电的有机组合实现动力系统的进一步优化。混合动力传动由于添加了一个维度而增加了复杂性，这是因为其中的传动策略，也就是内燃机和电机驱动转矩的分配，受到很多运行参数的影响。这里依据传统运行工况点的优化方法已不再适用。从全局观点来看也还有许多必须考虑的因素，例如要适应多种燃料的现状。还有一个例子是高负荷发动机的小型化，它们必须满足更安全可靠运行的要求。

在上述领域已提出很多方法和程序，由此可以得到进一步的成果。目前的趋势是让这些分析的方法在早期就介入研究工作，以便尽早确定所希望的驱动系统特性，并通过模型优化得到结果。除了优化方法本身以外，持续的数据积累和校准也很重要，为此需要借助于有力的工具支撑（Dobes 等，2007）。

此外，现代的控制装置也有许多附加功能，使无法通过测量获取的参数的预测成为可能，这一点对调节和监控发动机至关重要。与此功能相关，有效数据化也因此成为整个研发过程的组成部分。

以下的具体实例主要集中在应用和功能的数据化方面。

13.1　优化策略的必要性

通常的优化步骤，也就是从试验方案、数据采集、建模直到优化是所有研发工作的基本过程，也是工程技术人员一直信任的方法。如今仅仅依靠计算机的支持就可以在建模和优化方面应用统计数学的知识，但这并不是机械工程学科教材的主要内容。因此，在本章中作者采用简单的以结果导向的方式和方法，来介绍开辟新途径的可能性。

对此，图 13.1 中用框图形式表示了基于模型的优化流程。

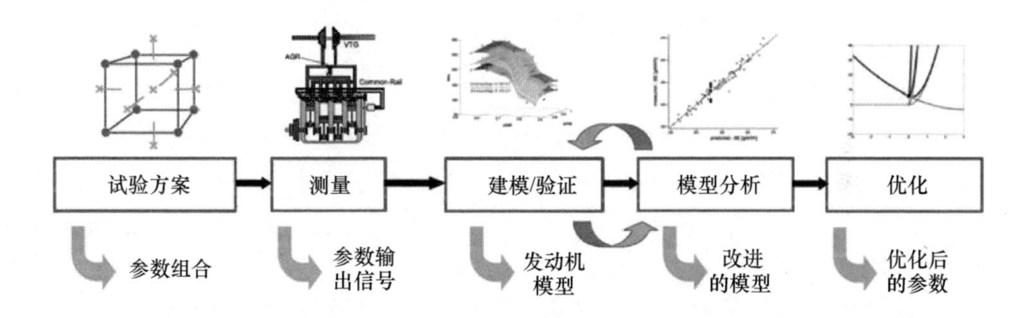

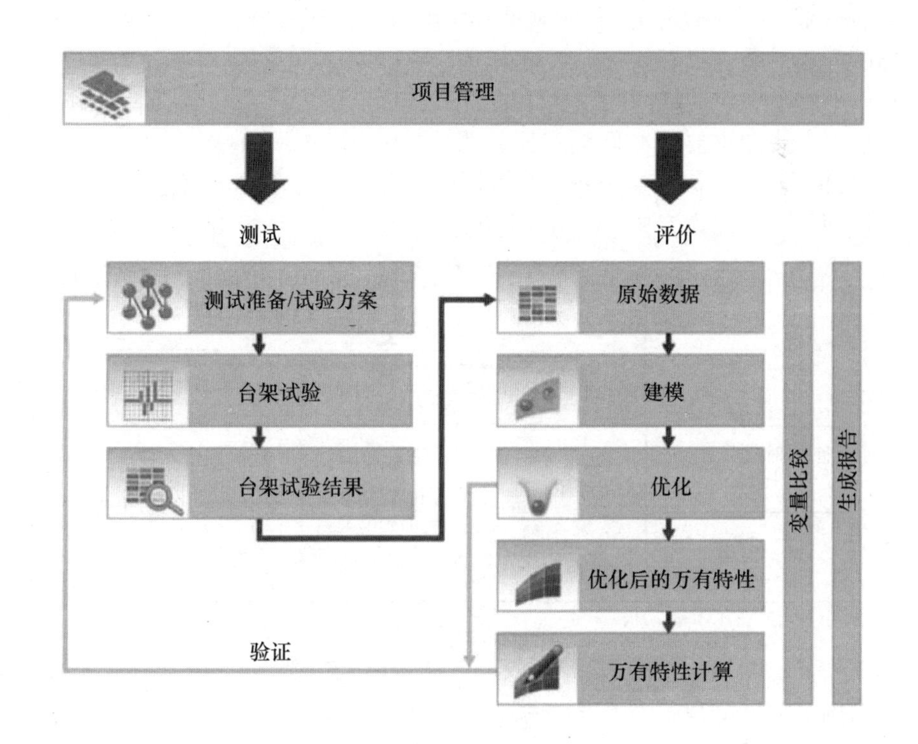

图 13.1　基于模型的系统优化项目流程框图（ktter，2008）

发动机特性“没有拐角”，但也不呈“线性”。因此迄今为止人们还是习惯于通过有目的调节少许变量（例如喷射压力）来考察测量结果（油耗/排放）的走向，从中找到该调节变量的最佳值。

在这个过程中，已包括所有依靠模型优化流程的元素，对于研发人员而言，“建模直至最优”过程，是“通过视觉凭经验对测量结果曲线进行光顺，并结合基本物理概念”在头脑中实现的。

有趣的是，有经验的研发人员面对多维度空间也能游刃有余，甚至可以识别测量错误，以及考虑在测量数据中不能直接得到的边界效应。

如今高能力的网络化思维可以在4~10维度空间内追查有用信息，并选择最优参数来有效地提高机电一体化技术的潜力。

13.2 模型的建立

每个研发工作开始时都会遇到一个基本问题，即怎样定义研发目标中“最优化的解决方案”。这个问题直接决定了下一步的工作计划。例如，对于一台柴油机排放优化的任务可以是：

“请设置6个与燃烧相关供发动机控制用的万有特性场，使车辆一方面按NEDC（新欧洲行驶循环）行驶时满足欧6排放的目标，另一方面需要在满足这个排放标准的边界条件下燃油耗降至最小。”

在以下章节中对此类问题用具体的例子进行描述之前，有必要对模型的概念，即数值模拟方法的重要核心问题有比较明确的认识。模型的概念通常可以定义为“实际情景的写照”。因为这个概念在不同的专业领域有不同的表述，图13.2表示了内燃机领域所应用模型概念的分类情况。

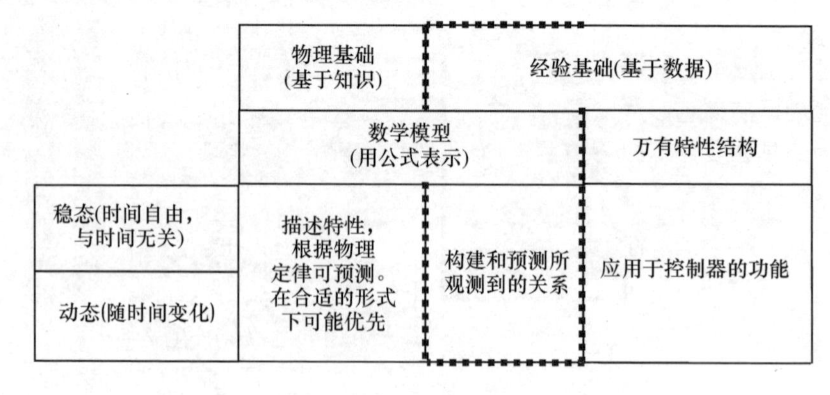

图13.2　为说明“模型”概念给出的数学模型分类

在内燃机研发过程中，上述所有各种模型类型均可能碰到。在开发初期，模拟计算有助于开发决策。研发所使用的计算软件大部分基于物理定律导出的数学模型。

研发过程的末期起主要作用的是基于数据的模型，例如控制器功能中所使用的模型。为了进行有效的控制，这些模型储存了相应设备在实际运行中难以测量的信息。这里“控制器标定”的主要研发任务也包括所有万有特性场结构的数据，它们对于动力单元的总体特性有着关键影响。

在研发的过程中一定要利用系统的、借助于模型的方法来进行优化，经常使用的是基于数据的数学模型，它们包括：

- 基于测量的或者模拟计算得到的数据结果。
- 以数学方程式的形式给出模型。

下面将详细介绍这类模型。

例如，可以给出燃油消耗率在内燃机某些特定工况点（转速/负荷组合）与调节参数（如喷油始点、高压共轨压力和 EGR 率等）之间的函数关系式。一旦得知发动机的各项指标和参数，如温度、排放和涡轮转速等以后，即可用数学优化方法在设置发动机的喷油始点、油轨压力和 EGR 率等方面进行优化。优化时必须先有相应的目标函数（例如最低油耗）以及任意可选的边界条件（例如温度、排放限值和/或涡轮最高转速等）。

这种借助于数值模型的方法有很多优点：优化工作本身不必在一开始就依靠测量进行；在整个研发领域，人们可以通过模型的预测对总体方案做出统计学的评估，采用优化算法可以在相对较短的时间内，在多维度试验空间里迅速找到合适的解决方案，可以指明下一步的研究方向，或者也可以找出在所开发空间内达不到要求的理由，以提高开发过程的透明度和效率。

建模过程中根据自身经验观测到的各种现象的相互关联性，在较窄调节范围内通过线性化的模型（平面、超平面）来逼近。对于发动机通常的调节范围，针对运行工况点建立的典型模型，要求达到相互作用的两阶甚至更高阶。若将模型限制在一个运行工况点则是局部模型；反之，若以转速和负荷作为自变量则为全局模型或部分全局模型，它们可以用来描述发动机全部或部分工况的情况。

作为一具体实例，以下方程式（13.1）为利用相互影响的二次多项式描述燃油消耗量的局部模型：

$$\begin{aligned}\mathrm{BH} = a_0 + a_1 \cdot S + a_2 \cdot S^2 + b_1 \cdot R + b_2 \cdot R^2 + c_1 \cdot A + c_2 \cdot A^2 \\ + d_1 \cdot S \cdot R + d_2 \cdot R \cdot A + d_3 \cdot S \cdot A\end{aligned} \tag{13.1}$$

式中　BH——单位时间的燃油消耗量（kg/h）；

S——喷油始点（上止点前的曲轴转角）（℃A）；

R——高压共轨压力（bar）；

A——废气再循环（EGR）率（%）；

$a_0 \sim d_3$——多项式系数。

为了使方程尽可能满足待求结果的数量，本例中需要有 10 个系数。通常要求采用最小二乘法。多项式方法为利用统计学的试验设计（Design of Experiments，缩写 DoE）提供了可能性。对于式（13.1）所示的这种模型结构，在研发空间范围内利用 DoE，对于模型系数的确定在数学精度方面比较有利，为此可以建立一个有 17～20 个测量点的试验计划。为了验证试验结果的可再现性（Kleppmann 2009），已经对起始点进行了多次重复测量。作为比较：在每个方向分成 5 个档次，需要进行 125 次测量，这还不包括验证可再现性的试验。

如果需要模型描述跨工况点的发动机特性，则通常要求在多项式中采用更高阶的模型项。建模时应当注意，只允许在模型方程式中出现显项。为此要求研发人员尽量利用带合适算法且功能强大的相关软件来识别这些显项。

另外，为了能够提供足够的测试数据信息［（Bittermann 等，2004）和（Castagna 等，2007）］，在考虑研发计划时，应选择尽可能完美与昂贵的模型方案。

除了多项式模型外，神经网络模型也属于此类基于数据的数学模型。它们大多以上述思路为基础，通过多个简单的多项式模型以适当的权重函数进行组合，以便对非线性现象进行描述。式（13.2）以 INN 型（Keuth，2005）为例，介绍了此类神经网络模型的基本结构。

图 13.3 给出了权重函数变化过程的经验公式，权重函数的总和应当为 1，应以此作为子模型组合的准则。

$$\hat{y}(u) = \sum_{i=1}^{m} \Phi_i(u) \cdot \hat{y}_i(u, \Theta_i) \tag{13.2}$$

式中 $\hat{y}$——整体模型；

$\hat{y}_i$——子模型；

u——输入变量矢量；

m——局部子模型数量；

Φ_i——子模型 i 的权重函数；

Θ_i——子模型 i 的系数矢量。

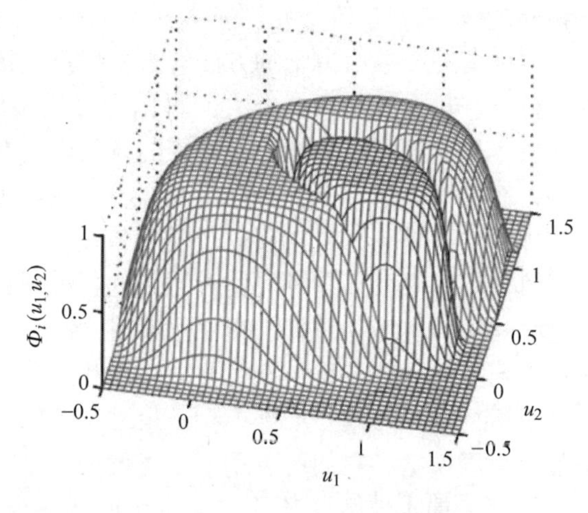

图 13.3　子模型组合的权重函数

有关这方面建模的详细情况可以参阅相关的文献（Altenstrasser，2007）。

在图 13.2 中还描述了基于数据的数学模型的其他基本特征：它们可能是稳态的或动态的（Isermann，2010；Altenstrasser，2007；Hametner，2006）

如式（13.1）或式（13.2）所示，如果一个确定的参数组合可以直接精确地获得一个确定模拟的结果［例如燃油消耗量（kg/h）］，则这种模型称为稳态或不随时间变化的模型，因为它们的结果与时间无关。

与稳态模型不同的是，在动态模型中，很重要的一点是在输入变量中包括导数项，因为其输出量也是随时间变化的。为此，通常是通过对上一循环时间上滞后值的积分来处理的，具体做法如式（13.3）所示。

$$\hat{y}(k) = \sum_{i=1}^{M} \boldsymbol{\Phi}_i(k) \cdot \hat{y}_i(k) \tag{13.3}$$

$$\hat{y}_i(k) = \boldsymbol{x}^{\mathrm{T}}(k)\theta_i$$

$$\boldsymbol{\Phi}_i(k) = \boldsymbol{\Phi}_i[\boldsymbol{x}(k)]$$

$$\boldsymbol{x}^{\mathrm{T}}(k) = [u_1(k-1)\cdots u_q(k-m) \quad y(k-1)\cdots y(k-n) \; -1]$$

式中　$x(k)$——在 k 时间点的输入矢量；

m，n——输入和输出的系统阶次；

M——局部子模型数量；

$\hat{y}$——总体模型；

$\hat{y}_i$——子模型 i；

$\boldsymbol{\Phi}_i$——子模型 i 的权重函数；

θ_i——子模型 i 的参数矢量。

图 13.4 表示了稳态和动态模型的本质区别：对同样的输入变量矢量 u，动态模型不能立即得到稳态的终值，而只能随着时间的变化逐步逼近最终解。

对动态模型的测量，必须首先要制定试验计划，而且要考虑时间元素（AFS，APRBS 等；Isermann，2010），但要有效地实施还需有扎实的专业知识，即使如此与稳态（与时间无关）的 DoE 建模相比，离工业实际运用仍有一段距离。

图 13.5 以气缸内部压力为例，说明了动态模型在哪些领域是值得和必要的。

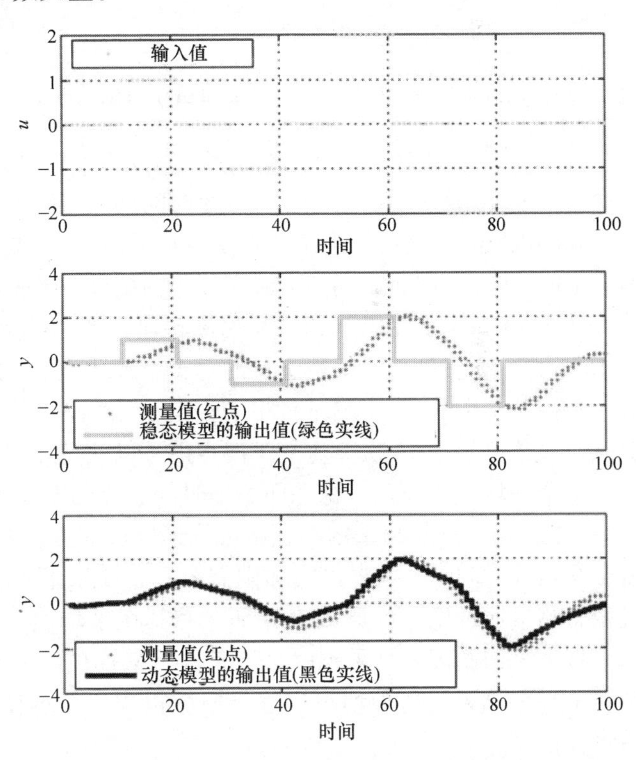

图 13.4　稳态和动态模型工作原理的比较

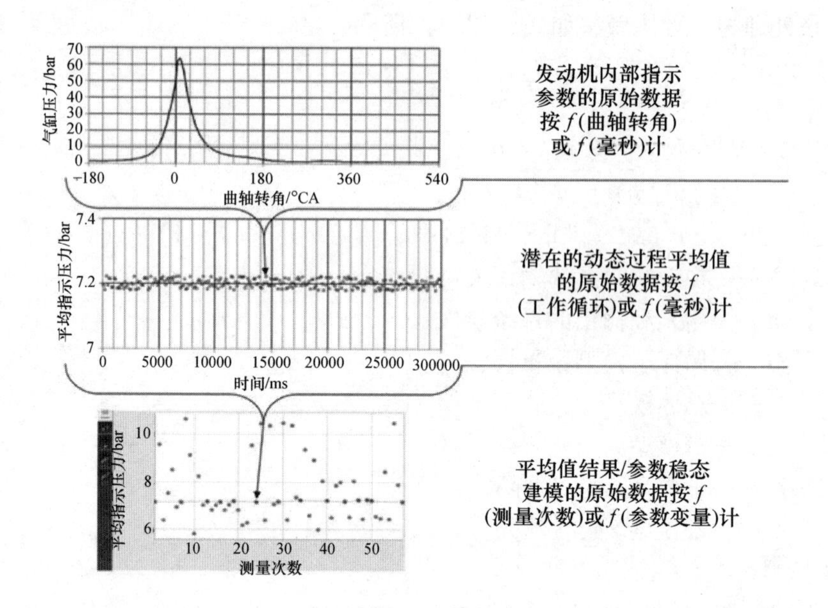

图 13.5　以载货车发动机为例，其转速 800r/min 时，气缸压力和相应参数随时间的变化情况

为此，需要考虑在内燃机运行的各时间层面上建模所需原始数据的产生过程。3 个子模型在时间层面上各自划分为 1000 个时间点，对其可以或必须分别进行观察。

发动机内部过程是“快速（MegaHz）层面”，人类可以察觉到的发动机动态过程是“中速（kHz）层面”，至于稳态的平均值结果则可视为低速的“结果层面”。

在图 13.5 下部可以看到当发动机转速为 800r/min，且踏板位置固定时，平均指示压力在 30 多秒的时间里进行的每个稳态测量值的变化情况。试验计划包括针对 6 个控制参数的 57 次测量。将平均指示压力为 7.2bar 的起始点作为验证重复工况点，总共测量了 14 次。重复工况点的不同测量结果给出了试验可重复性的极限。

每个平均值代表一个稳态即不随时间变化的发动机状态，它们是通过 30s 内的 250 个工作循环计算出来的。在此平均速度层面上，构建单个工作循环的边界条件需要几秒钟时间，而在温度方面则需要几分钟才能到达稳态状态。此处描述的发动机稳态测量通过稳定性原则来保证，使其在平均值建立前即达到所期望的稳定状态。每个工作循环的结果也就是该条件下最高的动态变化过程（此例中为 720°曲轴转角）的结果。这种动态过程与内燃机中发生的变化相当，而且在稳态工况下始终存在。

从这个例子可以看出如何利用合适的参数变量（如此处的平均指示压力），在建模初期有效地避免立即采用基于数据的动态模型的必要性。例如，若要获得在最大的许可峰值压力条件下达到功率最优化的气缸压力变化过程，只需对相应的变化参数进行调节，从而达到在此峰值压力下的最大平均指示压力。这里，若只对参数“平均指示压力”和“峰值压力”进行优化，采用不随时间变化的稳态模型即已足够，而毋需用随时间变化的整个缸内压力来建立动态模型。

然而，动态建模在中等到慢速层面是最为有效的，因为作为优化发动机内部过程的边界条件可能出现得比较迟缓，所以对与时间相关的预测和描述只适应于相对较慢的过程。当可以正确预测这些参数的动态变化时，就可以将在试验室台架上对内燃机进行控制的“试验”移植到办公室中，借助于优化算法用虚拟方式进行动态的调整和优化工作，然后回到现实条件下进行验证。这尤其适合于对暖机过程以及进、排气通道内与气体动力学现象（也可能还有涡轮惯性的影响）相关参数的研究。

13.3　模型优化方法

从理论上讲，模型有以下优化方法。

a）完全网格化。对每个特性场网格支撑的各相关区域内的所有变量均进行网格化。将每个工况点的测量值根据适当的加权求和，最后从中选出最合适的结果。有关试验花费可以做如下粗略估算：若每个影响参数有 5 个等级的变化，每个测量点有 6 个影响参数，则需要做 $5^6=15625$ 次测量，假定每次测量的平均时间大约需要 3min（包括必要的调节和等待稳定的时间），则大约需要用一个月时间进行不间断、无故障的台架试验，才能得到测量网格上一个工况点的影响结果。

b）“直观迭代法/在线优化——目标导向”：减少试验费用最基本的方法是“根据经验”最大限度地限制试验数量。对 a）项中的试验点不要完全网格化，而是“凭感觉”，直接在试验台架上以手动方式反复进行测量。但是此项工作只在少部分与研发目标有关的变量区域内进行操作，为此，试验人员需要在脑海中比较所有相关的测试结果，然后进行下一步测量，以尽可能接近最优化的方案。

c）基于模型优化的 DoE：当采用基于模型的方法时，也可以类似地减少试验费用。这也就是说，首先要制订试验计划，接着根据测试结果建立具有足够精度的经验性模型：

- 其系统输出参数（如 NO_x 和 HC 排放、燃油耗、排气温度、气缸峰值压力、燃烧稳定性等）取决于设置情况。
- 设置的参数（6 个与所研究工况点燃烧相关的调整参数，如喷油始点、共轨压力、预喷时刻、预喷油量、EGR 率、增压压力）。

于是，相关的研发人员可以应用这些模型，给发动机万有特性参数的优化提出建议（Koegeler 等，2001）。

d）基于模型的在线优化——目标导向：此处是根据 b）项方法自动运行的，因此不要求试验人员强制进行心算和持续无差错地观察所有相关的测量结果，而是在试验过程中根据已有的数据自动构建下一步的简化模型，从而节约试验时间（Haines 等，1998）。

e）基于模型优化的 DoE——利用在线自适应功能：方法 d）项的主要缺点在于模型只是在其所建立的“在线优化”的区域内有较高的精度，但在其他大部分试验区域内几乎不可能进行预测评估，当优化目标改变时，必须重新进行试验。此缺点原则上可以通过方法 c）来避免，因此根据有用的信息，在测试过程中进行自动在线自适应过程是非常有意义的：

• 首先试验计划中会经常出现“行不通的设置组合方案”，但是发动机仍然可以运行。因此，需要有一个合适可靠的调节程序，以确保发动机仅在定义的边界（例如：最大爆燃频率或最大峰值压力，最大燃烧不稳定性或最高废气温度等）内运行。通过所谓“筛选过程”，从一个确定行得通的起动工况点开始，探索设备可运行调节区域，将所有计划的变量点均移入到这个区域。因此，DoE 在发动机关键性区域内的应用是非常必要的，然而这一般仅仅出现在随后的建模中。从数学的建模理论的观点来看，采用这种方式会使原来比较恰当的试验计划走样，致使模型质量变差，从而需要随后进行补测工作。

• 其次，在第二项基本的在线匹配中，检查试验计划的质量是随试验的进行自动实施的。必要时还通过额外的测量点得到补充，从而减少原始试验计划的质量保证（Beidl 等，2003）。

• 最后，对预定义的发动机响应参数也会在运行时自动进行建模，在单个通道出现偏差的情况下，允许进行额外的在线互动与重复测量。实际优化也可以伴随运行过程进行，当然也没有在其他变量区域内的限制，也无须担心模型的质量（Kuder 等，2003）。

• DoE 方法主要是在试验计划中有目的地构建数据重复点，由此可以在随后构建模型时，以重复点的测量结果来校正模型计算的偏差。为此，一方面要从统计学观点建立合适的模型，另一方面需要注意提高测量精度（Eiglmeier 等，2004）。

考虑到成本和时间上的花费，目前典型的优化方法并不采用方法 a），而是采用方法 b）~e）。

上述方法 b）虽然对有经验的试验人员来说在某些情况下要比用方法 c）快得多，但其缺点在于结果的不可追溯性。只要目标有少量的变化，例如燃烧稳定性的边界条件的改变，就会导致车辆舒适度的降低，因而必须重复进行全部的测试。

基于模型的方法（方法 d）除外）的另一个优点在于能够扩展变量应用的潜力，也就是说可以根据在一种发动机上的测试结果对各种车辆变型进行不同的优化。

13.4 模型优化实例

下面介绍几个系统的、基于模型的优化方法的例子。

13.4.1　乘用车柴油机的排放优化

对柴油机而言，它部分负荷区域的稳态参数是满足日趋严格的排放法规的重要前提。此处简要介绍它的主要任务如下：

“6 个由发动机控制与燃烧有关的特性场是这样来设置的：一方面使车辆达到 NEDC（新欧洲行驶循环）工况下的欧 6 排放法规的目标，另一方面要在此边界条件下尽量减少燃油耗。”

由此可知，必须测量动力装置按 NEDC 规定的工况运行时的参数，试验时要注意特性场调节中各个参数的组合。每次均必须至少测量有害物的排放和燃油耗。

上述工作常通过发动机试验来完成，为此试验台架必须配置：

- 测功器。
- 开放的发动机控制单元，以及用来调节发动机相关特性曲线场的应用系统。
- 通过压力指示测量技术来监控燃烧过程。
- 测量发动机排放和油耗仪器。

例如，此项开发工作可以通过市场上的 AVL－CAMEO 软件来进行。该软件支持系统性的、基于所有模型的优化方法，并能在试验期间提供试验设计计划自适应匹配所需的起动策略。以下将用基于模型的优化方法实例来说明此软件的工作流程。

为了有效地利用基于模型的方法来优化，要从试验设计计划开始。首先，要确定所研究的内燃机在目标应用程序中的负荷谱，这可以通过对所研究车辆按 NEDC 工作时的数值模拟计算来实现。根据对发动机万有特性场中的转速和转矩状态的跟踪，提取 11～17 个运行工况点以及相应的权重系数，权重是根据动力装置在每个工况点附近停留的时间长短来确定的。通过如此得到的负荷谱图，可以对每个工况点进行加权求和来估算车辆在 NEDC 下的有害物排放和总燃油消耗量。

图 13.6 显示了发动机 11 个运行工况点的分布。对每个运行工况点，应该确定有害排放物、燃油耗、噪声、气缸峰值压力和排气温度的局部模型。其中，NO_x 对 6 个设置参数的多维度的依赖性可以通过截面图来描述。尽管 6 个设置参数图像的走向为 6 个不同的方向，但所有 6 条相邻线段的变化均可通过 NO_x 模型的截面来获取，由此可以根据每个光标位置对应的斜率得出各个设置参数变化对 NO_x 模型的影响。其中一个图中光标的移动会影响其他 5 张截图的变化。

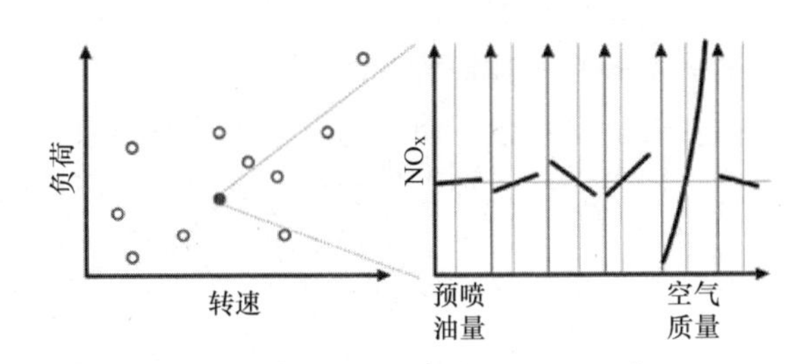

图 13.6　按新欧洲行驶循环（NEDC）的负荷谱以及有 6 个输入参数的局部 NO_x 模型截面图

通过这种可视化的方法，可以使我们基本上只能识别三维空间的大脑，进入想象更高维度的境界，并能从中直接找出其间的相互联系，否则的话这些现象在现实中只能通过数学方程来描述。

在实施试验设计计划时，对于带6个与发动机燃烧相关的参数（主喷油始点、共轨压力、空气质量、预喷提前量、预喷油量、增压压力）的局部模型和调节范围，给出了对于每个工况点进行55次测量的变量清单。因此，采用所谓D优化的DoE设计法，利用已知条件来确定多项式的阶次（图13.7）。

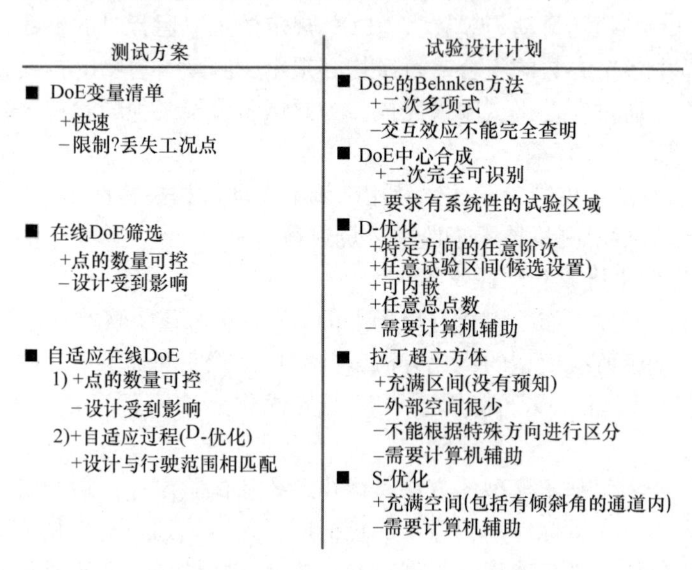

图13.7 内燃机试验设计计划及其实施方法

根据经验可知，若将发动机测量参数对预喷提前期的依赖程度用二次多项式来建模，在有些情况下效果可能很差。因此在这个变量方向上需要有更高的测量密度，至于预喷提前期的影响可以采用四次方以上的多项式来表达。

此项试验设计计划首先适应于数学-统计学准则的优化，即根据经验为多项式方程选择合适的系数，使其与发动机测量结果相匹配。当然，开始并没有考虑到所要求的设置组合是否都在发动机的驱动工况区域内。试验人员仅定义起始点以及特性场边界，一方面对每个运行工况点要确保可行驶的起动调节，另一方面保证所有运行工况点均在有意义的调节区域内。

在台架试验中当按此项试验设计计划运行时，若其每个参数设置组合造成排气温度和气缸峰值压力过高或炭烟太多的话，试验基本上就应当终止。在这个部分负荷优化的例子中，喷油压力和排气温度的影响仅占次要位置，而监控烟雾的产生才是起决定性作用的：一方面在设置组合中已经对原始排放中过高的炭烟排放值做出了限制，但这不是主要的，而另一方面，排气系统经受更强的负载，因此需要实现台架的自动化运行。例如，要重视夜间或周末的试验情况。对此，在这个案例中配置了一个透光式烟度计，其烟度值作为最大允许的“极限”值。

为了使这种试验设计计划能够顺利运行，可以通过上述的软件来拟定以下试验方案。它由一个运行工况点和一个变量层（“2 层策略”）组成。在运行工况点层面，对向外输出机械功的运行工况点参数如转速和转矩进行调整，试验台架则保持不变。而在第二个层面对 6 个变量进行调节变化，将其作为模型输入项用于局部模型的建立。总的说来，对于 DoE 来说最基本的 3 个测试方案如下所示：

1） DoE 变量清单。

2） 在线 DoE 筛选。

3） 自适应在线 DoE。

从所有 3 种策略可以得出：运行工况点应当可调而且在变量清单中第一个工况点是可运行的，即不存在超限的情况，因此，它们在第二个层面的变量清单上有所区别：

1） DoE 变量清单：直接确定 DoE - 计划。在参数超限的情况下，通过参数设定组合可以立刻避开这种情况并停止测量，而且在清单上删除此项工作。

优点：若无边界值受损情况时，非常快速且直接。

2） 在线 DoE 筛选：在此项策略中，根据观测到的边界值受损情况来修改 DoE 计划：

在第一步（筛选）中，将参数变化点以较小步长向设计点逼近，使测量点尽可能多地向可运行边界延伸，以便同时能确定可运行区域。

优点：可以获得精确的参数工况点的数量，也可能延伸到可运行区域。

3） 自适应在线 DoE：此项策略第一步和在线 DoE 筛选相同，当然在工况点再次远离之前，第二阶段的设计要与确定的可运行区域相匹配。

第二步在超过 4 个维度的空间中，还要检验与所期望模型阶数有关测量点的分布，并根据 D - 优化设计方法补充测量点（D - 优化自适应）。

因此可以保证在随后的模型构建中，变量范围内工况点的状态应使模型项肯定得以识别。

图 13.7 从内燃机研发需求的观点来看，用列表方式表示了“测试方案”或“试验设计计划”两方面的主题。有关对右侧列出的试验设计计划的详细描述可以参考相关文献（Kleppmann，2009），此处仅总结了与此计划中建模可能性相关的主要特性。

图 13.8 描述了有 11 个工况点设定参数的六维度空间中的三维剖面图。例如，从黄色标识线调整路径上可以看到一个测量点（黑色方块）充分反映了共轨压力、增压压力和预喷燃油量（方向依次向下）的最大调整值。与此相反，另外测量点由于用剩下的其余 3 个参数调整时已经出现超限情况（红色交点），因此需将相关的测量点移进到可运行区域。

从上述流程中可以发现，部分实际测量点与计划测量点有较大偏差，这是由于运行工况安全性和优先权导致的。因此为了确保在六维度空间中建模所需要的测量点能够适当分布，需有在实际可运行区域的自适应结果。

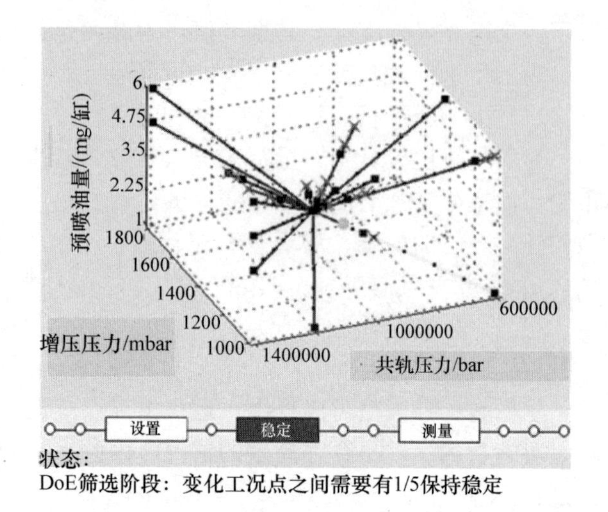

图 13.8　在筛选阶段探测可运行区域

缩短测量阶段试验时间是DoE在发动机上有效应用的关键因素。因为只有这样才能保证实验结果的最大稳定性。此项目可以借助于对参数边界值（如 NO_x 和烟度）和调节极限值（如 EGR 的调节偏差）的持续监控，通过对试验范围额外的限制来达到。

另外的潜能可以通过流程优化来发挥，例如在发动机稳定阶段对测试仪器进行初始化（复零）。综合以上措施能够减少 50% 的测试时间。因此完成 11 个工况点的全部测试工作只需要 7～9 天的时间。同样重要的是采用高质量的试验台架和测试仪器先进的测试方法，并为测量手段使用的测量仪器以及整个系统创建优化的环境等（Bittermann 等，2004）。

对运行工况点成功地进行测量以后，可以得到分析所需的数据以构建燃油耗 BE 和 NO_x、CO、HC 排放以及炭烟值和燃烧噪声等的模型。

上述软件可以提供多种功能来使建模标准化。首先可用图表的形式对原始数据的可信度进行评价。进一步再利用已经建立的模型对数据进行验证。从统计学角度来看检测数据是否异常，正态分布图是一种合适的工具，利用它可以识别所有数据中不可信的测量值。在图 13.9 所示的正态分布图表中，将模型值和测量值之间的偏差（残差）沿着 x 轴标出，即能清楚地发现异常测量值，它们不能再供建模之用。另外图 13.9 中还表示了所选模型种类（2 阶模型）十分合适，因为它所有残差均符合正态分布。它们都基本上分布在理想的反映正态分布残差的累积频率线附近。表示失真现象的“S－形”曲线与直线之间偏移量比较，可以通过 y 轴两侧的对数坐标读出。

这样得到的回归模型给试验人员在可测量的试验区域内提供了预估发动机特性的可能性。此外，模型还能帮助他们从统计学的角度出发，在模型的可信性和可预测区域内区分出对发动机性能影响重大的测量误差。

建模的核心在于所谓的截面图，这些图形可以将发动机调节参数对重要测量参数的影响在多个 $X-Y$ 图中展示出来。图 13.10 所示即为在遵循给定的燃油耗和炭烟限值的条件下，达到最低 NO_x 排放的优化参数组合。另外，也可在优化工况点

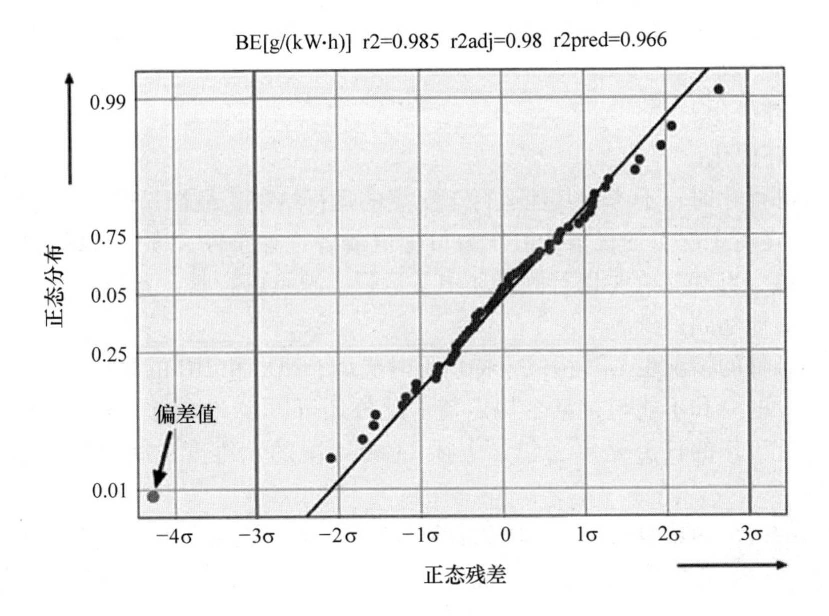

图 13.9　用以识别数据偏差的正态分布图

进行验证测量。在截面图中还展示了预测区域，以及需要测量的试验区域。

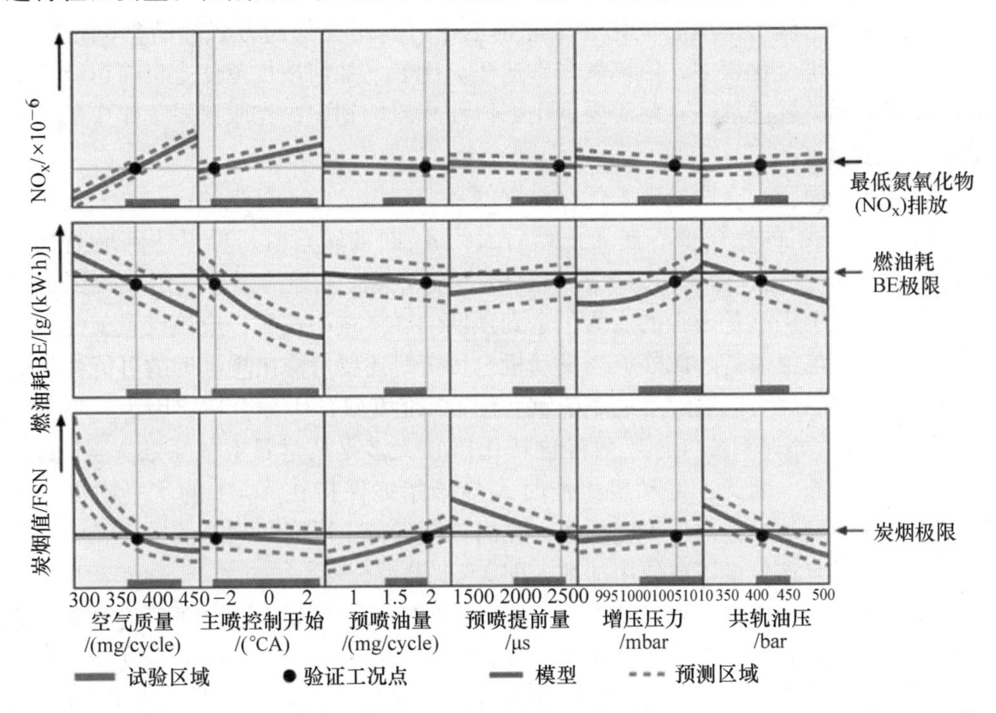

图 13.10　最优验证点的截面图

此处展示的优化工况点是根据每个运行工况点各自的局部模型来获得的。它们有以下两种，即

- 局部优化。
- 循环优化。

当局部优化时，不考虑其他运行工况点的运行结果，最初只提出优化任务，以所有 11 个运行工况点加权求和值作为目标值或者边界条件。作为目标函数要求绝对燃油耗值（kg/h）在乘以行驶循环中各运行工况点的权重，并对所有 11 个工况点求和以后能达到最低。

边界条件的情况也与其相似，特别是对炭烟、NO_x 和 HC 的排放而言，它们在行驶循环中的总和不能超过某个规定值。此外还可以定义特定工况（如噪声）的限值，优化工作的任务是要在包含上述 11 个工况的六维度空间内找到最合适的结果。

最后的验证测量也很重要，因为针对 11 个运行工况点，尽管能够实现所建议优化的概率很高，但毕竟未得到验证，此项工作最终只能通过仔细的验证测量才能实现。

13.4.2 汽油机的全负荷优化

在柴油机中基于模型的优化方法原则上也可以用类似的方式移植到汽油机上来，尽管汽油机变化很多，但仍然非常适用。例如，如何按规范使全负荷运行的发动机实现最低的燃油消耗，就需要利用好以前积累的知识，克服研发工作中的种种困难。

对汽油机而言，有两项有关优化设置的基本知识是必不可少的：

1）当汽油机的燃烧重心在上止点后大约 8 °曲轴转角时，可以达到最高热效率，但 EGR 率变化、增压压力上升或缸内涡流或滚流主导的混合气形成等因素对燃烧速度的影响仍然是未知的。为了达到预期的燃烧重心位置，应该设置怎样的点火提前角也不是很清楚。此外，当发动机全负荷时还要考虑出现爆燃的可能性，而这种不规则的燃烧可以通过推迟燃烧重心位置来避免。

2）排气后处理系统（如三效催化转化器）大多是按过量空气系数 $\lambda=1$ 的运行工况来设计的。因此，发动机工作时 λ 应该始终保持在 $\lambda=1$ 的水平附近。此外，为了保护发动机零部件不受损坏，在高负荷运行工况时必须降低排气温度。在这种情况下，应该尽量不要使用加浓，即 $\lambda<1$ 的混合气。

根据以上两项规则，可以从汽油机研发任务的试验计划中取出两个重要的调节参数："点火提前角" 和 "过量空气系数 λ"，因为这两个参数的优化调节有密切的关系。上述规则可自动调节，亦可在线优化，优化过程必须在中等转速下进行，以免产生强烈的爆燃现象。

图 13.11 表示的是一个燃烧控制器的简化结构框图，它与实时显示平台 CAM-

EO 结构基本上一样，它们的时钟节拍均为 100Hz。

图 13.11 中的 PI（比例积分）调节器的功能是对点火提前角进行调整，其目的是将燃烧重心位置，即 MFB50%（MFB 是 Mass Fraction Burned 的英文缩写，含义是缸内燃料燃烧掉 50% 的曲轴转角位置）调节到给定的数值。而爆燃调节单元则用来识别爆燃的强度或频率，并对点火提前角进行调节，使其不超过一定的界限，但这通常会导致燃烧重心位置的后移和排气温度的升高。

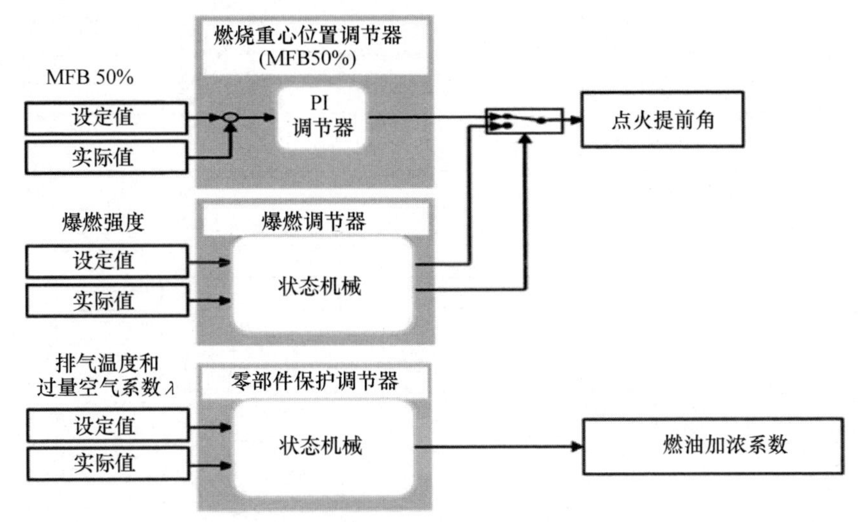

图 13.11　燃烧控制器的结构框图

燃烧控制器的第二部分是“零部件保护调节器”，其功能是使过量空气系数 λ 保持在给定值附近（通常为 $\lambda=1$）。若排气温度超过某给定值，则需要调节混合气浓度，使其不超过最高排气温度（Leithgöb 等，2003；Yano 等，2009）。

图 13.12 描述了燃烧控制器的运行工况点从转速为 2000r/min，平均有效压力 2bar 过渡到全速全负荷，即 4500r/min 和 20bar 时的工作情况。

由于带有燃烧控制器的汽油机的运行工况，即使在优化区域内也可能像以上情况那样有很大的差异，因此有必要在工况点附近对点火提前角和过量空气系数 λ 进行优化。

图 13.13 表示的是汽油机使用 DoE，通过对以下参数的变化与协调后得到的全负荷时的运行曲线，这些可变参数为：

- 可变进气凸轮轴位置。
- 可变排气凸轮轴位置。
- 首次喷油开始。
- 第二次喷油结束。
- 两次喷油量之间的分配系数。
- 共轨油压。

点火提前角和过量空气系数 λ 通过燃烧控制器持续同时优化，并可直接通过测量来确定。因此，得益于在线优化方面的知识，优化任务的复杂性可以降低。例如，可将 8 个设置变量减少为 6 个。通过实际测量燃烧重心位置并将其作为模型的输入，可以对模型进行优化，从而减小实际结果与相应的控制目标之间的偏差。图 13. 13 描述了一台汽油机在全负荷下的优化结果。

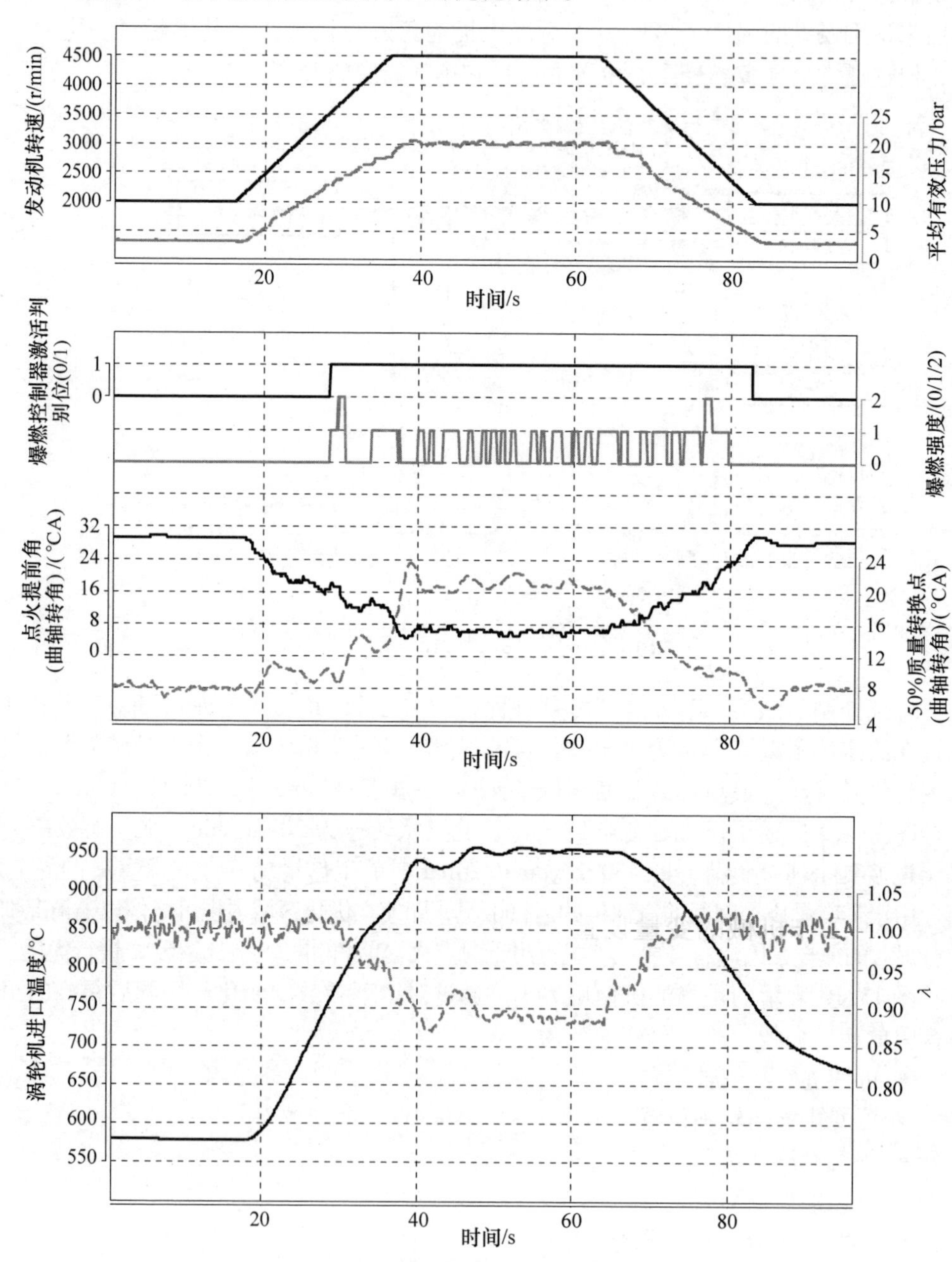

图 13. 12　燃烧控制器的影响效果

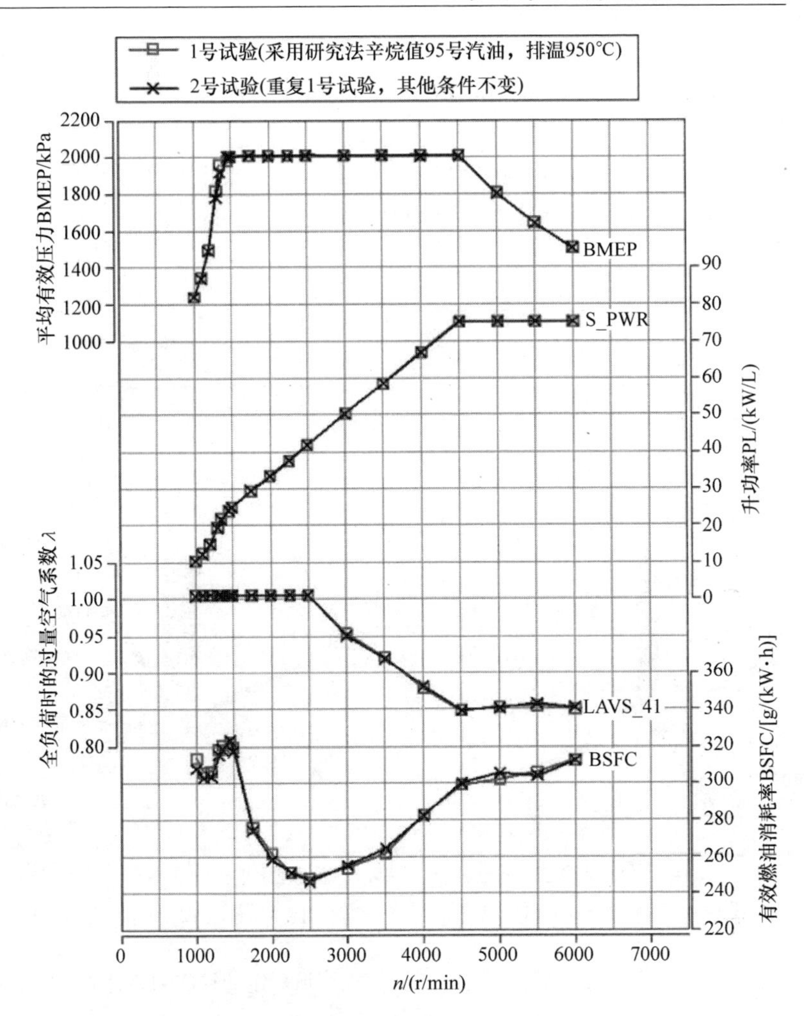

图 13. 13　在一台汽油机上使用 DoE 和燃烧控制器进行在线优化后的全负荷特性

13. 4. 3　工作机械的变量设置

对于用在不同的汽车上或仅仅是与变速器匹配不同（档位）的发动机的变量设置，载荷谱的移动对目标的实现非常关键，这时采用综合模型比较有利。

图 13. 14 表示了从局部（按特定运行工况点）模型过渡到综合（按主要工况点）模型的步骤。由此可以根据在一台动力装置上的测量推广到任意工况点，并对载荷谱进行优化。这一点不仅会引起载货车厂商，而且也会引起乘用车厂商越来越大的兴趣（Bittermann 等，2004）。

从图 13. 15 中可以看到工作机械对发动机的特殊要求。这时基本的排放要求，例如仍以 8 工况测试方案中的 8 个工况点（怠速加其他 7 个工况）按相应的法规来定义。设定不同功率时可使这些运行工况点向某已知区域内转移。此外，试验人员也可以对自选的其他工况点（但不要太偏）的排放进行评价。还有一点要指出的是，发动机的运行范围取决于其驱动的工作机械。对此，最终用户的要求就能够说明问题，例如挖掘机大部分运行工况在额定转速区内的怠速和全负荷之间，用户自然只对这个区间的燃油耗感兴趣，而拖拉机可能使用到发动机的几乎所有工作区间，因此用户关注的是整个运行范围的燃油耗。另外，各种汽车增压空气冷却的情况也是不一样的。

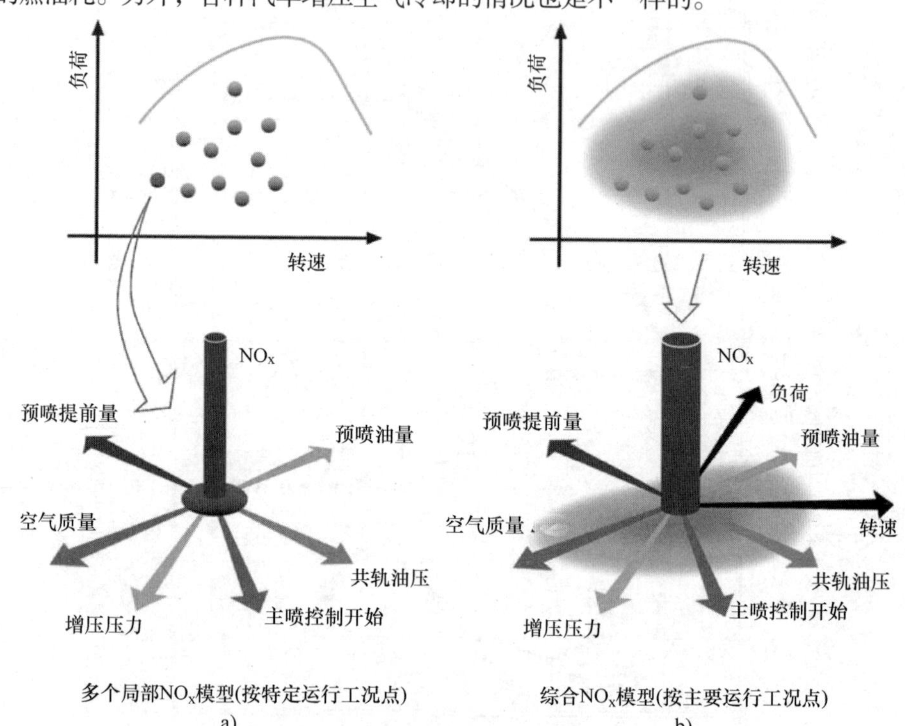

图 13.14　通过对发动机的实际测量得到用以变量标定的局部和综合 NO_x 模型

a）局部　b）综合

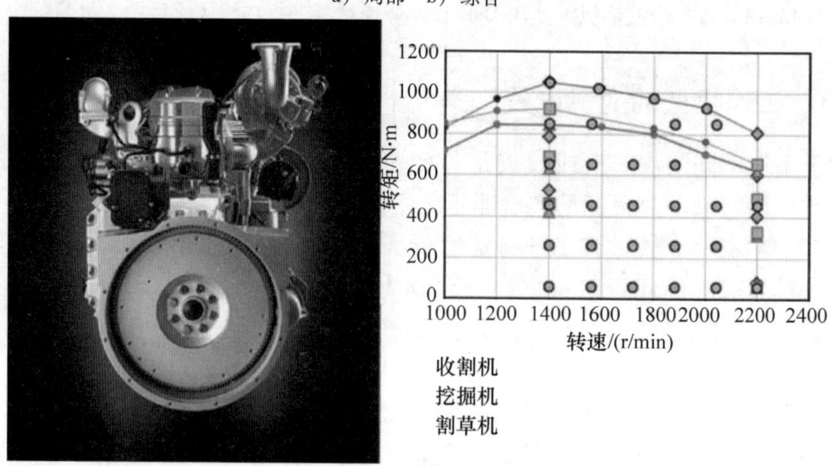

图 13.15　以 6.7L 的 6 缸高压共轨柴油机为例，说明它与各种工作机械匹配时的全负荷特性

在本例中的任务是采用新的同一发动机作为硬件，使其在功率区间为 90 ~ 180kW，额定转速区间为 2000 ~ 2200r/min，用以装备类型尽可能多的汽车。对于用户而言，希望燃油消耗尽可能低，噪声也应符合标准。当然还必须遵守作为边界条件的排放法规。

如 Castagna 等（2007）所述，依靠稳态的基础数据，并借助于综合模型可以有效地解决上述问题。具体的方法基本上如前面 13.4.1 节所述，只需进一步在试验设计计划中将转速和负荷的关系作为模型的输入参数即可。图 13.16a 表示的是运行工况点区域，模拟燃油耗、NO_x、炭烟和噪声等的综合模型必须覆盖该区域。图 13.16b 表示的是相应的试验计划程序，这里特别规定了便于使用的特性场边界范围。在本例中，D－优化设计的多项式模型达到 5 阶次，变量为喷油始点、共轨油压、预喷油量和增压空气温度等随负荷及转速的变化。因为要覆盖一个很广泛的运行区域，因此，在首次进行实际应用时，需要采取确保测试数量为最小试验工况点数两倍的预防措施。

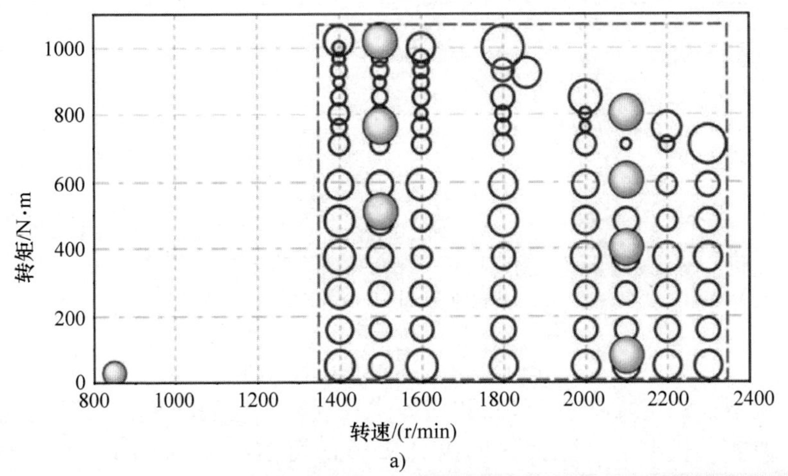

a)

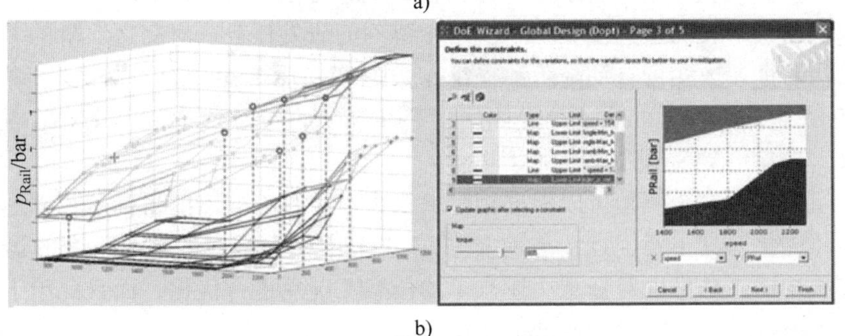

b)

图 13.16　综合模型的试验设计计划

a）工况点区域　b）试验计划程序

在7个工作日内利用“在线DoE筛选”策略（图13.17），在对多达925个工况点测量后（分为91种负荷-转速组合），可以建立一个综合模型。图13.17为用一个未经优化点的截面图来介绍这种模型的工作原理。可以看出燃油耗、噪声、NO_x以及炭烟模型随光标位置变化的关系。每图下缘的浅绿色横线柱表示了测量空间以及模型采用外推法的起点。在此区域以外模型基本上不起作用或仅存有限的预测能力。例如，由图13.17可知通过提高某工况点的共轨油压可以实现进一步的节油效果，但这是以牺牲噪声以及NO_x排放指标为代价的，而且炭烟排放也会受到影响。

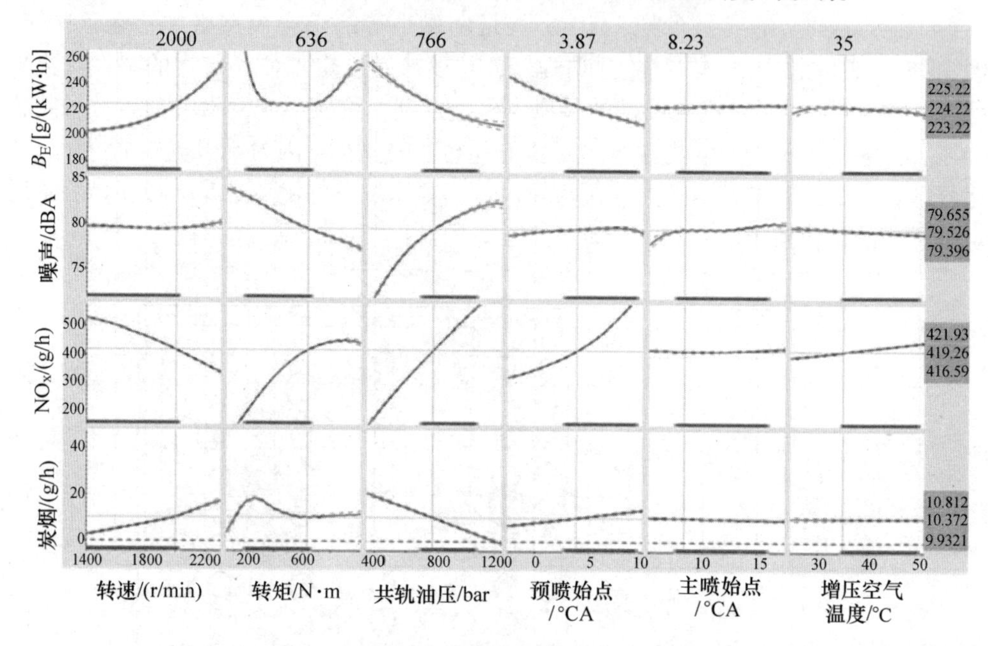

图13.17　发动机的综合模型

除了模型中的实线以外，还可以进一步看到显示模型的95%置信区间的虚线，这表明“真正的模型值”在此区间内有95%的可信度（Eiglmeier等，2004），由于置信区间狭窄表明这些模型可以适用于苛刻的研发任务。对高达5阶的多项式模型的最初3个参数实行自动降阶和输出参数的变换后可知，为了描述炭烟的形成，采用有15个局部模型的快速神经网络（Fast Neural Network，缩写FNN，见Altenstrasser，2007）最为适合。

现在，利用这个模型可以根据相应的权重对运行工况点的目标函数和边界条件进行循环优化。其主要优点，与前面13.4.1节中已介绍过的基于不变的运行工况点的方法相比，是可以对任意用途汽车的任意工况点进行优化，而且此项工作只需在设计室内进行，不需要做额外的测量。

例如，对于挖掘机变量，可以基于特性场通过相应改变目标函数（燃油耗）的权重系数，对共轨油压以及主喷始点和预喷始点的优化，在额定转速区间达到适当降低燃油耗的目标。这个方法对8个工况点中的另外7个在全负荷下的情况也是适用的。

图13.18表示的是挖掘机发动机在优化之前和之后的载荷谱与燃油消耗的变化对比，当然在两种情况下都必须满足排放法规的要求。

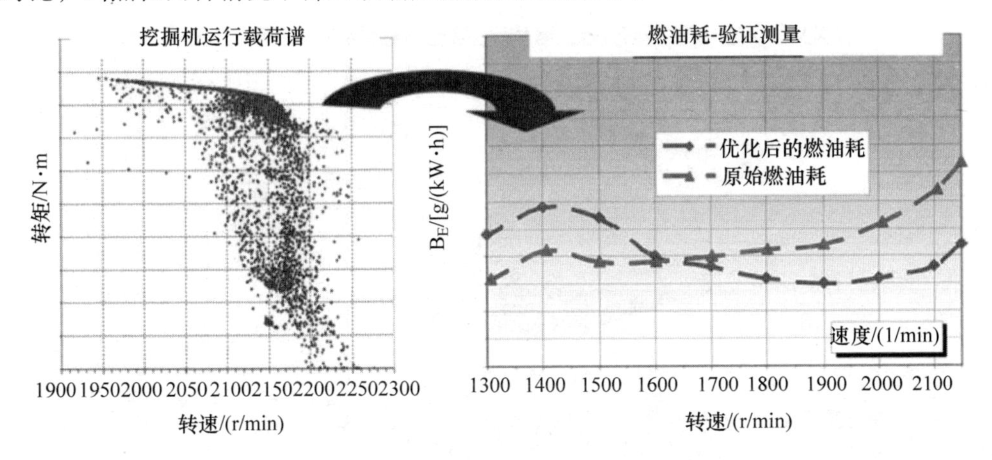

图13.18　挖掘机用发动机优化的验证

最后也是最重要的一步，是如何在上述工作机械即挖掘机的发动机上实现瞬态优化，对此在Castagna（2007）的著作中有较详细的介绍。这时问题的关键是瞬态工况的变化要在发动机台架上可以复现，重要的影响参数需在瞬态变化前系统性地改变，根据所记录的信号流（中等速度层面，见图13.5）来获得结果参数（结果层，也见图13.5），这是与不受时间影响的建模和优化方法一致的。

关于瞬态优化方面情况，将以同样的方式和方法在以下章节中通过混合动力汽车的研发过程来进行说明。

13.4.4　混合动力汽车在关键循环阶段能量管理的优化

由于存在更多的自由度，以及各零部件之间具有更强的交互作用，增加了开发混合动力系统的复杂程度，为此需要采用更为通用有效的方法来提高开发流程的效率（Kluin等，2010）。解决问题的关键在于有目的地用好数值模拟与适当试验相结合的方法。图13.19即为一个采用这种可视化方法的开发流程。

在开发早期阶段，例如方案设定阶段，可以利用逆向模拟的方法对方案进行评价并对零部件维度进行划分。根据给出的循环工况来计算本轮转速和行驶阻力，并通过相应的驱动系统模型来计算动力装置的转速和转矩。由此可以快速、有效地研究整车的效率和能量分配。

为了能对每个驱动部件（如电机与发动机）之间的能量流进行有效分配，必须要有基本的驱动策略，这个策略的目的就是对驱动汽车所需的能量进行有效管理。采用优化算法可以优化驱动系统结构、各零部件的维度（如电池容量，电机和发动机功率等），找出在某些优化目标下的驱动策略的结构和参数，例如，在不同的使用场合下的燃油耗、成本或电池续航里程。优化则分为软件参数优化（如内燃机运行边界）和硬件参数优化（如电池容量）两类。

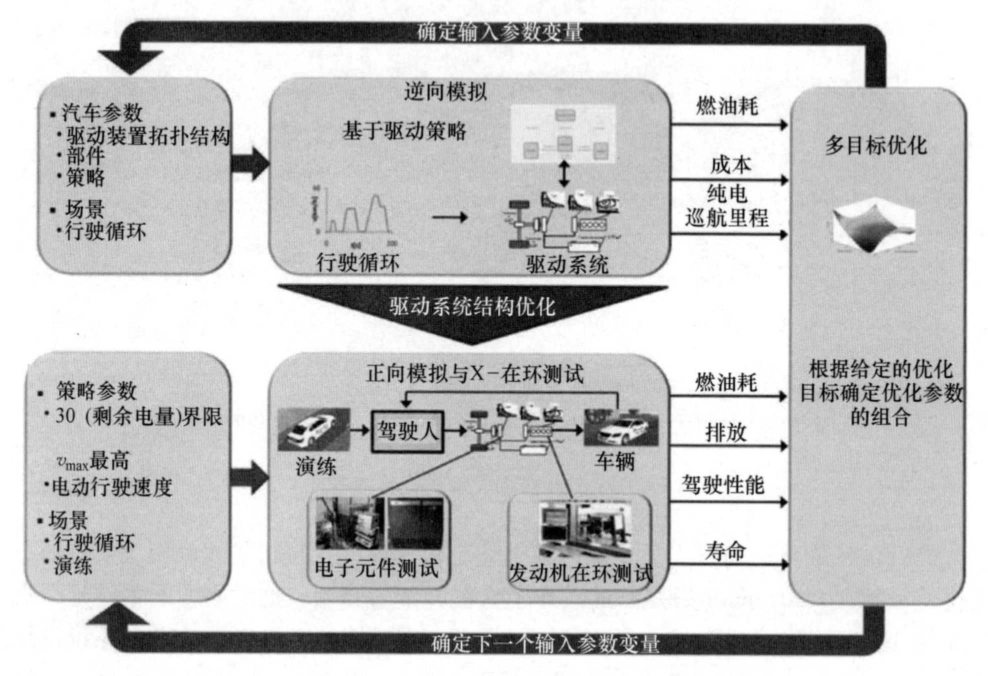

图 13.19　混合动力驱动系统的研发流程

基于优化后的方案，下一步可以对整个驱动系统进行细化建模，并在整车正向模拟中继续进行研究，将通过逆向模拟中得到的结果作为参数的给定值。此外，基于驱动的策略还包括控制各个驱动原件的动态部分以及在样机中对驱动必需的总功率。如果是车辆模拟的话，还需扩展到使用环境即驾驶人、道路、交通标志的情况。总的说来，模拟的功能不仅要包括法规规定的行驶循环工况，也要包括实际驾驶人在道路实测上的演练（在真实世界中基于试验的演练）。

为了对研发早期阶段开发的硬件和系统集成进行试验，以采用 X－在环方法比较合适，为此可将每一种部件如内燃机、电机或控制器，直至整个系统装在真实的试验台上进行测试，并与已有的整车数值模型相结合。这样，一方面能在可复现的台架环境下分析很难进行模拟计算的发动机的动态性能以及真实的燃油耗和排放特性，另外也可以将混合动力驱动系统所有的机械和电子元件进行整合，并对每个元件与整体驱动策略之间的相互影响再细微地进行优化。应当指出，考虑效率、排放、行驶性和使用寿命，主要还有电池的使用寿命等的所有策略参数，在基于模型的系统优化方面，可以采用不同的算法，也可以结合 DoE 方法，为此在后续的优化实例中将会对其进行说明。

以下以功率分流混合动力汽车的能量管理优化作为应用实例，借助于 X－在环方法进行观察，采用 AVL CAMEO 软件作为工具（Limburg，2010）。这时只将汽车发动机作为真实部件并安装在试验台架上。优化的目标是在考虑到燃油耗和排放限制以及电池负载的前提下，实现发动机起动－停车系统的优化调节和确定能量管理系统中电池的充电参数。因此，当前的优化问题是关系到多目标的优化任务。在台架上测量的燃油耗需通过燃油当量值来修正，这个当量值应当考虑到循环工况前后电池剩余电量（SOC）的差值。电池负载通过简化的损耗模型来描述（低 SOC、高输出电流，以及高 SOC、高输入电流时的高负载），这时电池负载通过电池电流和 SOC 来量化。为了显示真实的排放性能，此处应用了在发动机台架上实测的 HC 排放数据。

在本例中，优化时首先采用加权之和，以便使多参数问题简化为单目标参数问题。这时将每个评估参数乘以一个权重因子，然后对目标函数求和。借此可通过一个参数优化方法来解决多参数问题。对功率分流型混合动力汽车的优化，燃油耗占 60% 权重，电池负载以及 HC 排放各占 20% 权重。

本例中的优化任务如表 13.1 所示，表中列出了能量管理中对评估参数起重大影响的若干变量参数。

表 13.1　验证能量管理的变量参数

电池充电参数	发动机起动/停车参数
最大充电功率（P_ Lade）	纯电动行驶模式时对驾驶人的功率需求界限（Px_ el）
影响充电功率下降的电池剩余电量 SOC－界限（SoC_ u）	最高电动行驶速度（vx_ el）
由内燃机决定停止充电的 SOC－界限（SoC_ o）	通过内燃机充电的滞后目标值（阻止内燃机频繁起停 SoC_ Hyst）

模拟中的车辆环境一部分由德国达姆施塔特（Darmstadt）城市的循环工况所组成，即所谓现实世界行驶循环，其中包括车辆停车位、交通标志以及障碍物等具有代表性的路段试验。行驶模型中纵向动力学参数化的最大加速度定为 $\pm 3m/s^2$，此值与日常驾驶的平均值相当。

与纯内燃机动力的应用情况一样，在混合动力汽车的能量管理优化模型中也可采用 DoE 方法。对此，每个模拟过程对应着传统应用中的工况点，采用 6 个验证参数，借助于 D 优化试验计划，针对不同参数设配置进行 29 项试验。

对每个试验结果进行相应加权后，再对目标函数求和。可用多项式模型来构建变量参数与目标函数之间在功能上的关系，并以此求取全局的最小值。图 13.20 表示了用所确定的优化参数配置与一个随机选择（基础）的评估参数对比，其结果用最大测量值的百分比表示。

当电池负载所占比例上升时，可以通过优化方法明显降低燃油耗和 HC 排放。因为后者是与电池负载互相矛盾的，燃油耗的减少势必导致电池负载的增加，这也就是说，在模拟过程中增大燃油耗的权重，对电池负载的容忍度也就提高，即对其要求可以适当降低。

如本例所示，相对于试凑式方法而言，在功能和效率方面，采用系统性的方法对于复杂的混合动力驱动系统的优化，具有明显的优势。

此处应该说明，对于多目标优化若能使用革新的算法还会有额外的优点。实际上在这种优化方法中，就不必拘泥于一个目标函数。多目标优化的结果是所谓的 Pareto（帕累托）前沿或 Pareto 数量分析解，它们是将参数与优化目标值组合在一起。这种优化与目标值的权重有关，它与只在优化后才对权重求和的方法不同，因而，在实用上有较大的价值。根据 Pareto 前沿分析过程可以知道当驱动系统的特性被另一个目标所替代时，那么它针对原定开发目标会有多少恶化。

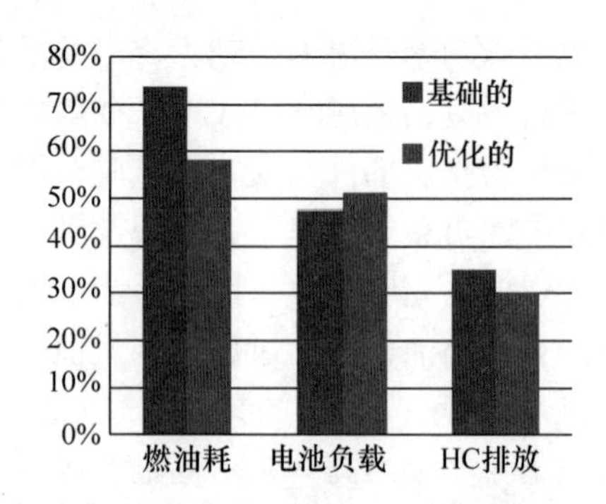

图 13.20　混合动力系统中用最大测量值百分比表示的优化前后结果的对比（Limburg，2010）

图 13.21 所示为通过 Pareto 前沿分析法找到的“技术上可行”的工况点，并对其进行了优化，以便在不增加电池负载的前提下，达到显著降低燃油耗的目的，若需要深入了解这方面内容的话，可以参见 Lassenberger（2011）的相关著作。

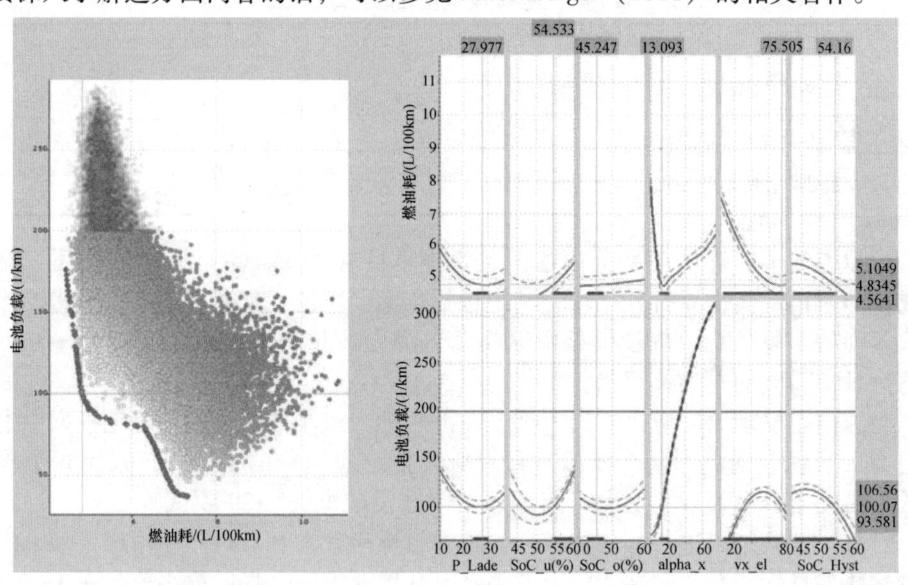

图 13.21　涉及测量的最大值的优化目标

13.5　函数数据化

控制器函数的数据化也同样是一个非常复杂的研发任务（见 Joshua 等，2010）。

除了对设置参数进行调节外，发动机控制器还要预测许多参数的大小，这些参数虽然在车上无法测量，但对发动机的调节和监控却是不可或缺的。这种函数形式通常称为“虚拟”传感器，它们可以通过实测的数据和储存在控制器中的特性曲线场来计算对发动机控制有用，但又无法直接测量的数据。在现代发动机控制器中有大量这种“虚拟”传感器，如预测每个行程中进入气缸的空气量、发动机的转矩和 NO_x 排放等。标定人员的任务是设法在虚拟传感器，中将这些特性场和特性曲线进行数据化，使其能够高精度地还原真实的测量信号。这些虚拟传感器的模型结构大多是在物理关系的基础上，拓展到利用经验公式来构建的，否则的话，单从物理关系出发是几乎不可能实现的。

图 13.22 描述了可变凸轮轴控制的现代汽油机的进气功能框图。除了大量的输入（特别是踏板位置和特意不公开的内部特性场的切换）以外，针对不同的运行工况给出了相应的充气系数。通常在做 ECU 功能标定时，需直接在发动机台架或车辆上耗费大量的时间和费用，所得的结果往往并不满意，而且复现性很差。然而，采用市面上可提供的软件例如 AVL FOX 作为标定工具，即可在设计室内直接对 ECU 功能进行数据化，其目的是在工作流程中进行标定工作，标定人员通过数据化引导即能使标定工作自动完成。

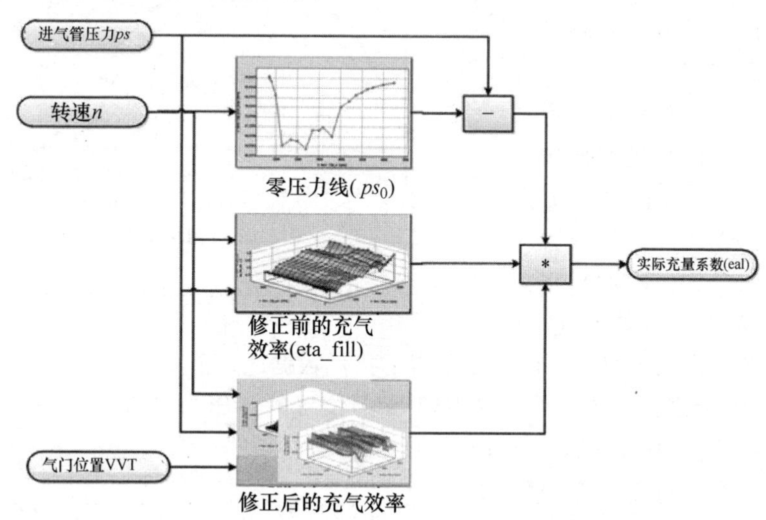

图 13.22　优化现代发动机的进气功能的框图

以下讨论如何通过虚拟传感器数据化来预测具有可变进气门凸轮轴发动机气缸中吸入的空气质量。

图 13.22 所示的虚拟传感器在原理上表达了以下数学联系：

$$充量系数 = [ps - ps_0(n)] \cdot \eta_{Full}(n, R1, VVT) \tag{13.4}$$

式中　ps——进气管压力；

ps_0——对应充量不再进入气缸时转速下的进气管压力；

η_{Full}——充气效率，它随转速（n）、相对负荷（R1）以及可变配气机构（VVT）凸轮轴的位置而变。

ps_0与转速的关系可用特性曲线来描述，充气效率与 n、R1 和 VVT 的关系则用 3 个特性场来表示。从函数关系中可以看到，在 VVT 位置优化的条件下，可以通过特性曲线并参照充气效率特性场来确定最终的实际充量系数。当 VVT 位置有偏差时，可以通过与 VVT 位置相关的抛物线校正来移动此参考特性场。上述 4 个特征值的数据化对于虚拟传感器的标定也很重要，为此，可以按照使用 AVL fOX 软件中的工作流程首先对相关参考值数据化，然后再对特性场进行修正。

根据台架上测得的数值进行数据化，在本例中共有 18 个不同转速级别，每个转速级别又有 5 个 VVT 位置。这 90 个工况中每个点的相对负荷按准稳态、梯形设置进行持续测量，其结果如图 13. 23 所示。每个负荷倾斜率线上平均采集 1200 个数据。这种测量方法称为慢动态斜率（Slow Dynamic Slopes，缩写 SDS）法，比传统的测量方法可以节省约 30% 时间（Büchel 等，2009）。

具体工作流程主要由以下 3 个步骤组成：

1）数据准备：在这个步骤中，标定人员输入测量所得和标定用的数据。后者通常取自另一个类似的标定项目。此后，将测量数据按照转速和 VVT 位置进行分类，自动以 VVT = 0 的位置作为参照组标记，随后只将这些组作为参考组数据化。

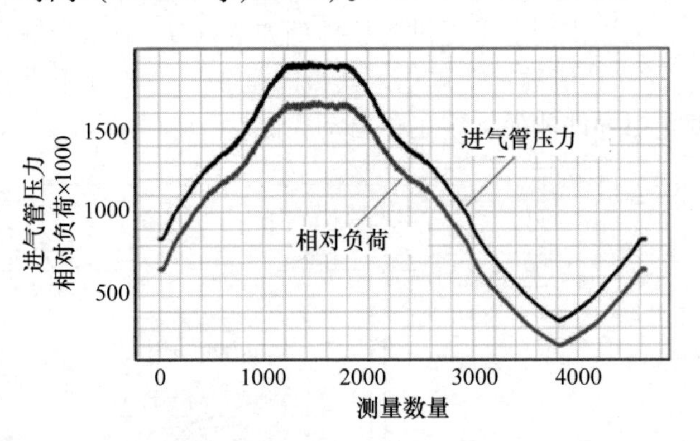

图 13. 23 慢动态斜率测量法

在数据准备工作结束时，可由测量所得的指示数据通过公式给出充量系数。

2）参照标定：这个步骤包含 VVT 参照位置的零压力（ps_0）和充量系数特征曲线的标定。为了确定零压力（ps_0），必须针对每个转速等级和 VVT 参照位置利用多项式进行建模，以表征进气管压力（ps）和充量系数（eal）之间的关系。零压力（ps_0）是模型中压力曲线与 x 轴（相对负荷）相交的点（图 13. 24）。

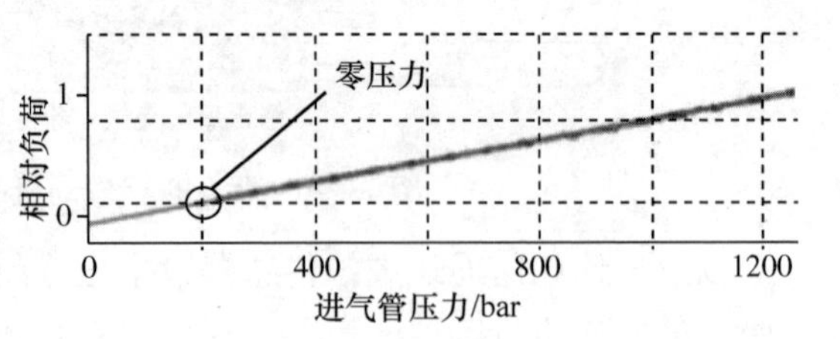

图 13. 24 充量系数随进气管压力变化的多项式模型

这个数值将自动写入特征曲线中，并与其相匹配。第二部分是关于参考特性场数据的输入。为此需对进气管压力（ps）和零压力（ps_0）进行修正，而与这些参数相关的充量系数（eal）则按 4 阶多项式进行建模（图 13. 25）。

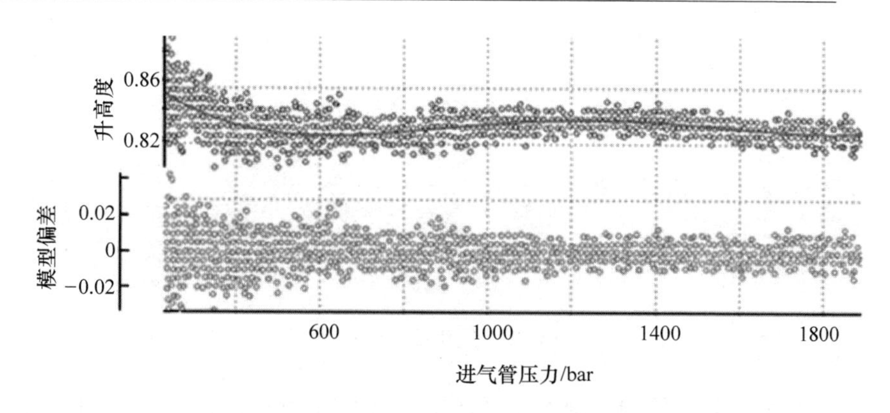

图 13. 25 通过零压力校正的进气管压力求取充量系数的 4 阶多项式模型

对于每个转速等级，可在模型中对参考特性场的进气管压力支撑点进行查询，并将新的数据写入这个特性场。由此可得到以下两个特征参数（图 13. 26）。

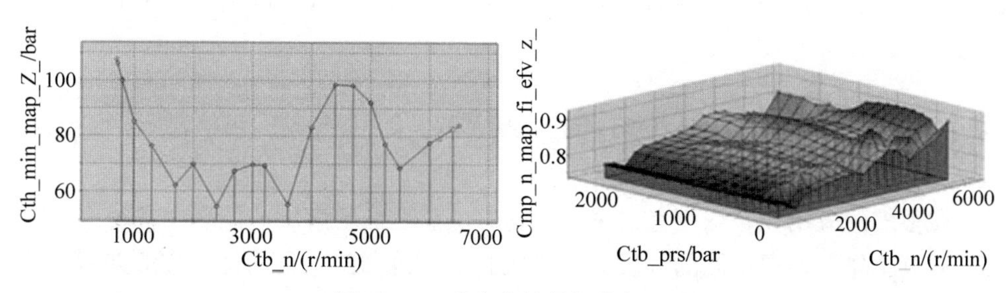

图 13. 26 参考值的数据化标志

3）修正数据：最后一步是修正充气效率的两个特性曲线场。对此要计算各组参考数据和实际测量的充气效率之间的残差，通过与凸轮位置以及各转速组下进气压力相关的多项式来计算。借助于这个多项式用抛物线校正方式对特性曲线场赋值（图 13. 27）。

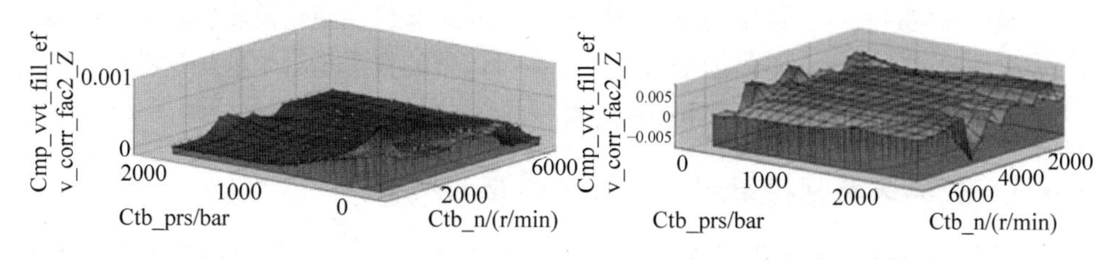

图 13. 27 特性曲线场（脉谱图）的数据修正

通过上述工作流程，标定人员可以在最短时间内将这些大量测试数据写入特性曲线场以完成标定任务。此外，通过工具支持的数据化，结果的可复现性和结果的精度均可得到改善，而且对标定人员能力和经验的要求也可以降低。在对特性曲线场不做特别手动匹配的情况下，模型计算与在台架测试所显示的偏差在很大的运行范围内可以控制在3%以内（图13.28）。

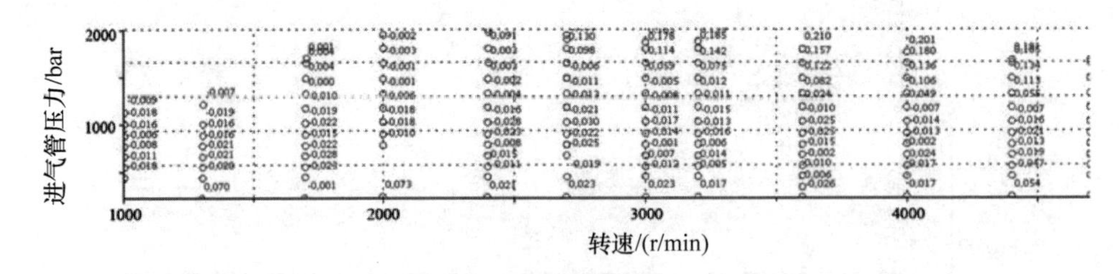

图13.28　优化结果的验证

如本例所示，对于各种控制器均有优化其相应功能的有效方法，在工业领域内供标定人员使用。由于控制器功能变化很快，因此对于代工生产（OEM）企业来说需要更加灵活的工作方法。为此，可以在一个合适的团队中定义“最佳-实践-工作步骤”，建立相应易于使用的软件平台，在企业内部形成基于网络的良性工作循环。有关提高ECU标定质量的新方法可以参见Keuth等（2013a）的有关文献。

13.6　级联模型的优化和函数数据化

在很多的应用场合均可考虑采用优化方法。在需要解决的问题中往往有一部分需要平行工作，即在不同的开发循环阶段和不同范围内，利用优化方法共同有效地工作。为了完成上述要求，可以进行数值模型优化和函数数据化，为此需要每个模型针对相应问题的要求，在统一的平台上集成到整体模型中去。模拟可以减少台架试验时间，而且能在产品研发早期阶段进行优化，同时也作为系统考虑优化问题的“推动者”，例如在真实驾驶场景中系统的协调。此外，模型也提供了从不同角度解决各种问题的可能性（Keuth等，2013b）。

在整个开发过程中，模型的应用和标定/验证的通畅性会使建模质量逐步得到改善，确保零部件的可持续优化。借助于X-在环在可调整的真实场景中使用这些模型（见13.4.4节）可对不同区域的真实和虚拟零部件的系统特性进行分析和协调。

13.6.1　在真实驾驶场景里多层优化问题的对策

除了驱动系统的多样化（如各种混合动力系统）以外，在内燃机发展过程中对其负荷和特性方面的要求也有明显的改变［新的行驶循环和实际行驶排放（Real Driving Emissions，缩写RDE）］。

为此需要考虑两个方面的附加要求。

首先是在普遍意义上的应用的坚实可靠和耐用性（鲁棒性）。对此至关重要的是，要在各种试验循环（如全球统一轻型车测试程序WLTP）或任意真实驾驶的应用场合均能保持工作的有效性，确保不仅能满足基本的功能与合同要求的功率，而且在燃油耗、排放和驾驶性能方面也有良好的表现。因此，当采用一个新的测试循环时应该也不需要改变标定程序。

对此，功能结构和参数的优化必须相互紧密联系。对于基于模型的开发过程，这意味着（局部）模型需要不断地发展。例如，在研发早期阶段，人们开始时总是大量地使用基于物理现象的模型，在随后不断的开发过程中才使得建模质量逐步得以改善，并进一步用于零部件和系统特性的优化。

基于上述要求，已通过在环方法建立了新的测试方法（Bier，2009，2012；Albers，2010），使真实和虚拟零部件在可扩展的实时环境中的相互协调成为可能。对于应用程序的鲁棒性的要求也是如此。例如，对一台柴油机的暖机标定，首先按照一个确定的行驶循环中实施，随后对其（例如排放值）在选定有代表性的行驶条件和环境下进行验证。理想的情况下，这种行驶场景是参数化的，且包括道路、交通和驾驶人影响。

其次，考虑参数空间的基本性的拓展，在参数空间中可以将驾驶环境直接作为变量植入优化程序中。这样做有两方面的重要意义：一方面是防止按新的循环，尤其是 RDE（实际行驶排放）在驱动系统的不常用和未优化的运行区域内运行时存在的危险性；另一方面，利用驾驶辅助系统从环境中获得信息，以对车辆运行进行优化的工作也显得越来越重要。两者均要求全面考虑环境参数与功能参数空间，在确保传统驱动功能的基础上系统性地开发环境网络化的功能，并将其参数化（Kluin 等，2013），具体流程如图 13.29 所示。图 13.29 中表示的是一个与环境相关的、经过优化并在所有应用场合都具有鲁棒性的驱动策略。

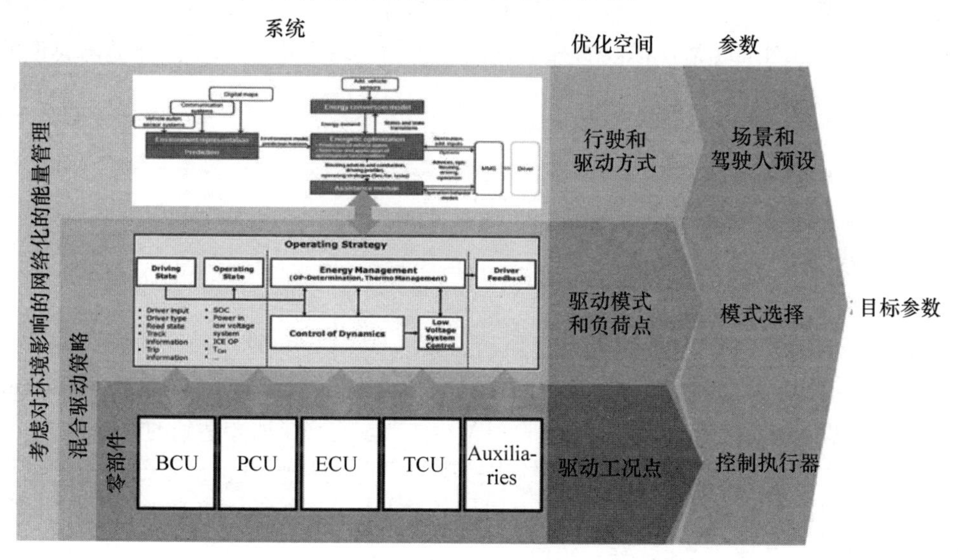

图 13.29　控制器网络化功能的多层多维度优化问题

功能参数的影响不仅在目标函数，而且在场景变化过程中也是显而易见的。场景参数既能在目标函数，而且也有可能在改变过的功能参数中重新反映出来。在开发过程中除了鲁棒性外，主要是功能优化的参数应尽可能完全覆盖所有的场景。

因此在产品研发过程中，通常必须尽早就通过数值模型来描述环境影响的因果关系。给定的驾驶模式在传统意义上为人们提供了所要求的自由度，这一点与基于测试的真实驾驶操作并不矛盾。这种方法允许在开发早期就考虑到环境的影响，另外也保证了单个参数化场景试验的可重复性，而这一点在实际驾驶试验中是不可能做到的。由于持续不断的过程存在大量的功能与场景参数，对全部试验空间进行扫描不仅在模拟，而且在台架试验上都是没有意义的。在功能的开发和标定中，多层参数空间的解决方案是通过支持试验计划的软件工具来实现的。这时，在基于模型的优化方法的基础上，可以支持产品研发过程的每一个阶段，并能更好地描述场景和功能之间的关系，除了加深对系统的理解外，还可以使其应用更为方便。

13.6.2 采用 MIL 进行驱动系统设计

Palm 等（2003）已经在驱动系统动力总成设计的顶层模型 - 在环（Model - in - the Loop，缩写 MIL）环境中使用了级联模型优化方法。

例如，按照任务（城市车辆设计）讨论如何根据系统工程原则来优化车辆的开发过程，这时需要同时战胜两个基本的挑战：探索在具体的应用环境中最合适的车辆结构和在车辆制造前验证其功能。为了支持此方法，讨论了一种新型的、功能强大的工具链：系统化地构建整车结构，因而在演练中“可感知”与之相关的车辆特性，并且能对完成客户需求目标的程度实现量化。产品生产和系统设计人员之间在确定设计目标方面产生的分歧也因此得以缓解。

以下具体的例子就是从产品管理的视角，对新的城市电动车的设计提出典型的要求。这种车辆特性如下：

- 主要应用于城市工况。
- 可以短暂地在高速公路上行驶。
- 在典型城市交通情况下能够“跟上”车流。
- 续航里程不小于200km。
- 尽量减少能量的消耗。

系统设计人员（SYA）要像表13.2所示的那样，将产品经理（PM）的要求转化为可量化的目标指标。表中按照专业杂志《汽车 - 发动机 - 体育便览》（AMS - Runde）定义的“典型应用情况”，根据产品经理（PM）的要求定义了所要达到的目标值。

对于通常的研发过程，可以重新给出按等级划分的从属模块或零部件应用情况以及测试场景的目标值，同样也可以构建完全不同的台架（如电池和发动机台架或转鼓试验台）环境（Voigt 等，2012）。

对此，系统设计人员必须先确定驱动系统的动力总成结构应该由哪些和什么维度的零部件组成。

在本例中采用了汽车模型，通过表 13.3 所示的设计变量变化来进行选型，至于其他的可选方案由于广为人知而不再罗列。

表 13.2　系统设计人员（SYA）将产品经理（PM）的要求“转换”为可量化的目标指标以及相应的目标值

目标指标	目标值	备注
v_{max}	120km/h	“短程高速路”
T_{a50}	≤5s	0～50km/h 加速时间，“典型的城市场景”
$v_{average}$	接近 AMS 杂志定义的“最佳时间－速度”	AMS 杂志定义的场地平均速度，“典型的城市场景”
v_{uphill}	≥79km/h	城市外的特定的位置（上坡）
行驶里程	≥200km	是产品经理要求
$E_{consumption}$	≤10kW · h/100km	相关事项：“尽可能少的能耗”

表 13.3　通过设计变量的变化进行选型（顶层架构）

设计变量	变量区间	备注
整车质量 $m_{vehicle}$	500～1000kg	车辆质量受电池质量和轻量化材料使用的影响
发动机功率 P_{max}	18～100kW	可提供不同功率的发动机
变速器数	1 或 2	发动机－变速器－离合器之间可以直接相连接，或通过一个手动变速器相连接
变速比	3.88 或 6～12	在两速变速器情况下，第一档传动比可变。单速变速器和两速变速器的第二档传动比均为 3.88，且相当于最大车速为 120km/h
高档	50～200rad/s	在两速变速器情况下，变速杆可改变
低档	350～450rad/s	

变量空间内可能的解决方案已列于表中，至于哪种方案最好仍需进一步讨论。

为此，这个问题现在可以利用以下工具（图 13.30）来研究，该工具能使未来车辆的总体模拟成为可能，即可将经过验证的模拟组件整合到驱动系统的各个子系统中。为此，很重要的一点是要注意数值模型管理和发动机控制数据化之间的协调关系：针对以上两种情况均需要谨慎地、可溯源地对输入参数进行有效管理。因此，那种用于通用总成的模拟软件（如 AVL CRUISE 的变速器模型），只有在其输入参数针对某个特定的变速器的物理模型定义后才有意义。数据状态的维护直到实际零部件的验证要经历许多迭代过程，并要求操作比较熟练，具体做法完全类似于控制器的数据化过程。对于模拟参数管理而言，AVL 的数据管理系统 AVL－CRETA 证明十分有效。

图 13.30 描述了工具链的相互作用：通过一个多域创作工具环境构建的动力系统模型，连接到 IPG 公司的 CarMaker 软件整合平台。其他的创作工具也可以通过标准接口同样整合进去（Schneider 等，2012）。整合后的环境提供了一个“虚拟驾驶试验”平台，即可以人机交流的 3D 整车模型，包括驾驶环境（道路、交通、环境……）和操控语言，从而可以高效地实施、模拟和评价复杂的驾驶指令。驾驶指令可以根据 DoE 原理在 AVL 的 CAMEO 软件工具中进行计划、控制，并对模型的优化进行评价。

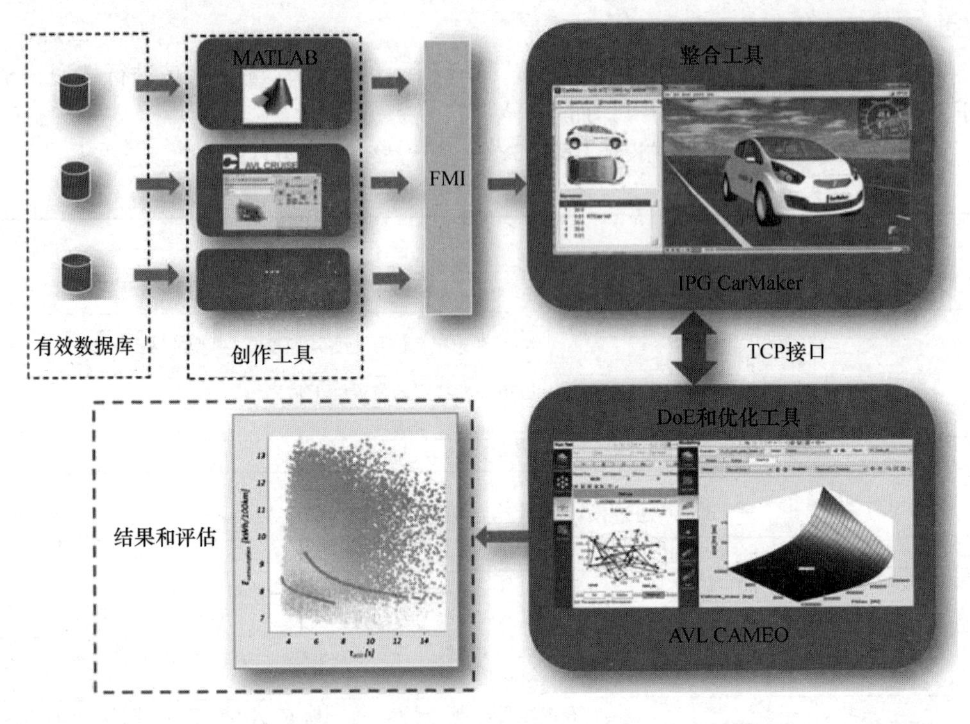

图 13.30　建模的工具链，稳态试验计划、模拟和权衡分析

系统设计人员（SYA）可以使用这些模拟软件，在用“蛮力”方法对车辆变量进行建模后，寻找“最佳的”解决方案；采用基于 AMS 杂志建议的演练方法，通过模拟来确定相应的目标指标。这种方法在实际中目标并不明显。组合的可能性随设计变量的增长而按指数规律成倍增加，以表 13.2 为例，可以很快导出成千上万个变量，从而需要长达几个星期的计算时间。如此大量的数据无疑增加了产品经理（PM）和系统设计人员（SYA）之间沟通和决策的难度，因此减少变量空间中的数据点是十分有意义的，例如通过基于 DoE（试验设计）的优化算法来达到这个目的。由此系统地导出的模型可以进行数学分析，从而能更好地了解影响效果并减少计算时间。

图 13.31 描述了由表 13.3 导出的试验计划（D－优化试验设计）。在试验计划的车辆中仅有 840 个不同变量通过“AMS 杂志建议的方法”传送给“虚拟驾驶测试”。这些变量相当有效地分布在可能求解的区间内，因此为后续的建模提供了完全理解系统各部分关联性的可能性。这些驾驶测试模拟过程是完全自动化的，将其分配到 5 台计算机上，只需一个晚上的时间即可完成计算。

下一步的建模要求：根据模拟计算结果，针对目标指标建立取决于设计变量的经验数学模型（图 13.2）。通过适当的可视化措施使能更深入、迅速地理解其间的相互关系。与“蛮力”方法相比，840 个模拟计算的时间将会明显缩短。这时，“经验构建的模型”可以对表 13.3 中所有六维度求解空间的变量进行确切评估，

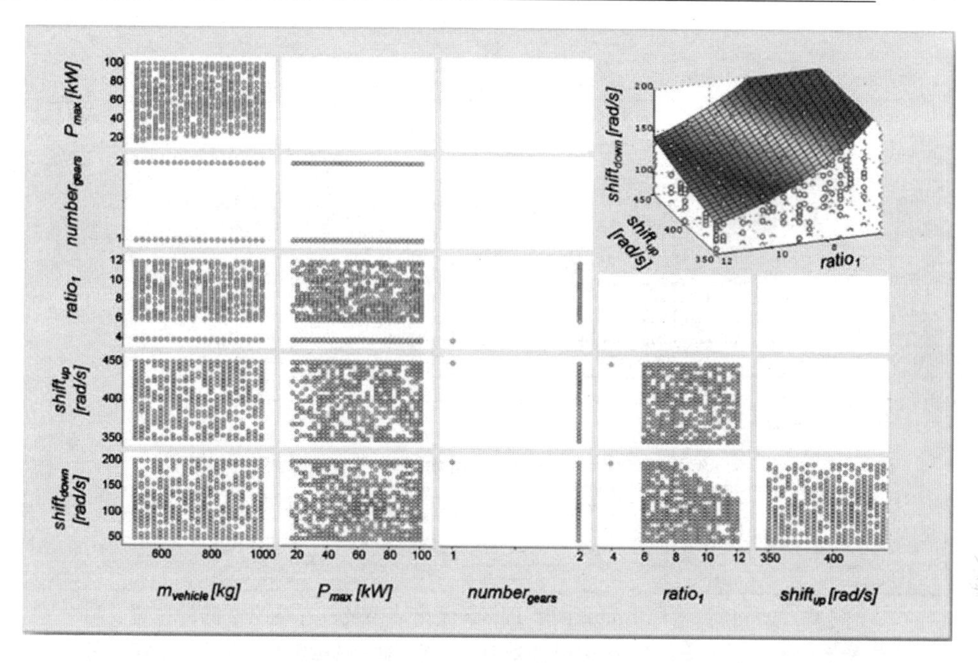

图 13.31　通过“试验设计”（DoE）来减少表 13.3 中变量区间中的数据点

构建模型的质量将在验证点给予检验和确认。

最后一步是优化参数的设置：模型被多变量优化算法所“访问”。从数学观点来看这就是在约束条件下的多维度优化。用户根据所提出的优化任务来选择优化变量。此外，解决问题的关键的“杠杆”（设计变量）可以相对于目标指标来进行识别、量化和可视化。在本例中，对结果的识别可以向系统设计人员（SYA）展示下述典型的结果：使能量消耗最小的变量并不是加速特性最佳的变量，而交通流特性最好的变量也不能保证最大的行驶里程，等等。换句话说，“最佳”变量的选择是多方权衡的结果。怎样使驾驶试验结果能支持 PM 和 SYA 之间针对优化目标的讨论，这个问题属于一个有多个（n 个）目标的优化任务。以加速特性和能量消耗之间的权衡（$n=2$）为例，所谓“Pareto（帕累托）前沿分析法”确定了这是一个 $n-1=1$ 维的超平面，在此平面中一个目标函数值的改善会导致另一个的恶化。采用优化工具 CAMEO 软件可在对多变量优化如此重要的平面中进行计算、可视化并仔细讨论其计算结果。图 13.32 表示的就是 Pareto 前沿分析法进行的权衡分析的结果。

- 图 13.32a 是对独立目标的权衡，即此消彼长（Trade－off）关系的描述：黄色的“云”状范围表示的是在相应的加速时间 t_{a50} 内 $E_{consumption}$ 可能达到的目标值，灰色区域表示不能同时满足所有边界条件的区域，深绿和绛红色表示单速和两速变速器用 Pareto 前沿分析法所得的结果。
- 根据在图 13.32a 中位置的不同（这里指点 4），图 13.32b 描述了该点模型截面的位置。可以用软件工具来支持模型变量交互的选择。本例描述中只有 3 个相

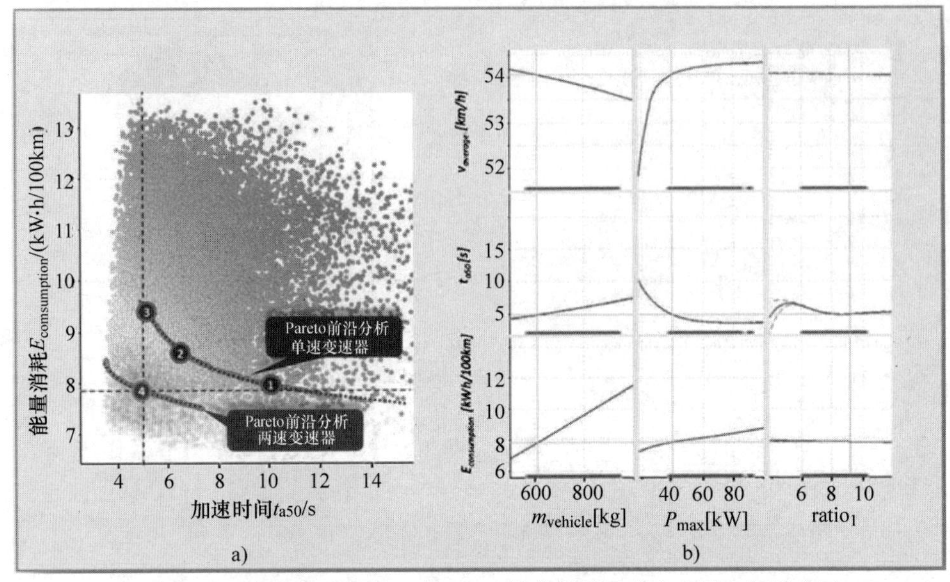

图 13.32　目标指标空间的 4 个 Pareto 优化结果及其在变量空间的位置

a）对独立目标的权衡　b）模型截面的位置

互关联和影响比较密切的设计变量，即整车质量 $m_{vehicle}$、发动机最大功率 P_{max} 以及变速器第一档的传动比 $ratio_1$。最后只有两速变速器可以自由选择参数，单速变速器的变量固定在 3.88。

优化算法有选择性地限制要优化的目标值，将可能求解的空间减少至只有 4 个代表性的可选方案，其结果以及它们之间利弊的权衡参见表 13.4。

表 13.4　4 个 Pareto 优化结果

设计变量			目标指标		
编号	发动机功率 P_{max}/kW	变速器数 $number_{gears}$	整车质量 $m_{vehicle}$/kg	加速时间 t_{a50}/s	能量消耗 $E_{consumption}$/（kW·h/100km）
1	40	1	616	10.06	7.97
2	65	1	625	6.73	8.50
3	100	1	640	5.12	9.40
4	40	2	612	4.89	7.86

由表 13.4 可见，两速变速器方案在使用成本方面有明显的优势，它需要的发动机功率较小，因而能耗低，而且加速性能也较好。通过上述方法已能对各种方案的利弊做出定量化的比较，可以作为在设计决策中判别“结构中是否有/无手动变速器”的定量化基础。至于变速杆位置参数的影响效果很小，无须再深入讨论。节省下来的时间可以用在更重要的话题上。

为此，需要回答以下问题：

- 在方案构思阶段和设计阶段，如何能够针对客户相关的属性对设计决策进行评估？
- 如何系统地构建可能的结构变量空间，以及有目的地找出在实际应用中最佳的解决方案？

- 采用何种合适的工具来支持所描述的设计过程，在哪里实现自动化?
- 如何有效地提取起决策性作用的信息，并可靠、定量地用于构建模型的决策?

以上所提出的工作步骤是在虚拟的“驾驶试验”时的重要实例，它结合了来自设计变量的系统性的变量空间。使用 DoE 可以提高工作效率，从而使产品经理（PM）和系统设计人员（SYA）之间的合作提高到一个新的层次，即在实际应用情况下，最合适的选择是针对客户的目标指标通过利弊的综合权衡，找到最优化的选择方案，并在可解的空间内得到准确的验证。一部分凭感情的决策过程通过量化关系得以淡化，并转向目标明确和更为有效的途径。

13.7　总结

机电一体化系统，如现代汽车驱动系统特别是其中的动力单元，除了灵活性更高和功能更强以外，在数据化和优化方面也显得越来越复杂化。

根据具体的任务对柴油机、汽油机以及混合动力系统的优化表明，若能将建模时的理论思考以及随后对过程的抽象描述（如 DoE 方法的使用或虚拟传感器函数的数据化），在发动机使用环境下的研发过程中加以应用，则可获得工作有效运行的前提以及达到目标的保证。将来的环境联网还将进一步推动研发工作，由此导致的场景的变化，必须另外在优化函数中进行集成。

目前，几乎全球所有主要汽车制造商均致力于在工业实践中推广这种优化方法，以便准备好应对产品越来越复杂的研发任务。

参考文献

Albers, A., Düser, T., Sander, O., Roth, C., Henning, J.: X-in-the-Loop-Framework für Fahrzeuge, Steuergeräte und Kommunikationssysteme. ATZ Elektronik **5**(5), 60–65 (2010)

Altenstrasser, H.: Vergleich und Anwendung von Methoden zur Identifikation von Verbrennungsmotoren und Automatikgetrieben (2007). Dissertation, TU-Graz,

Beidl, C., Christ, C., Gschweitl, K., Koegeler, H.-M.: „AVL APC – ACCELERATED POWERTRAIN CALIBRATION, Ein neues Konzept in der Versuchsmethodik", VDI Fachtagung Mess- und Versuchstechnik. Coppenrath, Würzburg (2003)

Bier, M., Beidl, C., Steigerwald, K., Müller, S., Kluin, M.: Hybridentwicklung auf dem Motorenprüfstand – ein wichtiger Schritt zu mehr Effizienz im Entwicklungsprozess, VDI Fachtagung: Erprobung und Simulation in der Fahrzeugentwicklung. Coppenrath, Würzburg (2009)

Bier, M., Buch, D., Kluin, M., Beidl, C.: Entwicklung und Optimierung von Hybridantrieben am X-in-the-Loop-Motorenprüfstand. MTZ **73**(3), 240–247 (2012)

Bittermann, A., Kranawetter, E., Krenn, J., Ladein, B., Ebner, T., Altenstrasser, H., Koegeler, H.-M., Gschweitl, K.: Emissionsauslegung des dieselmotorischen Fahrzeugantriebes mittels DoE und Simulationsrechnung. MTZ **65**(6), 466–474 (2004)

Büchel, M., Thomas, M.: Einführung einer Methode zur schnellen Basisbedatung von Motorsteuerungen, Internationales Symposium für Entwicklungsmethodik. Tagungsband, S. 256–272. Wiesbaden (2009)

Castagna, E., Biondo, M., Cottrell, J., Altenstrasser, H., Beidl, C., Koegeler, H.-M., Schuch, N.: Tier-3-Motorabstimmung für unterschiedliche Fahrzeugvarianten mit globalen Modellen. MTZ **68**(6), 472–479 (2007)

Dobes, T., Kokalj, G., Rothschädl, R., Lick, P.: Zukunftsweisendes Managen von Steuergerätedaten. ATZ Elektronik **2**(03), 56–61 (2007)

Eiglmeier, C., Graf, F., Köck, K., Koegeler, H.-M.: Einfluss der Absolutgenauigkeit der Kraftstoffverbrauchsmessung auf die DoE Modellqualität und Versuchsdauer der Motoroptimierung. Haus der Technik, Expert Verlag (2004)

Haines, S.N.M., Dicken, C.S., Gallacher, A.M.: „The Application of an Automatic Calibration Optimization Tool to Direct-Injection Diesels". IMechE, London (1998)

Hametner, C., Jakubek, S.: New Concepts for the Identifcation of Dynamic Takagi-Sugeno Fuzzy Models, 2nd IEEE Conference on Cybernetics & Intelligent Systems (2006)

Isermann, R.: Elektronisches Management motorischer Fahrzeugantriebe; Elektronik, Modellbildung, Regelung und Diagnose für Verbrennungsmotoren, Getriebe und Elektroantriebe. Vieweg+Teubner (2010)

Joshua, H., Kelly, J., Hoetzendorfer, H., Keuth, N., Pfluegl, H., Winsel, T., Roeck, S.: Industrialization of Base Calibration Methods for ECU-functions exemplary for Air Charge Determination. SAE Paper 0331-01-2010 (2010). doi: 10.4271/2010-01-0331

Keuth, N.: An Improved Neuro-Fuzzy Training Algorithm for Automotive Applications (2005). PhD Thesis, TU Wien

Keuth, N., Wurzenberger, J., Kordon, M.: Changing Calibration paradigm: Innovative ways to increase xCU calibration quality, 5th International Symposium on Development Methodology. Tagungsbeitrag. Wiesbaden (2013)

Keuth, N., Altenstrasser, H., Martini, E., Kunzfeld, A.: Advanced Methods for Calibration and Validation of Diesel-ECU Models using Emission and Fuel Consumption Optimization and Prediction during Dynamic Warm-Up Tests (EDC) (2013)

Kleppmann, W.: Taschenbuch Versuchsplanung, Produkte und Prozesse optimieren, 4. überarb. Aufl. Hanser, München (2009)

Kluin, M., Bier, M., Beidl, C., Lenzen, B.: Hybridisation in View of Certifikation, Customer Requirements and Technical Effort – Approaches for a Systematic Powertrain Optimization, Virtual Powertrain Creation. Unterschleißheim (2010)

Kluin, M., Maschmeyer, H., Beidl, C.: Simulations- und Testmethoden für Hybridfahrzeuge mit vorausschauendem Energiemanagement, Internationales Symposium für Entwicklungsmethodik. Tagungsband der AVL Deutschland GmbH, Wiesbaden (2013)

Koegeler, H.-M., Fuerhapter, A., Mayer, M., Gschweitl, K.: DGI-Engine Calibration, Using New Methodology with CAMEO. SAE_NA Technical Paper Series 012-01-2012 (2001)

Kötter, H.: Innovative Motorvermessung FVV Abschluss Bericht, Bd. Heft 853. Frankfurt am Main (2008)

Kuder, J., Kruse, T., Wülfers, S., Stuber, A., Gschweitl, K., Lick, P., Fuerhapter, A.: Effiziente Applikation der Bosch-Motronic mit Bosch/AVL-iProcedures für AVL Cameo. MTZ **64**(12), 15–18 (2003)

Lassenberger, S.: Verfahren zur Optimierung von Parametern in Hybrid-Betriebsstrategien (2011). Diplomarbeit, TU Darmstadt, Institut für Verbrennungskraftmaschinen

Leithgöb, R., Henzinger, F., Fuerhapter, A., Gschweitl, K., Zrim, A.: Optimization of new advanced combustion systems using real-time combustion control. SAE Detroit 2003-01-1053 (2003)

Limburg, A.: Modellierung des Antriebsstrangs eines Hybridfahrzeugs und Optimierung der Betriebsstrategie am Engine-in-the-Loop-Motorenprüfstand (2010). Studienarbeit, TU Darmstadt, Institut für Verbrennungskraftmaschinen

Palm, H., Holzmann, J., Schneider, S.-A., Koegeler, H.-M.: Die Zukunft im Fahrzeugentwurf: Systems Engineering basierte Optimierung. ATZ **115**(6), 512–517 (2013)

Schneider, S.-A., Schick, B., Palm, H.: „Virtualization, Integration and Simulation in the Context of Vehicle Systems Engineering," Embedded World, Nürnberg (2012)

Voigt, K.U., Denger, D., Conrad, M.: „Durchgängig, integriert und einfach? – Entwicklungsumgebungen für moderne Antriebsstränge". SimVec, Baden Baden (2012)

Yano, Y., Murakami, Y., Nakagawa, T., Yamamoto, H., Leithgöb, R.: Automatic Full Load Optimization. Internationales Symposium für Entwicklungsmethodik, Wiesbaden (2009)

第四篇　工作过程的三维数值模拟

第14章 三维流场

Christian Krüger 和 Frank Otto

流体力学或者说是计算流体力学（Computational Fluid Dynamics，缩写 CFD）三维数值模拟，在发动机工作过程的研究中起着越来越重要的作用，这种方法可以对发动机相关的物理－化学过程做出最为详尽的描述。该方法在现代发动机研发过程中已不可或缺，并且随着计算能力和计算机性能的不断发展而日益显现出重要作用。当前 CFD 方法已可用来分析各种问题，从换气过程到发动机冷却液流动过程，几乎无所不包。本书将重点讨论复杂多变的换气过程、混合气形成过程、燃烧过程和增压过程。

提到三维 CFD 方法，人们自然会将其与前面章节中的零维、一维以及现象逻辑模型进行比较。由于三维 CFD 计算成本高，因此一般情况下总是优先采用成本相对较低的零维和一维计算。只有需要对问题进行全面和更加深入的分析时，才有充分的理由（或者说有希望）认为三维 CFD 方法更加有效，或者是非用它不能解决问题时，才会选择用这种方法。在很多情况下往往建议将零维/一维和三维数值计算结合起来对问题进行分析。

当前采用 CFD 方法的主要挑战在于，第一是需要对计算程序本身有一定的掌握；第二是要能理解所使用的建模方法；第三自然是需要从专业的角度很好地去理解发动机工作过程的一些本质性问题。近年来，用于发动机工作过程分析相关的 CFD 程序都已被开发成商业软件。通常进行缸内工作过程的计算（包括活塞和气门的动网格计算）时采用的两个主要软件是：STAR CD 和 FIRE。至于 CFD 程序代码 KIVA，由于较好地考虑了燃油喷射过程，长期以来都是作为发动机缸内燃烧模拟的核心代码，但近年由于商业软件的推出，KIVA 程序并未得到继续维护和进一步升级，另外，由于 KIVA 程序在网格生成方面受到的限制，以及其数值计算方法的陈旧，它逐渐丧失了在数值模拟方面的引领作用。但由于它在源程序代码方面的开放性，对于用户了解其核心程序的思路方面仍然有很大帮助。

为了满足用户多方面甚至是可能相互矛盾的需求，程序代码往往需要持久和不断地扩展和更新。作为程序代码的提供者如果没有全面考虑这些问题，而只是从自身使用的需要，以及市场竞争的角度出发进行程序代码的开发，在科学依据不足时将很难让人们认可和接受。所以，程序使用者往往会面临日益多样化的具有类似功能软件的选择，而只有在充分认清各类软件的优缺点后，才能为自己研究的问题作出合适的评估和选择。

特别是早期开发的发动机 CFD 模型只注重“宽度”（即仅限于提出和建立大量各种各样的模型），而忽视了“高度”（即致力于建立高质量及高效的模型）。这种趋势仅在近年来才有所减缓，从而为数值模拟开发出越来越多的高品质模型。对于混合气形成过程的数值模拟尤其如此，该有关内容将在本书第 16 章进行论述。此外，要用好这些先进的高质量的建模方法，意味着对使用者有更高的要求。当前的商业软件代码已不再像以前的 KIVA 程序那样简单（后者的 Fortran 源程序透明开放、非常经典、易于操作，故曾被广泛使用），而是在数值计算方法、网格生成及计算结果后处理方面的功能均非常强大。通常用于专业领域的 CFD 软件均有对其源代码的保护及权限的设定，而这类软件又往往根据具体的使用需要不断对模型进行改进。这类工作往往是由有经验的用户来进行的，但也绝不是单纯拥有专业背景就可以完成的。例如，若要对发动机内部复杂的混合气的形成和燃烧过程进行数值模拟，就必须同时依赖于较高水平的计算技术和先进的物理模型，而且两者之间也往往存在多种交互作用（例如，自适应网格技术就是在进一步改进燃油喷射模型的基础上进行的）。

计算机技术的确已经发展得非常成熟，但人们仍然无法考虑到所有可能发生的情况。当前即使没能很好地掌握计算方法以及数学、物理和化学等方面的相关专业知识，人们依然可以借助于现成的软件来解决问题。但是众所周知，即使像全世界通用的很简单的电子邮件管理、文字处理类的软件往往也存在很多问题，就更不用说在发动机模拟中所用到的如此复杂的 CFD 软件了。这类计算最初并没能进一步得到人们想要的结果，但这还不算糟糕，糟糕的是人们往往会去欣然接受计算所得的错误结果，并最终用非常漂亮的图表加以呈现。而对于这些精美的图片或图表的解释，往往又会增加很多人为的因素，所以只有配合试验测试，CFD 软件才会进一步发挥其更强大的功能。

客观来说，以上提到的问题绝不仅是刚接触 CFD 的人会碰到的个别问题，而是一系列根本性的问题，就如同开始提到的那样，要立足于提升计算能力和改进计算过程（不仅是在计算技术方面，而且是在模型建立方面），这种提升既指计算准确性方面，也指计算能力或者计算工作量方面。当提到“CFD”这一主题时，通常对计算准确性的考虑往往要重于对计算量的考虑，如果计算结果不准确，那 CFD 计算将没有任何意义。如果数值模拟所得的计算结果与所采用的数值计算方法有关，就如同对计算网格有依赖性一样，这样的结果也是没有意义的（这是在现有的技术水平下不应该出现的情况，但遗憾的是实际上又往往会发生）。相对来说，零维和一维计算方法是比较完善的，至少在计算速度方面具有足够的优势。但即使增加了许多改进和花费，能否达到提高计算“质量”的目的依然是不清楚的。只不过对时均单相无反应流动问题的模拟来说，其计算结果还是比较好的。然而，现代先进的内燃机工作过程 CFD 分析则要复杂和完善得多，它往往包含对多种过程的分析（既包括对燃油喷射系统内部流动，也包括对缸内喷雾和燃烧过程的模拟分析），还要将这些分析数据进一步通过燃烧放热规律曲线来表示。而在燃油喷射过程的模拟中，对网格生成、数值仿真到模型的选用，以及迭代计算的收敛性均需仔细斟酌与考虑，而对于离散液滴相选取合适的湍流模型也是必不可少的工作，因此，在下文中将把重点放在这些主题上。

如果人们能遵循所有影响计算准确性的规则，并用好所有当今可以采用的计算工具，则在很多场合下能对发动机混合气形成，以及燃烧放热率得到可靠的计算结果。此外，人们也需很快获知计算能可靠预测的范围。随着计算机计算能力的增加，人们可以进一步采用具有详细化学反应机理的复杂模型来进行计算，从而可以直接求得燃烧过程中的很多中间组分，并可对诸如汽油机的敲缸现象及火焰传播特性，以及柴油机或汽油机稀薄燃烧排放特性这类复杂的问题进行分析。对此，也有人持反对意见，认为今天的 CFD 模型在分析一些问题时仍有较大的局限性。本书将在第 17 章中对此进一步加以说明。

14.1 流体力学基本控制方程

14.1.1 质量和动量输运方程

流体力学基本控制方程简要描述如下，其中三个方向的分量将采用常规约定的求和表达法，即超过两次出现的标记将表示求和。有关详细的推导可参考 Merker 和 Baumgarten（2000），Cebeci（2002）以及 White（1991）等的著作。质量守恒方程，即连续性方程，如下所示

$$\frac{\partial}{\partial t}\rho(x,t)+\frac{\partial}{\partial x_{\mathrm{i}}}(\rho(x,t)v_{\mathrm{i}}(x,t))=0 \tag{14.1}$$

场变量对 x 或 t 的函数表达式通常可以省略，不再反映出来。动量方程，即 Navier－Stokers（纳维－斯托克斯）方程则可表示为如下形式

$$\rho\left(\frac{\partial}{\partial t}+v_{\mathrm{j}}\frac{\partial}{\partial x_{\mathrm{j}}}\right)v_{\mathrm{i}}-\frac{\partial}{\partial x_{\mathrm{j}}}\left(\tau_{\mathrm{ij}}\left[\frac{\partial v_{\mathrm{k}}}{\partial x_{\mathrm{l}}}\right]\right)=-\frac{\partial p}{\partial x_{\mathrm{i}}}+f_{\mathrm{i}} \tag{14.2}$$

其中

$$\tau_{\mathrm{ij}}=\mu\left(\frac{\partial v_{\mathrm{i}}}{\partial x_{\mathrm{j}}}+\frac{\partial v_{\mathrm{j}}}{\partial x_{\mathrm{i}}}\right)+\xi\frac{\partial v_{\mathrm{k}}}{\partial x_{\mathrm{k}}}\delta_{\mathrm{ij}} \tag{14.3}$$

τ_{ij}反映应力张量

式中，μ，ξ 表示第一和第二表示系数；f_{i} 表示所受的外力（如重力）。通常假定

$$\xi = -\frac{2}{3}\mu \tag{14.4}$$

即 τ_{ij}是无迹的。

如果是可压缩流动，密度变量ρ是位置和时间的函数。但对不可压缩流动（通常所说的液体），密度ρ则为常数，此时连续性方程和 Navier - Stokers 方程可大幅简化，即有

$$\frac{\partial v_i}{\partial x_i} = 0 \tag{14.5}$$

$$\rho\left(\frac{\partial}{\partial t} + v_j \frac{\partial}{\partial x_j}\right)v_i - \mu\Delta v_i = -\frac{\partial p}{\partial x_i} + f_i \tag{14.6}$$

式中

$$\Delta = \frac{\partial^2}{\partial x^2} + \frac{\partial^2}{\partial y^2} + \frac{\partial^2}{\partial z^2}$$

为 Laplace - Operator（拉普拉斯算子）。根据微分的乘积算法对连续性方程（14.1）中的第二项进行微分则可得

$$\left(\frac{\partial}{\partial t} + v_i \frac{\partial}{\partial x_i}\right)\rho + \rho\frac{\partial}{\partial x_i}v_i = 0 \tag{14.7}$$

式（14.7）中的算子符号

$$\frac{\partial}{\partial t} + v_i \frac{\partial}{\partial x_i}$$

被称为对流或独立微分项。它也同样出现在 Navier - Stokers 方程（14.2）中，表示在对外空间的固定坐标系中，流场局部变量随时间变化的规律。从追随流体的运动局部坐标系，即 Lagrange（拉格朗日）坐标系转换为对空间固定的全局坐标系，即 Euler（欧拉）坐标系对应以下的转换表达式

$$\frac{\partial}{\partial t_{\text{Lagrange}}} \longrightarrow \left(\frac{\partial}{\partial t} + v_i \frac{\partial}{\partial x_i}\right)_{\text{Euler}} \tag{14.8}$$

假定下述的 Newton（牛顿）第二定律

$$m = \frac{dv_i}{dt} = F_i$$

在追随流体的局部坐标系中是成立的，此处力 F 由作用在流体上的外力和压力梯度形成的内力组成，由此即可得出如下的 Euler（欧拉）方程

$$\rho\left(\frac{\partial}{\partial t} + v_j \frac{\partial}{\partial x_j}\right)v_i = -\frac{\partial p}{\partial x_i} + f_i \tag{14.9}$$

该方程适用于理想、无摩擦应力的流体，由于无黏性项，故其与 Navier - Stokers 方程（14.2）有所不同。这说明对于实际流体而言，还必须在 Newton 公式中的受力项中附加一个考虑额外摩擦力

$$f_{i,\text{Reibung}} = \frac{\partial}{\partial x_j}\left(\tau_{ij}\left[\frac{\partial v_k}{\partial x_i}\right]\right) \tag{14.10}$$

附加项，这就意味着，Navier－Stokers 方程对固定的空间坐标而言是一个二阶的微分方程，也因此其求解需要额外的边界条件。可以用流体与壁面的摩擦现象来说明两种公式物理含义的不同，按 Navier－Stokers 方程，黏性流体由自身的来流速度在壁面处迅速降为零并因此形成边界层。而按照 Euler 方程，流体则是以有限的速度流经无摩擦的壁面。

流体流动的偏微分方程可以从数学上分为椭圆型、抛物线型和双曲线型方程。不可压缩的 Euler 方程（14.9）相对于变量 v 来说即为双曲线型方程㊀。对于这一类微分方程，存在特征线族，其变量沿特征线随时间的变化，则可转化为常微分方程。据此，Euler 方程沿着空间曲线 $X(t)$ 并令

$$\frac{\mathrm{d}\chi_\mathrm{i}}{\mathrm{d}t} = v_\mathrm{i} \tag{14.11}$$

则可简化为以下表达形式

$$\rho \frac{\mathrm{d}v_\mathrm{i}}{\mathrm{d}t} = -\frac{\partial p}{\partial x_\mathrm{i}} + f_\mathrm{i} \tag{14.12}$$

人们可以想象，求解区域是沿着特征线式（14.11）和式（14.12）所对应的曲线族“扩展”㊁。为了定义这种边界条件，只需给出初始时刻 t_0 时各初始位置 $x_{0,\mathrm{i}}$ 处的初始速度值 v（$t=t_0$，$x_\mathrm{i}=x_{0,\mathrm{i}}$）。一种典型的椭圆型微分方程是 Poisson（泊松）方程

$$\Delta\varphi = \left(\frac{\partial^2}{\partial x^2} + \frac{\partial^2}{\partial y^2} + \frac{\partial^2}{\partial z^2}\right)\varphi = 4\pi\gamma \tag{14.13}$$

可以看出，求区域内变量 $\varphi(x,y,z)$ 的解，取决于该椭圆型区域所有边界上的 φ 值；不存在随时间的步进问题，也不存在特征线。

热传导方程或 Helmholtz（赫姆霍兹）方程（描述固体热传导过程）

$$\rho c_\mathrm{V} \frac{\partial}{\partial t} T - \lambda \Delta T = 0 \tag{14.14}$$

它和 Navier－Stokers 方程一样，都是抛物线型方程。这类问题的变量是随时间变化，而不随空间变化的。其典型的初值问题是给出在起始时刻 t_0，特定研究区域内所有位置的已知数值。

以上介绍说明微分方程的数值求解方法应视其类型而异。对于 Navier－Stokers 方程，由于增加了黏性项，微分方程的类型发生了变化，不可压缩的 Euler 方程是双曲线型方程，而 Navier－Stokers 方程则是抛物线型方程，因而求解方法也有所不同。对于可压缩流体的步进问题也同样由于声速现象的出现，而使得方程类型发生了变化。典型的发动机内部三维流动，如气缸内部流动，理论上肯定是可压缩的，但由于其压缩性非常弱（可用马赫数 $a=v/c$ 来评定），故在实验中仍可依照不可压缩流体流动来处理。

㊀ 在不可压缩的连续方程中对于压力来说则是椭圆型的。

㊁ 假定这时存在外部压力和力的作用

14.1.2 能量方程和组分输运方程

方程组必须是完整无缺的。对于不可压缩流动问题，有连续性方程［式（14.1）］和 Navier - Stokers 方程［式（14.2）］，包括对应三个分量方程的矢量方程，总共四个方程可以联立求解四个未知量，三个速度矢量和一个压力。而对可压缩流动问题，密度也是需要确定的未知量。对单组分气体或者均匀混合气体（可当成单组分气体来对待），其密度可从以下的热力学状态方程中的压力来求得

$$p = \frac{\rho \widetilde{R} T}{M} \tag{14.15}$$

该方程中同时包含了温度，该温度则通过能量状态方程

$$u = \int_{T_0}^{T} c_V(\vartheta)\,\mathrm{d}\vartheta + u_0 \tag{14.16}$$

与（比）内能联系起来。内能是一个广义量，同样可以建立所对应的输运方程（类似于动量方程）

$$\rho\left(\frac{\partial}{\partial t} + v_j \frac{\partial}{\partial x_j}\right)u - \frac{\partial}{\partial x_i}\left(\lambda \frac{\partial T}{\partial x_i}\right) = -p\frac{\partial v_i}{\partial x_i} + \tau_{ij}\frac{\partial v_i}{\partial x_j} + q \tag{14.17}$$

见 Merker 和 Baumgarten 的著作（2000）。左侧的第二项称为扩散项，对应了 Navier - Stokers 方程中的黏性项（其中 λ 表示导热系数）。右侧前两项表示能量的源和汇，第一项 $-p\partial v_i/\partial x_i$ 可正可负，对应了作用在单元体积上可逆的机械压缩做功过程。第二项 $\tau_{ij}\partial v_i/\partial x_j$ 则用以描述由于内部摩擦所产生的热量，该项根据热力学第二定律恒为正值。第三项 q 表示其他热源，如由于蒸发或燃烧所产生的热量。

这样一来，对于不可压缩的流动情况方程组也是完整无缺的，包括式（14.1）、式（14.2）、式（14.15）、式（14.16）和式（14.17），可以求解未知待求量，包括 3 个方向的速度以及压力、密度、温度和内能。但如果流体是包含几种不同组分的不均匀混合物时，则需要进一步补充求解各个组分浓度的方程。

需要说明的是，此处所提到的能量方程中的能量指的是内能，而不是动能。后者由 Navier - Stokers 方程求出，因此并不是个独立量。当然除了内能以外，总能（内能 + 动能），或者说是热焓（$w = u + p/\rho$），也可以通过建立相应的输运方程来求解。这些都是等效的，因为当人们知道了 v，p，ρ 这三个量以后，所有各种形式的能量方程之间都可以互相转换。对于化学领域的研究者来说，最常见的做法建立以总焓（热焓 + 化学能）为变量的能量方程。如果一种物质的组分已知，也同样可以转换为其他量所反映的能量方程，而这些方程也都是等效的。

最后，也要考虑到流体是包含几种不同组分且不均匀混合物的情况。这时，还需建立以下对于某种组分浓度 $c(k)$ 的输运方程，

$$\rho\left(\frac{\partial}{\partial t} + v_i \frac{\partial}{\partial x_i}\right)c(k) - \frac{\partial}{\partial x_i}\left(D_{(k)}\rho \frac{\partial}{\partial x_i}c_{(k)}\right) = Q_{(k)}(c_{(j)}, p, T) \tag{14.18}$$

式中

$$\sum c_{(k)} = 1$$

该输运方程的形式完全类似于 Navier - Stokers 方程和能量方程，即在等号左侧有对流项（迁移导数）和扩散项，等号右侧为源项，该项只有当有化学反应，特别是在燃烧发生情况下才不为零。若在能量方程（14.17）中出现额外的扩散项一样，则有如下形式的方程：

$$\rho\left(\frac{\partial}{\partial t} + u_j\frac{\partial}{\partial x_j}\right)u - \frac{\partial}{\partial x_i}\left(\lambda\frac{\partial T}{\partial x_i} + \rho D_{(k)}\sum_{(k)} h_{(k)}\frac{\partial c_{(k)}}{\partial x_i}\right) = -p\frac{\partial v_i}{\partial x_i} + \tau_{ij}\frac{\partial v_i}{\partial x_j} \tag{14.19}$$

当前所有的 CFD 软件都采用对理想气体的状态方程。但这种假定并不特别适合于柴油机缸内的气流情况（缸内峰值压力高达 200bar），此时最好采用真实气体的状态方程，但当前的商用软件尚未做到这一点。

14.1.3 被动标量和混合分数

除了前述标量外，往往还会定义其他一些标量的输运方程，如进度变量或是火焰面密度。这些输运方程从本质上也类似于方程（14.18），即包含对流项、扩散项和源项。但这些量并不由于热力学方程（14.15）和方程（14.16）确定，因此称为被动标量，与此相反，参与热力学过程的这类量则称为主动标量。

燃烧过程中一个非常重要的标量是混合分数 Z。混合分数反映了两种气体的局部混合状态，每种气体均可为由不同组分构成的均匀混合气体，该值在 0 与 1 之间。如果没有发生反应，混合分数 Z 的表达式如下：

$$Z = \frac{\rho_{\text{Gas I}}}{\rho_{\text{Gas I}} + \rho_{\text{Gas II}}} \tag{14.20}$$

可以认为 Z 值是混合气体任意一组成元素质量分数的线性函数。对于任意元素 X（例如 C，O 或 H），其质量分数定义如下

$$c_X = \frac{\rho_X}{\rho_{\text{gesamt}}} \tag{14.21}$$

在式（14.21）里 $c_{X,\text{I}}$ 表示气体Ⅰ中 X 元素的质量分数，相应地 $c_{X,\text{II}}$ 表示气体Ⅱ中 X 元素的质量分数，而 c_X 则为气体Ⅰ和气体Ⅱ混合状态下 X 元素的质量分数。由此可得以下关系式（ρ_X 为 X 元素密度，ρ_{gesamt} 为混合气总的平均密度）：

$$Z(c_X) = \frac{c_X - c_{X,\text{II}}}{c_{X,\text{I}} - c_{X,\text{II}}} \tag{14.22}$$

建模的基本思路是利用上述的关系式来定义前面提到的混合分数，因为这一定义是基于元素给出的，不受化学反应的影响。这样就可得到一个独立于化学反应（燃烧过程）的适合于描述气体混合状态的量。因此，混合分数即成为描述扩散火焰中一个非常重要的参数。在没有化学反应源项情况下[⊖]，某个组分的混合分数输运方程为

⊖ 当然还存在燃油蒸发的源项。

$$\rho\left(\frac{\partial}{\partial t}+v_{\mathrm{i}}\frac{\partial}{\partial x_{\mathrm{i}}}\right)Z-\frac{\partial}{\partial x_{\mathrm{i}}}\left(D\rho\frac{\partial}{\partial x_{\mathrm{i}}}Z\right)=0 \tag{14.23}$$

对于扩散常数 D，通常采用所有组分扩散常数的平均值[㊀]。由于混合分数可用来计算混合物组成，所以它也起着主动标量的作用。

14.1.4 输运方程的守恒形式

最后需要进一步说明的是，借助于连续性方程，其他所有输运方程（如能量、动量及标量方程）均可表示为守恒型方程。对于标量输运守恒型的控制方程则如下所示：

$$\frac{\partial}{\partial t}(\rho c_{(k)})+\frac{\partial}{\partial x_{\mathrm{i}}}(\rho v_{\mathrm{i}}c_{(k)})-\frac{\partial}{\partial x_{\mathrm{i}}}\left(D_{(k)}\rho\frac{\partial}{\partial x_{\mathrm{i}}}c_{(k)}\right)=Q_{(k)}(c_{(\mathrm{j})},p,T) \tag{14.24}$$

式中对流项（等号左边第二项）是以散度的形式表示的。这些守恒型的方程对于数值处理是非常重要的。

14.2 湍流与湍流模型

14.2.1 湍流现象

在 Navier – Stokers 方程中，黏性项的数量级对流动特性有很大的影响。为了理解这一点，此处以经典的圆柱扰流问题为例[㊁]（为了简化，将其当作不可压缩流动处理），引入两个特征量，一个是特征长度 L（此处为圆柱体直径），另一个是特征速度 v（来流速度）。对该问题，借助上述的特征量，可定义如下的归一化变量：

$$x=x^*L,v=v^*V,t=t^*L/V,p=p^*\rho V^2 \tag{14.25}$$

采用归一化变量 x^*，v^*，t^* 和 p^*，该问题可以用不考虑尺度的方式来处理。最终得到如下方程

$$\frac{\partial v_{\mathrm{i}}^*}{\partial x_{\mathrm{i}}^*}=0 \tag{14.26}$$

和

$$\left(\frac{\partial}{\partial t^*}+v_{\mathrm{j}}^*\frac{\partial}{\partial x_{\mathrm{j}}^*}\right)v_{\mathrm{i}}^*-\frac{1}{\mathrm{Re}}\frac{\partial^2 v_{\mathrm{i}}^*}{\partial x_{\mathrm{i}}^2}=-\frac{\partial p^*}{\partial x_{\mathrm{i}}^*} \tag{14.27}$$

式中　Re——Reynolds（雷诺）数，其定义如下

$$\mathrm{Re}=\frac{\rho VL}{\mu} \tag{14.28}$$

㊀ 省去湍流情况下，各类层流扩散常数的问题。

㊁ 即所谓“Kanman（卡门）涡街”。

Reynolds 数包含了所有的尺度影响因素。对于具有相同 Reynolds 数的流动，可以通过各变量之间的无量纲换算在相互间进行变换，但这些流动依然是相似的。可以通过 Reynolds 数来对流动进行分类。此外，Reynolds 数也可反映黏性的相对大小。若 Reynolds 数太小，黏性过大，流体呈现像“蜂蜜”状的黏性流动。相反，若 Reynolds 数趋向无限大时，人们首先会想到的是流体黏性消失，即黏度趋向零，于是 Navier－Stokers（纳维－斯托克斯）方程在靠近壁面处会简化为 Euler（欧拉）方程。但实际情况并非如此，与 Euler 方程描述的情况不同，流体会形成一层相当薄的黏性边界层（这正是 Navier－Stokers 方程所描述的流体流动的特点），流体速度在该层内将从来流速度迅速减小为壁面处的零速度。从而在壁面处形成很大的速度梯度，并在圆柱体后方下游形成涡流。

在圆柱扰流问题中，当来流在 $Re=10^{-2}$ 时（如图 14.1a 所示），流动属于层流黏性流动。随着 Reynolds 数的增加，在圆柱体后方产生越来越多的漩涡，而且漩涡会脱离圆柱体，初期仍有一定的规律性（图 14.1b，c）。但随着 Reynolds 数的进一步增加，流体呈现出无规则的混乱和三维结构特性，即发展为湍流（14.1d，e）。大涡会分解为很多小涡，小涡则进一步分解为更小的涡，随之涡的频谱也降至很小的长度尺度，即 Kolmogorov（柯尔莫哥洛夫）尺度，此时的流体会再次变回为层流黏性流动。对于这种紊乱过程，即使采用具有超级计算能力的计算机，也无法计算出确定的结果，因为此时非常微小的扰动都会对结果带来很大的影响。

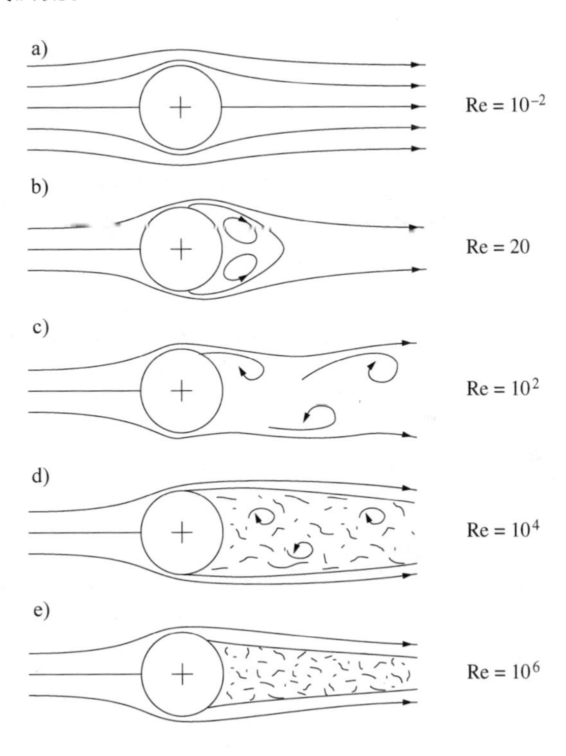

图 14.1 不同 Reynolds 数下的圆柱绕流的“Kanman（卡门）涡街”

14.2.2 湍流模型

通常可以采用统计的方法来描述湍流现象，从理论上来说，湍流脉动的幅值和频率也是可以得到的。描述湍流的几个典型特征量，主要有湍流长度尺度 l_t、湍流

时间尺度 τ_t、湍流速度尺度 v_t 和湍流黏度 μ_t。对于均匀各向同性湍流，可由两个独立量来描述湍流特性，其中用得最多的是湍动能 k 和湍流耗散率 ε。这样就有以下表达式

$$v_t = \sqrt{k}, \mu_t = c_\mu \rho \frac{k^2}{\varepsilon}, l_t = c_l \frac{k^{\frac{3}{2}}}{\varepsilon}, \tau_t = \frac{l_t}{v_t} \tag{14.29}$$

式中　c_μ 和 c_l——比例常数。

引入这些湍流参数的目的是希望对湍流的流体力学方程可以从数学上进行总体（系综）平均化处理。即并不是真正去计算湍流场中的某一个实时值，而是计算相同宏观边界条件下所有可能项的平均值[⊖]。对于无源项的标量输运方程（14.24）将采用 Reynolds（雷诺）平均法来处理。

如果 $\langle v_i \rangle$ 和 $\langle c \rangle$ 用来表示总体（系综）平均参数，则瞬时值有如下简化的表达式

$$\begin{aligned} v_i &= \langle v_i \rangle + v_i' \qquad \text{其中}, \langle v_i' \rangle = 0, \\ c &= \langle c \rangle + c' \qquad \text{其中}, \langle c' \rangle = 0 \end{aligned} \tag{14.30}$$

式中　v_i' 和 c'——湍流场速度和标量的脉动值。

前面提到的湍动能的表达式可以如下表示：

$$k = \frac{1}{2} \sum_i (v_i')^2 \tag{14.31}$$

对标量守恒方程（14.24）进行时均化处理时，与 v 和 c 有关的所有线性项均可以直接写成相同形式的时均值，而非线性的对流项则会产生一脉动附加项，如下所示：

$$\frac{\partial}{\partial t}(\rho\langle c \rangle) + \frac{\partial}{\partial x_j}(\rho\langle v_j \rangle\langle c \rangle) + \frac{\partial}{\partial x_j}(\rho\langle v_j' c' \rangle) - \frac{\partial}{\partial x_j}\left(D_c \rho \frac{\partial}{\partial x_j}\langle c \rangle\right) = 0 \tag{14.32}$$

若将湍流看作是在空间上与时间无关的各向同性的脉动过程（“白噪声”），则这一脉动附加项将具有扩散项的结构形式，其中扩散系数如下：

$$D_t = \text{const} \cdot k^2/\varepsilon = \mu_t/(\rho Sc_t)$$

从而采用涡流扩散方法后有：

$$\langle v_i' c' \rangle = -\frac{\mu_t}{\rho Sc_t} \frac{\partial \langle c \rangle}{\partial x_i} \tag{14.33}$$

式中　Sc_t——湍流的 Schmidt（斯密特）数，即湍流黏度与湍流扩散度的比值。

在时均化的 Navier－Stokers（纳维－斯托克斯）方程中会出现一类似的附加项 $\langle v_i' v_j' \rangle$。该附加项相当于是由于湍流脉动所增加的一个应力作用项，称为 Reynolds（雷诺）应力 $\tau_{R,ij}$。类似于前面的涡流扩散方法，此处采用涡黏方法（依然以不可压缩流动为例）有：

⊖ 在发动机中常常涉及多个循环的平均值，但我们对于某些形象化的说明应有清醒的认识。发动机的循环波动大部分是由于其边界条件（如喷射油束或上一循环中混合气中的废气含量等）的波动所引起的。

$$\langle v_i' v_j' \rangle = -\frac{\mu_t}{\rho} \cdot \left(\frac{\partial \langle v_j \rangle}{\partial x_i} + \frac{\partial \langle v_i \rangle}{\partial x_j} \right) + \frac{2}{3} \delta_{ij} k \tag{14.34}$$

这表明在时均方程中，湍流扩散系数与黏度的比值远远大于层流的相应比值（$D_t >> D_c$）。从而可以比较容易地理解湍流时均的本质效应，微分方程的黏性扩散特性在方程中有了更多的体现，也进而带来了方程的适定性问题（如果希望最终解有一定量的变化，初始条件就需要有足够大的变化，但依然不能引起任何解的不稳定性）。通常在研究湍流问题中，因为湍流参数是主要量，故层流黏度和扩散系数均可忽略（这一点也同样适用于其他变量输运方程）。

对于可压缩流动，如果采用密度加权平均，即所谓的 Favre 质量平均来处理，可以得到形式上相似的结果。式（14.35）即为以后将用到的 Favre 质量平均的表达式

$$\langle \Phi \rangle_F = \langle \rho \Phi \rangle / \langle \rho \rangle \quad \Phi = \langle \Phi \rangle_F + \Phi'' \tag{14.35}$$

如果要计算湍动能 k 和湍流耗散率 ε，此时仍然需要继续增加方程。由 Navier – Stokers（纳维 – 斯托克斯）方程可以得到湍动能的输运方程，即 k 方程。忽略了压力修正后 k 方程（采用 Favre 平均）如以下所示：

$$\langle \rho \rangle \frac{\partial}{\partial t} k + \langle \rho \rangle \langle v_i \rangle_F \frac{\partial}{\partial x_j} k - \frac{\partial}{\partial x_i} \left(\frac{\mu_t}{\mathrm{Pr}_k} \frac{\partial k}{\partial x_i} \right) =$$

$$\tau_{R,ij} \langle S_{ij} \rangle_F - \langle \rho \rangle \varepsilon - \frac{2}{3} \langle \rho \rangle k \nabla \cdot \langle \vec{v} \rangle_F \tag{14.36}$$

式（14.36）中可压缩流动的 Reynolds（雷诺）应力 $\tau_{R,ij}$ 为：

$$\tau_{R,ij} = \mu_t \left(\frac{\partial \langle v_j \rangle_F}{\partial x_i} + \frac{\partial \langle v_i \rangle_F}{\partial x_j} - \frac{2}{3} \delta_{ij} (\nabla \cdot \langle \vec{v} \rangle_F) \right) \tag{14.37}$$

剪切应力 S_{ij} 为：

$$S_{ij} = \frac{1}{2} \left(\frac{\partial v_j}{\partial x_i} + \frac{\partial v_i}{\partial x_j} \right) \tag{14.38}$$

由此可以看出，k 输运方程中的湍流扩散系数与 μ_t 不同，而它与引入的另一个比例系数，即用于表示湍动能 k 的 Prandtl（普朗特数）Pr_k 有关。湍流耗散率 ε 定义为：

$$\varepsilon = v \left[\frac{\partial v_i''}{\partial x_j} \left(\frac{\partial v_i''}{\partial x_j} + \frac{\partial v_j''}{\partial x_i} \right) \right]_F \tag{14.39}$$

湍流耗散率 ε 的输运方程原则上也可以由 Navier – Stokers 方程推导出，但它还有另外有几项需要按照 k 方程建模。ε 方程形式如下：

$$\langle \rho \rangle \frac{\partial}{\partial t} \varepsilon + \langle \rho \rangle \langle v_i \rangle_F \frac{\partial}{\partial x_j} \varepsilon - \frac{\partial}{\partial x_i} \left(\frac{\mu_t}{\mathrm{Pr}_\varepsilon} \frac{\partial \varepsilon}{\partial x_i} \right) =$$

$$c_{\varepsilon,1} \frac{\varepsilon}{k} \tau_{R,ij} \langle S_{ij} \rangle_F - c_{\varepsilon,2} \langle \rho \rangle \frac{\varepsilon^2}{k} - \left(\frac{2}{3} c_{\varepsilon,1} - c_{\varepsilon,3} \right) \langle \rho \rangle \varepsilon \nabla \cdot \langle \vec{v} \rangle_F \tag{14.40}$$

式（14.40）中，$k - \varepsilon$ 模型的模型常数通常按下表取值：

c_μ	$c_{\varepsilon,1}$	$c_{\varepsilon,2}$	$c_{\varepsilon,3}$	Pr_k	Pr_ε
0.09	1.44	1.92	−0.33	1.0	1.3

最后，还需一个关于内能的输运方程，它与层流方程的不同处仅在于湍流输运系数，以及将 ε 作为负源项。

这样最终可得到一个封闭的方程组。在求得 k 和 ε 后，即可计算出微分方程中附加的湍流扩散项中的扩散系数。由于本书以后对可压缩流动一律采用 Favre 时均方程和时均量，所以通常可以把 Favre 时均的符号 $\langle\rangle_F$ 省略掉。

14.2.3 湍流的壁面律方程

对于边界条件还存在一个问题，即在壁面处形成边界层，由于摩擦力的作用，其流体速度会减至零，从而使流动变为层流。因此在湍流中，典型边界层包括了层流底层区和湍流核心区。$k-\varepsilon$ 模型无法适用于整个边界层。况且因为边界层通常都非常薄（特别是在发动机内部），因此几乎无法进行数值求解。

最常用的克服以上困难的方法是根据边界层方程推导出壁面率方程。因为在边界层内剪切应力为常数，故在边界层内离壁面不同距离处，切向速度分量是壁面距离的函数（这也正是对边界层的定义）。为了根据离壁面最近的一层网格单元中的局部速度来计算剪切应力，需建立起湍流在壁面处的流动规律，即边界层的分析模型。

当壁面剪切应力 τ_w 给定时，在湍流边界层中只有一个剪切应力速度 v_τ 作为衡量剪切速度尺度，即有 $\tau_w=\rho v_\tau^2$。该速度正比于湍流速度尺度，而湍流长度尺度则正比于距壁面的距离 y。v_w 表示平行于壁面的速度分量。根据以上述假定可得出湍流黏度为

$$\mu_t=\kappa\rho y v_\tau$$

式中 κ——比例常数，即 von Karman（冯·卡门）常数。

对于壁面剪切应力 τ_W，有

$$\tau_W=\rho v_\tau^2=\rho\kappa y v_\tau\frac{\partial v_W}{\partial y} \tag{14.41}$$

在假定密度为常数的情况下，引入积分常数 C 后，即可得出以下壁面对数分布律方程

$$v_W=\frac{v_\tau}{\kappa}\ln y+C \tag{14.42}$$

做无量纲归一化处理后有

$$v^+=\frac{v_W}{v_\tau}$$

和

$$y^+=\frac{\rho v_\tau y}{\mu} \tag{14.43}$$

从而可得壁面对数分布律方程的通用形式为

$$v^{+}=\frac{1}{\kappa}\ln y^{+}+\widetilde{C} \tag{14.44}$$

式中 常数 $\kappa=0.4$ 和 $\widetilde{C}=5.5$。

上述壁面速度的对数分布规律适用范围为

$$20<y^{+}<150 \tag{14.45}$$

数值求解时，距离壁面最近的网格节点必须布置在这一黏性的边界层内。在当前在 CFD 计算中，根据距壁面最近的一个网格单元处的 v^{+} 和 y^{+} 值来计算 v_{τ} 及 τ_{W} 的这种壁面率方法得到广泛采用。其中的 τ_{W} 则提供动量源（或汇）作为 Navier - Stokers 方程的边界条件。

以采用类似的方法可同样获得近壁面处的温度与壁面物理量间的关系。根据热流量的表达式

$$q_{w}=\rho\kappa y v_{\tau}\frac{c_{p}}{\Pr}\frac{\partial T}{\partial y} \tag{14.46}$$

积分后可得

$$T-T_{W}=\frac{q_{w}\Pr}{\kappa c_{p}\rho v_{t}}(\ln y^{+}+\mathrm{const}) \tag{14.47}$$

最后还需要有湍动能 k 和耗散率 ε 的边界条件。因为在边界层内剪切应力 τ_{W} 和速度尺度 v_{τ} 均为常数，所以将壁面处的湍动能 k_{w} 做常数处理看来也是合理的，但实际上如果要使上述处理有效，湍动能的产生和耗散必须在边界层内达平衡，即有

$$\mu_{t}\left(\frac{\partial v_{W}}{\partial y}\right)^{2}=\kappa\rho y v_{\tau}\left(\frac{v_{\tau}}{\kappa y}\right)^{2}=\rho\varepsilon_{W} \tag{14.48}$$

此外，对于黏度（见式 14.29）也应存在以下关系式

$$\mu_{t}=\kappa\rho y v_{\tau}=c_{\mu}\rho\frac{k_{W}^{2}}{\varepsilon_{W}} \tag{14.49}$$

根据上述两式即可得到

$$k_{W}=\frac{v_{\tau}^{2}}{\sqrt{c_{\mu}}}\text{和 }\varepsilon_{W}=\frac{v_{\tau}^{3}}{\kappa y} \tag{14.50}$$

由此可见，ε_{W} 在非常接近壁面处将会趋于无穷大而引起计算结果的发散。为使这一关系式成立，ε 方程中的扩散项和源项也必须是平衡的，即有

$$\frac{\partial}{\partial y}\left(\frac{\mu_{t}}{\Pr_{\varepsilon}}\frac{\partial\varepsilon_{W}}{\partial y}\right)+c_{\varepsilon,1}\frac{\varepsilon_{W}}{k_{W}}\mu_{t}\left(\frac{\partial v_{W}}{\partial y}\right)^{2}-c_{\varepsilon,2}\rho\frac{\varepsilon_{W}^{2}}{k_{W}}=0 \tag{14.51}$$

将之前所获得的结果引入后可在模型常数间建立起以下的关系式

$$\kappa=\sqrt{\sqrt{c_{\mu}}\Pr_{\varepsilon}(c_{\varepsilon,2}-c_{\varepsilon,1})} \tag{14.52}$$

上述方程在推导过程中做了如下假定，即流动是稳定并平行于壁面的，流体密度则为常数。由此可知，上述这些壁面律方程的使用都有一定的局限性。特别是在

发动机内，流动往往是瞬态的，而且存在流动的驻点（如燃油喷射撞击活塞或燃烧室壁面时）。另外，由于接近壁面处温度梯度很大，壁面边界层内密度也并非是常数。对于变密度的情况，也同样可以推导出壁面律方程，如 Han 和 Reitz 于 1995 年所给出的方程。此时，热流量方程（14.46）中的密度由理想气体状态方程来确定，积分后可得到以下代替式（14.47）的关系式

$$T\ln\left(\frac{T}{T_{\mathrm{w}}}\right)=\frac{q_{\mathrm{w}}\mathrm{Pr}}{\kappa c_{\mathrm{p}}\rho v_{\mathrm{t}}}(\ln y^{+}+\mathrm{const.}) \tag{14.53}$$

当然这里还没有考虑到变密度对 k 和 ε 分布的影响，但无论如何对于燃烧过程计算来说上述表达式还是非常值得推荐的。

最后应该指出的是，通过对边界层内的详细计算，可实现对现有模型进一步的改进，例如 Manceau 和 Hanjalic 于 2000 年提出的 v2f 模型，这或许将是该研究领域未来一个合理的方向。

14.2.4 湍流混合分数模型

14.1 节中曾引入了一个用以描述混合过程的重要量，即混合分数。在湍流场中，混合分数的输运方程也同样要做湍流时均化处理，其结果将会对应此前已给出的标量输运方程（14.32），也包括式（14.33）。但必须清楚的是，混合分数 Z 的平均值不再包括局部混合状态的完整信息。于是，平均值 $Z=0.5$ 表示“流体 1”和“流体 2”等浓度充分混合，不存在波动，但也可以表示完全没有混合的“纯流体 1”和“纯流体 2”之间的简单叠加，其中两种情况出现的概率相等。在描述局部混合情况时，另外一个非常有用的量是 Favre 平均的混合分数方差

$$\langle Z''^2\rangle_{\mathrm{F}}=\langle[Z-\langle Z\rangle_{\mathrm{F}}]^2\rangle_{\mathrm{F}}=\langle Z^2\rangle_{\mathrm{F}}-\langle Z\rangle_{\mathrm{F}}^2 \tag{14.54}$$

根据混合分数输运方程，可进一步导出其方差的输运方程如下：

$$\langle\rho\rangle\frac{\partial}{\partial t}\langle Z''^2\rangle_{\mathrm{F}}+\langle\rho\rangle\langle v_{\mathrm{j}}\rangle_{\mathrm{F}}\frac{\partial}{\partial x_{\mathrm{j}}}\langle Z''^2\rangle_{\mathrm{F}}-\frac{\partial}{\partial x_{\mathrm{j}}}\left(\frac{\mu_{\mathrm{t}}}{Sc_{\mathrm{t}}}\frac{\partial}{\partial x_{\mathrm{j}}}\langle Z''^2\rangle_{\mathrm{F}}\right)=$$

$$2\frac{\mu_{\mathrm{t}}}{Sc_{\mathrm{t}}}(\nabla\langle Z\rangle_{\mathrm{F}})^2-\underbrace{2D\langle\rho\rangle\langle(\nabla Z'')^2\rangle_{\mathrm{F}}}_{\chi} \tag{14.55}$$

为给该方程中的最后一项χ，即标量耗散率建模，通常可以采用下述表达式

$$\chi=c_{\chi}\frac{\varepsilon}{k}\langle Z''^2\rangle_{\mathrm{F}} \tag{14.56}$$

基于上述方程特性，χ 对应了 k 方程中的湍流耗散率 ε（k 也表示一种方差，是针对速度的）。因此可以看出，混合分数 Z 平均值的梯度（对于各向异性湍流）引起了 Z 的方差，而如果没有后续产生项，其值将随湍流时间尺度而衰减。常数 c_{χ}通常设为 2（Peters，2000）。

采用分布函数可对从 Z 到 Z''^2局部混合情况进行再构。该分布函数 f 通常称为概率密度函数（probability density function，缩写 pdf）。它表示了各种混合状态（Z

在0到1之间取值）出现的概率，所以必须满足下式

$$\int_0^1 f(Z)\,\mathrm{d}Z = 1 \tag{14.57}$$

根据平均值和方差有的定义

$$\langle Z \rangle = \int_0^1 Zf(Z)\,\mathrm{d}Z$$

和

$$\langle Z''^2 \rangle = \int_0^1 (Z - \langle Z \rangle)^2 f(Z)\,\mathrm{d}Z = $$
$$\int_0^1 (Z^2 - \langle Z \rangle^2) f(Z)\,\mathrm{d}Z \leqslant \int_0^1 (Z - \langle Z \rangle^2) f(Z)\,\mathrm{d}Z \tag{14.58}$$

进一步可得到下面关系式

$$\langle Z''^2 \rangle \leqslant \langle Z \rangle (1 - \langle Z \rangle) \tag{14.59}$$

例如，对于完全没有任何混合的情况（$Z=0$ 和 $Z=1$），混合分数的概率密度函数可由两个 Dirac（狄拉克）分布的线形组合来表示

$$f(Z) = a\delta(Z) + b\delta(Z-1) \tag{14.60}$$

式中　$a+b=1$。

此时，式（14.59）中应取等号。

图14.2中给出了四种均值和方差分布函数的极端情况，一类是两种气体混合最弱的情况，另一类则是两种气体混合最强的情况。所有 Z 的不同分布函数情况均是介于这两种极端情况之间。在一些文献中为此也广泛使用 β 函数[⊖]。这是一种与两个独立参数 a，b 相关的简单分布函数，它可以很容易地建立平均值和方差分布与这两个参数之间的关系。

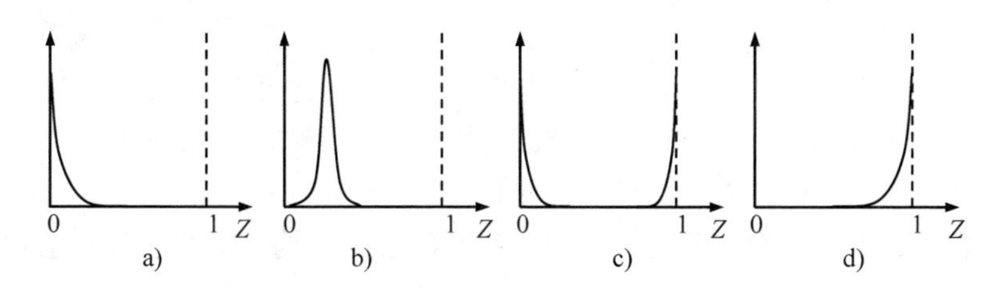

图14.2　不同混合状态下的分布函数

a）均值比较小的情况　b）表示强烈混合　c）表示轻微混合　d）均值比较大的情况

⊖ 在数学文献中，将两个独立变量 a 和 b 相关函数的积分称为 β 函数：

$$B(a,b) = \int_0^1 (1-Z)^{a-1} Z^{b-1}\,\mathrm{d}Z = \frac{\Gamma(a)\Gamma(b)}{\Gamma(a+b)}$$

根据 Γ 函数的定义[⊖]，可得

$$f(Z) = \frac{\Gamma(a+b)}{\Gamma(a)\Gamma(b)} Z^{a-1}(1-Z)^{b-1}, \int_0^1 f(Z)\mathrm{d}Z = 1, a, b > 0, \quad (14.61)$$

$$\langle Z \rangle = \frac{a}{a+b} \text{和} \langle Z'^2 \rangle = \frac{\langle Z \rangle (1 - \langle Z \rangle)}{1+a+b} \quad (14.62)$$

式（14.61）和式（14.62）中，当 a，$b<1$ 时，曲线为图 14.2c 所示“浴缸”型分布；当 a，$b>1$ 时，曲线为图 14.2b 所示的分布。当 $a<1$，$b>1$ 或 $a>1$，$b<1$ 时，曲线如图 14.2a 或图 14.2d 所示分布。由相应的输运方程可求得均值 $<Z>$ 和方差均值 $<Z'^2>$，方程组封闭，从而可进一步求得 a，b 值。在式（14.61）中，尽管 β 函数总的积分等于 1，但当 a 和 b 值较大或较小时，按式（14.61）所计算的值均会很大。所以，在计算 f 这一分布函数时，往往推荐对该式进行对数处理，即有

$$\ln f = \ln\Gamma(a+b) - \ln\Gamma(a) - \ln\Gamma(b) + (a-1)\ln Z + (b-1)\ln(1-Z) \quad (14.63)$$

从而能通过对该式进行指数运算，最终求得分布函数 f。

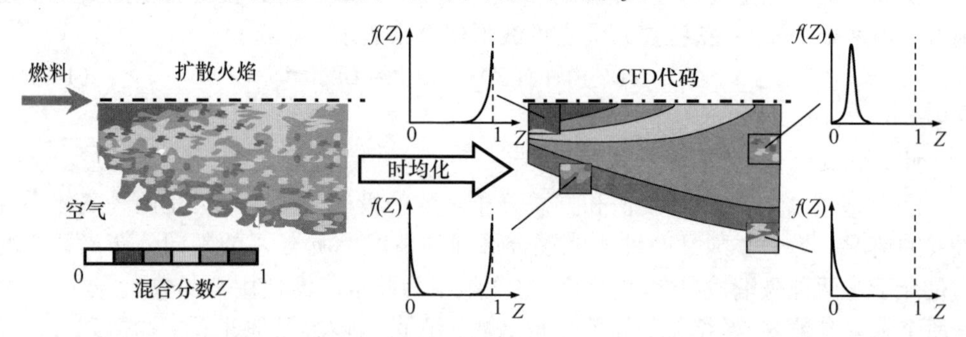

图 14.3　湍流扩散火焰时均化处理，以及通过引入概率密度函数按统计规律再构燃料空气混合过程的示意图（有关混合细节则无法显示）

图 14.3 中以湍流扩散火焰为例，用图示方法清晰地给出了湍流问题和时均化的求解。图中所采用的 CFD 网格无法求解湍流混合问题，在网格内进行时均化处理过程中会有一些信息丢失。例如，对于图 14.1 中的 Kanman（卡门）涡街问题，当研究的重点不在于精确求解混合过程各瞬间的空间结构，而是求该混合过程的统计时均值时，这个问题可通过引入混合分数的概率密度函数（probability density function，缩写 pdf）的方法得到解决。

14.2.5　湍流模型的有效性和其他湍流模拟方法

$k-\varepsilon$ 湍流模型是 Reynolds（雷诺）时均湍流模型（RANS）中的一种特殊模型，

⊖　Γ 函数的表达式为 $\Gamma(x) = \int_0^\infty e^{-t} t^{x-1} \mathrm{d}t$.

它与湍流的壁面律方法代表了当前湍流计算中适用于多数情况的标准模型。这一点在发动机分析中也无例外。但同时也应该注意到，最终采用的这种简化的模型，由于在封闭方法上的简化，不能准确地反映完整的 Navier - Stokers 方程，包括采用统计平均的方法亦是如此。问题主要出在模型常数的不通用性，以及为了处理一些特殊流动情况时引入附加项等原因。

在某些情况下，对于发动机内部流动计算就经常会有此类特定的修正。如用于计算自由射流（一种出现在发动机直接喷射过程中的流动情况）的 Pope（鲍勃）修正（Pope，1978）。但实际上很多情况下，相较于网格分辨率对计算的影响，由于湍流模型的修正带来的影响还是比较小的。

另外一种在概念上比 $k-\varepsilon$ 湍流模型更先进的 RANS 模型是 Reynolds（雷诺）应力模型，这时 Reynolds 应力 $\langle v_i' v_i' \rangle$ 并不是由式（14.37）所给出的湍动能

$$k = \frac{1}{2}\sum_{i=1,2,3}\langle v_i' v_i' \rangle$$

来计算，其六个独立变量通过本身的输运方程来描述。此时，湍流各向异性的特性也可以得到反映（通常只有一个 ε 量），但采用这种模型需要相当复杂的边界条件和高性能的计算能力。正因为如此，该 Reynolds 应力模型只是在近期才应用到研究发动机相关问题中来。

对于湍流的数值模拟，还有另外一种完全不同的方法即大涡模拟（Large - Eddy Simulation，缩写 LES）方法。它对湍流场预先进行过滤后，将大尺度的涡直接求解，而对小尺度的涡则采用亚网格尺度模型进行模拟（参见图 14.4）。LES 数值模拟方法由于网格进一步加密，存在一部分直接数值模拟（Direct Numerical Simulation，缩写 DNS）过程，故相比于 RANS 方法来说精度更高。

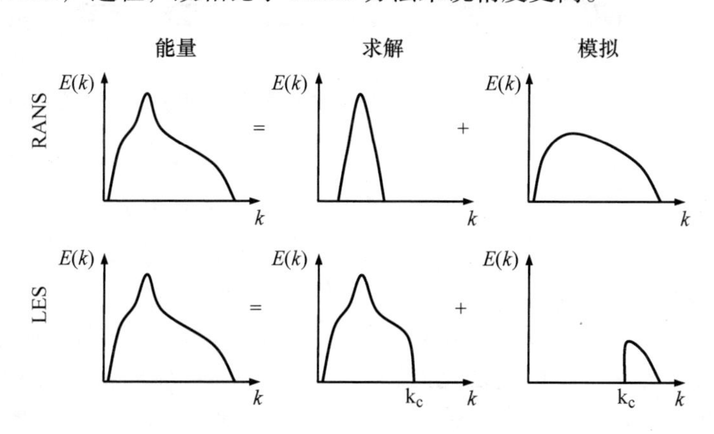

图 14.4 RANS（雷诺时均湍流模型）和 $k-\varepsilon$ 模型一样，仅能求解范围较窄的能谱，而 LES（大涡）模型除了过滤掉的部分外，可以求解整个能谱（参见 Angelberger，2007）

但是与 RANS 模拟方法相比，LES 模拟方法对求解器及网格质量的要求更高。

从 Reynolds（雷诺）数和黏度的概念入手就会比较容易理解这个问题。RANS 模型所求解流动的有效 Reynolds 数通常要比发动机中流动的实际 Reynolds 数小 1000 倍左右，

$$\mathrm{Re}_{\mathrm{eff}}^{\mathrm{RANS}}=\frac{\rho VL}{\mu_{\mathrm{mol}}+\mu_{\mathrm{T}}^{\mathrm{RANS}}+\mu_{\mathrm{num}}} \tag{14.64}$$

其原因是，与 μ_{mol} 相比，RANS 方法所用的湍流黏度 $\mu_{\mathrm{T}}^{\mathrm{RANS}}$ 要比 μ_{mol} 大得多，仅需将数值黏度 μ_{num} 取得比湍流黏度 $\mu_{\mathrm{T}}^{\mathrm{RANS}}$ 小，即可大大降低对 RANS 模拟方法的计算要求。但即使这样，要对发动机内部流动进行分析计算也是不容易的，对此将在以后加以讨论。

由于 LES 模拟方法中对于湍流的处理有所不同，当前在发动机流动模拟中网格单元长度通常取为 0.5mm，而湍流黏度则按式（14.65）计算

$$\mu_{\mathrm{T}}^{\mathrm{LES}}\approx(10^{-1}\sim10^{-2})\mu_{\mathrm{T}}^{\mathrm{RANS}} \tag{14.65}$$

在流动的求解过程中，数值黏度对计算结果起着很大甚至是决定性的影响。图 14.5 比较形象地给出了这种影响关系。

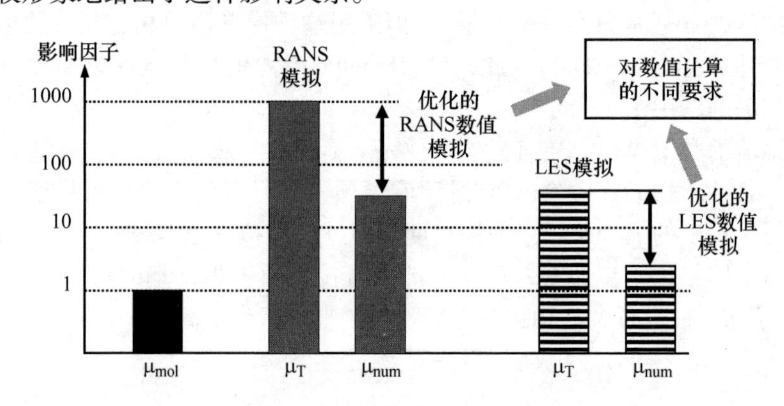

图 14.5　由于 LES 方法的湍流黏度较 RANS 方法低，因而对其在数值计算方面会有更高要求（见 Angelberger，2007）

当前发动机模拟采用的 RANS 程序是很难满足上述要求的。一方面，对空间对流项的离散求解至少需要二阶精度，但这对于当前使用的源代码保持其稳定性并不容易，特别是程序由于采用了所谓的迎风格式（up - wind Schemes），见 14.1.3 节，这种格式比中心差分法更容易发散，因而也就更难达到以上要求。另一方面，它也同时需要考虑瞬态项的离散化问题。在 LES 湍流模型中，时间项的隐式积分方法不再适用，而是至少在求解对流项时要求 Courant（柯朗）数，即 Cou≤1［见式（14.88）］。在有声场影响的流动，如发动机排气管中的气流流动中，甚至需要对声场采用特征线法求解。因此，如果采用 LES 湍流模拟方法时，其时间步长必须比 RANS 方法通常用的要小 100 倍左右。多方面情况说明，想从 RANS 模拟方法转换为 LES 模拟方法并不容易，可能必须为 LES 开发新的求解手段。

事实上，LES 湍流模型也需要求解湍流壁面完整的区域，即 $y^{+} \leqslant 1$ 的区域。这个区域非常薄，如果采用当前的计算网格基本是不可能的，也是没有必要的。但最近发展出了一种混合方法。即脱体涡模拟（Detached Eddy Simulation，缩写 DES）方法。该方法在壁面边界层区域依然采用 Reynolds（雷诺）平均法，而在远离壁面受大尺度及各向异性湍流控制的分离区域内，则采用 LES（大涡模拟）方法（Spalart，2000）。

针对发动机缸内气流的气道试验，分别采用 LES 方法和 RANS 方法进行了数值模拟，以求取气缸内距气缸盖衬垫不同高度的截面和气门流通截面和气缸垫狭缝处的速度场分布，其结果如图 14.6 所示。试验中，以气缸盖处的稳流作为入口边界条件。由于流通截面狭窄，故流动本质上是湍流，其流场是随时间而随机脉动的。

如前所述，可以通过 RANS 方法得到稳态的 Reynolds（雷诺）时均速度场，而 LES 方法则是用于瞬态计算。因此，用 LES 方法得到的计算结果，只有在经过一定的时间平均处理后才能和 RANS 计算结果进行定量地比较，在本例中，用 LES 法得到的平均值图示结果与 RANS 模拟结果非常接近。这一方面说明了 LES 方法具有潜力，另一方面也指出了其在使用过程中面临的挑战。对于发动机实际工作过程的研究，要想得到有意义的流场平均值分布图，仅仅只计算一个工作循环是不够的。在可视化（透明）发动机上用粒子图像测速仪（Particle Image Velocimetry，缩写 PIV），对流场的测试结果表明，至少需要有 50 个工作循环来进行平均。当前的确非常需要开发能适用和广为接受的湍流模型，但要想使 LES 模型真正投入实用恐怕还需要一定时间。

最后需要指出的是，LES 数值模拟方法无法用来求解发动机的循环变动问题，而这也正是是否需要用 LES 方法来求解发动机相关问题的一个重要评判依据。湍流模型只能用来描述和识别由湍流本身引起的脉动，这种脉动在 Navier - Stokers 方程中的反映是随机和不确定的，但它无法描述由于边界条件变化所引起的变化和波动。而在发动机中由各种部件（如喷油器、点火装置、节气门，及上一个循环的影响等）所决定的边界条件，恰恰是影响发动机内部流动的重要因素。所以在理想、没有任何变化的固定边界条件下，LES 湍流模拟中所能反映的湍流的随机脉动特性，较实际发动机的循环波动性而言可以说是微不足道的。

直接数值模拟（Direct Numerical Simulation，缩写 DNS）方法，由于其长度和时间尺度都非常小，所以在可以预见的未来均不可能用于发动机流动的数值模拟。但 DNS 方法还是可以用于所谓的“数值试验”，为 Reynolds（雷诺）平均法和 LES（大涡模拟）方法提供子模型，也可对已有的湍流模型检验和校准，以及对多相问题进行模拟。但所有这些只能是针对形态简单的以及低 Reynolds 数的流动。原则上讲，诸多问题中只有一小部分才可以采用 DNS 方法来模拟，其中对湍流混合过程推导出 pdf 概率密度函数（Reveillon 和 Vervisch，2000），或液滴撞壁模型的进一

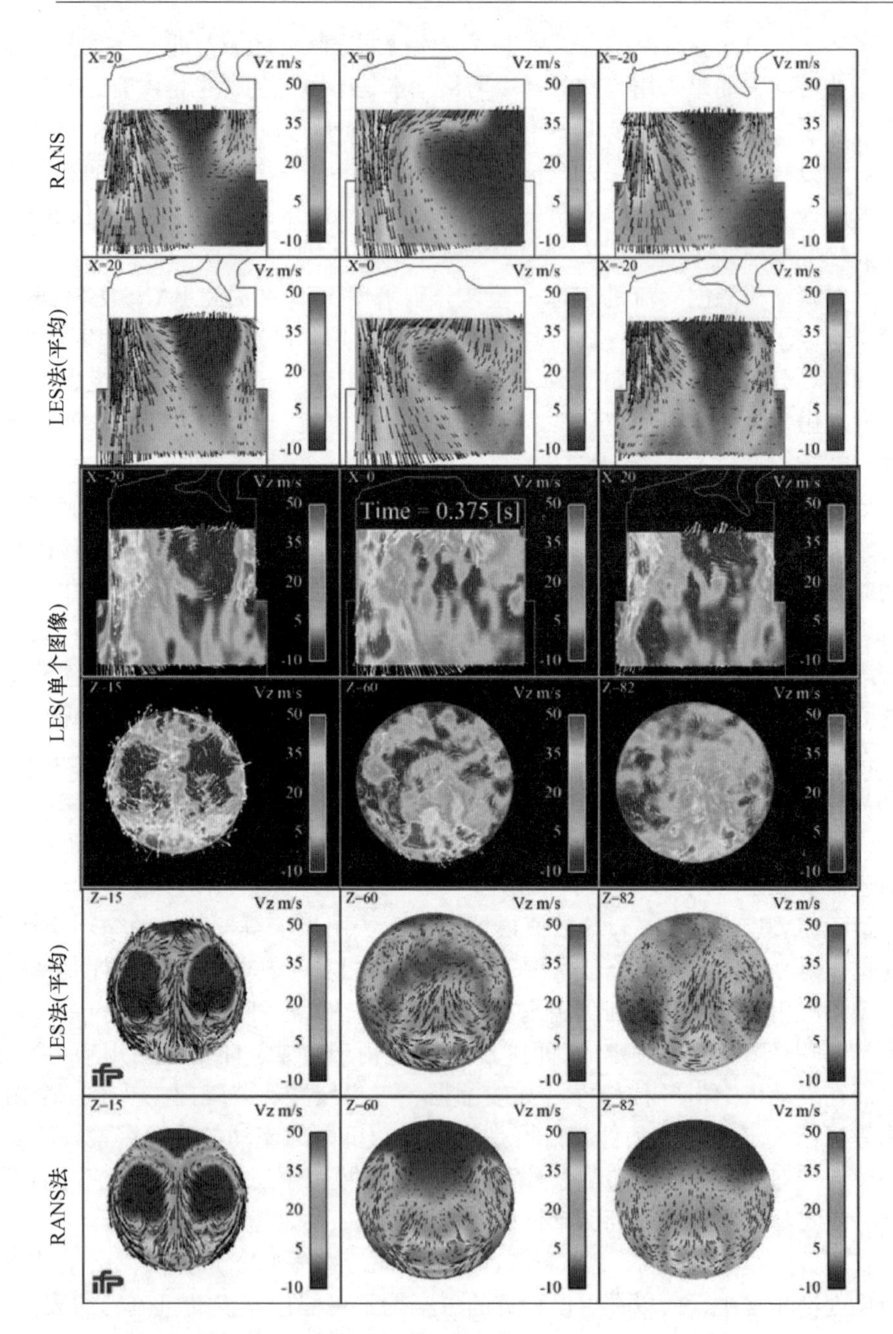

图 14.6　根据发动机气道试验测得的参数结果，分别用 RANS 和 LES 方法计算的气门流通截面和气缸垫平面处的流场速度分布，由此可以确定出缸内气流的旋流数和滚流数等特性参数（Angelberger，2007）

步发展（Maichle 等，2003），就是两个很好的例子。

14.3　数值计算方法

下面将给出计算流体力学中的一些基本概念，这对较好地理解它在数值模拟中的一些重要概念非常重要。有关细节则可以参见 Ferziger 和 Peric（1996）以及 Patankar（1980）的相关著作。

14.3.1　有限体积法

目前，CFD 软件基本都采用有限体积法。这种方法可以保证在求解不可压缩流动时数值上的守恒性（这一点并不是显而易见的）。对此，从输运方程的通用形式出发

$$\frac{\partial}{\partial t}\Phi+\frac{\partial}{\partial x_{\mathrm{i}}}\Psi_{\mathrm{i}}=\Xi \tag{14.66}$$

式中　Ψ_{i}——变量 Φ 的对流项和扩散项；

Ξ——相应的局部源项。

由 Gauss（高斯）定律有

$$\frac{\partial}{\partial \mathrm{t}}\int_{V}\Phi\mathrm{d}V+\oint_{\partial V}\vec{\Psi}\mathrm{d}\vec{S}=\int_{V}\Xi\mathrm{d}V, \tag{14.67}$$

对于计算网格是六面体的情况则有

$$[\Phi(t+\Delta t)-\Phi(t)]\Delta V=-\sum_{l=1}^{6}\vec{\Psi}_{(l)}\Delta\vec{S}_{(l)}\Delta t+\Xi\Delta V\Delta t \tag{14.68}$$

其中求和项主要是针对六面体的六个面进行的。

$\vec{\Psi}_{(l)}$ 表示在六面体某个面沿着边（l）上的流通矢量，$\vec{\Psi}_{(l)}\Delta\vec{\mathrm{S}}_{(l)}\Delta t$ 则是通过该面有确定方向的流通量，表示在 Δt 时间内，流过六面体上由边（l）所围绕的面积 $\Delta\tilde{S}$（l）时的流出的通量。在相邻的网格单元共用的由相同的边（l）所围成的同一个面上，有一个大小相等但符号相反的流通量。所以源项将为零，只在计算网格各个单元之间有流通量的相互交换。而总的流通量

$$\sum_{z:\mathrm{Sum}}\Phi_{z}\Delta V_{z}$$

则随时间是保持不变的（$\sum\limits_{z:\mathrm{Sum}}$ 表示在全体网格单元中求和），即流出计算区域边界的量为0。

14.3.2　扩散项的离散—中心差分法

关于通用方程中扩散项的离散，此处将以空间一维稳态扩散方程（纯椭圆型方程）为例

$$\frac{\partial}{\partial x}\left[D\frac{\partial}{\partial x}\Phi\right]=0 \tag{14.69}$$

对于一维问题的网格单元 i 来说，采用 Gauss（高斯）定律有

$$D_{i,+}\frac{\partial}{\partial x}\Phi(x_{i,+})-D_{i,-}\frac{\partial}{\partial x}\Phi(x_{i,-})=0, \tag{14.70}$$

式中 $x_{i,+}$——网格单元 i 的右边界；

$x_{i,-}$——网格单元 i 的左边界（图 14.7）。

对于均匀网格，节点间距均为 Δx，于是有

$$x_{i,+}=x_i+\frac{\Delta x}{2}\text{和 }x_{i,-}=x_i-\frac{\Delta x}{2} \tag{14.71}$$

只有网格单元中心处，即 x_{i-1}，x_i，x_{i+1}…位置处的 Φ 值是已知的，这样就能根据这些数值来确定网格边界位置处的导数值。其中常用的方法就是中心差分法，为此，对于均匀网格，根据中心差分法将有

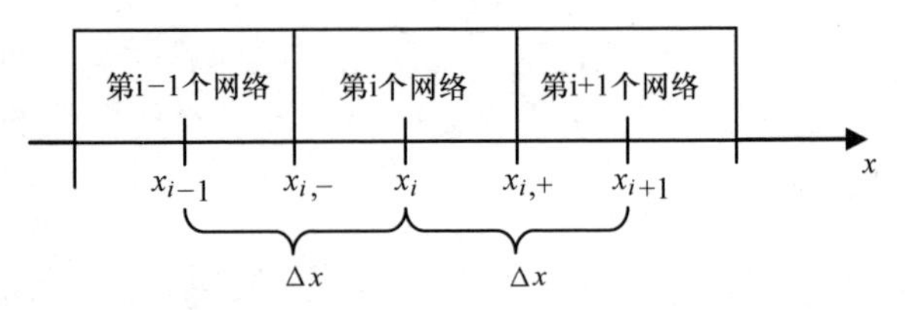

图 14.7 网格及网格边界示意图

$$\frac{\partial}{\partial x}\Phi(x_{i,+})\cong\frac{\Phi(x_{i+1})-\Phi(x_i)}{\Delta x} \tag{14.72}$$

进而得到以下关系式（当 D 为常数时）

$$\Phi(x_i)=\frac{1}{2}\Phi(x_{i+1})+\frac{1}{2}\Phi(x_{i-1}). \tag{14.73}$$

因为在该方程中，每个节点处的 Φ 值均是其相邻两个节点值的平均值，所以该方程组是无法直接求解的。但这些方程是针对所有网格节点 $i=1,\ ...,\ N$ 建立起来的线性化方程组，所以应该有专门针对线性化方程组求解的合适解法。这一方程组也恰恰反映了椭圆型方程的特性，即所有的边界值均需事先给出。

通常，任意无源项的输运方程都应该属于这种形式，某变量场的 Φ 值最终取决于空间上或时间上邻近网格单元的 Φ 值

$$\Phi(x_i,y_j,z_k;t_l)=\sum_{|\tilde{x}-i|+|\tilde{j}-j|+|\tilde{k}-k|+|\tilde{l}-l|=1}\alpha_{ijkl;\tilde{i}\tilde{j}\tilde{k}\tilde{l}}\Phi(x_{\tilde{i}},y_{\tilde{j}},z_{\tilde{k}};t_{\tilde{l}}) \tag{14.74}$$

显然，为了保证 $\Phi=$ 常数且确是离散化的输运方程的解，必须满足以下条件

$$\sum_{|\tilde{x}-i|+|\tilde{j}-j|+|\tilde{k}-k|+|\tilde{l}-l|=1}\alpha_{ijkl;\tilde{i}\tilde{j}\tilde{k}\tilde{l}}=1 \tag{14.75}$$

该式的一条非常重要的原则是正系数原则，即

$$\alpha_{ijkl;\tilde{i}\tilde{j}\tilde{k}\tilde{l}}\geqslant 0 \tag{14.76}$$

只有当上述的正系数原则得到满足时，才能保证求解的稳定性和唯一性。这一原则的物理概念是，仅通过扩散或对流过程的影响，在流场中不可能出现周围值减小而该点值却局部增大的情况（这一点在过去的经验中尚未出现过）。

14.3.3 对流项的离散—迎风格式

如在扩散方程(14.69)中加入对流项，则可得下式

$$\rho \frac{\partial}{\partial x}[v\Phi] - \frac{\partial}{\partial x}\left[\rho D \frac{\partial}{\partial x}\Phi\right] = 0 \tag{14.77}$$

当ρ和D为常数时，积分后可得

$$v_{i,+}\Phi(x_{i,+}) - v_{i,-}\Phi(x_{i,-}) - D\frac{\partial}{\partial x}\Phi(x_{i,+}) + D\frac{\partial}{\partial x}\Phi(x_{i,-}) = 0 \tag{14.78}$$

其中偏微分项

$$\frac{\partial}{\partial x}\Phi(x_{i,\pm})$$

同样可以用前述的中心差分方法来描述。对于值$\Phi(x_{i,\pm})$，显然可由相邻节点插值得到

$$\Phi(x_{i,\pm}) = \frac{1}{2}(\Phi)(x_i) + \Phi(x_{i\pm 1}) \tag{14.79}$$

故整个方程式可以表示为

$$\left(\frac{2D}{\Delta x} + \frac{v_{i,+}}{2} - \frac{v_{i,-}}{2}\right)\Phi(x_i) = \left(\frac{D}{\Delta x} - \frac{v_{i,+}}{2}\right)\Phi(x_{i+1}) + \left(\frac{D}{\Delta x} + \frac{v_{i,-}}{2}\right)\Phi(x_{i-1}) \tag{14.80}$$

为简化起见，假定$v_{i,+} = v_{i,-} = v_i$（在一维问题中，根据连续性方程，这是完全正确的，而对于多维问题也是近似成立的），根据正系数原则(14.76)，必须满足以下不等式的条件（不等式左边即被定义为Pe[㊀]）：

$$\frac{|v|\Delta x}{D} \leqslant 2 \tag{14.81}$$

若网格质量不高，网格分格不够细，或对流速度又比较大时，上述条件便不成立，从而导致离散化方程组(14.79)不再稳定。这时就必须引入另外一种$\Phi(x_{i,\pm})$的插值方法，迎风格式即可提供一种稳定的差分方法[㊁]

$$\Phi(x_{i,+}) = \theta(v)\Phi(x_i) + \theta(-v)\Phi(x_{i+1}),\Phi(x_{i,-}) = \theta(v)\Phi(x_{i-1}) + \theta(-v)\Phi(x_i) \tag{14.82}$$

即，所研究节点的数值完全取决于其上游测（来流方向）的节点值。从而可得差分方程为

$$\left(\frac{2D}{\Delta x} + |v|\right)\Phi(x_i) = \left(\frac{D}{\Delta x} + \theta(-v)|v|\right)\Phi(x_{i+1}) + \left(\frac{D}{\Delta x} + \theta(v)|v|\right)\Phi(x_{i-1}) \tag{14.83}$$

㊀ $Pe = v\Delta x/D$ 称为Peclet（佩克莱特）数。

㊁ 式(14.82)中的$\theta(x)$为单位阶跃函数，即Heaviside（赫维赛德）函数：$\theta(x) = \begin{cases} +1 & x \geqslant 0 \\ 0 & x < 0 \end{cases}$

式中每项的系数均为正值。理论上，这种不对称的形式正好是反映了纯对流（无扩散）方程为双曲型方程的特点，其边值问题与椭圆型方程（网格节点值取决于其周围所有相邻节点值）有所不同。这种方程需要有已知初始值（在来流入口位置处），该值再进一步向下游流动发展，使得流体属性在对流控制的流动中依次传递下去。如果把 $\Phi(x_{i,\pm})$ 按 Taylor（泰勒）级数展开，就会发现按中心差分格式（14.79）的计算结果要比迎风格式更为准确，其原因在于其离散量 Δx 在中心差分格式中是二阶精度，而在迎风格式中仅为一阶精度。尽管如此，数值求解的收敛稳定性，对于几何边界复杂以及网格不规整的计算任务来说依然是非常值得重视的。

因此，在计算流体力学中会有多种迎风格式（在一些参考文献中有各种各样的修正，也包括精度更高的高阶格式），即使在一种混合模式的方法中，也包含了有“迎风”的本质特性。

14.3.4 瞬态项的离散—隐式格式

进一步扩展式（14.77），增加瞬态项后有

$$\frac{\partial}{\partial t}\Phi + \frac{\partial}{\partial x}[v\Phi] - \frac{\partial}{\partial x}\left[D\frac{\partial}{\partial x}\Phi\right] = 0 \tag{14.84}$$

直接插入前面给出的离散化方程，并对瞬态项进一步积分后可得

$$\frac{\partial\Phi(x_i)}{\partial t}\Delta x + \left(\frac{2D}{\Delta x} + |v|\right)\Phi(x_i) - \left(\frac{D}{\Delta x} + \theta(-v)|v|\right)\Phi(x_{i+1}) - \left(\frac{D}{\Delta x} + \theta(v)|v|\right)\Phi(x_{i-1}) = 0 \tag{14.85}$$

该微分方程针对时间变量来说明显是双曲型的，即 $t+\Delta t$ 时刻的值是根据 t 时刻的值计算所得，此时只需提供单侧边界条件（即初始条件）即可。所以，首先对时间离散（显式格式）就可以得出以下方程式

$$\frac{\Phi(x_i, t+\Delta t) - \Phi(x_i, t)}{\Delta t}\Delta x + \left(\frac{2D}{\Delta x} + |v|\right)\Phi(x_i, t) - \left(\frac{D}{\Delta x} + \theta(-v)|v|\right)\Phi(x_{i+1}, t) - \left(\frac{D}{\Delta x} + \theta(v)|v|\right)\Phi(x_{i-1}, t) = 0 \tag{14.86}$$

整理后可得

$$\Phi(x_i, t+\Delta t) = \left[1 - \left(\frac{2D}{\Delta x} + |v|\right)\frac{\Delta t}{\Delta x}\right]\Phi(x_i, t) + \frac{\Delta t}{\Delta x}\left(\frac{D}{\Delta x} + \theta(-v)|v|\right)\Phi(x_{i+1}, t) + \frac{\Delta t}{\Delta x}\left(\frac{D}{\Delta x} + \theta(v)|v|\right)\Phi(x_{i-1}, t) \tag{14.87}$$

式（14.87）中的 Courant（柯朗）数为

$$\mathrm{Cou} = \frac{|v|\Delta t}{\Delta x}$$

此时根据式（14.76）的收敛稳定性条件必须有

$$\left(\frac{2}{\text{Pe}}+1\right)\text{Cou}\leqslant 1 \tag{14.88}$$

这一条件表明时间步长 Δt 不能太大，网格划分得越细，时间步长就必须越小。而实际上这一条件很难对所有的网格单元都成立。因此就推出了隐式格式，即将其空间相邻点处的对应值均以“新”时刻 $t+\Delta t$ 的值来替代，于是有

$$\left[1+\left(\frac{2D}{\Delta x}+|v|\right)\frac{\Delta t}{\Delta x}\right]\Phi(x_i,t+\Delta t)=$$

$$\Phi(x_i,t)+\frac{\Delta t}{\Delta x}\left(\frac{D}{\Delta x}+\theta(-v)|v|\right)\Phi(x_{i+1},t+\Delta t)+\frac{\Delta t}{\Delta x}\left(\frac{D}{\Delta x}+\theta(v)|v|\right)\Phi(x_{i-1},t+\Delta t) \tag{14.89}$$

这时离散化方程中的系数都自然为正，从而保证了方程式解的唯一性和稳定性。但这种离散格式的缺点也正是在于它的隐式构造方法，为此必须去求解一系列由相互耦合的关于 $\Phi(x_i,t+\Delta t)\,(i=1,2,\cdots,N)$ 的线性方程所组成的联立方程组。而如果是显式格式，由式（14.87）可知，每个 $\Phi(x_i,t+\Delta t)$ 都可以直接求解，而无须解联立方程。尽管如此，目前绝大多数 CFD 软件出于对计算收敛稳定性的考虑仍都采用隐式格式（或半隐式混合格式）。

14.3.5 源项的离散

对于整个的输运方程的完全离散化来说，还剩下源项需要处理。在通过前面讨论得出的各项离散化表达式基础上，增加源项后的微分方程

$$\frac{\partial}{\partial t}\Phi+\frac{\partial}{\partial x}[v\Phi]-\frac{\partial}{\partial x}\left[D\frac{\partial}{\partial x}\Phi\right]=Q \tag{14.90}$$

的离散化表达式如下所示

$$\left[1+\left(\frac{2D}{\Delta x}+|v|\right)\frac{\Delta t}{\Delta x}\right]\Phi(x_i,t+\Delta t)=\Phi(x_i,t)+\cdots+Q(x_i,t+\Delta t)\Delta t \tag{14.91}$$

若式中 $Q(x_i,t+\Delta t)$ 项无法得到，可用 $Q(x_i,t)$ 项来代替。在 Q 直接与 Φ 有关的情况下，即可用 Taylor（泰勒）级数近似写出 Q 与 Φ 关系的线性表达式

$$Q(\Phi(x_i,t+\Delta t))\cong Q(\Phi(x_i,t))+\underbrace{\frac{\partial Q}{\partial \Phi}(\Phi(x_i,t))}_{\alpha}[\Phi(x_i,t+\Delta t)-\Phi(x_i,t)] \tag{14.92}$$

将式（14.92）代入式（14.91）后可得

$$\left[1+\left(\frac{2D}{\Delta x}+|v|\right)\frac{\Delta t}{\Delta x}-\alpha\Delta t\right]\Phi(x_i,t+\Delta t)=(1-\alpha\Delta t)\Phi(x_i,t)+\cdots+Q(\Phi(x_i,t))\Delta t \tag{14.93}$$

由于

$$\alpha=\frac{\partial Q}{\partial \Phi}(\Phi(x_i,t))\leqslant 0 \tag{14.94}$$

故收敛稳定性准则自然得到满足。

此时，推荐尽量采用离散化表达式（14.93）。但如果收敛性准则不能得到保证，即使是以准确性（或收敛速度）为代价，仍然建议采用式（14.91），并用 $t+\Delta t$ 时刻的值直接取代 t 时刻的值，即用 $Q(x_i,t+\Delta t)$ 来代替 $Q(x_i,t)$。在对式（14.91）或式（14.93）的反复迭代过程中，计算精度会逐步提高。即首先根据式（14.91），采用旧时刻值取代新时刻值的方法，由 $Q_{(k)}(x_i,t+\Delta t)$ 计算得到近似的 $Q_{(k+1)}(x_i,t+\Delta t)$，由此不断迭代，直到前后两次迭代计算值的差值小到一定程度为止。最后可得

$$\left[1+\left(\frac{2D}{\Delta x}+|v|\right)\frac{\Delta t}{\Delta x}\right]\Phi_1(x_i,t+\Delta t)=\Phi(x_i,t)+\cdots\cdots+Q(\Phi(x_i,t))\Delta t$$

以及

$$\left[1+\left(\frac{2D}{\Delta x}+|v|\right)\frac{\Delta t}{\Delta x}\right]\Phi_{k+1}(x_i,t+\Delta t)=\Phi(x_i,t)+\cdots\cdots=+Q(\Phi_{(k)}(x_i,t+\Delta t)) \tag{14.95}$$

14.3.6　分离式求解法

在内燃机工作过程中，除了纯气流流动外，还存在燃油喷射及燃烧过程，为此需要求解新的输运方程，同时也要给已有的输运方程建立新的源项。这时，典型的输运方程将包括对流项、扩散项、燃油喷雾（蒸发）项及燃烧项。为此建议对不同的效应项分别给予单独考虑和处理，这也就是分离式求解法。例如式（14.96）中，$\underline{M}$ 和 $\underline{N}$ 表示两种不同的运算项，例如其中一个表示对流/扩散项，另一个表示化学反应源项，则有

$$\frac{\partial}{\partial t}\phi=\underbrace{\underline{M}(\phi)}_{\text{对流/扩散}}+\underbrace{\underline{N}(\phi)}_{\text{化学反应}} \tag{14.96}$$

通过中间步骤，即可分别对其进行时间的积分，于是有

$$\tilde{\phi}(x_i,t+\Delta t)-\phi(x_i,t)=\int_t^{t+\Delta t}M(\phi)\mathrm{d}t$$

$$\phi(x_i,t+\Delta t)-\tilde{\phi}(x_i,t+\Delta t)=\int_t^{t+\Delta t}N(\phi)\mathrm{d}t \tag{14.97}$$

这两步中的每一步都可以如上述那样分别进行求解。求解误差的阶数为 $(\Delta t)^2$。需要指出的是，在 CFD 的 KIVA 软件中，对流项和离散项也是采用分离式方法分别加以求解的。考虑到基本的微分方程（双曲型或椭圆型）具有不同的特点，所以这种分离式求解方法也是合理的。

14.3.7　动量方程的离散和数值求解

最后，需要考虑对通过与连续性方程耦合，来求解速度和压力的动量方程。出于数

值计算方面的原因，通常建议采用交错网格，即压力和速度分别在彼此错位半个网格的系统中进行求解。例如，压力值存储在网格单元中心，速度值则存储在网格节点上。

对速度的计算通常采用迭代法，比较有名的有 SIMPLE、PISO、SIMPISO 等算法。计算时，首先假定对动量方程中的压力是已给定的常数，求解速度；其次，借助 Poisson（泊松）方程计算压力修正项；最后，再利用压力修正值回到第一步重新计算新的速度值，如此反复迭代计算，直到前后两次迭代值之差小于事先给定的收敛判据，达到收敛为止。对不可压缩流动，也需给出求解压力的 Poisson 方程，该方程是根据速度方程的散度形式给出的，其表达式如下所示

$$\Delta p = -\rho \frac{\partial v_i}{\partial x_j}\frac{\partial v_j}{\partial x_i} + 2\frac{\partial^2}{\partial x_i \partial x_j}(\mu_t S_{ij}) \tag{14.98}$$

14.4 计算网格

网格的生成是当前 CFD 计算中最重要也是限制性最大的因素。不言而喻，计算网格质量的优劣是能否成功得到准确计算结果的关键，这一点甚至比前述的湍流模型的修正更为重要，对此无需反复强调。通常，好的计算网格是由立方六面体网格单元生成的，它们对壁面的适应性好，即能满足式（14.45）中对 y^+ 的要求。网格划分要足够细密，并适合于对多种问题的求解。例如，可以用于描述各种完全流动情况（如自由射流、燃烧火焰等现象）。但实际上，要想同时满足上述要求也是十分困难的。

另外还有一个动网格问题，只有对 CFD 源代码进行特殊处理才能对此类问题进行求解，因此对于动网格的生成往往需要考虑各个 CFD 软件自身生成网格的方法和特点。当前只有少数几个 CFD 软件具有动网格生成功能，而这一功能对于发动机缸内流动问题的计算却是非常重要的（因为发动机中存在着运动的活塞和进排气门）。当计算发动机的充量更换，即进排气过程时，对进排气门附近区域网格质量要求就非常重要。图 14.8 给出了一台四气门火花点火汽油机进气门附近高质量的网格结构（以立方体网格为主，它们对壁面区域网格层的适应性较好），两张网格图中一张是气门处于关闭状态下，另一张是气门稍许有一定开度时的网格。

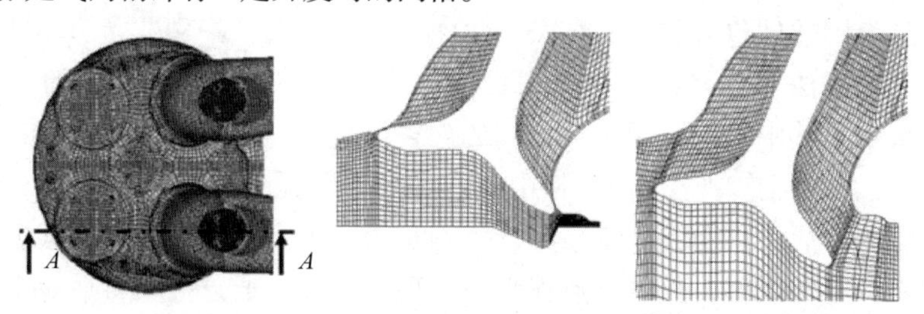

图 14.8 四气门火花点火汽油机在两种气门升程下的高质量网格结构

至于固定网格情况就没有那么复杂，而且网格多数是可以替换的，即此时也可以采用专门的软件来生成网格。但要生成高质量的计算网格仍然需要花费很多精

力，而且也要凭借经验。

遗憾的是，目前在发动机 CFD 模拟中也出现了一种相反的趋势，即采用软件自带的网格自动生成工具来快速地进行网格生成，这种方法只能进行简单的笛卡儿网格（Cartesion mesh）的划分，在建模对象的表面切去不规则的部分（见图 14.9 最左侧的图）。这样做对于十分复杂的几何外形，如发动机冷却液流动的模拟尚可接受，但对内燃机缸内工作过程的数值模拟则是不合适的，因为这时的流动结构复杂，且受壁面控制的影响较大，而且在瞬态计算过程中会累积较大的误差。在任何一个计算中，都应该注意此问题。至少在接近壁面的区域，要对网格进行分块处理，以确保网格在壁面处的适应性（满足 y^+ 的要求），而笛卡儿正交网格只适用于内部区域（见图 14.9 从左侧数起的第二个图），否则将无法很好地对壁面边界层的流动情况进行计算。此后，我们还需要用目视进一步检查自动生成的网格中是否有质量特别差的网格存在。另外，自动生成网格时的时间优势通常会比最先预估的要小。因为，网格生成中非常重要的一部分工作是界面网格的准备，这部分工作即使采用自动网格生成方法，也并不会节省太多时间和精力。另一方面，在自适应的手动生成网格中，由于变量可在计算过程中比较容易处理，反而更加通用，而对于自动生成网格而言，每次变化则都必须重新生成新的网格。

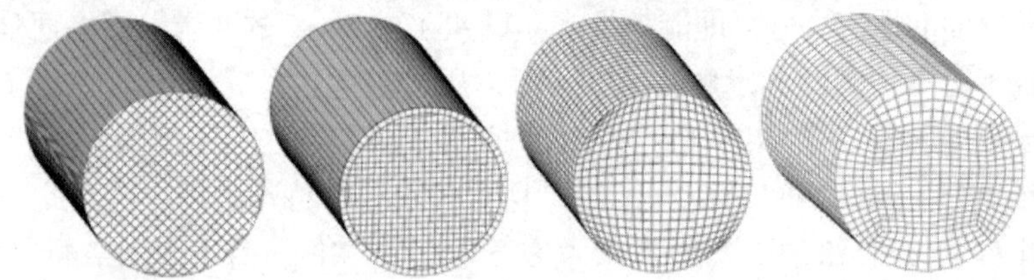

图 14.9　各种网格方案比较：最左边直接被壁面截掉的笛卡儿坐标网格是质量最差的网格结构；左数第二个在壁面边界层做了一定的处理，网格质量有所改善；右数第二个在壁面处采用了自适应的六面体网格，但在基本网格边角处仍然存在变形；最右边的网格则是最优化的壁面自适应网格结构

为了平衡“高质量网格”和“网格生成复杂性”这两方面相互矛盾的要求，当前在各类商用软件包（如 Fire8，StarCD4）中均提出了一种非常有潜力的，“基于表面流动求解法”的解决方案。到目前为止，这种基于网格单元的流动求解方法已广被采用，其中可以采用各种不同的网格类型（如六面体网格、四面体网格、棱柱体网格），各网格单元可由网格中心点和网格单元顶点坐标来描述。但这种网格生成方法的灵活性仍受到一定限制，特别是为了提高程序级别需要根据邻近网格数据信息来确定梯度值，仅这一点就无法实现。又如，通过网格自适应来进行网格加密处理时所需用到的“悬挂节点”，对计算的稳定性也会产生不利影响。在基于表面的求解方法中，网格中心点的信息无需储存，需要储存的是网格表面之间的关联关系，包括网格节点坐标和依附于某个网格的网格面信息，这样才能确保各网格

单元面之间不存在任何间隔。网格节点比较紧密的依次排列在一起，从而可以采用各种多面体网格。因此，不同网格（通过网格面）彼此之间的重合情况基本可知，这对计算的准确性和稳定性是有利的。此处所说的多面体网格，往往会采用变形的四面体网格，以便与后面所提到的其他求解方法相吻合。纯粹的四面体网格用在一般基于网格的求解方法中是可以的，但不太适合用于有限体积法，因为它的计算精度会比较低，而且往往需要的网格数目也特别多。

14.5　计算实例

如前所述，CFD 在发动机中的应用非常广泛。作为计算实例，以下将介绍汽油机和柴油机缸内流动，以及柴油机喷油嘴内部流动情况的数值模拟。

14.5.1　汽油机缸内流场的数值模拟

首先对汽油机进气和压缩过程中的流动情况进行分析，图 14.10a 给出了相关的计算网格。

由于整个计算区域呈镜像对称，故只需要考虑计算区域内的一半网格以节省计算时间。对于典型的乘用车发动机，在下止点（英文缩写 BDC，德文缩写 UT）时的整个气缸（包括进排气过程）所有的网格数目至少要 100 万个，才能保证比较准确地获得缸内包括湍流在内的详细流场信息。图 14.10b 给出了在下止点换气过程中通过气门所在截面上的流场分布。由图 14.10b 可见典型的滚流流动（即顺时针方向的大的漩涡运动）。在三维流场中，滚流并不只是一种单纯的圆柱体状的漩涡，由于其运动轴线的变动，它呈现的是一种复杂、非稳态的三维结构，很形象地接近“Ω”形状。

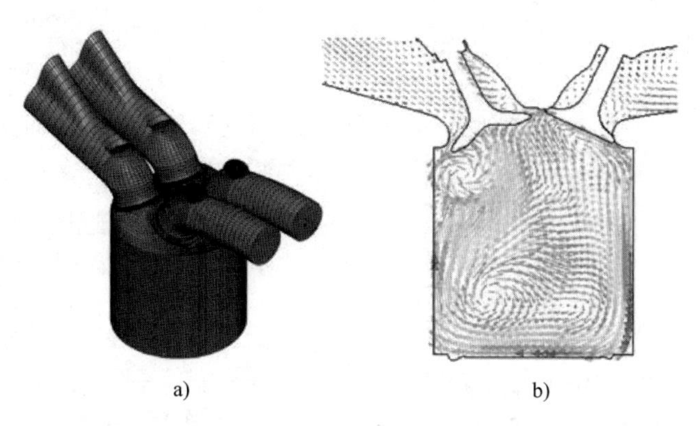

图 14.10　汽油机缸内流场的数值模拟

a）计算网格　b）下止点 BDC 时通过气门截面的缸内速度场分布

在活塞压缩至上止点（英文缩写 TDC，德文缩写 ZOT）过程中，燃烧室空间变得越来越扁平，大尺度的滚流经活塞“挤压”后破碎为小尺度涡团，进一步形成湍流。在进气行程初期，气体流动并无固定的方向性，存在很多高剪切流动区域，从而出现很多导致湍流产生的小涡团，直到下止点时流动才大致趋于平稳，此时只存在大的涡团结构，所有小尺度的涡团都将消失，随后在压缩至接近上止点前时大尺度的滚流漩涡再次破碎为小的涡团，即为湍流。它们在随时间发展过程中会出现局部最大值，对于燃烧速度有很大的影响。由于滚流尺度与发动机转速有关，但达到一定转速后会出现“平台”效应（即不再增加），这也多少会影响到后期的湍流峰值，进而影响燃烧速度。这也就是为什么汽油机的工作从一定程度上来说与发动机转速无关的原因所在。

作为具体实例，图 14.11 表示了进气门周围的几何外形对缸内进气流动的影响。当气门升程很小时，在气门座圈处狭小流动面积所引发的“遮蔽”效应导致进气门处的溢流现象，产生大尺度的滚流。而当气门升程加大到没有这种“遮蔽”效应时，气流会产生两个旋转方向相反的漩涡，它们在随后的压缩行程中彼此互相抵消而削弱。

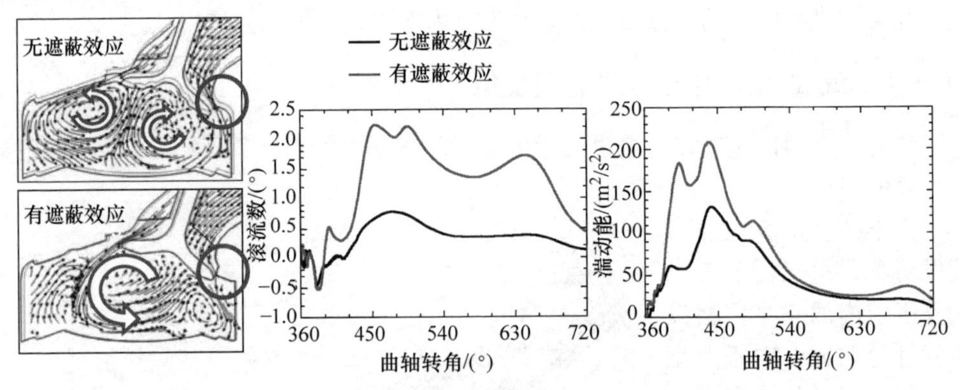

图 14.11　发动机的换气过程中，进气门处有无遮蔽效应时的流场分布情况对比。进气门有遮蔽效应时的滚流较强，进而在压缩上止点时的湍流强度也较大

进气门有“遮蔽”效应时的有利之处，从图 14.11 所示的滚流数和湍动能随时间变化的曲线中可以明显地看出来。有遮蔽效应时，最大滚流数明显要高，但在压缩行程时的耗散性也强。所以，在上止点时有遮蔽效应比无遮蔽效应能为燃烧带来更强的湍动能。借助于这个实例即可帮助人们更好地去理解进气流动对燃烧过程的影响，为此总是希望能有较强的滚流。这也是唯一种能使流动能量维持到压缩上止点，并使气流进一步破碎为小涡团的产生湍流的方式。安装于进气道中的滚流板或类似其他装置，只能在短时间内增加湍流强度，这类湍流在活塞到达上止点前就会消失。

但在火花塞附近过高湍流强度也并不好，因为这会吹散或减弱电火花，甚至造成无法点火。对汽油机燃烧很重要的另一个影响参数是残余气体浓度的分布，这个情况也可以用 CFD 方法来计算。

14.5.2　柴油机缸内流场的数值模拟

对于乘用车柴油机来说，表征涡流强弱的涡流比对其混合气的形成的质量是一项非常重要的参数。同样，与涡流的形成和发展以及与其强度相关的量，也可以通过 CFD 方法进行有效预测。

图 14.12 表示乘用车柴油机进气道几何形状（图 14.12a），以及两种变形方案下的涡流比随时间的变化曲线（图 14.12b）。为产生涡流，采用了螺旋进气道。此时，在气门座圈处也增加了座圈旋流罩结构，即在图中进气道与气门座圈衔接部位增加了一段有助于加强进气旋流的结构。从图 14.12b 可以看出，带有座圈旋流罩结构（“方案 B”）的涡流比比不带座圈旋流罩结构（“方案 A”）的涡流比要高很多。后者的作用就如同切向进气道（图 14.12a 中后侧的一个进气道）一样，如果左前方的进气道也是这种切向进气道的话，两股气流彼此会抵消，从而将不会产生大的涡流。而前述座圈旋流罩的功能即用于阻挡进气流的切向分量，有助于相关的进气道具备产生涡流的功能。

从几何的角度来说，涡流要比滚流更适合于气缸这种空间形状，在压缩行程中也保持得更好，当在压缩行程接近结束时，绕气缸轴线旋转的涡流运动会被压缩至活塞顶凹坑中，由于活塞顶凹坑几何尺寸限定了涡流的平均旋转半径，按角动量守恒原理，故涡流比会因此增加。

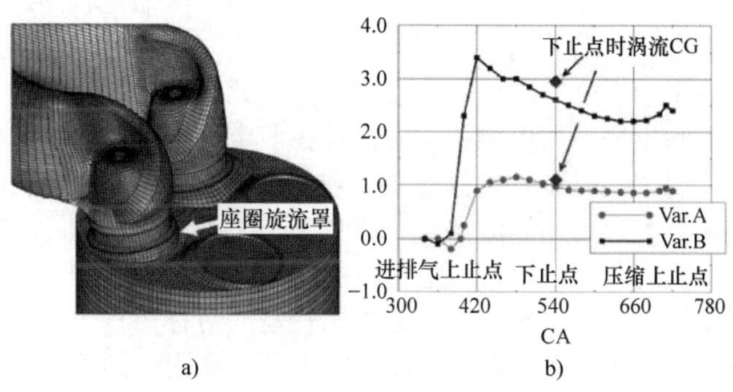

图 14.12 柴油机进气道流动

a）进气道几何形状 b）两种变形方案下的涡流比随时间的变化曲线

涡流比 ω 被定义为角动量 L 和转动惯量 θ 相对于发动机转速 n 的比值，即有

$$\omega = \frac{L}{2\pi n\theta} \text{其中} L = \int r v_{\tan} \mathrm{d}m \text{和} \theta = \int r^2 \mathrm{d}m \tag{14.99}$$

式中 r——气缸内相应参考点距旋转中心（即气缸中心）的距离；

$v_{\tan}$——该点流动速度的切向分量。

对每一个时间步长进行计算，即可得到瞬态涡流比随曲轴转角的变化关系。在气道试验中，反映涡流强度的数据是以气门升程的函数形式给出的。气门升程与曲轴转角又存在对应关系，根据涡流强度的数据来计算角动量通量，对其在整个进气行程内相对时间进行积分，即可最终得到下止点时的涡流比。因为气缸轴线附近的涡流的流动损失很小，所以这种近似计算方法是可行的，即下止点时真实的瞬态涡流比与上述计算所得到的涡流比并没有太大偏差（见图 14.12b）。但这一假定对汽油机并不适用，因为汽油机缸内滚流的流动损失是很大的。

在压缩行程中，除了被压缩至活塞顶凹坑中的涡流外，还有一种二次涡流对凹坑燃烧室内的混合气的形成也是非常重要的（产生于燃油喷射）。二次涡流的旋转方向与进气涡流强度有关（图 14.13）。应当指出的是，对前述的气体流动的描述均系针对无燃油喷射情况而言，实际上后者会在很大程度上改变气体流场的结构。

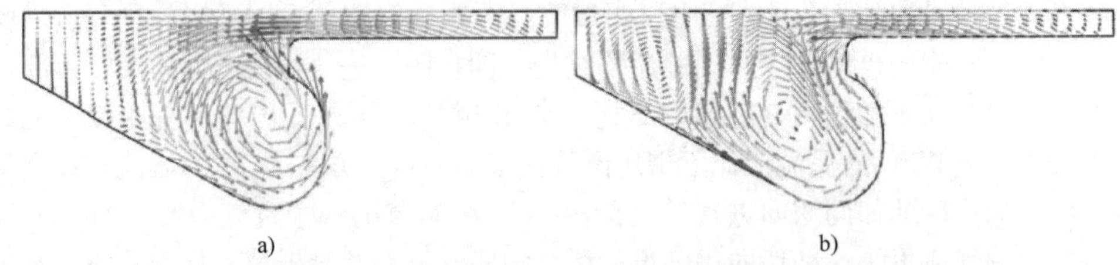

图 14.13　柴油机着火前上止点前 5℃A 时活塞顶凹坑中的二次涡流

a）下止点涡流比为零的情况　b）下止点涡流比为 2.5 的情况

总而言之，柴油机也像汽油机那样在压缩过程中所有小尺度的涡团结构几乎完全消失，压缩后期仅存在大尺度的涡流（包括二次涡流），它与燃油喷射相互作用成为影响混合气形成的重要因素。因此，对柴油机来说，缸内工作过程，即混合气形成和燃烧的数值模拟，通常是在假定进气门关闭后缸内存在理想涡流情况下，从进气门关闭时刻开始计算的。唯一的未知量——涡流比则必须由试验来提供（即前述下止点时的涡流比）。这种方法对涡流度比较弱的燃烧过程特别合适（载货车发动机的典型情况）。因为这时一方面无需考虑气门运动从而节省在动网格的生成上非常耗时的工作，另一方面燃烧室的对称结构也可以大大节省计算时间。以在燃烧室中央垂直布置的 8 孔喷油嘴为例，在附加圆周边界条件后，仅仅只需要计算燃烧室（360°/8 =45°）八分之一的扇形燃烧区域即可。

14.5.3　喷油嘴内部流动

发动机 CFD 应用的另外一个重要领域是对喷油器喷油嘴内部流动的数值模拟，这项工作可为喷雾模拟提供计算的初始信息，后者将在下一章介绍。图 14.14 为载货车发动机有压力室喷油嘴内部流动的可视化阴影图（Konig，2002），图中引入了几个基本概念，并对一些重要现象给出了解释。燃油从喷油嘴压力室流入喷孔，进入喷孔时由于流动方向的急剧改变和流动加速，在喷孔壁面上会形成气穴（空化）区，该空化区会进一步延伸至喷孔出口。因此，喷油嘴喷孔出口处的油束会呈现出不对称性：其锥角相对于喷孔轴线会略微向上方倾斜。

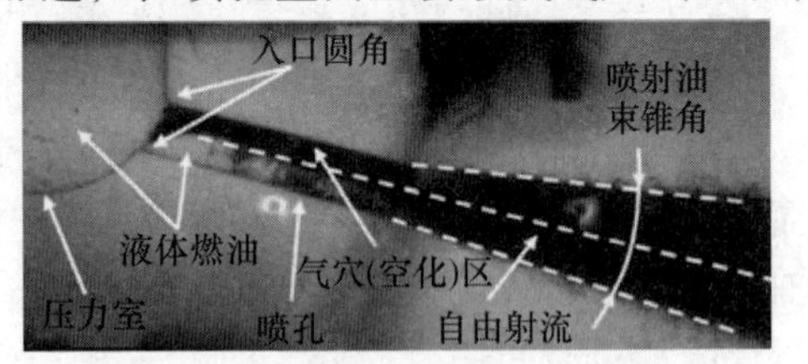

图 14.14　载货车发动机喷油嘴内部流动的可视化阴影图

喷孔中出现的气穴现象对于柴油机喷油嘴而言是非典型现象。这表明在喷孔内至少存在液体压力低于其饱和蒸气压力的部位，从而产生空穴气泡。这些空穴气泡在随流体在运动过程中受周围环境条件的影响将不断膨胀、收缩或者破碎。在气穴出现的部位流体压力会出现负压（流体密度仍然大体不变），所以已不能采用用于不可压缩单相流动的模型对其进行计算。

目前，已经有 CFD 软件在湍流两相流的基础上提供了空穴模型。在该模型中，气、液两相均分别有完整的输运方程（一个液体相输运方程和另一个以小气泡形式存在的离散相输运方程），即两相均有各自的速度场分布。但也都跟其他各种过程相耦合，例如气泡的膨胀会导致两相之间的质量交换，气泡流动时的阻力也会产生两相间的动量交换。

图 14.14 给出的喷油嘴内部流动的数值模拟结果如图 14.15 所示。图 14.15 可对喷油嘴内部流动进行详细分析：在喷孔入口由于流线方向的急剧改变，液体内根据局部压力降至低于燃油的饱和蒸气压，从而形成月牙状的空穴区（如图 14.15 中截面①所示）。由于在喷孔的上表面和下表面存在很大的压力差，该值与喷油压力有相同的数量级。也因此在喷孔内产生二次流，而它们在从图 14.15 中截面③到⑥的运动过程中形成旋转方向相反的一对漩涡，中心区域一直到喷孔出口处的压力均低于汽化压力。这也正是尽管燃烧室有较高压力，空穴气泡仍然能到达喷孔出口，并进而影响随后的混合气形成的原因。

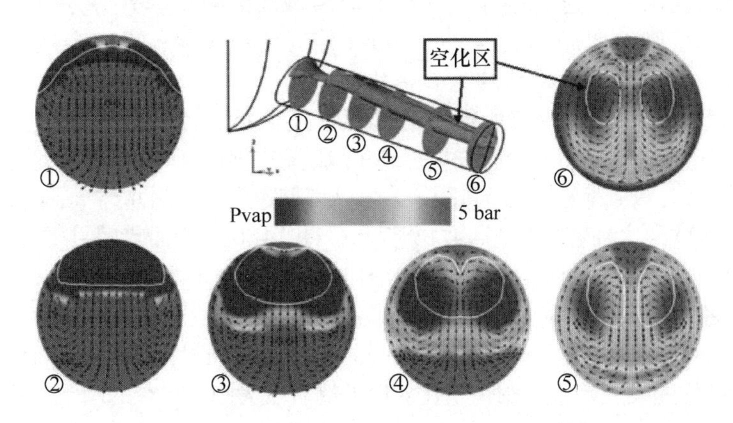

图 14.15　喷孔入口处由于流动方向的急剧改变形成了二次流，在该区域形成的空穴气泡输运至喷孔出口，并在这一过程中形成一对旋转方向相反的漩涡

在气液两相的边界处，两相间的强烈的交换过程使两相紧密耦合，从而形成了一种具有两种组分的单相流动。对于边界的处理，很多 CFD 软件均提供了专门处理气穴问题的模型，这种模型对多数实际应用场合都是可行的。

最后，还要考虑喷油嘴内流动的计算结果是如何作为喷雾模拟边界条件的。若用 A_{eff} 表示油束在喷孔出口处的有效流通截面积，v_{eff} 表示相应的有效速度，则对于流过喷孔的质量流量 $\dot{m}$ 和动量通量 $\dot{I}$ 分别为：

$$\dot{m} = \rho_{\text{fl}} v_{\text{eff}} A_{\text{eff}} \quad \dot{I} = \rho_{\text{fl}} v_{\text{eff}}^2 A_{\text{eff}} \tag{14.100}$$

式中　A_{eff}——喷孔的有效流通截面积，其值受限于喷孔几何面积 A_{geo}；

v_{eff}——受限于以下 Bernoulli（伯努利）速度

$$v_{\text{Bern}} = \sqrt{\frac{2\Delta p}{\rho_{\text{fl}}}}$$

式中　Δp——喷射压力和燃烧室压力之差。

再根据以下损失系数：

$$C_A = \frac{A_{eff}}{A_{geo}} \leqslant 1（收缩系数） \tag{14.101}$$

和

$$C_v = \frac{v_{eff}}{v_{Bern}} \leqslant 1（速度系数） \tag{14.102}$$

可得喷孔的流量系数为

$$C_d = \frac{\dot{m}}{\rho_{fl} A_{geo} v_{Bern}} = C_v C_A \tag{14.103}$$

目前，喷孔的流量系数通常是根据喷油规律的测量来确定，或按照经验选取（对于入口倒圆角的圆锥形喷孔而言，其流量系数明显会大于0.8），而不是根据系数 C_A 和 C_v 得出，因为两者间的比例并不清楚，而这些数据只能由喷油嘴内流动的数值模拟得到。在本文的例子（图14.14和图14.15）中，气穴（空化）区存在并一直延伸至喷孔出口，这直接导致了有效流通截面的减小。另一方面，喷孔在无空穴区的流动速度则近似等于上述Bernoulli（伯努利）速度；而在产生气穴情况下最终数值模拟所得到的速度系数约为 $C_v \approx 0.9$。

由喷油嘴喷孔内流动模拟所得到的其他量还包括湍流尺度，该值直接引起燃油喷雾过程的初次破碎。相反，流体中的空穴泡的破裂则会导致湍流强度的增加。随着油束的不断破碎（液滴的强烈雾化），射流呈现喷雾状态，并与周围空气混合（见Konig等，2002），这种现象如图14.16所示。图14.16a喷油嘴喷孔是圆柱形，而图14.16b的喷油嘴喷孔则为圆锥形喷孔。由图14.16可见，在圆锥形喷孔中，几乎不存在气穴现象，油束喷雾的夹角很小，而且非常密集。而在圆柱形喷孔中则存在剧烈的气穴现象，油束的喷雾锥角也比较大。这些不同的细节对柴油机的排放性能有很大的影响，当前喷油嘴结构的发展趋于采用在喷孔入口处倒有较大圆角半径的圆锥形喷孔。

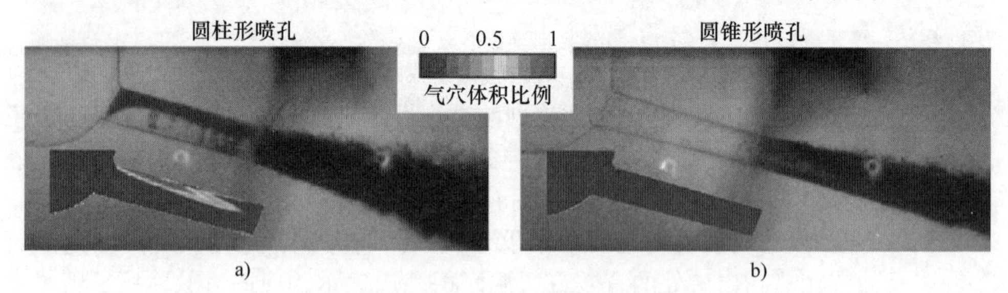

图14.16　喷油嘴喷孔形状对气穴形成的影响图。圆锥形喷孔中几乎不产生气穴，故喷射油束比较细长

a）圆柱形喷孔　b）圆锥形喷孔

同时必须指出，喷油嘴喷孔内部的流动是非常明显的瞬态流动过程，其中针阀运动对流动的影响也不容忽视。由图14.17可见，针阀升程较小时（右图）喷孔内部流动图像与针阀全开时（左图）的情况也完全不同：当针阀升程很小时，燃油非常集中地通过喷油嘴阀座区域流入喷孔，产生大范围的回流区，因而燃油是由下部进入喷孔，空穴也发生在喷孔的下部，但针阀完全打开时情况则正好相反。

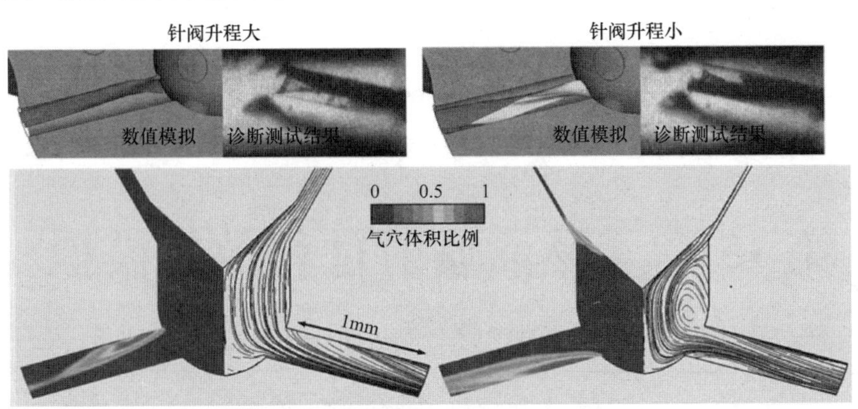

图 14.17 针阀升程会影响喷油嘴压力室中的燃油进入喷孔时的流动情况，从而影响喷孔中产生气穴现象的区域

参考文献

Angelberger, C.: Interner Bericht (2007)

Cebeci, T.: Convective Heat Transfer. Second Revised Ed. Springer Verlag, Berlin, Heidelberg, New York (2002)

Ferziger, J.H., Perić, M.: Computational Methods for Fluid Dynamics. Springer Verlag, Berlin, Heidelberg, New York (1996)

Han, Z., Reitz, R.D.: A Temperature Wall Function Formulation for Variable-Density Turbulent Flows with Application to Engine Convective Heat Transfer Modeling. Int. J. Heat Mass Transfer **40**, 613–625 (1995)

König, G., Blessing, M., Krüger, C., Michels, U., Schwarz, V.: Analysis of Flow and Cavitation Phenomena in Diesel Injection Nozzles and its Effects on Spray and Mixture Formation, 5th Internationales Symposium für Verbrennungsdiagnostik der AVL Deutschland, Baden-Baden (2002)

Maichle, F., Weigand, B., Wiesler, B., Trackl, K.: Improving car air conditioning systems by direct numerical simulation by droplet-wall interaction phenomena, ICLASS, Sorrento (2003)

Manceau, R., Hanjalic, K.: A new form of the elliptic relaxation equation to account for wall effects in RANS modeling. Phys. Fluids **12**, 2345–2351 (2000)

Merker, G. P., Baumgarten, C.: Wärme- und Fluidtransport – Strömungslehre. B. G. Teubner-Verlag, Stuttgart (2000)

Patankar, S.V.: Numerical Heat Transfer and Fluid Flow. Hemisphere Publishing Corp., Mc-Graw Hill Comp. (1980)

Peters, N.: Turbulent Combustion. Cambridge University Press (2000)

Pope, S.B.: An explanation of the turbulent round-jet/plane-jet anomaly. Am. Inst. Aeronautics and Astronautics J. **16**, 279–281 (1978)

Reveillon, J., Vervisch, L.: Accounting for spray vaporization in non-premixed turbulent combustion modeling: A single droplet model (sdm). Combustion and Flame **121**(1/2), 75–90 (2000)

Spalart, P.R.: Strategies for turbulence modelling and simulations, Int. J. Heat Fluid Flow **21**, 252–263 (2000)

White, F.M.: Viscous Fluid Flow. Second Edit., McGraw-Hill, Inc. New York (1991)

第 15 章　燃油喷射过程数值模拟

Frank Otto 和 Christian Kruger

本章主要介绍燃油喷射过程数值计算。几乎所有的 CFD 程序都包含易于操作的“喷雾模块”，但本章所论述的内容则涉及更加复杂的喷雾破碎理论。如果严格审视由 CFD 程序所得的喷雾结果，本章内容所涉及的问题更是显而易见，即使目前市场上真的存在有效的发动机应用程序，要获得合理的喷雾计算结果，依然需要耗费巨大的时间成本。

本章将建立起标准喷雾模型，为此首先需要一个单液滴模型，然后建立 Lagrange（拉格朗日）形式的液滴群随机模型。如前所述，该方法会涉及许多问题和难点，在本章将会对此一一讨论，最后将补充介绍对此类问题有所帮助的 Euler（欧拉）形式的喷雾模拟方法。

15.1　喷雾单液滴的计算

单液滴破碎是指液滴与周围气体之间进行的包括质量、动量，热量的交换过程。动量交换以纯粹的动力学方式借助于阻力项描述，而液滴与周围气体的质量和热量交换则用扩散和对流过程表示。

液滴运动至少采用八个变量来描述：位置（三个分量）、速度（三个分量）以及半径和温度。通过单液滴的破碎及蒸发过程模型，就可以建立起包括这些变量的关系方程。有时也需要考虑液滴的振动状态方程，但对于这方面的内容至今没有明确的阐述，故本章中也暂且忽略。最后，对于多组分蒸发模型将引入两个附加的模型参数。在改进的模型中，应引入新的统计参数，比如液滴的湍流度，但这并不是用来描述单个液滴的。

15.1.1　动量交换

如果一个半径为 R、密度为 ρ_{fl}、速度为 v_{tr} 的液滴，进入密度为 ρ_g、速度为 v_g 的气体中，作用在液滴上的减速度力（即直接减小液滴与气体之间的速度差）为

$$\vec{F}=\rho_{fl}\frac{4\pi}{3}R^{3}\dot{\vec{v}}_{tr}=\frac{1}{2}\rho_{g}C_{W}\pi R^{2}|\vec{v}-\vec{v}_{tr}|(\vec{v}_{g}-\vec{v}_{tr}) \tag{15.1}$$

结合如下方程：

$$\dot{\vec{x}}_{tr}=\vec{v}_{tr} \tag{15.2}$$

即可确定液滴的动力学特性。式（15.1）中的 C_W 值通常可按以下公式计算：

$$C_W=\begin{cases}\dfrac{24}{Re_{tr}}\left(1+\dfrac{Re_{tr}^{2/3}}{6}\right);Re_{tr}\leqslant 1000\\ 0.424;Re_{tr}>1000\end{cases} \tag{15.3}$$

此处：

$$Re_{tr}=\frac{2r\rho_{fl}|\vec{v}_{tr}-\vec{v}_{g}|}{\mu_{g}} \tag{15.4}$$

代表的是基于液滴的 Reynolds（雷诺）数，对于 Reynolds 数大的情况，流动阻力正比于液滴与气体速度差的平方。

下面关键的一步是将（15.1）式中的气体阻力分解为两个分量，一个平均量和一个与气体速度[⊖]湍流脉动相关的量：

$$\dot{\vec{v}}_{tr}\approx D_{tr}(\langle\vec{v}_{g}\rangle-\vec{v}_{tr})+D_{tr}\vec{v}''_{g}$$

其中

$$D_{tr}=\frac{3}{8}\frac{\rho_{g}}{\rho_{fl}}C_{W}\frac{|\langle\vec{v}_{g}\rangle-\vec{v}_{tr}|}{R} \tag{15.5}$$

15.1.2　单组分模型中质量和热量交换

对于静止和层流状态，连续方程和蒸气输运方程如下所示：

$$\frac{\partial}{\partial x_i}(\rho v_i)=0 \text{ 即} \frac{\partial}{\partial x_i}(\rho v_i c)-\frac{\partial}{\partial x_i}\left(D\rho\frac{\partial}{\partial x_i}c\right)=0 \tag{15.6}$$

为得到解析解，将密度、扩散系数和温度设为常数，方程（15.6）适用于球形对称，且处于静止状态的液滴。为获得稳态流动平衡条件下，液滴表面和环境间的蒸气流量 $\tilde{m}$ 和热流量 $\tilde{q}$，运用 Gauss 定律，此方程对从液滴表面到半径为 r 的球形区域进行积分，可得到：

$$4\pi\rho r^{2}v(r)=\text{const.}(1) \tag{15.7}$$

$$4\pi\rho r^{2}v(r)c(r)-4\pi D\rho r^{2}\frac{\mathrm{d}c(r)}{\mathrm{d}r}=\text{const.}(2) \tag{15.8}$$

式（15.7）和式（15.8）中，常数项 const.（1）表示全部质量通量，const.（2）表示蒸气质量通量，由于实际上只有蒸气流动，所以二者都等于 $\dot{m}$。由式（15.7）求得 v，并代入到式（15.8）中，并按指定边界条件 $c(R)$ 和 $c(\infty)$，积分后可得：

⊖ 文献中常用方程（15.5）。严格地讲还必须考虑 $\vec{v}''_g$ 对于 $C_W\cdot|\vec{v}_g-\vec{v}_{tr}|$ 依赖关系，当速度差非常小的，$\vec{v}''_g$ 趋于0，但是式（15.3）和式（15.4），但当速度差较大时，$|\vec{v}''_g|\leqslant|v_g-v_{tr}|$

$$v(r)=\frac{\dot{m}}{4\pi\rho r^2} \tag{15.9}$$

知

$$\dot{m}=4\pi D\rho R\ln\left(\frac{1-c(\infty)}{1-c(R)}\right) \tag{15.10}$$

这里 $c(R)$ 可以借助于蒸气压的关系根据液滴温度计算得到（图 15.1）。

假定比热为常数，按照同样的方法可以得到导热方程

$$\frac{\partial}{\partial x_i}(\rho v_i c_p T)-\frac{\partial}{\partial x_i}\left(\lambda\frac{\partial}{\partial x_i}T\right)=0 \tag{15.11}$$

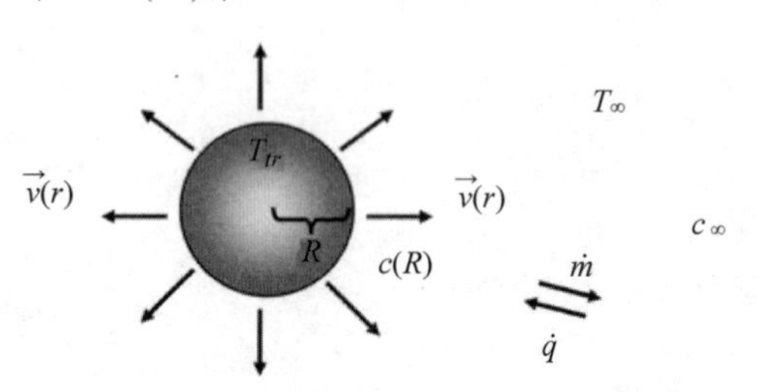

图 15.1　单液滴周围蒸气与热流示意图

再通过 Gauss 定律积分后得到的初始方程为

$$4\pi\rho r^2 v(r)c_p T(r)-4\pi\lambda r^2\frac{\mathrm{d}T(r)}{\mathrm{d}r}=\dot{q}(R) \tag{15.12}$$

最后再代入式（15.9），根据边界条件 $T(R)=T_{tr}$（液滴温度）及 T_∞，可得到

$$T(r)=T_\infty+\frac{1-\exp\left(-\frac{\dot{m}c_p}{4\pi r\lambda}\right)}{1-\exp\left(-\frac{\dot{m}c_p}{4\pi R\lambda}\right)}(T_{tr}-T_\infty) \tag{15.13}$$

以及得到积分常数 $\dot{q}(R)$（即整体热流量）

$$\dot{q}(R)=\dot{m}c_p T_{tr}+\frac{\dot{m}c_p(T_{tr}-T_\infty)}{\exp\left(\frac{\dot{m}c_p}{4\pi R\lambda}\right)-1} \tag{15.14}$$

像密度，扩散常数，热传导率和热容等物理量（实际上并非常数）通常是根据 1/3 -2/3 逻辑运算规则进行计算，从液滴表面到无穷远处进行线性处理，用 X 代表上述各物理量，则有

$$X=\frac{X_{Tr}}{3}+\frac{2X_\infty}{3} \tag{15.15}$$

液滴静态的假设，实际上是不正确的，为了考虑液滴的运动，一般根据 Ranz - Marschall 的观点采用以下方法修正

$$D\to D\frac{2+0.6Re^{1/2}Pr^{1/3}}{2}\text{与 }\lambda\to\lambda\frac{2+0.6Re^{1/2}Sc^{1/3}}{2} \tag{15.16}$$

这里 Pr 和 Sc 分别代表（层流情况下）Prandtl（普朗特）数和 Schmidt（斯密特）数：

$$Pr=\frac{\mu C_P}{\lambda}\text{与 }Sc=\frac{\mu}{\rho D} \tag{15.17}$$

对于 $\dot{m}$ 和 $\dot{q}$ 液滴参数 T_{tr} 和 R 之间的关系，可以采用流体热容量 c_{fl} 和蒸气比焓 $h_v(T)$ 构建以下质量和热量平衡关系式：

$$\dot{q} = \underbrace{\dot{m}[h_V(T_{tr}) + c_p T_{tr}]}_{\text{蒸发}} - \underbrace{\rho_{fl}\frac{4\pi}{3}R^3 c_{fl}\dot{T}_{tr,A}}_{\text{加热}} \tag{15.18}$$

$$4\pi R^2 \rho_{fl}\dot{R}_V = -\dot{m} \tag{15.19}$$

若给定 $\dot{m}$ 和 $\dot{q}$，即可从上述方程求解得到 $\dot{T}_{tr,A}$ 和 $\dot{R}_V$。

在有的文献中对上述的模型进行了不少修正，如认为液滴中存在的温度梯度等，但这些修正对于发动机的应用意义不大。尽管如此，多组分燃油模型也已引起关注，它们试图通过少量的系数来描述燃油组分谱，有关这方面的内容将在下一节中进行讨论，但目前仍然普遍采用的是单组分燃油模型。例如，大多数 CFD 软件针对汽油和柴油提供专门的“综合”的单组分模型，尽管如此，采用正庚烷代表汽油和十二烷烃代表柴油也是合理的。必须清楚意识到，混合物的属性永远不能完全用单一组分的燃料来取代，此外，需要指出的是此处主要关心燃料的物理属性，而不是化学属性（例如，正庚烷就难以代表汽油，因为它只考虑了汽油的爆燃特性）。

燃料在发动机里发生了什么？对此，首先来看采用推迟喷射以实现分层燃烧的汽油直喷（GDI）发动机中的情况。低温的油滴进入充满炽热的压缩空气的燃烧室，油滴表面必定遵循蒸气压曲线所描述的状态（图 15.2a），呈现的是实际油滴温度，油滴周围包裹着一层由蒸气压力曲线的分压力所决定的蒸气层。随着油滴被加热，其表面状态即沿蒸气压力曲线向右上方发展，油滴周围的蒸气增多，最终

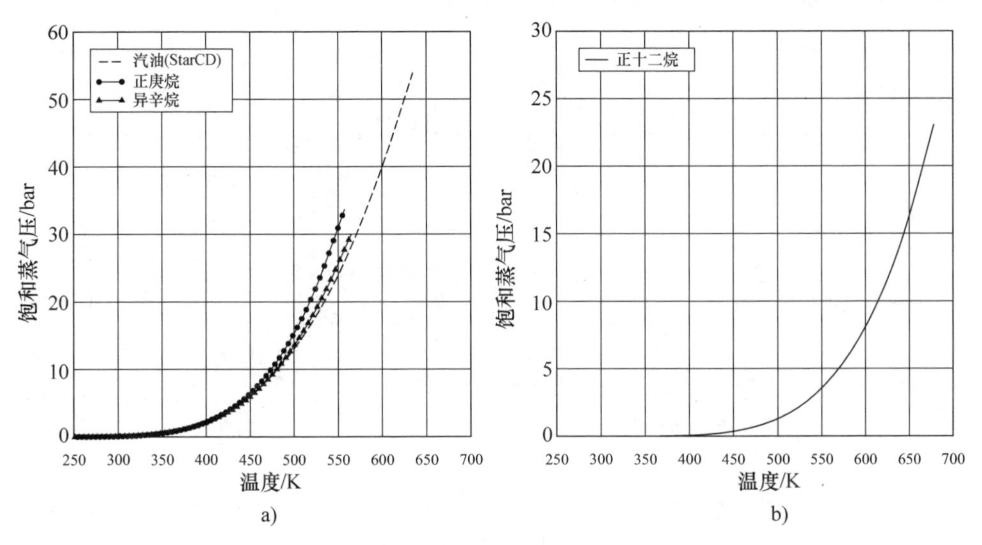

图 15.2 蒸气压力曲线

a）汽油类燃料蒸气压力曲线 b）柴油类燃料蒸气压力曲线

达到蒸气分压力和环境压力相等[1]，此时油滴温度保持不变，并开始沸腾。

通常在燃烧室内的油滴彼此靠得很近（特别是在喷雾区），所有油滴蒸发形成蒸气云团，其状态最终不会偏离蒸气压力曲线太多。这也证明了采用油滴内部温度均匀的模型是可靠的，由于油滴很小，而且液滴周围温度范围是有限的，油滴表面温度不会和内部温度相差太大。

柴油机中油滴的变化过程也与此类似，油滴状态沿着蒸气压力曲线向右上方发展。但是，由于柴油机燃烧室内压力很高以及典型柴油燃料的蒸气压力曲线存在差异，油滴蒸发过程会接近临界点，即达到蒸气压力曲线的末点。当越过临界点后，就不再有相界的限制，对此，CFD 软件通常采用简单地把液滴直接归于蒸气相的处理方法。

15.1.3 多组分模型中质量和热量交换

多组分模型特别注重油滴的驻留和蒸发时间，例如，在火花点火（SI）发动机进气行程的喷射或者均质充量压燃（HCCI）过程中，油滴存在一个明显的按顺序的蒸发过程，从而导致不同的组分有可能分离。

前述的单组分方法可以很容易地扩展到二至三个组分，但由于实际燃料的多组分特性，模型的精度提高不多，而采用多个单一组分的计算方法由于占机时间过长，也是不可取的。鉴于这一原因，建议采用组分族的分析方法（参考 Lippert 等，2000；Hallett，2000；Hermann，2008），这样的一个组分族至少可以较好地描述碳氢化合物，例如烷烃随分子量变化的特性（图 15.3）。为达到更高的计算精度，可将实际燃料（如汽油）用几个组分族来表示，例如一个烷烃族，一个烯烃族，以及一个芳香烃族。由于此处只阐述基本方法，也只限于讨论一个组分族。

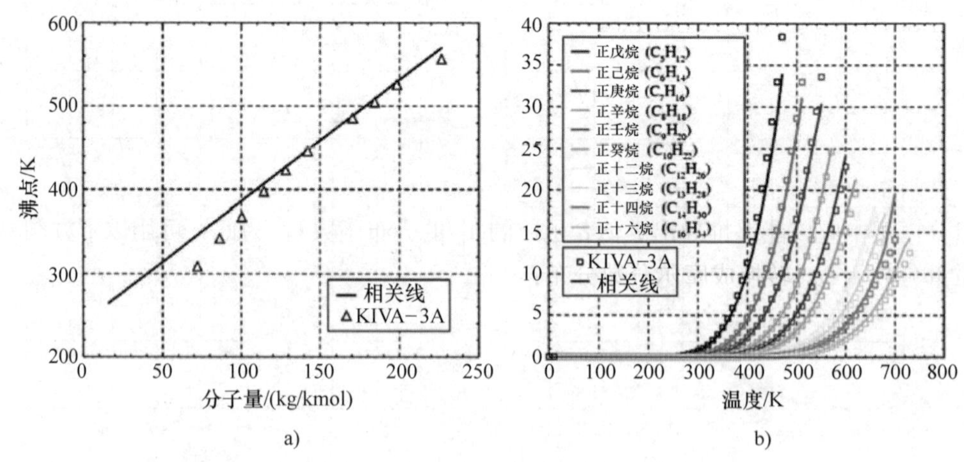

图 15.3 液滴沸点实验与模拟结果对比正烷烃的饱和蒸气压曲线（源于 Hermann，2008）

a）模拟结果对比 b）饱和蒸气压曲线

[1] 严格地讲，液滴温度不可能刚好达到沸点，它停留在比湿球温度稍低一点的温度上。

通过基于摩尔量 μ 的摩尔分数分布函数 n_μ 来描述一个组分族。以下推荐的是文献中广泛使用的四参数分布函数：

$$n(\mu)=\frac{\delta}{\beta^\alpha\Gamma(\alpha)}(\mu-\gamma)^{\alpha-1}\exp\left(-\frac{\mu-\gamma}{\beta}\right),\ \text{其中},\ \mu>\gamma \tag{15.20}$$

参数 γ 设为定值，即可以预先给定一个值，参数 α 和 β 的取值可以在流体相和气体相之间变化。以下各量定义如下：

$$\begin{aligned} n_F &= \int_\gamma^\infty n_\mu(\mu)\mathrm{d}\mu = \delta \\ n_F M_F &= \int_\gamma^\infty n_\mu(\mu)\mu\mathrm{d}\mu = \delta(\gamma+\alpha\beta) \\ n_F \Psi_F &= \int_\gamma^\infty n_\mu(\mu)\mu^2\mathrm{d}\mu = \delta(M_F^2+\alpha\beta^2) \end{aligned} \tag{15.21}$$

式中　n_F——整个燃油的摩尔分数（液相等于 1 时）；

M_F——平均燃油摩尔质量。

反之，如果这三个量已知的话，分布函数可以根据它们进行重构（假定 γ 是定值）。对于汽油的液相的描述，推荐采用下面的参数设置（Hallet，2000）：

$$\alpha=10.28,\quad \beta=9.82,\quad \gamma=0 \tag{15.22}$$

这个基本概念在于通过当地的分布参数或量的改变，来重新获得不同组分的分布。为此，假定这三个量为局部分布，即设定 $n_F(x,t)$、$M_F(x,t)$ 及 $\psi(x,t)$，它们可以通过求解输运方程得到。下一步必须将两个输运方程并入到一个已经能够求解的气相燃油质量分数 c_F 输运方程中去。此外，每一个油滴在液相下都有各自的 n、M、ψ 参数设置（这样就构成了独立的组分分布）。

特别建议继续采用质量分数 c 作为基本的输运参数，也就说无需变成基于摩尔分数的方程 [用摩尔分数取代式（15.6）中的质量分数]。但遗憾的是，后一做法在文献中很普遍。从而不得不放弃与前节所述的单组分蒸发模型的一致性（从多组分模型中应该能够推导出类似 δ 函数的 n_μ 的分布函数）。为此，可用以下方法将质量分数 $c_\mu(\mu)$ 转换成摩尔分数分布：

$$c_\mu(\mu)=n_\mu(\mu)\frac{\mu}{M_{tot}} \tag{15.23}$$

式中　M_{tot}——所有组分的当地平均摩尔质量（包括非燃油组分）。

于是对于相关量可以有以下公式：

$$\int_\gamma^\infty \frac{c_\mu(\mu)}{\mu}\mathrm{d}\mu = \frac{n_F}{M_{tot}} = \frac{c_F}{M_F}$$

$$\int_\gamma^\infty c_\mu(\mu)\mathrm{d}\mu = n_F\frac{M_F}{M_{tot}} = c_F$$

$$\int_{\gamma}^{\infty} c_{\mu}(\mu)\mu \mathrm{d}M = \frac{n_{\mathrm{F}}\Psi}{M_{\mathrm{tot}}} = \frac{c_{\mathrm{F}}\Psi}{M_{\mathrm{F}}} \tag{15.24}$$

由于各种燃油组分的沸腾曲线不同，故液滴表面的气相分布 $n_{\mu,\mathrm{vap,S}}$ 与液相分布 $n_{\mu,\mathrm{fl}}$ 也不相同。油滴表面以摩尔质量为 μ 的组分的饱和蒸气压可以根据 Raoult 定律和质量为 M 的相应曲线 $p_{\mathrm{vap}}(\mu,T)$，由下式得到：

$$n_{\mu,\mathrm{vap,S}}(\mu)p_{\mathrm{gas}} = n_{\mu,\mathrm{fl}}(\mu)p_{\mathrm{vap}}(\mu,T) \tag{15.25}$$

而后者的饱和蒸气压力曲线如以下公式所示：

$$p_{\mathrm{vap}}(\mu,T) = p_{\mathrm{atm}}\exp\left[\frac{\Delta S}{\widetilde{R}}\left(1 - \frac{a_{\mathrm{S}} + b_{\mathrm{S}}\mu}{T}\right)\right]$$

其中，$\Delta S = 87.9\mathrm{kJ/(kmol \cdot K)}$ $p_{\mathrm{atm}} = 1.013\mathrm{bar}$，$a_{\mathrm{S}} = 241.4\mathrm{K}$，$b_{\mathrm{S}} = 1.45\mathrm{K \cdot kmol/kg}$

（15.26）

巧妙的是，式（15.20）分布类型经过式（15.25）转换后形式不变，只相当于乘以了一个因子 p_{vap}（μ，T）$/p_{\mathrm{gas}}$。如果式（15.20）分布中的参数 α、β、γ 和 δ 均等于 1，那么 $n_{\mu,\mathrm{vap,S}}$ 也可用式（15.20）表示，只不过其中的参数如下所示：

$$\widetilde{\alpha} = \alpha$$

$$\widetilde{\beta} = \frac{\beta}{(b_{\mathrm{S}}\Delta S/\widetilde{R}T_{\mathrm{tr}}) + 1}$$

$$\widetilde{\gamma} = \gamma$$

$$\widetilde{\delta} = \frac{p_{\mathrm{atm}}}{p_{\mathrm{gas}}}\left[\frac{1}{(b_{\mathrm{S}}\Delta S/\widetilde{R}T) + 1}\right]^{\alpha}\exp\left(\frac{\Delta S}{\widetilde{R}}\left(1 - \frac{a_{\mathrm{S}}}{T_{\mathrm{tr}}}\right) - \gamma\frac{b_{\mathrm{S}}\Delta S}{\widetilde{R}T_{\mathrm{tr}}}\right) \tag{15.27}$$

由式（15.24）可以得到液滴表面气相分布量 $n_{\mu,\mathrm{vap,S}}$、$M_{\mathrm{F,vap,S}}$、$\psi_{\mathrm{vap,S}}$。等式 $\widetilde{\gamma} = \gamma$ 表明了 γ 是常数。

在液滴环境中，必须求解另外的分布量输运方程。由（15.6）式乘以 μ 或 $1/\mu$，然后再积分，即有（这里再假定扩散系数 D 与摩尔质量 μ 无关）：

$$\frac{\partial}{\partial x_{\mathrm{i}}}\left(\rho v_{\mathrm{i}}\frac{c_{\mathrm{F,vap}}}{M_{\mathrm{F,vap}}}\right) - \frac{\partial}{\partial x_{\mathrm{i}}}\left(D\rho\frac{\partial}{\partial x_{\mathrm{i}}}\frac{c_{\mathrm{F,vap}}}{M_{\mathrm{F,vap}}}\right) = 0$$

$$\frac{\partial}{\partial x_{\mathrm{i}}}\left(\rho v_{\mathrm{i}}\frac{c_{\mathrm{F,vap}}\Psi_{\mathrm{vap}}}{M_{\mathrm{F,vap}}}\right) - \frac{\partial}{\partial x_{\mathrm{i}}}\left(D\rho\frac{\partial}{\partial x_{\mathrm{i}}}\frac{c_{\mathrm{F,vap}}\Psi_{\mathrm{vap}}}{M_{\mathrm{F,vap}}}\right) = 0 \tag{15.28}$$

式（15.6）和式（15.11）及其解式（15.10）和式（15.14）依然成立。式（15.28）的求解与式（15.11）类似，积分后运用 Gauss（高斯）定理得到：

$$4\pi\rho r^2 v(r)\frac{c_{\mathrm{F,vap}}}{M_{\mathrm{F,vap}}} - 4\pi r^2 D\rho\frac{\mathrm{d}}{\mathrm{d}r}\frac{c_{\mathrm{F,vap}}}{M_{\mathrm{F,vap}}} = \Theta_0$$

$$4\pi\rho r^2 v(r)\frac{c_{\mathrm{F,vap}}\Psi_{\mathrm{vap}}}{M_{\mathrm{F,vap}}} - 4\pi r^2 D\rho\frac{\mathrm{d}}{\mathrm{d}r}\frac{c_{\mathrm{F,vap}}\Psi_{\mathrm{vap}}}{M_{\mathrm{F,vap}}} = \Theta_1 \tag{15.29}$$

与式（15.14）的情况类似，代入式（15.29）后积分并再代入边界条件得到积分常数（总流量）：

$$\Theta_1 = \dot{m}\frac{c_{F,vap}(R)}{M_{F,vap}(R)} + \frac{\dot{m}}{\exp\left(\frac{\dot{m}}{4\pi D\rho R}\right)-1}\left[\frac{c_{F,vap}(R)}{M_{F,vap}(R)} - \frac{c_{F,vap,\infty}}{M_{F,vap,\infty}}\right]$$

$$\Theta_2 = \dot{m}\frac{c_{F,vap}(R)\Psi_{vap}(R)}{M_{F,vap}(R)} + \frac{\dot{m}}{\exp\left(\frac{\dot{m}}{4\pi D\rho R}\right)-1}\left[\frac{c_{F,vap}(R)\Psi_{vap}(R)}{M_{F,vap}(R)} - \frac{c_{F,vap,\infty}\Psi_{\infty}}{M_{F,vap,\infty}}\right]$$

(15.30)

由此可得液滴中随时间变化的液相分布量 $M_{F,fl}$ 和 ψ_{fl} [类似于式（15.19）]：

$$\frac{d}{dt}\frac{4/3\pi R^3\rho_{fl}}{M_{F,fl}} = -\frac{\dot{m}}{M_{F,fl}} + 4/3\pi R^3\rho_{fl}\frac{d}{dt}\frac{1}{M_{F,fl}} = -\Theta_1,$$

$$\frac{d}{dt}\frac{4/3\pi R^3\rho_{fl}\Psi_{fl}}{M_{F,fl}} = -\frac{\dot{m}\Psi_{fl}}{M_{F,fl}} + 4/3\pi R^3\rho_{fl}\frac{d}{dt}\frac{\Psi_{fl}}{M_{F,fl}} = -\Theta_2,$$

$$X = \frac{X_{Tr}}{3} + \frac{2X_{\infty}}{3}, \qquad (15.31)$$

这里代入了式（15.30）所示的流量 Θ_i。参数如 D 或 ρ 则按照式（15.15）中的逻辑运算 1/3 -2/3 法则计算。包含源项的气相输运方程如下：

$$\rho\left(\frac{\partial}{\partial t} + v_i\frac{\partial}{\partial x_i}\right)\frac{c_F}{M_F} - \frac{\partial}{\partial x_i}\left(\rho D_t\frac{\partial}{\partial x_i}\frac{c_F}{M_F}\right) = \frac{1}{\Delta V}\sum_{\text{容积}\Delta V\text{中的液滴数}}\Theta_1$$

$$\rho\left(\frac{\partial}{\partial t} + v_i\frac{\partial}{\partial x_i}\right)c_F - \frac{\partial}{\partial x_i}\left(\rho D_t\frac{\partial}{\partial x_i}c_F\right) = \frac{1}{\Delta V}\sum_{\text{容积}\Delta V\text{中的液滴数}}\dot{m}$$

$$\rho\left(\frac{\partial}{\partial t} + v_i\frac{\partial}{\partial x_i}\right)\frac{c_F\Psi}{M_F} - \frac{\partial}{\partial x_i}\left(\rho D_t\frac{\partial}{\partial x_i}\frac{c_F\Psi}{M_F}\right) = \frac{1}{\Delta V}\sum_{\text{容积}\Delta V\text{中的液滴数}}\Theta_2 \qquad (15.32)$$

现在对所有需要的物理参数（蒸气相扩散系数，临界温度，液相密度，蒸发焓，导热系数，液相和气相的热容，液相黏度和表面张力等）均应视为为组分分布的函数，有关这方面的详细内容可以参考相关文献（Tanim 和 Hallett，1995）。

15.1.4　闪蒸喷雾

所谓的“闪蒸喷雾”是一种特殊情形，当热的燃料喷入进气道或者燃烧室中时，若此时环境压力低于液滴温度相对应的饱和蒸气压。这时，喷雾会瞬间产生“爆裂”。对于这种现象就不能采用上述的模型来描述。

现在考虑空气和燃料的混合气，其摩尔密度分别为 n_A 和 n_F，相应的平均摩尔质量为 M_A 和 M_F。若以 p_F 代表燃料分压，p 代表总压，则可得到燃料质量分数 c_F 为

$$c_F = \frac{n_F M_F}{n_F M_F + n_A M_A} = \frac{\frac{p_F}{p}M_F}{\frac{p_F}{p}M_F + \left(1-\frac{p_F}{p}\right)M_A}$$

$$= 1 + \left(\frac{p_F}{p} - 1\right)\frac{M_A}{M_A + \frac{p_F}{p}(M_F - M_A)} \geqslant 1 \qquad \text{当 } p_F \geqslant p \text{ 时} \qquad (15.33)$$

一旦蒸气压超过环境压力，c_F 在数学上的值大于1，那么式（15.10）中对数的自变量将没有意义。实际上蒸发速率很高，但不能采用物理平衡过程的方法来描述。当然，由于高的蒸发速率带走大量的热，使得蒸气压低于环境压力时，这种“非平衡”蒸发就会停止（这时该过程会转变到前面所述的平衡过程）。关键的问题是式（15.10）中缺少定义，只有通过高的但有限的蒸发速率进行计算，直到式（15.10）重新定义为止。一种可能的方法就是用下式计算质量流率：

$$\dot{m}=4\pi D\rho R\ln\left(\frac{1-c(\infty)}{\max(1-c(R),\varepsilon)}\right) \tag{15.34}$$

式中 $\varepsilon>0$，且是一个有限的小量，其值由计算程序的数值稳定性决定。

15.2 喷雾统计学

一束典型的射流喷雾包含了成千上万个液滴。这样一个群（类似气体湍流流动）不再能针对每一个单液滴准确地计算。由于喷雾是一个液滴群，所以适合于采用统计方法进行描述，为此引入液滴分布密度 p（$\vec{x}$，$\vec{v}$，R，T）的概念。它描述了在位置 $\vec{x}$、具有速度 $\vec{v}$、半径 R 和温度 T（必要时可采用更多的参数，但本文以下仅限于8个参数）时的液滴的概率大小。

早在120多年前，Ludwig Boltzmann（路德维格·玻尔兹曼）面对类似的问题，基于原子和分子过程的力学统计建立了热力学。为此，他开发了以他的名字命名的Boltzmann（玻尔兹曼）方程，并在历史上首次建立了基于原子水平的热力学第二定律（Rieckers 和 Stumpf，1977；Landau 和 Lifschitz，1983，第10卷）。这个方程构成了今天气体动力学的基础。Williams（1958）将此方程运用于特殊的液滴动力学，简单称为喷雾方程（Spray equation），它成为目前所有喷雾模型的基础。但是，这个方程不能以全封闭方式积分求解。在标准模型中只能采用统计方法通过Monte－Carlo（蒙特卡洛），即“掷骰子”的方法求解。这种方法的关键问题是计算精度问题，对此将在下一节中详细讨论。

下面将对多粒子过程例如碰撞过程或破碎过程进行描述。即使在喷雾自身内部，气体湍流流动也会诱导湍流结构，本文以下将对这种只能从统计学描述角度描述的现象进行讨论。一个重要的步骤是通过仔细地分析来简化 Boltzmann 方程中复杂的源项，从而使得其可解性大大增加。从理论上讲，就是用 Fokker－Planck（福克尔－普朗克）方程取代 Boltzmann 方程。

15.2.1 Boltzmann－Williams（玻尔兹曼－威廉姆斯）方程

对于8维空间的每一个单点的变量 $\vec{x}$、$\vec{v}$、R、T，其动态量 $\dot{\vec{x}}$、$\dot{\vec{v}}$、$\dot{R}$、$\dot{T}$ 分别由式（15.1）、式（15.2）、式（15.18）和式（15.19）给出。于是可将8个变量归于8维数组 $\alpha=$（$\vec{x}$，$\vec{v}$，R，T），其运动方程为

$$\dot{\alpha}_i=A_i(\alpha),i=1,\cdots,8 \tag{15.35}$$

现在的目的是找到相空间中“点云（Point - Cloud）”分布函数 $p(\alpha)$ 的运动方程。这个问题可以通过所谓的 Liouville（刘维尔）方程解决[㊀]：

$$\begin{aligned}\frac{\partial}{\partial t}p(\alpha,t) &= -\sum_{i=1}^{8}\frac{\partial}{\partial\alpha_i}(A_i(\alpha)p(\alpha,t)) \\ &= -\sum_{i=1}^{8}A_i(\alpha)\frac{\partial}{\partial\alpha_i}p(\alpha,t) - \left(\sum_{i=1}^{8}\frac{\partial A_i(\alpha)}{\partial\alpha_i}\right)p(\alpha,t)\end{aligned} \tag{15.36}$$

Liouville 方程是双曲线方程，其特征线是式（15.35）的运动方程，这可以从式（15.36）的下一行看出。此外，式（15.36）的上一行则显示了概率的不变性，于是以下式（15.37）成立：

$$\frac{\partial}{\partial t}\int_{\text{相空间}} \mathrm{d}\alpha p(\alpha,t) = 0 \tag{15.37}$$

在 Liouville 方程中，所有（不连续的）多液滴过程，如碰撞和破碎等均没有考虑，这也就是运用分子和原子理论的 Boltzmann 问题。可以通过源项扩展 Liouville 方程，即所谓的碰撞积分。首先，从 8 维数组 α 中提取位置变量 $\vec{x}$：

$$\alpha = (\vec{x},\beta)\text{与}\beta = (\vec{v},R,T) \tag{15.38}$$

对于一般双粒子碰撞项：

$$\begin{aligned}I_{\text{碰撞}} &= \int p(\vec{x},\beta_1)p(\vec{x},\beta_2)\sigma(\beta_1\beta_2 \rightarrow \beta + \cdots;\vec{x})\mathrm{d}\beta_1\mathrm{d}\beta_2 \\ &\quad - \int p(\vec{x},\beta_1)p(\vec{x},\beta)\sigma(\beta_1\beta \rightarrow \beta + \cdots;\vec{x})\mathrm{d}\beta_1\end{aligned} \tag{15.39}$$

式（15.39）中 σ（$\beta_1\beta_2\rightarrow\beta+...$）项描述了液滴 β_1 和 β_2 在位置 $\vec{x}$ 出现的条件概率，通过碰撞产生了 β 属性的液滴。$\sigma(\beta_1\beta\rightarrow...)$ 相代表液滴 β 和液滴 β_1 碰撞的条件概率，其结果是液滴 β 消失，因此在整个碰撞项中用减号。三个粒子以及更多粒子的过程碰撞过程通常不需考虑，而对“单一粒子过程”只考虑分解。由此可以写出：

$$I_{\text{Zerfall}} = \int p(\vec{x},\beta_1)\sigma(\beta_1 \rightarrow \beta + \cdots;\vec{x})\mathrm{d}\beta_1 - p(\vec{x},\beta)\sigma(\beta \rightarrow \cdots;\vec{x}) \tag{15.40}$$

综上所述，可以得到如下所示的 Boltzmann - Williams（玻尔兹曼 - 威廉姆斯）方程：

$$\begin{aligned}&\frac{\partial}{\partial t}p(\alpha,t) + \sum_{i=1}^{8}\frac{\partial}{\partial\alpha_i}(A_i(\alpha)p(\alpha,t)) \\ &= \int p(\vec{x},\beta_1)p(\vec{x},\beta_2)\sigma(\beta_1\beta_2 \rightarrow \beta + \cdots;\vec{x})\mathrm{d}\beta_1\mathrm{d}\beta_2 \\ &\quad - \int p(\vec{x},\beta_1)p(\vec{x},\beta)\sigma(\beta_1\beta \rightarrow \cdots;\vec{x})\mathrm{d}\beta_1 \\ &\quad + \int p(\vec{x},\beta_1)\sigma(\beta_1 \rightarrow \beta + \cdots;\vec{x})\mathrm{d}\beta_1 - p(\vec{x},\beta)\sigma(\beta \rightarrow \cdots;\vec{x})\end{aligned} \tag{15.41}$$

㊀ 在经典力学中，Liouville 方程用于守恒或者 Hamilton（汉密尔顿）系统。由于在典型的 Hamilton 方程中，相空间的容积是不可压缩的，故式（15.36）的第二行的第二项不存在。

这个方程完全可以用于喷雾动态过程的计算。但是，湍流耗散项，即液滴与湍流流动的相互作用，还隐含在式（15.41）中，尤其是左边第二项，因为在 $A_i(\alpha)$ 中包含了气体瞬时速度而非平均速度，但我们需要的是一个平均速度的表达式。经过转换得到式（15.42）右边的一个附加的碰撞项，该项包含了与气体湍流速度脉动的作用

$$\frac{\partial}{\partial t}p(\alpha,t) + \frac{\partial}{\partial x_i}[v_{tr,i}p(\alpha,t)] + \frac{\partial}{\partial v_{tr,i}}[D_{tr}(\langle v_{g,i}\rangle - v_{tr,i})p(\alpha,t)] + \frac{\partial}{\partial R}[\dot{R}_V p(\alpha,t)] + \frac{\partial}{\partial T_{tr}}[\dot{T}_A p(\alpha,t)]$$

$$= \int p(\vec{x},\beta_1,t)p(\vec{x},\beta_2,t)\sigma(\beta_1\beta_2 \to \beta + \cdots;\vec{x})\,d\beta_1 d\beta_2$$

$$- \int p(\vec{x},\beta_1,t)p(\vec{x},\beta,t)\sigma(\beta_1\beta \to \cdots;\vec{x})\,d\beta_1$$

$$+ \int p(\vec{x},\beta_1,t)\sigma(\beta_1 \to \beta + \cdots;\vec{x})\,d\beta_1 - p(\vec{x},\beta,t)\sigma(\beta \to \cdots;\vec{x})$$

$$+ \int \sigma(\vec{x},\vec{v}''_{gas})\,\partial/\partial v_{tr,i}(D_R v''^{i}_{g} p(\vec{x},\beta_1,t))\,d^3 v''_{gas}$$

与

$$D_{tr} = \frac{3}{8}\frac{\rho_g}{\rho_{fl}}c_w\frac{|\langle\vec{v}_g\rangle - \vec{v}_{tr}|}{R} \tag{15.42}$$

这里 $\sigma(\vec{x},\vec{v}''_{gas})$ 代表位置 x 处关联速度脉动的出现概率，具体项在前面的章节已经导出，并且已经代入到上式的左边。只是该式右边的碰撞项和破碎过程项仍保持通常的形式。

15.2.2 Boltzmann – Williams（玻尔兹曼 – 威廉姆斯）方程的数值求解和 Lagrange（拉格朗日）公式的标准模型

方程式（15.42）是一个高维、偏积分微分方程。对于 8 维空间无法在可预见的未来实现直接求解。试想一下，将每一维尺度分解成 10 个网格（这对于一个 8 维尺度的空间坐标而言还略显粗糙），尽管如此，已经产生出 10^8 个计算网格单元！因此必须寻求其他方法求解这个方程。考虑到 Liouville（刘维尔）方程具有双曲型特点，可以沿其特征线（与油滴的轨迹契合），采用常规的微分方程方法来求解。因为在相关的区域内的油滴密度显然不可能等于 0，则在 8 维空间中只描述了“低维度表面”，此时可能只需少量的轨迹线即可达到目的。

所以可以选择以下策略：引入足够多的有代表性的粒子，称为“液滴群”，并满足 Liouville 方程（15.36）的特性。以此来处理所有连续过程，碰撞过程［即方程式（15.41）右边的项］的处理也采取同样的方法。有代表性的液滴群经历随机过程，正是这样用碰撞积分中的公式来表示。根据方程 15.39 和方程 15.40 来计算所有液滴群在有限容积单元内（实际上是计算单元），某一个特定的时间的碰撞概

率，再根据这些概率，通过“掷骰子”即 Monte - Carlo 模拟的概念（蒙特卡洛）模拟的概念来确定液滴群的实际行为。

这种方法可以将实际连续的统计学描述改变为非连续的、等效的随机描述，即采用有代表性的随机液滴群的总体动态特性来描述液滴分布函数的动态特性。但目前这些液滴非常类似于原始液滴，所有连续过程（与流体的动量交换，蒸发，加热过程的发展）均很相似；为此只需处理随机的非连续过程（液滴的形成，破碎，碰撞）。因此命名为离散液滴模型（Discrete Droplet Model，缩写 DDM）。这正是这种随机模型所具有的魅力，而且便于理解，因为虽然最终处理的是随机的液滴群，但却有处理单个液滴的感觉，这也是这种方法的优势所在。应当指出，所有喷雾模拟可视化显示的，都是这些随机液滴群而不可能是具体液滴。实际上，一个液滴群具有液滴的属性（目前情况为 4 个变量 $\vec{x}$、$\vec{v}$、R、T）和一个统计分量，后者可以理解为用来代表实际液滴的数目，也可以解释为液滴群的质量，这时所代表的液滴数目就是该液滴群的质量与液滴的质量的比值。

每个液滴群都代表液滴流单元，由于是采用移动参考点来描述流动，故其具有 Lagrange（拉格朗日）特性，液滴群的数目与液滴的数量完全无关，仅取决于统计收敛的考虑。

对于单纯或者随意使用标准 Lagrange 模型进行喷雾模拟的风险，还是需要有足够的重视。由于使用普通的微分方程，模型在数学格式上是可处理的，而且不难获得计算结果，而且即使采用原始模拟方法也不难做到这一点。但最大的问题在于能否获得正确且收敛的结果！

为了能对这个问题有个全面的了解，回顾一下分子和原子的初始的气体动力学 Boltzmann（玻尔兹曼）方程或许是有益的。从这个方程可以推导出流体力学方程组式（14.1）~式（14.18），也包括 Navier - Stokes（纳维叶 - 斯托克斯）方程[采用 Chapman - Enskog（查普曼 - 恩斯柯格）方法，参考 Landau 和 Lifschitz, 1981]。Boltzmann 方程描述的是复杂的集体行为，因此明显地与原子和分子的单个粒子行为不同。当然，Boltzmann 方程包含的内容更多，包括气体动力学效应，而这一点在流体力学方程组如 Navier - Stokes 方程中就没有包含。如果只对流体力学的问题感兴趣，就不推荐使用计算机程序去求解 Boltzmann 方程，因为与 Navier - Stokes 方程组相比，Boltzmann 方程的正确求解十分困难，而且需要强大的数据处理能力，对于前一种情况，流体力学连续性已经能将其整体特性明确表现出来。其实，当初 Boltzmann 本人大概也没有想到会用他提出的方程去解决实际的工程技术问题。

对于喷雾计算而言情况并不简单。由于液滴具有更高的自由度，并伴随着包括半径和温度的变化，还有其他诸如加热、蒸发和碰撞和破碎等过程，喷雾过程也显示出与单个液滴不一样的行为，只能通过 Boltzmann - Williams 方程和运用强大的计算机处理能力才能再现其集体行为。

目前，Euler（欧拉）模型所取得的重要进展，说明用 Euler 模型来取代这部分工作颇有希望，这并不意味着在固定坐标系中的描述比在移动坐标系中（这里是指 Euler 与 Lagrange 方法之间狭义上的区别）来得方便。因为采用直接的 Euler 方法来求解 Boltzmann - Williams 方程是不可能的。本文中的 Euler 模型指的是从 Boltzmann 方程中的动量方程中提炼得到的，例如液滴质量的输运方程，当地平均液滴动量，平均的动量变化量等。这就是一个液相 Navier - Stokes 方程组的问题，这个方程组的求解显然可以采用 Euler 方法，对此将在以后加以讨论。

至此，再返回到标准方法，为了实现完整的模拟过程，还将根据以下确定随机数的数学方法中建立另外一个模拟多粒子过程的模型。

15.2.3 随机变量的数值确定法

首先来讨论一个在程序实现过程中遇到的具体问题。在求解喷雾方程的随机模型中，预置概率分布时随机数的确定是十分重要的一步。根据标准，计算机只能产生 0 和 1 之间的均匀分布的随机数。基本过程如下所示：

$$x \in X \subset \mathscr{R}^{n}, f: X \to \mathscr{R}, f(x) > 0, \int_{X} f(x)\,\mathrm{d}x = 1 \tag{15.43}$$

随机取一个元素 $x \in X$ 满足分布函数 f，这就意味着如果多次重复这一过程，元素 x_1、x_2、x_3……应该按照函数 f 来分布。为达到这一目标，下面讨论两种方法：

方法 1 “集成和逆转”：这种方法仅适用于一维分布，即 $X = [a, b] \subset \Re$，此时首先计算分布函数 $F(x)$

$$F(x) = \int_{a}^{x} f(\xi)\,\mathrm{d}\xi \quad F: [a, b] \to [0, 1] \tag{15.44}$$

由于 f 为正，因此函数 F 是严格单调且不可逆的。

其次，确定反函数 $F(x)^{-1}$：$[0,\ 1] \to [a,\ b]$（有必要时，还必须进行数字化的集成和表格化）和一个随机数 $z \in [0,\ 1]$。那么 $x = F(z)^{-1}$ 的值就是所要求的随机变量。为此给定概率 $\mathrm{d}F$，随机数将落在区间 $[x,\ x + \mathrm{d}x]$ 内，式中：

$$\mathrm{d}x = \frac{\mathrm{d}F}{f(x)}$$

概率密度 p 则是概率 $\mathrm{d}F$ 对区间长度的比值，即有

$$p = \frac{\mathrm{d}F}{\mathrm{d}x} = f$$

方法 2 “抽取和求值”：这种方法也适用于多维空间 X。

第一步：按均匀分布原则确定一个元素 $x \in X$。在复杂的数量中（例如有着复杂边界的计算域内部）可作以下处理，即把 $X \subset \Re^{n}$ 置于 n 维矩阵里：

$$X \subset \widetilde{X} = [a_1, b_1] \times [a_2, b_2] \times \cdots \times [a_n, b_n] \tag{15.45}$$

根据均匀分布性质，依靠 n 个随机数 $z_1, z_2, \cdots z_n \in [0,\ 1]$，从 $x \in \widetilde{X}$ 中取出一

个元素，即有

$$x=(a_1+z_1(b_1-a_1),a_2+z_2(b_2-a_2),\cdots,a_n+z_n(b_n-a_n))$$

这样就存在两种可能性：若 x 落在集合 X 里，它就是此处所选中的元素；反之，就会舍去它，开始下一轮的选择。采用这种方法能够保证所有来自于 X 的元素都会等概率地得到选择机会。

第二步：对第一步中选中的变量 x 进行求值。由此可得，$f_{\max}=\max(f(\zeta),\ \zeta\in X)$，这时可选取另一个随机数 $\tilde{z}\in[0,\ 1]$ 并与下列的比值进行比较：

$$\zeta=\frac{f(x)}{f_{\max}}$$

如果 $\tilde{z}\leqslant\zeta$，即可接受 x，否则就舍去它，并将这个过程会再次从头开始直到有找到一个元素并且被接受为止。这样处理的理由是 $\tilde{z}\leqslant\zeta$ 的概率与函数 $f(x)$ 是成正比的。采用这种方式，每一个元素 x 都会以正确相关的概率被选中。在舍去和重复进行的过程中，对于没有被接受的元素 x，需确保满足概率密度的归一化，并且最后选中概率为 1 的一个元素。

举例：一个典型的任务是确定计算区域中均匀分布的空间点。为此将计算容积离散成网格单元，因此实际上只需要处理在容积内均匀分布的边界条件下网格单元的确定性。在这种情形下决不能简单地用均匀分布的方式选取网格数目！因为一般来说网格单元具有不同的容积，而这一点在选择的过程中是必须加以考虑的。在这种情况下，采用方法 2 比较理想。首先，抽取均匀分布在单元数目中的随机数，随后根据容积 V_z 对所选的单元 Z 求值。即有

$$f(Z)=V_z$$

15.2.4　喷嘴出口处液滴群初始条件

在标准模型中，喷雾液滴群必须在喷嘴处生成，这个过程在逻辑上是随机发生的。通常每个液滴群的喷射方向，是由预先给定的喷射角度或喷雾油束区域决定的，而初始液滴的大小则依据滴径概率分布规律给出。人们已经研发的工具箱可以计算更加复杂的初始条件，例如喷射方向与液滴大小之间的关系。但实际上，目前通常缺少实验数据来验证如此复杂的约束条件，因此通常求助于喷油器内部流动的计算。

建议在喷嘴处（与粒子大小无关）给每个液滴微团同样的质量（即每个液滴微团包含有很多小液滴或少量的大液滴）。这就相当于将实际的燃料质量通过离散化转化为实际计算的液滴群。

例如，推导喷雾锥角为 2φ 的均匀分布喷射空间角度的模拟方法。两个角度需随机选取，方位角 $\theta\in[0,\ 2\pi]$ 以及极坐标角 $\gamma\in[0,\ \varphi]$。方位角 θ 可以等分，但 γ 角则不行。需要指出，空间立体角度为 $\sin\gamma\mathrm{d}\gamma\mathrm{d}\theta$ 的积分，因此要选取这样的分配。是因为 θ 角等分，故 γ 角度的选择的受到限制。因为这只是一维问题，故可以运用上一节所述的方法 1。求解 γ 角的分布函数则具有下列形式：

$$F(\gamma)=\frac{\int_0^{\gamma}\sin\tilde{\gamma}\,\mathrm{d}\tilde{\gamma}}{\int_0^{\varphi}\sin\tilde{\gamma}\,\mathrm{d}\tilde{\gamma}}=\frac{1-\cos\gamma}{1-\cos\varphi} \tag{15.46}$$

选一个随机数 $z\in[0,1]$，即可按照如下公式计算 γ 角：

$$\gamma=\arccos(1-z+z\cos\varphi)$$

15.2.5 喷雾液滴破碎模型

破碎过程影响喷雾特性，特别是在喷雾早期阶段液滴靠近喷嘴处情况更是如此，因此它实际上是与整个喷油器模型属于一个整体。例如，可迅速产生小液滴的破碎模型，也可以由能生成小液滴的喷油器模型取代。

由于机理的不同，需要对两类喷射雾化加以区分，即初次雾化和二次雾化。初次雾化是由喷油器内部流动的特性引起的，如湍流和气穴（气穴空泡的碎裂还能再次产生湍流）；而二次雾化则与空气动力学有关，而与喷油器内部的流动无关。

建立初次雾化模型，需要喷油器内部的流动信息，即有关湍流和气穴空泡的分布。然后，破碎时间和破碎长度可以从湍流尺度和气穴密度导出（参考 Tatschl 等，2000）。对于液滴和液丝内部湍流参数 k 和 ε，其瞬时表达式如下：

$$\frac{\mathrm{d}k_{\mathrm{fl}}}{\mathrm{d}t}=-\varepsilon_{\mathrm{fl}}+S_{\mathrm{K}}\qquad\frac{\mathrm{d}\varepsilon_{\mathrm{fl}}}{\mathrm{d}t}=-1.92\frac{\varepsilon_{\mathrm{fl}}}{k_{\mathrm{fl}}}(\varepsilon_{\mathrm{fl}}-S_{\mathrm{K}}) \tag{15.47}$$

式中　S_{K}——由气穴空泡碎裂引起的源项。

从这些参数中，破碎模型的参数可以确定，由气穴空泡破裂引起的初次破碎时间 τ_{prim} 和稳定的液滴半径 $R_{\mathrm{S,prim}}$ 则为

$$\tau_{\mathrm{prim}}=B_{\mathrm{prim}}\frac{k_{\mathrm{fl}}}{\varepsilon_{\mathrm{fl}}}\text{和 }R_{\mathrm{S,prim}}=A_{\mathrm{prim}}c_{\mu}^{3/4}\frac{k_{\mathrm{fl}}^{3/2}}{\varepsilon_{\mathrm{fl}}} \tag{15.48}$$

然而迄今为止，人们对喷油器内部流动情况的认识依然不是十分清楚，特别是在现代柴油机燃油喷射系统中喷油器内部流动对初次破碎的作用非常明显，油束在离开喷油器时已呈现泡沫状。这表明喷出的油束在喷油器出口就开始已经破碎为很小的液滴，因此无须再考虑初次雾化问题。Kruger（2001）介绍了一种通过测量获取初始液滴大小信息的有效方法，即将燃油喷射到一个可以加热并能够改变温度的容器内，采用纹影法及 Mie（米氏）散射技术来确定液相和气相的贯穿距离（由于柴油油束液滴的密集性，很难直接测量液滴的大小，即使能测量，结果也存在较大误差），有关实验结果如图 15.4 所示。由图 15.4 可见，在定容腔保持恒定的环境介质密度的条件下，气相贯穿距几乎处在同一水平上（这表示气相贯穿距离与液滴初始尺寸无关）；但是液相贯穿距却大不相同，它们随着定容腔内温度的升高而减小。所以需要协调喷雾射流初始参数以及液滴的大小，才能进一步得到在同一套

参数体系下比较喷雾贯穿距的图。该方法便导致前述的液滴将以更小的速率破碎至 Sauter（索特）㊀平均直径 4 ~ 5μm。当然，前提是必须建立一个十分有效的喷雾模型。

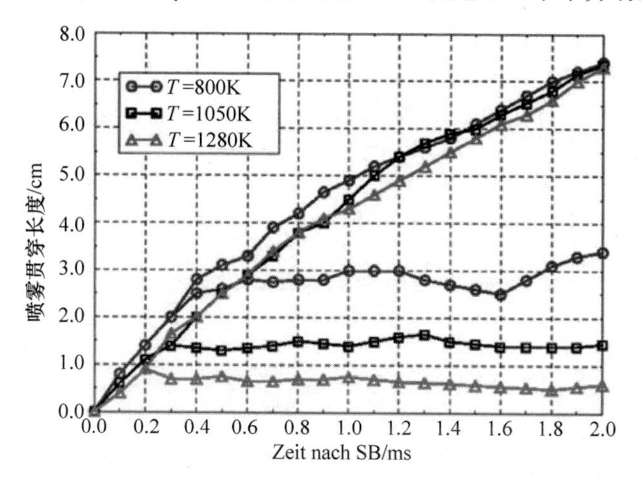

图 15.4 在定容腔内介质密度保持不变条件下温度对柴油喷雾贯穿长度的影响（Kruger，2001）

如果连续减小喷雾的初始液滴直径，那么作为一种极端情况，就会形成局部均匀流。这时，在流体内气相和液相均处于动力学和热力学平衡态。因为一方面，很小的液滴具有相对其质量而言相对高的流动阻力，致使气液两相之间没有速度差；另一方面，由于高的面容比，气相必定是维持在饱和蒸气压力状态。为此将形成一个单相流。实验研究表明，至少典型的柴油机燃油喷射可以用局部均匀流来描述（参见 Siebers，1998）。“局部均匀流”的实验表达的是一种“混合控制”模式。这就意味着对于喷雾模型而言，如果液滴尺寸选取的足够小，则其大小（即初次雾化）不再是决定性的因素。

二次雾化过程由于空气动力学的原因具有更大的破碎长度。二次雾化与初次雾化所占的比重视条件不同而异。在柴油机喷雾液滴稠密区呈现的是强烈的初次雾化，这时二次雾化的作用则相对较小。在汽油直接喷射情况下，由于喷油器内部流动的湍流和气穴现象很弱（视喷油器形式而异），几乎不存在初次雾化。因此，二次雾化起主要作用。特别是针对锥形喷雾中心复杂的涡流结构，液滴的大小会对其结构起到实质的影响，情况会与局部均匀流相差甚远。

在描述二次雾化时，常采用不稳定性分析。主要的效应是所谓的 Kelvin - Helmholtz（开尔文 - 亥姆霍兹）不稳定性。比较全面和著名的模拟方法就是 WAVE 模型（参考 Reitz，1987）。增长最快的波长 Λ 及其增长率 Ω 则如下所示：

㊀ 液滴分布的 Sauter（索特）平均直径定义为：$\mathrm{SMD} = \sum_{1}^{K} N_i d_i^3 / \sum_{1}^{K} N_i d_i^2$（式中 K—液滴直径分档数，N_i—直径为 d_i 的液滴数量），其物理意义是全部液滴的体积与其总面积之比，SMD 是英文 Sauter Mean Diameter 的缩写。

$$\frac{\Lambda}{R}=9.02\frac{(1+0.45Oh^{0.5})(1+0.4\Theta)^{0.7}}{(1+0.865We_{\mathrm{tr}}^{1.67})^{0.6}} \tag{15.49}$$

$$\Omega\left(\frac{\rho_{\mathrm{Tr}}R^{3}}{\sigma_{\mathrm{Tr}}}\right)^{0.5}=\frac{(0.34+0.38We_{\mathrm{g}}^{1.5})}{(1+Oh)(1+1.4\Theta^{0.6})} \tag{15.50}$$

以上方程组中，液相和气相 Weber（韦伯）数 We_{tr} 和 We_{g}，Ohnesorge（奥内佐格）数 Oh 以及 Taylor（泰勒）数 Θ 定义如下：

$$We_{\mathrm{g/tr}}=\frac{\rho_{\mathrm{g/tr}}Rv_{\mathrm{rel}}^{2}}{\sigma_{\mathrm{fl}}},Oh=\frac{\sqrt{We_{\mathrm{tr}}}}{Re_{\mathrm{tr}}},\Theta=Oh\sqrt{We_{\mathrm{g}}} \tag{15.51}$$

这里 σ_{fl} 代表液相表面张力。根据这些量，液滴破碎时间 τ_{sec} 和稳定半径 $R_{\mathrm{S,sec}}$ 定义如下：

$$\tau_{\mathrm{sec}}=\frac{3.788B_{1}R}{\Lambda\Omega} \tag{15.52}$$

$$R_{\mathrm{S,sec}}=\begin{cases}B_{0}\Lambda, & B_{0}\Lambda\leqslant R\\ \min\left(\sqrt[3]{\dfrac{3\pi R^{2}v_{\mathrm{rel}}}{2\Omega}},\sqrt[3]{\dfrac{3R^{2}\Lambda}{4}}\right), & B_{0}\Lambda>R\end{cases} \tag{15.53}$$

式中　B_0 和 B_1——模型常数。

模拟喷雾雾化过程会有不同的选择，即：在单一变量里通常采用将液滴分裂为更小的液滴群的方法，尽可能对每个液滴在一个时间间隔内随机获取一个破碎概率，然后按照前述“掷骰子”的方法实现破碎过程，从而使一个液滴群中产生多个子液滴群。如果平均的液滴破碎时间为 τ，那么在 Δt 时间间隔内 n 个液滴破碎的概率 $W(n)$ 应满足 Poisson（泊松）分布，即有下列关系式：

$$W(n)=\frac{(\Delta t/\tau)^{n}}{n!}\exp(-\Delta t/\tau) \tag{15.54}$$

这里的问题是雾化过程引起液滴群数量的急剧增加，但如前所述，这个数目必须是为了统计收敛的原因，而不是按照物理过程来确定。例如，假若经过几次破碎后液滴群的数量在统计上足够多，那么之前的数量就显得太少了，特别是在靠近喷油嘴的临界区域内问题更加明显。因此，建议采用不改变液滴群的数量的方法。为此，可以给破碎后的液滴分配一个随机确定的合理的子液滴半径，因为液滴群的质量不变（即由少数大液滴变成许多小的液滴），所以质量仍然是守恒的。另外，如果有足够的液滴群时，还必须获得所希望的子液滴半径的统计平均分布。此时，可以进行下一步，即将破碎过程视为一个连续平均的过程，以描述液滴的平均半径是如何变化的。为此，通常可采用下列关系式：

$$\frac{\mathrm{d}R}{\mathrm{d}t}=-\frac{R-R_{\mathrm{s}}}{\tau_{\mathrm{B}}}=\dot{R}_{\mathrm{Z}} \tag{15.55}$$

这里的参数在式（15.48）、式（15.52）和式（15.53）中已经作说明。由此可以很快得到液滴水平上的基本过程的相关量，如果破碎时间为 τ，其间平均产生

m 个子液滴，那么在 Δt 时间间隔内液滴半径变化平均为

$$R = \frac{R_0}{m^{\frac{\Delta t}{3\tau}}}, \text{ 即} \frac{\mathrm{d}R}{\mathrm{d}T} = -\frac{1}{3\tau}R\ln m \text{ 以及 } \tau_{\mathrm{B}} = \frac{3\tau}{\ln m} \tag{15.56}$$

如果存在两个具有竞争性的破碎过程（如初次破碎和二次破碎），就必须附加破碎速率：

$$\frac{\mathrm{d}R}{\mathrm{d}t} = -\frac{R - R_{\mathrm{S,prim}}}{\tau_{\mathrm{prim}}} - \frac{R - R_{\mathrm{S,sec}}}{\tau_{\mathrm{sec}}} = -\frac{R - R_{\mathrm{S}}}{\tau_{\mathrm{B}}} = \dot{R}_{\mathrm{Z}},$$

$$\tau_{\mathrm{B}} = \frac{\tau_{\mathrm{prim}}\tau_{\mathrm{sec}}}{\tau_{\mathrm{prim}} + \tau_{\mathrm{sec}}} \quad R_{\mathrm{S}} = \frac{\tau_{\mathrm{sec}}R_{\mathrm{S,prim}} + \tau_{\mathrm{prim}}R_{\mathrm{S,sec}}}{\tau_{\mathrm{prim}} + \tau_{\mathrm{sec}}} \tag{15.57}$$

在最初的情况下，破碎项是由式（15.42）右边的碰撞积分项来表述的，而式（15.57）描述的是将式（15.42）左边的每一个粒子的破碎均看作是连续过程。为此建议采用第二个变量，以下分析也局限于此。但必须注意的是 $\dot{R}_{\mathrm{Z}}$ 项在式（15.42）中不能简单地与蒸发项 $\dot{R}_{\mathrm{V}}$ 相加。其原因是 $\dot{R}_{\mathrm{Z}}$ 仅仅作为“重组液滴群”产生更小的液滴，而不像 $\dot{R}_{\mathrm{V}}$ 那样有质量损失。如果用函数 $p(\vec{x}, \vec{v}, R, T; t)$ 表示液滴数量的分布，那么液相的质量分布 $\rho(\vec{x}, \vec{v}, R, T; t)$ 将如下式所示：

$$\rho(x,v,R,T;t) = \frac{4\pi\rho_{\mathrm{fl}}R^3}{3}p[\rho(x,v,R,T;t)] \tag{15.58}$$

由于液相中破碎项并不引起质量的损失，故存在以下关系：

$$\frac{\partial\rho(x,v,R,T;t)}{\partial t} = \cdots + \frac{\partial}{\partial R}[\dot{R}_{\mathrm{Z}}\rho(x,v,R,T;t)] + \cdots \tag{15.59}$$

应用液滴数量分布函数 $p(\alpha, t)$ [其中 $\alpha = (\vec{x}, \vec{v}, R, T)$]，可得：

$$\frac{\partial}{\partial t}p(\alpha,t) + \frac{\partial}{\partial x_i}[v_{\mathrm{tr},i}p(\alpha,t)] + \frac{\partial}{\partial v_{\mathrm{tr},i}}[D_{\mathrm{tr}}(\langle v_{\mathrm{g},i}\rangle - v_{\mathrm{tr},i})p(\alpha,t)] + \frac{\partial}{\partial R}[\dot{R}_{\mathrm{V}}p(\alpha,t)]$$
$$+ \frac{1}{R^3}\frac{\partial}{\partial R}[\dot{R}_{\mathrm{Z}}R^3p(\alpha,t)] + \frac{\partial}{\partial T_{\mathrm{tr}}}[\dot{T}_{\mathrm{A}}p(\alpha,t)] = I_{\mathrm{Stoßterme}} \tag{15.60}$$

除了 Kelvin – Helmholtz（开尔文 – 亥姆霍兹）不稳定性理论外，还可以考虑采用 Raylor – Taylor（瑞利 – 泰勒）不稳定性理论（参见 Patterson，1997；以及 Patterson 和 Reitz，1998）；然而，对于实际液滴尺寸而言，其作用均不很大。对于二次破碎还有完全不同的模拟观点，如基于振动原理的 TAB（Taylor – Analog – Break up）模型，其观点是认为是振动导致液滴的破碎。但是实验表明在 Weber（韦伯）数很高的情况下下这些破碎类型不再是主导的形式。

当然，这些方法提供了通过量纲分析定量比较破碎时间尺度的可能性。图 15.5 表示在不同条件下按空气动力学破碎模型给出的液滴破碎情况。

文献中经常把所有现象，甚至是气相扩展的主导作用都归于喷雾破碎，当然这在物理意义上是完全错误的。遗憾的是，目前多数 CFD 软件中使用的喷雾破碎模型均以此为依据，换句话说，喷雾破碎模型只能用来弥补数值计算和数学模型上的

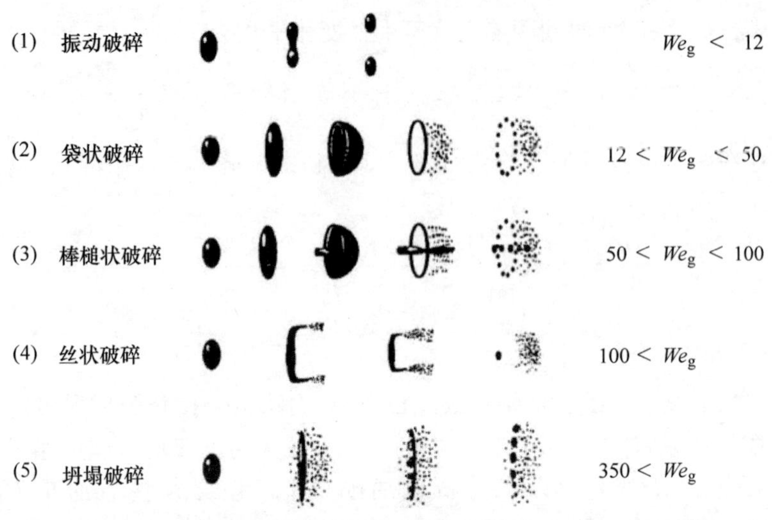

图 15.5　空气动力学破碎机理（取自 Pilch 和 Erdman，1987）

不足（但当然不是总能成功）。

15.2.6　喷雾碰撞模型

碰撞过程可分为几个子过程，包括“碰撞后液滴再分离”（或者称为“碰撞分离”）和“聚合”过程（见 KIVA - II 手册，Amsden 等，1989）。作者的建议是采用标准模型进行计算时可以忽略碰撞过程。这是因为对于 Lagrange（拉格朗日）标准模型而言，碰撞过程在数值计算上非常麻烦。这类计算基于相关两方面的知识，而且不容易数值求解。例如：一个计算单元内若仅有一个液滴群，碰撞不可能发生，因为该单元内所有的液滴都由一个液滴群所代表，故具有同样的速度（速度矢量亦然），这就排除了液滴群内部液滴相互碰撞的可能性。但对于一个计算单元内有两个液滴群的情况，只有一种碰撞的可能性，也就是“液滴群 1”的液滴与来自“液滴群 2”的液滴发生碰撞等。为了获得收敛的结果，必须对计算单元内的液滴群内相关的液滴速度 - 尺寸图谱进行仔细的分析，而这实际上是不可能做到的。

现今大多数模型均不考虑碰撞过程。因为有效的雾化模型可以考虑与液滴破碎相反的聚合过程，同时也可以考虑碰撞引起的破碎效果。此项任务可以多少自动通过校准雾化模型的常数来实现。只要喷雾不是太稠密，碰撞引起的动量扩散可由湍流耗散的作用取代，这种情况下，会产生液相和气相动量的局部的波动平衡。需要注意的是弹性碰撞过程可能会严重干扰此项平衡，但是，如果所有的弹性碰撞同时发生在喷嘴附近，可以再次采用有效的喷油器模型加以考虑。

消去喷雾方程 15.42 右边的碰撞积分中的碰撞项，则式（15.42）可以变成概率分布 p 的线性方程。这就能理解喷油嘴处产生的单个液滴群可以线性叠加求解的道理（例如对应于单个液滴群）。当然，存在着通过气相的不同液滴或者液滴群之间的相互作用。

但仍有一种碰撞过程，在计算过程中是无法排除的，那就是发生在液滴和壁面之间的相互作用。归根结底，人们所关心的是对于单个液滴反射和雾化的规律。为此在一些文献中介绍了相关的方法。例如，Bai 和 Gosman（1995），或 Stanton 和 Rutland（1996）。此外，还有壁面油膜的形成的问题。对此壁面油膜动力学也有一系列方程和求解法。CFD 程序对此也提供了相应的方法（例如 KIVA－3V 程序 Amsden，1999）。

15.2.7　标准模型中的湍流耗散模型

湍流耗散表示的是液滴和气体流动湍流间的相互作用。在大多数 CFD 软件使用的流动阻力公式中，均把作用力进一步分为一个常数项和一个脉动分量项［见式（15.5）］，液滴所“经历”的速度脉动 $\vec{v}''_g$ 可根据以下分布函数得出：

$$G(\vec{\nu}''_g) = \frac{1}{\sqrt{2\pi\sigma}}\exp\left(-\frac{\vec{\nu}''^2_g}{2\sigma^2}\right),\ \text{其中}\quad \sigma = \sqrt{\frac{2}{3}k} \tag{15.61}$$

湍流脉动的周期 τ_{corr}，应取湍流时间尺度和液滴穿过湍流涡需要的时间（湍流长度尺度除以液滴相对气体的速度）两者之间的最小者，其计算公式如下：

$$\tau_{corr} = \min\left(c_\mu \frac{k}{\varepsilon}, \frac{l_t}{|\langle v_g\rangle - v_{tr}|}\right),\ \text{其中}\quad l_t = c_\mu^{3/4}\frac{k^{3/2}}{\varepsilon} \tag{15.62}$$

这对应于 Bolzmann－Williams 方程（15.41）的最后一项的公式。这种包括随机作用力的运动方程也称为 Langevin（朗之万）方程，（Rieckers 和 Stumpf，1977）。

在上一节讨论碰撞过程时，就曾提到过湍流耗散是一个在模拟计算中不应忽略的重要现象。由于液滴和气体之间存在局部运动平衡，也就包括了两者之间速度脉动的平衡，从而建立了液滴项的湍流速度谱（“液滴湍流”）。对于小液滴（液滴半径几乎为 0）的极端情况，湍流耗散如式（14.32）和式（14.33）所示。

与气相情况不同的是，这里所讨论的标准方法中并没有对液滴项湍流速度脉动做平均处理，即没有引入湍流项，而速度分布函数则通过液滴群直接模拟。如果认为小的液滴群必须有不同于大的液滴群的速度谱，那就需要有大量的液滴群。这样即使每个单元有 50 个液滴群也不能满足要求。同时，相互作用时间太长也带来收敛问题，因为这时一个随机的气体速度分量会长时间地影响一个液滴群。原则上这应该通过其他的液滴群以另外随机气体速度作用同样的时间来进行补偿，开始和结束的时间不可能同步。实际上，很难找到这样的液滴群，但如果相互作用时间很短，问题就不大，因为各种短暂的湍流脉动平均量的影响已经连续作用在液滴群上。

15.2.8 基于 Fokker - Planck（福克尔 - 普朗克）方程的湍流耗散

基于以上分析，构建在数学上便于处理的湍流耗散模型是合理的。在这方面，O'Rourke（1989）已经在 KIVA 程序中迈出了重要的一步。若能将带有随机力的 Langevin（朗之万）方程转换为 Fokker - Planck（福克尔 - 普朗克）方程，就能够使问题理解得更为清楚。

为此需回到式（15.42）或式（15.60），前已说明，在公式右边的碰撞积分项中目前仅含有湍流耗散项，于是有

$$\begin{aligned}&\frac{\partial}{\partial t}p(\vec{x},\vec{\nu}_{tr},R,T;t)+\frac{\partial}{\partial x_i}[v_{tr,i}p(\vec{x},\vec{\nu}_{tr},R,T;t)]\\&+\frac{\partial}{\partial v_{tr,i}}[D_{tr}(\langle v_{g,i}\rangle-v_{tr,i})p(\vec{x},\vec{\nu}_{tr},R,T;t)]\\&+\frac{\partial}{\partial R}[\dot{R}_V p(\vec{x},\vec{\nu}_{tr},R,T;t)]+\frac{1}{R^3}\frac{\partial}{\partial R}[\dot{R}_Z R^3 p(\vec{x},\vec{\nu}_{tr},R,T;t)]\\&+\frac{\partial}{\partial T}[\dot{T}_{tr,A}p(\vec{x},\vec{\nu}_{tr},R,T;t)]=-\frac{\partial}{\partial v_{tr,i}}[D_{tr}v''_{g,i}p(\vec{x},\vec{\nu}_{tr},R,T;t)]\end{aligned} \tag{15.63}$$

在式（15.18）、式（15.19）和式（15.57）中，$\dot{T}_{tr,A}$，$\dot{R}_V$ 及 $\dot{R}_Z$ 表示加热，蒸发和破碎源项。为了进行气相的湍流平均，即 Reynolds（雷诺）平均以消除方程式右边的 ν''_g 项。但必须注意概率密度 p 也与 ν''_g 有关。原则上还需进行下列平均化：

$$\begin{aligned}&\frac{\partial}{\partial t}\langle p\rangle+\frac{\partial}{\partial x_i}[v_{tr,i}\langle p\rangle]+\frac{\partial}{\partial v_{tr,i}}[D_{tr}(\langle v_{g,i}\rangle-v_{tr,i})\langle p\rangle]+\frac{\partial}{\partial R}[\dot{R}_V\langle p\rangle]\\&+\frac{1}{R^3}\frac{\partial}{\partial R}[\dot{R}_Z R^3\langle p\rangle]+\frac{\partial}{\partial T}[\dot{T}_{tr,A}\langle p\rangle]\\&=-\frac{\partial}{\partial v_{tr,i}}\left[D_{tr}\left\langle v''_{g,i}(t)\int_0^t \mathrm{d}\vartheta v''_{g,i}(\vartheta)\right\rangle\left\langle\frac{\delta p(t)}{\delta v''_{g,j}(\vartheta)}\right\rangle\right]\end{aligned} \tag{15.64}$$

这里 $\delta p(t)/\delta\nu''_g(\vartheta)$ 是函数导数或者 Fre'chet 导数。这样就能在以下给出右式的具体意义。

求解式（15.64）的初始条件为

$$p(\vec{x},\ \vec{\nu}_{tr},\ R,\ T;\ t)=P(\vec{x}_0,\ \vec{\nu}_{tr,0},\ R_0,\ T_0)$$

即有

$$\begin{aligned}&p(\vec{x},\vec{\nu}_{tr},R,T;t)=P[\vec{x}_0-\vec{x}_{tr}(t),\vec{\nu}_0-\vec{\nu}_{tr}(t),R_0-R(t),T_0-t(t))]\\&\cdot\exp\int_0^t \mathrm{d}\tau\left[D_{tr}\underbrace{\frac{\partial\nu_{tr,i}}{\partial v_{tr,i}}}_{=3}-\frac{\partial\dot{R}_V}{\partial R}-\frac{1}{R^3}\frac{\partial(R^3\dot{R}_Z)}{\partial R}-\frac{\partial(\dot{T}_{tr,A})}{\partial T}\right]\end{aligned} \tag{15.65}$$

以上各式中 $x(t)$、$\nu(t)$、$R(t)$、$T(t)$ 表示与式（15.35）相关的轨迹。

其中，$x(t)$ 和 $\nu(t)$ 可从运动方程得到：

$$\frac{\mathrm{d}\vec{\nu}_{tr}}{\mathrm{d}t} = D_{tr}(\langle\vec{\nu}_g\rangle + \vec{\nu}''_g - \vec{\nu}_{tr})$$
$$\frac{\mathrm{d}\vec{x}}{\mathrm{d}t} = \vec{\nu}_{tr} \tag{15.66}$$

而对于 ν''_g 则存在以下关系：

$$\vec{\nu}_{tr}(t,\vec{\nu}''_g) = \vec{\nu}_{tr}(t,\vec{\nu}''_g = 0) + D_{tr}\exp(-D_{tr}t)\int_0^t \mathrm{d}\vartheta\,\exp(D_{tr}\vartheta)\vec{\nu}''_g(\vartheta)$$
$$\vec{x}_{tr}(t,\vec{\nu}''_g) = \vec{x}_{tr}(t,\vec{\nu}''_g = 0) + D_{tr}\int_0^t \mathrm{d}\vartheta\,\exp(-D_{tr}\vartheta)\int_0^{\vartheta}\mathrm{d}\,\tilde{\vartheta}\exp(D_{tr}\tilde{\vartheta})\nu''_g(\tilde{\vartheta}) \tag{15.67}$$

若忽略 ν''_g 与 $R(t)$ 及 $T(t)$ 之间的关系，最后可得 ν''_g 与函数 p 之间的一阶关系如下：

$$\begin{aligned}\langle\vec{\nu}''_g(t)p(t,\vec{\nu}''_g)\rangle &= -\int_0^t \mathrm{d}\vartheta\,\frac{\partial\langle p\rangle}{\partial v_{tr,i}}(\vartheta)\langle v_{tr}(\vartheta,\vec{\nu}''_g)\vec{\nu}''_g(t)\rangle \\ &\quad -\int_0^t \mathrm{d}\vartheta\,\frac{\partial\langle p\rangle}{\partial x_i}(\vartheta)\langle x(\vartheta,\vec{\nu}''_g)\vec{\nu}''_g(t)\rangle \\ &\approx -\frac{\partial p}{\partial \nu_{tr,i}}(t)D_{tr}\exp(-D_{tr}t)\int_0^t \mathrm{d}\vartheta\,\exp(D_{tr}\vartheta)\langle v''^i_g(\vartheta)\vec{\nu}''_g(t)\rangle \\ &\quad -\frac{\partial p}{\partial x_i}(t)D_{tr}\int_0^t \mathrm{d}\vartheta\,\exp(-D_{tr}\vartheta)\int_0^{\vartheta}\mathrm{d}\,\tilde{\vartheta}\,\exp(D_{tr}\tilde{\vartheta})\langle \nu''^i_g(\tilde{\vartheta})\vec{\nu}''_g(t)\rangle\end{aligned} \tag{15.68}$$

这里假定导数 $\partial p/\partial x$ 及 $\partial p/\partial \nu$ 在时间（D_{tr}）$^{-1}$ 内暂时近似为常数。为了进行总体（系综）平均，需要一个在不同时间段的速度脉动的相关函数，这里采用通常的方法是

$$\langle \nu''^i_g(t_1)\nu''^j_g(t_2)\rangle = \frac{2}{3}k\,\delta_{ij}\exp\left(-2\frac{|t_1 - t_2|}{\tau_{corr}}\right) \tag{15.69}$$

然后可从式（15.68）得到：

$$\langle\vec{\nu}''_g(t)p(t,\vec{\nu}''_g)\rangle \xrightarrow[t >> \tau_{corr}]{} \underbrace{\frac{2}{3}k\delta^{ij}\frac{D_{tr}\tau_{corr}}{D_{tr}\tau_{corr}+2}}_{D_{\nu\nu}/D_{tr}\delta^{ij}}\frac{\partial p}{\partial \nu_{tr,i}} - \underbrace{\frac{1}{3}k\delta^{ij}\frac{D_{tr}\tau^2_{corr}}{D_{tr}\tau_{corr}+2}}_{D_{x\nu}/D_{tr}\delta^{ij}}\frac{\partial p}{\partial x_i} \tag{15.70}$$

最后从（15.63）得到：

$$\frac{\partial}{\partial t}\langle p\rangle + \frac{\partial}{\partial x_i}[\nu_{\mathrm{tr},i}\langle p\rangle] + \frac{\partial}{\partial \nu_{\mathrm{tr},i}}[D_{\mathrm{tr}}(\langle \nu_{\mathrm{g},i}\rangle - \nu_{\mathrm{tr},i})\langle p\rangle] + \frac{\partial}{\partial R}[\dot{R}_{\mathrm{V}}\langle p\rangle]$$
$$+ \frac{1}{R^3}\frac{\partial}{\partial R}[R^3\dot{R}_{\mathrm{Z}}\langle p\rangle] + \frac{\partial}{\partial T}[\dot{T}_{\mathrm{tr,A}}\langle p\rangle] = \frac{\partial}{\partial \nu_{\mathrm{tr},i}}\left[D_{\mathrm{x}\nu}\frac{\partial\langle p\rangle}{\partial x_i}\right] + \frac{\partial}{\partial \nu_{\mathrm{tr},i}}\left[D_{\nu\nu}\frac{\partial\langle p\rangle}{\partial \nu_{\mathrm{tr},i}}\right] \tag{15.71}$$

这样就在速度－位置空间里建立了扩散项，此方程对于 $\langle p\rangle$ 是线性的，也是 Fokker－Planck 方程的变化形式（参考 Rieckers 和 Stumpf，1977）。原始的 Fokker－Planck 方程（其中仅有一个纯速度扩散项，即 $D_{\mathrm{x}\nu}=0$，$D_{\nu\nu}\neq 0$）是为了描述 Brown（布朗）运动（即粒子在液体中受热波动影响下的运动），而方程（15.71）描述的是液滴在气体中受湍流脉动影响下的运动！

在这个方程中，通过对 x、ν、R、T 积分并采用对平均值偏积分的规则之后，得到方差和协方差的关系式如下：

$$\begin{aligned}
&\frac{\mathrm{d}\,\overline{x_i}}{\mathrm{d}t} = \overline{\nu_{\mathrm{tr},i}}\\
&\frac{\mathrm{d}\,\overline{\nu_{\mathrm{tr},i}}}{\mathrm{d}t} = D_{\mathrm{tr}}(\langle \nu_{\mathrm{g},i}\rangle - \overline{\nu_{\mathrm{tr},i}}) + \overline{\frac{\partial D_{\mathrm{x}\nu}}{\partial x_i}} + \overline{\frac{\partial D_{\nu\nu}}{\partial \nu_{\mathrm{tr},i}}}\\
&\frac{\mathrm{d}[\overline{\nu_{\mathrm{tr},i}\nu_{\mathrm{tr},j}} - \overline{\nu_{\mathrm{tr},i}}\,\overline{\nu_{\mathrm{tr},j}}]}{\mathrm{d}t} = 2(D_{\nu\nu}\delta_{ij} - D_{\mathrm{tr}}[\overline{\nu_{\mathrm{tr},i}\nu_{\mathrm{tr},j}} - \overline{\nu_{\mathrm{tr},i}}\,\overline{\nu_{\mathrm{tr},j}}])\\
&\frac{\mathrm{d}[\overline{\nu_{\mathrm{tr},i}x_{\mathrm{tr},j}} - \overline{\nu_{\mathrm{tr},i}}\,\overline{x_{\mathrm{tr},j}}]}{\mathrm{d}t} = [\overline{\nu_{\mathrm{tr},i}\nu_{\mathrm{tr},j}} - \overline{\nu_{\mathrm{tr},i}}\,\overline{\nu_{\mathrm{tr},j}}] + D_{\mathrm{x}\nu}\delta_{ij} - D_{\mathrm{tr}}[\overline{\nu_{\mathrm{tr},i}x_j} - \overline{\nu_{\mathrm{tr},i}}\,\overline{x_j}]\\
&\frac{\mathrm{d}[\overline{x_ix_j} - \overline{x_i}\,\overline{x_j}]}{\mathrm{d}t} = 2\delta_{ij}[\overline{\nu_{\mathrm{tr},i}x_j} - \overline{\nu_{\mathrm{tr},i}}\,\overline{x_j}]
\end{aligned} \tag{15.72}$$

这里设定：

$$\overline{A(x,\nu)} = \int \mathrm{d}^3x\mathrm{d}^3\nu\mathrm{d}R\ \mathrm{d}T\ A(x,\nu)\ \text{以及}\ D_{\mathrm{x}\nu}, D_{\nu\nu}, D_{\mathrm{tr}}, \frac{\partial D_{\mathrm{x}\nu}}{\partial x}, \frac{\partial D_{\nu\nu}}{\partial \nu} = \text{常数} \tag{15.73}$$

上述第二个方程中仅考虑了右边的漂移项 $\partial D_{\mathrm{x}\nu}/\partial x$ 和 $\partial D_{\nu\nu}/\partial \nu$，因为它们对随时间变化的 ν_{tr} 产生有关 t 的一阶变量（但此项在考虑时间尺度大的条件下显得有些武断）。这些关系式也可以直接从求解 Langevin 方程（15.67）中推导出，这表示 Langevin 方程等同于 Fokker－Planck 方程。式（15.74）方差和协方差的定义式：

$$\sigma_{\nu\nu,ij} = \overline{\nu_{\mathrm{tr},i}\nu_{\mathrm{tr},j}} - \overline{\nu_{\mathrm{tr},i}}\,\overline{\nu_{\mathrm{tr},j}}\sigma_{\mathrm{x}\nu,ij} = \overline{x_i\nu_{\mathrm{tr},j}} - \overline{x_i}\,\overline{\nu_{\mathrm{tr},j}}\sigma_{\mathrm{xx},ij} = \overline{x_ix_j} - \overline{x_i}\,\overline{x_j} \tag{15.74}$$

怎样求解方程组（15.72）速度方差 $\sigma_{\nu\nu}$（“液滴湍流”）趋向于平衡值 $D_{\nu\nu}/D_{\mathrm{tr}}$，协方差 $\sigma_{\mathrm{x}\nu}$ 趋向于 $D_{\nu\nu}/D_{\mathrm{tr}} + D_{\nu\nu}/D_{\mathrm{tr}}^2 = k\tau_{\mathrm{corr}}/3$，而位置变量方差 σ_{xx} 经过扩散过程的间断期之后最终增加为 $D_{\mathrm{xx}}\rightarrow(2/3)k\tau_{\mathrm{corr}}t$。换句话说，Fokker－Planck 方程表达的是在速度分布达到平衡之后，产生的一个空间扩散过程。液滴弛豫时间与流体动力学时间尺度的比值称为 Stokes（斯托克斯）数 $St = 1/D_{\mathrm{tr}}\tau_{\mathrm{corr}}$。这个比值本质上决定了液滴是否跟随湍流或者跟随到什么程度。对于小液滴：$St\rightarrow 0$。

怎样将与这个方程相应的湍流耗散现象变为Lagrange方法？为此，通过对空间集中的液滴群在时间间隔 Δt 内的方程（15.72）的求解来进行分析；初始条件是 $x_i = x_{0,i}$，$\nu_i = \nu_{0,i}$；方差和协方差都等于0：

$$\overline{\nu_{\mathrm{tr},i}} = \langle \nu_{\mathrm{g},i} \rangle + (\nu_{0,i} - \langle \nu_{\mathrm{g},i} \rangle)\exp(-D_{\mathrm{tr}}\Delta t) + \left(\frac{\partial D_{\mathrm{x}\nu}}{\partial x} + \frac{\partial D_{\mathrm{x}\nu}}{\partial x}\right)\Delta t$$

$$\overline{x_{\mathrm{tr},i}} = x_{0,i} + \langle \nu_{\mathrm{g},i} \rangle \Delta t + \frac{\nu_{0,i} - \langle \nu_{\mathrm{g},i} \rangle}{D_{\mathrm{tr}}}(1 - \exp(-D_{\mathrm{tr}}\Delta t)) + \frac{1}{2}\left(\frac{\partial D_{\mathrm{x}\nu}}{\partial x} + \frac{\partial D_{\mathrm{x}\nu}}{\partial x}\right)\Delta t^2$$

$$\sigma_{\nu\nu,ij} = \delta_{ij}\frac{D_{\nu\nu}}{D_{\mathrm{R}}}(1 - \exp(-2D_{\mathrm{tr}}\Delta t))$$

$$\sigma_{\nu\mathrm{x},ij} = \delta_{ij}\left[\frac{k}{3}\tau_{\mathrm{corr}} - \left(\frac{k}{3}\tau_{\mathrm{corr}} + \frac{D_{\nu\nu}}{D_{\mathrm{tr}}^2}\right)\exp(-D_{\mathrm{tr}}\Delta t) + \frac{D_{\nu\nu}}{D_{\mathrm{tr}}^2}\exp(-2D_{\mathrm{tr}}\Delta t)\right]$$

$$\sigma_{xx,ij} = \delta_{ij}\left[\frac{2k}{3}\tau_{\mathrm{corr}}\Delta t - \frac{2}{D_{\mathrm{tr}}}\left(\frac{k}{3}\tau_{\mathrm{corr}} + \frac{D_{\nu\nu}}{D_{\mathrm{tr}}^2}\right)[1 - \exp(-D_{\mathrm{tr}}\Delta t)] + \frac{D_{\nu\nu}}{D_{\mathrm{tr}}^3}[1 - \exp(-2D_{\mathrm{tr}}\Delta t)]\right] \quad (15.75)$$

分布函数 $\langle p \rangle$ 为与 x 和 ν_{tr} 之间呈Gauss（高斯）分布关系：

$$\langle p(\vec{x}, \vec{\nu}, R, T) \rangle = \frac{1}{N}\exp(-q_1 \vec{x}^2 - q_2 \vec{x}\,\vec{\nu} - q_3 \vec{\nu}^2) \quad (15.76)$$

读者可以通过练习来确定系数 N 和 q，首先按平均气体速度作用进行液滴动力学计算，针对每一个液滴群，只对式（15.75）中的两个方程求解。湍流脉动在每一个时间点上提供随机确定的位置和速度补偿，并有选择地来满足式（15.75）中的最后三个方程，从而有

$$\nu_{\mathrm{tr},i}(t + \Delta t) - \nu_{\mathrm{tr},i}(t) = \overline{\nu_{\mathrm{tr},i}(t + \Delta t)} - \nu_{\mathrm{tr},i}(t) + \delta\nu_i$$

其中

$$\overline{\nu_{\mathrm{tr},i}(t)} = \nu_{\mathrm{tr},i}(t)$$

$$x_{\mathrm{tr},i}(t + \Delta t) - x_{\mathrm{tr},i}(t) = \overline{x_{\mathrm{tr},i}(t + \Delta t)} - x_{\mathrm{tr},i}(t) + \delta x_i$$

其中

$$\overline{x_{\mathrm{tr},i}(t)} = x_{\mathrm{tr},i}(t) \quad (15.77)$$

如前所述，变量 $\delta x_i = x_{\mathrm{tr},i} - \overline{x}_{\mathrm{tr},i}$ 和 $\delta\nu_i = \nu_{\mathrm{tr},i} - \overline{\nu}_{\mathrm{tr},i}$ 均呈正态分布，但其间分布是相互关联的。对于这种随机数的确定，往往需要两个独立变量。如果第一个是 δx_i，则另一个变量可由下式给出：

$$\delta z_i = \delta\nu_i - \frac{\sigma_{\nu\mathrm{x}}}{\sigma_{\mathrm{xx}}}\delta x_i \quad (15.78)$$

由于消去了它们的协方差（δz_i，δx_j），并设定 $\sigma_{\mathrm{xx},ij} = \sigma_{\mathrm{xx}}\delta_{ij}$ 等。这些变量的方差如下所示[㊀]：

$$\langle \delta x_i \delta x_j \rangle = \sigma_{\mathrm{xx}}\delta_{ij}$$

$$\langle \delta z_i \delta z_j \rangle = \left(\sigma_{\nu\nu} - \frac{\sigma_{\nu\mathrm{x}}^2}{\sigma_{\mathrm{xx}}}\right)\delta_{ij} \quad (15.79)$$

㊀ 根据Cauchy－Schwarz（柯西－施瓦茨）不等式 $\sigma_{\mathrm{xx}}^2 \leqslant \sigma_{\mathrm{xx}}\sigma_{\nu\nu}$，因此 $\langle \delta z_i \delta z_i \rangle \geqslant 0$ 成立。

需要先将式（15.75）的解代入上述公式的右边各项。再按正态分布随机确定 δ_x 和 δ_z 两个参量。为此，逆误差函数应该反转一次并列表作为原始正态分布，其结果应乘以各自的标准偏差（根方差）。再将 δ_x 和由式（15.78）所得到的 δ_ν，进一步代入式（15.77）中。

前已说明 CFD 软件 KIVA 采用了相似的方法［见 Amsden（1989）和 O′Rourke（1989）］，但只是适用于相关时间 τ_{corr} 小于计算间隔的情况。但对于相关时间较长的情形，由于统计收敛的原因，用该方法还有些问题。为此，优先考虑本书这里给出的方法，对问题的进一步讨论将在下一节展开。对于 KIVA 软件而言，上述改变将不难实现，但对其他 CFD 软件而言目前还很难做到。

湍流耗散也影响液滴的热行为。在液滴加热和蒸发过程中，速度的影响根据 Ranz – Marschall（伦兹 – 马歇尔）的观点作为前因子予以考虑，因为和液滴相关的 Reynolds（雷诺）数显示出液滴和气体之间存在的速度差，为此必须进行修正，即做平均处理。以下介绍一种简单的方法，即首先分解此速度差，并根据式（15.68）~式（15.71）进行计算。

$$\begin{aligned}\langle(\vec{\nu}_{tr}-\vec{\nu}_g)^2\rangle &= (\vec{\nu}_{tr}-\langle\vec{\nu}_g\rangle)^2 - 2\langle\vec{\nu}_{tr}\vec{\nu}'_g\rangle + \langle(\vec{\nu}'_g)^2\rangle \\ &\xrightarrow[t>>D^{-1}]{} (\vec{\nu}_{tr}-\langle\vec{\nu}_g\rangle)^2 - 4k\frac{D_{tr}\tau_{corr}}{D_{tr}\tau_{corr}+2} + 2k \\ &= (\vec{\nu}_{tr}-\langle\vec{\nu}_g\rangle)^2 + 2k\frac{2-D_{tr}\tau_{corr}}{D_{tr}\tau_{corr}+2}\end{aligned} \tag{15.80}$$

最后获得平均 Reynolds 数：

$$\langle Re_{tr}(|\vec{\nu}_{tr}-\vec{\nu}_g|)\rangle = Re_{tr}(|\vec{\nu}_{tr}-\langle\vec{\nu}_g\rangle|)\sqrt{1+2k\frac{2-D_{tr}\tau_{corr}}{2+D_{tr}\tau_{corr}}\left(\frac{1}{|\vec{\nu}_{tr}-\langle\vec{\nu}_g\rangle|}\right)^2} \tag{15.81}$$

需要指出的是，在式（15.81）中根号内的项不得为负值，这一点必须得到保证。

Fokker – Planck 方程不再包含需要随机确定的气体湍流速度，但也正是在这个方法中，液滴群必须能再现液滴相的当地统计速度分布，这通常需要非常大量的液滴群，故此项工作仍然十分困难。

15.2.9　基于 Fokker – Planck（福克尔 – 普朗克）方程的扩散过程

可以更进一步地采用 Fokker – Planck（福克尔 – 普朗克）方程，来描述空间的扩散过程。根据式（15.72）进行推导，假设只局限于单个液滴群（参考 15.2.6 节最后一段的讨论），方差不会太大，对基本方程乘以 ν，并对 ν 进一步积分后可得：

$$\frac{\partial}{\partial t}\eta+\frac{\partial}{\partial x_i}[\langle\nu_{\mathrm{tr},i}\rangle\eta]+\frac{\partial}{\partial R}[\dot{R}_{\mathrm{V}}\eta]+\frac{1}{R^3}\frac{\partial}{\partial R}[R^3\dot{R}_{\mathrm{Z}}\eta]+\frac{\partial}{\partial T}[\dot{T}_{\mathrm{tr,A}}\eta]=0$$

$$\frac{\partial}{\partial t}[\langle\nu_{\mathrm{tr},j}\rangle\eta]+\frac{\partial}{\partial x_i}[\langle\nu_{\mathrm{tr},j}\rangle\langle\nu_{\mathrm{tr},i}\rangle\eta]+\frac{\partial}{\partial x_i}\Big[\underbrace{(\langle\nu_{\mathrm{tr},j}\nu_{\mathrm{tr},i}\rangle-\langle\nu_{\mathrm{tr},j}\rangle\langle\nu_{\mathrm{tr},i}\rangle)\eta}_{\sigma_{\nu\nu,ij}}\Big]$$

$$-D_{\mathrm{tr}}(\langle v_{\mathrm{g},i}\rangle-\langle\nu_{\mathrm{tr},i}\rangle)\eta+\frac{\partial}{\partial R}[\dot{R}_{V}\langle\nu_{\mathrm{tr},j}\rangle\eta]+\frac{1}{R^3}\frac{\partial}{\partial R}[R^3\dot{R}_{\mathrm{Z}}\langle\nu_{\mathrm{tr},j}\rangle\eta]$$

$$+\frac{\partial}{\partial T}[\dot{T}_{\mathrm{tr,A}}\langle\nu_{\mathrm{tr},j}\rangle\eta]+D_{\mathrm{x}\nu}\frac{\partial\eta}{\partial x_j}-\frac{\partial D_{\nu\nu}}{\partial\nu_{\mathrm{tr},j}}\eta=0$$

(15.82)

式中

$$\int\mathrm{d}^3\nu\langle p(x,\nu,R,T;t)\rangle=:\eta(x,R,T;t)$$

$$\int\mathrm{d}^3\nu\nu_i\langle p(x,\nu,R,T;t)\rangle=:\langle\nu_i\rangle\eta(x,R,T;t)\qquad(15.83)$$

等。

这里使用了和湍流诱导总体平均同样的方法，因为也是通过速度的脉动进行平均的。若从（15.82）中的第二个方程减去第一个方程，乘以 $\langle\nu_{\mathrm{tr},j}\rangle$，则得到：

$$\underbrace{\eta\frac{\partial}{\partial t}\langle\nu_{\mathrm{tr},j}\rangle+\langle\nu_{\mathrm{tr},i}\rangle\eta\frac{\partial}{\partial x_i}\langle\nu_{\mathrm{tr},j}\rangle}_{\eta\frac{\mathrm{d}}{\mathrm{d}t}\langle\nu_{\mathrm{tr},j}\rangle}+\frac{\partial}{\partial x_i}[\sigma_{\nu\nu,ij}\eta]-D_{\mathrm{tr}}(\langle\nu_{\mathrm{g},i}\rangle-\langle\nu_{\mathrm{tr},i}\rangle)\eta$$

$$+D_{\mathrm{x}\nu}\frac{\partial\eta}{\partial x_j}-\frac{\partial D_{\nu\nu}}{\partial\nu_{\mathrm{tr},j}}\eta=0\qquad(15.84)$$

求解 $\langle\nu_{\mathrm{tr},j}\rangle$，可得：

$$\langle\nu_{\mathrm{tr},j}\rangle\eta1=\underbrace{\exp(-D_{\mathrm{tr}}t)\int_0^t\mathrm{d}\tau\exp(D_{\mathrm{tr}}\tau)\left[D_{\mathrm{tr}}\langle\nu_{\mathrm{g},j}\rangle+\frac{\partial D_{\mathrm{x}\nu}}{\partial x_j}+\frac{\partial D_{\nu\nu}}{\partial\nu_{\mathrm{tr},j}}\right]\eta}_{\langle\tilde{\nu}_{\mathrm{tr},j}\rangle\eta}$$

$$-\delta_{ij}\left[\exp(-D_{\mathrm{tr}}t)\int_0^t\mathrm{d}\tau\exp(D_{\mathrm{tr}}\tau)\frac{\partial}{\partial x_i}[\sigma_{\nu\nu}\eta+D_{\mathrm{x}\nu}\eta]\right]\qquad(15.85)$$

再代入到式（15.82）中的第一个方程后进一步可得：

$$\frac{\partial}{\partial t}\eta+\frac{\partial}{\partial x_{\mathrm{tr},i}}[\langle\nu_{\mathrm{tr},i}\rangle\eta]-\frac{\partial}{\partial x_{\mathrm{tr},i}}\frac{\partial}{\partial x_{\mathrm{tr},i}}\Big[\underbrace{\exp(-D_{\mathrm{tr}}t)\int_0^t\mathrm{d}\tau\exp(D_{\mathrm{tr}}\tau)(\sigma_{\nu\nu}+D_{\mathrm{x}\nu})\eta}_{\frac{1}{2}\frac{\mathrm{d}}{\mathrm{d}t}\sigma_{\mathrm{xx},ij}}\Big]$$

$$+\frac{\partial}{\partial R}[\dot{R}_{\mathrm{V}}\eta]+\frac{1}{R^3}\frac{\partial}{\partial R}[R^3\dot{R}_{\mathrm{Z}}\eta]+\frac{\partial}{\partial T}[\dot{T}_{\mathrm{tr,A}}\eta]=0\qquad(15.86)$$

这表示此时得到了广义扩散方程！

直到目前还没有近似的求解方法，如果考虑小液滴的极限情况（$D_{\mathrm{tr}}\to\infty$），即有

$$
\begin{aligned}
&\langle \nu_{tr,i} \rangle = \langle \nu_{g,i} \rangle + \frac{\partial}{\partial x_i}\left(\frac{k\tau_{corr}}{3}\right) \\
&\frac{\partial D_{\nu\nu}}{\partial \nu_{tr,i}} \approx 0 \quad (\text{对于 } Re_{tr} << 1) \\
&\sigma_{\nu x} = \frac{k}{3}\tau_{corr} \\
&\sigma_{xx} = \frac{2k}{3}\tau_{corr} t
\end{aligned}
\tag{15.87}
$$

并从式（15.86）导出下列公式：

$$
\begin{aligned}
&\frac{\partial}{\partial t}\eta + \frac{\partial}{\partial x_{tr,i}}(\langle \nu_{g,i} \rangle \eta) - \frac{\partial}{\partial x_{tr,i}}\left(\frac{k}{3}\tau_{corr}\frac{\partial \eta}{\partial x_{tr,i}}\right) + \frac{\partial}{\partial R}[\dot{R}_V \eta] \\
&+ \frac{1}{R^3}\frac{\partial}{\partial R}[R^3 \dot{R}_Z \eta] + \frac{\partial}{\partial T}[\dot{T}_{tr,A}\eta] = 0
\end{aligned}
\tag{15.88}
$$

这与经典的扩散方程一致（在位置 x 处的扩散）。

至于式（15.86）中的方法如何用数学式来表示？可根据式（15.72）对每一个液滴引入三个具有以下动力学特性的新变量：

$$
\begin{aligned}
&\frac{d\sigma_{\nu\nu}}{dt} = 2(D_{\nu\nu} - D_{tr}\sigma_{\nu\nu}) \\
&\frac{d\sigma_{x\nu}}{dt} = \sigma_{\nu\nu} + D_{x\nu} - D_{tr}\sigma_{x\nu} \\
&\frac{d\sigma_{xx}}{dt} = 2\sigma_{x\nu}
\end{aligned}
\tag{15.89}
$$

现在，必须在时间间隔 Δt 内根据方差 σ_{xx}（Δt）$\approx 2\sigma_{x\nu}\Delta t$ 的正态分布随机确定变量 δx_i，并按式（15.77）式加到液滴群的相应位置上。如果液滴足够小［即式（15.87）中的扩散近似成立］，就不需要求解方程（15.89），只要简单定义：

$$
\sigma_{xx} = \frac{2k}{3}\tau_{corr}\Delta t \tag{15.90}
$$

必须对式（15.80）和式（15.81）中的 Reynolds 数修正加以改进，这是因为平均速度上有差异。重新计算结果如下：

$$
\begin{aligned}
\langle (\vec{\nu}_{tr} - \vec{\nu}_g)^2 \rangle &= (\langle \vec{\nu}_{tr} \rangle - \langle \vec{\nu}_g \rangle)^2 + \langle \vec{\nu}'_{tr} \rangle^2 - 2\langle \vec{\nu}_{tr}\vec{\nu}'_g \rangle + \langle (\vec{\nu}'_g)^2 \rangle \\
&= (\langle \vec{\nu}_{tr} \rangle - \langle \vec{\nu}_g \rangle)^2 + 3\sigma_{\nu\nu} + 2k\frac{2 - D_{tr}\tau_{corr}}{2 + D_{tr}\tau_{corr}}
\end{aligned}
\tag{15.91}
$$

最终得到平均 Reynolds 数：

$$
\langle Re_{tr}(|\vec{\nu}_{tr} - \vec{\nu}_g|) \rangle = Re_{tr}(|\langle \vec{\nu}_{tr} \rangle - \langle \vec{\nu}_g \rangle|) \cdot \sqrt{1 + \left(2k\frac{2 - D_{tr}\tau_{corr}}{2 + D_{tr}\tau_{corr}} + 3\sigma_{\nu\nu}\right)\left(\frac{1}{|\langle \vec{\nu}_{tr} \rangle - \langle \vec{\nu}_g \rangle|}\right)^2}
\tag{15.92}
$$

对于小液滴的极限情况，修正项消失，但是由于 Reynolds 数与液滴半径有关，它变小了。

这种模拟方法已用在 STAR 程序中，而且也可以很容易引入到 KIVA 程序中。液滴群不再有随机速度分量，也不再需要分解当地速度脉动。取而代之的是，用液滴输运的相关函数来描述这些脉动。由于上述原因，建议将式（15.86)/式(15.89）和式（15.88)/式（15.90）优先用于湍流耗散中。

对于小液滴的极限情况，应将液相切换到气相成分，于是湍流耗散变成了湍流扩散，但湍流扩散常数也必须一致，τ_{corr}则可以从以下对等条件中确定：

$$\frac{k}{3}\tau_{corr} = \frac{c_\mu}{Sc_t}\frac{k^2}{\varepsilon} \Rightarrow \tau_{corr} = \frac{3c_\mu}{Sc_t}\frac{k}{\varepsilon} \qquad (15.93)$$

15.2.10 标准喷雾模型的若干问题

如前所述，标准喷雾模型在实际应用中还存在很多不足。举例来说，如果采用简化的随机液滴模型去分析非常复杂的实际喷雾问题，即需要求解八维空间的积分－微分方程，因而根本无法准确模拟实际喷雾过程的。原因也很明显，一方面，在接近喷油器喷孔区域存在小尺度问题；另一方面也缺少足够的试验统计数据。

对于典型的柴油喷射雾化问题，燃油在上止点前喷入燃烧室。如果是孔式喷油器产生的油束，由于喷雾贯穿距很短、喷孔的形状简单，喷雾模拟的问题比较好解决。但对于空心锥形喷雾，如直喷式汽油机所采用的现代压电外开式喷油器的喷雾问题，建立喷雾模型就不那么简单了。这时的喷雾伴随着复杂的漩涡动力学问题，其过程与周边空气温度、喷油器和燃烧室几何形状及液滴尺寸等边界条件有密切关系。只有采用更为完善的喷雾模型才可能准确模拟这些现象。但如果涉及在进气行程或压缩行程早期的这类燃油喷射过程，由于燃油存在时间比较长的原因，对其过程的模拟则更为困难。

1. 喷雾的空间分辨问题

在喷雾模拟中首先碰到的一个问题是，典型喷油器喷孔尺寸非常小，导致这类喷雾问题通常无法进行数值求解。网格划分精度不够往往导致气液两相介质在质量和动量交换的计算方面存在误差。

首先应当指出，由于喷雾尺度的分辨率不够，即使采用经典流体力学计算气体自由射流时也依然会产生错误的计算结果。所以，喷雾空间的分辨率不够并不是 Lagrange 喷雾模型特有的问题。

当前乘用车柴油机喷油器喷孔孔径小于 100μm 时，如果计算时对其采用 10 个网格单元，每个网格单元边长将是 10μm。如将这种网格尺度用于 $20cm^3$ 的燃烧室上，就意味着需要 200 亿个网格单元！当然可以在喷油器附近通过网格自适应来减少网格数量，使每个喷孔采用网格单元低于 100（10×10）来处理。但整个计算中仍无法避免网格单元数目过多和网格单元设计过于复杂的问题。

目前广泛使用的各种处理方法各有不同。在网格精度不够的情况下，为了使喷雾模拟能够接近试验测试结果，对喷雾模型采取了许多简化修正措施，如引用了喷雾破碎模型（一种非常有效的处理方法）。在该模型中，对喷雾破碎过程做如下理解和处理：在近喷嘴区域，由于动量交换方面的不确定性，直接忽略大液滴的生成。而在有一些计算方法中甚至干脆省略了喷孔附近液滴的破碎过程（而用完整的液核长度来代表），其后再进一步产生细小的液滴，以获得良好的喷雾混合效果。

正如前面图 15.4 所示，孔形喷油器燃油喷射喷雾贯穿距几乎与液滴尺寸无关。燃油喷出时，大量的小液滴携带周边空气向前的喷射过程类似于气体自由射流。此时，影响燃油喷射过程的主要因素为动量流量 I 以及喷雾锥角 α（该角度与周边空气密度 ρ_g 有关）。喷雾锥角为 α 的稳态射流，在距喷油器出口距离为 x 处横截面上的动量流量 I 为

$$I=\rho_g v^2 \pi x^2 \tan^2 \frac{\alpha}{2} \tag{15.94}$$

由于该动量沿燃油喷射方向守恒。故射流中任意一个质点的运动规律如下式所示：

$$x\frac{dx}{dt}=\sqrt{\frac{I}{\rho_g \pi \tan^2 \frac{\alpha}{2}}} \Rightarrow x=\sqrt[4]{\frac{2}{\rho_g \pi \tan^2 \frac{\alpha}{2}}}\sqrt{t} \tag{15.95}$$

理论上，非稳态喷雾过程，即使包括喷雾蒸发过程，其喷雾贯穿距离也符合以上（当关系式动量流量为常数时）关系式。如果包括蒸发过程，则该公式描述的是气相的喷射贯穿特性。由此可得到以下结论，喷雾贯穿特性与液滴尺寸基本无关，即不受喷雾破碎过程的影响。但该结论只有当喷雾油束中有足够多的小液滴时才成立，而现代柴油机燃油喷雾过程恰好就属于此种情况。反之就要考虑大液滴的非物理过程，或者在喷雾模型中补充一些所需的统计数据（见 15.2.11 节）。

目前，最切实可行的求解方法是在喷雾区域进行网格自适应加密处理方法（图 15.6），其中所谓的长度尺度自适应准则（Johnson 等，1995）目前仍然有效。在此情况下，喷雾区的湍流长度尺度受到喷雾横截面的半径 l_{str} 的限制。根据该项参数的定义，距离喷油器出口 x 处的 ε 值应满足下列表达式：

$$\varepsilon \geqslant c_\mu^{3/4}\frac{k^{3/2}}{l_{str}}=c_\mu^{3/4}\frac{k^{3/2}}{x\tan\frac{\alpha}{2}} \tag{15.96}$$

按该式取等号计算所得的 ε 值，就是判别这一关系式是否成立的依据。这一关系式显然是已经达到流体力学所允许的极限；但另一方面，它无论在数学上还是物理上都是有意义的。除了湍流长度尺度，湍流耗散率和湍流黏度（$\propto k^2/\varepsilon$）也受到限制，从而忽略了虚拟的动量流量，导致计算所得的喷雾贯穿长度过小。应当指出，对长度尺度限制的准则在于：它对非常精细的喷雾求解网格是无效的［这时

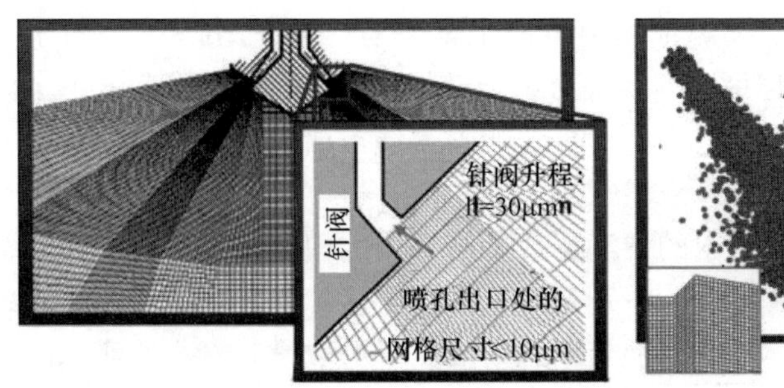

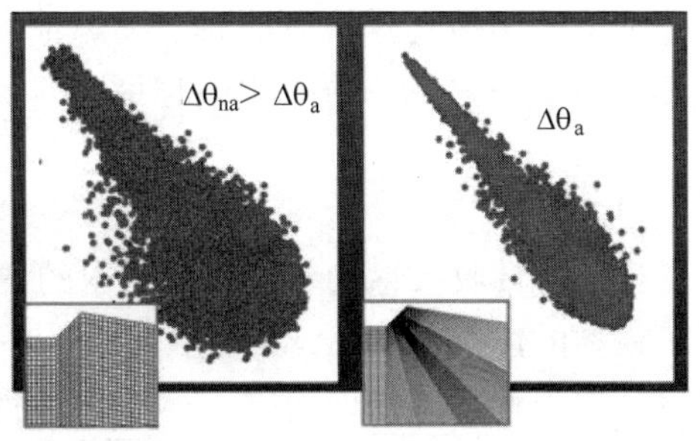

图 15.6　采用压电式 A 型喷油器的汽油机喷孔附近的自适应网格应用情况，喷雾过程计算结果如最右图所示，中间图形则为比较粗的网格计算所得的结果

式（15.96）会自动得以满足]。

最后还需要指出，对于孔式喷油器中喷出的圆柱自由射流，即使基于 $k-\varepsilon$ 湍流模型，并采用精细的网格进行计算，最后还是会发现网格数目不够，从而根据式（15.95）计算所得的喷雾贯穿距偏小。该问题可以通过在 ε 方程的计算中引入额外的原项来加以解决，即采用所谓的 Pope 修正（Pope，1978）：

$$\Delta Q = 0.2\frac{k^2}{\varepsilon}[S_{ij}(\nabla\times\vec{\nu})_i(\nabla\times\vec{\nu})_j-(\nabla\times\vec{\nu})^2Tr(S_{ij})] \tag{15.97}$$

当选用 $\varepsilon_1\approx 1.55$ 时，即可得到较为准确的自由射流的喷射贯穿距。

2. 喷雾的统计收敛问题

采用标准喷雾模型进行计算时，即使使用了高精度的计算网格，还是会遇到其他的困难，甚至会得出错误的结论。好像计算网格无论多么精细，所采用的喷雾模型始终无法得到准确的计算结果。

这一问题实际上是由每个计算网格单元中缺乏统计上的收敛性所导致的，这与每个网格单元中液滴群的数量有关。当网格加密后，网格单元数量增加，每个网格单元中的液滴群数目减少，液滴属性值的统计性变差，即网格单元中液滴群数量与网格单元边长的比值减小，如图 15.7 所示。为了达到收敛的目的，不仅要力求使“网格单元边长趋近于 0”的极限值，同时也力求使“每个网格单元中液滴群数量趋于无穷”的极限值，即至少要保证该两者的比值应维持在一个比较大的数值。但这也意味着需要非常多数量的液滴群。

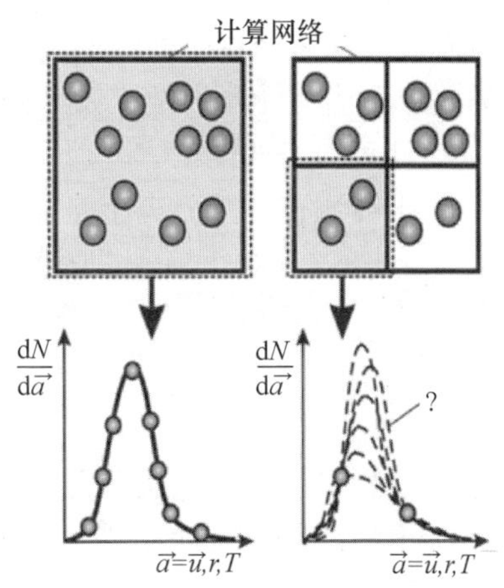

图 15.7　网格加密（液滴群总数量不变）导致每个网格单元中的液滴群数量的减少，从而使局部液滴属性的统计求解性变差

根据液滴群数量的经验法则，通常认为每个网格单元中含有 50 个液滴群是比较合适的。

当喷油嘴针阀抬起开始喷油时，在燃油喷射方向上如果有 N 个网格单元，每个网格单元边长均为 Δl，燃油喷射速度为 v_E，则在 $\Delta t = \Delta l / v_E$ 时间内，大约有 $50N$ 个液滴群喷出。这一点是以沿着燃油喷射方向所求解的喷雾横截面上网格数目保持不变为前提的。

出于统计收敛性的考虑，所要求的液滴群数量与采用的模型关系很大。在对各个子模型的讨论中均已详细地讨论过。特别是对于液滴碰撞计算，在喷雾模型原始计算公式中就会遇到该问题，它对每个网格单元中液滴群的数量有着不切实际的高要求。另外，在 15.2.7 节所提到的湍流耗散模型中，该问题也同样非常关键，这时气相和液相的湍流脉动应采用显式方法加以计算。这意味着在网络精度要求方面要比对纯气相的处理有更高的要求。这时为了取得更好的计算结果，采用了湍流模型。最后需要再次强调，采用时均方程、Fokker – Planck 方程及其扩散方程特别重要。

此外应该指出的是，喷雾模型的不够准确的原因并不是由于缺乏连续性的边界。事实上当细化网格后，某些液滴的尺寸就有可能大于所在的网格单元，从而产生不确定的情况。但对此可以采用对概率分布函数方程进行求解的方法，保证能得到确定的连续性解。液滴群有明确的半径，但这本质上是反映了其内部的自由度。所存在的这种“矛盾”现象是非常典型的：网格细化后由于液滴群数量并没有随之增加，“大液滴”问题的存在使得这种处理方法并不能得到好的计算结果，理论上，这并不是随机液滴方法本身的问题，而是使用不当所致。

15.2.11 采用外开式喷油器实现分层燃烧的汽油机直喷算例

根据前述原理，此处给出另外一个燃油喷射喷雾计算的例子。如上所述，采用压电外开式喷油器直喷的汽油机喷雾过程模拟是非常有意义，同时又是最具有挑战性的一个算例。计算中做了如下处理：

- 计算网格如图 15.6 所示，即在喷油器附近采用了自适应网格加密处理。
- 本算例在旋转方向上是完全对称的，所以此处仅仅计算了 0.5°的扇形区域。在该区域中，2 000 个液滴群喷射进入计算区域，即如果推至 360°的计算区域，将共有 1 440 000 个液滴群。
- 在 Fokker – Planck 方程的扩散近似处理中采用了湍流耗散模型（如 15.2.9 节所描述）。
- 计算中不考虑液滴碰撞，即未采用液滴碰撞模型。
- 由喷油器内流计算得到的湍流长度尺度范围，来确定喷孔出口处的液滴尺寸的分布。

本计算是在 KIVA – 3V 程序代码中进行。图 15.8 给出了该燃油喷射过程（通过延迟喷射来产生分层燃烧），喷射锥角略小于 90°。

喷雾油束卷吸内部和外部空气，在油束内部形成向前喷射的气流。内部空气气流被引入喷雾油束内。如果所形成的中空的喷雾射流椎体外壁非常薄，喷雾锥体内气压足够大，引入此锥体内的气流就会比较稳定。由于喷雾锥体内不存在负压，所以它在任何环境条件下都不会破碎断裂。这意味着发动机工况变化时，喷雾射流相对于火花塞点火空间位置相对稳定。因此，外开式喷油器能形成稳定的喷雾区域，实现良好的油气混合，而这正是保证实现分层燃烧的前提。只有这样，分层稀薄燃烧方法才有潜力去取代 $\lambda=1$ 的均质燃烧过程。而对于旋流式喷油器，情况就并非如此，因旋流式喷雾锥体并非完全中空，因此在高背压的情况下就会破碎断裂。图 15.8 的右图中给出了湍流场分布，由于在喷油器喷雾区网格细密，喷雾射流锥体内外表面的剪切层内均可得以求解。

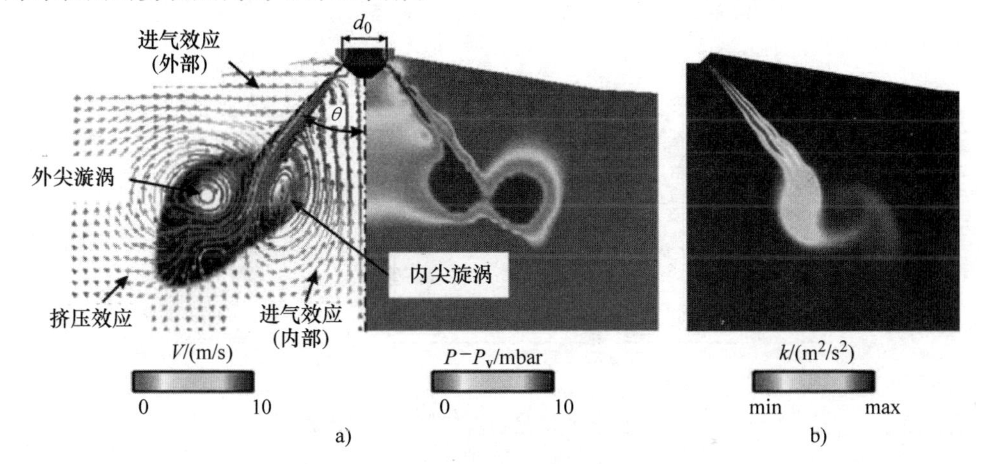

图 15.8　当燃烧室背压为 6bar 时采用外开式喷油器的直喷式汽油机的燃油喷射过程

a）速度和压力场　b）气相湍流场

图 15.9 中给出了燃油喷射不同时刻喷雾过程数值模拟和试验测试（喷雾过程的高速摄影以及粒子成像测速即 Partical Imaging Velocimetry，PIV）结果的对比。通过该图，一方面说明数值模拟结果和试验结果具有高度的一致性，另一方面，计算流体力学方法数值模拟所得到的喷雾结构，特别是涡流场的发展情况也对试验测试结果进行了很好的解释和说明。有关汽油直喷喷雾过程的高精度数值计算可以参考 Hermann 的文献（2008）。

值得注意的是，图 15.8 和图 15.9 给出的这种稳定的喷雾发展过程对液相来说是非常典型的，与此相反外开式喷油器喷雾过程中的气相则明显地会出现断裂的现象（Baratta 等，2008）。

研究中除了关注缸内喷雾的稳定性外，也需要考虑其与气流的相互作用，为了保证稳定的点火与燃烧性能，要求在燃油喷射（喷油器相对于火花塞在空间位置的布置等）与缸内气体流动（滚流强度与进气流动方向以及湍流强度等）相互之间有良好的匹配。这项任务是无法通过二维计算来实现的。另外，如果只是简单地

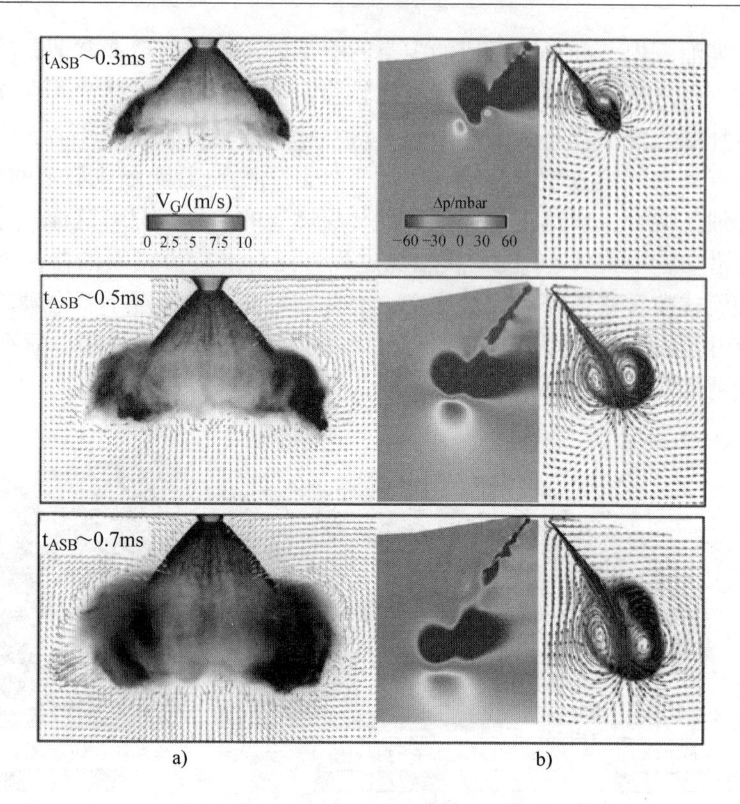

图 15. 9　PIV 试验测试与数值模拟比较

a）静压分布　b）速度矢量分布

采用如图 14. 10 所示的，仅仅包含进排气过程的网格来对混合气形成过程进行分析，也是不可能的。因为这时会碰到图 15. 6 所示的网格依赖性的问题。分块交互网格法成为解决这一问题的方法。该解决方法即是，对不同的网格区域分别计算各自的流场，再将计算结果实现彼此间的对应和衔接。而更大的挑战在于在几何形状复杂的发动机燃烧室中，在计算网格不超过 100 万的条件下，对喷雾区域的网格提出更高的要求。以下的算例不是用 KIVA－3V，而是用 CFD 商用软件 STAR－CD V4 进行计算的，在喷雾区通过分块自定义模块生成网格，其方法与前述喷雾计算中的二维网格生成方法类似。各个分块区域中的网格采用多面体网格自动生成，在燃烧室壁面处则采用了边界层网格。虽然所要求的液滴群数量也达 100 万个，但采用 16 个 CPU 也可在一天内完成对高压喷射的计算。

图 15. 10 给出了两个不同时刻喷雾发展的激光测试结果和 CFD 模拟结果之间的对比情况。从中可以很明显看出，在喷雾边缘处存在滚流所引致的涡旋。这种喷雾液相与气流的相互作用可将燃油蒸发后形成的气团带至火花塞附近，进而在此处点火燃烧。这一算例很好地说明了，如何将数值/离散求解所需的各种方法（计算中采用的喷雾区网格特殊处理方法，足够多的液滴数，壁面边界层处理等）和适

当的物理模型（在本算例中，主要指湍流耗散液滴模型）相互结合来，对直喷式汽油机复杂的喷雾过程进行数值模拟计算。

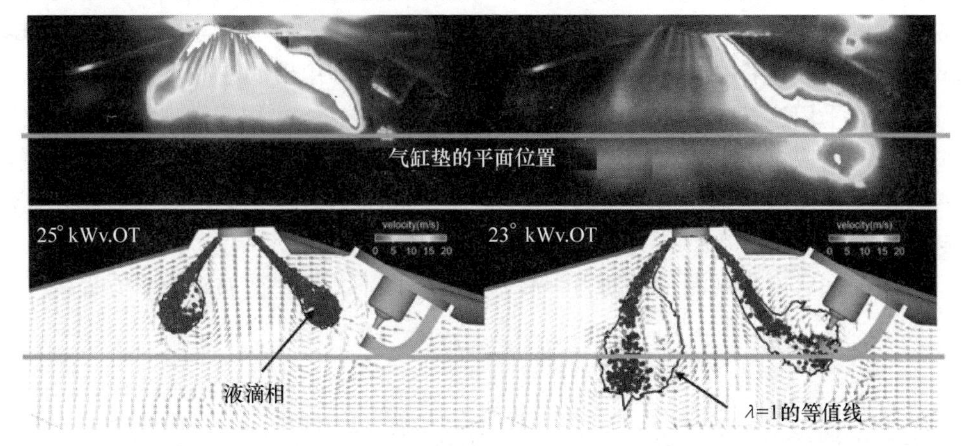

图 15.10 对两个不同时刻喷雾激光测试结果（上图，J. Schorr 博士，Daimler 公司）和 CFD 模拟结果（喷雾图像轮廓及 $\lambda = 1$ 等值线图，下图，U. Michels 博士，Daimler 公司）之间的比较

15.3 Euler（欧拉）喷雾模型

Euler 喷雾模型克服了 Lagrange 喷雾模型所存在的统计收敛性问题和湍流时均问题。如果模型本身已经考虑了时均问题，则采用“随机抽签”的方式并不可取。从这个意义上来说，前面章节中正是通过引入有效时均值过程（破碎过程）和 Fokker – Planck 方程对标准模型（即存在复杂的不封闭的源项的 Boltzmann – Williams 方程）做出修正，从而使喷雾的随机过程从统计上来说是确定的，进而使得源项封闭，并可归入扩散项中。尽管如此描述概率统计分布的动力学方程本身仍然是在八维空间进行定义的，所以也无法直接求解，而是通过 Lagrangian 液滴群的形式进行准“模拟求解”。但比起最初的标准模型来说，在反映动力学特性方面已是前进了一大步。

Euler 模型方法还有一个特点是，它并不去求解概率分布方程，而是在无需求解液滴群的基础上直接去求解一套动量方程，包括速度时均值和速度方差（类似于对 Navier – Stokes 方程的求解。）

人们通常会对“Euler 模型”和“Lagrange 模型”进行对比，但这并不恰当。这两种模型方程的差别并不只是在于本身狭义上概念的区别，即一个采用固定坐标系，一个采用跟随流体的运动坐标系，更重要的是在动力学方程方面的区别，具体体现在是保留采用概率分布函数的方式来定义，还是利用一套观测量来定义。在前面章节的算例中，Lagrange 液滴法仅仅是作为一种求解方法。在物理学（包括统计物理）中，通常采用量子力学术语 Schrodinger 图像（概率分布）和 Heisenberg 图像（观测量）来描述动力学方程的区别。

但是，很多研究者以及在大多数的 CFD 源代码手册中（当然 KIVA 源代码是非常特别的一个例外），都不再借助于概率分布函数这种动力学方法来定义 Lagrange 模型，而是采用 Lagrange 液滴群方程来描述，即由液滴方程直接推导出。只是需要注意采用这种方法对这种随机过程进行处理时，不要把物理现象本身和数值解所需要的离散方法混淆，造成人们不能确定能否建立起更好的模型来。对于抽象的粒子动力学模型，即使借助于前述 Fokker - Planck 方程，也无法通过这种方式建立起来。

再回头来讨论各观测量的动力学微分方程，以下为概率分布动力学方程：

$$\frac{\partial}{\partial t}\psi(x,\beta,t)+\frac{\partial}{\partial x_2}\left[A_i^{(x)}(x,\beta)\psi(x,\beta,t)\right]+\frac{\partial}{\partial\beta_\mu}\left[A_\mu^{(\beta)}(x,\beta)\psi(x,\beta,t)\right]$$
$$-\frac{\partial}{\partial x_i}\left[D_{i\mu}^{(x,\beta)}(x,\beta)\frac{\partial}{\partial\beta_\mu}\psi(x,\beta,t)\right]-\frac{\partial}{\partial\beta_\mu}\left[D_{\mu\nu}^{(\beta\beta)}(x,\beta)\frac{\partial}{\partial\beta_\nu}\psi(x,\beta,t)\right]=0 \tag{15.98}$$

式中 $(\beta_\mu)=(\vec{v},R,T)$，用 $O(x,\beta,t)$ 来表示观测量，如动量或速度的平方。

此时，观测量 O 不会明显地随空间和时间而变。但如果是针对速度脉动的平方（脉动速度为瞬时速度减去时均速度——该值的平方即为方差），观测量 O 则会显著地随空间和时间而发生变化（此时采用速度均值）。对 β 进行积分平均可以得到变量 $\langle O\rangle(x,t)$，该值仅随位置和时间变化［时间依赖值也需要进行平均，而不只是如上述形式 $O(x,\beta,t)$ 所示］。对于动力学方程，可以得到如下的以部分积分形式表达的关系式：

$$\begin{aligned}\frac{\partial\langle O\rangle(x,t)}{\partial t}&=\frac{\partial}{\partial t}\int(\psi(x,\beta,t)O(x,\beta,t))\mathrm{d}\beta\\&=\int\left(\psi(x,\beta,t)\frac{\partial O(x,\beta,t)}{\partial t}\right)\mathrm{d}\beta-\frac{\partial}{\partial x_i}\langle A_i^{(x)}(x,\beta)O(x,\beta,t)\rangle\\&\quad+\left\langle\frac{\partial O(x,\beta,t)}{\partial\beta_\mu}A_\mu^{(\beta)}(x,\beta)\right\rangle-\frac{\partial}{\partial x_i}\left\langle\frac{\partial}{\partial\beta_\mu}(D_{i\mu}^{(x,\beta)}(x,\beta)O(x,\beta,t))\right\rangle\\&\quad+\left\langle\frac{\partial}{\partial\beta_\mu}\left(D_{\mu\nu}^{(\beta\beta)}(x,\beta)\frac{\partial O(x,\beta,t)}{\partial\beta_\nu}\right)\right\rangle\end{aligned} \tag{15.99}$$

但该方程是不封闭的，因为在方程等号右侧出现了新的观测量的平均值，有关该值的动力学分析需要引入另外的输运方程或者另行建模。

15.3.1 局部均相流

对液相和气相强烈深度耦合的极限情况，例如液相是由非常多的小液滴组成时，可以将该气液两相流特殊处理成局部的均相流。液相可以看成是单相流中的一种组分，而湍流耗散也进而转变为该种组分的湍流耗散。对此，只需将对应这种特殊情况的动力学方程（15.88）采用式（15.99）给出的方法进行处理即可。如对观测量 R^3 按该方法进行处理（即质量为一常数），对变量 R 和 T 进行积分（对于变量 ν 已经积过分），并引入以下液体密度的关系式：

$$\rho_{\text{fl}}(x;t) = \int \mathrm{d}R\mathrm{d}T\eta(x,R,T;t)\frac{4\pi}{3}R^3\rho_{\text{fl}} \tag{15.100}$$

即可从式（15.88）导出以下流体密度的输运方程：

$$\frac{\partial}{\partial t}\rho_{\text{fl}} + \frac{\partial}{\partial x_i}(\rho_{\text{fl}}\langle\nu_{\text{g},i}\rangle) - \frac{\partial}{\partial x_i}\left(D_{\text{t}}\frac{\partial}{\partial x_i}\rho_{\text{fl}}\right) = \frac{3\rho_{\text{fl}}\dot{R}_{\text{V}}}{R} \tag{15.101}$$

气相输运方程中则包括了蒸发源项，如下式所示：

$$\frac{\partial}{\partial t}\rho_{\text{g}} + \frac{\partial}{\partial x_i}(\rho_{\text{g}}\langle\nu_{\text{g},i}\rangle) - \frac{\partial}{\partial x_i}\left(D_{\text{t}}\frac{\partial}{\partial x_i}\rho_{\text{g}}\right) = -\frac{3\rho_{\text{fl}}\dot{R}_{\text{V}}}{R} \tag{15.102}$$

这样一来整个气液两相流的连续性方程具有以下同样的标准形式：

$$\begin{aligned}&\frac{\partial}{\partial t}\rho_{\text{ges}} + \frac{\partial}{\partial x_i}(\rho_{\text{ges}}\langle\nu_{\text{ges},i}\rangle) = 0\\&\rho_{\text{ges}} = \rho_{\text{g}} + \rho_{\text{fl}}\\&\rho_{\text{ges}}\langle\nu_{\text{ges},i}\rangle = \rho_{\text{g}}\langle\nu_{\text{g},i}\rangle + \rho_{\text{fl}}\langle\nu_{\text{g},i}\rangle - D_{\text{t}}\frac{\partial}{\partial x_i}\rho_{\text{ges}}\end{aligned} \tag{15.103}$$

根据流体质量分数表达式 $C_{\text{fl}} = \rho_{\text{fl}}/\rho_{\text{ges}}$，由式（15.101）可得：

$$\frac{\partial}{\partial t}\rho_{\text{ges}}c_{\text{fl}} + \frac{\partial}{\partial x_i}(\rho_{\text{ges}}c_{\text{fl}}\langle\nu_{\text{ges},i}\rangle) - \frac{\partial}{\partial x_i}\left(\rho_{\text{ges}}D_{\text{t}}\frac{\partial}{\partial x_i}c_{\text{fl}}\right) = \frac{3\rho_{\text{ges}}c_{\text{fl}}\dot{R}_{\text{V}}}{R} \tag{15.104}$$

从而能够建立起像式（14.32）那样的组分扩散方程。根据这种近似处理办法，该液相的输运过程就如同单相流中的某个组分一样。再考虑观测量 R^4 和 R^3T，即可类似地得到以下输运方程：

$$\begin{aligned}&\frac{\partial}{\partial t}(\rho_{\text{ges}}c_{\text{fl}}R) + \frac{\partial}{\partial x_i}(\rho_{\text{ges}}\langle\nu_{\text{ges},i}\rangle c_{\text{fl}}R) - \frac{\partial}{\partial x_i}\left(\rho_{\text{ges}}D_{\text{t}}\frac{\partial}{\partial x_i}(c_{\text{fl}}R)\right)\\&= \rho_{\text{ges}}c_{\text{fl}}(4\dot{R}_{\text{V}} + \dot{R}_{\text{Z}})\end{aligned} \tag{15.105}$$

$$\begin{aligned}&\frac{\partial}{\partial t}(\rho_{\text{ges}}c_{\text{fl}}T_{\text{tr}}) + \frac{\partial}{\partial x_i}(\rho_{\text{ges}}\langle\nu_{\text{ges},i}\rangle c_{\text{fl}}T_{\text{tr}}) - \frac{\partial}{\partial x_i}\left(\rho_{\text{ges}}D_{\text{t}}\frac{\partial}{\partial x_i}(c_{\text{fl}}T_{\text{tr}})\right)\\&= \rho_{\text{ges}}c_{\text{fl}}\dot{T}_{\text{A}} + \frac{3\rho_{\text{ges}}c_{\text{fl}}\dot{R}_{\text{V}}}{R}T_{\text{tr}}\end{aligned} \tag{15.106}$$

因此，在这类问题中会有一个时均液滴半径值和一个时均液滴温度值的问题，而这两个量通常都会随位置和时间发生变化（特别是液滴半径会由于蒸发而在距离喷孔出口处越远的位置越小）。

如果假定气液相间不仅在动力学上达到平衡，而且在热力学上也处于平衡状态（即真正的“混合控制”），即使没有式（15.105）和式（15.106），也同样可以完成计算。其中，局部的气相含量将恰好是局部温度（对气相和液相是同一值）所要求的气相压力下的值。如果这种平衡受输运过程的影响而产生破坏，此时通过局部蒸发或冷凝作用将会使其恢复平衡。这在气相、液相及内能的输运方程源项中均有所反映和定义，但这种假定并不常见。通常仅仅假定动力学平衡是合理的，进而动力学平衡理论比热力平衡理论发展更快。但是，后者更容易计算，因为液滴半径的变化也是一种两相间热力交换过程相互平衡的体现；不过此处所要求的相平衡在 CFD 源代码中并不常见，CFD 源代码往往是采用默认设置，即必须事先将有关内容添加进去。

另外一种相反的处理方法也比较容易接受，即不是去求解每一个单个液滴的半径，而是求更为复杂的液滴半径分布（并进而可以得液滴半径 - 温度的关系图）。对此，需要引入“液滴类”的概念。每一个液滴类有其自己的组分液滴，在空间特定点上，这些液滴落在半径和温度很窄的小范围内（间隔的大小与空间位置有关），每一个液滴类都有其自身需要遵循的一套方程，即式（15.104）~式（15.106）。

式（15.104）~式（15.106），无论是用于一个还是多个液滴类，均属于通用输运方程，因而可以很容易地引入到标准的 CFD 源代码中去。液相主要是影响“混合气”的局部密度，而不是比热或压力，因为这些是气相的参数，液相的热能是通过“液滴温度”这个输运参数所反映的。在 CFD 源代码中，对于这种“混合流体”组分可以通过设置非常高的分子量来实现，理论上，这时液滴相当于分子，对应有“液滴半径”和“液滴温度”这两个标量。而对于“蒸气”组分浓度及气相内能的计算，自然在式（15.104）~式（15.106）的运算中都要加入相应的源项。

方程右侧的源项与液滴和气相间的相对运动速度有关。在前面章节中已经引入了平均 Reynolds 数的概念，它们的计算只需要考虑不同液滴平均速度存在差异的情况，而在对很多小液滴进行近似处理时，Reynolds 数则可近似设为零。

此处介绍的模型特别适合柴油喷雾的模拟，因为柴油喷雾中恰好包含很多非常小的液滴。这一模型可以较方便地嵌入到大多数的 CFD 源代码中。只是喷嘴区域还需进行网格加密处理，对于这种孔式喷油器喷雾而言，采用 Pope 修正会是一种比较可取的选择。

例如，在 STAR - CD 软件中所采用的所谓的 ELSA（Eulerian - Lagrangian Spray and Atomization），即 Euler - Lagrange 喷雾雾化模型，就是在近喷嘴区域采用了以上所介绍的局部均相流的 Euler 方法。而在喷雾下游的某个位置处，该 Euler 喷雾模型转换为常规的 Lagrange 喷雾模型，从而才有以上喷雾模型组合名称的得来。这种处理方法非常合理，因为在喷雾下游处随喷雾区域的增加，液滴密度越来越小，喷雾从稠密过渡至稀疏，喷雾油束尺寸则逐渐增大，这意味着在解决常规 Lagrange 喷雾模型所存在问题时，在近喷嘴区域作局部均相流的假定是非常关键的。有关这方面的方法将在 15.3.2 小节中作重点介绍。

15.3.2 一维 Euler 方法或其他方法的嵌入

迄今为止所介绍的方法都需要对喷油器喷孔内的流动进行数值模拟，而这一点并不容易。本节将讨论所谓的嵌入式处理方法，该方法可大大降低发动机 CFD 计算中对网格的高要求。这种方法在近喷孔区域内（理想情况为有液相出现）对气相和液相喷雾分别采用各自独立的喷雾模型以特定的网格（主要是一维或二维）进行计算。而在发动机 CFD 程序代码中，两相间（动量、质量及能量）的交互过程是在相应设定的位置处进行耦合的。在这一计算模型中，只对气相进行计算。就热力学边界条件而言，如能考虑发动机缸内计算结果对喷雾的影响也是非常有意义的。这一方法只是适用于对近喷嘴区喷雾的处理，在该区域横向气流对喷雾还没有很大的影响。图 15.11 即为在喷雾下游的某个位置上 Euler 喷雾模型转换为 Lagrange 标准喷雾模型的情况。

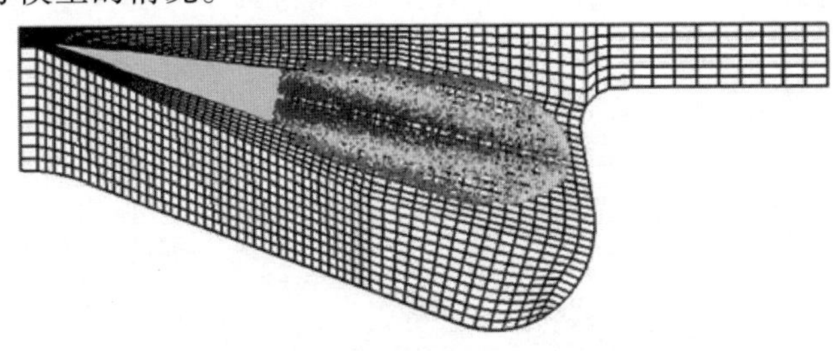

图 15.11　采用 ICAS 嵌入方法的柴油喷雾模拟：黄色锥形区域按一维 Euler 模型计算，其他区域按标准 Lagrange 喷雾模型计算

这种嵌入方法之所以能高效地进行这类喷雾的模拟，是因为采用该法时在喷雾程序代码中既能很好地反映近喷孔区域对计算网格的高精度要求，又可以在随后喷雾射流的发展过程中准确的考虑到两相间所有的交换过程。采用该方法，在发动机的模拟计算中，可避免由于两相间交互所带来的计算误差，从而对网格划分的精度要求有所降低。由于已将正确的源项加入到发动机模拟计算中，因此对气相的计算误差不会带入到源项中，而影响计算的准确性。但就发动机 CFD 计算整体来说，对其计算网格精度的要求依然很高，因此强烈推荐在喷雾计算中采用网格自适应方法。

对于气相过程既可在发动机中开展模拟，也可在喷雾模型中进行，并通过两者的比较来确保此计算的准确性。到目前为止所讨论的这些模型（局部均相两相流模型及修正的 Lagrange 喷雾模型）都可以进行喷雾的模拟，但采用一维 Euler 方法的 ICAS（Integrated Cross - Averaged Spray）喷雾模型，则是最广为认可的一种模型。这时，真正用于液滴类的两相 Euler 方程将在喷雾截面区域（即喷雾射流锥角范围）内进行平均。在平均化处理过程中，扩散项的作用大大减弱，相对于起主要作用的对流项而言，其他项也均可忽略。扩散项对喷雾锥角的影响是隐式的，主要是作为计算时入口的边界参数。对方程的推导可以回顾式（15.71），液相方程如下所示（式中所有的时均符号 < >虽然均直接拿掉了，但方程中的所有量都表示的仍然是时均值/当量值）：

$$\frac{\partial}{\partial t}(r^2\rho_{ges}c_{fl}) + \frac{\partial}{\partial r}(r^2\rho_{ges}\nu_{fl}c_{fl}) = r^2\frac{3\rho_{ges}c_{fl}\dot{R}_V}{R} \tag{15.107}$$

$$\frac{\partial}{\partial t}(r^2\rho_{ges}c_{fl}\nu_{tr}) + \frac{\partial}{\partial r}(r^2\rho_{ges}c_{fl}\nu_{tr}^2) = r^2\frac{3\rho_{ges}c_{fl}\dot{R}_V}{R}\nu_{tr} - r^2\rho_{ges}c_{fl}D_{tr}(\nu_{tr} - \nu_g) \tag{15.108}$$

$$\frac{\partial}{\partial t}(r^2\rho_{ges}c_{fl}R) + \frac{\partial}{\partial r}(r^2 p_{ges}\nu_{trl}c_{fl}R) = r^2\rho_{ges}c_{fl}(4\dot{R}_V + \dot{R}_Z) \tag{15.109}$$

$$\frac{\partial}{\partial t}(r^2\rho_{ges}c_{fl}T_{tr}) + \frac{\partial}{\partial r}(r^2\rho_{ges}\nu_{tr}c_{fl}T_{tr}) = r^2\rho_{ges}c_{fl}\dot{T}_A + r^2\frac{3\rho_{ges}c_{fl}\dot{R}_V}{R}T_{tr} \tag{15.110}$$

同理，气相方程如下所示：

$$\frac{\partial}{\partial t}(r^2\rho_{ges}c_g) + \frac{\partial}{\partial r}(r^2\rho_{ges}\nu_g c_g) = -r^2\frac{3\rho_{ges}c_{fl}\dot{R}_V}{R} + E \tag{15.111}$$

$$\frac{\partial}{\partial t}(r^2\rho_{ges}c_g\nu_g) + \frac{\partial}{\partial r}(r^2\rho_{ges}\nu_g^2 c_g) = -r^2\frac{3\rho_{ges}c_{fl}\dot{R}_V}{R}\nu_{tr} - r^2\rho_{ges}c_{fl}D_R(\nu_g - \nu_{tr}) \tag{15.112}$$

式中 E——进入量，此处即将发动机的进气量看作喷雾气相的源项。

因为式（15.107）~式（15.110）和式（15.112）这5个微分方程构成一个封闭的方程式系统，可用于5个变量 c_{fl}、ν_g、ν_{tr}、R，T_{tr}的求解，因此方程（15.111）无需与其他5个方程一起求解，而主要是用于对源项的计算。其中，r^2项作为有量纲因子，受喷雾锥几何形状的影响。

该模型方程有双曲型特性，故容易求解，尽管形式上简单，但却包含了喷雾动力学中的很多影响因素。特别是对喷雾来说，由于其双曲型特性，存在类似“激波”的结构特性，喷雾液相（冷态非蒸发喷雾）运动速度比气相快，一直到到达喷雾最前端的“激波前沿”为止，速度才又降下来。因此，喷雾前端是按照气体自由射流运动规律［式（15.95）］向前运动的，液相则会在喷雾前端积聚。这一激波前沿可由Hugoniot曲线来表征（图15.12，Kruger，2001）。如前述的三维算例中所提到的那样，再次引入很多的液滴组，每个液滴组都可以用一组方程［式（15.107）~式（15.110）］来描述。

有关这种ICAS方法在实际发动机模拟中应用的详细描述，可参考Otto等人（1999）和Kruger的文献（2001）。这种方法在实际应用中，特别是在解决喷油器内部流动求解等复杂性问题方面，至少在一定程度上已证实非常有效（见图15.13）。然而，当前无论是一维的Euler模型还是其他模型在标准喷雾模型中的嵌入，都尚未在任何商用的发动机CFD软件中得以实现。这主要是由所要求的编程的复杂性（指一维程序通过界面传输向发动机CFD代码标准喷雾模型中的嵌入）导致的。所以令人遗憾的是，该方法至今尚不能真正向大多数使用者推荐。

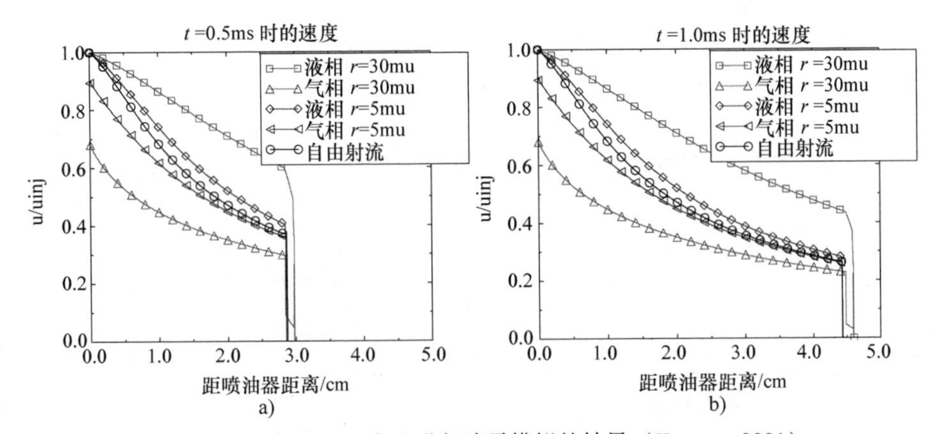

图 15.12　利用 ICAS 方法进行喷雾模拟的结果（Kruger，2001）
a）不同喷雾粒径下冷态喷雾液滴（未蒸发）的传播特性　b）喷雾前端总是相同并与自由射流情况相似

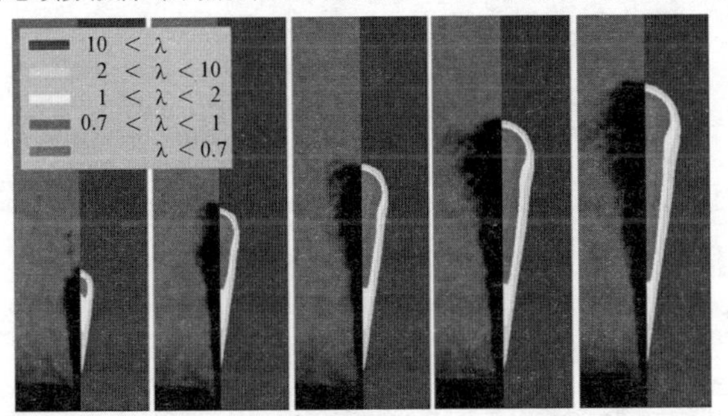

图 15.13　利用 ICAS 方法所开展的喷雾模拟（Kruger，2001）与纹影法试验所得的喷雾轮廓的比较：喷雾射流轮廓与喷雾贯穿距均十分吻合

15.3.3　三维 Euler 方法

一个真正多相完整的三维喷雾描述自然是最终的选择。有些初始变量已能在有关文献里和各种 CFD 程序中找到。常见的做法是在采用多相喷雾模型时，其相关常数要通过“经验”进行调整，以适应喷雾计算的要求。但往往这种“数值经验”会使人们走错方向，因此这绝不是有效的解决方法。相反，合理的做法应该是转变标准的 Lagrange 模型。通过时间检验（特别是采用前述方法修改之后）和通过合理的理论方法进一步开发 Lagrange 标准模型使之变为 Euler 模型且不改变其物理内涵（Michels，2008）。

目前，相关概念和模型已发展到了相当高的程度，所以这一步不会遇到很大困难。Lagrange 模型已被确认可作为解决概率分布动态发展的方法，而“Euler 模型”则反映了观测量的动力学特性。所以只需要将式（15.71）的喷雾模型方程（也即 Fokker－Planck 方程）转换为观测量的动力学方程，再使未知项封闭即可。

转换的计算方法如式（15.99）所示。可再次使用液滴粒径分类的概念首先解决喷油嘴处的液滴粒径分布问题。由于不同粒径的液滴的动力特性的差异，由此构建了一个 $\nu-R-T$ 谱；再加上质量（或 R^3）的观测量 O，经过对每一液滴组（标志为“k”）的 ν、R 和 T 积分并产生该对象的时空输运方程。为此，再假设：

$$\int \mathrm{d}\nu_{\mathrm{tr}}\mathrm{d}R\mathrm{d}T_{\mathrm{tr}}\,\frac{4\pi}{3}R^3\rho_{\mathrm{fl}}p(x,\nu_{\mathrm{tr}},R,T_{\mathrm{tr}};t) = \rho(x,t)$$

$$\int \mathrm{d}\nu_{\mathrm{tr}}\mathrm{d}R\mathrm{d}T_{\mathrm{tr}}\,\frac{4\pi}{3}R^3\rho_{\mathrm{fl}}p(x,\nu_{\mathrm{tr}},R,T_{\mathrm{tr}};t)O(x,\nu,R,T_{\mathrm{tr}}) = \langle O(x;t)\rho(x,t)\rangle \tag{15.113}$$

以及观测量 R 和 T 的任意函数 f 为

$$\langle f(R,T_{\mathrm{tr}})\rangle = f(\langle R\rangle,\langle T_{\mathrm{tr}}\rangle) \tag{15.114}$$

这和式（15.71）是一致的，而且在这些量中没有包含方差和协方差项，同时简单地设定 $\langle T_{\mathrm{tr}}\rangle = T_{\mathrm{tr}}$ 和 $\langle R\rangle = R$，于是

对于第 k 组液滴的质量输运方程为

$$\frac{\partial}{\partial t}\rho_{(k)} + \frac{\partial}{\partial x_i}(\rho_{(k)}\langle \nu_{(k),i}\rangle) = \frac{3\rho_{(k)}\dot{R}_{(k),V}}{R_{(k)}} \tag{15.115}$$

对于第 k 类液滴半径和温度输运方程为

$$\frac{\partial}{\partial t}(\rho_{(k)}R_{(k)}) + \frac{\partial}{\partial x_i}(\rho_{(k)}\langle \nu_{(k),i}\rangle R_{(k)}) = \rho_{(k)}(4\dot{R}_{(k),V} + \dot{R}_{(k),Z}) \tag{15.116}$$

$$\frac{\partial}{\partial t}(\rho_{(k)}T_{(k)}) + \frac{\partial}{\partial x_i}(\rho_{(k)}\langle v_{(k),i}\rangle T_{(k)}) = \rho_{(k)}\dot{T}_{(k),A} + \frac{3\rho_{(k)}\dot{R}_{(k),V}}{R_{(k)}}T_{(k)} \tag{15.117}$$

对于第 k 类液滴的动量输运方程如下：

$$\frac{\partial}{\partial t}\rho_{(k)}\langle \nu_{(k),i}\rangle + \frac{\partial}{\partial x_j}(\rho_{(k)}\langle \nu_{(k),i}\rangle\langle \nu_{(k),j}\rangle) + D_{\mathrm{tr}}\rho_{(k)}(\langle \nu_{(k),i}\rangle - \langle \nu_{\mathrm{g},i}\rangle)$$
$$+ \frac{\partial}{\partial x_j}(\rho_{(k)}\tau_{(k)ij}) + D_{x\nu}\frac{\partial}{\partial x_i}\rho_{(k)} - \left(\frac{\partial}{\partial x_i}D_{\nu\nu}\right)\rho_{(k)} = \frac{3\rho_{(k)}\dot{R}_{(k),V}}{R_{(k)}}\langle \nu_{(k),i}\rangle \tag{15.118}$$

此处，与式（15.72）一样，再假设系数 D_{tr}、ν_{g}、$D_{x\nu}$ 及 $\partial D_{\nu\nu}/\partial x$ 为常数，并以 $\dot{R}_{\mathrm{V}}$ 作为速度的独立变量来推导相关方程。另外，湍流应力张量定义如下：

$$\tau_{(k)ij} = \langle(\nu_{(k),i} - \langle \nu_{(k),i}\rangle)(\nu_{(k),j} - \langle \nu_{(k),j}\rangle)\rangle \tag{15.119}$$

对于液滴湍动能也可建立输运方程加以计算，湍动能也即速度方差，可以应力张量的轨迹形式给出：

$$k_{(k)} = \frac{1}{2}\tau_{(k),ii} \tag{15.120}$$

而输运方程则如下所示：

$$\frac{\partial}{\partial t}[\rho_{(k)}k_{(k)}] + \frac{\partial}{\partial x_i}[\rho_{(k)}\langle \nu_{(k),i}\rangle k_{(k)}] + \frac{1}{2}\frac{\partial}{\partial x_i}[\rho_{(k)}\tau_{(k),ijj}]$$
$$- \rho_{(k)}\tau_{(k),ij}\frac{\partial \nu_{(k),j}}{\partial x_i} + 2D_{\mathrm{tr}}\rho_{(k)}k_{(k)} + D_{x\nu}\rho_{(k)}\frac{\partial \nu_{(k),i}}{\partial x_i} - 3D_{\nu\nu}\rho_{(k)}$$
$$= \frac{3\rho_{(k)}\dot{R}_{(k),V}}{R} \tag{15.121}$$

式中

$$\tau_{(k)ijj} = \langle (\nu_{(k),i} - \langle \nu_{(k),i} \rangle)(\nu_{(k),j} - \langle \nu_{(k),j} \rangle)(\nu_{(k),j} - \langle \nu_{(k),j} \rangle) \rangle \tag{15.122}$$

如前所述，此时将面临方程组封闭的问题：因为这时既不知道二阶相关函数 $\tau_{(k),ij}$ 的非对角线项，也不知道三阶相关函数 $\tau_{(k),ijj}$。

此时可将式（15.71）的源项平衡条件代入来封闭以上未知项：

$$\frac{\partial}{\partial \nu_{\mathrm{tr},i}}[D_{\mathrm{tr}}(\langle \nu_{\mathrm{g},i} \rangle - \nu_{\mathrm{tr},i})p] + \frac{\partial}{\partial R}[\dot{R}_{\mathrm{V}} p] + \frac{1}{R^3}\frac{\partial}{\partial R}[R^3 \dot{R}_{\mathrm{Z}} p] + \frac{\partial}{\partial T}[\dot{T}_{\mathrm{tr,A}} p] = \frac{\partial}{\partial \nu_{\mathrm{tr},i}}\left[D_{x\nu}\frac{\partial p}{\partial x_i}\right] + \frac{\partial}{\partial \nu_{\mathrm{tr},i}}\left[D_{\nu\nu}\frac{\partial p}{\partial \nu_{\mathrm{tr},i}}\right] \tag{15.123}$$

将上述方程乘以 $R^3(\tau_{(k),ij} - \delta_{ij}\tau_{(k)ll}/3)$ 并对 ν，R 和 T 积分，可得：

$$\tau^{\mathrm{sf}}_{(k),ij} = \tau_{(k),ij} - \delta_{ij}\underbrace{\frac{\tau_{(k),ll}}{3}}_{\frac{2}{3}k_{(k)}} = \frac{D_{x\nu}}{2D_{\mathrm{tr}}}\left[\frac{\partial \langle \nu_{(k),i} \rangle}{\partial x_j} + \frac{\partial \langle \nu_{(k)},j \rangle}{\partial x_i} - 2\delta_{ij}\frac{\partial \langle \nu_{(k),l} \rangle}{\partial x_l}\right] \tag{15.124}$$

对 $\tau_{(k),ijj}$ 采用相似的处理后得到：

$$\tau_{(k),ijj} = -\frac{2D_{x\nu}}{3D_{\mathrm{tr}}}\left[\frac{\partial k_{(k)}}{\partial x_i} + \frac{\partial \tau_{(k),ij}}{\partial x_j}\right] \tag{15.125}$$

再将其代入（15.121），最后得到：

$$\frac{\partial}{\partial t}[\rho_{(k)}k_{(k)}] + \frac{\partial}{\partial x_i}[\rho_{(k)}\langle \nu_{(k),i} \rangle k_{(k)}] - \frac{1}{3}\frac{\partial}{\partial x_i}\left[\frac{D_{x\nu}}{D_{\mathrm{tr}}}\rho_{(k)}\left(2\frac{\partial k_{(k)}}{\partial x_i} + \frac{\partial \tau^{\mathrm{sf}}_{(k),ij}}{\partial x_j}\right)\right] + \rho_{(k)}\left(\tau_{(k),ij} + \frac{2}{3}k_{(k)}\delta_{ij}\right)\frac{\partial \nu_{(k),j}}{\partial x_i} + 2D_{\mathrm{tr}}\rho_{(k)}k_{(k)} + D_{x\nu}\rho_{(k)}\frac{\partial \nu_{(k),i}}{\partial x_i} - 3D_{\nu\nu}\rho_{(k)} = \frac{3\rho_{(k)}\dot{R}_{(k),V}}{R} \tag{15.126}$$

这些方程组与 Reynolds 平均方程（14.36）有相似之处，特别是具有典型的湍流扩散项。

除了这些方程以外，还必须考虑气相方程中的相关源项（质量、动量、湍动能、热）。这个方程组现在已用在 CFD 软件 STAR－CD（版本 4）中。图 15.14 首次给出了对直喷式汽油机 A 型喷油器喷雾计算的结果。有关 3DEuler 模型详细的推导和实施过程可参考 Michels 的相关文献（2008）。

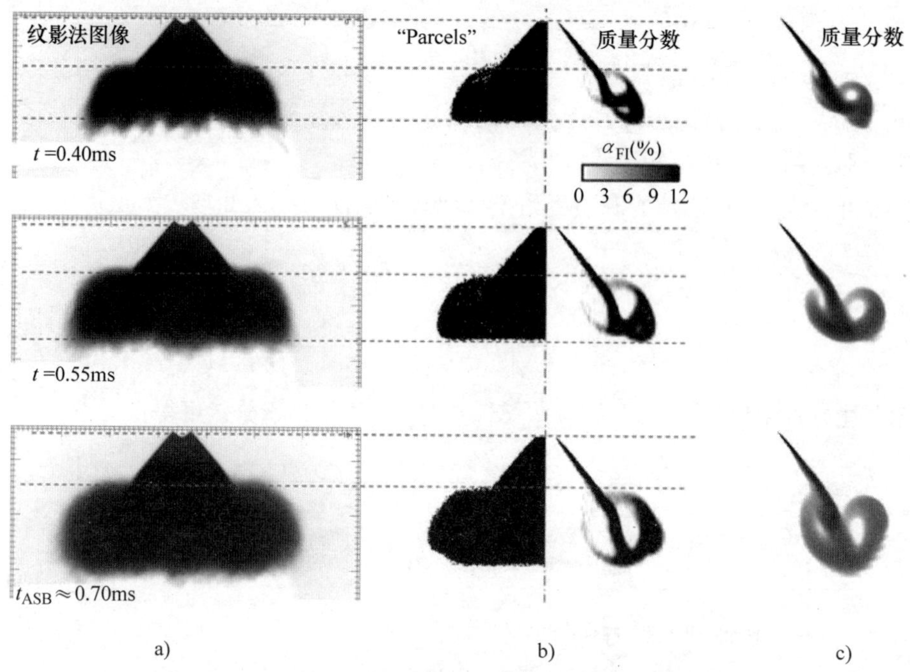

图 15. 14　汽油机直接喷射外开式式喷油嘴喷雾的实验与模拟比较
a）纹影法实验结果　b）用改进的 Lagrange 模型计算结果（基于 Fokker – Planck 方程）（3D 图像和 0. 5°扇角）　c）3DEuler 模型的计算结果（0. 5°扇角）

参 考 文 献

Amsden, A.A.: KIVA-3 V: A Block-Structured KIVA Program for Engines with Vertical or Canted Valves; KIVA-3 V, Release2, Improvements to KIVA-3 V, LA-13608-MS (1999)

Amsden, A.A., O'Rourke, P.O., Buttler, T.D.: KIVA-II: A Computer Program for Chemically Reactive Flows. Los Alamos National Laboratory Report LA-11560-MS (1989)

Bai, C., Gosman, A.D.: Development of methodology for spray impingement simulation. SAE Paper 950283 (1995)

Baratta, M., Catania, A.E., Spessa, E., Herrmann, L., Rößler, K.: Multi-Dimensional Modeling of Direct Natural-Gas Injection and Mixture Formation in a Stratified-Charge SI Engine with Centrally Mounted Injector. SAE Paper 2008-01-0975 (2008)

Hallett, W.L.H.: A Simple Model for the Vaporization of Droplets with Large Number of Components. Combustion and Flame **121**, 334–344 (2000)

Hermann, A.: Modellbildung für die Simulation der Gemischbildung und Verbrennung in Ottomotoren mit Benzin-Direkteinspritzung. Dissertation, Universität Karlsruhe (2008)

Johnson, N., Amsden, A., Naber, J., Siebers, D.: Three-Dimensional Computer Modeling of Hydrogen Injection and Combustion, '95 SMC Simulation Multiconference. Phoenix Arizona (1995)

Krüger, C.: Validierung eines 1D-Spraymodells zur Simulation der Gemischbildung in direkteinspritzenden Dieselmotoren. Dissertation, RWTH Aachen (2001)

Landau, L.D., Lifschitz, E.M.: Physikalische Kinetik Lehrbuch der Theoretischen Physik, Bd. 10. Akademieverlag, Berlin (1983)

Lebas, R., Blokkeel, G., Beau, P.-A., Demoulin, F.-X.: Coupling Vaporization Model with the Eulierian-Lagrangian Spray Atomization (ELSA) Model in Diesel Engine Conditions. SAE Paper 2005-01-0213 (2005)

第16章 燃烧模拟

Frank Otto 和 Christian Krüger

本章主要介绍柴油机和汽油机内部湍流燃烧过程的数值模拟。本质上讲，只是对燃烧组分输运方程［参见本书第 14 章式（14.18）］中的源项做湍流时均处理，但这并不是一项简单任务。因为燃烧反应动力学中化学反应速率与温度成典型的指数函数关系，为此建模及模型优化工作十分繁重，尽管商业化的标准模型已广泛采用，但是在这方面开展的工作仍远不够深入。

本章讨论的内容只针对发动机内部的燃烧，也就是指在瞬态运动边界条件下伴随着复杂混合气形成的非稳态湍流燃烧过程。因此，许多针对简单边界条件所开发的燃烧模型对于发动机并不适用。另外，还有一个比较大的问题是尽管所建的燃烧模型也在不断地完善和发展，但迄今为止还缺乏可靠的喷雾模型，从而增加了对燃烧模型正确评估的难度。

16.1 燃烧模式

在内燃机中，存在不同的燃烧模式以及它们之间的混合模式。图 16.1 给出了一个典型的三角形示意图，左侧下角是典型的扩散燃烧，即燃料和氧化剂（空气）起初并没有混合。以后第一步首先是两者的混合（主要是一个物理过程），接着第二步才开始反应（主要是化学过程），通常第二步进行得要比第一步快得多。为此可以简要地用公式表示为："混合的 = 燃烧的"（混合多少就燃烧多少）。但如果化学过程占主导地位，例如燃烧开始前燃料和氧化剂在燃烧室内已经完全混合，这种情况就对应于三角形的顶点，即所谓均质压燃燃烧。汽油机的压燃着火过程就非常接近于这种理想状态。相反，采用少量燃油预喷（例如燃油一次或多次预喷会明显缩短主喷射的滞燃期，从而减少它们的化学反应时间）的柴油机的典型燃烧过程，就十分接近于三角形左边下端的理想扩散燃烧过程，但是预混量越大，则越将移向该燃烧三角形左边上方的区域。

三角形的右下角对应典型的以预混合气火焰前锋传播的燃烧模式，它与均质压

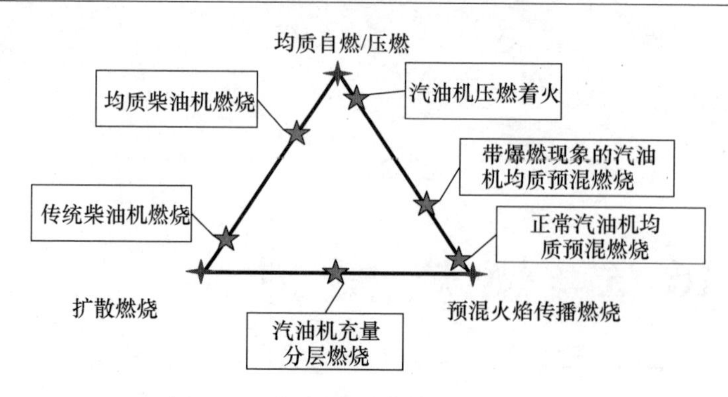

图 16.1　发动机不同燃烧模式的表征

燃模式有明显的不同。在这种情况下，尽管燃料与氧化剂已混合得比较理想，但混合气仍无法实现局部自燃（例如由于温度较低而导致滞燃期过长的情况）。这时燃烧起始于点火核，火焰前锋面穿过混合气在空间传播。火焰前锋面后温度较高的已燃混合气加热在它前方的未燃新鲜混合气，从而使燃烧室内全部混合气着火燃烧。但是如果燃烧室内某处混合气浓度接近其自燃着火极限，火焰前锋到达后形成的混合气的燃烧膨胀会对这部分未燃混合气产生压缩，致使其温度升高而产生自燃，从而使得火焰前锋将以声速或更高的速度传播，使自燃由轻度爆燃变为重度的爆燃，并伴随着金属的敲击声，这种现象在发动机中一般也俗称“敲缸”（为统一起见，本书中以后一般仍称爆燃）。

柴油机中也有类似的情况，即基本上不存在火焰前锋传播现象，而燃烧是由混合气中若干独立的自燃点几乎同时引起的。如果这时火焰前锋的传播过程起主要作用（即混合气中已燃部分强行引发未燃烧部分着火燃烧时），上述不希望出现的敲缸即爆燃现象也会立刻出现。

充量分层汽油机中的燃烧过程是扩散火焰和预混火焰传播两种燃烧混合的模式。火焰前锋发生于不均匀混合气中，而在火焰前锋后仍有燃料（局部浓混合区）和氧化剂（局部稀区）的存在，当然这时的燃料在化学成分和结构上已经产生了一定的变化，此时的燃烧方式也就转变为扩散燃烧。

三角形内部（图 16.1）的燃烧过程也是可能存在的，例如在采用充量分层燃烧方式的汽油机中，当负荷较大时出现的自燃着火现象。但这些工况条件似乎技术上的关联性并不强。

此外，应当注意的是燃烧室中湍流的影响非常重要。图 16.1 给出的所有燃烧模式都应该可以用其湍流相关变量来予以解释。例如，底边两端对应的燃烧模式（湍流扩散燃烧和湍流预混火焰传播燃烧）就很清楚，它们基本上可用时间尺度来区分：由于化学反应时间尺度通常比物理时间尺度（此处即为湍流时间尺度）短得多，故在燃烧过程中后者占主导地位。上述两种燃烧模式均是由湍流驱动整个燃烧过程，在第一种燃烧方式中主要是湍流混合过程，而第二种燃烧方式中则主要是湍流影响下的热传导过程。此处引入一无量纲特性参数——Damköhler（达姆科勒）数来表征湍流时间尺度与化学反应时间尺度的比值

$$Da = \frac{\tau_t}{\tau_{chem}} \tag{16.1}$$

因此对于前面图16.1中三角形表示的各种燃烧情况，$Da >> 1$。

Da 数较小的燃烧情况会更为复杂，例如一旦化学反应动力学在燃烧过程中起决定性作用时，该燃烧工况在图16.1所示的三角形中的位置就会向上移动。此时再采用时间尺度来区分湍流-化学反应将不太可能，而需要通过较为复杂的整体平均法来进行精确的计算。

至于燃烧过程的建模，以预混燃烧汽油机、充量分层燃烧汽油机及以扩散燃烧为主的传统柴油机最具有代表性。在实际应用中碰到的也主要是这几种机型的燃烧过程。

16.2 燃烧模拟的一般过程

本章首先介绍燃烧模拟的一般过程。模型和边界条件的热力学精确性首先应该得到保证。这一点理论上可以采用标准的一维和零维模型来计算。特别是在对柴油机的燃烧计算中必须考虑到真实气体热物性㊀的重要影响（真实气体的性质与理想气体状态方程描述的有偏差）。而且零部件（如活塞，气缸盖螺栓）的弹性也有一定的影响，两种效应的表现有所不同（至少在对气缸压力曲线的影响方面）。在理想情况下两者可以相互补偿。但遗憾的是在当前商业上的发动机CFD模型中尚未考虑这种真实气体的情况。

第二步，应该注意燃烧膨胀阶段（即燃烧结束后）的压力曲线。这时存在两种类型的误差来源，一是计算的壁面传热量过低，从而导致模拟所得的压力值过高；另一方面则是混合气形成的模拟相对较差（通常出现在柴油机全负荷计算中），此时模拟得到的压力值则又会太低。而且，即使压力曲线能很好地与试验数据吻合，也并不能说明对燃烧过程的模拟已经是很准确了。当然两方面的误差相互补偿也是很常见的（此处只是指压力曲线）。为了准确计算壁面传热率，可以参见本书第14章14.2.3节。壁面处的网格必须采用合适的 $y+$ 值，并运用Han-Reitz（汉斯-赖茨）方程（式14.53）来确定该值。即使如此，通常计算出的壁面传热率仍然过小，其中一个重要的原因在由于没有考虑炭烟的辐射传热。若没有更好的方法，“修正”该值最简单的处理办法就是对计算得到的壁面传热率乘以适当的放

㊀ 在很多与发动机相关的文献中经常会不正确地使用“真实气体”概念。“真实气体”状态指气体内能与压力或体积有关，即Vander Waals（范德瓦尔斯）气体（参见Landau和Lifschitz，1980）。而作为理想气体，则只有温度对比热容的影响。此外，惰性气体的混合气本身也是理想气体。

大系数，使最终计算结果总体上更接近实际情况，最终的目标值可以通过对放热率的分析来达到。

更为关键的另一种情况是，在柴油机或充量分层燃烧的汽油机中，燃烧结束后的压力预测值往往太低（低于实验值或按零维程序的计算值）。产生这种情况的原因可能是混合气形成过程计算不准确。必须强调的是在这种情况下，零维模拟计算照例比三维模拟更为可靠。对于具体的算例，零维模型可能会采用了并不非常准确（或调整不当）的燃烧模型，但在燃烧结束后，若在燃油消耗量相等的前提下，所有反映燃烧过程的压力曲线均基本上比较一致，从而使零维程序在燃料燃烧转换率的预测方面与实验结果比较接近，而三维模拟反而达不到这一点，因为在三维模拟计算中，燃料总体转换率不是输入参数，而是由流动、混合气形成和燃烧过程的CFD计算所得。如果在混合气形成过程的计算中出现错误，就会产生一个 $\lambda<1$ 的局部混合气浓区，其中会存在未燃的燃料或可燃中间产物，如 H_2、CO（见下文）。当前还没有哪个三维燃烧模型（针对此种情况总是建立局部模型）能够解决上述问题。因此，如果没有准确的喷雾模型，仅仅去寻求更准确的燃烧模型是没有意义的。至于喷雾模型已在前一章中做了充分的讨论。还有一种或许有所“帮助”的测量方法，即Ad－Hoc（点对点）法，但需要将喷射速度提高到远远超出Bernoulli（伯努利）速度，因而在物理上是完全没有意义的数值，因此我们并不推荐使用这种测量方法。

如果对热力学和混合气形成过程的模拟在很大程度上是可控的，即在压缩和膨胀阶段的压力曲线是正确或可信的话（基于比较和验证），就可以对实际燃烧过程进行分析。但实际上一般在这种情况下并不采用压力曲线，而是采用放热规率，即放热率曲线来进行比较和验证。通过对实验所得的压力曲线指示功的分析，可以得到加热率曲线，再进一步采用传热模型即可进行放热率的分析。在三维模拟计算中，通过将所有计算单元放热率相加来求总的放热率，但其结果与实验并不一致。因为在一个封闭的绝热空间内，如果处于压力平衡状态下不同温度的气体混合时，压力就会上升（这主要是因为气体比热容会随温度变化所致）。为此要考虑两种情况：第一种情况是工质在燃烧室中均匀放热；第二种情况是工质首先非均匀放热，然后再混合。由于整个系统是封闭的，所以上述两种情况下的整体放热量是相同的。因为压力和内能都是状态参数，故两种情况下最终的状态也一定是相同的，但由于在第二情况下的压力升高与混合过程有关，因此可以断定非均质燃烧过程的前期压力升高要比在第一种情况（均质燃烧过程）小。然而，应用到具体发动机上后发现，与按压力指示功分析得到的放热规律相比，三维模拟按空间积分得到的放热规律曲线相对于着火上止点在曲轴转角上更为提前（见图16.2）。因此为了比较测量和计算的放热率，应最好同时对分别由上述两种方法得到的压力曲线进行指示功的分析。

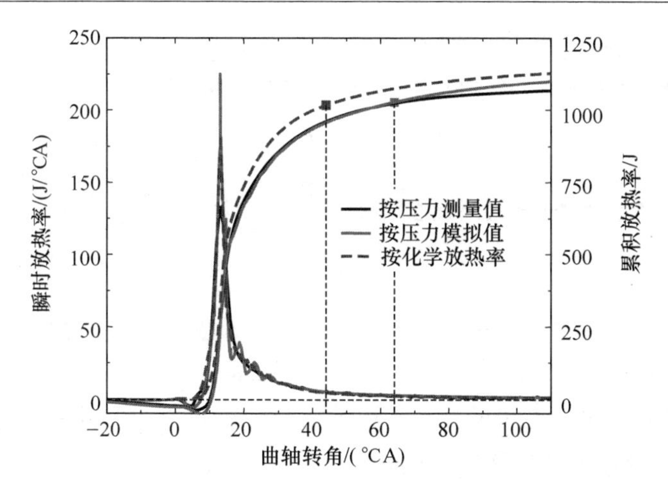

图 16.2　分别按三维模拟空间积分和对压力曲线进行指示功分析所得的放热率曲线对比，前者相对于着火上止点在曲轴转角上更为提前

16.3　柴油机燃烧

柴油机燃烧的主要阶段是扩散燃烧，这时湍流时间尺度占主导地位（$Da >> 1$）。自燃和预混燃烧（它不同于火花点火发动机中的预混燃烧）则主要受反应动力学影响，即 Damköhler 数要小得多。污染物形成过程情况也如此。

这样就自然产生了对于柴油机燃烧过程进行数值模拟是否值得的问题。因为毕竟是内部混合气的形成过程占据主导地位，是否只要准确模拟柴油机混合气形成过程就足以对发动机工作过程进行分析了吗？根据上述推理，理论上说这种只对混合气形成进行模拟的方法也不能说完全不对，但应当注意的是，混合气形成过程又强烈地受到燃烧过程产生的局部膨胀过程的影响（因为局部燃烧区域的高温引起的工质膨胀）。由此看来对燃烧反应过程的模拟还是不能忽略的。此外，通过燃烧过程模拟也有助于发现混合气形成过程模拟中可能存在的错误。例如，若在计算结束时还存在大量的未燃烧的燃料、CO 或 H_2等，则可能与混合气形成过程的模拟不够完善有关。

以下章节中将首先介绍放热过程模拟，随后再介绍更复杂的着火和污染物形成过程的模拟。

16.3.1　放热模拟

柴油燃烧的主阶段属于湍流扩散火焰，根据前述简易公式“混合的 = 燃烧的”，其主要过程受混合气形成的控制，这时的扩散即指湍流扩散。

1. 涡团破碎模型

湍流扩散火焰最简单的模拟方法就是采用所谓“涡团破碎模型”（Eddy Break-up Models）。在该模型中，组分输运方程中的源项 Q 与组分浓度和逆湍流长度尺度成正比，即涡团的破碎和形成过程是以湍流的破碎时间

$$\tau_t \propto \frac{k}{\varepsilon}$$

来进行的，于是放热率可根据转化率来计算

$$Q \infty \frac{c_A c_B}{\tau_t} \tag{16.2}$$

为了描述柴油机燃烧，必须对燃烧过程建模。最著名也是使用最广的方法是混合时间－尺度模型（Mixing－Time－Scale－Model，见 Patterson 和 Reitz，1998）。这时，根据湍流和化学时间尺度（τ_t 和 τ_{chem}）按式（16.3）形成一个有效的时间尺度 τ_{eff}，以它来作为计算燃烧过程的依据

$$\tau_{eff} = \tau_{chem} + f\tau_t, f = \frac{1-\exp(-r)}{1-\exp(-1)}, \qquad \tau_{chem} << \tau_t = c_\mu \frac{k}{\varepsilon} \tag{16.3}$$

式中　r——所有反应产物的质量分数。

当反应开始时，$f=0$，即表示有效时间尺度对应于（较短的）化学时间尺度，反应进展非常迅速，这时的放热率曲线会出现一个“预混合尖峰”。随着反应产物的增加，f 也增大（最大为 1），这时 $\tau_{eff} = f \cdot \tau_t$ 表示的是扩散燃烧。混合时间－尺度模型通常使用七种物质，即 N_2，O_2，燃料，H_2O，CO_2，CO 和 H_2。从给定的浓度分布（$c_{(k)}^*$，$k=1\cdots7$）出发，可计算相应的平衡分布（$c_{(k)}^*$，$k=1\cdots7$）。假设每种物质都随着时间尺度趋于局部平衡

$$\rho\left(\frac{\partial}{\partial t} + \nu_i \frac{\partial}{\partial x_i}\right)c_k - \frac{\partial}{\partial x_i}\left(D_t\rho \frac{\partial}{\partial x_i}c_k\right) = \rho \frac{c_{(k)}^* - c_k}{\tau_{eff}} \tag{16.4}$$

基于混合时间－尺度模型的化学平衡程序需要有两个 λ 区域。燃料与当地存在的氧气完全转化成 CO 和 H_2 的空燃比就决定了这两个区域之间的界限，在 λ 值低于限值的“浓”区域中，平衡状态是指全部可用的氧气均被用来与燃料生成 CO 和 H_2，而同时仍然存在少许未燃燃料。反之，在 λ 值高于限值的“稀”区域中，就假设没有燃料剩余。除了不参与反应的 N_2 以外，还存在五种反应物质，即 H_2O，H_2，O_2，CO 和 CO_2。其平衡浓度由三个元素（C，O 和 H）的质量分数守恒方程来计算，另外还有遵循质量作用定律的两个关系

$$\frac{[CO_2]}{[CO][O_2]^{0.5}} = K_C(p,T)$$

$$\frac{[H_2O]}{[H_2][O_2]^{0.5}} = K_H(p,T) \tag{16.5}$$

由以上这五个方程可以得到一个四阶多项式，它可以由相应解析式求解。图 16.3 表示了由均衡求解器取得的结果。对于物质的反应速率，可由它们的比反应焓 $h_{(k)}$ 来确定其焓方程源项

$$q = \rho \sum_{k} h_{(k)} \dot{c}_{(k)} \qquad (16.6)$$

采用这种七组分方法，即使在浓混合气区也可以很好地描述局部状态。无论是按反应动力学影响还是按湍流相互作用的建模，混合时间－尺度模型仍然非常简单。有了这种模拟方法，已经可以对柴油机内部过程各因素的相互关系和燃烧机理进行分析。另外除了七组分方法外，也可以采用较少的组分来进行模拟，但最少需三种组分，即氧化剂（空气＋残余废气）、燃料和燃烧产物。

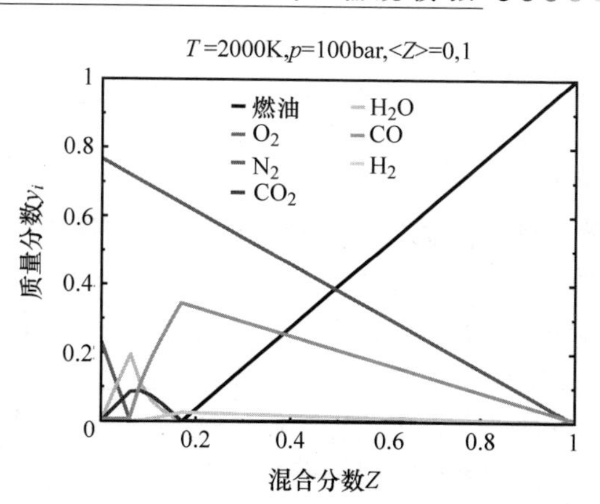

图16.3 随燃油质量分数或混合物分数变化的七种组分的分布

这三种组分均为自然状态。通常情况下可以建立以下反应方程式（燃料的分子式可以表示为 C_mH_n）

$$\frac{m+\frac{n}{2}}{0.21}[0.21 \cdot O_2 + 0.79 \cdot N_2] + C_mH_n \rightarrow mCO_2 + nH_2O + \frac{0.79}{0.21}\left(m+\frac{n}{2}\right)N_2 \qquad (16.7)$$

式中，右侧表示“燃烧产物”，另外两侧还要加上残余气体。

2. 基于β－pdf的模型

扩散部分的模拟可以用所谓pdf（概率密度函数）时间－尺度模型来改善（参见Raoand Rutland，2002）。在此模型中，除了组分输运方程以外，还可以得到混合物分数的输运方程和混合物分数方差，再由β－pdf方法可以计算相关组分 $c_{(k)}^{(\mathrm{pdf})}$ 的局部平均值（见本书第14章14.2.4节），以下即为组分输运方程

$$\rho\left(\frac{\partial}{\partial t} + \nu_i \frac{\partial}{\partial x_i}\right)c_{(k)} - \frac{\partial}{\partial x_i}\left(D_t\rho \frac{\partial}{\partial x_i}c_{(k)}\right) = \rho \frac{c_{(k)}^{(\mathrm{pdf})} - c_{(k)}}{\tau_{\mathrm{chem}}} \qquad (16.8)$$

湍流混合过程随着时间尺度 τ_t 的发展可以用 $c_{(k)}^{(\mathrm{pdf})}$ 项加以描述，因为它在 τ_t 的时间数量级内总是趋向当地均匀混合的平衡值 $c_{(k)}^{*}$

$$\dot{c}_{(k)}^{(\mathrm{pdf})} \approx \frac{c_{(k)}^{*} - c_{(k)}^{(\mathrm{pdf})}}{\tau_t} \qquad (16.9)$$

预混部分仍然可以同样用“现象学”方法来说明，但这对湍流的相互作用描述得更好。这一点对于全负荷时燃烧过程的分析特别有用，因为这时的预混部分所占比例很小。

至于 $c_{(k)}^{(\mathrm{pdf})}$ 的计算，可以通过模型的原始公式来求取混合物分数 Z（β分布）与标量耗散率 χ（Gaussian分布）的平均值。

$$c_{(k)}^{(\mathrm{pdf})} = \int \mathrm{d}Z \int \mathrm{d}\chi p_{\beta}(Z)\,\mathrm{pdf}_{\mathrm{Gauss}}(\chi)\,c_{(k)}(Z,\chi) \tag{16.10}$$

为了计算这个积分，需要了解函数 $c_{(k)}$（Z，χ）的相关知识。为了确定这些所谓“小火焰”函数，需要对层逆流火焰进行反应动力学计算。这时，标量湍流耗散率对混合物内组分在空间的有效扩散影响很大，并决定了所谓火焰拉伸效果，即扩散和反应之间的层流平衡。理论上并不能认为扩散燃烧为“混合的 = 燃烧的”，因为其中的化学过程并非“无限快”。但实际上在柴油机扩散火焰阶段中，由于温度很高，反应进行得非常快，且在化学时间尺度内已经几乎完全考虑了有关反应动力学的所有作用。因此在忽略火焰拉伸的作用以后，可以采用上述七种组分平衡动力学的方法作为研究所有反应动力学问题的基础（参见 Steiner 等，2004）。采用这种方式可以最大限度地降低计算和模型方面的花费。其中，$c_{(k)}^{(\mathrm{pdf})}$ 的计算可按下式进行

$$c_{(k)}^{(\mathrm{pdf})} = \int_0^1 \mathrm{d}Z p_{\beta}(Z;\langle Z\rangle,\langle Z''^2\rangle)\,c_{(k)}^{*}(Z) \tag{16.11}$$

分布函数 p_β 是带有平均值 $<Z>$ 和方差 $<Z''^2>$ 的 β（贝塔）函数。函数 $c_{(k)}^{*}$（Z）则如图 16.3 所示（混合物的温度严格来说并非常量）。

函数 $c_{(k)}^{*}$（Z）部分是线性的。如果将 Z 轴区间离散化，在这个区间里函数 $c_{(k)}^{*}$（Z）（或其平方值）是近似线性的，那么就可以找到一个对式（16.11）积分的有效方案。一个 β 分布函数与另一个在 Z 轴区间的线性函数相乘会产生两个 β 分布函数的线性组合

$$\begin{aligned} &N(a,b)^{-1}(1-Z)^{a-1}Z^{b-1}\cdot(A+B\cdot Z) = \\ &AN(a,b)^{-1}(1-Z)^{a-1}Z^{b-1} + BN(a,b)^{-1}(1-Z)^{a-1}Z^{b} \end{aligned} \tag{16.12}$$

因此，只需求解以下这个积分

$$B(a,b;x) = N(a,b)^{-1}\int_0^x \mathrm{d}Z\, Z^{a-1}(1-Z)^{b-1} \quad 0 \leqslant x \leqslant 1 \tag{16.13}$$

这在相关文献中，称为不完全 β 函数。对于其求解已有非常成熟的算法。然而，高效求解积分（式 16.11）的方法依然非常重要，因为每经过一个时间间隔都要对每个计算单元进行计算。另外，β - 分布函数很可能会出现不理想的结果（对应每一个 Z 值，均可能出现随机的尖峰）。

采用 pdf - 时间尺度模型并结合正确的喷雾模型，可以在全负荷情况下得到比较理想的结果（图 16.4）。

3. 扩展的拟序火焰模型

扩展的拟序火焰（Extended - Coherent - Flame，缩写 ECF）模型源自点燃式内燃机的拟序模型（Coherent - Flame - Model，缩写 CFM），后者原本是用于描述火焰前锋的燃烧（参见本章以后的第 16.4.3 节），现经修改后也适用于柴油机燃烧的研究，但这时已不再有火焰前锋传播，因此在图 16.1 所示的燃烧三角形中，它

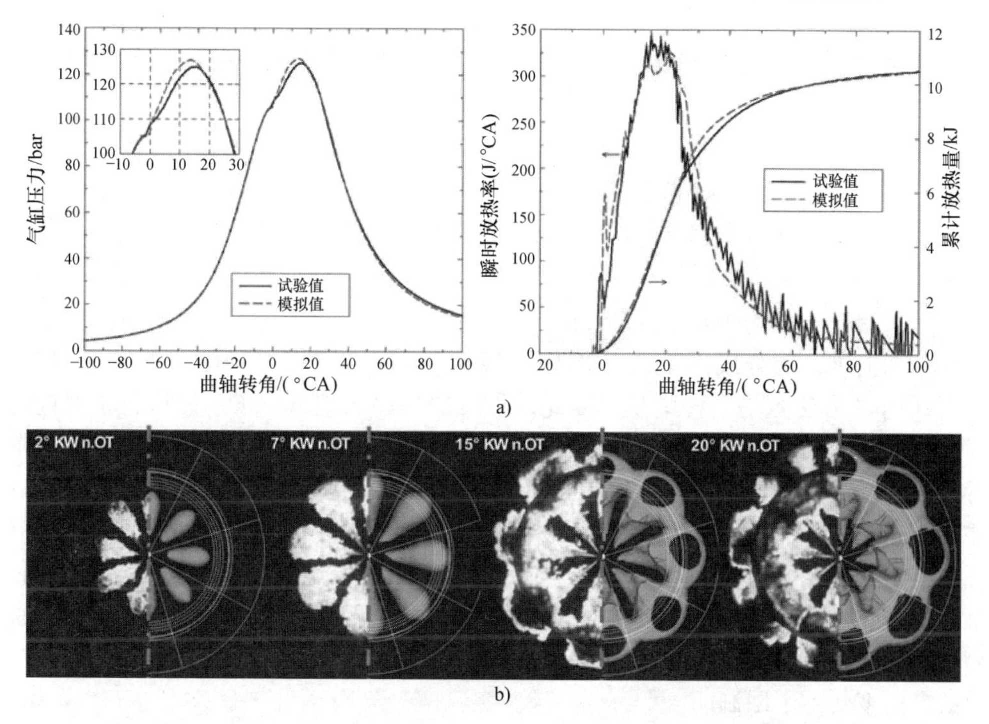

图16.4 用PDF时间-尺度模型对载货车柴油机燃烧过程进行的数值模拟

a）实验和计算气缸内压力曲线的比较 b）数值模拟计算所得的等温面（右）与在可视化发动机上缸内高速摄影图像（左）的比较

已不是在底边，而是处在左边自燃（快速化学动力学反应）和扩散燃烧之间（不是在底边火焰前锋传播与扩散燃烧之间）的中间位置上，通常它分为以下几个区域：

- 空气区：未混合。
- 燃油区：未混合。
- 混合区：（空气+残余气体）+燃料+燃烧产物。

现在对各个区域列出组分的输运方程，以湍流时间尺度发生由“未混合”区域向“混合”区域过渡的湍流混合过程，在混合区发生的反应是均相反应。若以$c_{K,u}$代表未混合燃料的浓度，$c_{Ox,u}$为未燃氧化剂的浓度（空气和残余气体），$c_{K,g}$为已混合燃料的浓度，$c_{Ox,g}$为已混合空气的浓度，c_p代表燃烧产物的浓度，则该典型的模型可如下所示

$$\frac{\partial}{\partial t}(\rho\, c_{K,u}) + \frac{\partial}{\partial x_j}(\rho\langle \nu_j\rangle c_{K,u}) - \frac{\partial}{\partial x_j}\left(D_t\rho\,\frac{\partial}{\partial x_j}c_{K,u}\right) = -A\,\frac{\varepsilon}{k}c_{K,u} + q_{\mathrm{Verd}}$$

$$\frac{\partial}{\partial t}(\rho\, c_{Ox,u}) + \frac{\partial}{\partial x_j}(\rho\langle \nu_j\rangle c_{Ox,u}) - \frac{\partial}{\partial x_j}\left(D_t\rho\,\frac{\partial}{\partial x_j}c_{Ox,u}\right) = -\widetilde{A}\,\frac{\varepsilon}{k}c_{Ox,u}$$

$$\frac{\partial}{\partial t}(\rho\, c_{K,g}) + \frac{\partial}{\partial x_j}(\rho\langle \nu_j\rangle c_{K,g}) - \frac{\partial}{\partial x_j}\left(D_t\rho\,\frac{\partial}{\partial x_j}c_{K,g}\right) = A\,\frac{\varepsilon}{K}c_{K,u} - Bc_{K,g}\exp\left(-\frac{T}{T_{\mathrm{akt}}}\right)$$

$$\frac{\partial}{\partial t}(\rho\, c_{\mathrm{Ox,g}}) + \frac{\partial}{\partial x_j}(\rho\langle \nu_j\rangle c_{\mathrm{Ox,g}}) - \frac{\partial}{\partial x_j}\left(D_t\rho\,\frac{\partial}{\partial x_j}c_{\mathrm{Ox,g}}\right) = \widetilde{A}\,\frac{\varepsilon}{k}c_{\mathrm{Ox,u}} - \lambda B c_{\mathrm{K,g}}\exp\left(-\frac{T}{T_{\mathrm{akt}}}\right)$$

$$\frac{\partial}{\partial t}(\rho\, c_{\mathrm{P}}) + \frac{\partial}{\partial x_j}(\rho\langle \nu_j\rangle c_{\mathrm{P}}) - \frac{\partial}{\partial x_j}\left(D_t\rho\,\frac{\partial}{\partial x_j}c_{\mathrm{P}}\right) = (1+\lambda)B c_{\mathrm{K,g}}\exp\left(-\frac{T}{T_{\mathrm{akt}}}\right) \quad (16.14)$$

式中 λ——化学计量空燃比；

q_{Verd}——蒸发源项；

T_{akt}——活化温度；

A、$\widetilde{A}$、B 和 $\widetilde{B}$——均为常量。

原则上讲，划分成两个区（例如“混合”与“未混合”）的工作并不复杂，采用 β - pdf 方法更是一种进步。因此，扩展的拟序火焰（ECF）模型也是对前述混合时间尺度模型的进一步改进，因为在处理中将预混和扩散燃烧看作为一系列前后有联系的过程来加以考虑（即先到达混合区的燃料先燃烧）。但它对燃烧的描述并不比 pdf 时间 - 尺度模型详细，后者模拟了混合物的连续性状态而非只有两种状态。有时在 ECF 模型中也会引入 β - pdf 模型（如用于描述已混合区），但这会使得该模型更加复杂，不实用且不自然，与 pdf 时间尺度模型相比也没有明显的优势。因为在目前世面流通的 CFD 软件中 ECF 模型很受欢迎，因此在选择燃烧模型时的自由度受到了限制。

4. 分配过程变量的问题

从燃烧模型讨论中可见，有非常实用的方法来描述扩散燃烧。但是描述以化学反应动力学为主的那部分预混燃烧却会碰到一些困难，因为人们对受局部混合物状态（主要是其浓度）影响的化学反应如何进展还知之甚少，或者换句话说，对过程变量如何分布在小火焰单元中的机理还不太清楚。虽然在当前文献中已有与此相关的一系列方法，但迄今为止尚无人能超越 Steiner 等（2004）或 Lehtiniemi 等（2005）所发表文献的范围。对非稳态小火焰单元即典型的相互作用的小火焰（representative interactive flmaelets，缩写 RIF）的研究就属于这种情况（Peters，2000）。

所谓的条件矩（Conditional moment closure，缩写 CMC）模型或许可作为理论上最完备的方法得到广泛应用（见 Bilger，1993；Klimenko 和 Bilger，1999）。在这种情况下，当混合分数值为 Z 时，$\langle c_i \mid Z\rangle$（即在一定的条件下）可以针对平均组分浓度 $\langle c_i \mid Z\rangle$ 求解输运方程

$$\langle \rho \mid Z\rangle \frac{\partial Q_\alpha}{\partial t} + \langle \rho \mid Z\rangle \nu_i \frac{\partial Q_\alpha}{\partial x_i} - \langle \rho\chi \mid Z\rangle \frac{\partial^2 Q_\alpha}{\partial Z^2} = \langle \rho\omega \mid Z\rangle \quad (16.15)$$

式 16.15 中，符号 $\langle X \mid Z\rangle$ 始终表示依据混合分数 Z 变化的变量 X（由于这是一个选定的典型组分浓度，因此对于过程变量也适用）。对条件变量对 Z 积分后可以得到局部的综合平均值。式（16.15）等号右项表示条件反应率，它很容易根据反应动力学求得。公式左侧第三项则最为关键，它在空间坐标 χ 转换为混合分数 Z 时，源自标准输运方程的扩散项，从而表示 Z - 空间上的混合或扩散项，它可以

从混合分数的分布函数的时间发展中获得（例如β－pdf，见本书第14章14.2.4节）。此外该分布函数必须满足连续性方程

$$\frac{\partial}{\partial t}[\langle\rho \mid Z\rangle \cdot \rho_\beta(Z)] + \frac{\partial}{\partial x_i}[\langle\rho \mid Z\rangle \nu_i p_\beta(Z)] + \frac{\partial^2}{\partial Z^2}[\langle\rho\chi \mid Z\rangle p_\beta(Z)] = 0 \tag{16.16}$$

由于ρ_β（Z）的时空发展是已知的［它最终可由Z的时间发展及方差给出，见式（14.32）和式（14.55）］，则$\langle\rho_\chi \mid Z\rangle$项（有条件的标量耗散率）可由式（16.16）计算得到并代入式（16.15）。

然而这个过程非常麻烦，为了输运某单个浓度c需要几个输运方程，这是因为在混合分数空间$Q(Z_n) = \langle c \mid Z_n\rangle$上必须对每个浓度$c$分布的“支持点”单独输运。而从前至多需要采用两个方程（对于平均值和方差）来输运一个标量。但是这个方法目前已在发动机上得到初步应用（见De Paola等，2008）。

16.3.2 着火

着火现象的模拟是一项特别困难的问题，因为这时存在着流动的时间尺度和反应动力学（特别是在这种非常复杂的情况下）方面的干扰。目前，确实对许多碳氢化合物的化学反应动力学机理已经比较清楚。例如，庚烷由于其十六烷值（约50）十分接近柴油，故非常适合于模拟柴油机的自燃（十二烷和α－甲基萘也有类似的功能）。但如果不考虑湍流作用，上述信息也就没有多大的意义。

有一种解决问题的方法是不考虑湍流的作用，只是基于详细的层流反应动力学引入一个源项。当然这个方法并不完善，而且计算成本较高，因而并不值得采用。另一个常用的替代方案则是基于简化反应动力学的现象学模型，它至少在成本上是比较低的。例如，Halstead等（1977）的修正Shell（谢尔）模型，还有更简单的基于Wolfer（沃尔夫）方程（Wolfer，1938）的现象学方法。典型的着火模型思路如下：首先定义某一指示性组分c_l作为表征着火的标定物，如果它在某一时刻达到预定的阈值$c_{\mathrm{I}}^{(0)}$，即认为发生局部性的着火（也就是使放热模型开始起作用）。例如可以用来自于Wolfer（1938）的源项通过求解输运方程而得到c_{I}

$$\rho\left(\frac{\partial}{\partial t} + \nu_i \frac{\partial}{\partial x_i}\right)c_{\mathrm{I}} - \frac{\partial}{\partial x_i}\left(D_{\nu_t}\rho \frac{\partial}{\partial x_i}c_{\mathrm{I}}\right) = A_{\mathrm{id}}\rho \frac{p}{p_0} f(\lambda)\exp\left(-\frac{E_{\mathrm{id}}}{T}\right) \tag{16.17}$$

有许多反映湍流作用的方法都是基于小火焰单元的概念，但由于反应动力学太慢故难以达到平衡。因此可以仅用小火焰单元模型（通过对混合分数的平均化处理）来描述输运方程的源项（如表征着火的标的物）。在众多的物质中，CO证明是一种十分可行的标的物，因为其浓度随着火过程单调增加。然而困难在于CO源项也是随反应进展（本例中即随CO浓度本身）而变的。而且如前所述，过程变量随混合分数的分布仍然是未知的。为此或许需要再次求助于前述CMC（条件封闭模型）方法。

总之，对于着火现象的数值模拟而言，目前尚没有可用的万能药方，因而只能

去尝试采用那些或多或少并不完善的模型及其调整方法来进行研究。这一点对于着火延迟期不长的典型柴油机燃烧而言，问题并不是很大，但是对于 HCCI（均质压燃）燃烧而言，情况就比较困难。

16.3.3 NO_x 生成

通常情况下，NO_x 生成的模拟仅限于 NO_x 的热生成，即按 Zeldovich（泽尔多维奇）机理形成的氮氧化物。为此求解 NO_x 浓度的输运方程

$$\rho\left(\frac{\partial}{\partial t} + \nu_i \frac{\partial}{\partial x_i}\right)c_{NO_x} - \frac{\partial}{\partial x_i}\left(D_t\rho \frac{\partial}{\partial x_i}c_{NO_x}\right) = Q_{Zeldovich}(c_{NO_x}, c_O, c_{OH}, c_H, \lambda, p, t) \tag{16.18}$$

式（16.18）中各源项是根据 Zeldovich 机理直接从自由基 O、OH 和 H［没有总体（系综）平均］的浓度来计算的。自由基 N 的浓度被视为处于部分平衡状态。由于 NO_x 生成的时间尺度非常大（比湍流时间尺度大，这恰恰是对化学湍流交互作用的另一个限制），绝大部分的 NO_x 已在燃烧中形成，因此它受湍流温度波动的影响很小（但在燃烧区域内影响却很大）。为此 NO_x 的形成通常是以层流方式，即按纯粹反应动力学上的总体（系综）平均值进行计算。

由于未进行总体（系综）平均而产生了不可忽略的误差，上述方法似乎并不很准确。但根据已掌握的知识，只有直接正向反应（假定已达到某种平衡或局部平衡状态）明确地由空燃比确定，并因此可以在小火焰单元区域进行积分（即采用 β - pdf 方法通过质量分数积分）。但在对逆反应的小火焰单元进行平均时，还会再次遇到 NO_x 在混合分数空间中分布未知的问题。这时可能选择的处理方法仍然是采用 CMC 模型。

总之，对上述处理方法是否充分目前尚无定论，因为 NO_x 的形成受温度的影响很大，所以 3D 模拟结果的精确性仍需进一步改善。

图 16.5 表示的是由模拟计算得到的某乘用车柴油机喷雾截面上温度和 NO 周向分布的曲线图。

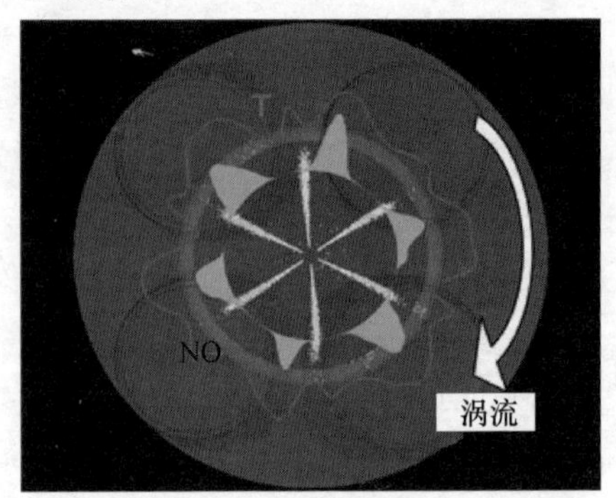

图 16.5　某乘用车柴油机的缸内温度与 NO 的分布，其中红线代表温度，橘黄色表示 NO，每个油束在涡流旋转方向的下风处温度与 NO 均达到当地最高值

16.3.4 炭烟生成

目前已有多种不同的方法来模拟炭烟的形成与氧化（见本书第 7 章 7.2.3 节）。首先有 Hiroyasu（广安博之）等（1983）或 Nagle 和 Strickland - Constable（1962）等人的现象学模型。典型的变化是使用来自第一源项和另一个氧化模型形成的模型，建立起用流体力学方法来求解炭烟质

量分数的输运方程

$$\rho\left(\frac{\partial}{\partial t}+\nu_i\frac{\partial}{\partial x_i}\right)c_{\text{Ruß}}-\frac{\partial}{\partial x_i}\left(D_t\rho\frac{\partial}{\partial x_i}c_{\text{Ruß}}\right)=$$
$$Q_{\text{Hiroyasu}}(\lambda,p,T)-Q_{\text{Nagle-Strickland}}(\lambda,p,T) \tag{16.19}$$

但该模型的预估能力并不是很高。一般来说它并未充分反映在氧化开始之前过渡状态下非常高的炭烟浓度。为此，Dederichs 等人（1999）提出了新的基于小火焰单元的方法，其预测能力似乎比较好一些。这时可以用以下小火焰单元方法的积分计算出炭烟输运方程中的源项

$$Q_{\text{Ruß}}(\langle\chi\rangle;p,T)=\int \mathrm{d}Z\,p_\beta(Z)Q_{\text{Ruß}}(Z,\langle\chi\rangle;p,T) \tag{16.20}$$

$Q_{\text{Ruß}}$（Z，$\langle\chi\rangle$；p，T）作为变量 Z 的函数，近似于 β 函数。这样式（16.20）所示的 Z－积分则较为简单，因为两个 β 函数的乘积依然为 β 函数，而且此项积分亦可解析求解。图 16.6 则表示了采用小火焰单元模型的计算结果。

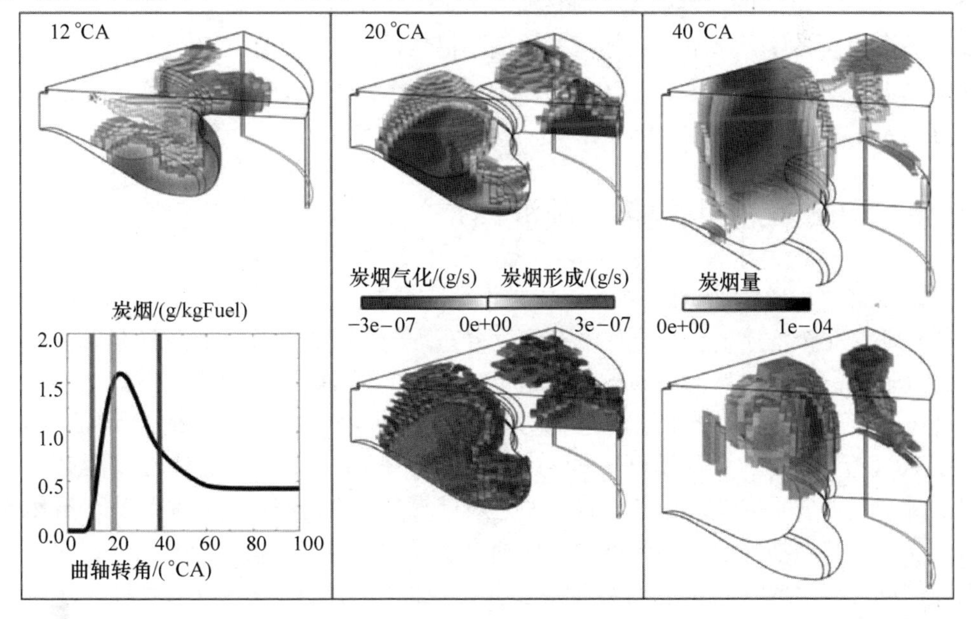

图 16.6 运用小火焰单元模型对乘用车柴油机不同燃烧阶段的炭烟分布进行的三维模拟计算

炭烟排放的绝对值一直难以计算，有时可以通过对混合物的分布及其在时空上的演变规律分析得到某些相对性的结论（如对炭烟浓度曲线峰谷特征之间的比较）。

当认为模拟计算不够准确度时，不要忽略相对于真实测量所得的炭烟排放而言，还存在炭烟氧化这样一个非常重要的现象。需要再次要指出的是，在混合物组分空间中的炭烟分布情况仍然还是未知的。为此还需要求助于 CMC 方法。

16.3.5 HC 和 CO 排放

在现代柴油机燃烧过程中，未完全燃烧的碳氢化合物（HC）和 CO 排放也同样占据着十分重要的地位。两者都是七种组分模型的组成部分（HC 仅视为燃料），因此从原理上讲，用此七组分燃烧模型可以计算出 HC 和 CO 的排放。但是由于会出现燃烧“冻结”现象，所以为了获得正确的计算结果，必须应用详细的反应动力学方法（这也就意味着再次面对较“大”的化学时间尺度），当然这只是针对总体（系综）平均值而言的。但当前几乎所有的燃烧模型都还不能准确地描述上述复杂现象。

此外应注意是，在燃烧结束时计算所得的 CO 和 HC 往往是典型的“混合气形成的人工产物”，即燃油喷射与混合物形成模型不当造成的错误结果。这一点在采用“经典的” Lagrange（拉格朗日）喷雾模型时尤其如此。进一步讲即使采用了第 15 章讨论的改进后的喷雾模型，在燃烧结束时，对混合物（湍流）状态的预测精度也不会很高，计算结果与实际情况的偏差仍然很大。

综上所述，HC 和 CO 排放在可预见的未来，仍然很难通过 CFD 软件进行准确计算。

16.4 均质汽油机燃烧（预混燃烧）

严格讲“均质汽油机”这个概念本身就是虚构的。事实上这种发动机缸内的工质远非是完全均质的。混合气及其温度分布均匀到什么程度，首先还是要取决于混合气形成的质量。然而，虚构仍然是模拟计算的“命脉”，因为归根到底，人们只能也必须采取这样或那样的近似方法去揭示事物的本质。尽管所谓的 TOEs（“万能理论”）或“全局模型”均为无稽之谈，但在本节中，仍然必须假设汽油机的混合气形成是完全均质的。这种假定对于直喷式汽油机问题不是太大，虽然这时不应当忽视燃油喷射在燃烧室中形成的充量运动，但只要将燃烧开始前燃油喷射引起的混合气形成（包括它对充量运动和湍流的影响）视为均质来处理，并计算整体的过量空气系数，就不会将混合气形成阶段的误差带入燃烧过程计算中去。

然而，以上假设在某些情况下仍然是不合理的，例如若正好以混合气形成的质量作为研究对象时（如 HC 和 CO 排放较高的情况），就不可避免地要仔细研究混合气的形成过程。这个问题在进气道喷射的汽油机中比较突出，因为这时牵涉到多个循环的过程（需要经历几个相继的循环才能使燃油喷射与蒸发之间达到相平衡），以及与油膜动力学、油膜蒸发和油膜分离等有关的复杂物理机理。当然，进气道燃油喷射的重要性已日益下降，有关其混合气形成的基础知识也为人们所熟知。反之，缸内直接喷射的均质混合气形成方式（在进气行程早期喷油）则显得日益重要。很幸运，它的模拟计算反而较为容易。不过上一节的讨论还是非常重要，由于液相存在时间较长以及流场结构复杂，无论关系到数值模拟、统计或物理现象（网格结构和分辨率、湍流耗散、壁面油膜形成、油膜蒸发以及多组分蒸发）等哪个方面，问题都非常复杂。

现在再回到完全均质混合气的电火花点火问题上来。可能有人认为对于均质混合气的汽油机而言，火焰前锋的燃烧模拟应该是很容易的，因为其物理过程是众所周知且易于描述的。但情况并非如此。目前尚没有 CFD 软件提供的模型可以来描述电火花点火发动机中的燃烧。如同喷雾模型的情况一样，对于描述火焰前锋燃烧数值模型的要求也是很高的。下文中将讨论目前应用中的几种不同的解决方法。但首先要弥补当前燃烧模型中的一项重要不足，即两相流问题。

16.4.1　两相流问题

正如在本书第 3 章 3.1.2 节已经讨论过的那样，有褶皱的层流火焰前锋非常薄，厚度通常只有几个微米。为此在分析时需要进行总体（系综）平均处理。这种“模糊化”的薄的褶皱层流火焰前锋面（火焰表面 A_l），在传播过程中会逐渐形成较厚的“湍流”火焰前锋面（火焰厚度的量级为湍流尺度），同时火焰表面亦不再有相应的褶皱（火焰表面积 A_t）。此外，火焰在未燃混合物中的传播速度 s_l 和 s_t 是不同的，它们的比值等于火焰表面积比的倒数

$$\frac{s_t}{s_l}=\frac{A_l}{A_t} \tag{16.21}$$

这样在平均的以及非平均的图像（湍流和层流）中，计算得到的燃烧率即燃料转化率均相同（$A_l s_l = A_t s_t$）。由于湍流火焰前锋面的厚度较小，因此确定其精确位置并不容易，为此必须采用间接的方法，例如采用转化率为 50% 的点来定义燃烧的重心位置。作为具体实例，在图 16.7 中显示了层流和湍流火焰前锋之间的关系。

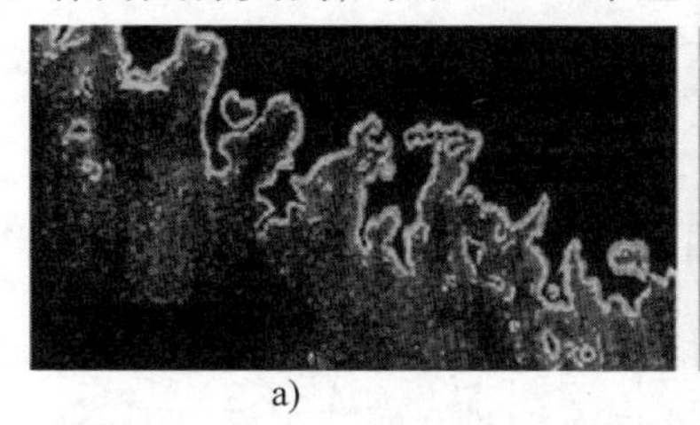

a)

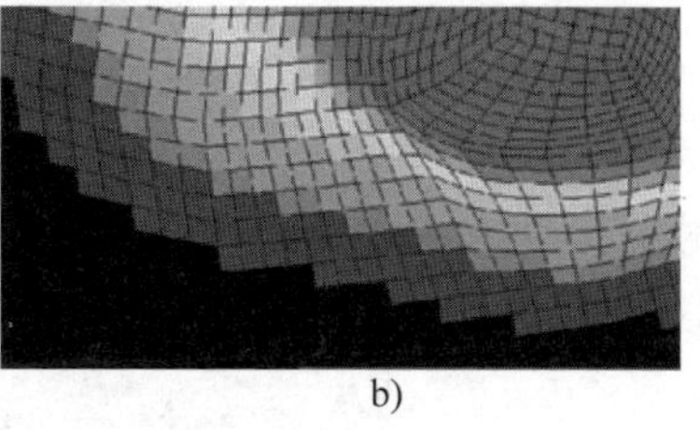

b)

图 16.7　层流和湍流火焰前锋之间的关系

a）层流火焰前锋的实验图像，火焰前锋的位置和状态清楚可见

b）用平均模拟法计算所得的湍流火焰前锋图形

从理论上讲，层流火焰前锋中密度每一步的变化，即相应于温度、同时也对应于速度的每一步变化。这个情况如图 16.8a 所示。这时以火焰前锋作为参照系，即认为它处于静止状态。未燃混合物以层流火焰速度 s_l 进入静止的火焰前锋，已燃混合物则以速度 ν_v 离开。ρ_v 和 ρ_u 表示已燃和未燃混合气的密度。于是，根据质量

守恒定律有

$$\rho_{\mathrm{v}}\nu_{\mathrm{v}}=\rho_{\mathrm{u}}s_{\mathrm{l}} \tag{16.22}$$

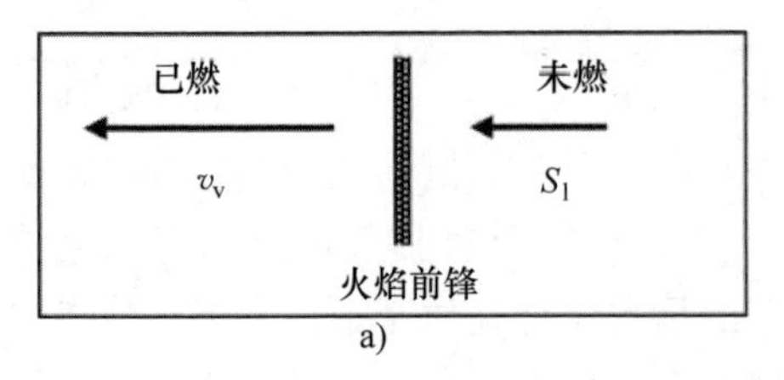

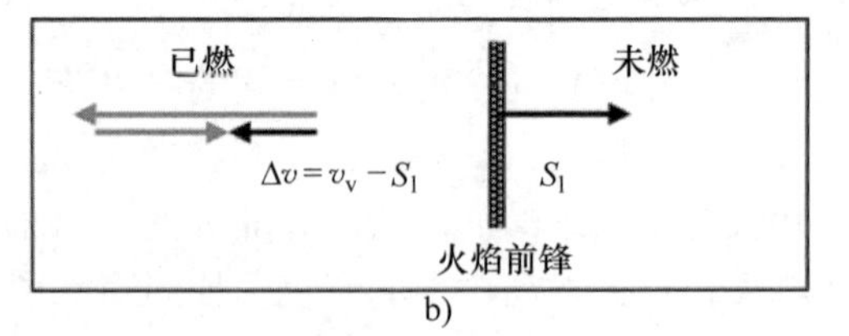

图 16.8　参照系统示意图

a）火焰前锋　b）未燃气体

在图 16.8b 中，则以未燃气体为参照系，重复之前的处理，即对速度进行简单变换。由此可见未燃与已燃混合物之间存在着速度差，其量化为

$$\Delta\nu=\nu_{\mathrm{v}}-s_{\mathrm{l}}=\frac{\rho_{\mathrm{u}}-\rho_{\mathrm{v}}}{\rho_{\mathrm{v}}}s_{\mathrm{l}} \tag{16.23}$$

在湍流情况下，经过总体（系综）平均处理后发现，已燃和未燃部分的状态会以不同的速度、密度、温度和湍流水平出现重叠现象。这种情况呈现出两相流！迄今为止还没有一款用于发动机的 CFD 软件，在处理预混燃烧时考虑到上述问题。这也是它们在处理预混燃烧时最主要的不足之处。这类模型的改进必须考虑两相问题的处理，具体方法是先按照诸如反映速度“跳跃关系”的公式（16.23），分别进行平均状态的单相等效处理，在此基础上再建立与此相关的两相模型。

如果不考虑两相现象就可能会引发一系列问题，其中之一即为在火焰区域产生虚拟（假）的湍流。这一点很容易见到，因为最重要的湍流产生项为（见式 14.36）

$$P=\tau_{\mathrm{R,ij}}S_{\mathrm{ij}}=F\left(\frac{\partial\nu_k}{\partial x_1}\right) \tag{16.24}$$

式中　$F(0)=0$。

在两相的处理方法中，该项必须正确地理解为已燃相和未燃相的平均项（ν_{n} 和 ν_{u} 分别用来描述两相的速度）

$$P_{\mathrm{2Phasen}}=cF\left(\frac{\partial\nu_{\mathrm{v},k}}{\partial x_1}\right)+(1-c)F\left(\frac{\partial\nu_{\mathrm{u},k}}{\partial x_1}\right) \tag{16.25}$$

式中　c——过程变量，即“已燃”状态的统计权重。

在标准的单相处理方法中，只有平均速度 v 可用，它代表已燃相和未燃相在速度上的重叠。

$$\nu_k=c\nu_{\mathrm{v},k}+(1-c)\nu_{\mathrm{u},k} \tag{16.26}$$

由此可以计算得到 P，在正确的两相模型中，当不存在速度梯度，即

$$\frac{\partial\nu_{\mathrm{v},k}}{\partial x_1}=\frac{\partial\nu_{\mathrm{u},k}}{\partial x_1}=0 \tag{16.27}$$

时，是不会产生湍流的。然而若采用单相标准模型，在与速度同步的相位突变情况下单凭 c 的梯度就会产生（虚拟的）湍流（当速度梯度消失时）

$$P = F\left(\frac{\partial \nu_k}{\partial x_1}\right) = F\left((\nu_{v,k} - \nu_{u,k})\frac{\partial c}{\partial x_1}\right) \tag{16.28}$$

因为 F 本质上是速度梯度的二次函数，因此虚拟的湍流越强，火焰前锋越薄，因为

$$P \propto \left[\Delta\nu \frac{\partial c}{\partial x}\right]^2 \approx \left[\Delta\nu \frac{1-0}{l_F}\right]^2 = \left[\frac{\Delta\nu}{l_F}\right]^2 \tag{16.29}$$

因此式（16.29）大致上是成立的（l_F 表示火焰厚度）。对火焰前锋区域的湍流进行积分后得到的湍流总量 P_{ges} 为

$$P_{ges} \approx Pl_F \propto \frac{(\Delta\nu)^2}{l_F} \tag{16.30}$$

当 l_F 趋于0时，P_{ges} 呈分散趋势。

若没有模型可用于确定火焰厚度时，上述误差可能会很大。在这种情况下，火焰产生湍流，其最高值可能出现在火焰前锋背面，从而使火焰前锋大大加速［参见本章式（16.1）Damköhler（达姆科勒）数］，由于前锋背面受到的作用力比前面更强，因此火焰变得更快更薄，而更薄的火焰前锋又会产生更多的虚拟湍流，以此恶性循环，最终可能导致循环计算失败。

解决这个问题的方案可以是抑制火焰前锋处湍流项的形成，这样对于很薄的火焰前锋面所产生的误差仍然勉强可以接受。然而，从长远来看，还是应该把火焰前锋当成两相处理为好。

在已有的文献中，已经提出了对焓或内能的两相处理方法，但在两相速度的处理方面仍然是一片空白，而后者恰恰是对湍流计算正确性有决定性影响的因素。

16.4.2 Magnussen 模型

用于计算预混火焰的最简单的燃烧模型为 Magnussen（马格努森）模型，它包括一个过程变量 c 的输运方程（当 $c=0$，没有转换；当 $c=1$，转换完成）。与扩散火焰的破碎模型相似，其反应速率正比于逆湍流时间尺度 ε/k，由此可以判断这就是湍流预混燃烧。而且，在已燃和未燃的混合气中，当 $c=0$ 和 $c=1$ 时，反应速率必须为零。此时 Magnussen 模型可表示为

$$\rho\left(\frac{\partial}{\partial t} + \nu_i \frac{\partial}{\partial x_i}\right)c - \frac{\partial}{\partial x_i}\left(D_t\rho \frac{\partial}{\partial x_i}c\right) = \alpha\rho_u \frac{\varepsilon}{k}c(1-c) \tag{16.31}$$

式中 α——一个模型参数。

因为这个模型有严重的缺陷，目前几乎不再使用，但因其十分简单，故适合于研究经典燃烧模型的基本属性。

在经历一段起动时间后，式（16.31）描述的是不依赖于初始条件的稳定火焰

前锋外廓，它以不分散的波的形式，以一定的传播速度穿过燃烧室（见图16.9）。这是非线性源项的一个结果。这样的非线性波在物理学的各个领域已为人熟知，并被称为孤立波或孤立子。反之，在线性波的情况下，其轮廓不是事先确定，而是由初始条件给出的。此外线性波常常容易分散。

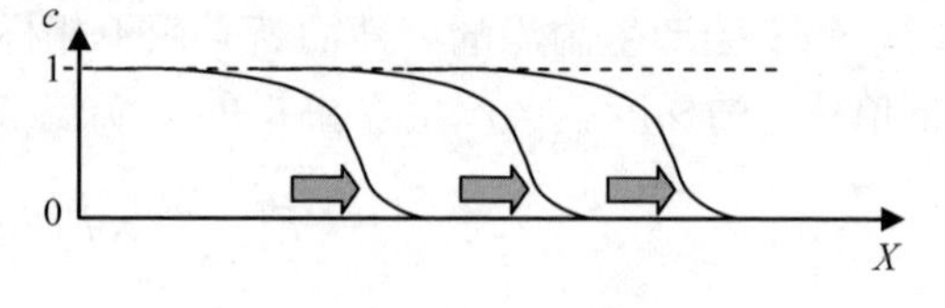

图 16.9　稳态湍流火焰前锋轮廓

然而同时，孤立波的特性会引起一些问题。因为所有火焰前锋轮廓都要用数值化表达，也就是要在网格分辨率较差的情况下通过非线性微分方程来求解，而湍流火焰厚度与湍流尺度处于同一个量级，在发动机中仅为1~2mm。因此对于0.5mm的网格来说，这意味一个火焰前锋只包含4个网格单元，这对于非线性微分方程的离散来说是远远不够的。

传播速度问题可用所谓的KPP（Kolmogorov，Pichunov，Petrovski）定理来解释（见Kolmogorov等，1937），其基本思路为，火焰前锋的传播速度可以借助于“弓形波”（即波的最前缘）的传播速度来进行解析（见图16.10）。在这区域 $c\approx0$，因此式（16.31）与 c 大致呈线性关系。此外还有 $\rho\approx\rho_u$。

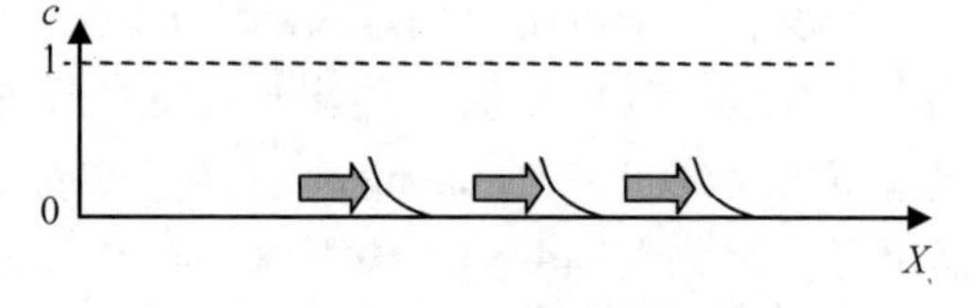

图 16.10　火焰前锋面的传播

这样对于一维空间并假设湍流为常数，则可得到以下方程

$$\rho_u\frac{\partial c}{\partial t}+\rho_u\nu\frac{\partial c}{\partial x}-\rho_u D_t\frac{\partial^2 c}{\partial x^2}=\alpha\rho_u\frac{\varepsilon}{k}c \tag{16.32}$$

式（16.32）中驻波 $c(x,t)$ 的解析如下所示

$$c(x,t)=\gamma(x-(\nu+s_t)t)=\gamma(\xi) \tag{16.33}$$

代入式（16.32）中后可得

$$-s_t\frac{d\gamma}{d\xi}-D_t\frac{d^2\gamma}{d\xi^2}=\alpha\frac{\varepsilon}{k}\gamma \tag{16.34}$$

此方程有一个指数函数的解（参见图16.10）

$$\gamma=\exp(-\omega\xi)\quad\omega\geqslant0 \tag{16.35}$$

由此可以得到

$$\omega=\frac{s_t\pm\sqrt{s_t^2-4\alpha\frac{\varepsilon}{k}D_t}}{2D_t} \tag{16.36}$$

如果下式成立，该方程只有一个实数解

$$s_t\geqslant2\sqrt{\alpha\frac{\varepsilon}{k}D_t}$$

KPP 定理认为当火焰前锋从某个受限的区域传播到 $c=0$ 区域时，速度出现最低值

$$s_{\mathrm{t,min}} = 2\sqrt{\alpha \frac{\varepsilon}{k} D_{\mathrm{t}}} \tag{16.37}$$

为了理解这一点，再次考虑线性方程（为简单起见，这次没考虑 ν 项）

$$\frac{\partial c}{\partial t} - D_{\mathrm{t}} \frac{\partial^2 c}{\partial x^2} = \alpha \frac{\varepsilon}{k} c \tag{16.38}$$

其 Green（格林）函数表达如下

$$c_{\mathrm{G}}(x;t) = \frac{N}{\sqrt{t}} \exp\left(-\frac{x^2}{4D_{\mathrm{t}} t} + \alpha \frac{\varepsilon}{k} t\right) \tag{16.39}$$

在 $\alpha=0$ 的情况下，上述结果不难从纯扩散方程中导出。Greens 函数描述从点源展开的渐近传播行为（仅在火焰前锋的正面），至于前面的常数项 N 是与此无关的。为了得到传播速度，需要求解函数 $x(t)$，此处 c_{G} 是不变的，于是有

$$-\frac{x^2}{4D_{\mathrm{t}} t} + \alpha \frac{\varepsilon}{k} t - \frac{1}{2} \ln(D_{\mathrm{t}} t) = 常数 \tag{16.40}$$

对应较大的 t，可以忽略对数和常数项，这样就可以近似得到

$$\left(\frac{x}{t}\right)^2 = 4\alpha \frac{\varepsilon}{k} D_{\mathrm{t}} = s_{\mathrm{t,min}}^2 \tag{16.41}$$

也就是再次获得了从点源出发的火焰传播最小速度［见式（16.37）］。如果再假设

$$D_{\mathrm{t}} = c_\mu \frac{k^2}{\varepsilon}$$

于是可得到

$$s_{\mathrm{t}} = 2\sqrt{c_\mu \alpha}\, u' \tag{16.42}$$

这对应于极限情况 $s_{\mathrm{t}} \gg s_{\mathrm{l}}$ 下的 Damköhler 数［见式（16.1）］。

借助于 Green 函数（式 16.39），在适当的空间进行预初始化（即没有点源），也可以达到较高的燃烧速度。例如进行以下的初始化

$$c(x;t=0) = \exp(-\beta|x|) \text{ 以及 } \beta < \frac{s_{\mathrm{t,min}}}{2D_{\mathrm{t}}} \tag{16.43}$$

当 $t \geqslant 0$ 时，可得

$$c(x;t) = \int_{-\infty}^{\infty} \mathrm{d}y \exp(-\beta|y|) \frac{N}{\sqrt{t}} \exp\left(-\frac{(x-y)^2}{4D_{\mathrm{t}} t} + \alpha \frac{\varepsilon}{k} t\right) \tag{16.44}$$

而当 $x>0$ 时，火焰传播的计算则可用式（16.45）取代

$$\begin{aligned} c(x;t) &\approx \int_{-\infty}^{\infty} \mathrm{d}y \frac{N}{\sqrt{t}} \exp\left(-\frac{(x-y)^2}{4D_{\mathrm{t}} t} - \beta y + \alpha \frac{\varepsilon}{k} t\right) \\ &= 2\sqrt{\pi D_{\mathrm{t}}} N \exp\left(-\beta x + \left(D_{\mathrm{t}} \beta^2 + \alpha \frac{\varepsilon}{k}\right) t\right) \end{aligned} \tag{16.45}$$

因为式（16.45）的积分是一个 Gauss（高斯）函数，最大值在

$$y_{\max} = x - 2D_t t\beta$$

处，其半振幅脉宽与$\sqrt{t}$成比例。这样在时间周期较大时，就可以对火焰前锋的传播进行描述，即 $x \cong s_t t$。。由此可以得到 $y_{\max}$ ［见式（16.43）对于 β 的限制］为：

$$\frac{y_{\max}}{t} = s_t - 2D_t\beta > s_t - s_{t,\min} > 0$$

只要 $s_t > s_{t,\min}$，后一个不等式即成立，这可由式（16.46）和式（16.47）的推导得到。

在半振幅脉宽与$\sqrt{t}$成比例的情况下，至少当 t 较大时，式（16.45）积分不会为 0，而是呈现正的 y 值。因此式（16.45）和式（16.44）具有相同的传播特性。

为使式（16.45）中的指数保持不变，可得到以下关系式

$$s_t(\beta) = \frac{x}{t} = D_t\beta + \frac{\alpha}{\beta}\ \frac{\varepsilon}{k} \tag{16.46}$$

当 $\beta = \sqrt{\frac{\alpha\varepsilon}{D_t k}}$，这个函数的最小值（由 $ds_t/d\beta = 0$ 得到）可以相应地表示为

$$s_{t,\min} = 2\sqrt{\alpha\frac{\varepsilon}{k}D_t} \tag{16.47}$$

然而，这也就意味着 β 值越小，火焰传播速度越高！

由此可以进一步发现 Magnussen 模型存在的严重问题，即如果没有正确的初始化，它是非常不稳定的，一般说来，即使 c 值轻微地偏离火焰前锋面上的零值［如式（16.43）所示的初始化］时，偏差就会很大。比方说，这是由于传播速度是由火焰前锋（即较小的 c 值）决定的，而火焰前锋内较大的 c 值决定了其外廓形状。

上述数值敏感性问题在靠近壁面处特别明显。从原理上来说，KPP 理论对 Magnussen 模型的分析在壁面处也应当有效，即燃烧速度（式 16.42）应该降低，因为在壁面处湍流会因耗散的增加而减少。然而，三维模拟计算却给出了正好相反的结果，在壁面处出现了极其反常的火焰加速现象。为了解释这一情况，需要依据式（16.37）来分析火焰的速度，对于壁面处公式应为

$$\varepsilon \propto \frac{1}{y}\xrightarrow[y\to 0]{}\infty \tag{16.48}$$

因此使式（16.32）中的源项接近无穷大，而扩散项应该趋于零，并伴随有限的生成物。但由于数值精度较低，扩散项并不会完全趋于零，而保持一定的数值残余 D_{num}，它与网格分辨率及计算方法有关。因此式（16.37）中的各项在壁面区域可以超越一切限制达到

$$s_{t,\text{Wand}} = 2\sqrt{\alpha\frac{\varepsilon}{k}D_{\text{num}}} \propto \frac{1}{\sqrt{y}}\xrightarrow[y\to 0]{}\infty \tag{16.49}$$

综上所述，Magnussen 模型产生了一个孤立波，其轮廓和传播速度受到源项和

扩散项复杂相互作用的影响。在湍流火焰前锋很薄的情况下，或在靠近壁面处数值模拟会出现严重的问题。

16.4.3 火焰表面密度模型

火焰表面密度模型（也称为拟序火焰模型）对燃烧中复杂物理现象的描述作了改进。在该模型中，湍流不再直接加速火焰［如式（16.31）所示］，但使其表面褶皱更强烈，从而使火焰燃烧更快。

为了实现这个目的，增加了一个输运方程用于求解火焰表面密度 Σ（单位体积的火焰表面积），或火焰比表面积 $\sigma = \Sigma/\rho$。这个方程有多种形式（见 Poinsot 和 Veynante，2001），其中一个典型的形式为

$$\rho\left(\frac{\partial}{\partial t}+\nu_i\frac{\partial}{\partial x_i}\right)\sigma-\frac{\partial}{\partial x_i}\left[\rho D_t\frac{\partial\sigma}{\partial x}\right]=\alpha_F\frac{\varepsilon}{k}\rho\sigma-\beta_F\frac{s_l}{c(1-c)}(\rho\sigma)^2 \qquad (16.50)$$

式中 α_F 和 β_F——(可能）包含了除模型常数之外的与湍流、化学时间及长度尺度相关的变量。

等号右边第一项描述了湍流中火焰表面的产生（源），第二项表示火焰因燃尽而消失（汇）。另外，还需求解另一个输运方程以得到过程变量

$$\rho\left(\frac{\partial}{\partial t}+\nu_i\frac{\partial}{\partial x_i}\right)c-\frac{\partial}{\partial x_i}\left(\rho D_t\frac{\partial}{\partial x_i}c\right)=\rho_u s_l\rho\sigma \qquad (16.51)$$

层流燃烧速度可按式（16.22）计算得到。在式（16.50）中，如果火焰表面的源（生成）和汇（消失）之间达到平衡，则有

$$(\rho\sigma)_{eq}s_l=\frac{\alpha_F}{\beta_F}\frac{\varepsilon}{k}c(1-c) \qquad (16.52)$$

这样就可以从式（16.51）得到 Magnussen 模型。但上述近似只有当 α_F 和 β_F 较大时才得以满足。

在火焰表面密度模型中，火焰前锋可再次用孤立波进行描述（此时是在 σ 和 c 域），后者具有确定的传播速度以及 c 和 σ 的形态。c 值变化范围为从 0（火焰之前）到 1（火焰之后），而 σ 值在火焰之前从 0 开始，在火焰中不断增加至最大值，在火焰前锋过后再次降为 0（见图 16.11）。在平面火焰前锋的计算中，采用了类似 Magnussen 模型的方法来确定火焰前锋的传播速度。为此，式（16.50）和式（16.51）在 σ 和 c 域上必须是线性的，此处 $\rho=\rho_u$。这样，得到以下方程式

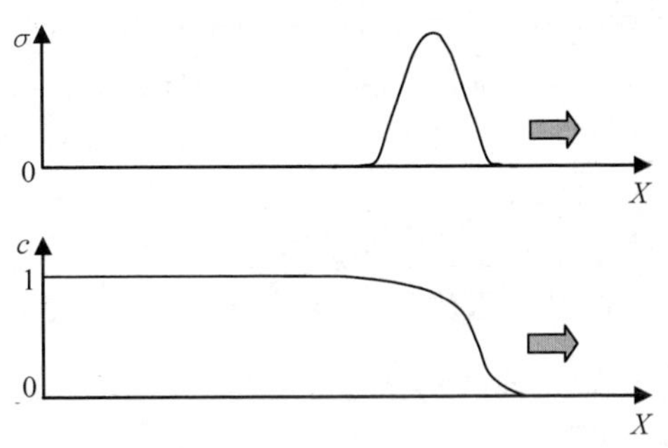

图 16.11 在 σ 和 c 域中的火焰前锋形态

$$\rho_u\left(\frac{\partial}{\partial t}+\nu\frac{\partial}{\partial x}\right)\sigma-\rho_u D_t\frac{\partial^2\sigma}{\partial x^2}=\alpha_F\frac{\varepsilon}{k}\rho_u\sigma-\beta_F s_l(\rho_u)^2\left(\frac{\sigma}{c}\right)\sigma$$

$$\rho_{\mathrm{u}}\left(\frac{\partial}{\partial t}+\nu\frac{\partial}{\partial x}\right)c-\rho_{\mathrm{u}}D_{\mathrm{t}}\frac{\partial^2 c}{\partial x}=(\rho_{\mathrm{u}})^2 s_1\left(\frac{\sigma}{c}\right)c \tag{16.53}$$

当σ/c为常数时，其定常解如下

$$\begin{aligned}c(x,t)&=c_0\exp(-\omega(x-(\nu+s_{\mathrm{t}})t)),\\ \sigma(x,t)&=\sigma_0\exp(-\omega(x-(\nu+s_{\mathrm{t}})t))\end{aligned} \tag{16.54}$$

将式（16.54）代入到式（16.53）中，得到

$$\omega\, s_{\mathrm{t}}-D_{\mathrm{t}}\omega^2=\alpha_{\mathrm{F}}\frac{\varepsilon}{k}-\beta_{\mathrm{F}}s_1\rho_{\mathrm{u}}\frac{\sigma_0}{c_0}$$

$$\omega\, s_{\mathrm{t}}-D_{\mathrm{t}}\omega^2=s_1\rho_{\mathrm{u}}\frac{\sigma_0}{c_0} \tag{16.55}$$

最终可以得到

$$\omega=\frac{s_{\mathrm{t}}\pm\sqrt{s_{\mathrm{t}}^2-4D_{\mathrm{t}}\dfrac{\alpha_{\mathrm{F}}}{\beta_{\mathrm{F}}+1}\dfrac{\varepsilon}{k}}}{2D_{\mathrm{t}}} \tag{16.56}$$

根据KPP定理，传播速度为

$$s_{\mathrm{t}}=2\sqrt{D_{\mathrm{t}}\frac{\alpha_{\mathrm{F}}}{\beta_{\mathrm{F}}+1}\frac{\varepsilon}{k}} \tag{16.57}$$

根据式（16.50）输出变量的具体形式不同，计算结果可能有所差异，因此所得的式（16.57）只能理解为实际的范例。

由此清楚可见，火焰表面密度模型与Magnussen模型的数学机制相类似，火焰传播速度和前锋轮廓，都是相应的输运方程中扩散项和源项相互作用的结果。当然，一个良好的火焰前锋数值解是必不可少的，但很明显火焰表面密度模型仍未能修复Magnussen模型的不足之处。

另外，近壁面的燃烧也是十分重要的。当然还是有办法来解决问题或使这个问题尽量缓解的方法。对此Poinsot和Menevaux提出的α_{F}函数包含了所谓的间歇性湍流净火焰拉伸（Intermittent Turbulent Net Flame Strech，缩写ITNFS）概念的函数Γ（见Poinsot和Veynante，2001）

$$\alpha_{\mathrm{F}}=\alpha_0\frac{\varepsilon}{k}\Gamma\left(\frac{l_{\mathrm{t}}}{\delta_0},\frac{\sqrt{k}}{s_1}\right) \tag{16.58}$$

式中　δ_0——层流火焰厚度。

但是，函数Γ具有随湍流长度尺度减小趋向0的趋势，这也就是在壁面处（l_{t}趋于0），使产物$\dfrac{\varepsilon\Gamma}{k}$也变为零，但在数值上不再发散！这个公式显然也对Magnussen模型有所帮助[⊖]。

由于分辨率方面的问题，火焰表面密度模型对于发动机燃烧过程的计算并不合适，特别对于燃油直接喷射较迟的工况（高湍流）所提供的计算网格显得过于粗糙。

另外，有时甚至可以进行火焰前锋自适应网格细化，当然这样做的计算成本太

⊖ 应当指出ITNFS函数不仅具有一定的物理意义，而且对数值计算也有帮助。

高。然而在可行的情况下，对不包括气门的燃烧室采用独立网格（在尽可能均匀的预混燃烧中）还是十分可取的。

人们常认为湍流火焰前锋并不很薄，因为实验证实如果将几个循环的火焰叠加的话，所形成的火焰厚度还是不小的。这时很容易将总体（系综）平均（ensemble - averaging）与循环平均（cycle averaging）加以混淆。如前所述（见第14章），总体（系综）仅指基于湍流（拟序）波动的平均，这是在相同的流动边界条件下基于流体动力学所产生的无序行为。而循环波动还包括其他波动，它们由边界条件或初始条件（节气门、燃油喷射、残留气体与着火等）的波动所产生。在湍流燃烧模型中仅有湍流拟序的波动（因而名为“拟序火焰模型”），也只有这些波动才有助于形成湍流模型的火焰前锋。

显而易见，人们在选择以上两种平均值时也不是任意的。例如，发生在（有效）着火时刻的波动是典型的无序波动，而在某一着火时刻（或曲轴转角 φ 时总体（系综）变量 σ 和 c 的表达方式为

$$\langle\sigma\rangle_{\varphi} \text{ 和 } \langle c\rangle_{\varphi}$$

另外，对于拟序和无序波动可以依据着火角分配函数 $f(\varphi)$，得到总体平均值为

$$\langle\sigma\rangle_{ges} = \int d\varphi f(\varphi)\langle\sigma\rangle_{\varphi}$$

$$\langle c\rangle_{ges} = \int d\varphi f(\varphi)\langle c\rangle_{\varphi} \tag{16.59}$$

但因为它们是非线性的，故在转换时输运方程式（16.50）和式（16.51）是变化的！即如果 $\langle\sigma\rangle_{\varphi}$ 和 $\langle c\rangle_{\varphi}$ 能满足式（16.50）和式（16.51）的话，则对 $\langle\sigma\rangle_{ges}$ 和 $\langle c\rangle_{ges}$ 是不成立的。

因此，人们不能随意选择最“合适”的平均值。例如，火焰表面密度模型（如Magnussen模型）已经明确了它的选择，即取所谓“最小”平均值，它只包括湍流本身拟序、本征的波动，而不含其他边界和初始条件的影响。

在现有文献中也有不少类似方法去改善“拟序火焰模型”的实用性。例如，有一种方法是从研究火花塞形成火焰轮廓入手，以着火点过程变量随时间的变化过程作为火焰前锋向外传播的初始条件，形成具有足够厚度的火焰前锋面，但由于发动机燃烧室内的传播路径很短，所形成的准稳态的火焰前锋轮廓会对于火焰传播产生强烈的不规则影响，这种情况与早期不收敛的喷雾模型（目前仍常在应用）一样，均未能收到有益的效果，有关情况可参考相应的文献。

16.4.4 G - 方程

为了避免火焰前锋和Magnussen模型中数值计算的困难问题，在燃烧模型中应当明确地出现湍流火焰速度。此外，它对湍流火焰前锋分辨率的敏感性也应当尽量减小。为此可采用能满足上述要求的G - 方程

$$\frac{\partial G}{\partial t}+\nu_i\frac{\partial G}{\partial x_i}=s_t|\nabla G| \tag{16.60}$$

或

$$\frac{\partial G}{\partial t}+(\nu_i+s_t\hat{n}_i)\frac{\partial G}{\partial x_i}=0 \text{ 其中 } \hat{n}=-\frac{\nabla G}{|\nabla G|} \tag{16.61}$$

该方程描述了一个火焰面的传播，其中每个面积单元以垂直于流体表面的速度 s_t 向外传播。整个火焰面是由点集即大量微小的面积单元来表征的，对此它应当有 $G(x)=0$。在火焰面外侧，能够对变量 G 任意赋值，只是不应为零。因此这时可以首先假定火焰面是无限薄的。当然实际上它不该以这种方式存在，除了自然现实之外，在 CFD 软件中就不能允许有密度和温度函数不连续的“跳跃点”存在。为此必须引入一个有限的火焰厚度 l_F。其方程如下

$$l_F=b\,l_t \tag{16.62}$$

例如对于稳态火焰，式中 $b\approx2$。但此式在近壁面处就不再成立，因为这里属于层流状态。另外，也存在有关火焰厚度输运方程模型的变形形式（见 Peters，2000）。

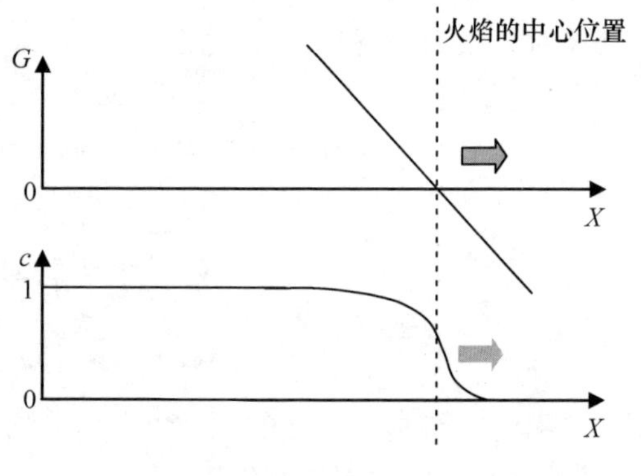

图 16.12　用重新初始化的 G－方程模拟火焰前锋传播的示意图

因此，$G=0$ 表示火焰前锋的中心位置（见图 16.12）。∇c 的轮廓可以用 Gauss（高斯）函数的形式来表达，c 的表达式如下所示[⊖]：

$$c(x)=\operatorname{erf}\left(\frac{2d(x)}{l_F}\right) \tag{16.63}$$

$d(x)$表示系统内某点到火焰前锋的距离（正向或负向）。当然仍需要首先弄清楚从一个空间点到火焰前锋的距离是如何计算的。

若用 s_t 表示未燃混合物的湍流火焰速度，则根据式（16.53）可知，式（16.60）仅在火焰前锋处（即 $\rho=\rho_u$）成立。在最终燃烧反应已知密度 $\rho<\rho_u$ 的情况下，还必须克服额外的逆向流动［见式（16.23）］，则未燃混合物与火焰前锋之间的速度差为

$$\nu_\rho=s_t\frac{\rho_u-\rho}{\rho} \tag{16.64}$$

因此可得更普遍的形式为

$$\rho\frac{\partial G}{\partial t}+(\rho\nu_i+\rho_u s_t\hat{n}_i)\frac{\partial G}{\partial x_i}=0 \tag{16.65}$$

⊖ $\operatorname{erf}(x)=\frac{1}{\sqrt{\pi}}\int_{-\infty}^{x}\exp(-x^2)\,dx$。

G－方程是一个具有输运速度不同于 $\vec{\nu}$ 的双曲线方程

$$\vec{\nu} + \frac{\rho_u}{\rho} s_t \hat{n}$$

为此从原理上讲就需要有相应的求解算法，而这正是标准 CFD 软件所未提供的。即使有可行的求解方法，式（16.65）对于火焰前锋之外的区域可能还是有问题的，因为那里的物理现象并未被描述过。为了解决这个问题，推荐的方法中要求

$$|\nabla G = 1| \tag{16.66}$$

即在此限制条件下（G 范围的标定），在火焰前锋之外区域的 G 值就代表到火焰前锋的距离（在火焰之前为负，之后为正）。有了这个选项后依据式（16.63）定义过程变量如下

$$c(x) = \mathrm{erf}\left(\frac{2G(x)}{l_F}\right) \tag{16.67}$$

然而式（16.66）的属性并非总是存在的，为此必须重新对式（16.65）初始化！这意味着在每一个时间间隔（或若干个时间间隔）以后，必须对微分方程

$$\frac{\partial G(x,t,\tau)}{\partial \tau} = \mathrm{sign}(G(x,t))(1 - |\nabla G(x,t,\tau)|), G(x,t,0) = G(x,t) \tag{16.68}$$

按 $\tau \to \infty$ 求解，使其重新收敛直到 $|\nabla G| = 1$。这意味着必须增加很多额外的计算工作量。

然而，G－方程最主要的优点是至少在二维平面问题上反映出来的是线性波，火焰轮廓和传播速度是并不相关的。因此，火焰轮廓数值计算的分辨率也显得不那么敏感。

在火焰面密度模型中计算火焰速度 s_t 的公式也有多种（式 16.57）。但实际上经常采用与 Damköhler 数（式 16.1）相类似的现象学关系式，如

$$s_t = s_l\left(1 + A \cdot \left(\frac{u'}{s_l}\right)^n\right) \tag{16.69}$$

例如，可按式（16.22）计算层流燃烧速度，由此也可以得出燃烧速度随 EGR 率变化的关系（参见图 16.12）。

另一个问题是对于 G－方程在壁面处的处理。因为火焰前锋在这里变得非常薄（层流），因此使用式（16.62）会产生问题。为此，我们可以为火焰前锋厚度设置一个下限，或者为湍流火焰厚度 l_F 引入额外的输运方程（因为 l_F 通常难以达到平衡）。

有时除了 l_F 方程以外，为了描述火焰特性还需要其他的输运方程，例如火焰表面密度 Σ（参见 Peters，2000）。在这些输运方程的公式中，应当注意避免违背因果关系，火焰特性的传播必须与火焰传播本身相符合。火焰变量仅在火焰位置（$G=0$）具有物理意义，并在其后的时间点对（物理意义的）火焰有影响。例如对

于火焰特性 l_F 可采用以下的输运方程[㊀]

$$\rho\frac{\partial l_F}{\partial t}(\rho v_i+\rho_u s_t\hat{n}_i)\frac{\partial l_F}{\partial x_i}-\frac{\partial}{\partial x_{\parallel}}\left(\rho D_t\frac{\partial}{\partial x_{\parallel}}l_F\right)=2\rho D_t-c_s\rho\frac{\varepsilon}{k}l_F^2 \tag{16.70}$$

其中，

$$\hat{n}=-\frac{\nabla G}{|\nabla G|}$$

$$\frac{\partial}{\partial x_{\parallel}}\left(\rho D_t\frac{\partial}{\partial x_{\parallel}}l_F\right):=\frac{\partial}{\partial x_i}\left(\rho D_t\frac{\partial}{\partial x_i}l_F\right)-\hat{n}_i\frac{\partial}{\partial x_i}\left(\rho D_t\hat{n}_j\frac{\partial}{\partial x_i}l_F\right) \tag{16.71}$$

也可以将 $G=0$ 不设置为火焰中心，而是设置在火焰前锋的前面。这样做的好处在于，火焰能“感知”未燃区域内燃烧的条件，从而在一定程度上缓解上述因两相问题出现而面临的困难。

16.4.5 扩散 G－方程

遗憾的是，迄今为止在发动机现有的 CFD 软件中，还没有能实现自身对流和重新初始化的完整 G－方程。但在 STAR CD 软件中却有包含了过程变量的扩散G－方程，称为单方程的 Weller（韦勒）模型[㊁]。

$$\rho\left(\frac{\partial c}{\partial t}+\nu_i\frac{\partial G}{\partial x_i}\right)-\frac{\partial}{\partial x_i}\left(\rho D_t\frac{\partial G}{\partial x_i}\right)=\rho_u s_t|\nabla c| \tag{16.72}$$

与式（16.65）不同的是，该方程包含一个湍流扩散项。此外，它可直接用来计算过程变量 c［像式（16.67）所显示的关系已无必要，因为尚缺少一个到火焰前锋的距离变量，有了也无用］，而与 s_t 成比例的项则作为源项处理。

式（16.72）的优点是显而易见的，因此它可以视为“常规的”标量输运方程，并以标准的方法加以处理，而无需为特殊的对流或重新初始化投入更多的花费。

另一方面，随着将 s_t 项作为源项处理，求解质量明显下降。为了产生对计算火焰厚度有用的距离变量，需要重新进行初始化工作。而这时扩散 G－方程的缺陷就暴露得更为明显：它计算得到的火焰明显太厚（图 16.13），并在扩散项（$l_{F,Diff-G}\propto 2\sqrt{D_t t}$）的影响下逐渐消解。然而，这并不能反映火焰前锋的特征，而是会形成一个如前所述带有稳定轮廓的孤立波。另外，传播速度并不受扩散项的影响，总体转化率的情况同样也是如此。同时，可以看出火焰前锋过厚的害处实际上并不像原来想象的那样大。至少在平面一维情况下，G－方程相对于式（16.59）的变换在形式上是不变的，这也就是说，也可以在无序且较厚火焰的湍流波动下应用 G－方程。

㊀ 对于任意 $\Phi(x)$，组态的物理信息在规范变换 $l_F(x)\rightarrow l_F(x)+G(x)\Phi(x)$ 应该保持不变。此项要求也可用来衡量输运方程（16.70）的合适形式。有关这方面的内容可见 Kraus（2006）的相关著作。

㊁ Weller 模型实际上是双方程模型，它用于详细分析火焰前锋并与拟序火焰模型相似（参见 Weller，1993）。

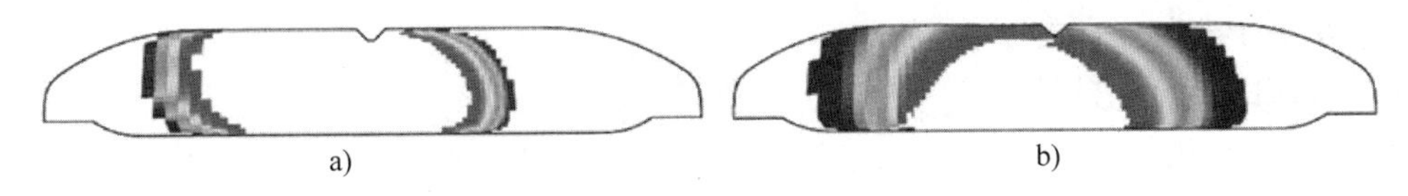

图16.13 预混燃烧模拟

a）采用G－方程 b）采用扩散G－方程

总之，应当提及厚火焰的实际优势，因为由式（16.28）~式（16.30）产生的虚拟湍流非常少。只要产生湍流的问题没有得到解决，就不得不采用物理意义并不明确的厚火焰来进行计算。

当然，这意味着在CFD计算中火焰空间分布存在错误，这个问题在燃烧快结束时特别严重。如果还要对其他物理现象（如充量分层燃烧中的爆燃，或混合气的形成）与燃烧过程一起进行研究时，错误的火焰分布会在模拟计算时引起较大的问题。

16.4.6 点火

在对火花点火和早期火核形成过程的描述中，主要问题涉及初始火核形成的层流火焰传播，以及向湍流燃烧的过渡。这种伴随等离子体形成等物理现象的着火过程实际上是无法模拟的。为此，只能求助于一些现象学方法模拟（如Herweg的方法，1992）。总的来说，点火是循环波动的主要来源，因为火花塞周围的状况对着火延迟起着决定性的作用。这个问题在总体（系综）平均计算时是无法求解的。

在数值转换方面，应当采用正确的计算程序，而且必须保证边界条件的连续性。例如，在火花塞附近区域应进行自适应网格细化（如边长保持为0.1mm），以便使点火区域能够分布在几个网格单元内。此外，在这些点火单元内的过程变量不应设置成从0到1的突变，而应保持连续增加，但随后又能从高点迅速“跌落”。

总之，如果过程变量很快从0变到1的话，那么它对计算结果就不会有多大的影响。但通常在应用诸如CFM（拟序火焰模型）中有关着火现象的软件和计算结果时，为了解决数值计算中的问题，应当十分谨慎，详情可参见前面16.4.3节的讨论。

16.4.7 爆燃

在文献中早已有用CFD方法计算爆燃（敲缸）现象的报道，但由于受到可用的燃烧和壁面传热模型的限制，进行这些尝试时也必须十分谨慎。

为了描述自燃反应，必须在CFD软件中解决动力学方面的问题，例如采用Halstead等人的Shell（谢尔，1977年）模型。但这时必须注意这种动力学方法仅适用于未燃阶段。由于已接近主燃烧阶段（特别是处理的只是一个“数值预兆”的问题），温度每升高一点就必然会导致很严重的爆燃，这在扩散火焰较厚的情况下更是一个非常严重的问题。

湍流的影响是另一个需要考虑但尚未解决的问题，不过也有人首先尝试运用方差输运方程来模拟温度或混合气组分的波动（参见 Mayer，2005）。

16.4.8　污染物形成

因为在以化学当量比运行的火花点火发动机上，有三效催化转化器对排气进行高效的后处理，因此这时有关污染物形成的计算就显得不再重要。Mayer（2005）曾就 NO_x 形成开展了示范研究工作。就 HC 和 CO 排放而言，对于柴油机也存在以下不利情况：由于混合气形成的细节，以及壁面的作用对上述有害排放物形成影响很大，因此它们的计算也不易准确。

16.5　充量分层燃烧汽油机（部分预混火焰）

在充量分层燃烧的情况下，燃烧室中同时出现浓混合气（$\lambda<1$）和稀混合气（$\lambda>1$）的火焰前锋传播，在混合气浓区的火焰前锋之后存有还原剂（主要是 CO），而稀区前锋之后则有剩余的氧气，这就导致扩散火焰在混合气 $\lambda=1$ 的等值线上出现。这种预混和扩散火焰的复合结构也称为三重火焰（见图 16.14）。

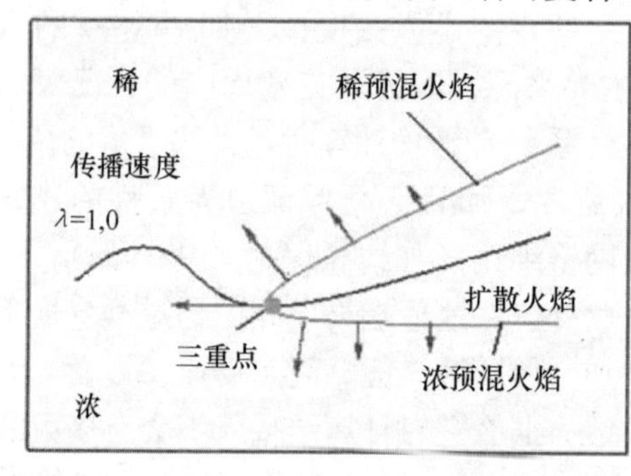

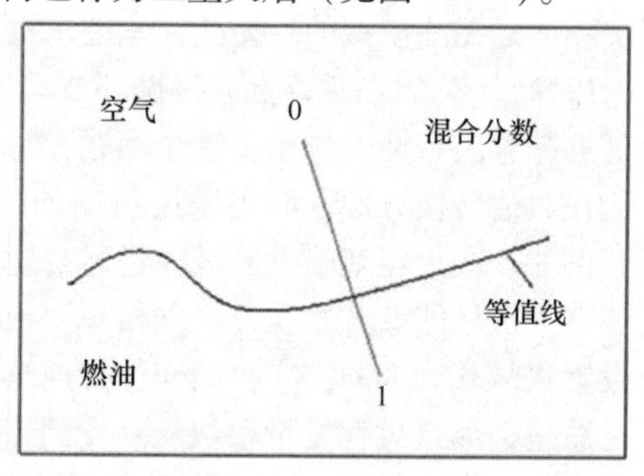

图 16.14　三重火焰的结构

根据已有的湍流预混和扩散火焰的模型要素，很容易发展出一个模拟充量分层的计算方法。令人惊讶的是在很多情况下，充量分层燃烧模型甚至表现出比纯粹预混燃烧模型更好的适应性，因为前者没有温度和密度梯度剧烈变化的火焰前锋。此外，正如本章 16.1 节所述的那样，尽管充量分层燃烧是一种“混合燃烧”，但其建模工作仍然处于非常有利的条件下，因为其中的这两种燃烧模式（湍流预混和扩散燃烧）均由湍流时间尺度主导。

如在柴油机燃烧模型中，首先要设置基本物质组分以描述工作气体的状态那样，本章 16.3.1 节提出的七组分（燃料，N_2，O_2，H_2O，CO_2，CO，H_2）方法在这里对于汽油机也是有效的（但作为第一步，也可以首先只采用三种组分：空气、燃料和生成物）。若采用G－方程来描述预混合燃烧，用简单的小火焰单元方法来描述扩散燃烧，即首先输运各组分的混合分数（也可从组分守恒来计算）及其方差，则各组分的瞬时质量分数可以确定如下

$$c_{(i)} = c_{(i),\mathrm{um}} + c_{\mathrm{progr}}(c_{(i),\mathrm{m}} - c_{(i),\mathrm{um}}) \tag{16.73}$$

式中

$$c_{(i),\mathrm{m}} = \int_0^1 c_{(i)}(Z)p_\beta(Z;\langle Z\rangle,Z''^2)\,\mathrm{d}Z \tag{16.74}$$

代表当前混合状况的平衡值

$$c_{(i),\mathrm{um}} = \int_0^1 c_{(i)}(Z)p_\beta(Z;\langle Z\rangle,Z''^2 = \langle Z\rangle(1-\langle Z\rangle))\,\mathrm{d}Z \tag{16.75}$$

代表用最大方差描述相应的未混合状况。相关的反应式如下所示

$$\mathrm{d}c_{(i)} = \underbrace{(c_{(i),\mathrm{m}} - c_{(i),\mathrm{um}})\,\mathrm{d}c_{\mathrm{progr}}}_{\text{预混燃烧}} + \underbrace{c_{\mathrm{progr}}\mathrm{d}c_{i,\mathrm{m}}}_{\text{扩散燃烧}} \tag{16.76}$$

式中自然划分出预混和扩散燃烧。相应地，输运方程的内能源项

$$q\mathrm{d}t = \sum_k h_{(k)}\rho\,\mathrm{d}c_{(k)} \tag{16.77}$$

可用各组分的比生成焓 $h_{(i)}$ 来表示。另外，作为式（16.76）的替代变量，可以从 Z，Z''^2 和 c 计算出组分瞬时的目标含量，然后将其仅与（通过对流和扩散）输运的结果进行比较。两者的量差表示了在当时的时间间隔内的反应。最后，用新的总体目标值来覆盖多个输运的组分。

在均质预混合燃烧情况下，用标准的G－方程进行计算十分容易，因为即使采用标准无扩散项的被动标量输运方程也是非常有利的。对此扩散G－方程可表达如下

$$\rho\left(\frac{\partial(Zc)}{\partial t} + \nu_i\frac{\partial(Zc)}{\partial x_i}\right) - \frac{\partial}{\partial x_i}\left(\rho D_\mathrm{t}\frac{\partial(Zc)}{\partial x_i}\right) = \rho_\mathrm{u}\langle s_\mathrm{t}(Z)Z\rangle\,|\nabla c| \tag{16.78}$$

通过以上公式也可以得到很好的计算结果（混合分数 Z 本身也必须被输运）。预混火焰的湍流火焰速度 s_t 可以由混合分数空间的小火焰单元平均得到

$$s_\mathrm{t} = \frac{\langle s_\mathrm{t}(Z)Z\rangle}{\langle Z\rangle} = \frac{\int_0^1 s_\mathrm{t}(s_\mathrm{l}(Z))p_\beta(Z;\langle Z\rangle,Z''^2)Z\,\mathrm{d}Z}{\int_0^1 p_\beta(Z;\langle Z\rangle,Z''^2)Z\,\mathrm{d}Z} \tag{16.79}$$

现在再讨论数值计算的有效转换形式（式16.79）。为此可以根据Herweg（1992）将湍流燃烧速度的表达式写为

$$s_\mathrm{t} = s_\mathrm{l}\left[1 + A\sqrt{\frac{\nu'}{\nu' + s_\mathrm{l}}}\left(\frac{\nu'}{s_\mathrm{l}}\right)^n\right] \approx s_\mathrm{l} + As_\mathrm{l}^{1-n}(\nu')^n - \frac{A}{2}s_\mathrm{l}^{2-n}(\nu')^{n-1} \tag{16.80}$$

式中　$n = \dfrac{5}{6}$；

$A \approx 2.5$。

参数 A 视问题而异，可进行相应调整。此外，根据 Gülder（1984）给出的层流燃烧速度为

$$s_l = W\Phi^{\eta}\exp(-\zeta(\Phi-\Phi^*)^2)\left[\frac{T_u}{T_{ref}}\right]^{\alpha}\left[\frac{p}{p_{ref}}\right]^{\beta}(1-2.1f_{RG}) \tag{16.81}$$

式中 T_u——未燃混合物的温度；

$\Phi = 1/\lambda$——燃空比；

f_{RG}——残余气体的质量分数；

式中其余参数如下表所示：

$W/(\mathrm{m/s})$	η	ξ	α	β	T_{ref}/K	p_{ref}/bar	Φ^*
0.47	-0.33	4.48	1.56	-0.22	300	1	1.04

根据化学计量的空燃比

$$\zeta = \frac{m_{空气}}{m_{燃料}} \approx 15 \tag{16.82}$$

可从 Φ 得到混合分数 Z 为

$$Z = \frac{\Phi}{\Phi+\zeta} \tag{16.83}$$

如在式（16.79）中引入 β - pdf（见第 14 章 14.2.4 节），可得

$$\begin{aligned}\langle s_t\rangle &= \frac{1}{\langle Z\rangle}\frac{\Gamma(a+b)}{\Gamma(a)\Gamma(b)}\int_0^1 s_t(s_l(\Phi))Z^{a-1}(1-Z)^{b-1}Z\,\mathrm{d}Z\\ &= \frac{1}{\langle Z\rangle}\frac{\Gamma(a+b)}{\Gamma(a)\Gamma(b)}\int_0^1 s_t(s_l(\Phi))\left(\frac{\Phi}{\Phi+\zeta}\right)^{a}\left(\frac{\zeta}{\Phi+\zeta}\right)^{b-1}\frac{\zeta}{(\Phi+\zeta)^2}\mathrm{d}\Phi\\ &= \frac{1}{\langle Z\rangle}\frac{\Gamma(a+b)}{\Gamma(a)\Gamma(b)}\frac{1}{\zeta}\int_0^1 s_t(s_l(\Phi))\left(\frac{\Phi}{\Phi+\zeta}\right)^{a}\left(\frac{\zeta}{\Phi+\zeta}\right)^{b+1}\mathrm{d}\Phi\end{aligned} \tag{16.84}$$

考虑到 s_t 与 s_l 有关，针对不同的 q 值（$q=1$，$q=1/6$ 和 $q=7/16$），对式（16.85）进行积分求解

$$\begin{aligned}I(q) &= \int_0^1 \Phi^{\eta q}\exp(-q\xi(\Phi-\Phi^*)^2)\left(\frac{\Phi}{\Phi+\zeta}\right)^{a}\left(\frac{\zeta}{\Phi+\zeta}\right)^{b+1}\mathrm{d}\Phi\\ &= \zeta^{b+1}\int_0^1 \frac{\Phi^{\alpha+\eta q}}{(\Phi+\zeta)^{a+b+1}}\exp(-q\xi(\Phi-\Phi^*)^2)\mathrm{d}\Phi\end{aligned} \tag{16.85}$$

对于这种类型的积分，为了求得近似解，可以利用物理学家们的计算策略，即所谓的鞍点法。在该法中利用了一个向下受限制函数 F 的积分，它基本上由函数 F 变化过程中最小值处的形状所确定

$$J = \int_{-\infty}^{\infty}\exp(-F(x))\mathrm{d}x \tag{16.86}$$

通常人们是在最小值χ_0处以二阶Taylor（泰勒）级数来估算$F(x)$的，即有

$$F(x) \approx F(x_0) + \frac{1}{2}F''(x_0) \cdot (x - x_0)^2 \tag{16.87}$$

将其代入式（16.86）后，得到一个Gauss（高斯）积分。经过运算后发现

$$J = \sqrt{\frac{2\pi}{F''(x_0)}} \cdot \exp(-F(x_0)) \tag{16.88}$$

再应用到式（16.85）可得

$$I(q) = \zeta^{b+1}\int_0^1 \exp(\underbrace{-q\xi(\Phi - \Phi^*)^2 + (q + \eta q)\ln\Phi - (a + b + 1)\ln(\Phi + \zeta)}_{-F(\Phi)})\mathrm{d}\Phi \tag{16.89}$$

使$F_q(\Phi) = 0$，得到$\Phi_{q,0}$的最小值

$$2q\xi(\Phi_{q,0} - \Phi^*) - \frac{a + \eta q}{\Phi_{q,0}} + \frac{a + b + 1}{\Phi_{q,0} + \zeta} = 0 \tag{16.90}$$

这是一个含有Φ_0的三次方程，可通过Cardano（卡尔达诺）公式求解。对其二次求导后可得式（16.91）

$$F''(\Phi_{q,0}) = 2q\xi + \frac{a + \eta q}{\Phi_{q,0}^2} - \frac{a + b + 1}{(\Phi_{q,0} + \zeta)^2} \tag{16.91}$$

将式（16.91）代入式（16.88）中，可得

$$I(q) = \zeta^{b+1}\frac{\Phi_{q,0}^{a+\eta q}}{(\Phi_{q,0} + \zeta)^{a+b+1}}\exp(-q\xi(\Phi_{q,0} - \Phi^*)^2) \cdot \Delta_q \tag{16.92}$$

式中

$$\Delta_q = \sqrt{\frac{2\pi}{2q\xi + \frac{a + \eta q}{\Phi_{q,0}^2} - \frac{a + b + 1}{(\Phi_{q,0} + \zeta)^2}}} \tag{16.93}$$

如果将式（16.92）和式（16.93）代入式（16.84），就能发现

$$\begin{aligned}\langle s_t \rangle \approx\ & s_1(\Phi_{1,0}) \cdot \frac{Z_{1,0}}{\langle Z \rangle} \cdot p_\beta(Z_{1,0}) \cdot \Delta_1 + A \cdot s_1^{1/6}(\Phi_{1/6,0}) \cdot \frac{Z_{1/6,0}}{\langle Z \rangle} \cdot p_\beta(Z_{1/6,0}) \\ & \cdot \Delta_{1/6} \cdot (2k)^{5/12} - \frac{A}{2} \cdot s_1^{7/6}(\Phi_{7/6,0}) \cdot \frac{Z_{7/6,0}}{\langle Z \rangle} \cdot p_\beta(Z_{7/6,0}) \cdot \Delta_{7/6} \cdot (2k)^{-1/12}\end{aligned} \tag{16.94}$$

这时设定

$$Z_{q,0} = \frac{\Phi_{q,0}}{\Phi_{q,0} + \zeta} \tag{16.95}$$

图16.15给出了一个充量分层燃烧三维模拟的实例（详见Hermann，2008），其中污染物形成模型（NO_x，炭烟）取自柴油机燃烧模型。

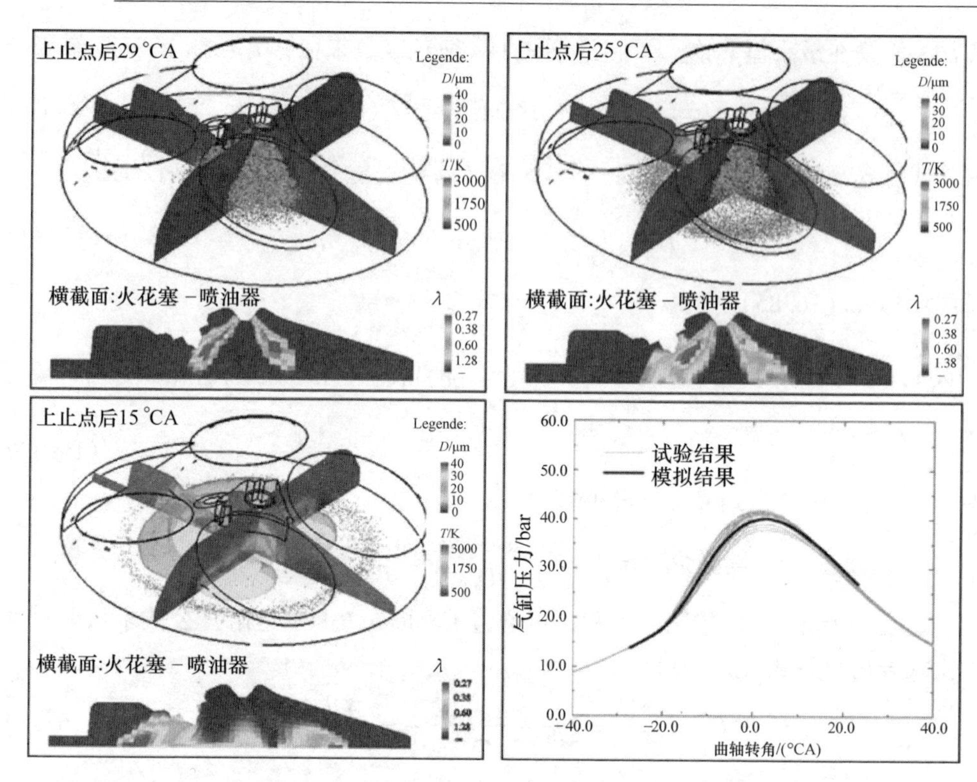

图 16. 15　左上、左下和右上：带喷雾导向的充量分层直喷式汽油机燃烧的模拟图形（n = 2000r/min，p_{me} = 2bar）；右下：气缸内压力的模拟与试验结果的对比（不同循环）

16. 6　换气、混合气形成和燃烧的流体动力学模拟计算：未来展望

近几年来，流体动力学模拟已成为改善燃烧过程不可缺少的工具。计算机数量及其集群不断增长使得有效模拟计算成为可能。计算机处理能力随时间按指数增长的规律称为 Moor（摩尔）定律，即认定处理器的功能大约每隔两年即可翻倍。几十年来，这个定律得到了验证，而且这一趋势看来还会延续下去。当然，随着计算能力迅速增强，固然会对模拟计算工作带来很大的便利，但单个处理器时钟频率不断加快的趋势已经开始减缓，原因在于计算机集群对能量消耗和冷却的需求也在急剧增加。因此可以预见，今后对低能耗处理器的需求量会越来越多（类似目前常用的笔记本电脑处理器），然而这对网络提出了更高的要求，也迫切希望能改善 CFD 软件的可扩展性。为此，每个处理器的线性速度优势必须达到约一万个节点。

由此会产生以下问题，即计算机增强后的处理功能应该向什么方向倾斜：为了更精确的数值离散（即更细的网格或更好的求解器），为了可扩展和更精确的物理模型，或为了更短的计算周期？毫无疑问对于这个问题不能笼统回答，需要针对具体情况具体分析。当然，最优先考虑的肯定仍然是寻求不依赖于计算网格的收敛解。这一点在以前章节中已一再强调过，因而是不言而喻的，也是无需赘述的！

毋庸置疑，未来在流体计算和CAD程序之间的连接肯定会不断加强。简单的流动程序可以在CAD中通过插件直接求解。然而对于整个发动机而言，还需进一步规划。通过参数化结构的建模，可使预处理的成本大大降低，这同时也是几何形状自动优化的先决条件。越来越多的面向对象的软件都支持这种功能，它们的优势在于可以更灵活地处理好某一区域的网格细化或边界条件选择问题。

目前，已越来越多地通过间接计算滚流、涡流比以及作为炭烟指标的“浓区”等中间变量，来求取与发动机工作直接相关的参数，如点火提前角、爆燃极限或有害物质的排放等。当然，其前提条件是要有合适的预测模型。CFD模拟不应完全依赖于只能简单地再现热动力发动机参数的“虚拟发动机”。对局部流动细节的描述优势最终在于经过仔细的分析后，能够为发动机的研发指出改进方向。

融合不同的计算方法，将其应用于未来发动机的开发，这项工作也是很有意义的。目前热力学1维-3维耦合已经应用得很普遍。可以预计CFD软件将能对放热率和排放做出很好的预测，从而可以对现象学模型的计算结果进行标定并进一步用于整个系统的改进。为此需要有一个有效的数据管理系统。

综上所述，下面章节的重点将集中在模拟技术发展趋势的物理学观点方面。

16.6.1 网格移动

计算网格是流体动力学数值模拟的关键。包含任意单元类型（四面体，六面体，棱形体，多面体…）的表面求解器已经发展得十分成功。对于发动机中典型的壁面附近流动，必须采用 $Y^+ < 100$ 的壁面自适应网格。当然，对于低Reynolds（雷诺）数的壁面模型，为了在壁面区域达到更高的计算分辨率，需要增加网格单元的层数。

与壁面处理情况相似，能够针对问题实现自适应的网格划分对一些其他过程也非常重要，例如进排气门周围的剪切层、燃油喷雾区域，以及预混火焰前锋等。总之，还有不少区域需要由网格计算来处理其长度尺度问题，例如相对缸径而言的喷油嘴内部流动的湍流长度尺度。如今要解决网格适应的问题需要花费巨大的代价。可以肯定的是，随着未来智能化自动网格生成算法的建立，将至少能接管目前由用户所做的部分工作。当然，目前尚不清楚哪种发动机网格运动方案会最终取得成功。迄今为止许多软件（如STAR-CD，KIVA-3V）已经补充/删除了定义好的单元层。这样可以最大限度地减少插值误差，但也会使网格运动不灵活。另外，映射技术（例如见FIRE软件）也是一种选项，它可以在某些阶段提前创建网格，然后作用于其间的流场。过去这是一个低效且不精确的方法，因为针对不同活塞和气门位置，需要付出很大代价来创建网格，而且当网格转换时会出现投影误差。自动网格生成策略和高阶插值处理方法，将使这一方法重新具有吸引力，因为它允许在相应的曲轴转角内使用特别优化的网格。然而目前也有一些其他的创新的方法，例如覆盖不同区域（活塞，气门…）的重叠网格法等也正在尝试中。

16.6.2 数值

未来的物理模型，例如 Euler（欧拉）喷雾模型或湍流燃烧模型，将要求尽量减少数值扩散的流场解析。在不使用二阶导数的情况下，基于混合分数或温度方差方程的湍流燃烧模型甚至不能得到有效解。对于其他湍流模型如 LES（大涡模拟），相关要求将更加严格。迄今为止，关注的焦点仍然停留在如何保证更强大稳定的算法，可惜这往往是以数值扩散为代价取得的。目前更有希望的流体力学求解器也在研发中，目标是一方面能够根据复杂但并不完美的网格提供流场分析结果，另一方面也保持了原有传统并具有 TVD 性质，因此不会产生局部过调现象［参见式（14.76）］。

在网格运动的替代策略方面，网格变换中的插值能力将越来越受到重视。当然，在网格变换中的守恒量应该不会出现整体或局部的不连续性，相关物理量的梯度也应保持不变，因为它们也是许多源项的重要输入。

16.6.3 湍流

当前学术研讨会上常常提到的观点，是 RANS（Reynolds 平均数值模拟）模型会被 LES（大涡模拟）很快代替，但实际情况正好与此相反。我们的观点是 RANS 模型仍将在发动机领域内应用至少 5 ~ 10 年。支持这一观点的理由是发动机燃烧室和运动机件的几何形状十分复杂，目前人们还没找到非常合适的低黏度流体流动的解析方法，而这恰恰是模拟绝对必要的先决条件（参见图 16.5）！对于发动机的模拟计算，在中间阶段过渡到采用 LES 程序。当然这主要是用来处理空气动力学方面的问题。当前使用于多循环计算的软件也正在开发中。但采用 LES 方法来模拟喷雾或燃烧的精度与质量还有待提高。另外还必须注意，边界条件（例如燃油喷射的波动）的质量也需要改进。

由此看来，在新的有效方法开发出来之前发动机的循环波动几乎是无法计算的（即使采用 LES 方法也不行，对此已在第 14 章讨论过）。但若能在研究问题时不惜花费将模拟手段和诊断技术联系在一起的话，似能取得更好的效果。例如，在可视化发动机上采用高速 PIV（粒子图像测速）技术，能够更精确地观察缸内流动过程，也可作为 CFD 计算的有力补充。

16.6.4 喷射过程建模

直喷式内燃机燃烧模拟通常受喷雾模型的影响很大。如果后者不够正确，燃烧模拟的结果也难以保证。正因为它十分重要，因此在进行燃烧模拟时，首先就要建立好喷雾模型，而这一点在当前已是可行的，因为构建喷雾模型所需的模块均已具备。

可惜的是，迄今为止几乎所有发动机商用软件中并没有采用这些建构模块，即使有也基本不可用。初学者首先碰到的是 Lagrange（拉格朗日）模型，若能将此模型应用于实际中，也就是在喷油嘴附近建立高分辨率的喷雾自适应网格，并对应较多的小单元数量，即能够得到非常合理的结果。在建模工作中，应当特别注意湍流耗散问题。如前所述，液相湍流肯定应该以小单元形式输运，即从原理上讲应该引入一个“液滴湍流模型”，就像气体流动需要一个湍流模型一样。从计算的角度来看，它（视模型而异）的计算成本很少超出标准模型。但目前一般的商业软件并未采用，因此迫切需要对现有 CFD 软件中的模型进行改进和更新。正如前面提及的那样，目前还只有 CFD 软件 KIVA 中的 O’ Rourke 模型能够重新修改，而且这样做也并不十分复杂。

用 Euler（欧拉）公式建立喷雾模型的潜力很大。特别是它可以将喷油嘴喷孔内部流动计算与后续的喷雾计算联系起来，为后者的计算提供更准确的初始条件。现在我们已经知道喷孔内部的流动对燃油喷雾会产生很大的影响。

笔者建议最好不要停留在一个完全独立的、基本上依靠经验方法的水平上，而应当从成熟的 Lagnange（拉格朗日）模型出发，把它转换成等效的 Euler（欧拉）方程。这正好是上一章 15.3 节中（在某些近似假设下）讨论的主题。可以预见，该模型将在不久的将来应用在发动机的 CFD 软件（如 STAR - CD4）中。对其进行近似处理（其中的破碎仅为平均而没有碰撞过程）之后，可以得到进一步的扩展。这样的近似过程与在 Lagrange 模型中很相似，但其边界条件则有所不同。对于 Lagrange 模型，以上提及的近似方法基本上源于建模中并没有考虑任何统计收敛。模型的实现是不言而喻的，也不十分困难。而在 Euler 模型中情况则与此相反。模型的建立非常关键，统计收敛会自动实现。在这两种方法的对比中，后者显然更为有利：困难的模型总比较差的收敛性更为可取。当然前者也有解决办法，对此将在以下加以讨论。

1. 近似Ⅰ：平均过程只考虑破碎

我们最终引入了液滴级别这一概念，因为同一级别液滴半径的方差应当比较小，因而可以使用其平均半径进一步模拟。

考虑到液滴尺寸分布是由于破碎过程形成的，因此对式（15.71）所示的分布函数输运方程中的半径，可以引入一个类似 Fokker - Planck（福克 - 普朗克）方程的广义扩散项。从广义上讲 Fokker - Planck 方程描述了变量 x 的分布函数，后者随时间的变化受随机力 F 的影响

$$\frac{\mathrm{d}x}{\mathrm{d}t} = f(x) + F_{\text{stochast}} \tag{16.96}$$

式（16.96）与 Langevin（朗之万）方程有关，开始时有人认为它不适用于破

碎过程，因为液滴半径经历 n 次破碎过程后，其表达式如下

$$R_n = R_0 \cdot \frac{1}{\sqrt[3]{m_1}} \cdot \frac{1}{\sqrt[3]{m_2}} \cdot \cdots \cdot \frac{1}{\sqrt[3]{m_n}} \tag{16.97}$$

由于随机影响是倍增的，即按乘法而不是以加法计算的。在取对数之后，可变为

$$\ln R_n = \ln R_0 - \frac{\ln m_1}{3} - \frac{\ln m_2}{3} \cdots - \frac{\ln m_n}{3} \tag{16.98}$$

这也就是说，通过对半径取对数，可以用 Fokker - Planck（福克 - 普朗克）公式描述破碎过程

$$\ln R_n = \ln R_0 - \frac{\ln m_1}{3} - \frac{\ln m_2}{3} \cdots - \frac{\ln m_n}{3} \tag{16.99}$$

若用式（16.56）求取 $\ln R$ 的平均值和方差

$$\langle \ln R \rangle = \ln R_0 - \frac{1}{3}\int_0^t \frac{\ln m}{\tau} \mathrm{d}\,\tilde{t}$$

$$\langle (\ln R)^2 \rangle - \langle \ln R \rangle^2 = \frac{1}{9}\int_0^t \frac{(\ln m)^2}{\tau} \mathrm{d}\,\tilde{t} \tag{16.100}$$

接下来能够用 Fokker - Planck 方程表达质量分布函数 ρ［即密度，见与式（15.58）和式（15.59）相关的讨论内容］

$$\frac{\partial}{\partial t}\rho(R,t) - \frac{\partial}{\partial \ln R}\left(\frac{1}{3}\ \frac{\ln m}{\tau}\rho(R,t)\right) - \frac{\partial}{\partial \ln R}\left[\frac{1}{18}\ \frac{\ln^2 m}{\tau} \cdot \frac{\partial}{\partial \ln R}\rho(R,t)\right] = 0 \tag{16.101}$$

考虑到式（15.58）及 $\mathrm{d}\ln R = \mathrm{d}R/R$，最终可将以下扩散项加入式（15.71）

$$-\frac{1}{R^2}\ \frac{\partial}{\partial R}\left[\frac{1}{18}\ \frac{\ln^2 m}{\tau} \cdot R\,\frac{\partial}{\partial R}(R^3 \cdot p(R,\nu,T,t))\right] \tag{16.102}$$

混合扩散项 $\partial/\partial R \cdot \partial/\partial \nu$ 和 $\partial/\partial R \cdot \partial/\partial T$ 也应当被包括在内［与式（15.68）到式（15.70）类似］。它们对应于各种大小和快慢的液滴以不同的速率进行蒸发、加热以及变慢的过程。

破碎的概率分布虽然是 Poisson（泊松）分布，但它在破碎数量较大时会收敛为正态分布，这也正是使用 Fokker - Planck 方程的先决条件。此外另一种结果是，存在一个恒定特别是与半径无关的破碎率，它不受减速或蒸发过程的影响，而是以对数正态分布来作为粒度分布：

$$p(R;t) = \frac{1}{\sqrt{2\pi\alpha}}\exp\left(-\frac{\left(\ln\frac{R}{R_0} + \frac{\ln m}{3\tau}t\right)^2}{2\alpha}\right)\frac{\mathrm{d}R}{R} \tag{16.103}$$

$$\alpha = \frac{\ln^2 m}{9\tau}t$$

2. 近似Ⅱ：忽略碰撞过程

首先考虑（准）弹性碰撞。在这种情况下，从 Boltsmann 方程以 Chapman - Enskog 方法衍生出 Navier - Stokes 方程时，必须对其进行仔细推敲（例如，Rieckers 和 Stumpf 的著作，1977）。分布函数可写为当地 Maxwell（麦克斯韦）分布 p_0 和一个小扰动 p_1 之和，这时当地 Maxwell 分布消除了（弹性）碰撞积分。应用于式（15.71），为紧凑起见写成 $Lp_0=0$，并在重新引入弹性碰撞项后就可以写成

$$L(p_0) \approx L(p_0+p_1) = I_{\text{elast. Stoß}}[p_0+p_1] = I_{\text{elast. Stoß}}[p_1] \approx \frac{1}{\tau_{\text{Stoß}}}p_1 \tag{16.104}$$

这里在最后步骤中已经代入了经典 Chapman - Enskog 方法中通常的近似公式。通过上述关系可以计算出修正项 p_1。为了使矩方程封闭，这种方法仍然要与本书第 15 章 15.3.3 节中介绍的程序合并考虑。

至于非弹性碰撞的处理则更为困难，但可将其视为弹性碰撞和破碎的叠加。伴随液滴半径增加时的“凝聚”现象，也可以解释为“反破碎”过程。

3. 湍流气体波动作为湍流扩散源

此外应当指出，式（15.61）或式（15.69）给出的气体速度湍流波动之间的相关性是很容易选定的。然而依据式（14.34）进行估算的准确性和一致性会更好一些，因为这时采用了与剪应变张量成比例的非对角项。

16.6.5 燃烧过程建模

对于燃烧建模本身而言，本章中所讨论的方法并未完全在当前的发动机通用 CFD 软件中实现。例如，有关火焰前锋燃烧模型中的 G - 方程和两相流方法（参见本章 16.4.1 节）就属于这种情况。今后若能将其列入相关程序则肯定是一大进步。此外，借助于本章介绍的方法（基于图 16.1 所示三角形的燃烧模式），可以描述由湍流时间尺度主导的快速化学反应过程（Damköhler 数较大）的燃烧过程。

对于诸如自燃、柴油机“预混”燃烧及污染物形成（尤其是氮氧化物和炭烟）等这些更多反应动力学作用的过程，目前尚缺乏简便高效且普遍适用的方法。根本问题还是在于前述过程变量在混合物组分空间上的分布。

如果想要处理这些问题，必须区分它们是一个混合物组分浓度变化剧烈的扩散火焰燃烧，还是一个混合气浓度和温度分布仅受湍流影响而在小范围内波动的预混燃烧。对于前一种情况，需要扩展经典的扩散小火焰单元方法。另外，还有某些特定的问题可参见 Steiner 等（2004）或 Lehtiniemi 等（2005）的相关著作，如果文献中所介绍的过程变量方法不便使用的话，则必须回到前面介绍过的条件矩封闭（CMC）方法上去，当然这也会大大增加计算的成本。不过今后在某些情况下或许能找到更为简便的创新方法。

对于后一种情况，即相对均匀的混合气但也带有少部分的不均匀性（然而这仍然可能在过程中受到影响）的情况，则以通过输运 pdf（概率密度函数）模型计算后验分布函数的思路更为合适（见 Pope，1985）。这时局部混合物的状态（初始和最终反应的产物，也包括过程变量），由均质反应体的集合来表达。每个均匀反应体由尽可能体现当地物质组分的微小单元来表示。在燃烧空间中这种微小单元体随气流一起移动，它们在同一计算单元内与其他均质反应体混合（扩散!），同时其组分之间也发生反应（层流）。扩散过程建模也存在一些问题。因此这时也用了类似于 Lagrange（拉格朗日）喷雾模型中的小区，即微小单元体的概念，故受到同样的困扰：即为了要达到统计收敛，必须进行大量计算，而且还不能求解像火焰前锋那样较小的结构。因此，这方面的应用只适合于空间上不存在剧烈变化，而只是化学上反应过程比较复杂的问题（如对点燃式发动机爆燃现象的研究）。

参考文献

Bilger, R.W.: Conditional Moment Closure for Turbulent Reacting Flow. Phys Fluids A **5**(2), 436–444 (1993)

De Paola, G., Mastorakos, E., Wright, Y.M., Boulouchos, K.: Diesel Engine Simulations with Multi-Dimensional Conditional Moment Closure. Combustion Science and Technology **180**(5), 883–899 (2008)

Dederichs, A.S., Balthasar, M., Mauß, F.: Modeling of NO_x and Soot Formation in Diesel Combustion. Oil & Science and Technology **54**, 246–249 (1999)

Gülder, Ö.L.: Correlations of Laminar Combustion Data for Alternative S.I. Engine Fuels. SAE Paper 841000 (1984)

Halstead, M.P., Kirsch, L.J., Prothero, A., Quinn, C.P.: A Mathematical Model for Hydrocarbon Autoignition at High Pressures. Proceedings of the Royal Society **A346**, 515–538 (1975)

Halstead, M.P., Kirsch, L.J., Quinn, C.P.: The Autoignition of Hydrocarbon Fuels at High Temperatures and Pressures – Fitting of a Mathematical Model. Combustion and Flame **30**, 45–60 (1977)

Hermann, A.: Modellbildung für die 3D-Simulation der Gemischbildung und Verbrennung für Ottomotoren mit Benzin-Direkteinspritzung (2008). Dissertation, Universität Karlsruhe

Herweg, R.: Die Entflammung brennbarer, turbulenter Gemische durch elektrische Zündanlagen – Bildung von Flammenkernen, (1992). Dissertation, Universität Stuttgart

Hiroyasu, H., Kadota, T., Arai, M.: Development and Use of a Spray Combustion Modeling to Predict Diesel Engine Efficiency and Pollutant Emission. Part 1: Combustion Modeling. Bulletin of the JSME **26**, 569–575 (1983)

Klimenko, A.Y., Bilger, R.W.: Conditional Moment Closure for Turbulent Combustion. Prog. Energy Comb. Sci **25**, 595–687 (1999)

Kolmogorov, A.N., Petrovsky, I.G., Piskunov, N.S.: Study of the diffusion equation with growth of the quantity of matter and its application to a biology problem. Bull. Univ. Moscou, Ser. Int., Sec. A 1, 1–25. In: Pelcé, P. (Hrsg.) Dynamics of Curved Fronts, Perspectives in Physics. Academic Press, New York (1988)

Kraus, E.: Simulation der vorgemischten Verbrennung in einem realen Motor mit dem Level-Set-

Ansatz (2006). Dissertation, Universität Tübingen

Lehtiniemi, H., Amnéus, P., Mauss, F., Balthasar, M., Karlsson, A., Magnusson, I.: Modeling Diesel Spray Ignition Using Detailed Chemistry with a Flamelet Progress Variable Approach, Towards Clean Diesel Engines. Lund (2005)

Mayer, Th: Dreidimensionale Simulation der Stickoxidbildung und der Klopfwahrscheinlichkeit in einem Ottomotor (2005). Dissertation, Universität Stuttgart

Nagle, J., Strickland-Constable, R.F.: Oxidation of carbon between 1000–2000 °C. Bd. 1. Pergamon Press, London, UK, S. 154–164 (1962)

Patterson, M.A., Reitz, R.D.: Modelling the Effects of Fuel Spray Characteristics on Diesel Engine Combustion and Emissions. SAE Paper 980131 (1998)

Peters, N.: Turbulent Combustion. Cambridge University Press, Cambridge UK (2000)

Poinsot, Th., Veynante, D.: Theoretical and Numerical Combustion. R.T. Edwards, Inc., Philadelphia, US (2001)

Pope, S.B.: PDF methods for turbulent reactive flows. Prog. in Energy Comb. Sci. **19**, 119–197 (1985)

Rao, S., Rutland, C.J.: A Flamelet Timescale Combustion Model for Turbulent Combustion in KIVA, 12th Int. Multidim. Engine Modeling User's Group Meeting at the SAE Congress (2002)

Rieckers, A., Stumpf, H.: Thermodynamik Bd. 2. Vieweg Verlag, Braunschweig (1977)

Steiner, R., Bauer, C., Krüger, C., Otto, F., Maas, U.: 3D-Simulation of DI-Diesel Combustion applying a Progress Variable Approach Accounting for Complex Chemistry, to be published at SAE 03/04 (2004)

Stumpf, H., Rieckers, A.: Thermodynamik Bd. 1. Vieweg Verlag, Braunschweig (1976)

Weller, H.G.: The Development of a New Flame Area Combustion Model Using Conditional Averaging. Thermo-Fluids Section Report TF/9307, Imperial College of Science, Technology and Medicine, London (1993)

Wolfer, H.H.: Der Zündverzug beim Dieselmotor VDI Forschungsheft 392 (1938)

第 17 章　增压过程数值模拟

Roland Baar

17.1　概述

叶轮机械当前还无法基于分析的方法进行研究和设计，故在很大程度上仍然采用试探性设计，也就是按照经验来设计，主要原因在于叶轮内部流动的复杂性，特别是叶轮内部存在各种不同的流动现象（图 17.1）。在边界条件的作用下，如压气机内部的压力由加速度和气体在旋转叶轮内的偏转产生，叶轮内部流动主要受以下各类流动的影响：

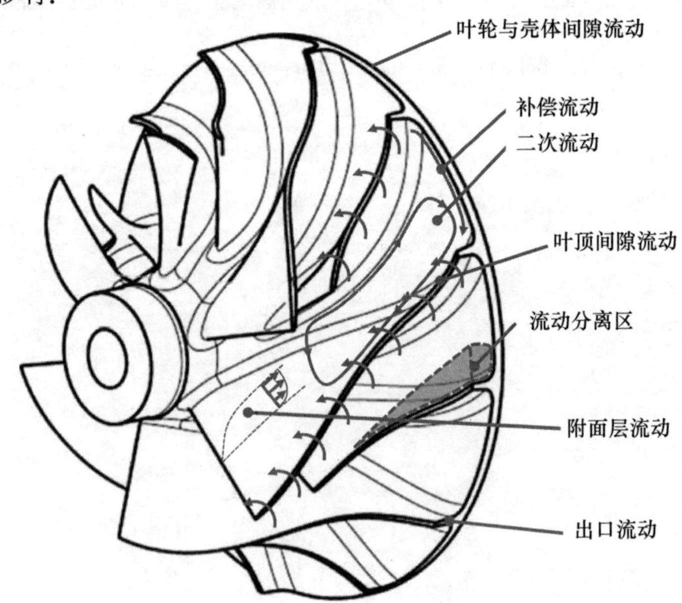

图 17.1　离心式叶轮的各部分流动损失

• 附面层流动：流体介质流过的所有壁面处都存在附面层。高流速、复杂的三维几何形状以及结构的微小尺度变化均会引发附面层流动，此时一方面会产生流动本身的损失，另一方面还存在从叶轮叶片的压力面流至吸力面时补偿流动带来的二次影响。

- 叶顶间隙流动：叶轮的结构形状会受简化制造工艺及提高强度等方面要求的限制。特别是出于转子动力学的考虑，在转动叶轮和固定的壳体间必须留有一定的间隙，进而导致了在叶片尖端（叶顶）的压力面和吸力面间存在压力补偿流动（即为实现压力平衡而产生的流动）。
- 二次流动：指叶轮叶片间的流道内存在的旋涡流动。这种二次流动效应可能有不同的强度，其产生原因也不尽相同。
- 流动分离：当流动失去前进速度、脱离壁面时所产生的流动分离现象，会导致“旋转失速”或“喘振”现象。这种流动的非稳定性从本质上无法精确地加以分析。
- 叶轮与壳体间隙流动：在叶轮后和壳体前的间隙中也存在流动。这种流动对轴向力、流动效率、漏气及轴承润滑油的泄漏损失等都有一定的影响。

涡轮机和压气机经过了几十年的发展，如今已经可以制造出功能、特性及效率优化后的标准叶轮和机壳。当然基于所提出的各种更高要求，从而进一步的发展也是可能，甚至是必然的。例如，可以采用一些新的制造方法（如成形铣）和新的材料（如钛及其合金），生产出一些几何形状不易加工的零件。此外，为了增加发动机的比功率，也需经常做一些必要的调整和匹配工作。

尽管涡轮机和压气机的稳态流线理论和所建立的流动损失模型都有了很大发展，但若要在严格限制的条件下对涡轮增压器实现优化，则需要基于三维计算流体力学（CFD）方法来开展。增压器各组成部分如图 17.2 所示，与实际的涡轮增压器相比，在建立计算模型时有意将其入口和出口段加长，这样一方面可使其边界条件更接近于实验情况，另一方面也可以保证数值解的收敛性。

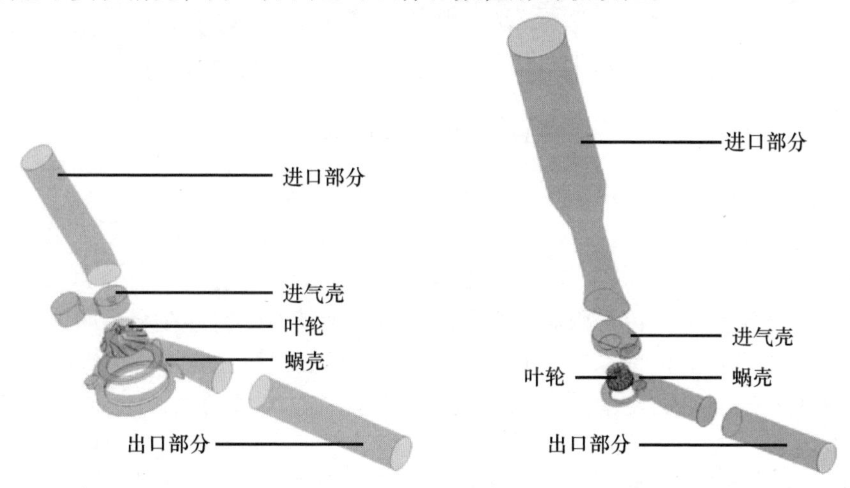

图 17.2　压气机和带排气阀的涡轮增压器的几何组成

叶轮机械的特殊之处，在于需对旋转部件和静止部件提供不同的参考坐标系。在数值模拟中，叶轮内部的流动采用旋转坐标系，而与发动机相连的静止的壳体则处于空间固定的绝对坐标系中。笛卡儿坐标系可被描述为与旋转的叶轮同向旋转的相对坐标系。不同坐标系间数据的传输可通过不同的方法来实现。

17.2 压气机叶轮与进气壳体间的相互作用

如果只考虑定子（蜗壳/导叶）或只考虑转子（叶轮或其中一部分，如一个叶片流道），在数值模拟中可以只采用绝对坐标系，或者只采用相对坐标系。但如要计算分析定子和转子内部的流动时，则必须同时采用这两种坐标系（“多参考坐标系”），其中定子采用绝对坐标系，而转子采用相对坐标系。这两个子区域之间的过渡在数值模拟中是通过一个内部的交界面来进行的（图 17.3），对此，视模拟方法的不同可有不同的处理方式。在大多数的 CFD 商用软件中均有以下与此相关的定义：

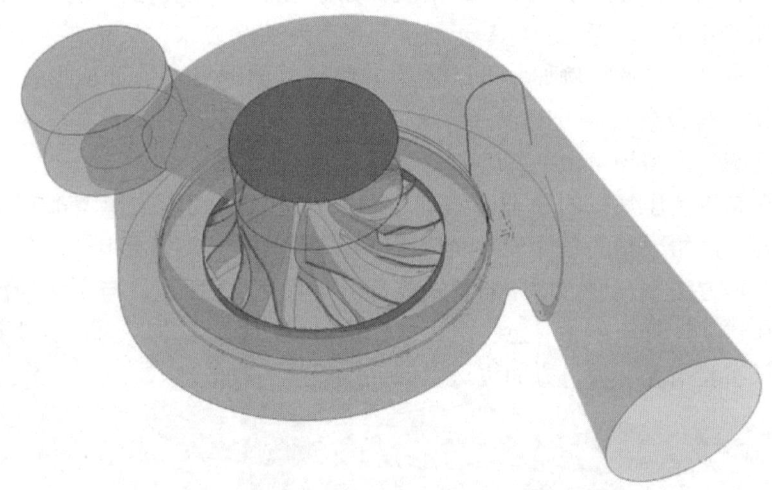

图 17.3　压气机的交界面

- 冻结 - 转子（Frozen - Rotor）交界面（冻结转子法）。
- 混合平面（Mixing - Plane）交界面（混合界面法）。
- 转子 - 定子（Rotor - Stator）交界面（转静交界面法）。

在冻结转子法中，转子相对于定子的相对位置是不变的，在交界面处的边界值只是简单地通过其他坐标系统来传递。该方法可以用来分析非对称结构的计算区域，如典型的发动机涡轮增压器内的流动。但该方法对交界面的定义中冻结了转子，即定义转子不动，所以只适用于稳态模拟。至于旋转对流动的影响是通过与叶轮做同向旋转的坐标系来反映的。该方法的优点就在于，邻近区域值和交界面上数值的传输可以反映定子区域的非对称性，但同时也意味着模拟结果将与转子相对于定子的取向有关。当转子固定在不同位置时，多次用稳态冻结转子法数值模拟所得到的计算结果，还是无法与瞬态的计算结果相一致。

采用混合界面法，转子对于定子的相对取向在整个计算过程中也同样保持不变，但得到的是两个坐标系交界面上沿着圆周方向的平均值。相邻网格节点之间流动变量信息的传递是通过相对坐标系入口均匀分布的，因而计算结果与转子和定子之间的相对位置无关。但是对发动机涡轮增压而言，其内部流动参数均布的假定在多数情况下并不合理，其定子内部的流动受到周向平均的影响。混合界面法主要被用于轴流式涡轮机械内部流动的模拟，因为这时大体上满足流动沿周向均布的条件。

与上述两种交界面处理方法不同的是，转静交界面法则能对涡轮机械内部流动提供瞬态模拟的可能。采用这种界面的方法，转子的角位移随时间在变化，从而根据每个时刻角速度即可以确定转子和定子间准确的相对位置。这种方法也可以用来分析转子和定子间的相互作用，如叶轮和不对称的蜗壳间或叶轮和导叶间的相互作用。由于叶轮的旋转，在两个邻近坐标系的交界面处需为计算模型设置一个内部界面，该界面两侧的网格拓扑结构并不兼容，这意味着一个子区域的网格节点无须和另一个子区域的网格节点完全等同，两者之间通过所谓的控制面被联系起来，以确保两者之间数据的传递。在很多软件中，此处的控制面也被称为“通用网格界面”、“任意界面”或者就简称为“界面”。在转静交界面法中，网格节点的设置在每一个时间步长上均随叶轮的旋转而变化，这种界面是前述控制面的特殊情况，有时也被称为“滑移界面”。

前两种界面处理方法相对来说简单可靠，计算速度快，适合于发动机涡轮增压系统的数值模拟，比如可用于对涡轮机械自动优化方法的改进。但是这两种方法也存在前面所述的缺点，即无法进行瞬态分析，而转静交界面法则是唯一可以准确考虑瞬态效应的方法，可以对动静两部分零件之间相互作用进行分析。但这种方法就计算时间和所要求的内存来说都是非常昂贵的，而且还有一些其他附加计算的要求。例如，需要预先给定边界条件，而且该边界条件还必须是随时间的变量。因此，此方法在实际工业领域的应用上尚不普遍。

17.3　涡轮机械叶栅设计基础

如前所述，流体机械内部流动的三维 CFD 模拟和其他领域的要求大体上相同。因为对流动损失的详细分析与尽可能准确地预测流动分离现象相关，所以对涡轮机械内部流动的数值模拟，关注重点应放在计算网格上。网格质量与其相关参数如网格相邻边夹角、膨胀比，或是控制容积的长宽比等都有一定关系，但更要特别注意的是在采用了湍流和壁面函数模型时，边界层要有足够的网格精度，而对计算区域内第一层网格单元的 $y+$ 值也有较高的要求。

数值求解的误差受到网格单元邻边夹角的影响，夹角在20°～160°时最为有利，而在10°～170°时也还可以接受，但若超出这个范围，则认为会对求解精度产生较大的影响。在一维计算中，网格膨胀比指相邻网格节点距离间的比值，而在三维计算中则采用相邻控制体积间的体积比来表示。这个参数也直接影响数值计算误差。膨胀比的理想取值为1～1.5，但若在1.5～2.5则也还是可以接受的。

控制体积的长宽比影响迭代计算的收敛性，而输运方程的离散化所对应的矩阵方程正是在一定的收敛判据下才得以求解的。一些求解器会在一定程度上要求该比值必须限定在某一范围内。这时力求网格长宽比限制在10或更小的范围内。但对边界层的求解可做特殊处理，该值可不必严格遵守上述要求，可以取到100，甚至更大，以便将网格节点数控制在可接受的范围内。所以，必须检查各种矩阵求解器对此类网格是否合适。

在数值模拟中始终需要考虑的一个目标是为了得到唯一确定的解，通常随着网格的细化，计算误差应该越来越小，这可以通过对不断增加网格数目进行求解后所获得结果的比较来检查。如果求解时不能收敛到某一个极限值，可能就是网格过粗所致。但是也会碰到这样一个问题，即上述各项参数的质量不仅没有随网格的细化得到改善，反而是更差了。这种情况称为“非可扩展网格”。

原则上六面体网格的网格质量是最好的，从而具有较高的计算效率。这种网格单元非常适合于壁面附近边界层和流动分离引起的剪切层的计算，缺点是其生成过程非常困难，而且难于自动生成，人为手动生成网格的优势还是很明显的，其网格单元的布置可以保证高梯度值处的流动也可以很好地获得求解。

与此相反，四面体网格则很容易自动生成。在流体流动所形成的几何区域面网格基础上，通常是以四面体网格单元去填充。但四面体网格单元的不足之处在于，由于网格单元相互之间的布置有一定的条件，使得该种网格并不完全适合于壁面附近边界层和剪切层流动的计算。另外，它也不可能根据流线的方向来安排控制容积的方向。这意味着采用四面体网格时，若想获得和六面体网格单元同样精度的求解结果的话，就需要布置更多的网格节点。采用四面体网格单元后，仅仅由于控制容积类型的不同，计算量和对计算机内存空间的要求，就要比采用六面体网格单元高出50%左右。

对于边界层的求解而言，三棱柱网格虽然仍然没有六面体网格高效，但仍然比四面体网格优越。这类网格可以基于二维网格来生成，例如通过挤压二维网格即可自动生成。如与内部区域中的四面体网格结合，三棱柱网格在无需人为操纵和监督下，可以比较快地生成比较好的网格。

金字塔网格单元只是从六面体网格到四面体网格之间的一种过渡性的网格单元，通常应当尽量少用。

17.4　网格生成、网格质量和边界条件

在流动模拟中，网格的生成是非常耗时的，而这也是获得高质量计算结果的基础。计算网格一般有结构网格和非结构网格两类（图 17.4）。结构网格通常用于比较简单的流动模拟，它也可进一步简化为块结构网格，其中各相关的子块内构成不同特性的网格。尽管如此，这种固定结构的网格在很多领域仍不能形成最优化的网格。网格数目过多或过少均会为计算时间或计算精度带来不利的影响。另外，网格形状也可能不令人满意（如过于细长/过于锐角），从而带来出现二次回流时计算难以收敛的问题。尽管非结构网格的生成需要花费更多的精力，但通常也更为灵活，在各类网格生成软件中都被广泛采用，用于复杂外形的网格生成方法。在流动求解过程中采用非结构网格的计算速度通常都比结构网格要慢。

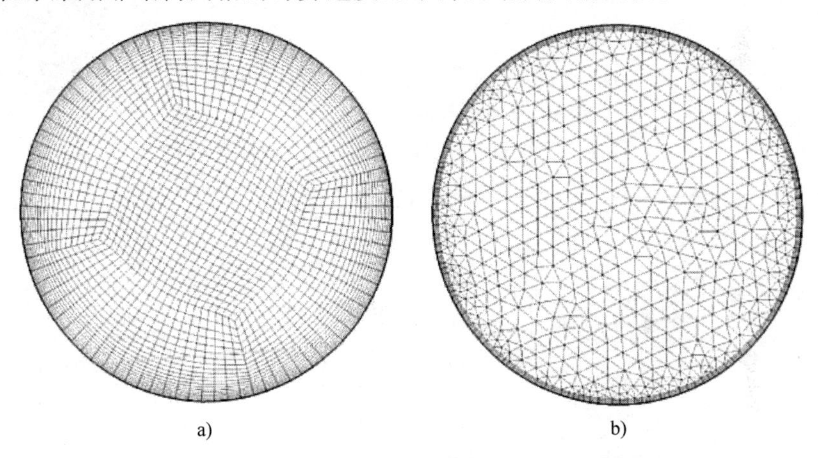

图 17.4　网格类型

a）结构网络　b）非结构网络

尽管近些年来数值模拟在计算能力方面呈指数增加，但计算网格的大小始终起着非常重要的作用。增加网格数目可以对前述各种流动效应给出更为清晰的模拟结果。在稳态流动计算基础上，如今已能在可以接受的时间内对整个特性场进行模拟计算。涡轮机械内部流动目前多数仅仅是简化为稳态处理，但瞬态模拟的应用领域也不断在增加。只有这样才能一方面模拟得到涡轮机械内部的各种流动效应（如流动分离），另一方面也有可能考虑和分析内燃机在换气过程中所产生的脉动效应。由于发动机和涡轮增压器运行工况的时间尺度完全不同，为了详细掌握所有流动效应的信息就需要按涡轮机计算时间的要求进一步减小网格尺寸。

为了控制网格尺寸，进行了网格的研究，其结果如图 17.5 所示（Boxberger，2013）。在本算例中不断减小网格尺寸，直到整个模拟结果随网格数的变化不再有较大的差异为止。

在网格的边界上设置数值模拟的边界条件，在整个网格各子区域之间或内部设

置网格的交界面，最终计算所得结果通过实验测量来核实和标定（图 17.6），从而有助于检验计算结果的可信度，也可进一步对各种流动效应进行详细的分析。

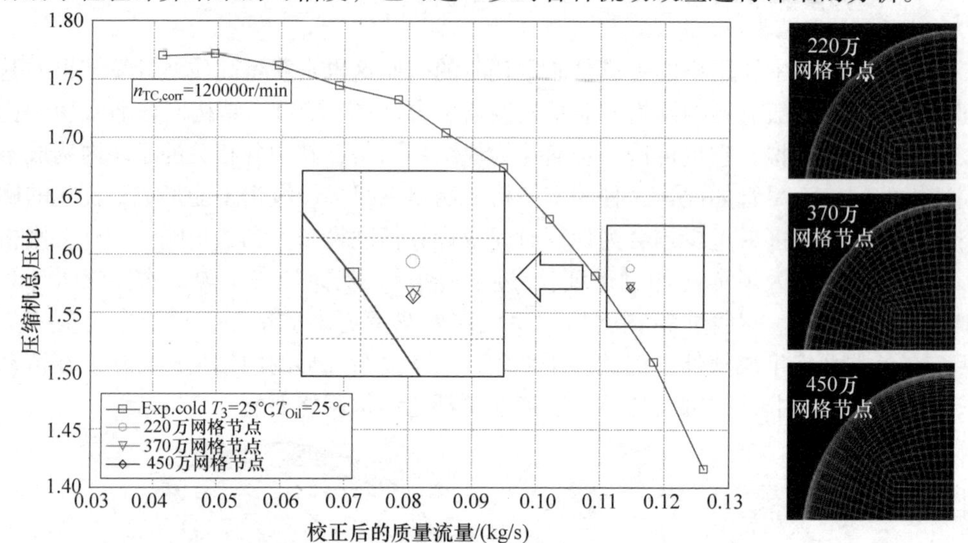

图 17.5　网格节点数目的影响——网格研究实例

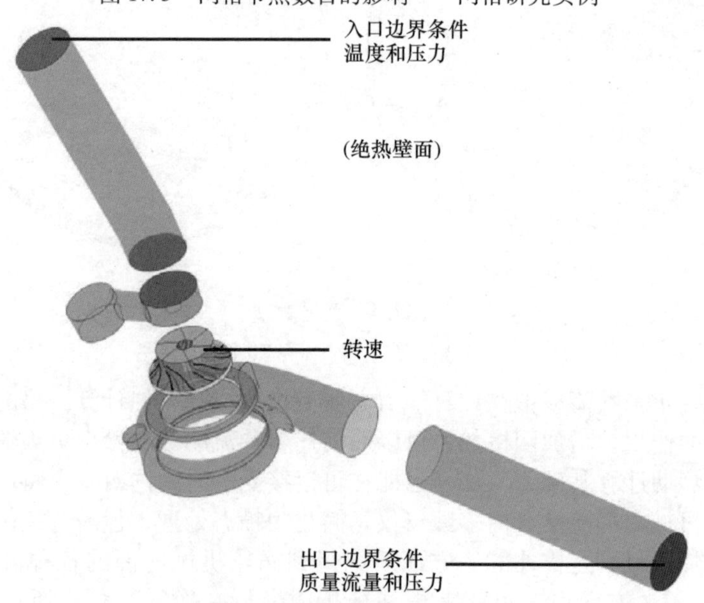

图 17.6　交界面和边界条件

流体流经部件的壁面通常均假定为绝热壁面。这对测量有着特别的要求，以便进行比较或者匹配。现代计算软件已经可以将传热模型耦合进流动计算中，即建立流 - 固耦合计算（Fluid - Structure - Interaction，缩写 FSI），从而可以预测各个零部件的热负荷。在这种情况下流动模拟除了可以预测流动外，也可以给出温度场的特定信息。这意味着流动模拟在产品开发过程中迈出了十分重要的一步（Baar,

2009)，也就表示 CFD 已经从一个纯粹的研究工具发展成为产品质量的重要保证。

17.5　结果分析

由于网格节点数量很大，即使很简单的数值模拟也会得出大量的数据，这些数据只有采用专门的分析软件（“后处理”软件）进行处理后才有意义。计算结果的比较往往针对某些宏观变量，这些量也可以在试验台中测得，将会为新的涡轮机械研发提供重要的信息。作为具体实例，图 17.7 给出了一台压气机实验和数值模拟结果的比较（Boxberger，2013）。由图 17.7 可见，数值模拟和实验结果非常一致，考虑到实验结果本身也包括各种误差（统计误差，传感器的精度和各部件几何形状的偏差），应该说上述结果对于多种应用场合均是相当不错的。特别要注意的是，在模拟过程中，对特性流场在边界处的情况很难描绘。在本算例中喘振线不是通过模拟得到的，而仅仅是根据实验结果算出的特性场内若干特定数据点得到的。目前虽不能通过模拟来准确确定压气机的喘振线，但可以通过发现喘振前流动中存在的不稳定性和流动分离现象（图 17.8）来接近喘振极限。但准确预测喘振极限仍然存在一定的困难。在分析阻塞线显示的异常现象时，也暴露了经典数值模拟分析方面的不足。总的来说，用 CFD 计算上述现象是困难的。因为这些计算将受到叶顶间隙高度、叶片扭曲、湍流模型、壁面粗糙度过渡模型、流动的不稳定性和其他一系列因素的影响。流动阻塞和喘振现象一样，也是与系统有关的瞬态过程，这种现象会在很多叶片流道中同时发展，并基于边界层处分离，其分析均特别依赖于湍流模型。图 17.8 中的 CFD 计算结果显示，当质量流量高时，数值模拟所得的压气机的

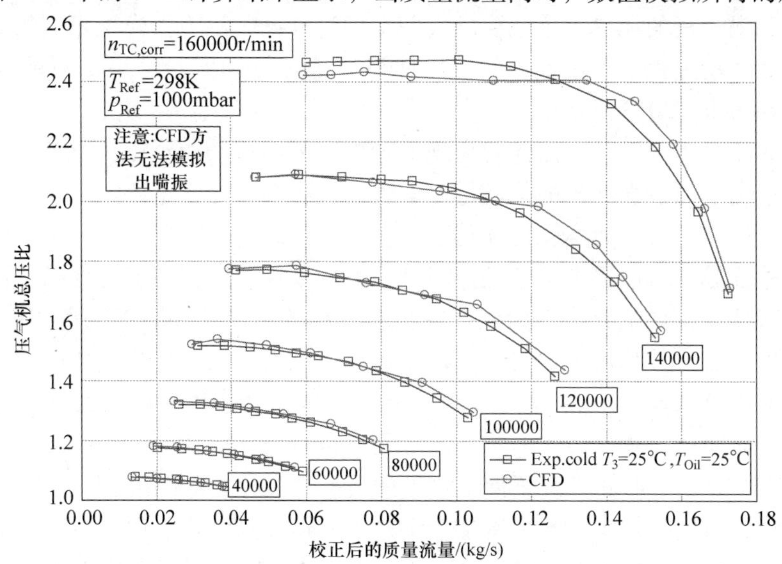

图 17.7　一台压气机试验和数值模拟结果的对比

升压比要低于实验值。也可以看到，压气机特性曲线变化的敏感度随湍流程度的增大而有明显增加，而且在高转速下更为明显，从而得到了一组向下弯曲的速度特性线，而唯一可能用 CFD 方法计算特性曲线场的方法，就是对每个工况点进行瞬态计算。

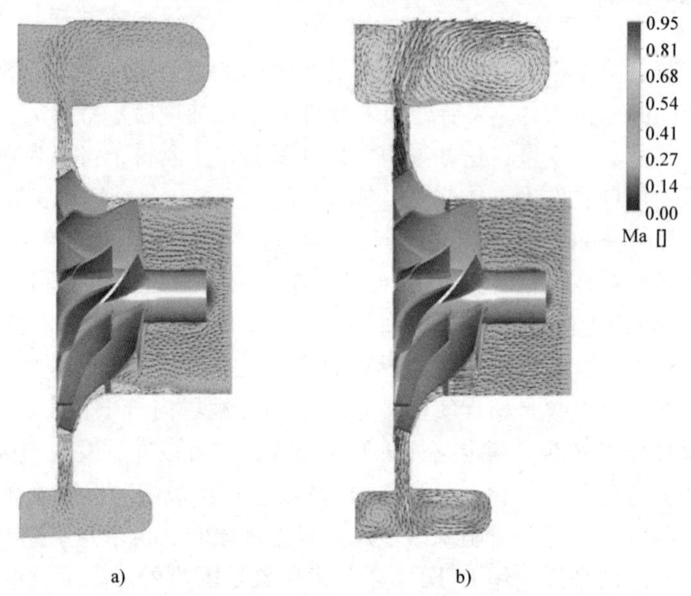

图 17.8　压气机中的流动状态

a）接近喘振边界的状态　b）接近阻塞边界的状态

对于流动效率特性的模拟而言，做绝热处理时，在质量流量小的情况下计算和实验所得的流动效率相差较大。这主要是因为在实验中，压气机主要通过热传导和热辐射受到涡轮机的加热。这就要求我们在理论计算时尽力去模拟相应的非绝热过程，或者在实验过程中采用绝热条件以使得理论计算和实验结果尽可能吻合（图 17.9，Boxberger，2013）。

由于涡轮机内部流动中流体脱离现象较少，因而流动相对比较稳定，模拟也比较容易。但由于通过涡轮机的热流量对其流动过程会有非常重要的影响，并导致结果出现较大误差，故经典实验已显得不足。

流动数值模拟可以提供很多的流场细节，不仅仅可以得到宏观变量，而且可用以对流动特性进行详细分析。为此存在很多选择的可能性。图 17.10a 中以可视化的流线给出了流过叶片流道的气流流动特性，可以看出在叶片高度方向上的中心位置处存在流动分离现象。图 17.10b 中的流线则显示了叶片入口处的扰流在叶片流道内发展为涡团的过程。

图 17.11 显示了叶轮叶片不同高度处的流动参数分布。图 17.11 中的上排带有叶轮的图形，有助于理解叶轮内部的流动效应，但叶片结构阻碍了对叶片流道内流场的可视化。所以根据所对应的叶片高度，在图 17.11 的下排图中将各流道内流动参数分布以平面展开呈现。

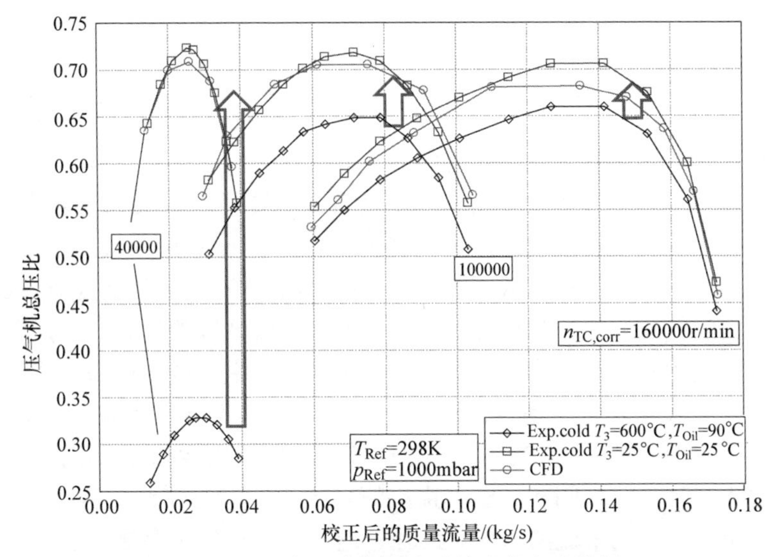

图 17.9　压气机实例中流动效率的实验数据

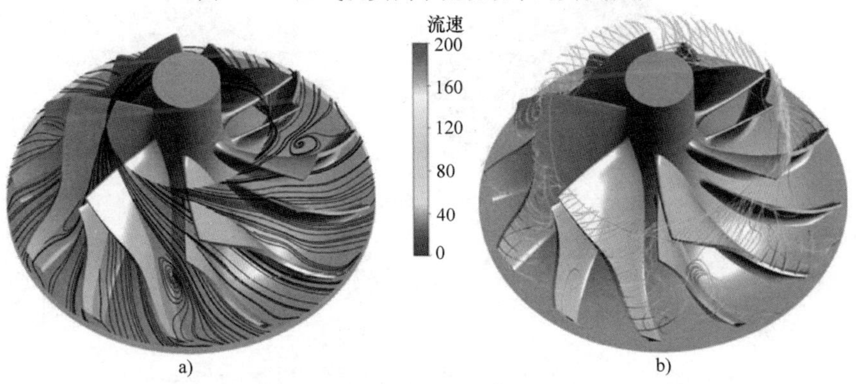

图 17.10　详细的计算结果实例分析

a）流线显示了叶片中心的流动分离现象　b）流线显示了产生于压气机入口的涡团

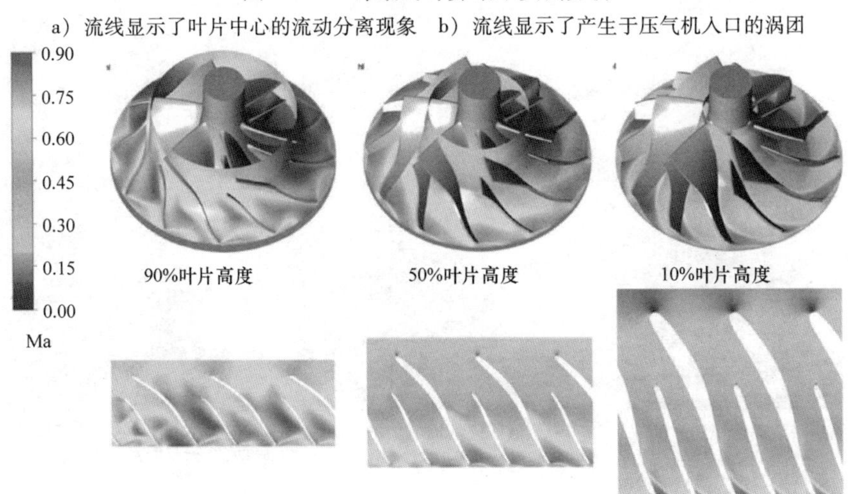

图 17.11　压气机叶轮内部流动的马赫（Mach）数分布

17.6 应用实例

流动模拟相对于实验具有自身特定的优势。在实验中是不可能了解到流场详细信息的，要得到不同工况下的各项流动变量值，需要投入很大精力才有可能实现。下面将给出一个两级增压系统的例子。图 17.12（Baar，2011）表示流经放气阀的气流和从高压级流出的气流对低压级入口处流动的影响。从可视化的流线可以看出从放气阀流出的气流与主流相混合的情况，表示涡流强度的螺旋气流，即涡团则清晰显示了各种流动效应。对这一流动过程的实验研究由于成本过高，几乎是不可能的。涡团结构经低压涡轮的蜗壳，在流动过程中会继续保持。在图 17.13（Baar，2011）中，用可视化的方法表示了低压级涡轮进口流动受到 3 种不同干扰情况时的比较，左边为同时受放气阀和高压级扰流的影响，右边为仅受高压级扰流的影响，中间为不受干扰的均匀来流的情况。此外，通过分析还使效率提高了 2%。

图 17.12　高压级的放气阀来流对低压级流动的影响

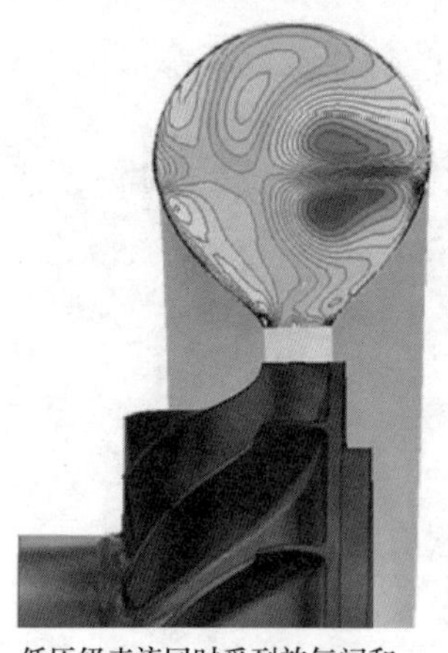

低压级来流同时受到放气阀和高压级扰流的影响（通过放气阀的质量流量占总质量流量的33.4%）

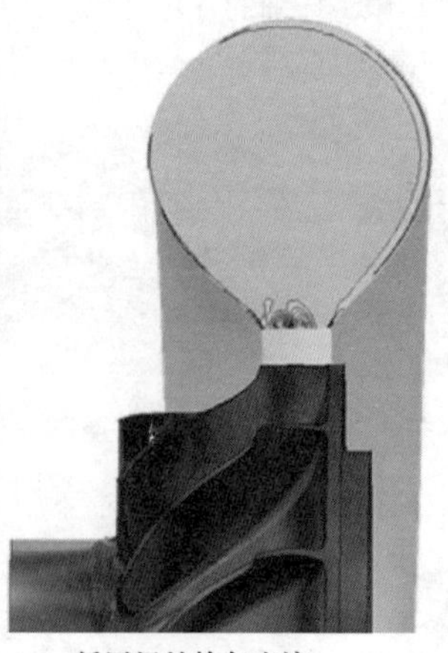

低压级的均匀来流

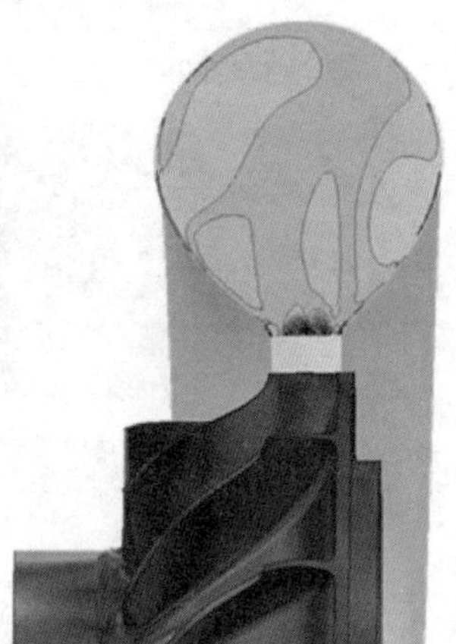

低压级来流仅受高压级扰流的影响(放气阀关闭)

图 17.13　低压级来流受到不同形式的扰流影响的比较

参 考 文 献

Baar, R., Frese, F., Sievert, M., Vogt, M.: Thermal mechanical analysis of turbine housings based on fluid-structure simulations. Tagungsband. 14. Aufladetechnische Konferenz, Dresden (2009)

Baar, R., Frese, F., Natkaniec, C.: Interaktion von Turbinenströmungen in zweistufigen Aufladungssystemen, Motorprozesssimulation und Aufladung. Expert Verlag, Renningen (2011)

Boxberger, V., Baar, R., Mai, H., Kadunic, S.: Challenges to validate turbocharger CFD simulations with hot gas test results, Engines Processes. Expert Verlag, Renningen (2013)

Durst, B.: Grundlagen der 3D-CFD-Simulation von Turbomaschinen, Grundlagen Verbrennungsmotoren, 6. Aufl. Vieweg und Teubner, Wiesbaden (2012)

第五篇　系统研究及展望

第18章 内燃机作为完整动力系统中的一环

Günter Fraidl, Paul Kapus, Reinhard Tatschl 和 Johann Wurzenberger

18.1 内燃机未来发展目标

18.1.1 引言

CO_2排放法规（图 18.1）对全球乘用车发动机研发提出了更高的要求。图 18.1 展示了当前和未来的 CO_2 排放法规指标。图 18.2 展示了各个厂家在 2008—2012 年间已取得成果基础上，为满足 2020 年车辆 CO_2 排放指标还需努力达到的减排指标。在过去的几年里，欧洲车辆的减排指标是通过大量提高柴油机的使用比例来实现的，而现在则可通过新的汽油直喷技术、改进的能源管理、起动/停车以及混合动力技术，真正实现内燃机减排方面的跃进。为此，需要关注以下几个研发方向：

- 自然吸气分层燃烧方案，作为低油耗汽油发动机的先驱（Langen 等，2007 和 Waltner 等，2006）；
- 汽油直接喷射与废气涡轮增压结合的方案，这可能是目前汽油发动机最受关注的技术（Prevedel 和 Kapus 2006，Fraidl 等，2007）；
- 大力推广合理分割压缩和膨胀行程的可变气门技术［Miller（米勒）或 Atkinson（阿特金森）循环］；
- 具有适度电动功率的中度混合动力（Brachmann，2009）；
- 全混合动力（Weiss 等，2009）。

由图 18.2 可见，对于已经完成 2008—2012 年减排指标的各个厂商，距离达到 2020 年的排放指标要求还需做出程度不同的努力，而且各厂差别也很大。

由图 18.3 也可以看出，目前最优良的柴油驱动技术已经可以达到 2020 年的 CO_2排放标准。最好的汽油发动机也已经实现介乎 2015 年和 2020 年之间的 CO_2排放指标。汽油混合动力可以实现类似于柴油机的排放值。柴油混合动力则被优先选用于重型车辆，也有助于降低 CO_2排放量。对于所有类型的发动机，其 CO_2的排放

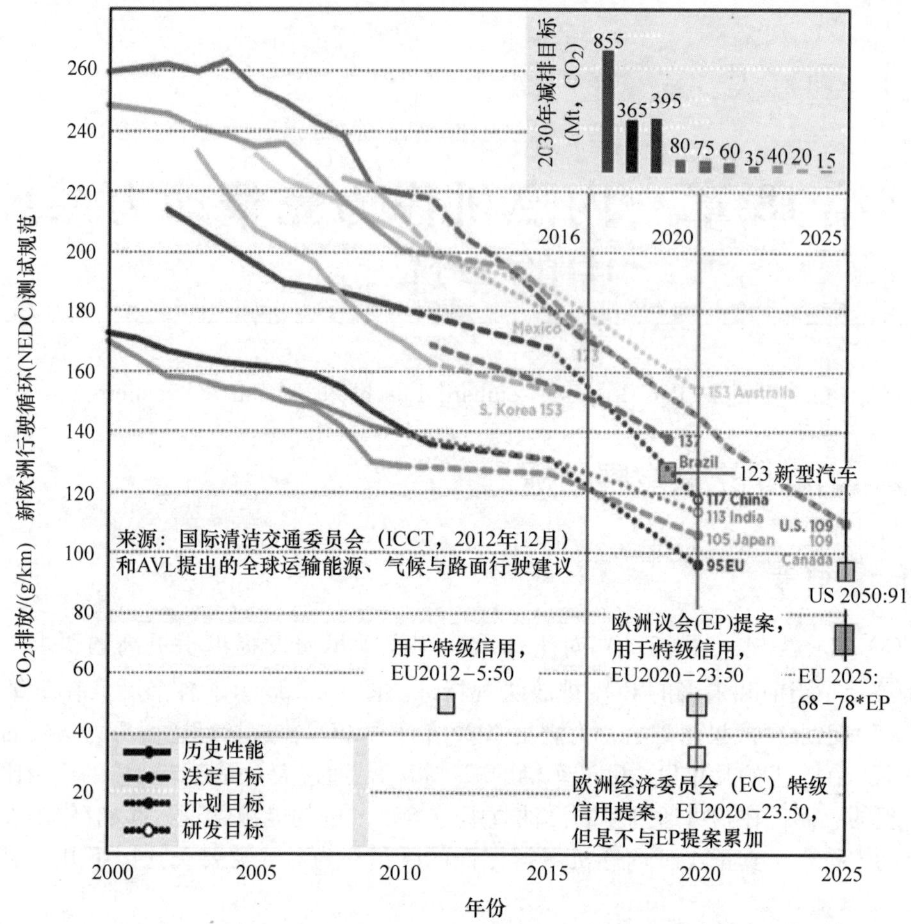

图 18. 1　当前和未来的 CO_2 排放法规指标

值均在很大程度上受到车辆阻力影响。为了达到 2020 年排放指标，必须对采用各种动力系统的车辆进行优化，这些优化包括发动机、变速器以及车辆底盘本身。对于法规限定的各种有害物排放，问题是什么样的技术组合具有长远更好的发展潜力、更容易被客户接受、更低的风险以及最高的性价比。

18. 1. 2　优化动力系统配置

正如许多其他消费品行业一样，顾客的各种需求总是可以通过结合了软件的更多技术平台得到满足。在过去的二十多年里，通过驱动系统电气化形成的新车多样化趋势将会进一步加强。

面对这种多样化的趋势，以下几点决定了全世界各地的买主或最好称为“买车族”的购买标准：

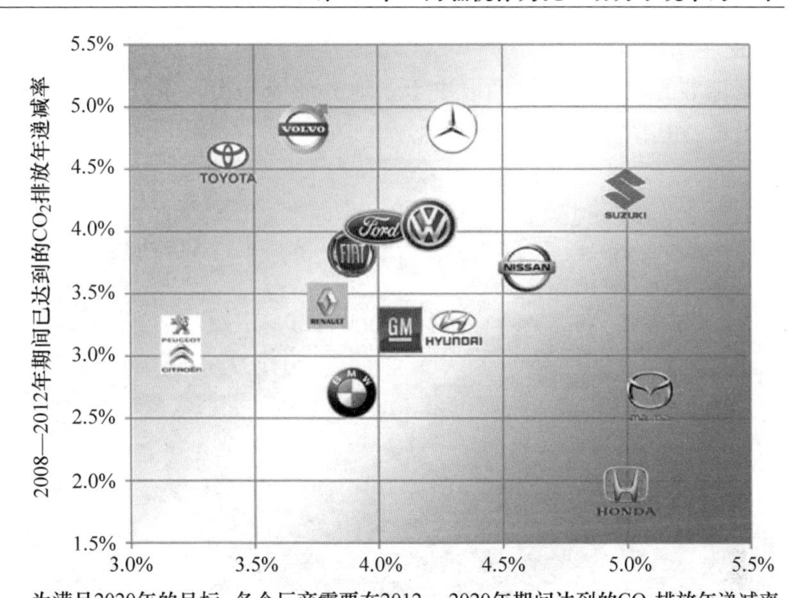

图 18.2 各主要汽车厂商对其产品在 CO_2 减排方面，于 2008—2012 年期间已经取得的进展以及在 2012—2020 年期间尚需努力达到的目标（欧盟环境署提供，2003）

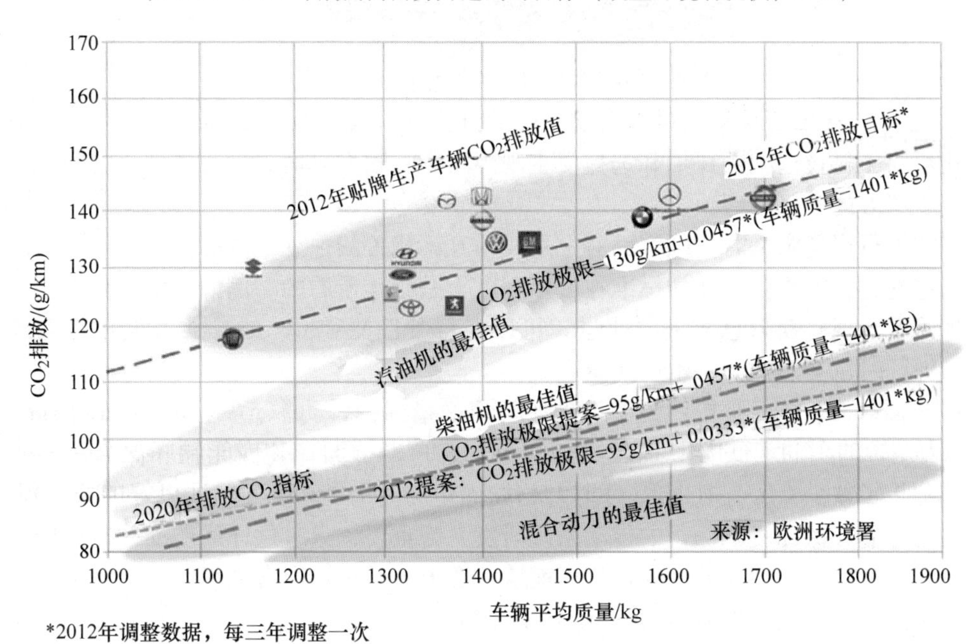

图 18.3 采用各种发动机技术的乘用车 CO_2 排放水平

- 购置成本。
- 燃油耗和使用成本。
- 行驶动力性和舒适性（也就是行驶性能）。

- 技术发展趋势。

这些购买标准的权重，一方面取决于当地的环境和实际条件，另一方面则取决于个人购买决策，其情况如图 18.4 所示。

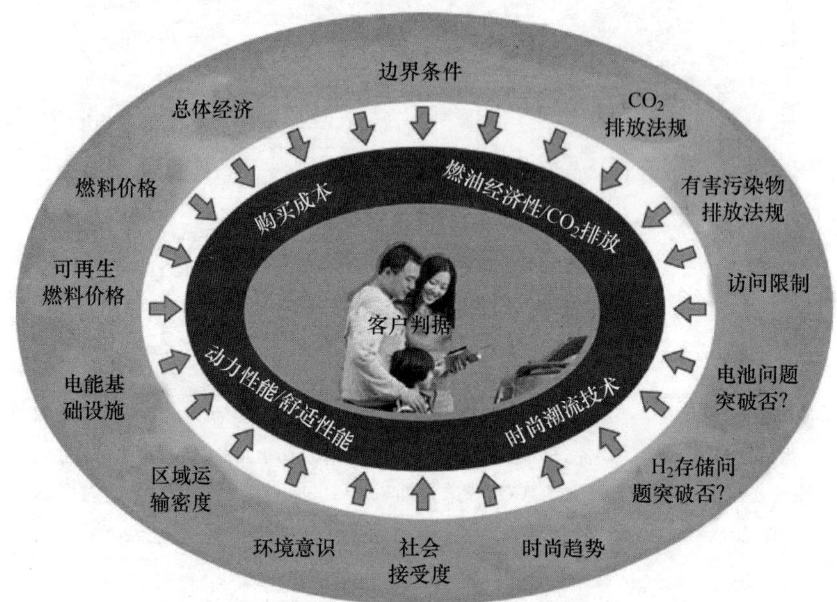

图 18.4　客户期望的乘用车动力系统

图 18.4 中前三项参数可以借助相应的分析和开发工具基于客观依据而很好地量化。对于科技选项的评估和选择受主观因素影响较大，而关于时尚潮流的问题则取决于买方的爱好和判断。

在进行市场定义时，顾客面对上述四项互不相关的独立评估标准，有时是难以做出选择的，因为各项评估标准在一定程度上是相互矛盾的。例如，借助很多的新技术元素对现有动力总成进行改进，可以在行驶性能和 CO_2 的排放方面均得到改善，但同时也必然提高了生产成本。

如果动力总成只是按照说明书上所规定的指标，如功率、0～100km/h 加速时间和最高车速等进行设计，而较少地考虑到客户期待的行驶性能和环保方面的要求，则为了减少 CO_2 排放量而对动力总成优化的潜力就不可能完全得到发挥。因此，对节能环保和成本优化的传动系统研发尤为重要，只有这样才能准确地捕捉到客户对行驶性能和环保方面的期望。而这些要求光凭客户本身是很难自然明确提出的。对此，可以借助于适当的分析/开发工具。

企业必须准确无误地捕捉顾客的各项判据和相互权重以及各种外部边界条件（如排放法规，燃料的供应条件），来确定设计阶段的技术判据。它们是作为“配置优化过程”的输入量，也就是整个设计阶段的主要依据，至于对它们之间相互作用的评估，会在后面更详细地加以讨论。但要进行这些评估过程，必须首先对当前和未来可用的一些技术要素有一个较全面的了解。

18.1.3　未来动力总成配置的技术元素

未来车辆的动力系统应当具有更高的灵活性，以更好地满足不同用户对各种行驶条件的要求。这一点过去通常是通过使用新的科技手段提高内燃机的性能来实现的。如今由于电气化手段给动力系统提供了巨大的扩展空间，故未来将会有更多的新技术手段可以用来增加动力系统的各种配置。总之，为了适应多种行驶条件需要有较大的灵活性。通常动力总成包括以下 5 部分技术元素：

- 内燃机（“VKM”）。
- 变速器。
- 电机。
- 储能器。
- 控制与调节。

图 18.5 所示即为由以上 5 种技术元素为动力总成配置的“灵活模块组合”。

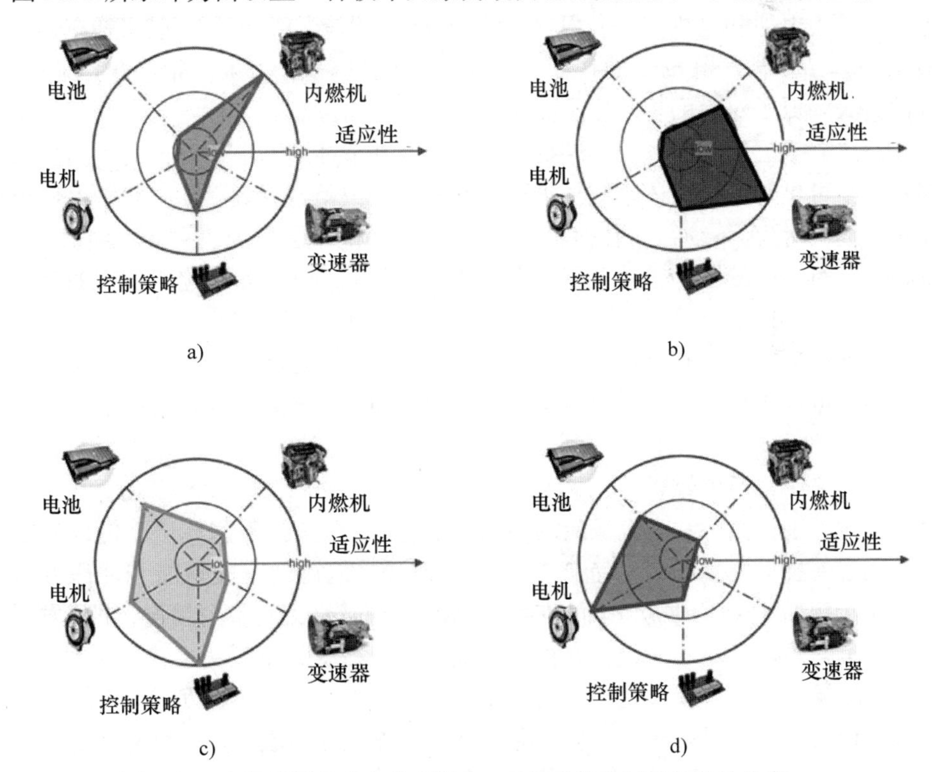

图 18.5　未来乘用车动力总成概念：各组成部分权重的定性分布

a）全优化内燃机（柴油机或汽油机）+手动变速器　b）普通内燃机（自然吸气式）+自动变速器　c）功率分流式混合动力　d）增程器

图 18.5a 是全优化的内燃机加手动变速器方案，主要考虑的是内燃机经过多年的发展，本身已经发展到很高的水平，而电池由于能量密度低和制造成本高，其应

用推广受到一定的限制。为此，汽油发动机可以采用增压、可变气门机构、变压缩比、缸内直喷和均质压燃等一系列措施，以提高发动机的适应性和灵活性，但这不可避免地造成其复杂性和成本的增加。至于柴油机方面，除了采用废气涡轮增压、共轨喷油系统、废气冷却再循环和壁流式颗粒物过滤器等措施以外，还可采用至今尚很少应用的、针对 NO_x 排放后处理的吸附式催化转化器。

图 18.5b 显示的是普通自然吸气式内燃机和自动变速装置之间的组合方案，其特点是用先进的柔性传动策略（如无级变速、双离合器、新一代的有级自动变速器等），以实现功率传递过程中的负荷转移，达到降低燃油消耗和减少排放的目的，这样对内燃机的技术水平要求可以相对降低一些。

各种形式的混合动力在某种程度上显著地影响了对发动机技术的要求。在图 18.5c 所示的功率分流式混合动力方案中，动力系统的灵活性和适应性主要通过电机和相应的软件来实现，对汽油发动机在系统配置方面的要求则趋于简化。而图 18.5d 所示为 Fischer（2009）提出的增程器（Range - Extender），其灵活性方面的需求主要由电池和电机实现。根据系统的设计，内燃机只起一个能量补充，或形象地说只起“应急发电机”的作用，由于发动机只需在一两个固定的工况点运行，因此大大降低了对它的技术要求。

总之，根据对动力系统不同部件结构及其在节能与适应性方面的不同要求，有多种方案可供选择。上述这些要求可以互相叠加或是替代。例如，对于内燃机可能要添加起动/停车系统，而在汽油机中，小型化和分层燃烧也可相互替代。此外，每种方案对不同的驱动条件具有各自的优点。例如，通过增加电机实现的混合动力驱动方式组合，如果没有采取进一步措施，就只能在频繁起步停车的城市交通中显示其特殊优势。与此相反，Dobes 等人（2008）提出的降速加冷却的废气再循环方案，不仅可以防止汽油机全负荷运转时混合气加浓，而且在加速状态下也能改善燃油的经济性。

总体来讲，对内燃机（“高度适应性内燃机”）本身以及整个动力系统（“内燃机有限的工作范围和高度适应的传动系统相结合”）进行整体全面优化，已经成为一个今后技术发展的明显趋势。同样，只有进行系统整体优化才能实现混合动力的功能。例如，通过电机转矩的支撑才能消除内燃机在高负荷情况下的排放峰值。特别是考虑到在市场环境快速变化的情况下，有必要构造动力总成的模块化系统，即由高度灵活的系列模块化部件来构建动力总成。这些模块可以根据不同的用途和要求进行组合，并尽可能在功能上通过优化匹配过程构成完整的集成系统。

整个动力系统的开发是一项系统工程，不论在方案设计还是以后的研发阶段，都必须通盘考虑各方面的因素（图 18.6）。

18.1.4 方案设计

若只是墨守研发成规，一味推广灵活性传动系统的配置，则会出现“钢琴比乐谱还多”的尴尬情况。尽管科技的进步正在提供越来越多的选择可能和灵活性，但怎样将理论上的可能转化为实际的方案设计，仍然是需要关注的问题。集成化动力系统研发的核心问题，仍然是要确定那些为动力系统配置的元件应具有怎样的灵活尺寸和什么样的功能才是最有意义的。

为了得到正确的概念决策和进一步优化设计，需要对整个系统进行全面的评估，其“优化配置过程”可以总结为下列步骤（图 18.7）。

图 18.6　由模块化构成的集成动力总成的设计和优化流程

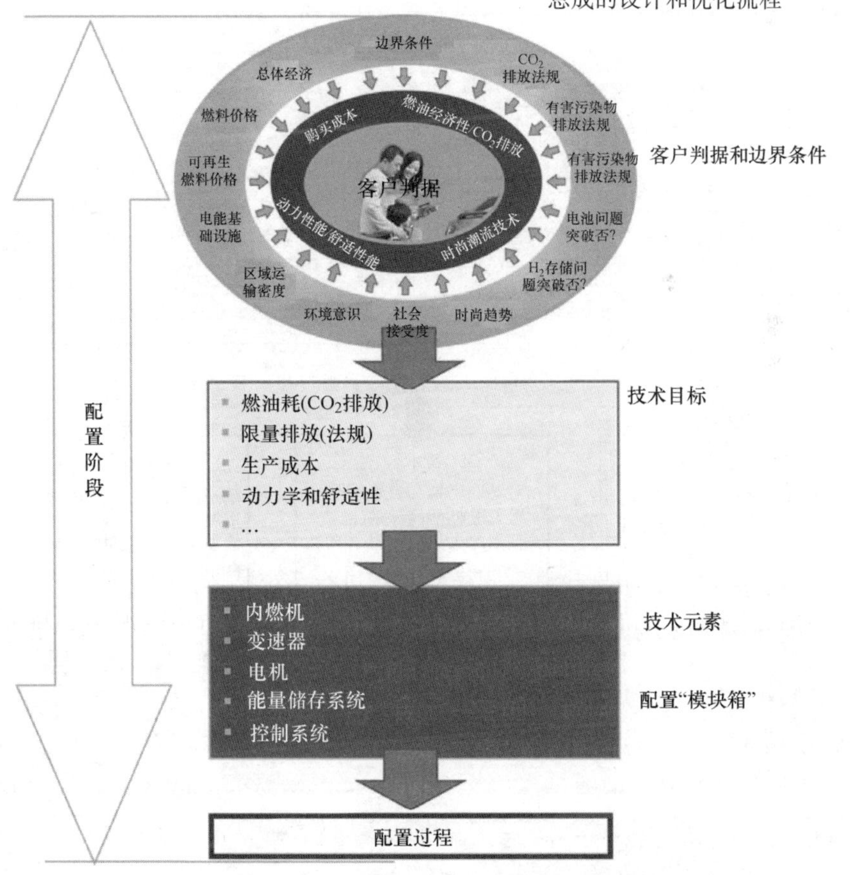

图 18.7　动力总成系统配置的优化流程

- 客户购买标准及其权重的描述。
- 外部边界条件（例如：燃料的可用性）的描述。
- 把上述要求转化为技术目标值。
- 定义技术模块。
- 技术配置方案及模块组合的系统归纳。
- 虚拟系统优化。
- 最优驱动系统配置的确定。

方案或概念设计的最后一步是将所有的系统信息联网，再借助 CAx 模拟工具评价其技术潜力以及整个动力系统的功能、可靠性、生产能力、成本、驾驶动态和舒适性等，以适应各类客户的需求。

图 18.8 所示为如何将驾驶性能（动态特性和舒适性）、技术潜力和整个动力系统的可靠性以及经济性这三项基本要求，按客户期望平行地进行分析，再利用结构分析系统（配置“模块箱”）加以综合并最终优化的过程。

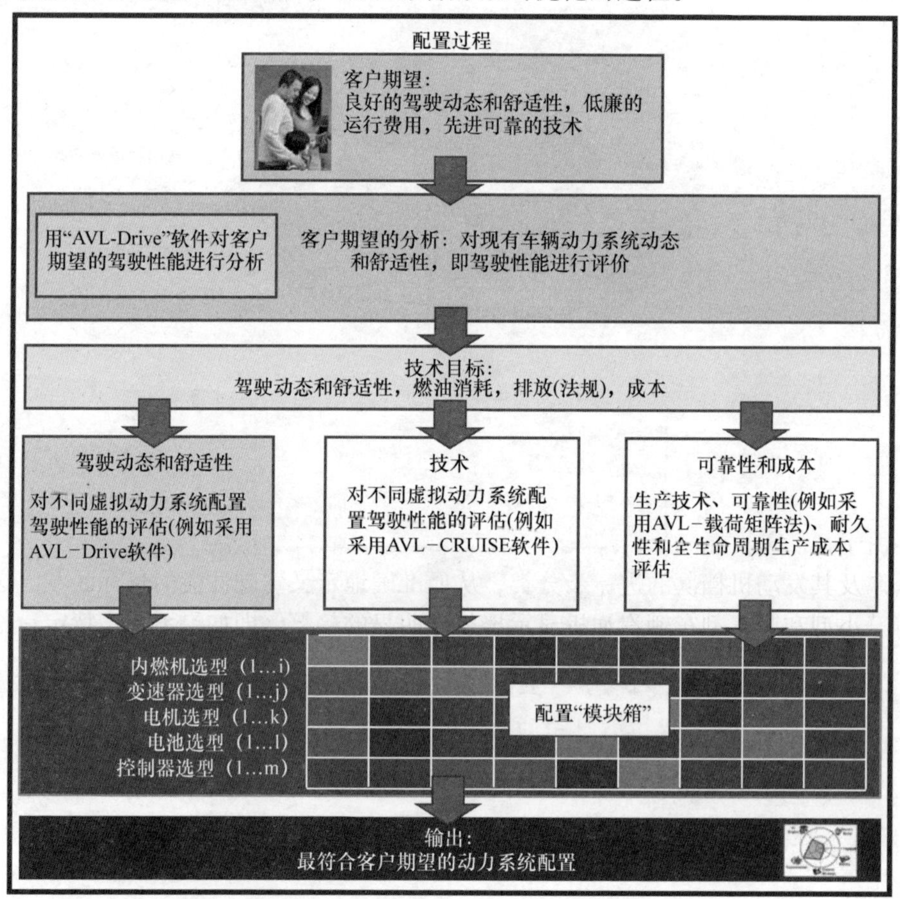

图 18.8　用于识别最佳动力系统的“配置优化过程”

对以上三项评价动力系统的配置以及后续的研发工作而言，有效模拟工具是至关重要的（如 AVL 的 CRUISE 程序）。它们可以首先用于分析动力系统优化所采用的技术，并预测其后能够实现的功能。

要考虑的第二个重要方面是系统的成本，特别是随着新技术的采用，其成本也往往受到采用新材料和新制造工艺的影响，这时不仅要保证耐久性和可靠性，并且也要考虑为此所花的每项成本。对于考量产品全生命周期的成本而言，除了验证范围、直接保修和商誉花费以外，也包括上述各项费用。考虑到未来动力系统灵活性显著提高，对相关各项花费必须在早期研发阶段就予以考虑，以使相应的风险得以量化，从而有利于采取有效对策。

为此 AVL 开发了有效的“载荷矩阵”法，它通过技术和统计相结合的方法能够实现对验证程序中的损失进行评估。由于其通用性好，可以在生产和市场方面均为整个研发阶段提供最佳选择。

因此，在设计阶段就已经考虑了可靠性和由此产生的对维修成本的影响，从盈亏平衡角度上看，这也是产品最终能否成功的关键。

将客户期望的车辆驾驶动态和舒适性具体化并进行分析和模拟，特别是正确定义一个“最低限度必要的驾驶性能”是系统设计和开发高性价比和低 CO_2 排放机型的基本前提。为此，可以使用 AVL－DRIVE 和 AVL－VSM 软件工具，它们从近 500 组对驾驶性能主观评价中，归纳出一份对最低要求量化的描述，具有很大参考价值。

从对 100 个批量生产的乘用车驾驶性能总体评价统计数据曲线（借助于AVL－Drive 质量指数），可以得到一个让客户可以接受的简明、直观的印象。

考虑到市场对不同的个别车辆的接受程度，这个曲线可以是最低要求驾驶性能的下限的曲线。通过这些比较数据可以得到一个客户期望的直观和客观的评估目标值。如果只限于典型的乘用车范围（含小型、紧凑型、中型和大型），则其驾驶性能与采购并不成线性比例关系（见图 18.9）。

由于在驾驶性能和 CO_2 排放之间存在此消彼长的关系，再考虑车辆价格就形成了汽车及其发动机档次的进一步分类，从而准确地定义驾驶性能的目标区域。这一点对于小型和紧凑型车辆汽油机显示出相当明显的趋势，即如果不采用特定措施的话，其车辆驾驶性能（用 AVL－DRIVE 软件确定的指标）的改善必然伴随 CO_2 排放量的提高，相关情况见图 18.10。

柴油发动机车辆的情况则与此相反，它可以通过能耗提高较少的方式实现动力性能的提升。这首先是由于柴油机工作过程在热力学方面的理论优势，同时也由于现代柴油发动机采用了先进的涡轮增压和直接喷射技术。当然，采用涡轮增压和直接喷射的汽油发动机，也可以在降低 CO_2 排放量的情况下实现较好的驾驶性能。

至于驾驶性能与车辆价格之间的关系，汽油和柴油发动机的统计数据相互间有些重叠，当然后者只有通过成本较高的高技术措施才能实现的。

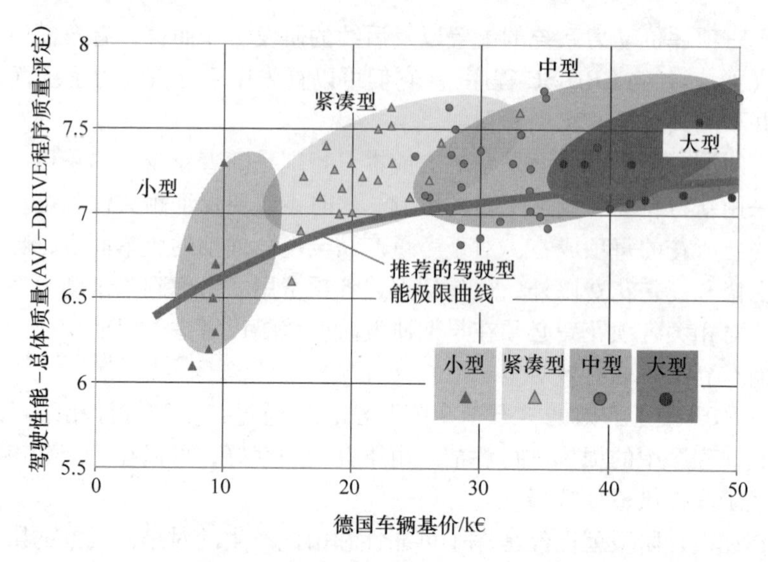

图 18.9　对乘用车驾驶性能的总体评价

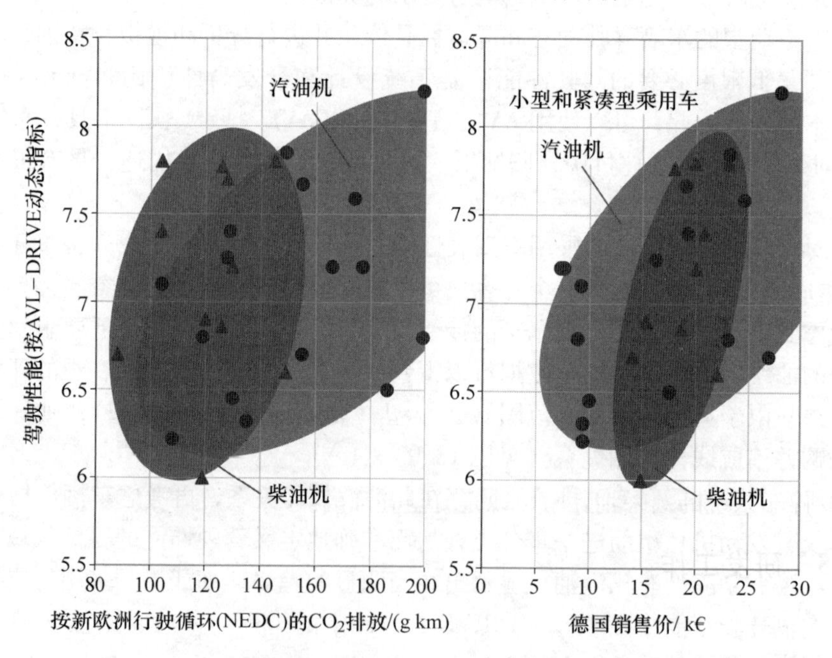

图 18.10　小型和紧凑型乘用车 CO_2 排放与售价之间此消彼长的关系

特别是在四冲程发动机上通过变更工况点（例如采用小型化、降速、自动变速器或电气化等措施）时，也要注意技术组合在效果上不总是出现加法效应，但技术成本反倒会增加的情况（见图 18.11）。

例如，在新欧洲行驶循环（NEDC）中，运行工况 70% 的平均负荷偏移量是通过减小发动机排量和实行增压等措施来实现的，为此可以使能耗减少 20%（见图

18.11 所示）。

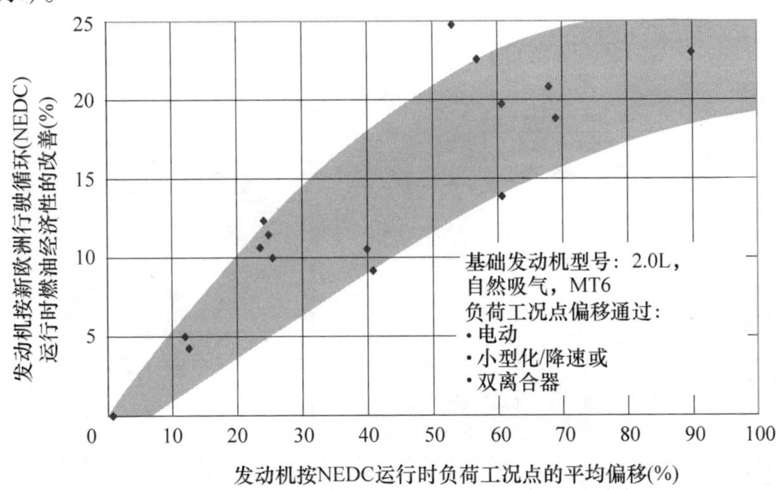

图 18.11　能耗改善与负荷工况点偏移之间的关系

若将上述各项技术组合（例如小型化和/或低速化、较大的变速器速比配合增压以及增压混合动力等）用于喷注引导直喷式汽油机（通常认为是最有发展潜力的汽油机分层燃烧过程），其燃油耗下降仅为 6% 左右（见图 18.12）。反之，只采用汽油直喷技术，考虑负荷工况点负荷偏移（如图 18.12 中的 2.0L NA MPFI 方案），其燃油耗相对基础发动机（2.0L，多点喷射，自然吸气，MT6 型）的降低却可达到 15%。介乎两种极端情况的技术（2.0L NA MPFI 带电增压并加大变速器的传动比、集成起动电机和发电机的 ISG 也加大传动比方案，以及减小发动机排量的涡轮增压方案等），并结合缸内直喷方案则可降低油耗 10% ~14%。出现以上情况的原因是分层燃烧的汽油直喷技术改善燃油经济性的机理，有些是与其他措施重复的，因此它们的节能效果不可能简单相加。

相反要强调的是，降低发动机和车辆的摩擦、减少驱动附件的功率或者采用自动起动/停车系统的效果则几乎可以是完全叠加的。

18.1.5　研发工作

方案设计阶段完成以后，下一阶段就是对未来整个动力系统的研发工作，这项工作涉及的主要部件有五个方面，即内燃机、变速器、蓄电池或其他能量储存器、电机和控制系统。由于相关的子系统众多，因此所需的协调工作面临抉择上新的挑战，协调范围从传统的内燃机和手动换档的变速器（认定其创新程度和难度指标等于 100%）直到完全的混合动力方式（相应指标上升为 270%）！由于各系统之间的相互作用与沟通十分重要，因此引入了新的网络技术如 LAN、CAN 和 FlexRay 等作为研发阶段的必要手段，由于任务的复杂和多样性，因此研发人员不能只拘泥于某一固定的开发模式（如只通过发动机试验台），而是应当具有更高的灵活性，

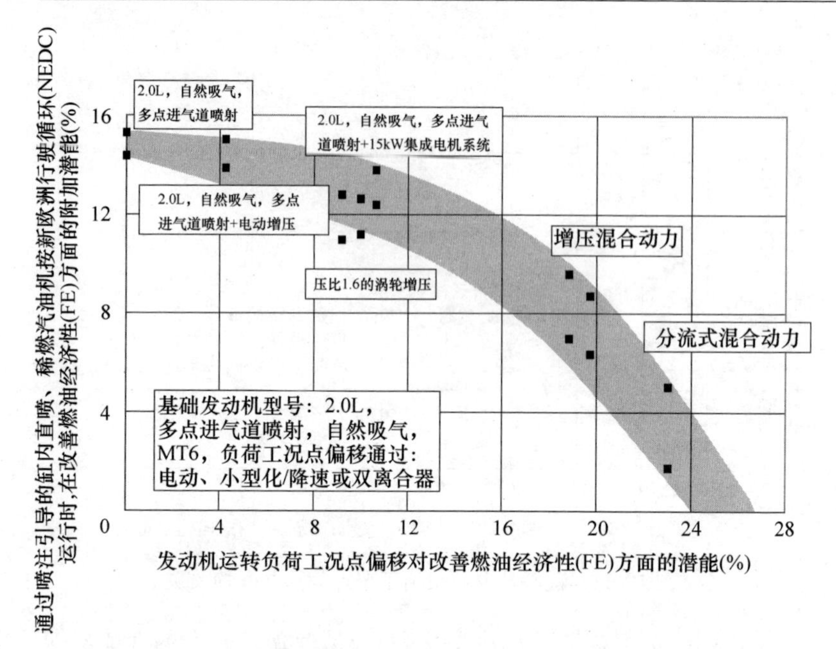

图 18. 12　在采用分层燃烧的直喷式汽油机上通过负荷工况点的偏移来进一步改善发动机的燃油经济性

开拓思维，去选用更为“正确”合理的研发模式。

为了能够选出理想的研发模式和环境，需要考虑的因素很多，除了成本和研发成果以外，还要特别考虑使用性能、生产过程的重复性和自动化的可能性等等。为了达到上述目的，将已有的开发平台加以扩展，无疑会大大有助于今后的工作。同时，要有能力将研发过程及其间所采用的软件工具，从某一阶段转化到另外的阶段。例如，根据模拟计算所得到的信息对研发质量加以评估，并在其后的阶段通过试验加以验证，从而保证研发工作能在产品的成本、功能可靠性和驾驶性能等方面满足不同顾客的要求（见图 18. 13）。

在这样的研发过程中，必须采用适用的模态化工具（工具箱），使得从配置到研发阶段可以用统一的数值模型来研究动力系统部件、车辆底盘、驾驶人与驾驶环境以及相应的离线和在线评价驾驶性能的方法。于是在这样高度灵活的研发模式中，可以完全用虚拟方法通过软件在环（Software in the Loop，缩写 SiL）仿真和硬件在环（Hardware in the Loop，缩写 HiL）仿真的方法，来模拟研发对象在部件试验台（如发动机台架）、转鼓试验台直至道路试验的情况。同时，在这种研发模式中不需被动地遵守呆板的研发顺序，而是可以并行地开展工作，也可向前或向后跨越到其他阶段中去。

图 18. 14 所示就是一个方案设计配置过程和最终产品研发过程相互影响和配合的具体实例。它在方案设计阶段已鉴定为最佳配置及其相应的数值模型，也可以同时用于研发阶段。于是可以采用软件在环（SiL）或硬件在环（HiL）试验装置来研

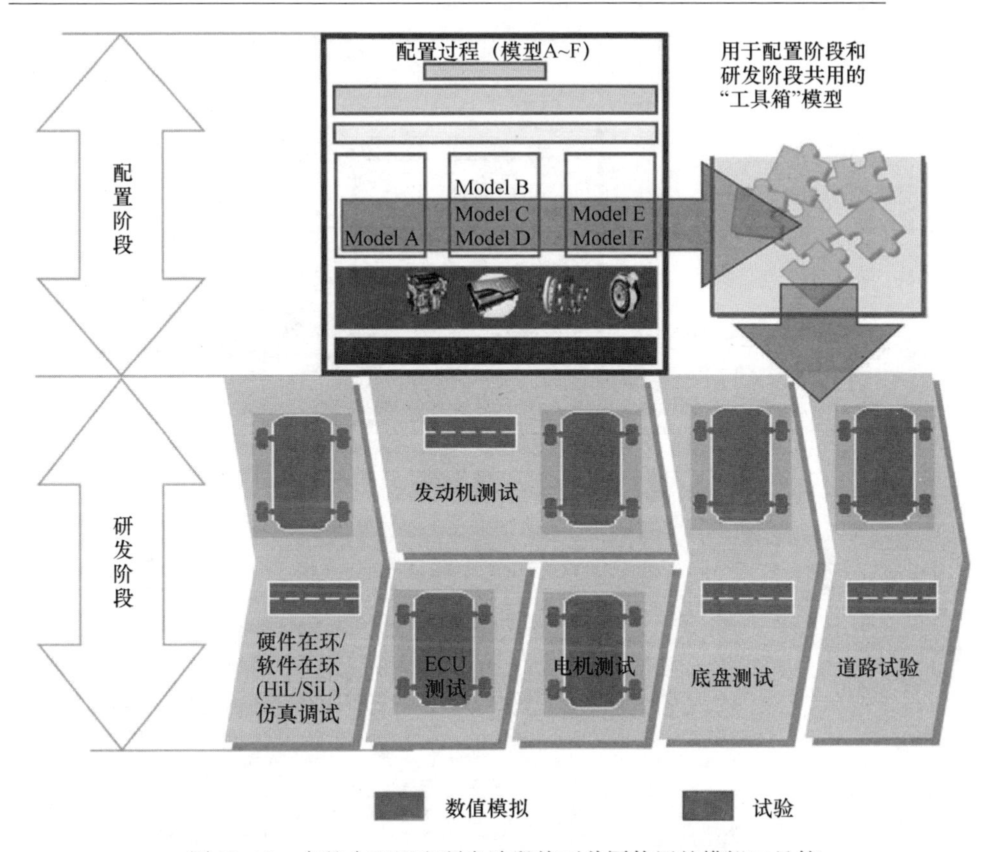

图 18.13　在整个配置和研发阶段均可共同使用的模拟工具箱

发调节系统（ECU），并进一步按任意顺序完成对硬件系统的研发工作，如在部件试验台上对发动机、变速器、电机和电池进行测试，在转鼓试验台上对整车进行测试，等等。此类适用于各个阶段的通用工具和方法对于新产品研发具有重大意义，因为所有的选型、布置和研发工作均可由于其灵活性在各个阶段之间转换，从而建立起有效的模拟和试验模式，即由图 18.14 的从硬件在环（HiL）调试直至汽车转鼓试验台乃至道路测试。以上研发模式所隐含的优点还包括能够验证数值模拟的结果，并能指出计算模型和试验模式应当进一步发展的方向。

只有采用这样灵活、柔性的研发过程，才能针对市场特点和需求准确无误地开发出各类客户期望的优质产品来。

18.1.6　动力总成配置实例

未来乘用车动力总成的发展趋势将会两极化，即一方面向更复杂方案（如混合动力）方向发展，另一方面则向简化方向发展。后者的突出例子是一项性价比很高的设计方案，它价格低廉但却能在很大程度上满足动力系统的最基本要求。现实情况是，小排量的两缸汽油机不仅在亚洲，而且在欧洲已广泛用作低档车辆的动

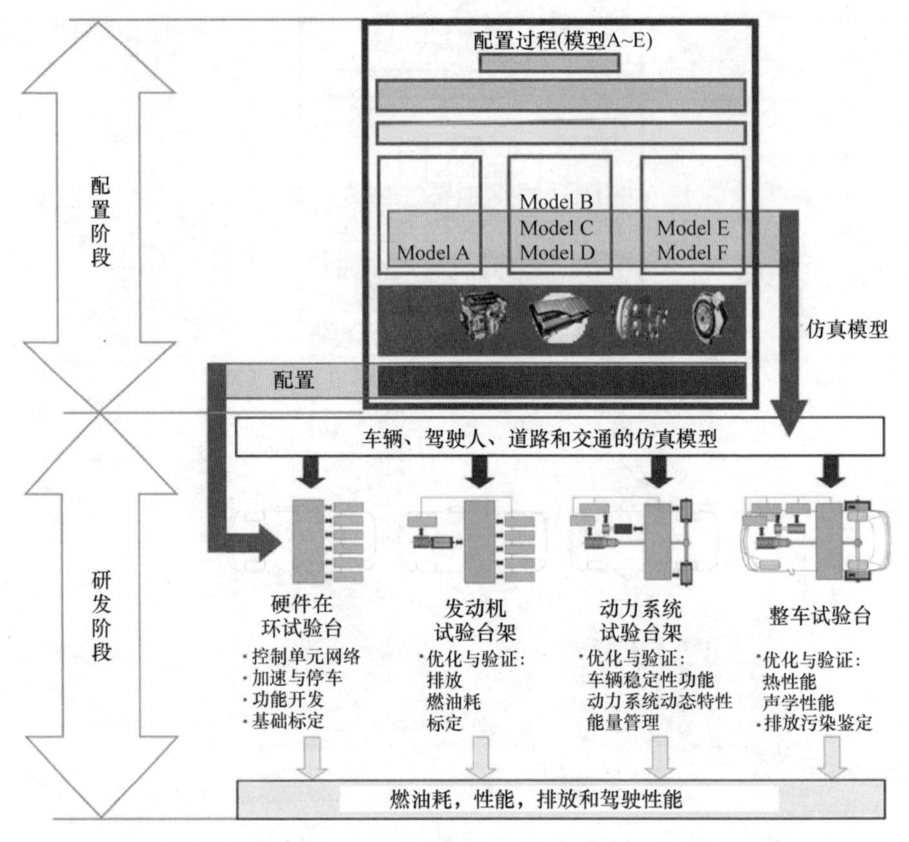

图 18.14　配置阶段和研发阶段中共用的仿真模型和评价方法

力。在这个领域中，客户关心的不仅是产品售价而且还有它们的燃油耗指标。因此，开发效率较高的低成本柴油机应当是一种比较合理的替代方案。一项成功的实例就是 AVL 为印度开发的一款两缸柴油机，它用途广泛，制造成本低廉，功率适中，燃油耗指标也较好，非常适于低端市场的需求，其结构外形如图 18.15 所示。如果与电控技术相配合，这款发动机的 CO_2 排放很低，而且也还能用作稍许大一些车辆的动力。

至于汽油机方面，通过优化技术措施或采用电控技术可以实现性价比很高的方案。其典型代表的基本机型为一台两气门的四缸自然吸气式发动机（见 Fiorenza 等，2004），它主要通过换气过程的改进，就已经达到低 CO_2 排放的目标，安装于质量为 1000kg 的小型车辆上后，可以实现 CO_2 排放低于 100g/km 的目标（图 18.16）。尽管还可进一步通过各项措施，如降低摩擦损失的 V 形两缸方案、控制最高爆发压力的电动增压、加大变速器的传动比、采用自动起动/停车功能、智能化的发电系统、电子停缸技术（不是通过气门开启，而是通过火花塞停止跳火）、采用自动变速器和减小迎风阻力等措施来改善车辆的动力性、经济性和驾驶性能，但仍可能采用传统的蓄电池技术使附加费用保持在较低的水平上。

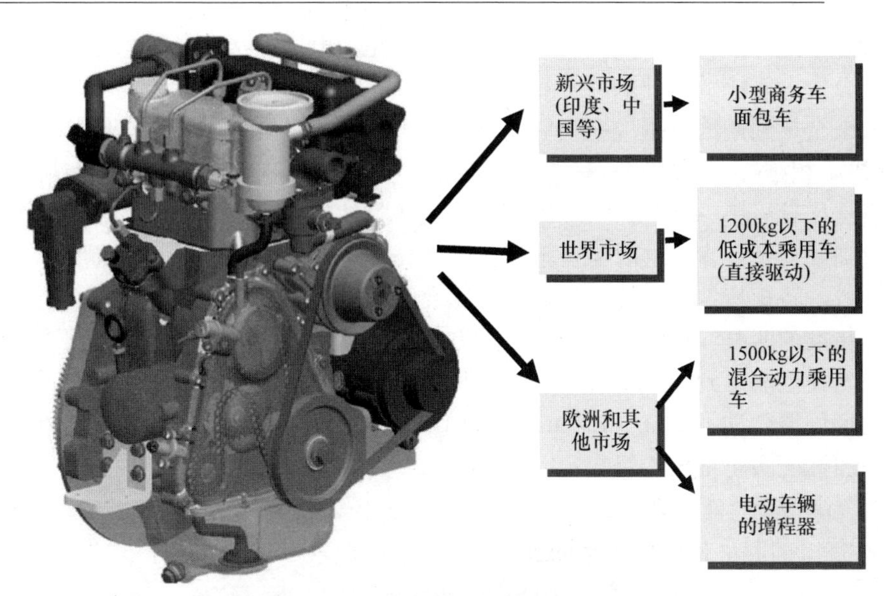

图 18.15　低制造成本的两缸柴油机

- 车型，Fiat Punto EVO
- 发动机，FIRE 2VCBR
- 电子停缸技术

- 降低摩擦损失
- 电动增压
- 采用传动比较大的变速器
- 降低车辆的迎风阻力
- CO_2排放<100g/km

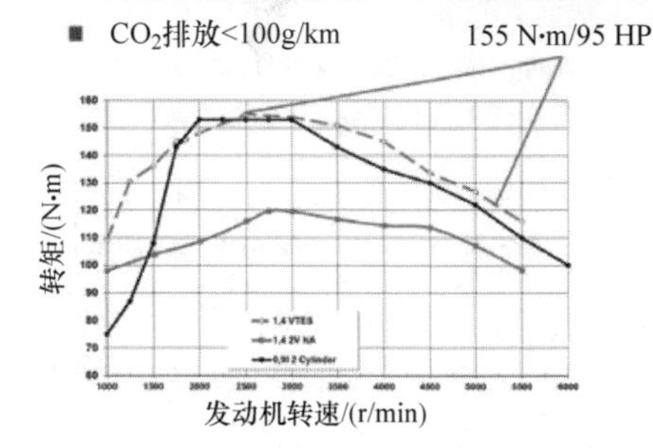

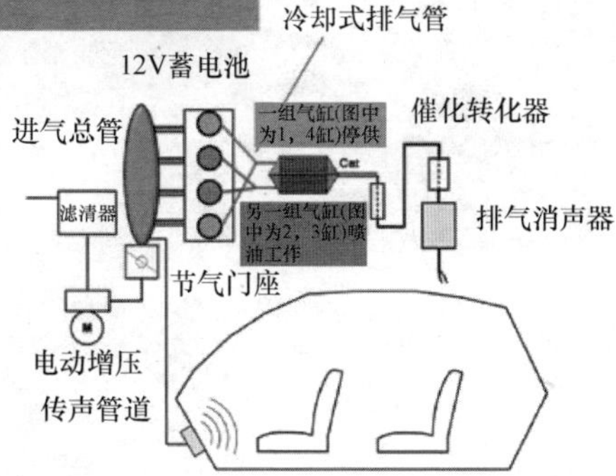

本项目属于欧盟资助的“POWERFUL”(Power for future Light-duty Vehicles，即未来轻型车辆动力)研发项目的一部分，属第七框架计划FP7/2007-2013，主题7，可持续发展运输项目，拨款协议号SCP8-GA-2009-234032

图 18.16　低油耗（即低 CO_2 排放）的汽油机方案

在欧洲高度机动化的市场范围内，客户未来的需求也受到车辆价格和运行成本，特别是燃油耗性能很大的影响。为此，已有愈来愈多的厂家将自动起动/停车系统和余热利用作为产品的标准配置。但在多数情况下这些措施只是作为附加功能添加到产品平台上去的，而缺少对整个系统的通盘考虑。例如，借助于智能化的蓄电池管理系统可以将从余热回收的能量部分转化为电能供给车辆的电力系统，但却不能充分发挥系统的额外的综合效能。

未来余热利用的范围应不仅应当直接用于驱动能量，还应当与发动机的小型化/降速措施相结合，以发挥对整个系统效能综合开发的潜力。高效利用余热回收电能的方法比较简单，这时只需要为蓄电池配备附加的充电装置即可，然而整个系统的优化则要复杂得多，这时需要不仅在试验循环中而且还要针对客户的实际使用中对发动机的转矩特性、变速器的匹配，以及电动增压和余热回收等多方面要求进行仔细、精准的匹配。有时，通过热力学方面的强化措施也能在电能消耗很少的情况下，使驾驶性能得到明显的改善。这方面一个典型的可行方案是 AVL 公司的低成本电动增压混合动力系统（Electric boost Low Cost Hybrid，缩写 ELC），它由以下几部分外加标准涡轮增压器组成：

- 自动起动/停车系统；
- 传统的起动机或带传动的发电机；
- 通过“标准”的发动机实现余热回收利用；
- 电动辅助增压（Valeo VES）。

上述组合方案综合优化后，相对于最有效的汽油直接喷射增压方案，在保证驾驶性能优良的前提下，燃油耗按新欧洲行驶循环（NEDC）和实际路试标准可降低 16%～18%，图 18. 17 所示即为 ELC－混合动力方案及其相关的性能指标。

燃油消耗率(NEDC)：

- 154g/kmCO_2/6.6L/100km(1590kg)
- 排放水平欧5(EU5)

方案特点：

- 2L，涡轮增压汽油直接喷射式发动机，200HP，400N·m
- 加速性能60－100km/h(4档)6s，
- 标准涡轮增压器(单级，带放气阀)
- 类似于柴油机的变速器(大传动比)
- 为改善负荷瞬时响应而采用电动辅助增压
- 发动机在高负荷工况运行时采用外冷式废气再循环
  - 在转速达1000r/min，以全负荷按化学计量比(λ=1)运转时，车辆挂直接档(6档)情况下，车速达210km/h
- 智能化的交流发电机控制
- 发动机起动/停车自动控制
- 减小摩擦损失，改善密封

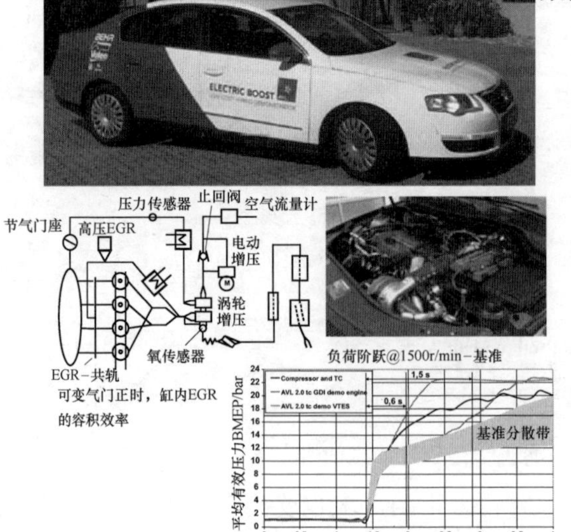

图 18. 17　AVL 公司的 ELC－混合动力方案

进一步提高性能，但也是复杂程度和成本随之增加的方案是直接将回收的能量直接加在发动机的曲轴上，在这方面具有代表性的是 AVL 公司开发的涡轮混合动力方案（图 18.18），它能在提高驾驶性能的同时显著减少的排放（阶段 1）。通过扩展电机的功率范围，使得回收制动能量成为可能，当然这需要大大扩展储能器的容量。但此类方案也只有在纯电动行驶功能扩展到插电式混合动力模式后，才有经济上的实用价值，也才能在降低 CO_2 排放方面显示更大的效果（阶段 2 – 数值模拟结果）。

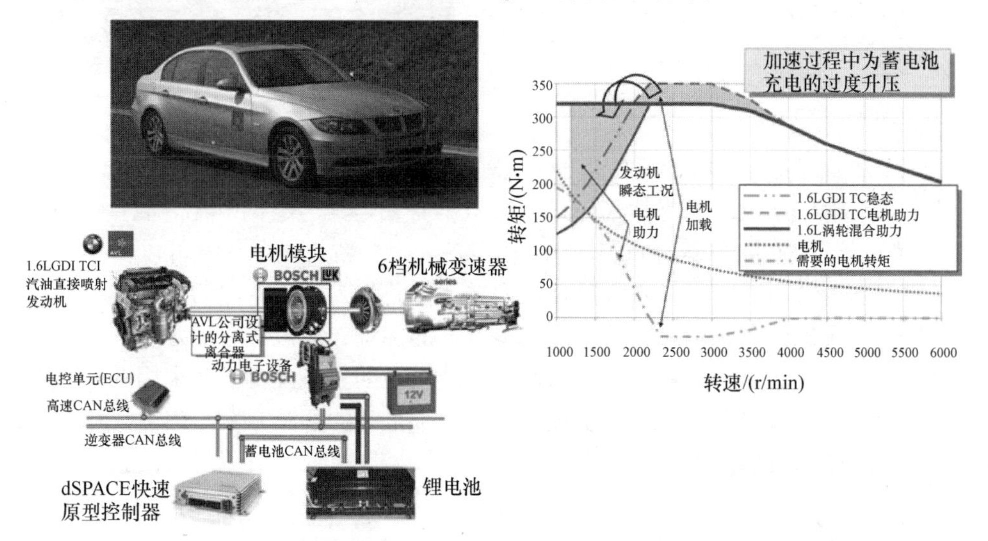

图 18.18　AVL 公司的涡轮混合动力方案

即使不采用插电式功能，通过以柴油机为基础中等程度的复合动力，也可使中档车辆的 CO_2 排放降到低于 100g/km 的水平。具体的实例是 AVL 公司开发的概念车 AVL – ECO – Target ™，这是一款质量约 1400kg 的试验车，其 CO_2 排放值低至 90 ~ 98g/km（图 18.19）。尽管这个方案的能耗很低（用 1.2L 的 60kW 三缸发动机代替 2L 74kW 四缸柴油机），但通过合理的混合动力措施，即在飞轮后端设置了与变速器构成一体的 10kW 集成电机，既弥补了功能的不足，又能保证良好的驾驶性能。总的来说，这个方案与传统动力相比，除峰值功率稍微差一些以外，结构尺寸基本保持不变，而燃油经济性即 CO_2 排放性能却能得到大幅度改善。由于储能装置容量不大（为保证短期 20kW 的峰值功率，蓄电池功率只有 1kW），故整个系统的成本也增加不多。

如果客户（或政策制定部门）要求制造商提供一种能在特定条件下（如市内交通）行驶，且几乎没有排放（零排放）的车辆，则按前述配置程序只能选用纯电动或是增程器动力系统。从长远考虑，也可以采用电转化效率更高的燃料电池方式，但从综合功率、动力学性能、成套供应和可靠性多方面考虑，目前（近期或

2004 AVL－ECO－Target TM*
(车重=1350kg)
中等混合动力
(10kW电机加1.2L 60kW三缸柴油机)
CO_2=90～98g/km
(按策略预计)

*与Getrag公司合作

图 18.19　AVL 公司开发的混合动力概念车 ECO－Target TM

中期）最合理的解决方案仍然是先进内燃机本身或是其与电机组合的混合动力。

“增程器”（Range Extender）提出确实是一个全新的概念，它可以作为备用电源装置，也可以构成串联或并联混合动力方案。若作为备用电源动力，则因其在运转平稳性、成套供应和重量以及系统成本方面的优势，从而具有良好的前景。它作为混合动力的一部分则起着储能器的作用，从系统配置来说，虽然采用的是已有的动力装置，但却为整个混合动力系统提供了一个全新的解决方案。图 18.20 所示即为 AVL 公司提供的增程器实例。

■ 大城市用的电动车
■ 采用转子发动机的增程器
■ 按新欧洲行驶循环(NEDC)测得的CO_2 排放<60g/km

车辆前部装有75kW的主电机
0－60km/h加速时间为6s
最高车速130km/h

增程器安装
在后桥后方

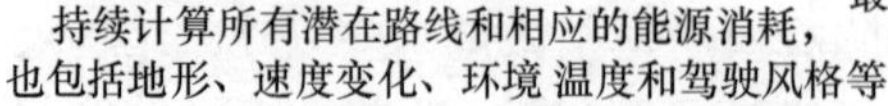

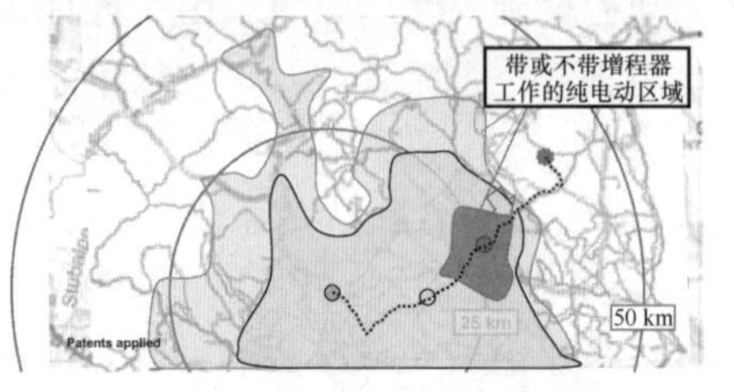

锂电池安装在后桥
前方的通道内

图 18.20　AVL 公司开发的增程器实例

此项由 Fraidl 等人设计的方案已大大限制了内燃机的功能。这是一款以 Wakel 发动机即转子发动机为基础的高度集成的方案，它与电机同轴并装在一个共同的壳体内，结构布置十分紧凑。采用这种方案后，其容量为 10kWh 的蓄电池的重量可以控制在 150kg 以内，汽车的行驶距离可以大于 200km。此外，由于车辆同时载有为内燃机准备的燃油可供使用，可以对车辆内乘员空间实现热管理，并保证蓄电池能长期可靠运行，从而解决车辆在冬季运行时可能遇到的困难。总之，电动车辆采用增程器方案后，可以增加电驱动的行驶里程，以确保 CO_2 排放能够满足当前和未来严格法规的要求。

18.2　数值模拟在内燃机设计中的功用

目前，在发动机研发过程的常见方法，是采用计算工具来达到既提高产品性能又能缩短研发周期和节约成本的目的。由于内燃机系统中可变参数的不断增加，再加上混合动力系统研发过程的复杂性，对于建模和数值模拟的需求也更为迫切。数值模拟对于产品研发的贡献大小，在很大程度上取决于它们所依据模型的预测能力，使用工具的方便和有效性，以及它与整个研发过程结合的紧密程度。

本节提及的为内燃机研发过程各个阶段所牵涉的数值模拟十分广泛，它们包括整个系统设计，如热力学、燃烧和排放等各个方面。同时，也根据当前和未来的技术发展趋势，提出了对相关计算工具的总体要求。此外，还简要地介绍了一些具体计算的方法，并对其在各相关领域应用前景进行了讨论。接下来再结合从研发过程不同阶段挑出来的几个具体实例，说明目前可以采用的计算工具，以及由此获得的相关知识。最后，还简要地探讨了面对车辆混合动力和电动化趋势不断增加，而对数值模拟提出的更高要求。

18.2.1　内燃机研发过程中的数值模拟

内燃机的研发过程可以如图 18.21 所示那样分为三个过程：

1）产品型号、规格的确定/前期概念设计。

2）具体方案设计。

3）产品研发和安全保障（通过验证以确定生效）。

研发过程最迫切的目的就是要尽可能早地对重要方案作出正确决定，以免日后在做基本配置时再进行较大的修改，否则将会大大增加研发成本。

1. 产品型号、规格的确定/前期概念设计

为了保证前期方案和概念设计的正确进行，使日后能在保持基本条件（增压方案、燃烧方式、排气后处理系统和成本等）不变的情况下，满足对内燃机动力性和燃油经济性方面的相关要求，有必要在整个系统层面上进行数值模拟。只有这样，才能对有关发动机子系统、动力总成乃至整车情况，以及以后在实际运行

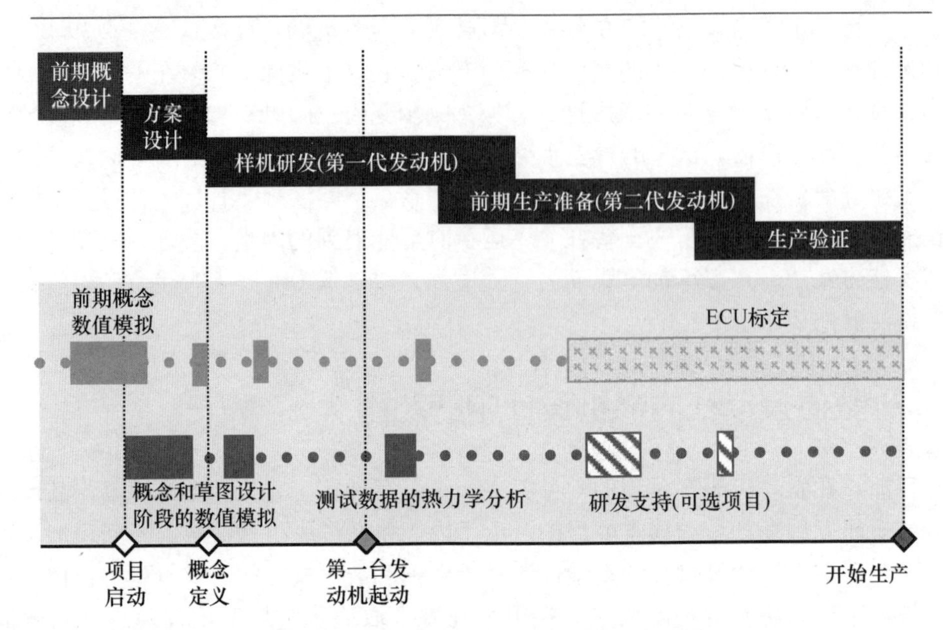

图 18.21　内燃机产品的研发工作的流程图

（行驶循环）中整个系统的表现进行描述，从而能简要地对发动机在整个系统中不同的配置方案做出比较和评估。

在研发采用高增压直喷技术和各种可变气门方案的先进汽油机时，应用数值模拟方法可以将前面阶段已获得的有关发动机瞬态动力性能，与动力总成和整个车辆的配置有机结合起来。

在柴油机领域，目前研发工作的重点视其用途的不同（乘用车、载货汽车、非道路车辆和固定动力等），集中在燃烧方式、增压和废气再循环策略等方面数值模拟。其余的应用范围则涉及各种排气后处理系统的匹配，以便今后有利于达到排放法规的需求。为此，需要紧密结合前一阶段中已经涉及的发动机和排气后处理系统中的各类热管理问题，综合加以考虑。

在这个阶段的数值模拟方法，除了希望简明直观、便于操作和建模成本低廉以外，首先要满足的要求是参数明确可行、计算结果精度和灵敏度高，以及计算时间短等。在缩短计算时间和观察整个系统反应的基础上，判断和评价以前阶段所使用的计算方法，以提高它们计算时的效率和实时能力。

2. 具体方案设计

在具体方案设计阶段，首先要确定内燃机与充量更换，即换气过程相关零部件的尺寸。为此，在前期概念设计所用的发动机简化模型基础上，将与此相关的重要零部件（如进排气道、气缸和增压机构等）加以精确与细化。这个阶段数值模拟的主要任务是确定进排气系统的管道长度、截面积和容积、气门开启的时间断面，有时还要加上增压机构的相应尺寸。计数需要预先输入的数据，例如进排气道的流量系数、空气滤清器和 EGR 冷却器的压力损失，以及涡轮增压器的特性曲线等，或者依靠测试，或者是通过详细的 3D－CFD 数值模拟计算所得的结果。

结合适当的排气后处理系统以及冷却和润滑循环的模型，还有可能在方案设计阶段对发动机热机循环或排气后处理装置的起燃温度特性等进行研究。在此基础上，还可以更新和优化现有发动机和汽车模型，作为下一阶段发动机控制软件的开发基础。

为了使数值模拟与研发工作结合得更为紧密，以便能够更可靠地掌握相关过程，方案设计阶段所用的模型应当由前期概念设计阶段的模型导出并加以改进。这个过程也可以反向进行，即将换气过程详细计算所得的数据再重新代入前期概念设计的模型中去，以更新和优化前期模型及相关参数。采用这种方法就可以在方案设计结束前，在确定发动机配置和参数优化的基础上对整个车辆系统的瞬时动态特性进行计算，也能保证发动机总体上的热力学性能能够达到前期概念设计中为其所确定的目标。

3. 产品研发和安全保障

一旦在充量更换数值模拟基础上确定了发动机的主要零部件几何尺寸，如进排气系统和燃烧室形状基本尺寸的 CAD 数据以后，即可通过 3D－CFD（三维计算流体力学）数值模拟，结合发动机工作过程计算，对其缸内气体流动、混合气形成和燃烧进行优化。3D－CFD 计算时采用的系统边界条件如进排气道内的压力、温度和质量流量或是活塞、缸套和气缸盖的壁面温度，均直接来自换气过程计算结果。此外，产品研发阶段的 3D－CFD 计算不仅有助于燃烧系统的研发，而且也能对冷却液的流动，以及排气后处理系统中的工作过程进行优化。3D－CFD 计算还可以提供热量通过壁面流入发动机各受热零件随时间和位置变化的宝贵信息，而这正是用 FE（有限元）方法计算零件强度和耐久性的边界条件。

除了上述 CFD 程序以及充量更换和发动机工作过程的计算方法外，在研发阶段还有不少数值模拟程序可以用来对发动机的基本功能进行分析和优化。因此，能够在这些程序之间方便地进行数据交换，乃是保证研发工作有效进行的关键。

在前期研发过程中，同时也要进行发动机的样机试验，此项工作与模拟计算是相辅相成与互相促进的，通过计算有助于建立合理的试验程序，而试验所得的数据又反过来能够用于完善和更新在前期概念设计和具体方案设计阶段中所使用的发动机模型和选用的参数。只有这样，才能保证研发过程结束时数值模拟中的虚拟发动机，与最后真实发动机的水平基本上达到一致。同时也尽量提前为我们提供一个快速、可靠、实时的发动机模型，用于硬件在环（HiL）仿真。例如，根据这个模型就可以及早在实际的 HiL 试验台上对于那些已有的发动机部件，如排气后处理系统或某些动力总成部件进行测试，以判别它们对发动机性能的影响，从而为其最终应用于真实汽车上的功能提供可靠保证。

18.2.2　可扩展的发动机和整个动力系统模型

1. 系统模型化

在前述概念和方案设计过程中所采用的，在整个系统层面上的数值计算模型，由一系列独立部件的子模型组成。这些模型能以灵活方式任意组合，其目的是对各种配置方案进行评价和比较。整个动力系统的各个部分依据各自的物理特性分属不同的区域，并可划分为不同的模块（子系统）。

对扩展的发动机或动力总成系统而言，应当包括发动机模块本身，它由进排气、气缸、增压和排气后处理等部分组成；热力模块，它包括发动机固体结构中的热流、冷却液、润滑油循环等；机械和电动模块；以及电子控制模块等几大部分，具体情况可参见图 18.22。

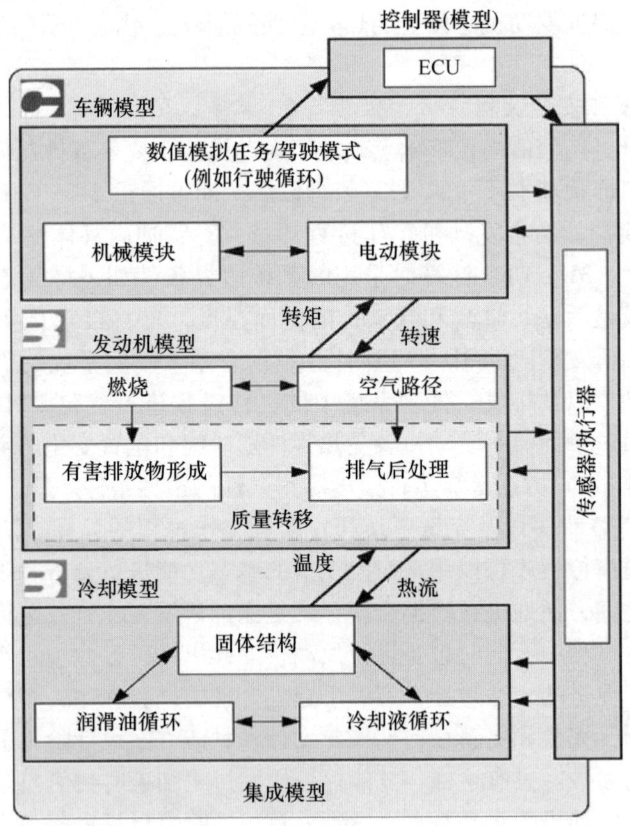

图 18.22　整个动力系统总成的示意图，它包括具有排气后处理的内燃机、冷却液和润滑油循环系统和车辆部件及其所属的传感器和 ECU（电控）单元（Wurzenberger 等，2011）

更具体地说，发动机及其外围设备应包括与其相关的所有部件，如空气滤清器、进排气管、气缸、气门、EGR（废气再循环）冷却器、增压装置（压气机、涡轮、气波增压器）等；热力子模块包括换热器、润滑油泵和水泵、管道、节温器、阀门、风扇、空调装置等；机械模块包括传动装置的零部件，如轴、离合器、变速器、车轮等；电动模块包括各类电机（电动机、发电机）、蓄电池和功率电子装置等；而最后电子控制模块则包括储存的各种特性曲线（脉谱图）、PID（比例-积分）控制器、程式解析器和替代模式（如神经网络）等，其功能是控制和调节前四个模块。

在动力总成的整个集成系统中，建立一个可靠、有效的发动机模型是解决问题的关键。为此，在过去已开发了不少计算方法，例如采用将相关参数视为平均值的均值模型，或以曲轴转角为变量的零维模型来作为典型的工作过程的计算方法。这时，后者的基本计算公式在物理性质上与典型的工作过程计算相同，从而保证能够实现几何参数以及传热、燃烧和涡轮增压的相关数据，能在整个系统的前期概念设计与后期产品方案设计和研发过程中的模型之间实现持续有效可靠的传输。这样就能使人们有可能对发动机研发过程有一个全面清晰了解。

相关的应用实例有 Wurzenberger 等人在 2010 年，应用乘用车发动机和车辆集成模型研究整车按新欧洲行驶规范（NEDC）行驶时的燃油消耗；以及 Katrasnik 等人在 2003 年，用相应的集成模型研究各种增压方案对载货车加速性能的影响。有关整个系统分析的详细情况，可以参见本书第 11 章的相关内容。

2. 气路建模

为了在方案设计和研发阶段建立综合的发动机模型，使其能够反映气体动力效应对气缸充量的影响，除了气缸部分以外，还需要在建模时增加诸如管道中的集中容积、孔板以及增压机构的相应模块。在气路建模时，可以从保证平均值出发采用建立在质量和能量平衡基础上的充填-排空模型，也可以为了反映出气道内的压力波动，采用一维气体动力模型，这时除了质量和能量以外，还必须将动量守恒原理加到数学运算中来。

在求解填充-排空模型方程组时，通常采用高阶 Runge-Kutta（龙格-库达）法，而在计算气体动力过程时，则应采用单级和两级有限差分法。有关进排气系统中所有部件的建模及其数学求解方法（填充-排空模拟中的常微分方程和一维气体动力模拟中的偏微分方程）的情况，在本书第 10 章中已有较为详细的描述。

图 18.23 所示为按三种不同方法计算所得的进气系统内压力，随曲轴转角的变化关系。由图 18.23 可见，按一维气体不定常流动原理所得的计算结果，在反映进气系统内气体压力波动方面效果最好，而按填充-排空原理的计算结果在定性表达方面也不错。

若对计算精度要求很高，则选择计算方法时必须考虑进排气系统中的压力波动对研发目标的影响。如果只是研究增压发动机的平均有效压力和燃油消耗率的变化规律，在多数情况下可以认为进排气管中的压力保持为常数即可（均质模型），但在压力波动对性能影响较大的场合，如研究非增压汽油机和柴油机的废气再循环的气体流动过程，则应当采用一维气体动力模型或至少也是填充-排空模型才好。

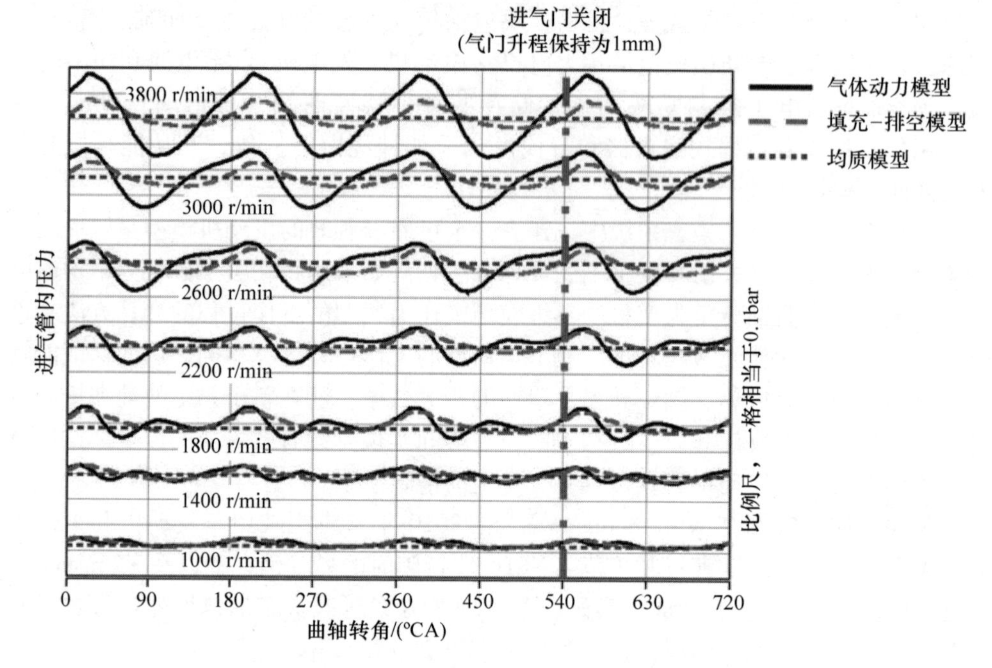

图 18.23　在一台增压四缸柴油机上，用不同气路建模方法计算所得的进气管内压力随曲轴转角的变化关系（Hrauda 等，2010）

3. 缸内建模

在内燃机缸内建模过程中，根据各研发阶段要求提出了细化程度不同的模型来描述传热、燃烧和有害排放物形成的过程。

均质模型，即所谓替代模型（Surrogate model），或者是建立在稳态试验台研究的测试结果上，或者直接由曲轴转角为变量的计算导出。均质模型长期以来曾在发动机开发过程中发挥了不少作用（He 和 Lin，2007；Pischinger 等，2004；Hendricks 等，1996）。这类模型的工作原理是用适当的数学公式建立起发动机转矩、排气质量流量和温度等性能指标，与转速、进气系统压比和燃油质量流量等参数之间的对应关系，输入量和输出量之间的联系关系可以通过经过训练的神经网络，或者支持矢量机（Support Vector Machines，缩写 SVM）建立（Heinzle，2009）。但应用基于特性曲线场和神经网络，以及 SVM 方法的均质模型，有时也会与以曲轴转角作为变量的模型产生矛盾，如后者在按气缸压力对燃烧过程进行调节时，就可能出现这种情况。

通常，内燃机气缸中以曲轴转角为变数的模型是其工作过程计算的典型方法（Pötsch 等，2011）。有关单区和双区模型的工作原理，以及传热和燃烧的相应公式在本书第 10 章中已有详细叙述，故本节不再赘述。至于分析柴油机和汽油机燃烧过程的现象学模型则参见本书第 11 章。

这种以曲轴转角为变数的气缸模型，在整个模拟中不仅为内燃机模拟提供了有效的手段（Wurzenberger 等，2009，2010；Zahn 和 Isermann，2007；Katrasnik 等，2003），而且可以得到较均质模型精度更高的详细结果。它可以独立形成，也可以从已有的一维换气过程和零维缸内模型导出。后一种方法更为有效，因为建模所需的大量参数如流量系数、燃烧模型参数、涡轮增压器特性曲线等，均可直接从上述模型中移植过来。

图 18.24 所示即为在一台 1.4L 的乘用车增压柴油机上，用各种气路和缸内模型对其平均有效压力、功率和燃油消耗率在全负荷工况时，随转速的变化关系所进行计算结果的对比，图上同时也绘有相应试验结果的曲线。由图 18.24 可见，对于目前的发动机方案而言，各类以曲轴转角为变量模型的计算结果均能与试验台测试结果很好吻合。至于气路和缸内建模对于发动机过渡工况的影响将在下一节，即本章 18.2.3 节中加以介绍。

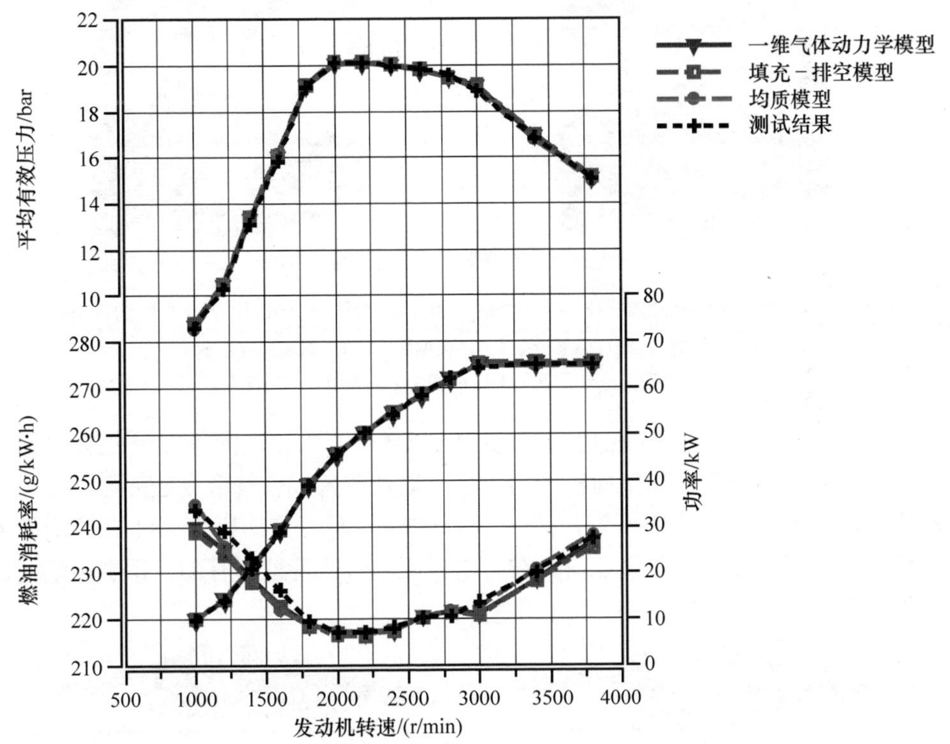

图 18.24　在一台排量为 1.4L 的四缸增压柴油机上，用各种气路和缸内模型对其平均有效压力、功率和燃油消耗率计算结果与试验台上测量结果进行的对比（Hrauda 等，2010）

如果在内燃机部件研发过程中将燃烧室的设计和优化作为重点的话，则应选用 3D－CFD（三维计算流体动力学）方法。在对受到进排气机构、燃烧室和活塞顶形状等影响的缸内流动仔细分析的基础上，可以进一步对燃烧室内混合气形成、燃烧和有害排放物形成过程，及其在时间和空间上的变化规律进行深入研究。通过三维计算得到的图形和参数，有助于研发人员改变和优化相关的几何形状与系统参数，以达到提高燃烧效率和减少有害物排放的目标。有关 3D - CFD 建模的基本原理及其对内燃机缸内气体流动、喷注发展与雾化和燃烧等过程的详细计算方法，已在本书第 14 章到第 17 章中有较详细说明，此处不再赘述。

在柴油机燃烧过程的研究中，采用缸内 3D - CFD 方法主要用来确定和优化活塞顶部燃烧室凹坑的形状和尺寸，以实现它与喷油及气流之间的合理匹配，达到节能减排的目的（图 18.25）。如果所建模型对于 NO_x 和炭烟计算的可靠性很高的话，则以此为基础可用 3D - CFD 方法对于传统或替代燃烧方案进行有效分析和优化，这对降低有害物的排放具有很重要的意义（Priesching 等，2007）。

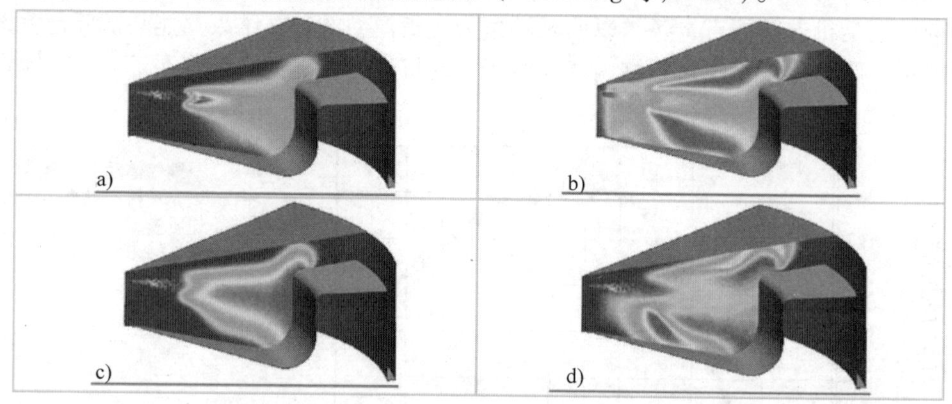

图 18.25　在乘用车柴油机燃烧过程研究中，采用 3D - CFD（扇形部分模型）的计算结果

a）燃油蒸气　b）温度分布　c）炭烟形成　d）氮氧化物形成

（以上均为上止点后 20℃A 通过喷注中心截面处的情况）

在现代直喷式汽油机燃烧过程的研究中，3D - CFD 计算的重点是放在喷雾过程的优化、减少燃油着壁和壁面油膜的形成，以及改善混合气形成条件与保持最佳空燃比，以实现火焰有效传播等方面（图 18.26）。对于汽油机着火和火焰传播方面的数值研究可以提供有关火焰前锋在时空方面的传播特性，有助于识别火焰传播的优先方向和缓燃区位置（Tatschl，2005）。

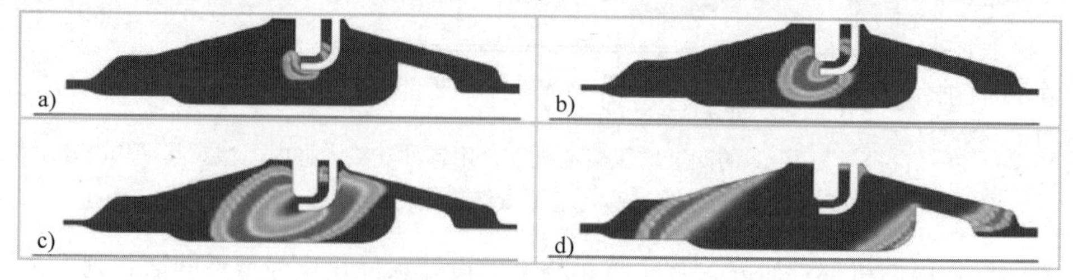

图 18.26　在乘用车汽油机燃烧过程研究中，采用 3D - CFD 的计算结果

a）上止点前 10℃A　b）上止点前 5℃A　c）上止点处　d）上止点后 10℃A

（以上均为通过气缸中心线截面处的情况）

除了对柴油机（Cipolla 等，2007；Dahlen 等，2000）和汽油机（Bianchi 等，

2006；Amer 等，2002）燃烧系统研发的支持以外，3D－CFD 计算目前还可以用来对发动机内部过程的一系列细节进行研究。例如，燃油在喷油嘴喷孔内流动时的气穴现象（Chiatti 等，2007），及其对喷注发展过程的影响（Nagaoka 等，2008；Masuda 等，2005），还有前面已经提及的燃烧室与其周边发动机零件之间的传热过程与温度场情况（Brohmer 等，2006）。此外，根据 3D－CFD 计算结果还可确定缸内压力、温度等参数随曲轴转角变化的关系，由此再结合其他配套公式就可以对燃油喷射系统进行计算（Caika 等，2009），或将它们作为内燃机工作过程计算中燃烧模型的输入参数。

18.2.3　应用实例

1. 行驶循环模拟

在现代内燃机方案，特别是那些与混合动力相关的方案中，发动机乃至整车的瞬态性能对于能否满足能耗和排放法规标准，以及能否达到加速和舒适性要求方面至关重要。作为范例，以下介绍一个包括发动机本身和进排气系统、变速器，以及车辆底盘在内的整个系统按规定的行驶循环工作时的性能表现。

上述系统具体配置情况是一辆采用废气涡轮增压的四缸柴油机的乘用车。该柴油机装有带冷却功能的外部废气再循环装置（EGR）和可变涡轮几何截面的废气涡轮增压器（VTG）。

发动机车辆集成模型包括了它们几乎所有重要的部件。例如，发动机方面包括空气滤器、增压器、中冷器、各种容积和管道、气缸和涡轮等；整车方面包括车身、车轮、制动器、差速器、变速器和离合器等；在通用控制方面包括保证 ECU 相应功能的各类控制元件，如 VGT 和 EGR 控制、烟度限制控制和怠速控制等。此外，整个系统还要包括一个模拟驾驶人的软件，其作用是按照规定的行驶循环实现加速、换档、离合器与制动等功能。图 18.27 所示即为研究上述整车性能的综合模型。有关其中各子模型的结构细节、数学表达式，以及模型参数工作流程的描述则可参见 Wurzenberger 等人的著作（2010）。

在上述将发动机和整个车辆结合在一起的综合模型基础上，对于整车在瞬态行驶循环时的动力特性进行了研究。图 18.28 所示即为该模型按新欧洲行驶循环（NEDC）的计算结果与实际测量数据之间的比较。由图 18.28 可见，计算和测量所得的发动机转速吻合得很好，从而证明该发动机－车辆综合模型在反映整车动力性能方面是非常有效的，而燃油消耗的计算与测量值之间的误差也小于 3%，这证明该模型在反映能量传递过程中从源头到流失的情况（源和汇）也十分准确。

图 18.29 所示为发动机从静止状态以全负荷加速时，其本身和涡轮增压器模型的深入和细化程度对于整个系统瞬态特性的影响。图 18.29 中蓝线为深化模型的计算结果，它由按曲轴转角计算的气缸模型、换气过程的均质模型，以及按特性曲线计算的涡轮增压器模型组成；而红线则是整个系统均按特性曲线计算的简易模型计算结果。

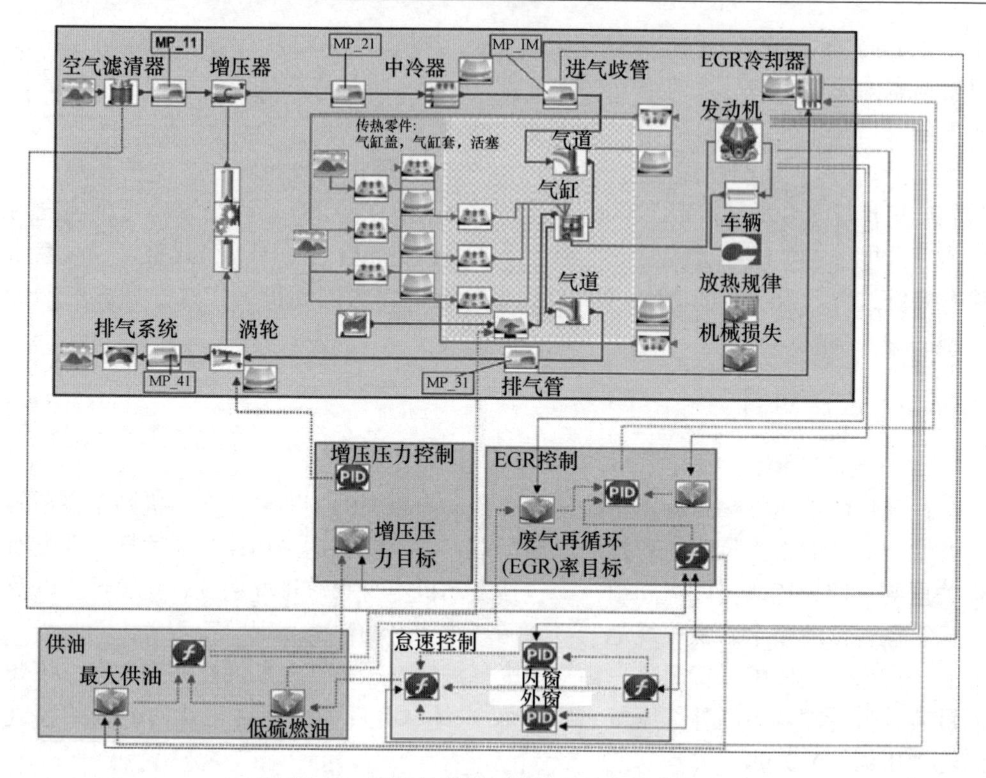

图 18.27　用于行驶循环模拟的整车综合模型

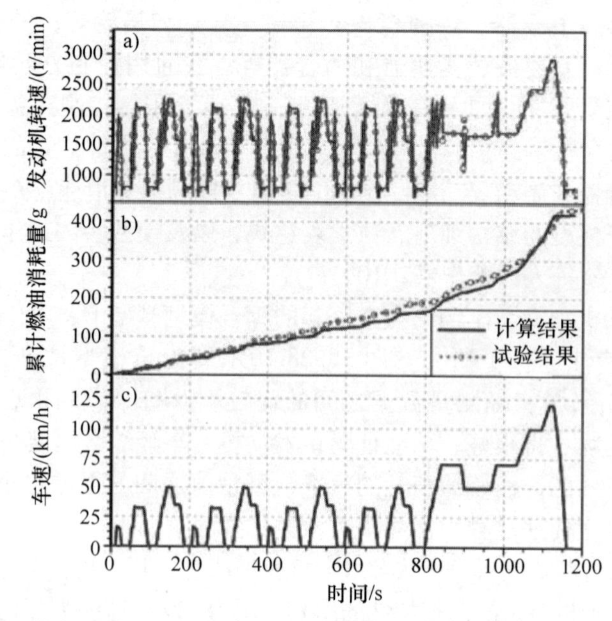

图 18.28　按行驶循环的数值模拟与试验结果的比较（Wurzenberger 等，2010）

a）发动机转速　b）累计燃油消耗量　c）按 NEDC 循环工况运行时的车速

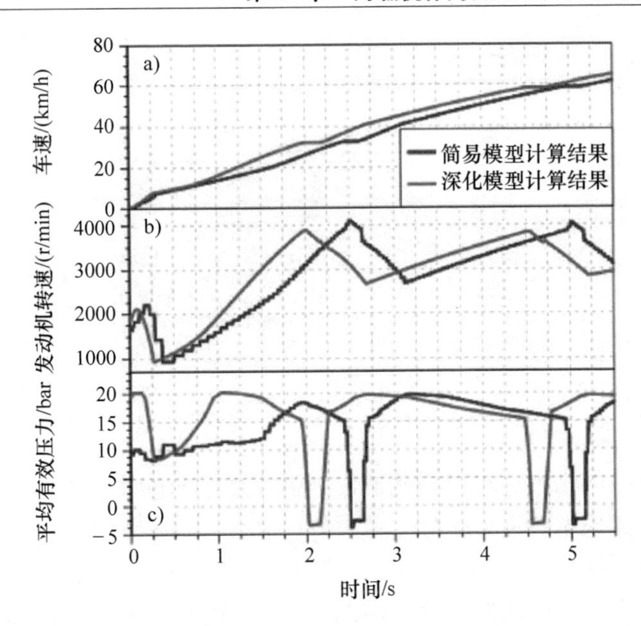

图 18.29　发动机在全负荷加速过程时，分别按深化模型和简易模型计算结果的比较（Wurzenberger 等，2010）

a）车速　b）发动机转速　c）平均有效压力

由图 18.29 可见，在采用只依据特性曲线的简化模型来计算的结果中，反映转矩的平均有效压力曲线迅速跟随转速曲线向上升起，两者之间几乎没有时间差；而依据深化模型计算时，由于考虑了涡轮增压器起动时的延迟效应，其平均有效压力的升起相对于转速上升有一定的滞后，更能反映发动机加速时瞬态过程的实际情况。由此可知，在研究增压发动机的瞬态性能时，不宜采用那种只依据特性曲线来计算的简化模型，而应当采用考虑更为深入和细化的数值模型才对。

2. 热量管理

随着发动机比功率的提高以及混合动力和电动化程度的增加，对发动机乃至整车热量分布情况进行有效管理的重要性也日益突出。对发动机及其润滑油和冷却液循环中的热量流、空调装置循环，以及排气后处理系统的起燃温度特性进行优化控制等均属于热量管理的主要范畴。

图 18.30 所示为研究内燃机按行驶循环工作时热流特性的子模型，它表示的是从整个车辆模型中截取下来的一个包括润滑油和冷却液循环热流在内的发动机热量管理系统。

上述反映发动机热特性数值模拟的子模型，描述了一部分燃烧产生的热量通过燃烧室壁面传给周围结构，并进一步传给冷却介质，以及经过轴承类的运动摩擦副，最终再传给润滑油的情况。除了机油和冷却液循环以及其相关的元件，如机油泵和水泵、节温器、换热器等以外，该模型还在数值模型计算过程中，考虑到发动机结构中与传热相关的所有零部件的热惯性。

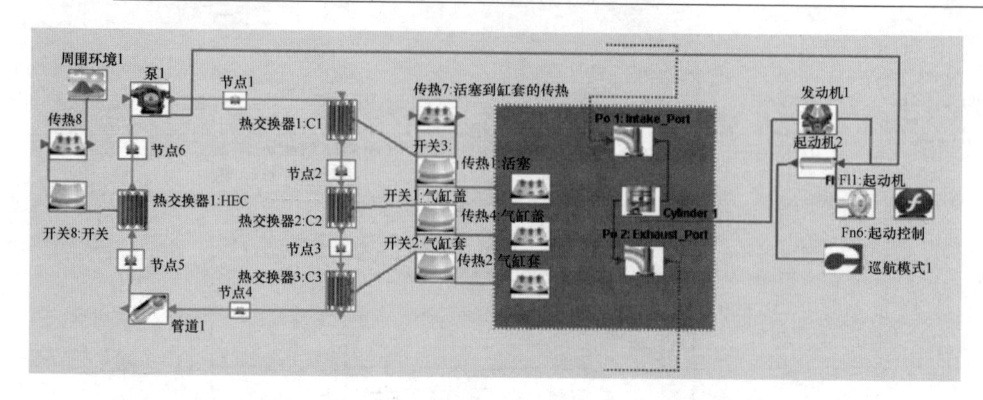

图 18.30　作为整车子模型的发动机与冷却、润滑系统组成的热量管理系统

作为数值模拟的结果，可以得到润滑油温度随时间的变化规律，它可以作为下一步计算摩擦损失模型的边界条件，也可以得到冷却液温度和相关零部件的温度的变化规律，它们同样也可以作为进一步传热过程计算的依据。

图 18.31 即为发动机热循环数值模拟计算结果与试验测量数据比较的实例。结果表明，计算所得的冷却介质以及与此相关发动机零部件的升温过程与试验结果吻

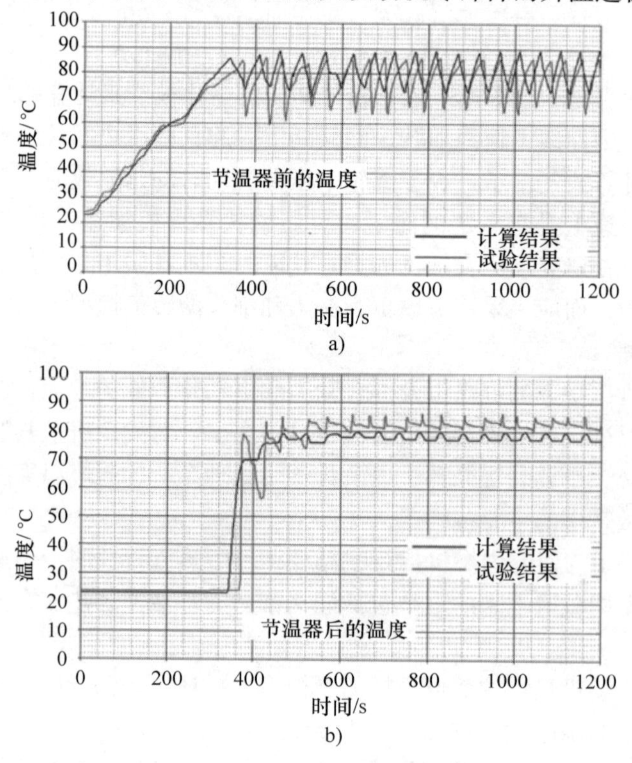

图 18.31　在按行驶循环工作过程中，发动机热循环的计算结果与测量数据的比较，
a）节温器前的冷却液温度 b）节温器后的冷却液温度（Hrauda 等，2010）

合得很好，以此为依据又可以进一步用来分析诸如排气后处理系统中催化转化器的起燃温度等重要参数。此外，根据计算所得的节温器开启时刻也可以用来判断发动机运转过程中冷却介质温度的波动情况，它与测量结果也吻合得很好。

3. 硬件在环仿真（HiL）应用

在研发过程的某些阶段中，会有一些部件或子系统已有硬件存在，因此为了使研发工作更加有效，应尽量对这些硬件及其相应控制软件提前进行测试和验证，以加快整个系统的研发进程，当然对这些硬件进行硬件在环（Hardware - in - the Loop，缩写 HiL）仿真的提前，是首先要在整个系统中对那些还没有硬件的部件建立较为精确和能反映它们实时性能的瞬态模型。

例如，在整个车辆总成系统中已有汽车存在，则可以在真实的 HiL 试验台上，通过瞬态模型对于发动机乃至汽车的纵向和侧向动态性能进行分析和验证（见图 18. 32）。这样就可以利用已有部分硬件的有利条件及早对整个系统的性能做出评估。

以上用来验证发动机和车辆的方法可以直接从研发初期的模型移植过来，但前提是其适用性普遍且可以扩展和修正，也就是说模型的深化程度要能根据需要灵活地加以修正，以保证足够的计算精度，并满足对整个系统进行实时分析的需求。

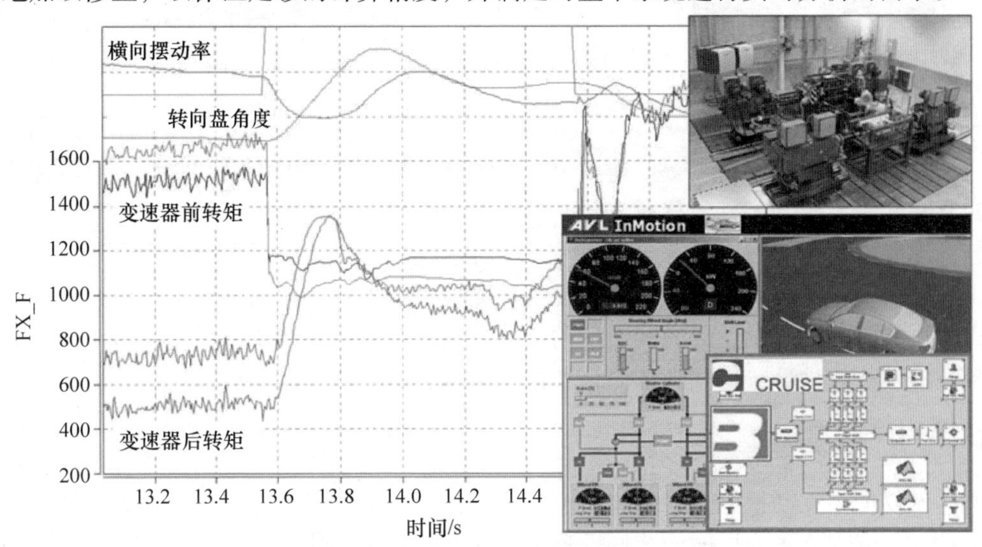

图 18. 32　硬件在环（HiL）仿真应用 - 在动力总成试验平台上应用发动机和车辆的实时瞬态模型进行的虚拟驾驶测试

4. 驾驶性能评估

在整个车辆系统的研发过程中，驾驶性能无疑也是十分重要的一环。以前对车辆驾驶性能的评价只能在已有的车辆以及其相关的部件，如发动机和变速器等上进行。目前，随着对于各部件以至整个车辆系统实时瞬态模型的建立和完善，人们可以在研发阶段早期，即整车尚未制造出来以前，即能对其驾驶性能进行分析和评估（图 18.33）。驾驶性能评估涵盖了车辆运行时一系列瞬态过程，如加速、过渡到滑行工况、换档等以及其他一系列可以对其进行评估的相关参数。

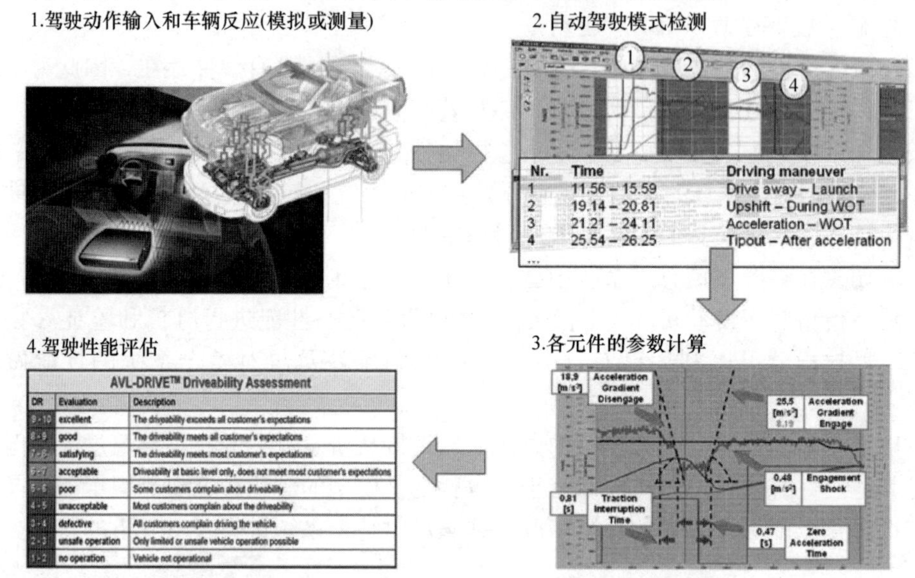

图 18.33　通过在包括发动机、变速器和底盘的集成模型上进行虚拟驾驶的方法，来对整车瞬态驾驶性能进行评估

在研发过程中尽可能提前得到整个系统有关驾驶性能的信息和知识，可以加快对其相关子系统和部件的优化步伐，有助于尽快提出制造首批样机的有益建议和措施。这一点对于开发各子系统的控制策略和算法，并将其集成于整个系统的 ECU 中去显得特别重要。这样做的目的是为在虚拟平台上对产品的驾驶性能研究工作做得尽可能深入和仔细，以减轻后期的工作，使得车辆最终制成以后，只需对其相关部件的硬、软件部分做些微量调整和修改即能达到预期目标。

18.2.4　前景展望

仅仅依靠发动机的机内措施，不可能达到未来市场上大量车辆在降低燃油耗与降低 CO_2 排放方面的目标。这就势必需要在市场上大力推广混合动力方案，这种方案是将传统的内燃机与电力驱动进行有机结合，以达到节能减排的目的。

在混合动力方案中，对于某些行驶状态可能要部分或完全停止内燃机的工作，这就势必对车辆的某些子系统乃至整个动力系统的设计与功能研发提出一系列新的更高的要求：例如在排气后处理中催化转化器的起燃温度特性，以及包括内燃机、电机和蓄电池在内的整个系统的热量管理功能等方面。此外，在混合动力方案中非常重要的还有其驾驶性能和车身电子稳定系统（Electronic Stability Program，缩写 ESP）的调节等，它们只有依靠内燃机、电动机和发电机之间的合理匹配才能实现的。

由于混合动力化/电力化趋势的增加，使动力总成配置的各种可能性也相应增多，这就不可避免地对于动力系统的研发产生影响。因此在整个研发过程中，前期概念设计的比重将会大大增加，在这个阶段将对各种混合动力方案在燃油耗、驾驶性能、全寿命周期成本等方面的潜力进行分析、对比和评估，以便为下一阶段提供切实可行的方案，此后才开始真正的研发过程，以实现动力总成的优化，并进行与整车系统集成和标定的工作。

为了能够对整个车辆系统及其所属的子系统进行虚拟设计和性能改进，对于所用的数值模拟工具提出了一系列新的要求。特别是对模型的扩展能力要求更高，以便为混合动力车辆增加部件，如电动机、发电机、逆变器、蓄电池和燃料电池等提供可能，使其能根据工作的深化程度，在研发过程中为这些部件的相关系统、子系统数值开发平台乃至硬件在线（HiL）仿真的条件提供支持（Gschweitl 等，2007）。

参考文献

Amer, A.A., Reddy, T.N.: Multidimensional Optimization of In-Cylinder Tumble Motion for the New Chrysler Hemi. SAE Paper 2002-01-1732 (2002)

Bianchi, G.M., Brusiani, F., Postrioti, L., Grimaldi, C.N., Di Palma, S., Matteucci, L., Marcacci, M., Carmignani, L.: CFD Analysis of Injection Timing Influence on Mixture Preparation in a PFI Motorcycle Engine. SAE Paper 2006-32-0022 (2006)

Brachmann, T.: „Honda's heutige und zukünftige Hybrid- und Brennstoffzellenfahrzeuge". 6. Braunschweiger Symposium Hybridfahrzeuge und Energiemanagement (2009)

Brohmer, A., Mehring, J., Schneider, J., Basara, B., Tatschl, R., Hanjalic, K., Popovac, M.: Fortschritte in der 3D-CFD Berechnung des gas- und wasserseitigen Wärmeübergangs in Motoren. 10. Tagung Der Arbeitsprozess des Verbrennungsmotors, Institut für Verbrennungskraftmaschinen und Thermodynamik, TU-Graz, Graz (2006)

Caika, V., Sampl, P., Tatschl, R., Krammer, J., Greif, D.: Coupled 1D-3D Simulation of Common Rail Injector Flow Using AVL HYDSIM and AVL FIRE. SAE Paper 2009-24-0029 (2009)

Chiatti, G., Chiavola, O., Palmieri, F.: Injector Dynamic and Nozzle Flow Features in Multiple Injection Modeling. SAE Paper 2007-24-0038 (2007)

Cipolla, G., Vassallo, A., Catania, A.E., Spessa, E., Stan, C., Drischmann, L.: Combined Application of CFD Modelling and Pressure-based Combustion Diagnostics for the Development of a Low compression Ratio High-Performance Diesel Engine. SAE Paper 2007-24-0034 (2007)

Dahlen, L., Larsson, A.: CFD Studies of Combustion and In-Cylinder Soot Trends in a DI Diesel Engine – Comparison to Direct Photography Studies. SAE Paper 2000-01-1889 (2000)

Dobes, T; Kapus, P.E.; Schoeggl, P; Jansen, H.; Bogner, E.: „CO_2-Reduktion im realen Kundenfahrbetrieb – Einfluss der Motorkalibrierung". 29. Internationales Wiener Motorensymposium (2008)

Fiorenza, R., Pirelli, M, Torella, E. Pallotti, P, Kapus, P.E., Praesent, B., Kokalj, G., Pachernek, K.W.: Variable swirl and internal EGR by VVT application on small displacement 2 valve SI engines: an intelligent technology combination. Fisita (2004)

Fischer, R.: Die Elektrifizierung des Antriebs – vom Turbohybrid zum Range Extender. 30. Internationales Wiener Motorensymposium (2009)

Fraidl, G.K., Kapus, P.E., Prevedel, K., Fuerhapter, A.: DI Turbo: Die nächsten Schritte. 28. Internationales Wiener Motorensymposium (2007)

Fraidl, G.K., Kapus, P.E., Korman, M., Sifferlinger, B., Benda, V.: Der Range Extender im Praxiseinsatz. 31. Internationales Wiener Motorensymposium (2010)

Gschweitl, K., Ellinger, R., Loibner, E.: Tools and Methods for the Hybrid Development Process. AVL Conference Engine & Environment. AVL List GmbH, Graz (2007)

He, Y., Lin, C.-C.: Development and Validation of a Mean Value Engine model for Integrated Engine and Control System Simulation. SAE Paper 2007-01-1304 (2007)

Heinzle, R.: Machine learning methods and their application to real-time engine simulation (2009). Dissertation, Johannes-Kepler-Universität Linz

Hendricks, E., Chevalier, A., Jensen, M., Sorenson, S.C., Trumpy, D., Asik, J.: Modelling of the Intake Manifold Filling Dynamics. SAE Paper 960037 (1996)

Hrauda, G., Strasser, R., Aschaber, M.: Gas Exchange Simulation from Concept to Start of Production – AVL's Tool Chain in the Engine Development Process. THIESEL 2010 Conference on Thermo- and Fluid-Dynamic Processes in Diesel Engines. Universidad Politecnica de Valencia, Valencia (2010)

Karlsson, J., Fredriksson, J.: Cylinder-by-Cylinder Engine Models vs. Mean Value Engine Models for Use in Powertrain Control Applications. SAE Paper 1999-01-0906 (1999)

Katrasnik, T.: Improvement of the dynamic characteristic of an automotive engine by a turbo-charger assisted by an electric motor. J. eng. Gas turbine power 124 (2), 590–595 (2003)

Katrasnik, T., Wurzenberger, J.C.: Development of future powertrains by simulation tools. Transport Research Arena Europe 2010. Brussels (2010)

Katrasnik, T., Wurzenberger, J.C., Schuemie, H.: On convergence, stability and computational speed of numerical schemes for 0-D IC engine cylinder modeling. Journal of Mechanical Engineering **59**(4), 223–236 (2009).

Langen, P., Melcher, T. Missy, S., Schwarz, C., Schünemann, E.: Neue BMW Sechs- und Vierzylinder-Ottomotoren mit High Precision Injection und Schichtbrennverfahren. 28. Internationales Wiener Motorensymposium (2007)

Masuda, R., Fuyuto, T., Nagaoka, M., von Berg, E., Tatschl, R.: Validation of Diesel Fuel Spray and Mixture Formation from Nozzle Internal Flow Calculation. SAE Paper 2005-01-2098 (2005)

Nagaoka, M., Ueda, R., Masuda, R., von Berg, E., Tatschl, R.: Modeling of Diesel Spray Atomization Linked with Internal Nozzle Flow, THIESEL 2008 Conference on Thermo- and Fluid-Dynamic Processes in Diesel Engines. Universidad Politecnica de Valencia, Valencia (2008)

Paciti, G.C., Amphlett, S., Miller, P., Norris, R., Truscott, A.: Real-Time Crank-Resolved Engine Simulation for Testing New Engine Management Systems. SAE Paper 2008-01-1006 (2008)

Pischinger, S., Schernus, C., Lütkenmeyer, G., Theuerkauf, H.J., Winsel, T., Ayeb, M.: Investigation of Predictive Models for Application in Engine Cold Start Behavior. SAE Paper 2004-01-0994 (2004)

Pötsch, C., Ofner, H.: Assessment of a Multi-Zone Combustion Model for Analysis and Prediction of CI Engine Combustion and Emissions. SAE Paper 2011-01-1439 (2011)

Prevedel, K., Kapus, P.E.: Hochaufladung beim Ottomotor – ein lohnender Ansatz für die Serie? Aufladetechnische Konferenz, 21–22. Sept. 2006, Dresden

Priesching, P., Ramusch, G., Ruetz, J., Tatschl, R.: 3D-CFD Modeling of Conventional and Alternative Diesel Combustion and Pollutant Formation – A Validation Study. SAE Paper 2007-01-1907 (2007)

Tatschl, R., Winklhofer, E., Philipp, H., Kotnik, G., Priesching, P.: Analysis of Flame Propagation and Knock Onset for Full Load SI-Engine Combustion Optimization – A Joint Numerical and Experimental Approach. NAFEMS World Congress, Malta (2005)

Tatschl, R., Basara, B., Schneider, J., Hanjalic, K., Popovac, M., Brohmer, A., Mehring, J.: Advanced Turbulent Heat Transfer Modelling for IC-Engine Applications Using AVL FIRE. International Multidimensional Engine Modeling User's Group Meeting, Detroit, MI (2006)

UNECE-Regulation 101 für Zertifizierung von Kraftstoffverbrauch/CO_2-Emission; Änderungsvorschlag ECE-Trans-WP29-GRPE-2008-07e, Arbeitspapier Januar 2008

Waltner, A., Lückert, P., Schaupp, U., Rau, E., Kemmler, R., Weller, R.: Die Zukunftstechnologie des Ottomotors: strahlgeführte Direkteinspritzung mit Piezo-Injektor. 27. Internationales Wiener Motorensymposium (2006)

Wanker, R., Wurzenberger, J.C., Schuemie, H.: Three-Way Catalyst Light-0 f during the NEDC Test Cycle: Fully Coupled 0D/1D Simulation of Gasoline Combustion, Pollutant Formation and Aftertreatment Systems. SAE Paper 2008-01-1755 (2008)

Weiss, M., Armstrong, N., Schenk, J., Nietfeld, F., Inderka, R.: Hybridantrieb mit höchster elektrischer Leistungsdichte für den ML 450 BlueHYBRID. 30. Internationales Wiener Motorensymposium (2009)

Wurzenberger, J.C., Heinzle, R., Schuemi, R., Katrasnik, T.: Crank-Angle Resolved Real-Time Engine Simulation – Integrated Simulation Tool Chain from Office to Testbed. SAE Paper 2009-01-0589 (2009)

Wurzenberger, J.C., Bartsch, P., Katrasnik, T.: Crank-Angle Resolved Real-Time Capable Engine and Vehicle Simulation – Fuel Consumption and Driving Performance. SAE Paper 2010-01-0784 (2010)

Wurzenberger, J.C., Bardubitzki, S., Bartsch, P., Katrasnik, T.: Realtime Capable Pollutant Formation and Exhaust Aftertreatment Modeling – HSDI Diesel Engine Simulation. SAE Paper 2011-01-1438 (2011)

Zahn, S., Isermann, R.: Development of a Crank-Angle Based Engine Model for Realtime Simulation. Engine Process Simulation and Supercharging II, Aachen, Haus der Technik, S. 255 (2007)

第 19 章　内燃机的未来

Ulrich Spicher 和 Helmut Eichlseder

19.1　引言

内燃机是应用最为广泛的能量转换机械，不仅在作为车辆、船舶和发电机的动力装置方面具有极其重要的意义，而且目前更广泛地将小型内燃机作为运输工具（乘用车、载货车、船舶等）、能量供应（小区热电站、备用应急发电机等），或其他手持式工作机具（油锯、割草机、切割机等）的动力装置。总而言之，作为内部燃烧的往复活塞式发动机，内燃机是目前效率最高的热力机械，单就输出机械能而言，在某些动力装置上其效率已达到 50% 以上。如果能将燃料燃烧所释放出的热量中，热力学定律所限定的份额完全转变成机械功的话，那么整个动力系统能达到更高的效率。为使内燃机实现更出色的效能，人们对其进一步的发展始终保持极高的期待。随着工业化的发展，全球对机械能、电能特别是热能的需求量会持续不断地增长，而且未来还将进一步增加。由于往复活塞式内燃机结构发展得比较成熟，而且具有高度的灵活性，因此在未来的能量转换中必将继续起着重要的作用，并肯定会应用于更加广泛的领域。但内燃机的发展在目前日益严酷的竞争环境中也还存在某些不利的因素，尤其是对其在降低有害物排放和燃油耗或 CO_2 排放方面提出了更加严格的要求，这也说明内燃机的发展潜力还远没有被充分挖掘。

对于燃烧化石能源而使 CO_2 浓度增加所引发的温室效应，致使全球气候变暖，对此人类负有共同的责任。即使受到严格的限制，道路交通产生的废气排放还是加重了气候方面存在的问题。当然，公众对于降低道路交通废气排放的艰巨性的程度认识也各不相同。因此，特别是作为机动车辆的动力装置，应用内燃机的前景越来越多地引发各方的讨论。虽然当今宣传的所有替代驱动方式（电机、燃料电池、全混合动力和插电式混合动力等）以及某些储能器在个别应用方面具有优点，但是就总体而言，它们在用于移动机械以及诸如热电装置（区域热电站，即 BHKW）的固定式应用场合中，与内燃机相比还存在明显的缺点。如果人们能够客观地研究内燃机的未来及其各种用途，那么就会认识到，在当今许多应用范围中并没有可以完全替代内燃机的合适驱动方式，这主要是归因于内燃机所具有的多种优点，因此如果不考虑政治方面施加的影响，这些竞争者在近期并无机会将往复活塞式内燃机从市场中排挤出去。

19.2　内燃机在今后人类交流中的作用

一些对于未来驱动动力的讨论似乎给人以这样的印象，即作为今后 2～3 年内汽车的动力，内燃机将被电驱动方式所替代。当今也已有许多政治家、一些大型能源供应企业和汽车管理者，以及某些企业咨询机构和研究院所的分析家们宣称，随着这种驱动方式的转换将开创无废气排放的汽车新时代。

内燃机能成为未来汽车的驱动装置吗？确切地说内燃机未来的问题往往就是未来汽车的问题，而真正的问题应该是：我们能为保护环境做些什么？我们未来能够和应该使用哪些能源？因此问题不仅仅是将来应该采用哪些驱动装置，而且也是哪些能量形式用于汽车才是正确的。为此，应该对采用内燃机作为能量供应单元的汽车的整个系统进行评价。在思考这个问题时，如果没有思想偏见并保持客观立场，几乎没有技术人员或企业咨询人员建议将电动车作为今后唯一的解决方案。汽车化是人类社会的基本需求，但也不能不加任何限制。在人们的讨论中或有这样的印象，即私人拥有汽车是我们社会中一种并非必需的奢侈物品，人们对于这个观念最好加以放弃，因为实际上在现实社会中，如果没有私人汽车，目前的经济系统就无法正常运转（Thom，2011）。电动汽车固然是新能源应用的一个重要范畴，但也不是唯一的选择，过分强调汽车电动化会存在一定的风险（Spicher，2011）。

尽管人们在移动工具应用范围内，对于动力系统进行了多种多样的研究，但迄今为止在能量转换方面，还没有开发出具有竞争力，并能够完全替代内燃机的方案，例如，由于电池储存的能量有限，可以说电动系统始终无法解决活动半径受到限制的问题，这是从汽车开始发展以来一直困扰着电动汽车的问题。而所应用能源的能量密度高，因而所能达到的活动半径大则是内燃机在汽车发展历史上取得成功的基石。电动汽车（或其他替代能源方案）要想获得较大的市场份额，只有在达到同用途内燃机的单位功率重量时才有可能，但目前内燃机性能的快速发展，使电力驱动方式仍然被限制在有限的特定应用范围和小批量生产的阶段。现代废气涡轮增压直喷式柴油机在实际使用和试验循环中已达到了相当高的效率，而直接喷射和借助于废气涡轮增压器来利用废气热焓的方式，在汽油机上也应用得越来越多，这就导致结构更为紧凑和功率密度和效率更高机组（小型化）的出现（Golloch，2005）。如果在所有工况下，均能可靠地实现充量分层运行的条件的话，那采用燃油喷注引导的直喷式汽油机也将会具有巨大的发展潜力（Buri 等人，2009；Spicher 和 Sarikoc，2010）。

为了能使用电能行驶较长的路程，已介绍过由电机和内燃机组成的混合动力作为替代方式。但是，恰好在长距离行驶方面，混合动力失去了其与纯内燃机驱动相比的优势。除了商业竞争和可靠性技术方面的挑战之外，在作为替代方式的技术用于汽车的情况下也还存在废气排放的问题，人们本来期待通过应用这些替代方案能够真正解决上述问题，但在考察总效率时，假设即使在采用无排放驱动方案的情况下，系统全生命周期产生的CO_2排放有时甚至比使用内燃机还要高，虽然其中很大一部分不是直接由汽车排放的。作为具体实例的就是前面已提到过的蓄电池电驱动和宣传上炒得很热的燃料电池，它们不仅在电池生产和产生氢时要消耗能量，而且在能量储运过程中都有能量消耗并给环境带来污染，其中所产生的CO_2排放也只能通过由后续的无排放能量转换产生的电能予以补偿。

19.2.1 排放限制法规

废气排放法规在汽车领域内已生效很久，而且这些法规的要求无论是对汽油机还是对柴油机而言都不断地加严。在规定的废气排放限值方面，过去通常仅对有害排放进行分类测量。在大量持久的研发工作基础上，通过机内净化和排气后处理技术已使有害排放物的数量显著降低。而对CO_2排放也就是对燃油耗限制的规范则是近期才生效的，而欧盟（EU）2009年通过的规定也是分阶段实施的，这当然是对汽车制造厂家的一个很大的挑战。新车型的市场准入必须通过标准试验行驶循环进行检测，这种行驶循环基本上是以乘用车实际使用情况的统计学考察为基础建立的。例如，图19.1所示即为欧盟实施的新欧洲行驶循环（Neue Europäische Fahrzyklus，德文缩写NEFZ，英文缩写NEDC）。

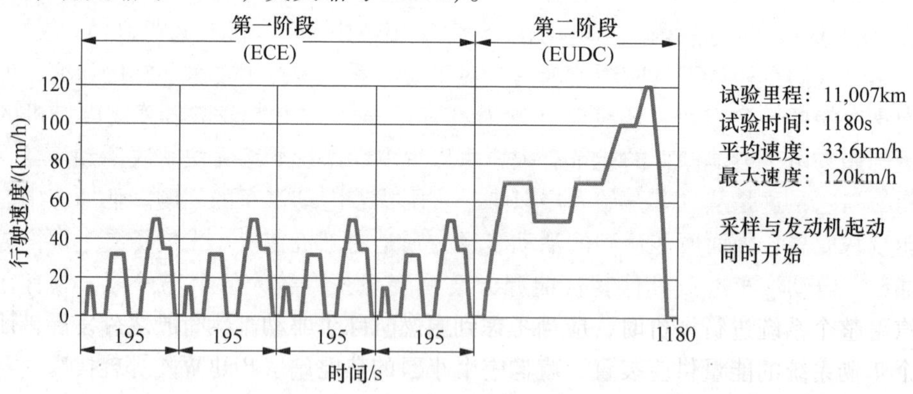

图19.1 欧洲试验循环NEFZ（NEDC）

但是，以统计学得出的规律并不能说明所有个别情况，因为多数实际的要求往往是无法预测的。正如图19.2所示的那样，真实的行驶状况及其实际废气排放和燃油耗值都无法与在NEFZ（NEDC）行驶循环中查明的数值完全吻合，图19.2中的数据是2008年直至2012年3月期间新车（乘用车和运动用车发动机）试验燃油耗的统计值。其中，无论是汽油机还是柴油机的真实燃油耗大约与NEFZ（NEDC）

测出的燃油耗相差 10% ~20%，其中柴油机的实际燃油耗约高 1L/100km，而汽油机实际燃油耗高出的数值则稍小些。

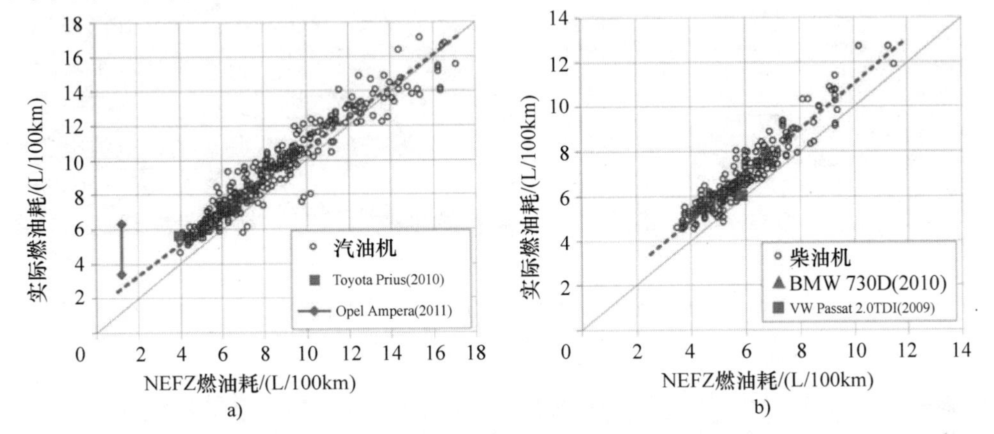

图 19.2　汽油机和柴油机按 NEFZ（NEDC）行驶循环和实际行驶状况时的燃油耗比较（Spicher ZfAW，2012b）

a）汽油机　b）柴油机

从 NEFZ（NEDC）行驶循环中测得的燃油耗结果是有问题的，而且对带有蓄电池储备能量的混合动力汽车则问题更大。例如，图 19.2 所示出的 Opel Ampera 乘用车在 NEFZ 行驶循环中的燃油耗为 1.2L/100km，而在由城市交通、州属公路和高速公路（最高车速 130km/h）组成的 100km 混合路段中的真实燃油耗则有很大不同：在蓄电池充满时为 3.4L/100km，而在蓄电池用空时则为 6.3L/100km（Lidl，2011）。用电能行驶可达到的活动半径在不用附加电器时为 48km，而在接通附加电器时则为 36km。一些计划使用的替代方案，并不一定适合于当今社会的要求，因为这些方案在试验循环中仅仅是凭借所产生的驱动车辆的机械功来作为评价指标的。例如，正如考察 Carl Benz 第一辆具有专利的机动车那样，其驱动装置当时仅仅是为了驱动车辆向前行进（图 19.3a），而时至今日，汽车已发展成全新的面貌（图 19.3b），用户对汽车的要求也愈来愈高（Spicher，2012b）。因此，在对汽车整个系统进行评价时，应当考虑到内燃机除了驱动车辆行驶之外，还被用作整个车辆系统的能量供应装置，就像一个小区的热电站（BHKW）那样。

19.2.2　对驱动方案的客观评价

当今社会越来越期盼汽车能够节油，但也不能忽视诸如环保、安全、经济性以及驾驶的舒适性等方面的要求。众所周知，一台环保的动力装置如果仅仅展示在汽车销售商的橱窗中是无助于降低 CO_2 排放和保持环境空气清洁的，它们必须首先找到买主并投放市场，才能产生实际的效果。宣传中常说电驱动是不会排放有害物质并具有很高效率的，而采用内燃机的驱动方案则会严重地污染空气，因为内燃机的

a)

b)

图 19.3　早期和现代的汽车—反映了当今用户对舒适性和安全性的要求（Daimler 公司，2012）
a）早期汽车　b）现代汽车

效率低下会使 CO_2 失去平衡而影响环境。但事实并不是这样。当今的乘用车是世界上几乎所有社会中独特的机动性象征，但是除了行驶这一主要功能之外，它还应满足其他方面的要求。例如，不仅要满足对安全性具有重要意义的要求，即视野必须清晰（风窗玻璃除霜和擦净、路面照明）、座位必须安全，应配备主动和被动安全装备和驾驶人辅助系统，而且还要有舒适性观念，例如车厢内的采暖和降温等。但人们一般在考察效率时，往往没有将这方面包括在能量平衡中，而是只考虑了车辆行驶的机械功，这种考察方式不仅不够完全，甚至是错误的，因此考察效率的正确方法必须将系统的界限如图 19.4 所示那样，扩展到整辆汽车（Spicher，2012a）。

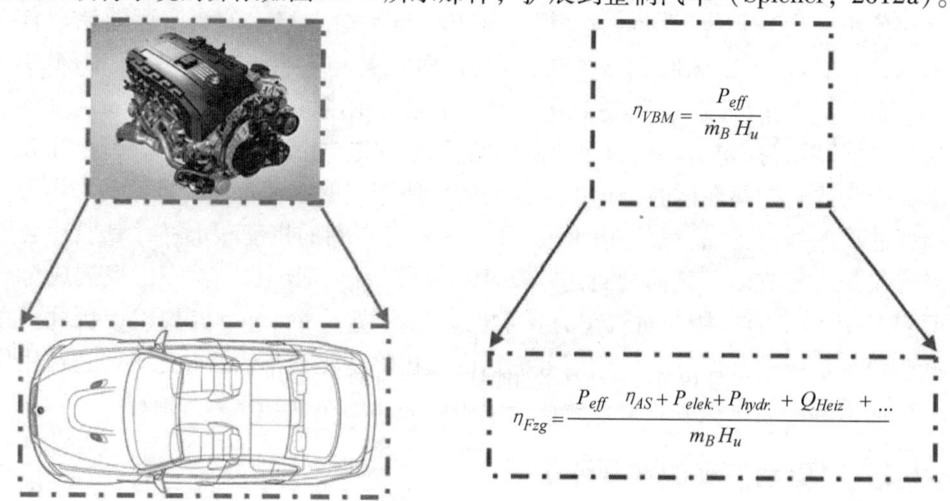

图 19.4　系统界限的扩展（Spicher，2012a）

因此，要确保上述所有的利用方式都纳入能量平衡之中，并在考察效率时要考虑到汽车上所有的能量转换。图 19.5 和图 19.6 分别表示了采用内燃机作为驱动源的汽车和纯电动汽车上的这种考察方式。

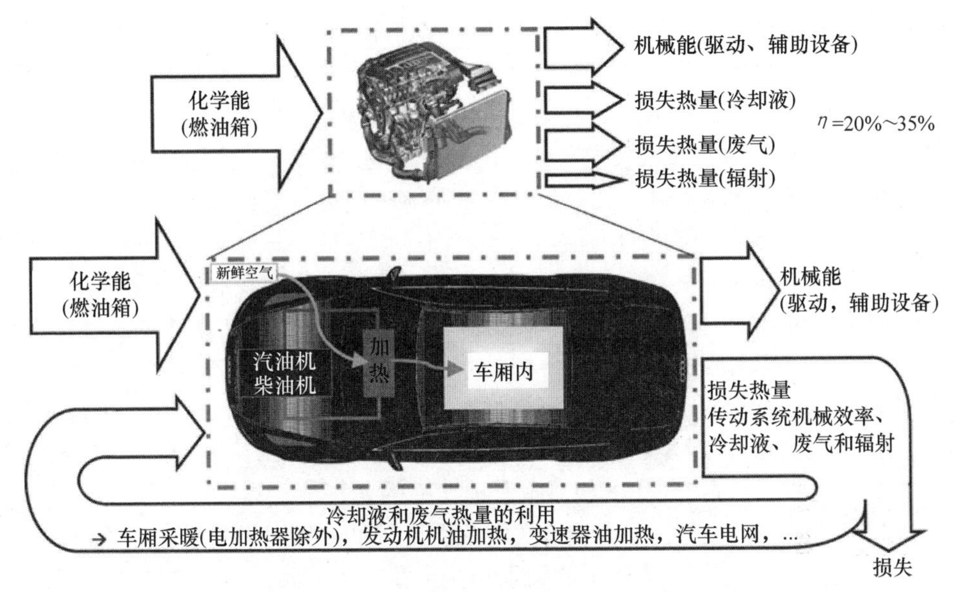

图 19.5　内燃机汽车的能量平衡（Spicher，2012b）

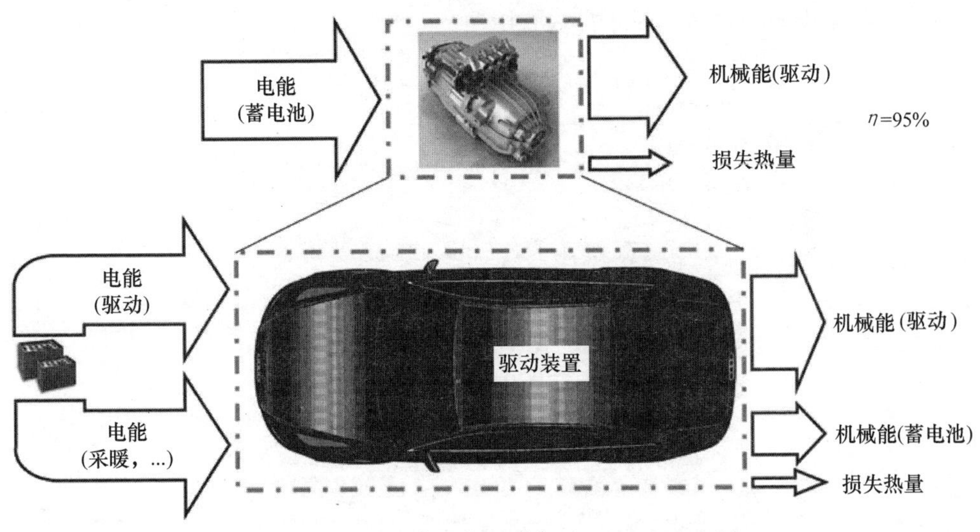

图 19.6　电动汽车的能量平衡（Spicher，2012b）

这两张图的上半部都只考虑了驱动装置的能量平衡。在内燃机中，蕴藏在燃油中的化学能转换成机械能，它不仅用于驱动汽车行驶（驱动能），而且也用于驱动辅助设备，例如空调压缩机、机油泵、液压转向助力泵或发电机。当今的汽油机和柴油机根据车型和发动机尺寸的不同，其效率在 20% ~35% 之间，其中柴油机的效率比汽油机的效率高 5% ~10% 。机内效率的提高受到热力学方面的限制，因为按照热力学第二定律，热量是不可能完全转换成功的。在内燃机中，燃油中蕴藏的能量的一部分转换成有效功，即机械能，而另一部分则转换成热量，这些热量以废气热焓或以对流和辐射的方式散发到环境中去，在能量平衡中是作为损失来考虑的。在电机驱动的情况下，储存在蓄电池中的电能转换成车辆行驶的机械能，而在这种能量转换过程中，放出的热量要少得多，在这种“油箱（实际上是电池，油箱只是比喻）至车轮”的考察中电驱动的效率高达约95%。若也采用这种考察方法将传统内燃机与电驱动进行比较的话，就不难理解为什么电动车的效能似乎好得多。但如果将系统的界限扩展到整辆汽车的话，情况就不一样了。这时在电动车上用于驱动辅助设备的能量也应一并考虑在内，由于其工作时释放的热量较少，故车厢采暖或降温所必需的能量必须由蓄电池额外供应。例如，在内燃机汽车上，释放热量的一部分用于车厢取暖，但在传统的效率计算方法中这部分热量是作为损失另外考虑的，如果按小区热电站计算那样，这些热量也作为有用的部分计入能量平衡的话，那么视外界温度而异内燃机汽车的效率可超过70%。而在部分负荷运行（市内行驶）时，空调消耗功率相对于驱动功率的份额就会增大，它除了发动机负荷或行驶速度之外，还与外界温度有关，在温度较低的情况下采暖功率所占的份额也会增大，由此可得图19.7所示的关系，甚至在较为温暖的10℃左右的外界温度下，采暖功率仍接近车轮驱动功率的50%，但在按NEFZ行驶循环那样的传统效率计算中，却错误地将这些能量不计入有用功。

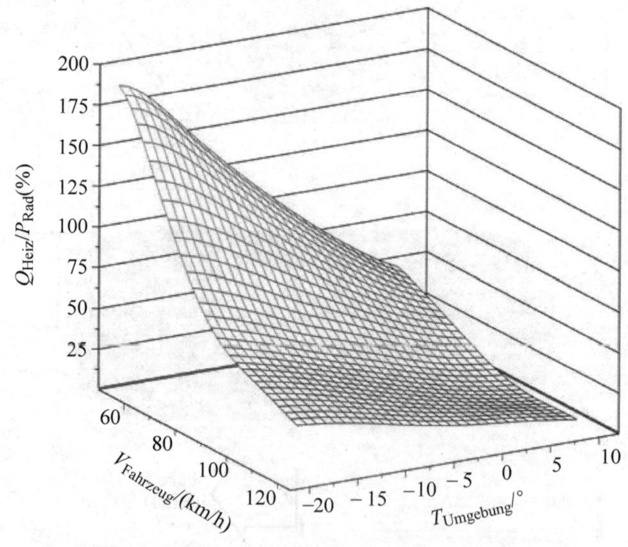

图19.7　电动汽车的能量平衡（Spicher，2012b）

目前，较新型的热管理方法是利用冷却液或废气中储存的能量快速地加热传动系统中的各零部件。例如，加热变速器或后桥中的润滑油以降低摩擦损失，在冷态时摩擦损失在机械损失中占有更大的比例。而一些致力于回收热量（废热利用）的新措施，例如后继的蒸汽循环或热电发生器均有助于提高内燃机汽车的总效率。而在电动车上为附加的辅助设备用提供能量，则会导致车辆活动半径明显减小，这在实际运行中往往是无法接受的（图19.8）。

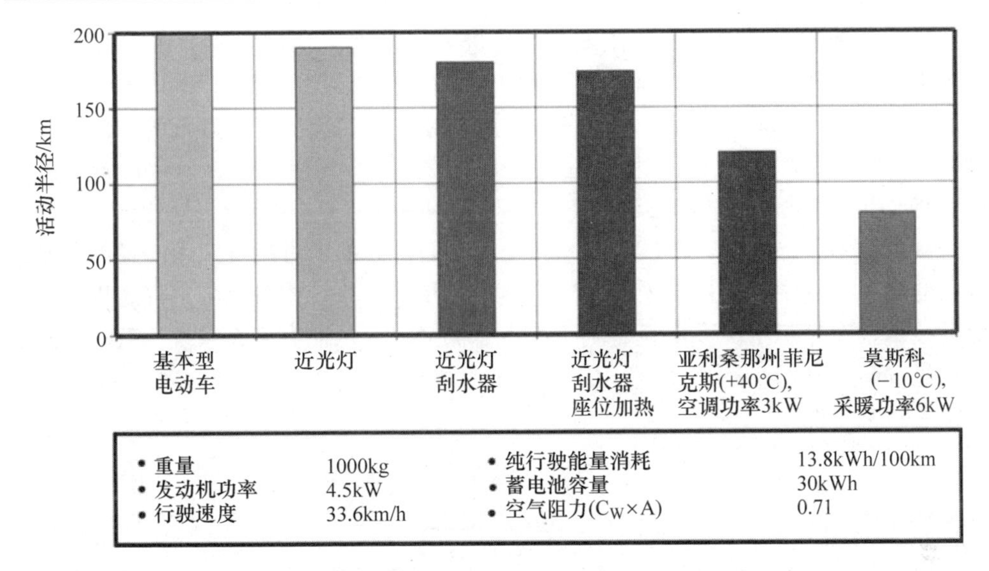

图 19.8　电动汽车的能量平衡（Bulander，2010）

对于效率链的考察可以区分为从汽车上的储能器到驱动车轮（油箱至车轮）和从能源生产经过运输最终到达汽车驱动车轮（油井至车轮）两种。为了客观地评论各种驱动方案，必须考虑能量转换的整个效率链，也就是通过后面这种考察方法，才能得知各种驱动方案对环境的真实影响程度。图 19.9 示出了内燃机在“油井－车轮”能量传递过程中的效率，其能量平衡评估是在汽车行驶速度为 60km/h 和外界温度为 10℃条件下进行的。假定在燃油生产花费的能量占 10% 的效率份额情况下，内燃机的真实驱动效率在 18% ~32% 之间。但假定平均温度为 10℃时，汽车上用于空调和供电的能量占 12% ~16% 的效率份额。虽然正在探索进一步利用排出的热量，但是至今并未有很大突破，只采用了废气涡轮增压器来利用废气能量，这一点已被包含在驱动效率之中，那么剩下来损失热量的份额共计为 42% ~60%（汽车上的效率之和 =90%），当然根据环境温度和驾驶模式的不同，以上估算的数值可能会上下有些偏差。

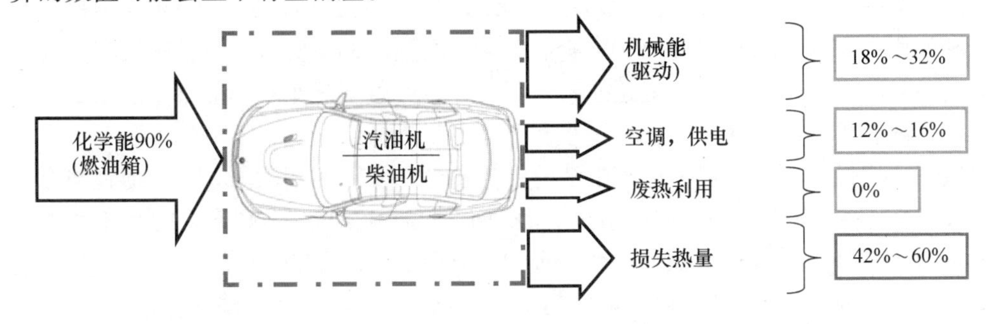

图 19.9　内燃机在“油井－车轮”能量传递过程中的效率（Spicher，2012b）

使用汽油和柴油的内燃机在未来还将进一步发展。预测表明，在今后10~15年内汽油机的驱动效率将提高到35%以上，而柴油机则提高到40%以上。卡尔斯鲁厄（Karsruhe）理工学院在一台高压直接喷射稀薄混合气分层运行的增压汽油机试验机组上的实验研究已达到超过33%的效率，而在Aitenschmidt研究机构（2011）首次实现了汽油和柴油汽车达到相同的效率（$\eta=30\%$），这相当于CO_2排放达到153g/km。同时，在试验研究和开发方面还有不少可能有应用前景的热管理方面的课题，其中利用冷却液和废气中热量加热传动系统中各种零部件，以降低摩擦的技术，在冷态情况下明显有利于减少摩擦损失，从而有望将系统总效率再提高5%（Span，2011），因此未来10~15年中内燃机汽车系统的总效率可望达到53%~65%（图19.10）。

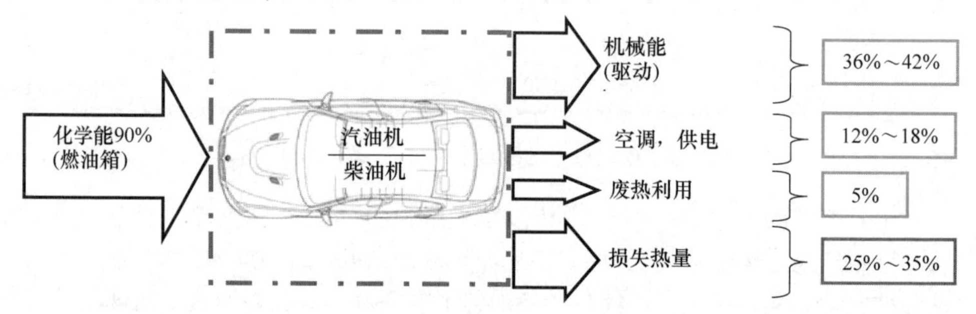

图19.10　内燃机进一步发展到2025年时，在“燃油生产，驱动和汽车”整个系统中的效率（Spicher，2012b）

采用“油井至车轮”考察方法对于电驱动方式而言，进行效率分析是特别重要的，但遗憾的是在许多情况下人们仅考虑采用“燃油箱至车轮”的方法与内燃机驱动进行比较，除了考察方法不恰当之外，在多数情况下电动车还必须与相同重量的内燃机汽车进行比较。为了保持电动车的机动性，必须配备容量更大的蓄电池，车辆的重量也会明显增大，为了能让重量增加后的车辆行驶相同的路程又必须为它提供更多的能量。以上考察的背景似乎是只要活动半径达到400km，并且增加的成本最多不超过2000欧元，那么按照多方面的调查，预计德国80%的用户会购买和使用电驱动的汽车。图19.11所示为将前面图19.10所示的内燃机汽车换为电驱动后的能量平衡情况，也就是考察了从产生电池直至汽车利用的整个能量链。

与内燃机不同，在真实行驶过程和环境温度较低情况下，蓄电池电驱动方案的总效率会降低，而且还要考虑蓄电池的能量密度和实际可用的能量，其值在当今的研发水平下为100Wh/kg。假设最小的活动半径为300km，1700kg重的汽车所需的能量为63kWh，另外还要额外提供30kWh用于汽车空调和整车的用电，其中驱动中的损失约为3kWh。若要以当前的功率密度水平满足上述全部能量需求的话，蓄电池和蓄电池管理系统必需附加1300kg的重量。显然为驱动这些附加的重量又需要更多的能量，也就意味着更多的损失。通过反复迭代计算，所需的整个重量为

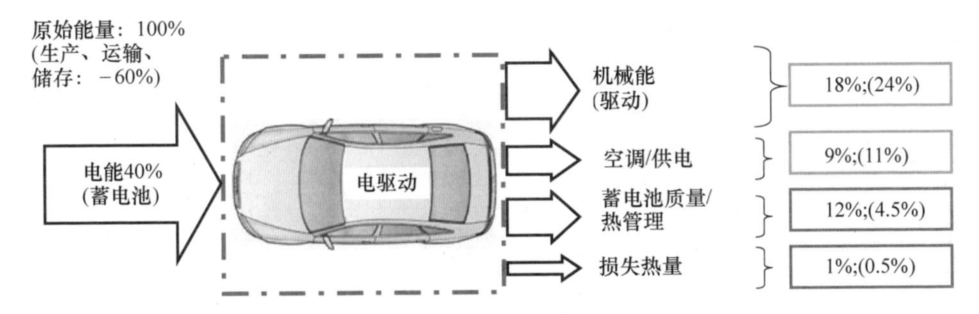

图 19.11　当今和 2025 年（图中括号中数值）活动半径为 300km 时电驱动的能量平衡

1800kg，为此要增加 39kWh 能量，使总能量达到 135kWh 才能确保 300km 的活动半径。在电驱动方案中，为了运输这些附加重量所需的额外能量，应当作为损失计入能量平衡之中。

为了在 10－15 年内能与当时的内燃机相匹敌，需要进一步开发蓄电池技术才能达到相应的平衡，为此期望到 2025 年锂－离子电池的能量密度能提高到 225kWh/kg，从而使所必须附加的重量减到 800kg，而所需的总能量数量降低到 105kWh。

上述分析表明，对各种驱动方案进行客观和正确的评价是未来它们各种动力总成的设计基础，以达到节约资源又保护环境的要求。因此，从长期可持续发展的观点来看，内燃机仍然将是移动工具的主要动力来源。显然在考察总的能量平衡时，车用内燃机是能够达到系统效率 >70% 的水平的。此外，通过小型化、燃烧过程的改进、零部件的开发和废热的进一步利用，均有助于使内燃机效率进一步提高。因此，在考察总能量平衡的情况下，还没有其他驱动方案能在可见的未来替代内燃机。

19.2.3　CO_2排放对生态循环的影响

在分析汽车 CO_2排放时，应当不仅要考察汽车行驶时的数据，而且还必须考虑到能源生产和供应过程时的消耗，对内燃机和电机而言就是燃油的提炼和运输，以及电力和蓄电池的生产。为了进行比较，图 19.12 中选择了一款中级乘用车作为比较基准（见表 19.1）。

表 19.1　作为比较基准的 C 级（中级）乘用车

汽车质量	1700kg	
滚动阻力系数	0.012	
空气阻力系数	0.29	
迎风面积	2.23m²	
NEFZ 行驶循环燃油耗	汽油：7.2L/100km	柴油：5.1L/100km
实际行驶燃油耗	汽油：8.5L/100km	柴油：6.2L/100km

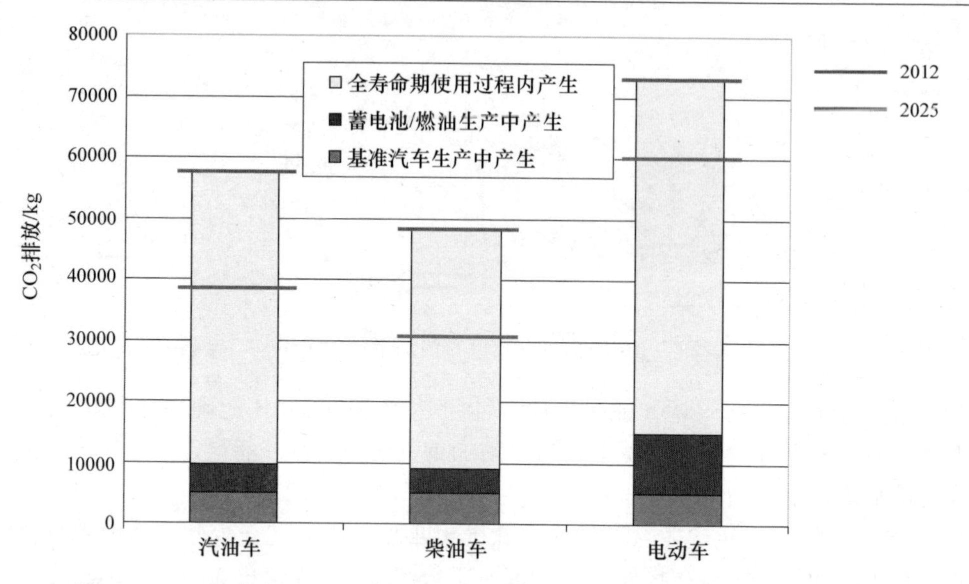

图 19.12　汽车寿命周期（15 年或 25 万 km）内的 CO_2 排放（Spicher，2012b）

在以上比较中，考虑电驱动以 300km 为活动半径，内燃机以 1L 汽油排放 2.25kgCO_2，1L 柴油排放 2.55kgCO_2 作为依据。由此在内燃机使用寿命为 250，000km情况下，汽油以实际使用燃油耗为 8.5L/100km 时排放 47，800kgCO_2，而柴油以实际使用燃油耗为 6.2L/100km 时排放 39，500kgCO_2。对于全面的“油井至车轮”的能量平衡而言，还必须将燃油供应过程中 10% 的能量损失一并考虑在内，这当然会相应增加 CO_2 排放。

生产一辆大众公司 Golf－B 级乘用车需要排放 4400kgCO_2，而生产一辆基准汽车无论是内燃机乘用车还是电动汽车需要排放 5000kgCO_2。按照当今的综合能量计算办法，在 250，000km 寿命周期内电动汽车行驶要排放 58，000kgCO_2，而为了生产蓄电池还必须消耗附加的能量。按照 Pander（2011）的观点，为生产一个蓄电池需要消耗与生产一辆汽车相同的能量，即还要排放 5000kgCO_2。而在规定的使用寿命周期内至少要更换一次蓄电池，这就意味着与内燃机汽车相比，生产一辆电驱动的基准汽车需要消耗多达 3 倍的能量。

因此在整个生产过程和使用寿命周期内，内燃机汽车使用汽油运行时总计排放 58，100kg CO_2，使用柴油运行时总计排放 48，900kg CO_2，而运用电驱动时则要总计排放明显高于前者的 73，000kg CO_2。由此可见，柴油车的 CO_2 排放最低，这当然是由于柴油机的燃油耗较低的缘故。

所有预测都表明，在今后 10－15 年内随着技术的进一步发展，内燃机的效率将会进一步提高，即燃油耗将会进一步降低。而对于电驱动的预测而言，混合动力的使用将具有重要意义，结论是倾向于扩大可回收能量的使用和建设高效的发电厂。但总的说来，电驱动将始终比使用汽油或柴油运行的内燃机具有更高的 CO_2 排放，因此可以断言，从长远的眼光来看，内燃机仍将是移动车辆中的主要动力装置，而电驱动方式最多只能作为配角用于特定的领域。

19.3　内燃机的昨天、今天和明天

如果要讨论内燃机的未来形式，那么首先要讨论当今二冲程和四冲程发动机的基本特点。其次，如果想到用来代替内部燃烧的发动机（内燃机）的方案当然是采用至少在某些方面具有优点的外部燃烧的热力机械。为此，针对在特殊场合下的应用，并不缺乏对这类方案的建议。

19.3.1　可能的替代方案

1. 斯特林发动机

斯特林（Stirling）发动机具有实现与工作循环无关的外部燃烧和利用不通过燃烧提供热量的可能性，是一种很具吸引力的方案。它可以使用不适合内燃机的燃料，而且有害物的排放极少。20 世纪 70 年代末到 80 年代，内燃机面临实施严格的废气有害物排放限制，当时又没有高效的废气后处理装置可供使用，人们曾努力探索过使用斯特林发动机作为汽车动力装置。但也面临着不少难题，首先是由于其连续燃烧的特点造成部件持续不断地受热，其次由于供热温度受限，影响了它的动态响应特性和效率等。为将斯特林发动机用作汽车动力装置曾进行过相当大量的研发工作，其中 Philips（飞利浦）公司（与 Frod、GM、NASA 和 MIT 等公司合作）开发出了样机（图 19.13 和 19.14），其最高效率可达到 38%，而在试验循环中达到 28%。

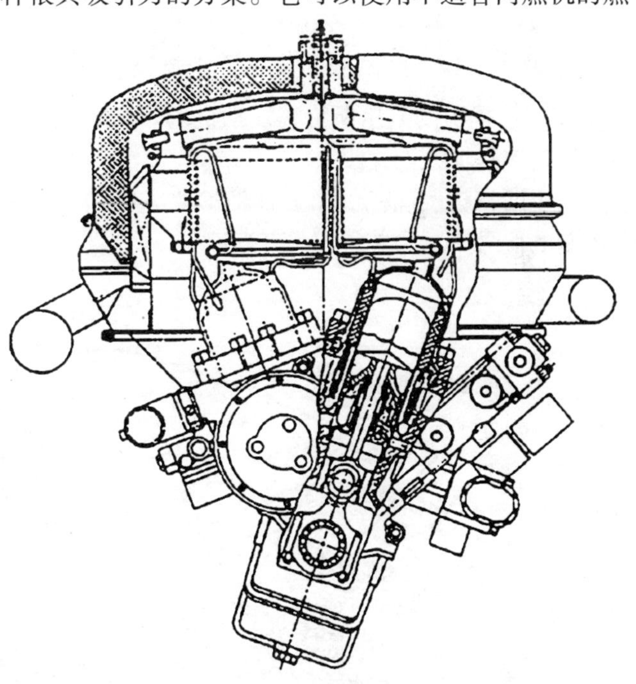

图 19.13　MOD Ⅱ型车用斯特林发动机
（Ernst 和 Shaltens，1997）

当然，要想将斯特林发动机真正用于传统的汽车还有不少问题有待解决，如可调节性、冷起动时间和功率密度等，这从目前的观点来看还是可以理解的，但在

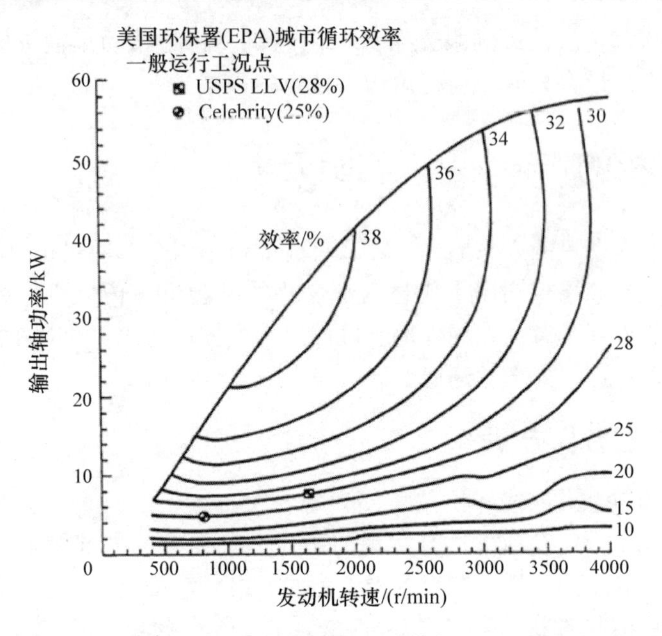

图 19.14　MOD Ⅱ型车用斯特林发动机的万有特性（Ernst 和 Shaltens，1997）

1969 年就已提出的采用斯特林发动机的串联式混合动力方案（图 19.15），在当时条件下确实是惊人的建议。

当今斯特林发动机仅作为辅助解决方案用于诸如小区热电站（图 19.16），以及潜艇的低噪声动力装置（图 19.17）。

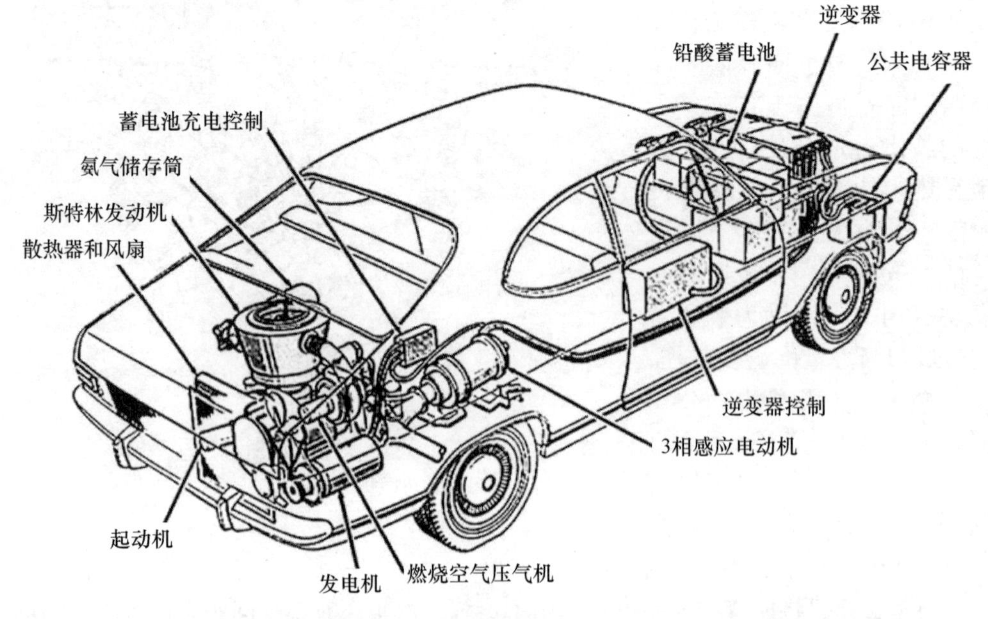

图 19.15　GM 公司研发的 Stir－Lec 1 型斯特林汽车（Car Craft Magazine 1969）

图 19.16　用作小区热电站（BHKW）的斯特林发动机（ceanergyindustries. com）

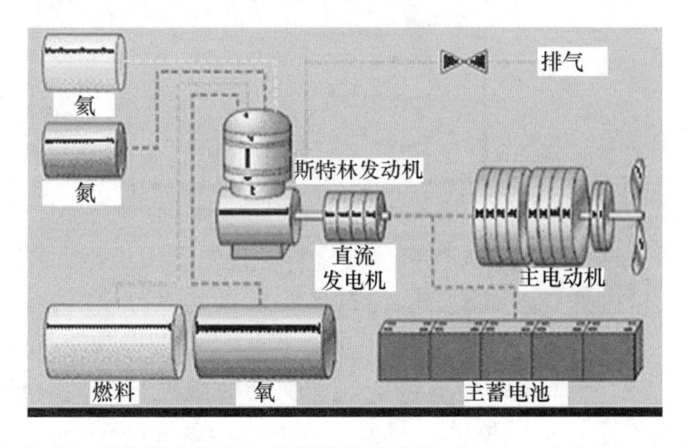

图 19.17　用作潜水艇动力的斯特林发动机（ceanergyindustries. com）

2. 蒸汽机

在美国 SULEV（特别超低排放汽车）废气排放法规的背景下，早期在采用电驱动还是内燃机问题的激烈竞争中，也曾考虑过采用外部燃烧的蒸汽机，并制造出了样机（图 19.18）。

由于内燃机在燃烧过程改善和零部件设计优化方面的巨大成功，并在实现 SULEV 目标方面已达到适于大量生产的地步，因此已无需再大力推动其替代动力的研发工作，而这种蒸汽机与斯特林发动机一样，由于其外部燃烧条件下存在着诸如效率、动态性能以及冷起动时间等方面的缺点，在可预见将来不可能用作传统汽车的动力装置。

3. 燃气轮机

出于有较高功率密度等方面的考虑，业界曾经试图应用燃气轮机作为车辆的动

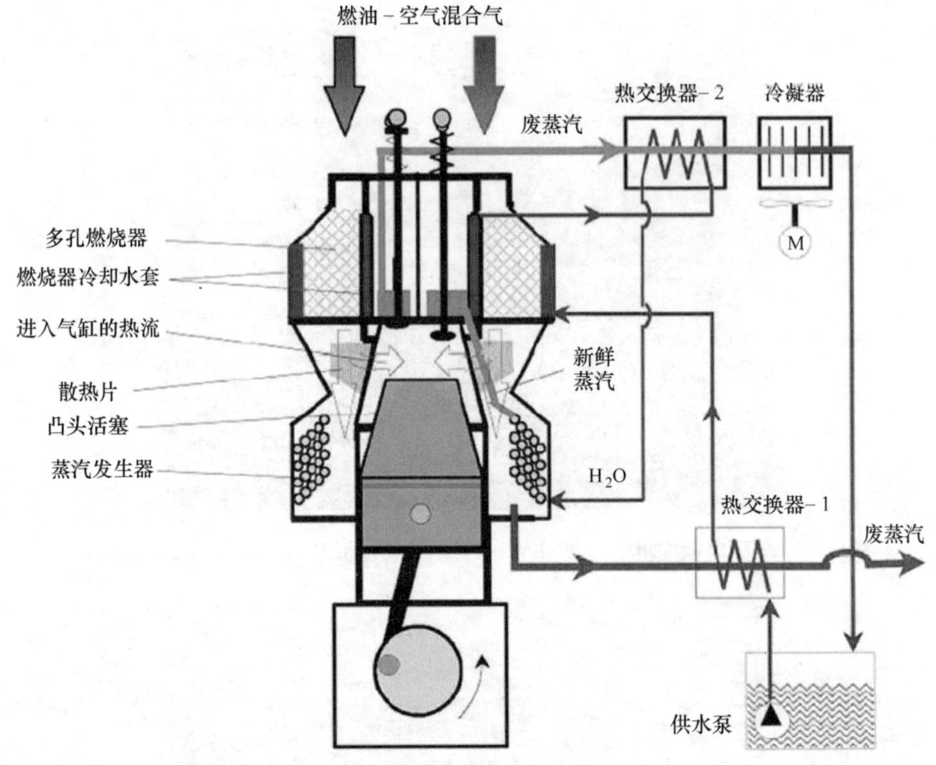

图 19.18　用于驱动汽车的蒸汽机（Buschmann 等，2000）

力，并开发出了接近批量生产的样机。载货车对其外形尺寸的要求似乎与性能相互矛盾。虽然燃气轮机具有诸如重量轻约 50%，以及几乎可使用各种碳氢燃料（柴油、煤油、LPG、LNG、……）等重要优点，但由于小型燃气轮机效率不高的缺点（例如图 19.19 所示的 260kW 带有陶瓷热交换器的载货车燃气涡轮动力装置，在 1969 年的开发水平下，最低燃油耗只能达到 $b_{e\,min}=280\mathrm{g/kWh}$），这就阻碍了它无论是在乘用车还是载货车领域的大规模应用。

令人感兴趣并可能在未来代替内燃机的方案是斯特林发动机或燃气轮机与蓄电池电动车相结合，构成所谓“增程器”（Range - Extender），以加大车辆的活动半径。图 19.20 所示为 Jaguar 公司 2010 年推出的一款燃气轮机（sae. org/mags/aei/POWER/7698 2010）。因燃气轮机用作“增程器”功能时使用的时间很少，因此效率高低并非考虑的重点，相反它出色的噪声 - 振动方面的特性（NVH）、较小的结构空间需求，以及可能使用多种燃料等优点则是十分吸引人的特性。

4. 汪克尔（Wankel）发动机

根据前面所分析的各种利弊，在内燃机分类中的旋转活塞内燃机，即汪克尔（Wankel）发动机，无疑是作为汽车增程器或是小型飞机发动机的一个替代往复活塞式内燃机的十分紧凑和有效方案。图 19.21 示出了用于增程器的汪克尔发动机实例（AVL 公司）。

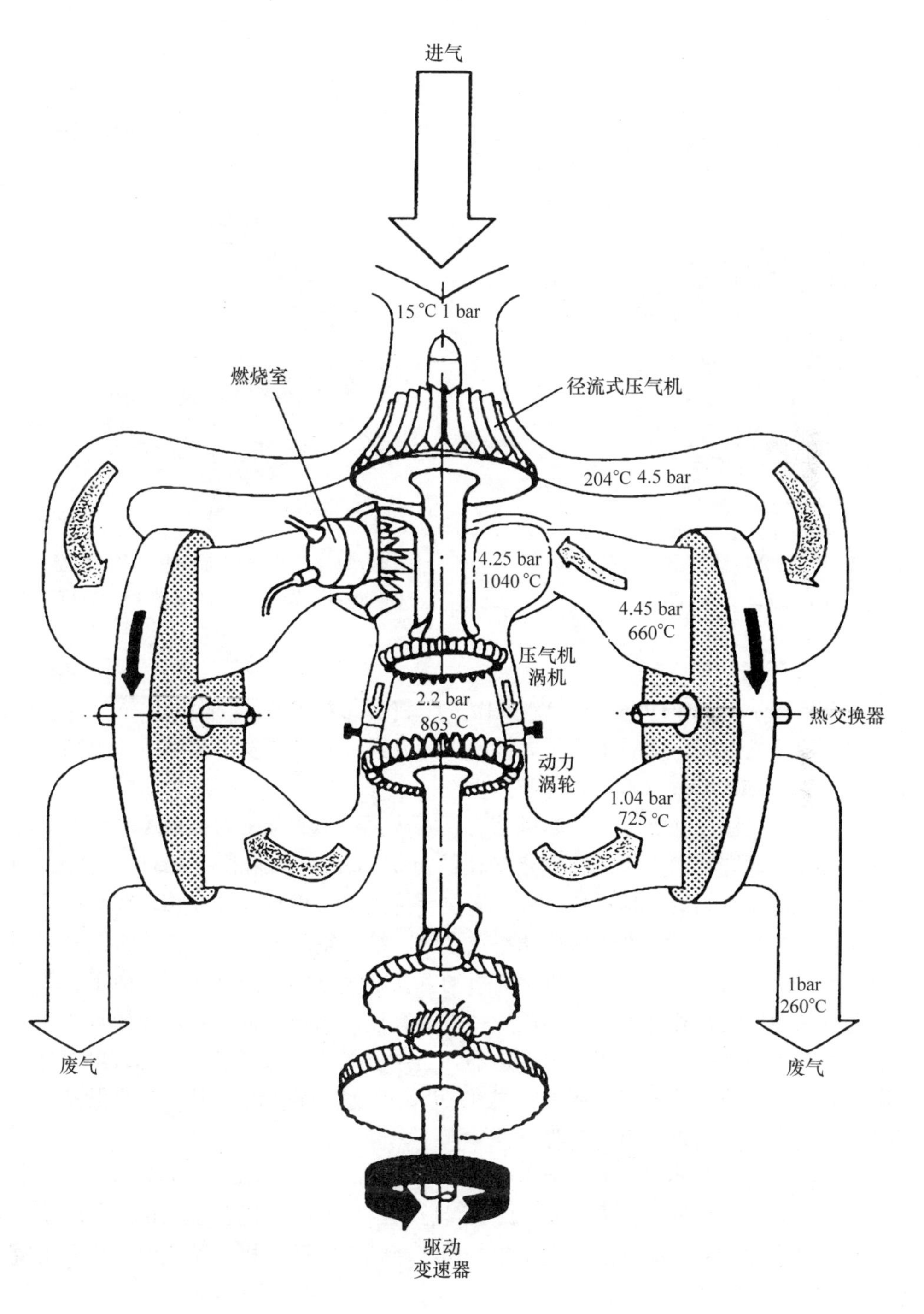

图 19. 19　车用双轴燃气轮机. (Leyland 公司)

这种发动机的明显优点是转速高、振动小、重量轻，以及与发电机协调配合得较好。但汪克尔发动机因其结构特点也存在一些缺点，如效率不高，不够理想的燃烧室形状造成废气中有害物排放较高，还存在密封和润滑等问题。它最终能否通过进一步的开发使以上问题得到改善和解决，从而使有关优点更加突出，重新受到青睐，还有待于通过车队批量验证才知分晓。

图 19.20　用作增程器的小型燃气轮机（bladonjets. com，2010）

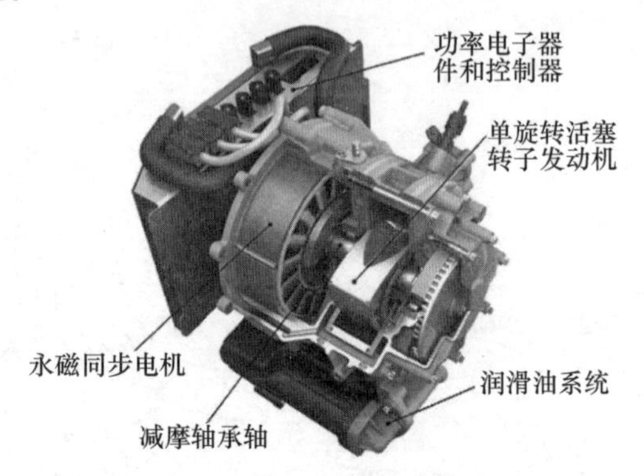

图 19.21　用作增程器模块的旋转活塞（Wankel）发动机（Sorger 等，2009）

5. 二冲程发动机

在 Nikolaus August Otto（N. A. 奥托）专利出现以前，已经提出了按二冲程原理工作的发动机方案，此后出现了大量的设计方案，并在研发过程中不断地被修改和改进（Eichlseder 等，2008）。

至今，二冲程发动机已在内燃机结构尺寸从大到小的范围内得到了广泛的推广和应用：在单缸排量超过 $1m^3$ 和额定转速约 100r/min 的低速船用发动机上，二冲程原理目前是并将仍然是唯一的选择；而在手持式工作机具以及高功率赛车运动等应用场合，二冲程发动机也以单位功率重量轻、结构空间需求小、转矩特性好等原因而得到广泛应用。二冲程发动机中简单的气孔扫气方案的问题在于，由于配气孔开闭的对称性导致在外部混合气形成条件下，有较大的扫气损失，从而导致燃油耗和废气中有害物排放数值较高，因而达不到当今节能和环保要求。为此，出现过不少避免扫气损失的设计方案。例如，早在 1952 年就有首次在乘用车二冲程发动机上批量应用汽油缸内直接喷射的尝试。

为了解决高速二冲程发动机上由于混合气形成时间短的困难，不久前不仅开发出空气支持的系统（Schlunke，1989），而且还开发出了利用压力脉冲的高压喷射系统，使得这种发动机能够通过批量生产用于摩托车、舷外机、摩托艇和机动雪橇等的动力（图 19.22）。

鉴于乘用车的市场很大，促使好几家制造商正在大力发展二冲程发动机（图 19.23），并在进行广泛的车队试验。

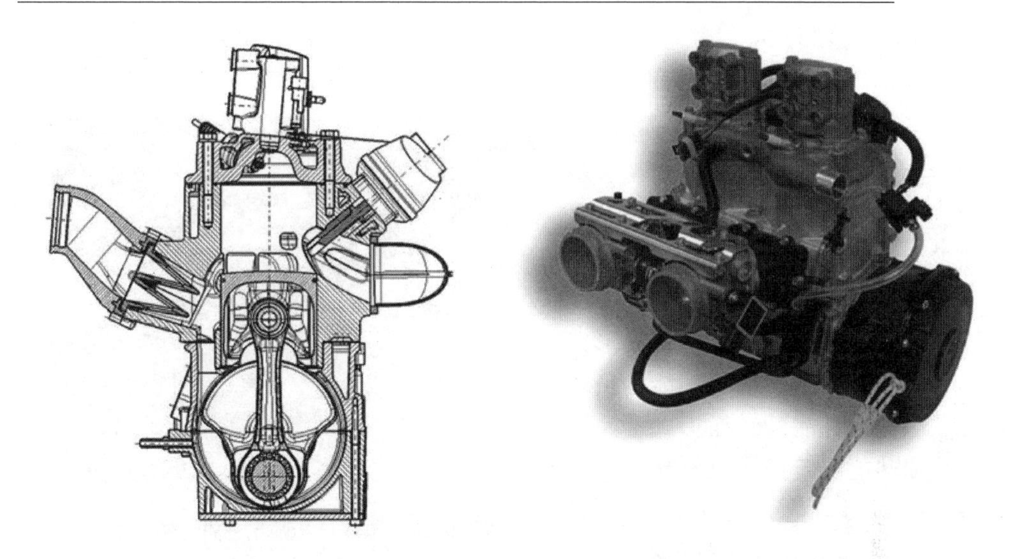

图 19.22　Rotax（罗达格斯）公司的 797DI 型汽油直喷二冲程发动机，两缸，$V_h = 0.799\text{dm}^3$，108kW/r/min，液体冷却，膜片阀控制进气，高压直接喷射

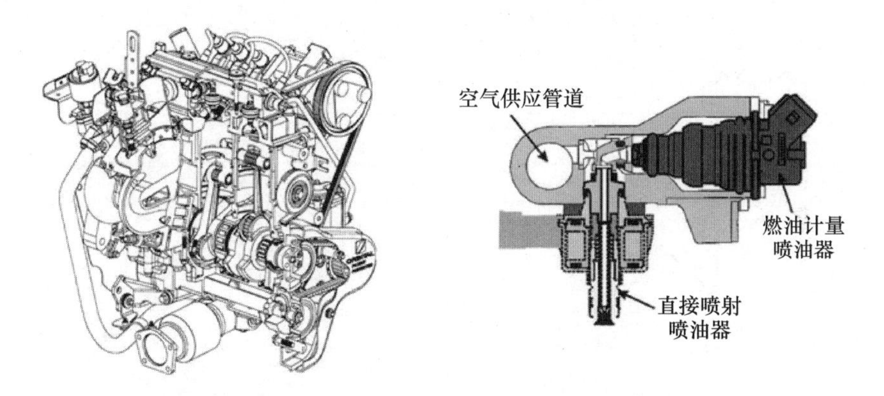

图 19.23　Orbital（奥必特）公司的三缸乘用车发动机（Schlunke，1989；Meining，2011）；$V_h = 0.8\text{dm}^3$，（$s/D = 72/84\text{mm}$），$P_{eff} = 58\text{kW}/4500\text{r/min}$，采用 Orbital 公司喷油单元（Houston，1998）

但二冲程发动机也有不少缺点，如气缸壁因开有扫气孔造成机械负荷与热负荷较为严重，扫气损失较大故难以精确地进行 $\lambda = 1$ 调节，以及增压效果不良等，使其至今仍没有在乘用车上大量应用，今后的应用前景亦难以预料。采用排气阀来控制排气道的方案，或许可以减少或避免上述缺点，但由于结构复杂、成本增加等原因，因此不论以 Otto 循环方式，还是以 Diesel 循环方式，均无法在乘用车应用方面得到普及。

不过，小型和高功率运动型二冲程发动机还是有前途的。因为这时它在升功率、重量和结构紧凑方面的优点，就占据了主导地位，为此开发了与其相匹配的高压、低压以及空气支持的燃油直接喷射系统（van Basshuysen，2008；Wirkler，

2009；Schmidt 等，2004）。图 19.24 所示的是一种建立在大量生产汽车零部件基础上的低成本二冲程发动机方案的实例。

在上述领域，二冲程汽油机前途不仅取决于性能，也与成本有关，根据最新的研究结果，它的前景仍然是乐观的。

图 19.24 单缸低压喷射二冲程发动机；$V_h = 0.05dm^3$，$(s/D = 39.2/40mm)$，$P_{eff} = 3.7kW/7200r/min$（Winkler 等，2008）

6. 燃料电池

燃料电池中实现的能量转换形式是直接将燃料中所含的化学能转换成电能，因为这种能量转换形式不经过先转换成热能再转换成机械能的中间环节，因而可以看成是通过“冷燃烧”来工作的，由于并不受 Carnot（卡诺）循环的限制，因而具有效率进一步提高的潜力（图 19.25）。

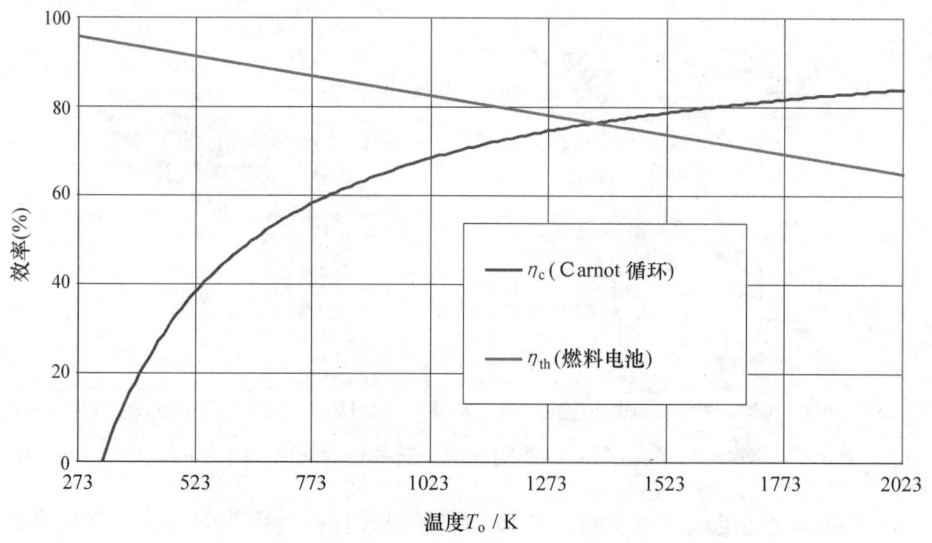

图 19.25 燃料电池（红线）和 Carnot 循环（蓝线）理想热力学效率与温度关系的对比（Eichseder 和 Klell，2010）

还应注意的是，燃料电池与内燃机相反，在低负荷时的效率反而较高，而随着负荷的增大才逐步降低。燃料电池的主要优点是无有害物排放，噪声也很低，而在使用氢运行时的能量转换中也不会产生 CO_2 排放。

目前，燃料电池的缺点是制造成本很高，长期动态运行性能尚未得到证实。其他方面的困难在于氢的产生非常耗费能量，储存和运输也很困难。而且它在理论上的高效率尚需通过在汽车上的实际运用来验证，不过最新发表的研究成果证实其在市内行驶循环中的效率已高达60%，明显高于内燃机（Bono等，2009；Matsunaga等，2009）。

燃料电池的种类很多，它们应用的电解液或运行温度各不相同，有关这方面的详细情况可参阅相关文献（Kordesch和Simader，1996；Kurzweil，2003）。

19.3.2 内燃机的发展潜力

因为即使有令人感兴趣的替代方案，采用内部燃烧的往复活塞式发动机（即一般所说的内燃机）因其总体上优越的性能，在目前及可预见的未来仍将应用于绝大多数的场合，因此以下将介绍这种发动机今后发展的各种可能方案。

内燃机进一步发展始终沿着提高升功率和效率，并降低有害废气排放的影响，即改善动力性、经济性和环保性能的方向进行。

根据图19.26所示，提高内燃机运行时所达到的效率的方式，在相当大的程度上与发动机的负荷谱和尺寸有关，通过热力学分析可以非常清楚地指出改进效率的途径（Pischinger等，2002）。

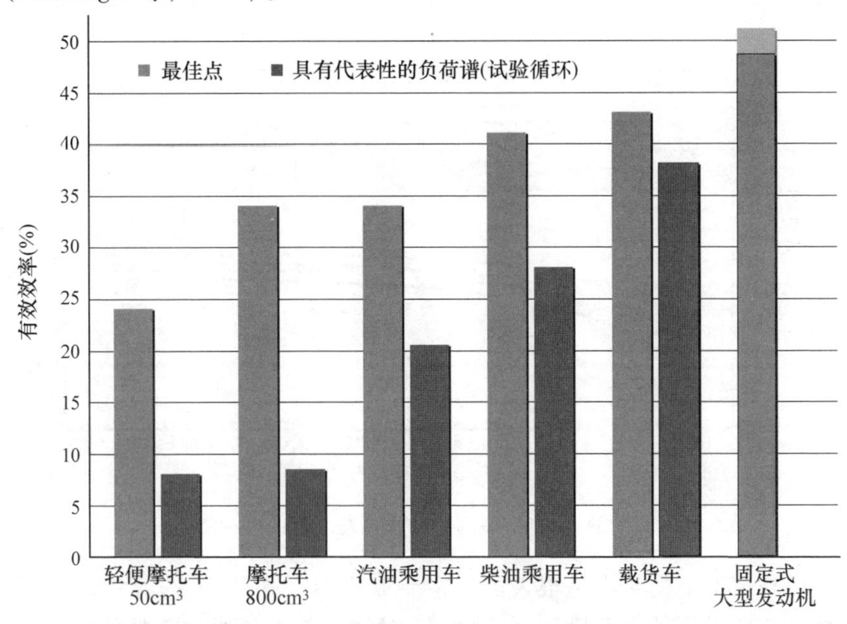

图19.26 现有发动机在最佳运行工况点和按具有代表性的负荷谱运行时的效率

有关各种损失和效率的关系应包括以下几个方面：

- 符合热力学初始条件的理想过程（理想发动机）；
- 高压阶段燃烧过程的损失分析；
- 低压阶段的充量更换（换气过程的损失分析）；
- 机械损失的分析。

为了提高效率，从考察理想循环（理想发动机）出发，再对各项损失逐步深入探讨。

其实，在假设的理想循环中就已提出了这样的问题，即是否能够或怎样改变这种理想循环才能进一步提高效率。一种易于理解的可能性就是再附加利用一个超过进气容积的膨胀，其工作原理如图 19.27 所示，而图 19.28 则表示了这种方法在 Otto 循环发动机条件下的理论潜力。

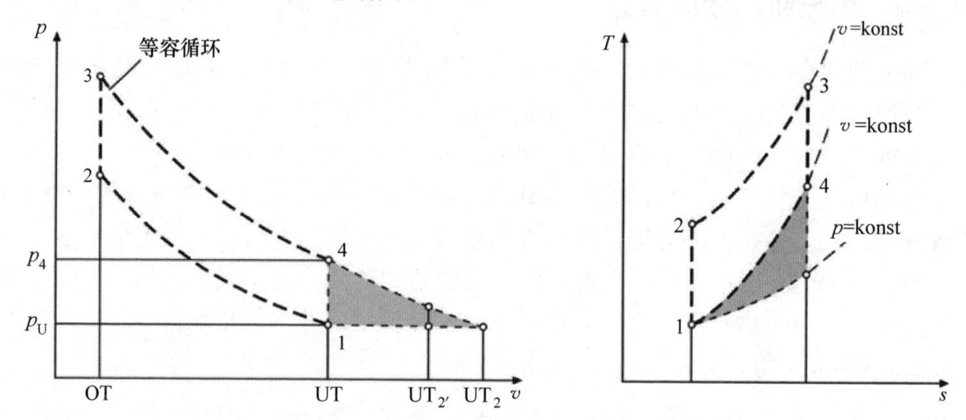

图 19.27　带有扩展膨胀的理想等容循环的 pv 和 Ts 图

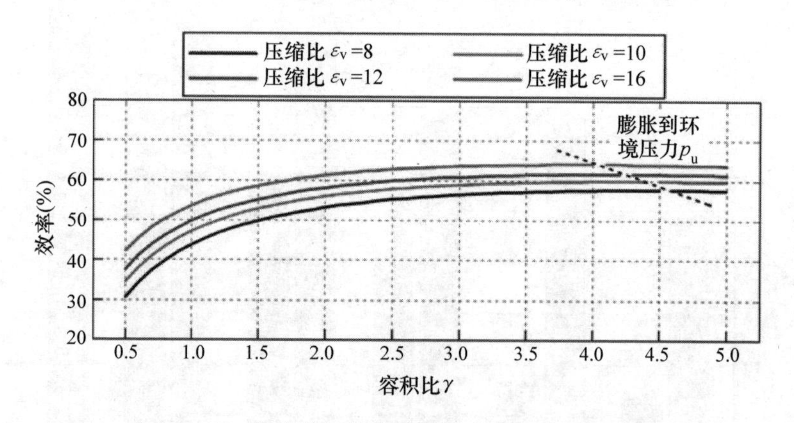

图 19.28　带有扩展膨胀的理想发动机的理论潜力

上述措施理论上的潜力是很大的，主要取决于膨胀/压缩的容积比，以及发动机的压缩比，但受到外界环境压力的限制。这种措施在压缩比较低的情况下效率收益较大，故更适于 Otto 循环发动机，但必须注意对于这种量调节的发动机的部分负荷时，可能因压力水平较低与环境压力的限制，会在长的膨胀过程中由于换气损失过大使效率降低。

无论如何，这样高的理论潜力在内燃机的发展早期就已经推动人们致力于开发满足以上要求的结构方案。实际上实现扩展膨胀方式也有许多种：

在内燃机的发展历史中，人们曾多次模仿蒸汽机，在活塞机械上通过串联的气缸对燃烧气体进行过试验（Sass，1962）。根据 Otto 和 Daimler 的建议进行的第一次试验就是 1879 年在德国 Deutz（道依茨）公司制造的“Deutzer 复合式发动机”，这是一台气体发动机，它是将两个高压四冲程气缸与一个低压二冲程气缸组合在一起并连接到一根公共曲轴上进行工作（图 19.29）。

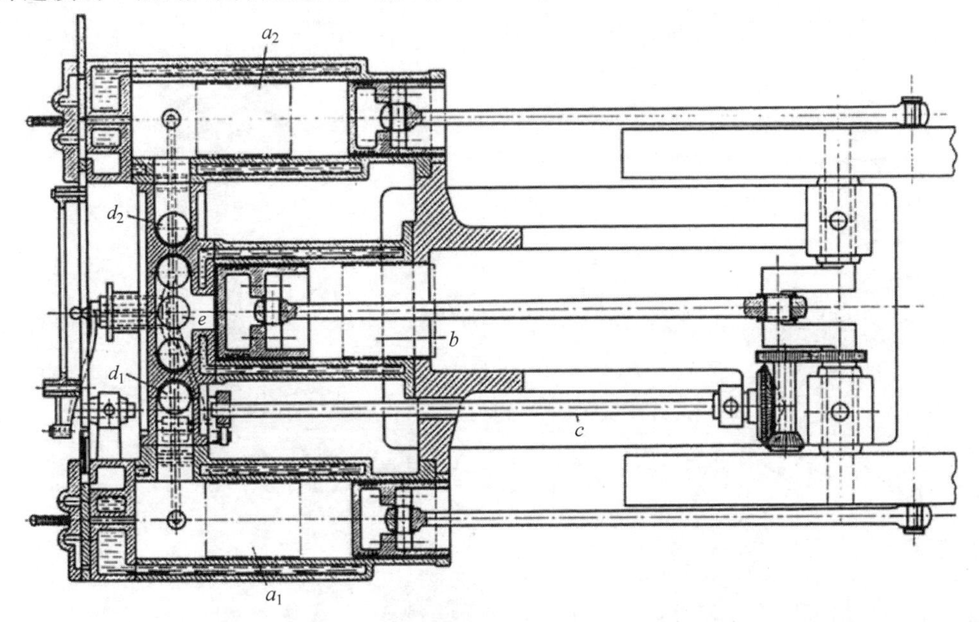

图 19.29　Deutzer 复合式发动机（1879 年）

这台机器原打算运行几年，但存在气体从高压气缸转换到低压气缸时，温度不稳和热转换效率降低等问题。此后，Rudolf Diesel 在其专利中提出了达到通常膨胀两倍的“后膨胀”方案。但试验表明这台发动机的功率和燃油耗也均不理想。为此，Diesel 认为他对于气体流动过程中出现热损失过大的问题考虑不周，他后来说道：“我曾对这台机器的热量利用率寄予很大的期望，结果远非这样，使我最终不得不遗憾地放弃了这个方案。”（Sass，1962）。

也有许多的专利中选择了另外的可能性，即采用特殊的膨胀行程比进气行程长的曲柄连杆机构结构。

James Atkinson 是上述工作原理的创始人，所以这种结构也以他的名字来命名，为此他于 1887 年获得了专利（Atkinson，1887）。在图 19.30 所示的 Atkinson 方案中，就是借助于附加于简单曲柄连杆机构上的一种特殊机构来实现不同行程的。其他类似的方案也都是基于具有不同振幅、频率和相位的两个运动过程的叠加，其结果成为一种周期性的综合运动，使得在 720°CA（曲轴转角）期间膨胀行程大于进气行程，具体方案有联轴器传动机构、行星变速机构和具有公共燃烧室的（四冲程）对置活塞机构等。

根据扩展膨胀的思路，近期又研究出多种创新的发动机方案，它们可以分成以下几类：

• 具有较大膨胀行程的曲柄连杆机构：几何上的膨胀的优点受到转速（活塞平均速度）、比功率和结构尺寸，以及燃烧室形状、质量平衡和曲柄连杆机构力学等方面的限制。用于批量生产解决方案的一个具体实例是由本田公司为特殊用途制造的单缸发动机（图 19.31，Takita，2011）。

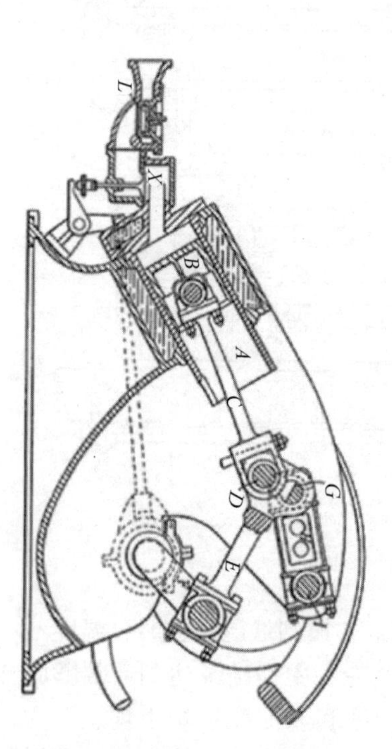

图 19.30　Atkinson 曲轴连杆机构（Atkinson，1887）

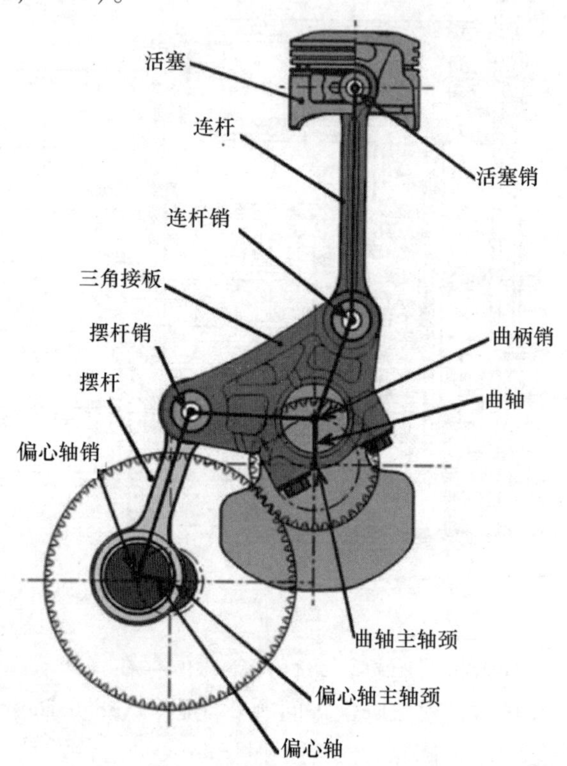

图 19.31　复合式曲柄连杆机构（Takita 等，2011）

• 通过几个相互连通的工作空间组合实现扩展膨胀，在这方面存在着多种方案，其中比较有现实意义的实例当推 Audi 公司提出的试验方案。该台发动机具有两个工作气缸，它们各自与一个膨胀气缸通过管道相连（图 19.32）。此外还有由 Gerhard Schmitz 提出的 ILMOR“五冲程”发动机（图 19.33）。这两种方案的工作原理均与图 19.29 所示的复合式发动机相似，当然还期望它们能在汽油机和柴油机上进行验证。遗憾的是，从目前已有的试验结果来看，至少对于汽车发动机是不够理想的，有关情况可以参见前述复合式发动机的相关内容。

• 将工作循环分成两个工作空间中进行（分开式循环），压缩气体既能得到冷又能扩展膨胀，图 19.34 所示的 Scuderi 发动机就是这种方案的实例，它虽然在理论上有很大优点，但却存在壁面热损失和摩擦损失较大、混合气形成过程复杂，以及功率密度较小等严重缺点。

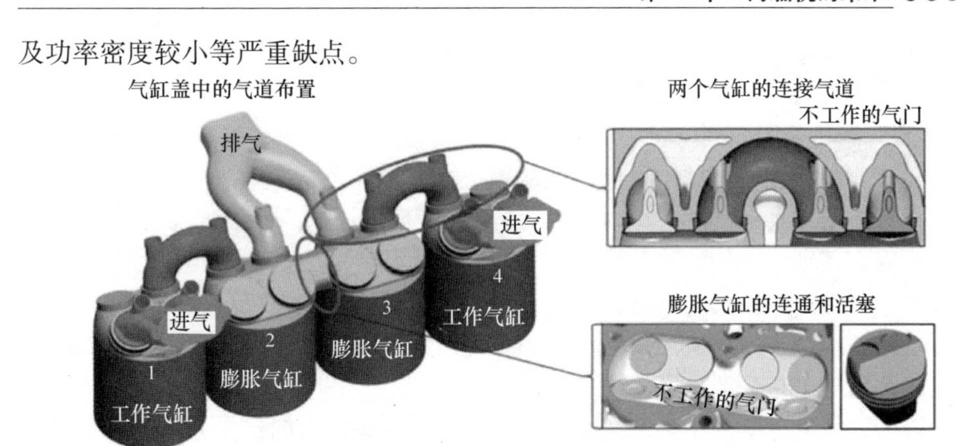

图 19.32　Audi 公司的试验机（Bauer 等，2012）

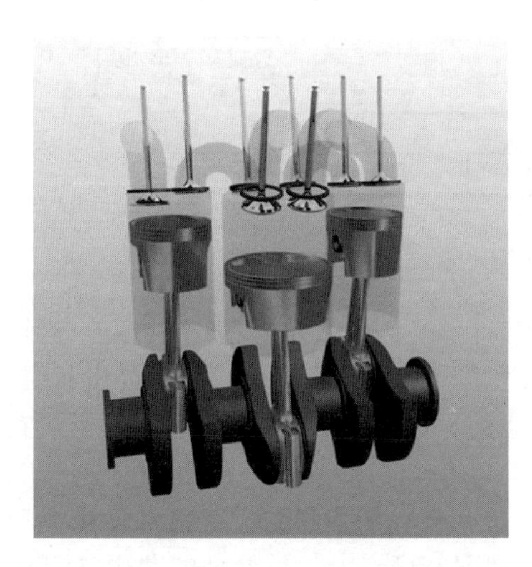

图 19.33　Gerhard Schmitz 的五冲程发动机

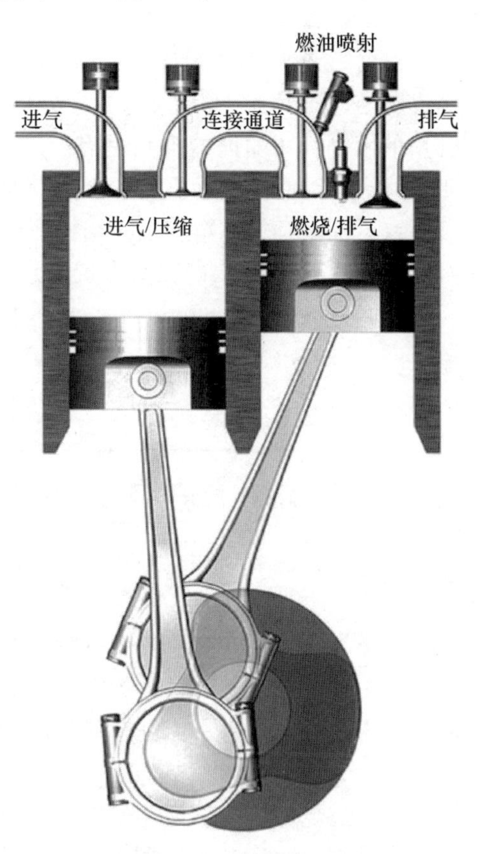

图 19.34　Scuderi 发动机剖视图
（Scuderi 发动机，2011）

- 通过配气正时的改变实现不同的有效压缩容积和膨胀容积（Miller 循环或 Atkinson 循环），这种原理在大型气体发动机上已得到应用，在个别情况下也用于批量生产的乘用车汽油机，因为在这种方案中气门机构的调节可以根据运行进行，因此可以通过与增压方案的结合获得更为广泛的应用。

- 废气涡轮增压原则上也是一种带有串联式流体机械的扩展膨胀方案，它在载货车和工业用柴油机领域中得到广泛应用。

以上所有的方案在实际应用时，因为有摩擦和壁面热损失较大，以及功率密度较小等原因，其理论上的优势会明显减小，但是为了弄清它们的工作原理和发展潜力，针对一些特殊应用场合，有目标地开展进一步的研究工作仍然是必要的。

为了进一步考察内燃机的发展潜力，还应从发动机的理想循环出发，根据效率链来对相关措施进行分类。

可以根据以上分析的结果和负荷工况变化的影响来考察问题。因为其中大多数方法和措施不只是影响效率链中的个别环节，因此这种考察应当是全面和综合的才对。

根据第2章中的介绍，压缩比对于热力学原始条件具有重大意义，但是由于爆燃或燃油性质（对于汽油机），以及曲柄连杆机构负荷和氮氧化物排放（对于柴油机）的限制，压缩比的提高是有一定限度的。因此很容易想到的方法就是采用可变压缩比，以便使发动机在部分负荷时能够采用较大的压缩比。这种方案的潜在优点导致了许多有关方案和设计结构形式建议的出现（见图19.35），其中，图19.36所示为FEV公司推出的很具有现实意义的方案（Kemper等，2003）。

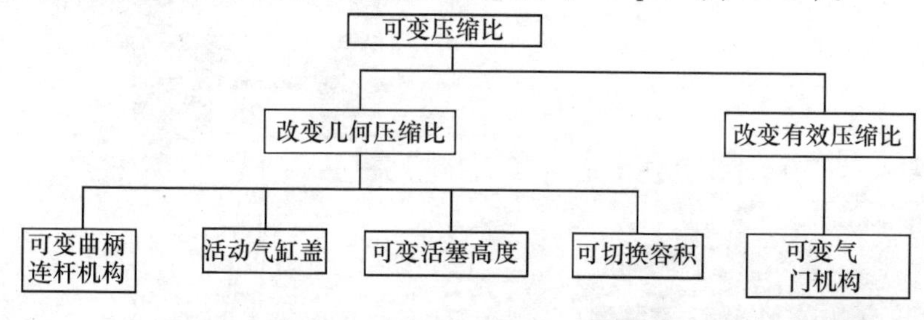

图19.35　可变压缩比的方式分类

迄今为止，在众多建议的方案中尚没有能够达到大量应用程度的方案，这是因为它们不仅存在着各种各样的问题，而且为了转化到实际使用的花费也相当巨大。但这些方法中，仍有不少具有值得注意的潜力，也不乏令人感兴趣并值得密切关注的方案。

稀薄燃烧从热力学物性（等熵指数）观点来看是有利的，但它不仅受到着火界限的限制，而且在可达到的平均压力和功率密度、废气后处理的费用（对于汽油机），以及利用废气再循环降低废气有害物排放的效果（对于柴油机）等方面均存在一定问题。但这种燃烧方式更适合于用在Otto循环发动机上。例如，在固定式气体发动机上，采用稀薄燃烧方式已取得有效效率超过48%的令人印象深刻的效果。

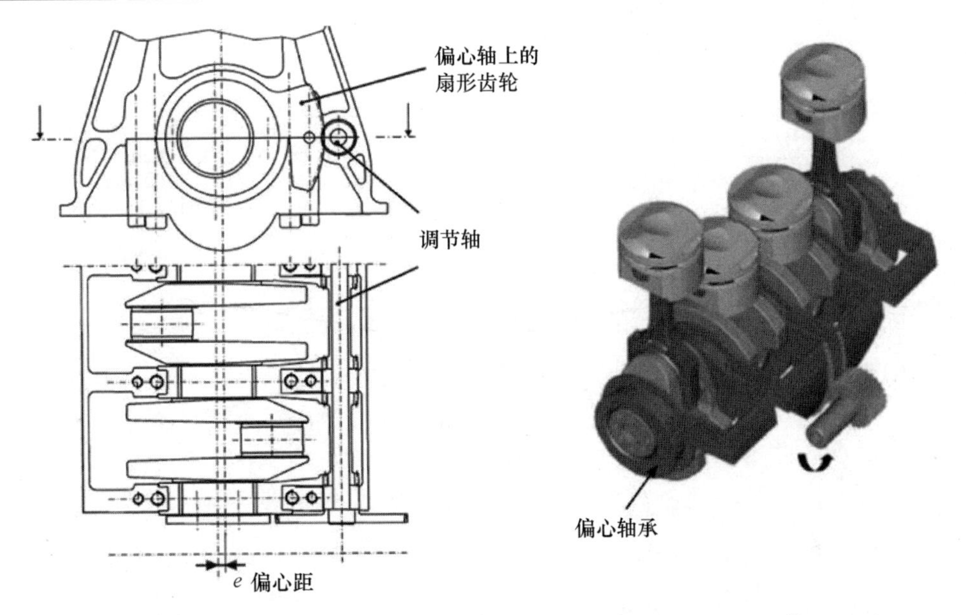

图 19.36　FEV 公司利用曲轴偏心支承的可变压缩比方案（Kemper 等，2003）

又如，在乘用车汽油机上已能较好地实现稀薄混合气运行，在稳态部分负荷工况时，其效率甚至超过同类的柴油机。因此，若能使高效的废气后处理系统的成本进一步降低的话，则稀薄燃烧技术将在汽油机乘用车上得到进一步推广。另外，除了 NO_x 排放之外，颗粒数排放限值今后也会越来越严格。

从热力学观点来看，希望能得到近似等容循环的燃烧过程，但这不仅受到气缸压力造成的负荷，而且还受到与此有关的噪声和 NO_x 排放增大的限制。这些限制对于柴油机特别明显，它不仅在全负荷时而且在部分负荷时，均会导致燃烧持续期和燃烧过程重心明显偏离最佳效率值（Eichlseder 和 Schaffer，2009）。采用高压电控燃油喷射系统，以及高效低成本降低 NO_x 的废气后处理系统，是满足未来废气排放限值进一步加严和提高发动机效率的关键措施。

为了能评价缩短燃烧持续期和改变其他某些重要参数在提高效率方面的潜力，先不考虑其实现的可能性，在图 19.37 中以一种按分层混合气原理运行的高效乘用车汽油机为例表示了它们对效率的影响。

从以上考察中能够清楚地看出各种影响燃烧的因素对效率的影响，但是过去和现在都未通过运动学方面的措施改变曲轴与活塞行程之间的关系（图 19.38），来研究等容燃烧对效率的影响，因为这种方案热力学潜力不大，它不仅机械损失明显增大，而且结构复杂，开发成本也很高，因此并不值得推广。

当然，对偏心曲柄连杆机构的评价则有所不同，业界认为这种方法在许多方面仍存在着相当大的潜力，只是在乘用车柴油机上的试验表明，运动学方面的改变对热力学方面的影响至少对柴油机是非常小的，效率的提高更应该通过改善摩擦状况

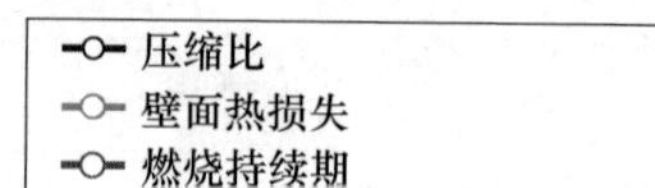

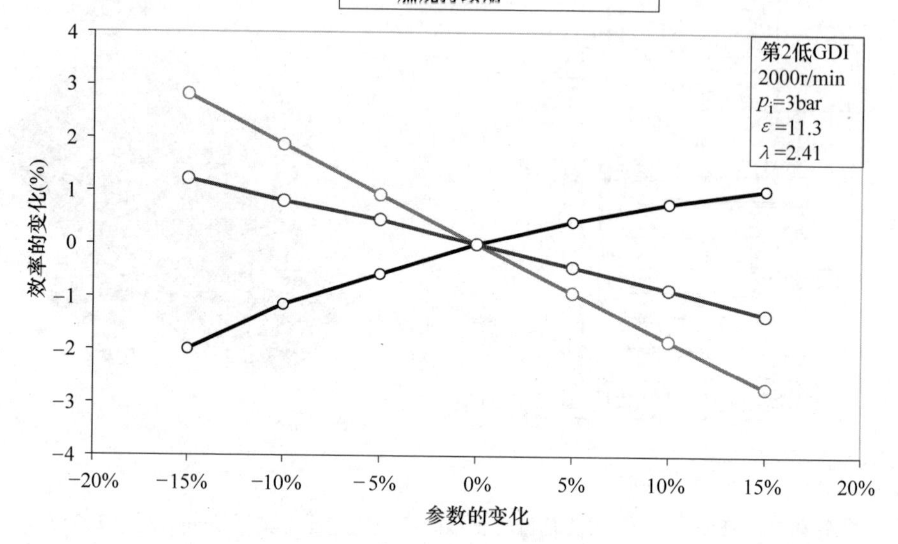

图 19.37　重要燃烧参数对效率的影响

来达到（Schaffer 等，2007）。

图 19.39 示出了一台排量为 2.0L 乘用车柴油机在部分负荷工况和额定功率点下，改变曲柄连杆机构偏心量所产生的效果，它们是通过模拟计算得到的，但已被试验所证实，由此可见，影响很小，基本上可以忽略。

当然，调整曲柄连杆机构的偏心距能在噪声 - 振动 - 刚性（NVH）性能方面获得明显的优点。

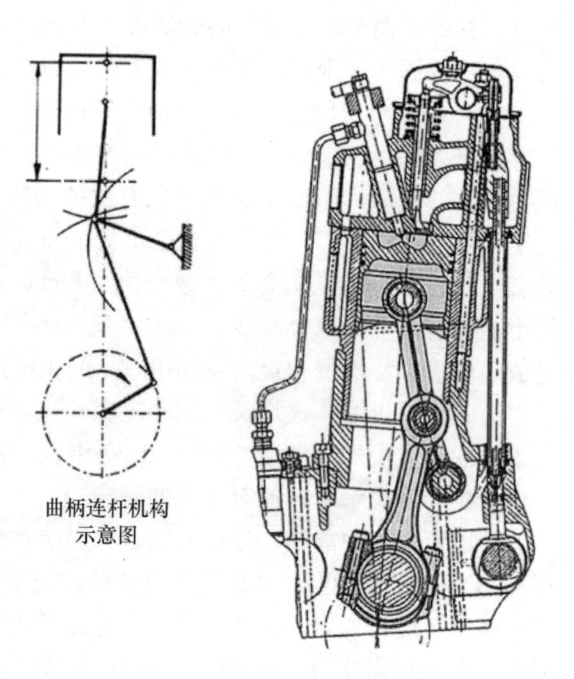

图 19.38　铰接连杆发动机（Blumenberg 等，1988）

有一种原则上可替代传统汽油机和柴油机燃烧过程的方案，就是当今总称为均质自行点火或称均质充量压缩点火（Homogeneous Charge Compression Ignition，缩写 HCCI），或者更确切地称为“可控自行点火”的方案。其实这种均质混合气形成燃烧过程的基本思路并非是新的，早在 1950 年 Lohmann 公司为其模型

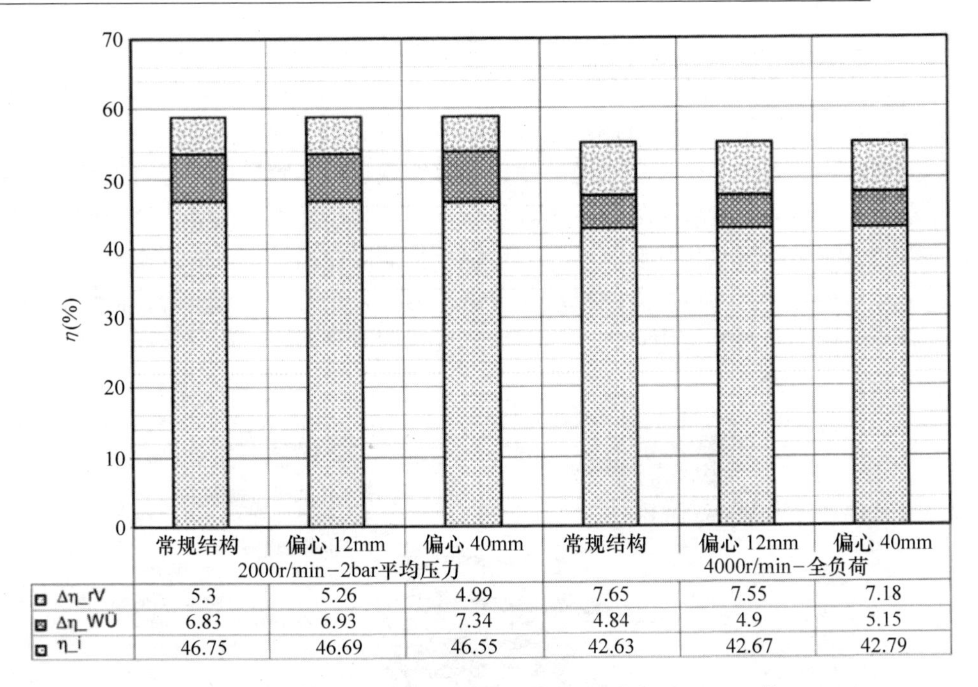

	常规结构	偏心 12mm	偏心 40mm	常规结构	偏心 12mm	偏心 40mm
	2000r/min-2bar平均压力			4000r/min-全负荷		
Δη_rV	5.3	5.26	4.99	7.65	7.55	7.18
Δη_WÜ	6.83	6.93	7.34	4.84	4.9	5.15
η_i	46.75	46.69	46.55	42.63	42.67	42.79

图 19.39　曲柄连杆机构偏心量对热力学损失的影响（Schaffer 等，2007）
（图中下方表格自上而下的含义是实际的效率差、期望的效率差和指示效率）

飞机设计的自行点火发动机（排量 1.5 ~ 10 cm^3，见图 19.40）采用的就是这种原理。

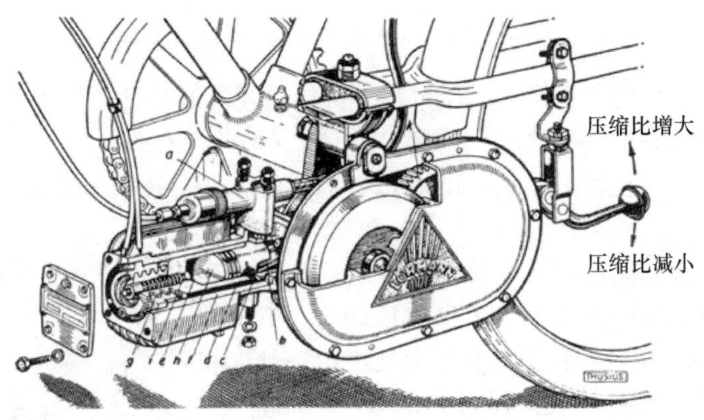

图 19.40　Lohmann 公司的可变压缩比自行点火发动机（排量 $18cm^3$）

此外，1950 年的 Lohmann 自行点火发动机还借助于可移动的气缸套实现了可变压缩比，并将此发动机在一段时间内用于自行车助力驱动。以后经历较长时间的中断，1955 年 Honda 公司又重新着手研究在二冲程发动机上的采用均质自行点火方式，并提出了“活性基燃烧（Active Radical Combustion，缩写 ARC）”的概念，将其成功地应用于摩托车运动，参加了巴黎（Paris）-达喀尔（Dakar）拉力赛。

当今，在均质混合气形成基础上的可控自行点火（HCCI、ARC、CAI、Diesotto）无论对柴油机还是汽油机而言，均是一个十分令人感兴趣的研究课题，某些制造商也正看好其批量生产的可能前景（Pritze 等，2010；Grebe，2009）。

虽然上述方案由于燃烧持续期较短，能够实现近似等容燃烧，但对提高效率帮助并不很大，因为影响效率的因素十分复杂，但它突出优点是氮氧化物原始排放很低，因而无需采用氮氧化物废气后处理措施，从而能提高了整机的效率。正因为如此，这种方案对于汽油机和柴油机的部分负荷运行工况是十分有利的，但还必须解决负荷范围较窄、制造费用过大，以及动态运行调节等问题，这类方案才有可能应用到批量生产中去。

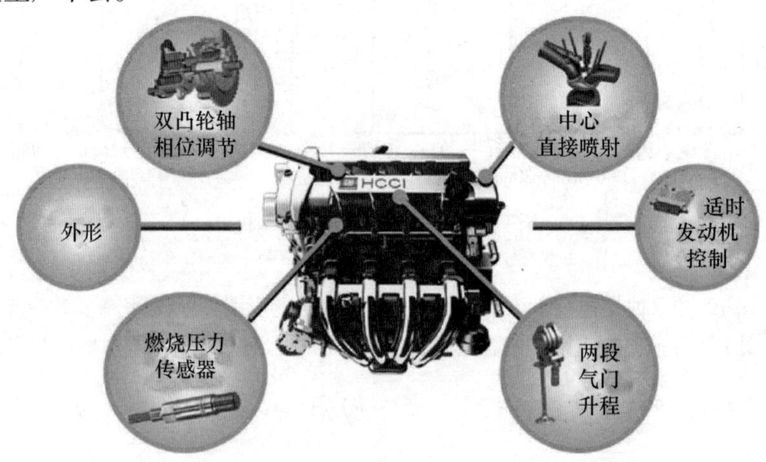

图 19.41　HCCI 方案的相关因素（GM 公司，Grebe，2009）

从前面章节中已经说明了高压过程中传热问题的重要意义。某些试验曾企图通过提高壁面温度来抑制传热（“绝热发动机”），但并没有取得成功，实践证明，由于影响因素复杂，强行采取绝热措施并非是一条提高热效率的有效途径（Woschni 等，1986）。

在表面温度相同的条件下通过减小表面积来降低传热的方法，早就存在于对置活塞式发动机的结构形式中。由于“取消”了传热的气缸盖底面，从而可以减少散热损失。这个思路在第二次世界大战中的柴油飞机发动机上就已成功地实现过（Gersdorff 等，1995），如今美国的某些单位又重新着手研究（图 19.42，www. ecomotors. com 和 www. achatespower. com）。但这种发动机燃烧室的设计方案除了热力学方面的优点以外，也存在机构复杂和换气困难等方面的缺点，最终能否得到推广还有待通过进一步的实验来验证。

充量更换，即换气过程不仅对于内燃机的全负荷性能影响很大，而且特别对于汽油机部分负荷运行范围内的效率具有决定性的意义。此外，充量运动影响着整个燃烧过程，有关这方面的内容已在第 11 章和第 5 章中阐明。因为这方面的要求和

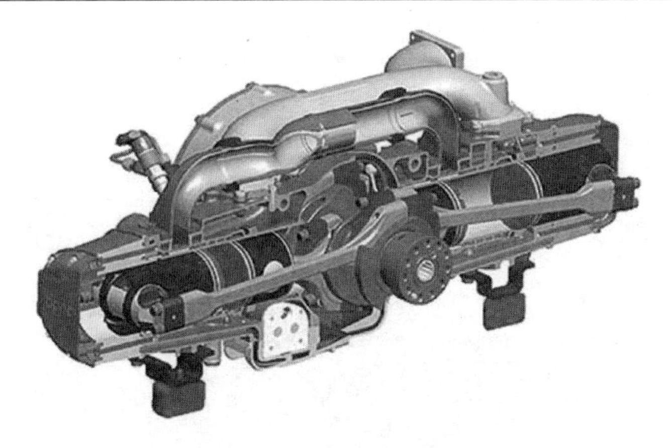

图 19.42　对置活塞式二冲程发动机（www.ecomotors.com）

工作条件是随运行工况变化的，故几乎从内燃机开始发展起，研发人员就一直希望能做出可变配气机构的设计方案来。

首次采用换气影响燃烧方案的，是 1983 年用在大量生产的摩托车发动机上的机型，这种发动机因转速范围宽广，而且升功率很高，不得不采取特殊技术。

图 19.43 表示了当时日本 Honda 公司所采用的结构，它能根据发动机转速自动变换成 2 气门或 4 气门运行方式。而图 19.44 所示为另一种应用于比功率为 $142kW/dm^3$ 的批量生产自然吸气发动机的可变排气系统。总之，在摩托车发动机上采用可变进、排气系统方案，可以保证在全负荷时获得特别好的效果。

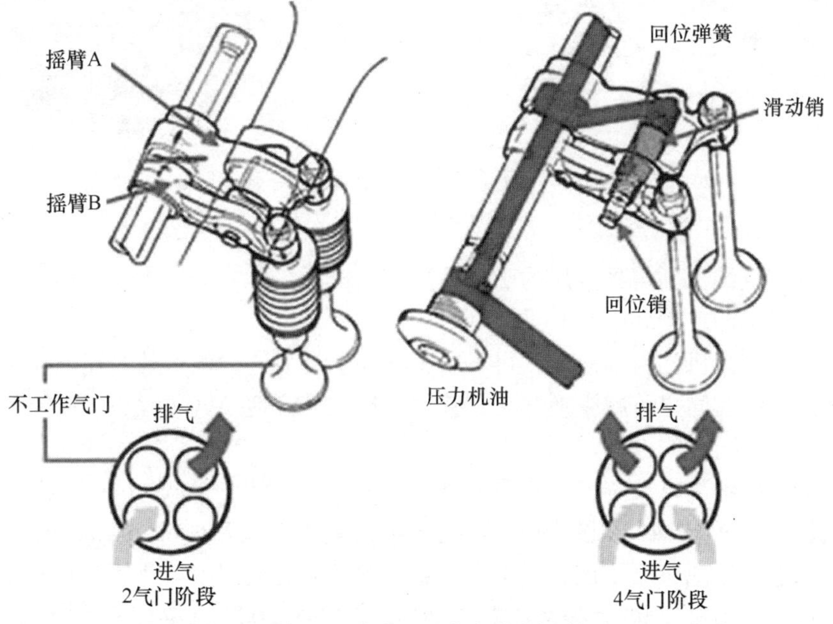

图 19.43　1983 年用于 2/4 气门工作的可变气门控制机构（Honda 公司，2011）

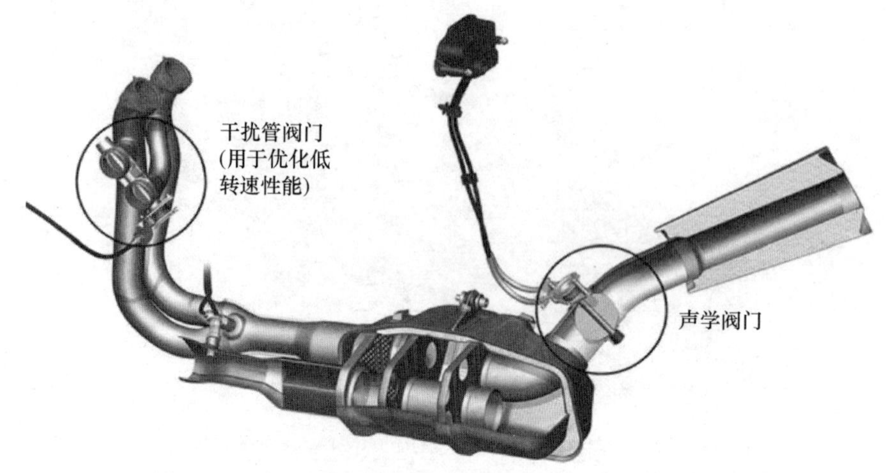

图 19.44　BMW 公司的可变排气系统（Landerl 等，2009）

此外，在乘用车汽油机上可变进气系统（具体结构形式见图 19.45 的实例）不仅用于增加进气充量，而且常用来影响充量运动，而在柴油机上则用于控制进气旋流。

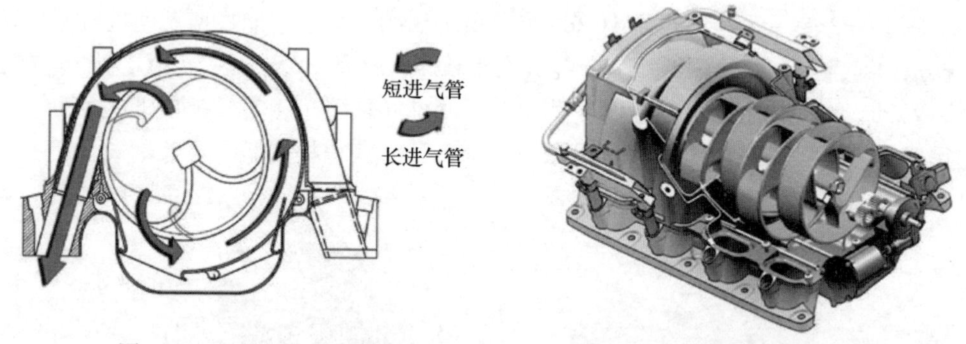

图 19.45　BMW 公司的具有谐振管长度无级可调的八缸发动机进气装置（Hirschfelder 等，2001）

如今在汽油机上得到推广的凸轮轴配气相位无级调节器，不仅可用于增加进气充量，同时也能控制残余废气量。

全可变气门机构目前尚应用得不多，它除了有前述的优点外，还能通过改变气门开启的持续时间显著减少换气功，甚至实现无节流地换气过程，因而能大大提高汽油机部分负荷时的效率。

在众多的解决方案中，首先只有德国 BMW 公司的“Valvetronic”机电控制可变气门机构（图 19.46 和图 19.47）投入了批量生产（Klüting 和 Landerl，2004）。十多年来它广泛地应用于该公司生产的宽广的发动机型谱中。此后，有两家日本制造商的可变气门系统也投入大量生产（Harada 等，2008；Ando 和 Chujo，2010）。如今在 Valvetronic 机电控制可变气门机构开发的型号中已经具有改变气门升程曲线

（“相位调整”）、部分遮挡气门座（“导气屏”），以及与缸内直接喷射和涡轮增压相匹配等功能（Klauer 等，2009；Kiesgen 等，2010），而且进行了大量生产。这不仅在技术和工作原理方面很值得重视，而且也说明了它在经济上的可行性。

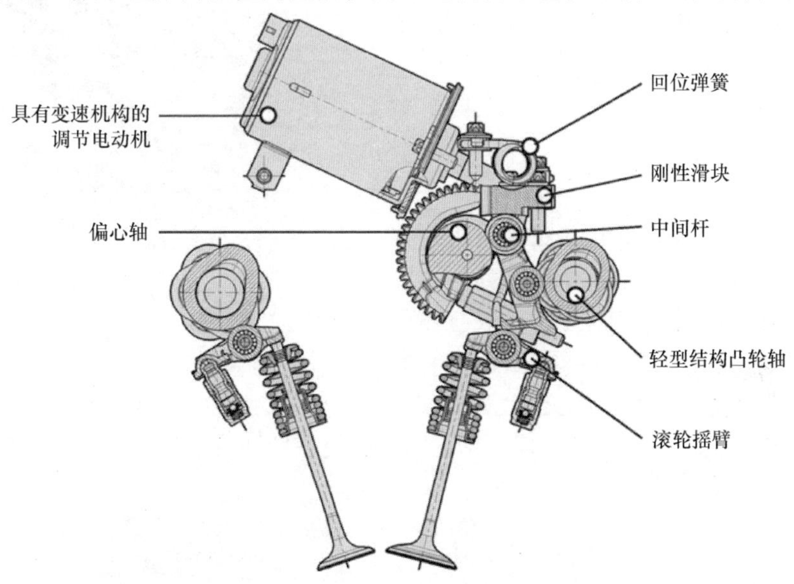

图 19.46　BMW 公司六缸发动机的 Valvetronic 机电控制可变气门机构（Klüting 和 Landerl，2004）

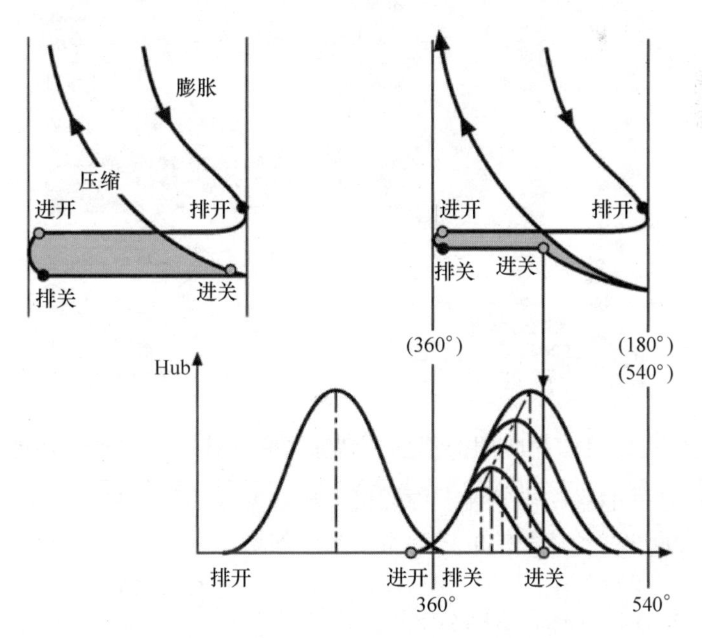

图 19.47　BMW 公司机电控制可变气门机构（Valvetronic）的工作原理
［进气门早关，“无节流负荷调节”（Klüting 和 Landerl，2004）］

不久前，意大利FIAT公司开发的“Multi Air”液电控制可变气门机构（图19.48）也投入了批量生产。这种结构形式具有两种或三种气门升程曲线，其结构不太复杂且容易得到进一步的推广（Knirsch等，2007）。它的工作原理与图19.47所示的情况相近，但仅开发了其中部分潜力。

图19.48 FIAT Multi Air液电控制可变气门机构（Mastrangelo，2011）

第一款乘用车柴油机可变气门机构也采用了类似的结构方案（图19.49）。尽管可变气门机构在消除节流方面的效应对于柴油机不像在汽油机中那样重要，但它们在诸如控制充量运动和影响充量状态等方面仍有很大优点（Schaffer等，2010；Tomoda等，2009），这些优点会越来越证明，即使在柴油机上花费在可变气门研发方面的费用也是值得的。

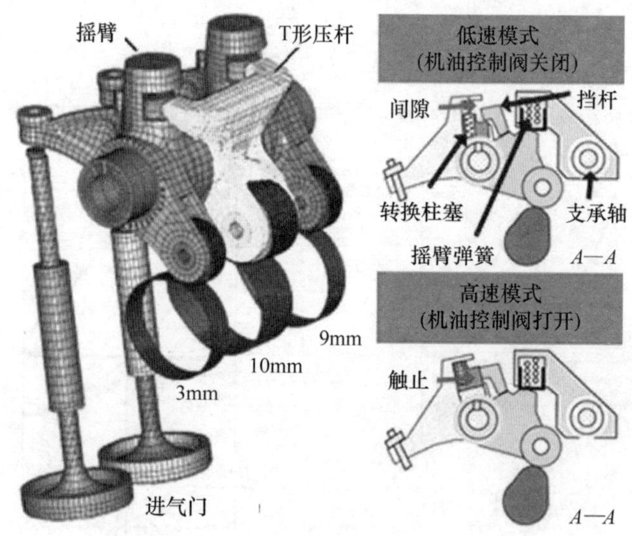

图19.49 日本三菱（Mitsubishi）公司的可变气门机构（Murata等，2003）

随着增压技术的进一步发展，内燃机在比功率以及稳态和动态全负荷性能方面可望获得更大的进展。从最初的设想直至当今的增压系统，在车用动力装置上采用增压的目的，除了提高平均压力和功率以外，最重要的还是要获得有利的转矩特性曲线（见图19.51）。目前，从采用简单增压，进而采用机械增压与废气涡轮增压组合，以及多级增压等各种不同的结构，已经取得了非常大的进步。通过提高比功率，以及对发动机“小型化”也能大大提高效率。在这方面虽然已得到了很大的改善，但是尚无法预见增压领域的热力学极限，确切地说这是一个成本、机械性能和热力学性能之间平衡的问题。这种热力学极限潜力的实例在 BMW 公司 F1 赛车所使用的涡轮增压发动机上已经可以看到。该机（图 19.50）采用超过 5bar 的增压压力，能达到 700kW/dm^3以上的比功率，只不过可靠性会因此受到一定的影响。

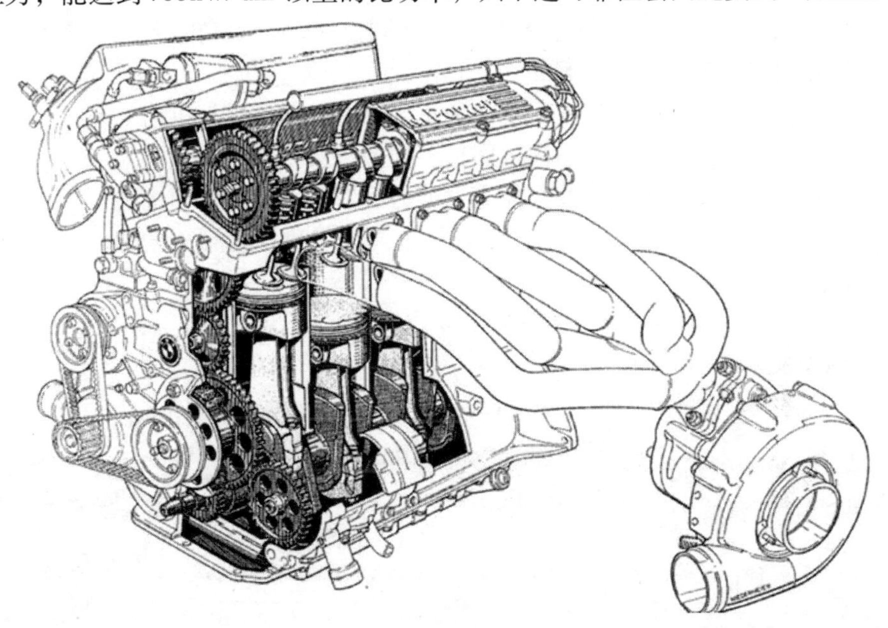

图 19.50　BMW 公司 F1 赛车比功率为 700kW/dm^3的 1.5L 四缸直列式发动机（1983，Lange，1999）

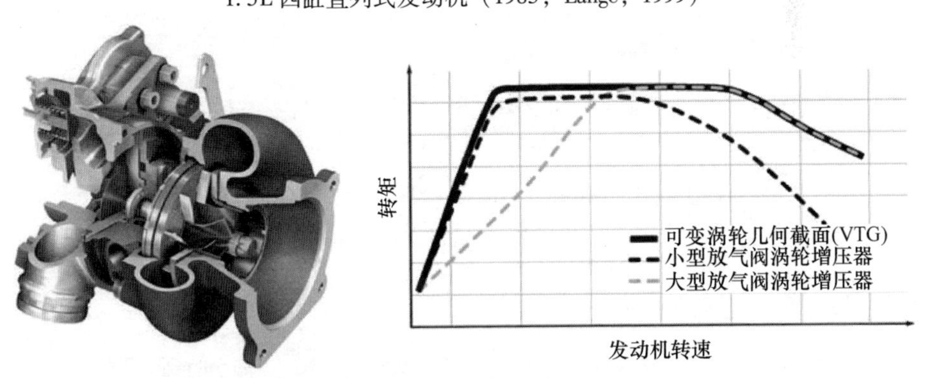

图 19.51　用于汽油机的可变涡轮几何截面涡轮增压器（Kerkau 等，2006）

尤其是在与燃油直接喷射相结合后，即使在量产汽油机上也能为采用涡轮增压创造更有利的条件。如果能够成功地开发出用于大量生产，且成本低廉的可变涡轮几何截面增压器并加以推广，那么可以预见增压方式将会在汽油机上获得飞速发展。

在柴油机方面，如今复合的多级增压系统已能够在乘用车和载货车上显示出非常出色的性能，至于应用于船舶动力装置，以及特殊应用场合的增压系统则更为昂贵，其技术性能也更加优越（参阅第5章）。

因此，当今仅在某些场合应用的增压技术的潜力应充分地加以发挥，并更广泛地应用于未来的汽油机和柴油机。

机械损失首先对于发动机效率（当然特别是在部分负荷运行时）影响很大，它们主要是由曲柄连杆机构引起的。

自从往复活塞式内燃机出现以来，为了寻找避免曲柄连杆机构的缺点，激励着不少发明者为此做过努力，也出现过多种多样的方案。

除了自由活塞式发动机以及其他通过电力或液力做功的传动机构（图19.52和图19.53）之外，还开发了不少对置活塞、轴向活塞和环形活塞机构，其中部分还投入了批量生产。

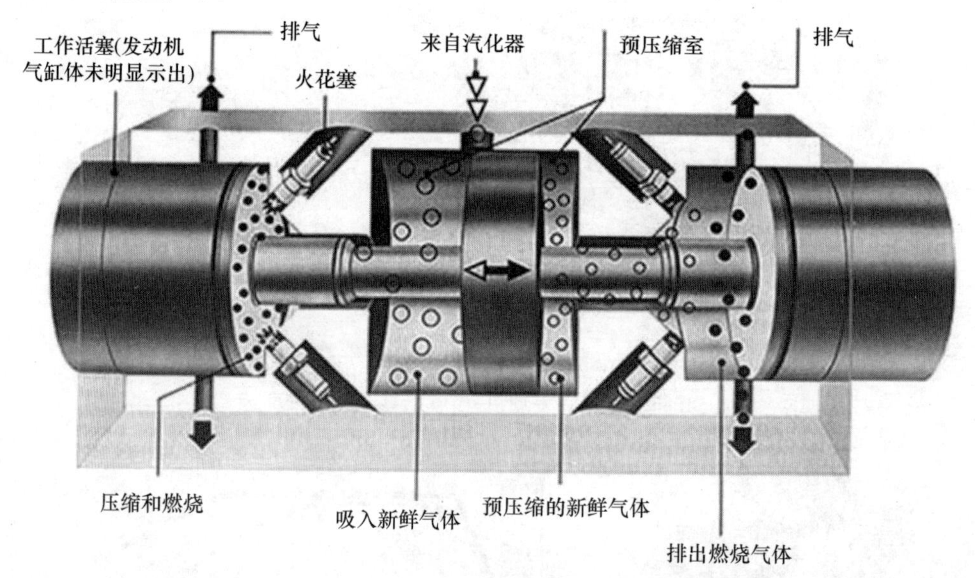

图19.52　Stelzer公司的自由活塞式发动机（2010）
（http：//erfinder－entdecker. de/fsabb2. htm）

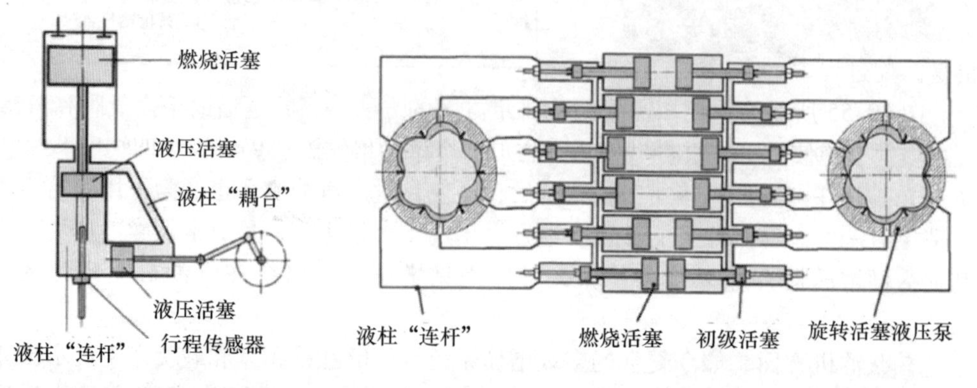

图19.53　采用静液压原理活塞驱动机构内燃机的示意图（Battelle原理，Zima，2005）

但是以上这些方案均未能推广，而且未来也不会有很大前途。因为，目前应用在中小型内燃机上的简易曲柄连杆机构，或用于大型发动机的十字头结构已相当成熟，迄今为止尚没有更好的替代措施，但偏心曲柄连杆机构和滚动轴承的应用会相应增多（Schaffer 等，2007）。因为降低基础发动机的摩擦是自从内燃机出现以来人们一直在努力的目标，今后情况仍将如此。

机械损失功率除了基础发动机本身的摩擦损失之外，还包括为驱动发动机上诸如机油泵、水泵、燃油喷射装置和发电机等辅助设备，以及汽车上诸如转向助力泵、空调装置等装置所需消耗的功率。而且这些能量的需求量在许多工况下不仅取决于发动机转速，而且还与调节这些辅助设备的消耗有关。随着对发动机性能和车辆舒适性的要求愈来愈高，这些调节会愈来愈多：例如，按所需油量调节的机油泵和燃油泵、接通和断开的水泵，以及调节各项电动装置等。

在发动机低负荷和暖机情况下，摩擦问题变得更为重要。针对发动机的暖机运行，在乘用车动力装置上通过改进设计和热管理措施已能实现全面的优化，而对其他应用场合未来也应给予更多的关注，因为发动机暖机阶段对废气排放具有重大的影响，因此在非乘用车应用场合也应更多地关注废气排放法规，力求达到实际上最佳的运行状况。

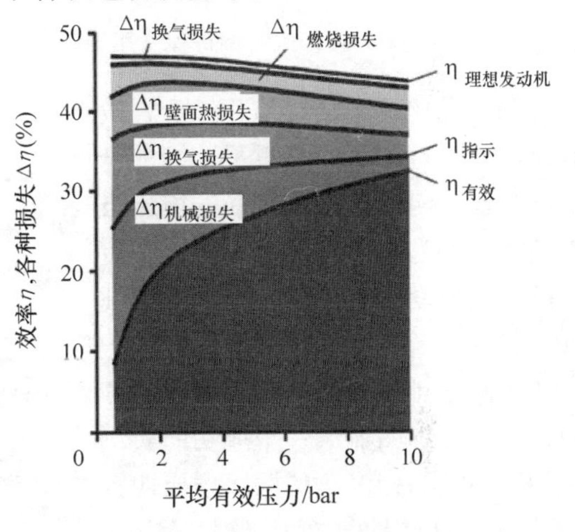

图 19.54　乘用车汽油机在 3000r/min 负荷范围内的效率分析（Pischinger 等，2002）

除了其他原因之外，摩擦损失对于效率随负荷的变化关系有很大影响（图 19.54）。

在汽油机上由于是通过节流来调节负荷，故在部分负荷时损失会增大，从而导致效率进一步降低，因此希望将发动机排量与功率需求相匹配，以使运行工况点移向较高负荷区域，这一点不难理解，也是匹配过程中常要做的工作。

图 19.55 所示为早期按需要调节排量方案的方法，当时是借助于换气阀和汽油停止喷射措施使部分气缸自动停止工作，如今这种停缸方法仍应用于四缸以上的发动机上。图 19.56 所示为美国通用汽车公司的一种 V8 发动机，它借助于集成在气门机构推杆中的液压－机械开关元件，使左右排气缸中每次有两个气缸停止工作，这在采用中心凸轮轴的结构中比较容易实现。

无论是减少与发动机尺寸有很大关系的摩擦损失，还是为了改善暖机性能、减轻汽车重量，以及减少汽油机上的换气损失，都是缩小发动机结构或减小其排量的重要论据。对于“小型化”（Downsizing）这个概念，一般理解为通过减小发动机

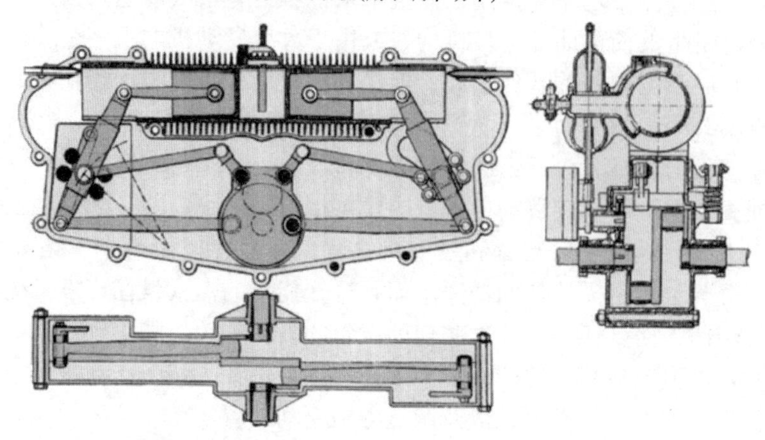

图 19.55 可调行程（用于调节功率）发动机（Conrad，1905）

尺寸与提高比功率的措施相结合，以较小的排量达到与原机近乎相同的全负荷性能，再通过采用创新的增压方案使这种小型化措施能够实现非常有效的改善发动机经济性，即降低燃油耗的目标。若再能采用减少气缸数的方法来减小排量的话，则效率提高的效果将会更加明显。一个成功的实例是用于驱动高档汽车的两级增压四缸柴油机，而这种汽车原来只能用 6 缸、8 缸和甚至是 12 缸发动机来驱动。这种过去不可想象的技术组合，使燃油耗按欧洲行驶循环（www.mercedes - benz，de）低于 6L/100km（或 150g/km CO_2），这对于高档汽车而言乃是一项十分有说服力的数据。

图 19.56 GM 公司 V8 乘用车发动机的停缸及机油循环方案（Albertson 等，2005）

为了进一步开辟至今仅在特殊场合利用的潜力，废热利用提供了非常有价值的可能性。因为按热力机械的工作原理，燃料带入机器的能量有很大一部分转化成通过废气和冷却液排出的废热，因此不难理解为什么人们总是想利用这部分能量。过去也不缺乏相关的建议（图 19.57），但还是主要用在大型船舶和固定式动力装置上。

至于在乘用车和载货车的移动应用场合，除了利用一部分废热给驾驶室加温之外，尚没有可以有效利用废热的批量生产方案。考虑到利用废热方面的巨大潜力，至少在长途运输的载货车动力装置上应当作为示范加以推广。至于如何实施则视具体条件而异。如图19.58所示，从Peltier元件※到Rankine（郎肯）循环，各种方案在废热利用程度和为此所需的费用上均有明显不同。

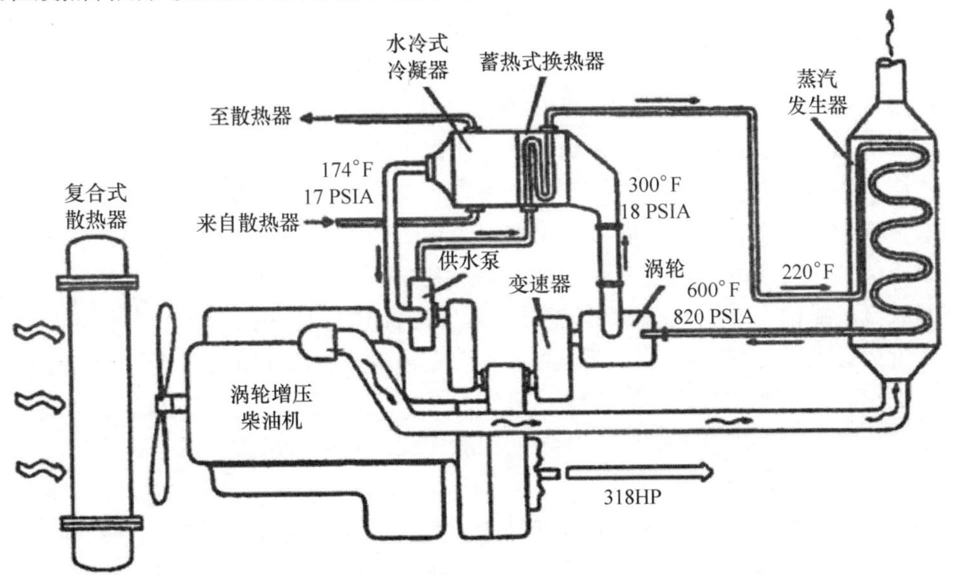

图19.57　利用废热的Rankine（郎肯）循环（Doyle等，1979）

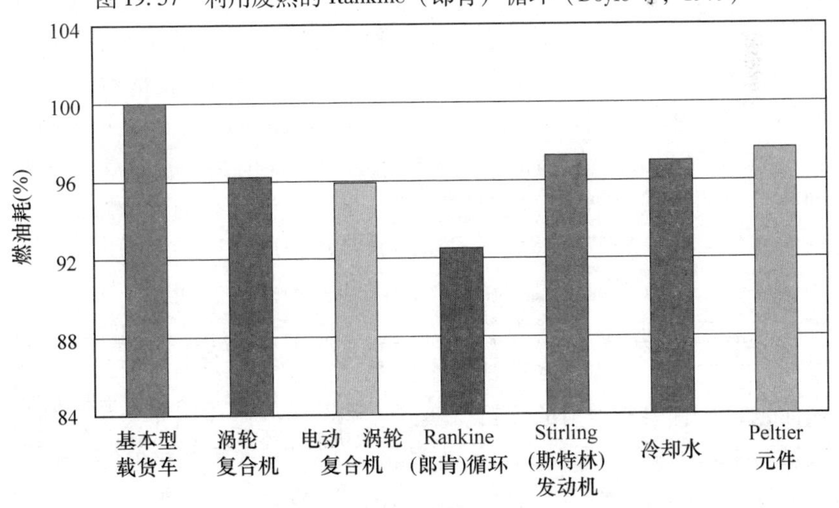

图19.58　载货车废热利用的潜力（Gstrein，2008）

※　译注：Peltier元件是一种电热转换器，它基于Peltier（Jean Peltier，1785－1845）效应，在电流流过时产生温度差或在有温度差时产生电流（Seebeck效应，或称为温差电效应或热电效应）。Peltier元件不仅能用于冷却，而且（在电流方向逆转时）也能用于加热。Peltier元件和Peltier冷却器的英语表达为thermoelectric cooler，缩写TEC。

19.4 总结与展望

当今内燃机的形式、大小和用途多种多样。从手持式工作机具和车用动力装置，一直扩展到固定式发电机组和大型船舶。内燃机不仅是应用最广泛的能量转换机械，而且是最高效率的热力机械。在取得巨大成就和长期发展的历史背景下，人们自然就会提出关于内燃机进一步发展的潜力及其未来前途的问题。

汽油机和柴油机本身还存在明显的改进潜力：扩展增压的应用范围，在汽油机上还要与燃油缸内直接喷射相结合，并致力于实现发动机小型化。自从内燃机出现以来，减少摩擦一直是其发展过程中的一个重要努力目标，这方面如果与新材料的应用相结合，就会发挥出进一步的潜力。对各项辅助设备的调节与控制也很重要，例如对气门机构、增压机组和热/能量管理等方面进行良好控制，均有利于实现与发动机运行工况之间的良好匹配。为了实现上述措施，除了部件可变以外，还需要具有工作能力强大的电子控制系统。另外，依据气缸压力引导的燃烧过程调节，以及在设计过程中采用合适的控制算法，均能为提高效率、减少废气有害物排放和提高动态性能作出相应贡献。

一些新的燃烧模式，例如在均质混合气形成情况下实现“可控自行点火”，在试验研究中已显示出良好的应用前景，但是在何种程度上才能达到批量生产的目标到目前为止尚不明朗。

如果批量生产的内燃机动力装置能够达到对当地空气质量并无重大影响的废气排放水平，那么就能够为采用汽油机来达到 SULEV（特超低排放汽车）标准提供令人信服的证据。在此期间甚至还讨论过采用柴油机的问题，还立项进行过试验考核其能否达到 SULEV 的限值，而这种限值专家们不久前甚至仍认为即使汽油机也是达不到的。但初步试验结果已能对这个问题做出谨慎乐观的评价。如果在燃烧过程研发，尤其是废气后处理方面能够成功，并经济地取得进一步进展的话，那么有关有害物排放，及其对当地空气质量影响的课题就不再成为问题。

至少在载货车上利用废热的热管理方案已明显看到转化为批量生产的可能性。这类方案的目的在于利用废气和冷却液中的废热，由于它们在热损失中所占的份额较大，因而也是具有很高潜力的项目。实际上相关措施已应用在大型发动机上。目前，不仅试验了基于 Rankine（郎肯）循环的方案，而且也对热电循环的方案进行了试验，前者具有将机组总效率提高 5% ~10% 的潜力，但其所需的费用要比热电利用废热方案为高，而且还需要解决某些材料方面的问题。

对各种不同驱动方案进行客观和公正的评价，是设计未来既能保护地球资源又能保护人类生存环境的移动工具的依据。在考察“能源准备和车辆”整个系统时，内燃机不仅在能量供应方面，而且在应对气候变化方面，均优于电力驱动。除此之外，在可能得到的效益、舒适性和成本等方面，内燃机也都是占优势的。即使在今后数十年内，这样的格局也不会有根本的变化，因为要将现有电力驱动系统转换为使用完全创新的无废气排放的电力驱动系统，都绝不可能如政策、媒体和对此感兴趣的社团所宣传的那样迅速地完成。甚至在进一步提高使用可再生能源比例的情况下，即使再过几十年，电动车 CO_2 的总体排放仍然高于进一步改善后的内燃机汽车，后者还包括采用含内燃机的智能化电力传动系统的车辆在内，例如通过电机与内燃机更好匹配的低成本混合动力系统。

对于内燃机是否是一种逐渐衰落的和即将淘汰的机型，或它未来是否有发展前途这样的核心问题，必须由汽车使用者回答下列问题：

- 我们愿意忍受较长的行驶时间吗?
- 我们愿意放弃舒适性和灵活性吗?
- 我们能接受明显比当今还小的活动半径吗?
- 我们愿意在任何时候不再能够安全无恙地从 A 地行驶到 B 地吗?
- 我们愿意为使用蓄电池电能驱动汽车而付出更多的代价吗?

如果对这些问题能清楚和明确地以“是”回答的话，那就可能表明内燃机确实是即将停止发展和接近淘汰的机型了。但如果回答这些问题是“不”的话，那么内燃机仍将在长期内具有光明的前景。另外，内燃机还因为能使用新能源，如生物质气体或天然气而具有强大的生命力。此外，生物质废物再生，以及用特殊植物生产的合成燃料均能用于内燃机而不会影响食物的供应。因此，在今后很长一段时间内，内燃机仍将是各种运输车辆主要动力的来源。

参考文献

Albertson, W.C., Grebe, U.D., Rayl, A.B., Rozario, F.J.: Displacement on Demand – der Antrieb von morgen mit Zylinderabschaltung. MTZ Sonderheft „Antriebe mit Zukunft“ **12**, 12–18 (2005)

Altenschmidt, F.: The Spray-guided Mercedes-Benz Combustion System – Developed not only for Stratified Mode, International Conference on „The Spark Ignition Engine of the Future“. Tagungsband der SIA. Strasbourg (2011)

Ando, S., Chujo, K.: Der neue Nissan V8-Benzinmotor mit variabler Ventiltechnik (VVEL) und Direkteinspritzung. 31. Int. Wiener Motorensymposium. VDI Verlag, Wien (2010)

Atkinson J.: Gas engine, US Patent, No.: 367,496, Aug. 2, (1887)

Basshuysen, R., Schäfer, F. (Hrsg.): Lexikon Motorentechnik. Vieweg Verlag, Wiesbaden (2006)

Bauer, M., Wurms, R., Budack, R., Wensing, M.: „Potenziale von Ottomotoren mit einem zusätzlichen Expansionszylinder“, 5. MTZ-Fachtagung Stuttgart. Springer Fachmedien, Wiesbaden (2012)

Blumenberg, I., Gerster, I.: Versuche mit einem Seriendieselmotor nach Umrüstung auf einen Knickpleuel. MTZ **49**, 105–114 (1988)

Bono, T., Kizaki, M., Mizuno, H., Nonobe, Y., Takahashi, T., Matsumoto, T., Kabayashi, N.: Development of New TOYOTA FCHV-adv Fuel Cell System. SAE Paper 2009-01-1003 (2009)

Braess H. (BMW): A3PS Conference. Vienna (2007)

Bulander R.: Antriebsstrangvielfalt und Elektrifizierung – Herausforderungen und Chancen für die Automobilindustrie. Fachkonferenz für Betriebsrätinnen und Betriebsräte der Automobilindustrie, Robert Bosch GmbH (2010)

Buri, S., Kubach, H., Spicher, U.: Effects of High Injection Pressures on the Upper Load Limit of Spray-Guided Stratified Combustion. International Conference and Exhibition, The Spark Ignition Engine of the Future. Tagungsband der SIA. Straßburg (2009)

Buschmann, G., Clemens, H., Hoetger, M., Mayr, B.: Zero Emission Engine – Der Dampfmotor mit isothermer Expansion. MTZ **05**, 314–323 (2000)

Conrad, R.: Konstruktionsmöglichkeiten für Kohlenwasserstoffmotoren mit wachsendem Drehmoment bei sinkender Tourenzahl. Der Motorwagen **VIII**(XIX) (1905)

Daimler AG: Presseinformationen, http://www.daimler.de, Januar 2012

Doyle, E., Dinanno, L., Kramer, S.: Installation of a Diesel-Organic Rankine Compound Engine in a Class 8 Truck for a Single-Vehicle Test. SAE Paper 790646 (1979)

Eichlseder H., Schaffer K.: Thermodynamische Potenziale und Grenzen dieselmotorischer Brennverfahren. 8. Dresdner Motorenkolloquium, Dresden/D, 17.–18.6.2009

Eichlseder, H., Klell, M.: Wasserstoff in der Fahrzeugtechnik, 2. Aufl. Vieweg+Teubner, Wiesbaden (2010)

Eichlseder, H., Wallner, T., Freymann, R., Ringler, J.: The potential of hydrogen internal combustion engines in a future mobility scenario," presented at the Future Transportation Technology Conference & Exhibition, Costa Mesa, CA, June 23–25. SAE Paper 2003-01-2267 (2003)

Eichlseder, H., Klüting, M., Piock, W.F.: Grundlagen und Technologien des Ottomotors. Springer, Wien New York (2008)

Eichlseder, H., Spuller, C., Heindl, R., Gerbig, F., Heller, K.: Concepts for diesel-like hydrogen combustion. MTZ worldwide edition **1**, 60–66 (2010)

Enke, W., Gruber, M., Hecht, L., Staar, B.: Der bivalente V12-Motor des BMW Hydrogen 7. MTZ **68**(6), 446–453 (2007)

Ernst W.D., Shaltens R.K.: Automotive Stirling Engine Development Project. DOE/NASA/0032-34 NASA CR-190780 MTI Report 91TR15, Lewis Research Centre – Cleveland Ohio (1997)

Fachagentur Nachwachsende Rohstoffe e, F.N.R.V. (Hrsg.): Leitfaden Bioenergie – Planung, Betrieb und Wirtschaftlichkeit von Bioenergieanlagen (2007)

Gersdorff, K., Grasmann, K., Schubert, H.: Flugmotoren und Strahltriebwerke. Bernard & Graefe Verlag, Bonn (1995)

GM: Car Craft Magazine (1969)

Golloch, R.: Downsizing bei Verbrennungsmotoren – Ein wirkungsvolles Konzept zur Kraftstoffverbrauchssenkung. Springer Verlag, Berlin Heidelberg (2005)

Grebe U., Alt M., Dulzo J., Chang M. (GM): Closed Loop Combustion Control for HCCI

Gstrein W.: Nutzung weiterer Potenziale zur Erhöhung des Wirkungsgrades von Dieselmotor-Antrieben. ÖVK Vortrag TU Graz (2008)

Harada J., Yamada T., Watanabe K., Toyota Motor Corporation, Aichi: Die neuen 4-Zylinder Ottomotoren mit VALVEMATIC-System. 29. Int. Wiener Motorensymposium (2008)

Heller K., Ellgas S.: Optimization of hydrogen internal combustion engine with cryogenic mixture formation, presented at the 1st Int Symp on Hydrogen Internal Combustion Engines. Graz, Austria, Sept. 28–29, 2006, pp. 49–58.

Hirschfelder, K., Hofmann, R., Jägerbauer, E., Schausberger, C., Schopp, J.: Der neue BMW-Achtzylinder-Ottomotor – Teil 1: Konstruktive Merkmale. MTZ **62**, 630–640 (2001)

Houston, R., Cathcart, G.: Combustion and emissions characteristics of Orbital's combustion process applied to multi-cylinder automotive direct injected 4-stroke engines, Orbital Engine Company. SAE Technical Paper 980153 (1998)

http://erfinder-entdecker.de/fsabb2.htm, Dezember (2010)

http://www.bladonjets.com, Dezember (2010)

http://www.cleanergyindustries.com/index.html, Dezember (2010)

http://www.sae.org/mags/aei/POWER/7698, Dezember (2010)

http://www.youtube.com/watch?v=rpw0SfBcSRM; http://www.5-takt-motor.com

Kemper, H., Baumgarten, H., Habermann, K., Yapici, K., Pischinger, S.: Der Weg zum konsequenten Downsizing – Motor mit kontinuierlich variablem Verdichtungsverhältnis in einem Demonstrationsfahrzeug. MTZ **64**, 398–404 (2003)

Kerkau M., Knirsch S., Neußer H.-J.: Der neue Sechs-Zylinder-Biturbo-Motor mit variabler Turbinengeometrie für den Porsche 911 Turbo. 27. Int. Wiener Motorensymposium (2006)

Kiesgen G., Curtius B., Steinparzer F., Klüting M., Kessler F., Schopp J., Lechner B., Dunkel J.: Der neue 1,6 l Turbomotor mit Direkteinspritzung und vollvariablem Ventiltrieb für den MINI Cooper S. 31. Int. Wiener Motorensymposium (2010)

Klauer N., Klüting M., Steinparzer F., Unger H.: Aufladung und variable Ventiltriebe – Verbrauchstechnologien für den weltweiten Einsatz. 30. Int. Wiener Motorensymposium (2009)

Klüting, M., Landerl, C.: Der neue Sechszylinder-Ottomotor von BMW – Teil 1: Konzept und konstruktive Merkmale. MTZ **65**, 868–880 (2004)

Knirsch, S., Kerkau, M., Neußer, H.-J.: Neue Motoren mit Benzin-Direkteinspritzung und Vario-Cam Plus Technologie. 16. Aachener Kolloquium. Aachen (2007)

Kordesch, K., Simader, G.: Fuel cells and Their Applications. Verlag Wiley-VHC, Weinheim

Kurzweil, P.: Brennstoffzellentechnik. Vieweg Verlag, Wiesbaden (2003)

Landerl C., Hoehl J., Miritsch J., Post J., Unterweger G., Vogt J.: Der Antrieb der neuen BMW S1000RR – Höchstleistung für Rennstrecke und Landstraße. 18. Aachener Motorenkolloquium Fahrzeug- und Motorentechnik (2009)

Lange, K.: Geschichte des Motors. BMW Mobile Tradition. München (1999) (ISBN 3-932169-04-2)

Lidl, A., Faber, J.: Erster Praxistest des Opel Ampera. Auto Zeitung **26**(07. Dezember 2011), 100–104 (2011)

Mastrangelo, G., Micelli, D., Sacco, D.: Extremes Downsizing durch den Zweizylinder-Ottomotor von FIAT. MTZ **72**(2), 88–95 (2011)

Matsunaga, M., Fukushima, T., Ojima, K.: Advances in the Power train System of Honda FCX Clarity FueI CeII Vehicle. SAE Paper 2009-01-1012 (2009)

Meinig, U.: Standortbestimmung des Zweitaktmotors als Pkw-Antrieb – Teil 3: Zweitaktmotor. MTZ **62**(10), 836–844 (2001)

Murata S. et al.: http://www.mitsubishi-motors.com/corporate/about_us/technology/review/e/pdf/2003/15E_08.pdf

Pander, J.: Wie öko kann ein E-Auto sein? Automobilwoche. Sonderbeilage 125 Jahre Automobil (12.–27. Juni 2011), (2011)

Albertson, W.C., Grebe, U.D., Rayl, A.B., Rozario, F.J.: Displacement on Demand – der Antrieb von morgen mit Zylinderabschaltung. MTZ Sonderheft „Antriebe mit Zukunft“ **12**, 12–18 (2005)

Altenschmidt, F.: The Spray-guided Mercedes-Benz Combustion System – Developed not only for Stratified Mode, International Conference on „The Spark Ignition Engine of the Future“. Tagungsband der SIA. Strasbourg (2011)

Ando, S., Chujo, K.: Der neue Nissan V8-Benzinmotor mit variabler Ventiltechnik (VVEL) und Direkteinspritzung. 31. Int. Wiener Motorensymposium. VDI Verlag, Wien (2010)

Atkinson J.: Gas engine, US Patent, No.: 367,496, Aug. 2, (1887)

Basshuysen, R., Schäfer, F. (Hrsg.): Lexikon Motorentechnik. Vieweg Verlag, Wiesbaden (2006)

Bauer, M., Wurms, R., Budack, R., Wensing, M.: „Potenziale von Ottomotoren mit einem zusätzlichen Expansionszylinder“, 5. MTZ-Fachtagung Stuttgart. Springer Fachmedien, Wiesbaden (2012)

Blumenberg, I., Gerster, I.: Versuche mit einem Seriendieselmotor nach Umrüstung auf einen Knickpleuel. MTZ **49**, 105–114 (1988)

Bono, T., Kizaki, M., Mizuno, H., Nonobe, Y., Takahashi, T., Matsumoto, T., Kabayashi, N.: Development of New TOYOTA FCHV-adv Fuel Cell System. SAE Paper 2009-01-1003 (2009)

Braess H. (BMW): A3PS Conference. Vienna (2007)

附录 A1 用商业软件 AVL FIRE® 进行三维 CFD 模拟

Reinhard Tatschl

A1.1 引言

内燃机的效率和有害物质排放在很大程度上是由气缸内的三维紊流、燃油喷射和燃烧过程所决定的。由于在发动机的工作循环中，燃烧室内的温度和混合气成分随空间和时间不同而产生剧烈变化，因此，传统的气缸压力分析和排放测量方法只能对燃烧室形状、燃料喷射系统参数，以及燃烧过程等对发动机性能与排放的影响提供有限的信息。由于日益严厉的法规和实际环保的需求，迫切需要对缸内气流、燃料喷射和燃烧过程之间的相互作用有更深刻的了解。面对不断涌现的新概念燃烧过程和复杂的代用燃料，在发动机研发中使用计算机来对充量的运动、混合气形成、燃烧，以及有害物质形成进行三维流体模拟（Three - Dimensional Computational Fluid Dynamics，缩写 3D - CFD）方法，将具有愈来愈重要的意义。

多年前开始的三维 CFD 模拟已经成功地在发动机研发中，作为以测量技术为基础的开发工具的补充。有关测量技术如气缸压力分析、混合气形成和燃烧过程的光学诊断等，可参见本书第 9 章。三维 CFD 模拟计算结果的精确性，以及由此对燃烧过程研发所能做出的贡献，在很大程度上取决于所建模型的可靠性。有关模型的功能主要用于研究发生在燃烧室内的物理、化学过程，例如喷油嘴内部流动、燃油喷注的贯穿和雾化、着火与燃烧，以及有害物质的形成等。由于过去几十年中全球各地研究工作的快速进展，如今已经有不少方法可供使用，尽管它们在建模深度与预测结果的精确性上仍有所不同。有关内燃机三维 CFD 模拟的模型与建模方法理论背景的介绍，参见本书第 14 章到第 17 章。

本附录将对目前用于工程实践中的内燃机过程三维 CFD 模拟方法进行概述，其中对三维 CFD 建模步骤的描述，对流体求解器和应用中所需子模型的说明，以及本附录中所展示的计算结果，均基于三维 CFD 商业软件 AVL FIRE®。

首先，将对三维 CFD 计算的一般方法做出基本阐述，指出它由相应的前、后处理工具和流动求解器组成。接着描述模拟喷油嘴内部流动、燃油喷射、缸内着火与燃烧，以及有害物质生成所用的模型。为了直观反映燃烧过程研究中对于不同的问题以及相关子问题应用三维 CFD 模型的可能性，从混合气形成、燃烧和有害物质生成等领域中选出若干有代表性的计算结果加以展示。同时，为了显示目前数值模拟方法所能达到的精确性，还将其计算结果示范性地与实验结果加以比较。

A1.2 三维 CFD 模拟方法

对内燃机工作过程进行三维 CFD 模拟可分为三个基本步骤：首先对一定曲轴转角范围内所要考察的流体区域进行网格划分；其次确定初始和边界条件、设置流动求解器，并确定内燃机主要过程数值模拟所用的物理、化学模型；最后对模拟所得的结果进行后处理并加以说明。在 AVL FIRE®中有专门的工具和方法，可对配气机构和燃烧室，包括运动的气门和活塞，生成灵活的自适应网格，它们适用于所有火花点火和压燃式发动机。所用的方程求解技术保证了在这个描述气门与活塞运动的网格上，能够有效地计算多相湍流反应流，适当的后处理工具可以对计算过程进行监控，并保证求值和结果分析的正确性。上述对内燃机工作过程进行三维 CFD 模拟所用的工具，在此情况下则可以通过完全交互的图形用户界面来进行操作。

A1.2.1 前、后处理

AVL FIRE®的前处理模块提供了各种工具来生成计算网格，以便描述内燃机及其运动部件如活塞、进、排气门的复杂几何形状。灵活、自动的操作步序能可靠而精确地为复杂的三维计算区域生成网格。为了在计算区域生成必要的数据来描述整个工作过程，首先将针对在上止点位置的活塞和气门生成一组初始网格，来自动适应活塞与气门的运动，这样便能确定整个机构在所考察曲轴角范围内的几何特性。

为了使计算结果在精度和可靠性方面满足要求，网格的质量必须满足一定的要求。除了对于气缸内部空间需要有较高的整体空间分辨率，以及在贴近壁区有足够精确的分辨率，以保证可以通过三维 CFD 模拟对发动机的结构做出正确描述，特别要对气门和活塞的运动精确地进行建模。为此用户可选择不同的建模路径，它们的区别在于自动化程度，以及用户对网格特性产生影响程度的不同。

由于用户能自定义几何子区域，因此便能有效地对复杂的几何形状进行高质量的网格化（见图 A.1）。在一些关键区域如间隙处的网格拓扑、网格单元排列和分辨率等，都可以由用户容易地加以控制。使用标准和/或非标准界面可以很方便地将任意几何形状如进气道、气门座区域和燃烧室等分成几个区域，如进气口、阀座和燃烧室，从而避免了由于部件运动造成的不同部分因网格拓扑失真而产生的相互作用。因此，可以将整个计算领域复杂的网格生成简化为简单的局部网格生成，后者之间可以很容易地进行组合和交换，从而可以方便地用于分析气门升程特性和气门正时的差异和变化这样的复杂问题。对于单个部件的网格生成也有高度专业化的方法可供使用。例如，可以很容易地为气门间隙处生成一个极坐标的网格，使它具有优化的网格质量和运动特性。

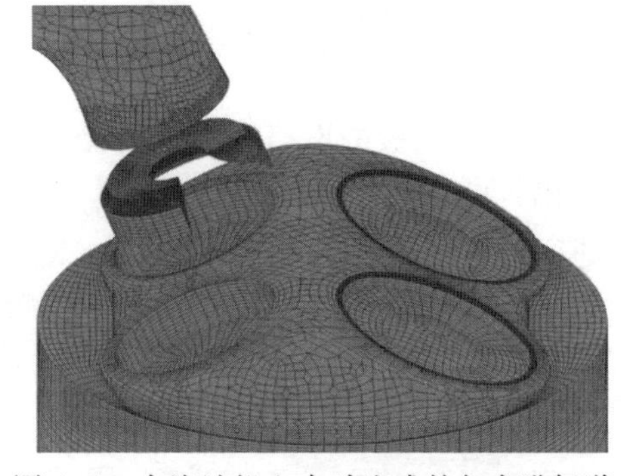

图 A.1 在汽油机上自动生成的包含进气道、气门座和燃烧室的计算网格

此外，还有方法可以为整个几何形状中的单个区域自动生成网格（见图 A.2）。自动生成的网格主要由六面体组成，在空间分辨率不同的交汇过渡区域也包含少部分的四面体、棱柱体和角锥体。在靠近壁面的区域只能由六面体和角锥体组成，而近壁层区的数量及其厚度可由用户事先指定。局部网格加密的智能化技术以及按几何细节自动确定分辨率的算法，为相关网格生成工作提供了最大的灵活性。

图 A.2 为汽油机燃烧室和进、排气道自动生成的计算网格示例

为了实现与活塞与气门的运动相应的动态网格，可以通过在活塞与气门两个不同位置上，对具有相同网格拓扑和数目的网格间进行插值匹配来得到。采用这个方法实际上可以确定运动部件在任意两个位置之间的状态。运动部件的极限位置，例如活塞的上、下止点或气门的最大行程位置，均会被自动检测到，相应的网格无需用户的干预将会自动生成。由于网格是对单一有代表性的表面模型建立的，故用户自定义的气门或活塞位置也能作为插值的初始点。如果由于活塞与气门的运动造成的网格膨胀或收缩，使网格尺寸超出了网格质量所允许的范围，例如网格的长宽比或两个网格单元间所允许的最小或最大开启角不符合要求等，这时程序将自动执行所谓对网格的“重新分区”，即实现网格拓扑结构和分辨率的交换。这就确保了在所考察的曲轴转角范围内的网格单元具有最优的分布和质量。这种“重新分区”方法适应于可自定义的任意多运动部件和任意复杂的几何形状。

在现代柴油机中，由于喷油嘴和活塞顶上燃烧室凹坑盆经常呈对称布置，故对其喷油和燃烧过程进行分析和优化时，一般只需对燃烧室的一部分区域进行数值模拟即可。所研究的流动区域可仅限于在燃烧室截面中的单一燃油喷注。采用适当的初始条件和边界条件，模拟的曲轴转角范围可以从进气门关闭直到排气门打开。这时即可使用参数化的二维曲线生成的网格来描述燃烧室或喷油嘴的情况。根据这些初始数据即可在从进气门关闭到排气门开启的区间内，自动进行网格生成（见图A.3）。如此生成的网格在喷注射流区域内数量一定，其网格单元对应于射流轴线具有确定的方向，而且网格拓扑与活塞位置无关，从而有助于以后对燃油喷雾和燃烧进行计算时精度的提高。

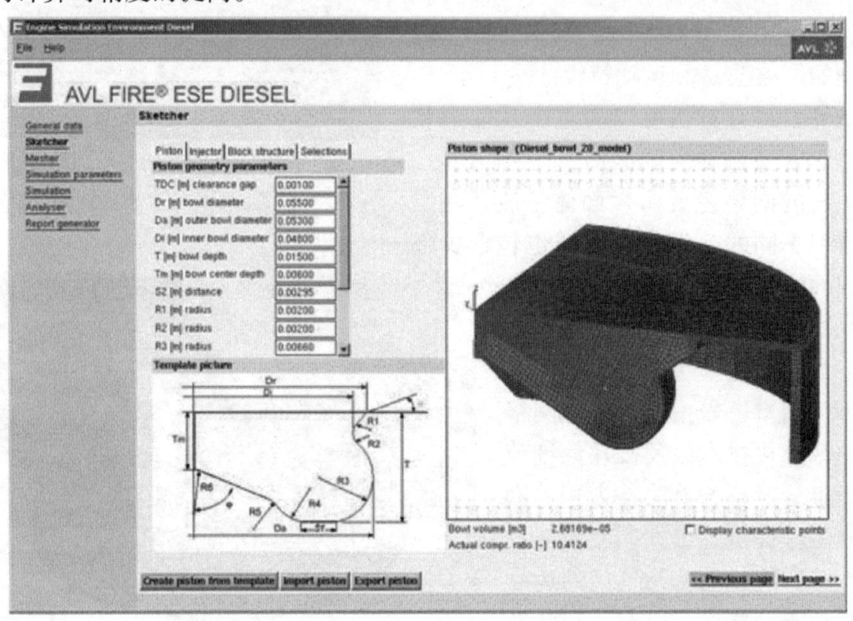

图 A.3 AVL FIRE®发动机环境模拟（Engine Simulation Environment，缩写 ESE）模块——对柴油机进行网格生成和数值模拟的用户界面

此外，AVL FIRE® ESE Diesel 模块的用户接口还提供了柴油机燃油喷射和燃烧过程计算设置和运行所需的所有功能，还有与相关问题有关的所有后处理功能。

AVL FIRE®的在线监控和后处理功能十分强大，包括对计算过程的详细监控和在计算过程中就能实现计算结果的可视化。通过对数值求解收敛过程的监测和选定的计算结果以直观的形式展示出来，使人们在模拟过程中就能对计算的收敛性和计算结果演化过程进行控制。后处理模块可以为标量和矢量数据生成可视化的二维和三维截面，将其以等值线或等值面的形式表达出来。此外，还可以画出液滴、粒子和粒子群的轨迹（见图A.4）。

图 A.4 对一台直喷式汽油机喷注射流模拟结果的可视化演示

对于计算结果的分析 AVL FIRE®还具有对三维计算数据进一步加工、宏观公式化以及导入试验台数据的能力。对于结果的演示后处理系统还提供了阴影、混合及纹理选项，并可以调整对象亮度、颜色、插入或导入文字，以及各种格式的彩色打印，乃至用动画形式演示计算结果的功能。

A1.2.2 流动求解器和求解算法

三维 CFD 软件 AVL FIRE®的计算核心为求解质量、动量和能量的普遍守恒方程，以及湍流的输运方程和化学反应组分的守恒方程，按所用物理、化学子模型的不同，还需求解附加的标量如反应速率和火焰表面密度等。

方程式的求解方法基于传统的有限体积法。在计算单元的中心点处计算所有相关的变量：动量、压力、密度、湍流动能、耗散率，以及如化学反应组分等的标量（Demirdzic 等，1993）。由于使用了非结构化的网格，数值精度对于所用的算法特别敏感。对于积分则近似采用二阶的中点规则，对于网格单元界面的所有数值均采用二阶的线性近似，而对流项的离散化有许多二阶和更高阶的方法可供使用。

为了确保结构和所用网格拓扑关系方面的最大灵活性，每个计算单元可以由任意数量的表面组成。为了处理这些多面体的小计算容积，有相应的连接和插值方法可用来计算其梯度和表面值。

时间变化率将使用一种高阶的隐式欧拉（Euler）法加以离散。算法本身是迭代的，并且基于压力耦合方程的半隐式（Semi - Implicit Method for Pressure - Linked Equations，缩写 SIMPLE）方法，该方法可用于处理任意速度，甚至超音速的湍流（见图 A.5）。

图 A.5 一台直喷式柴油机进气行程中的流速与湍流分布

对基本控制方程组离散化得到的大型线性方程组，将采用高效的带预处理的共轭梯度法来求解。其中，对称的梯度法用于求解系数矩阵是对称的方程组；双共轭法适用于求解系数矩阵是反对称的方程组。在使用这两种方法时可以采用非完备 Cholesky（乔里斯基）分解，或是采用基于 Jacobi（雅可必）方法的预处理技术。AVL FIRE®还提供了代数多重网格算法（Algebraic Multi-grid Method，缩写 AMG），以便高效地求解大型稀疏线性方程组。

有多种初始条件和边界条件可供使用，计算时可按相应流动问题的要求加以选择。方程求解器是特别为内燃机的应用而设计的，故可以对具有运动边界的复杂几何模型进行计算。根据不同应用的要求瞬态模拟能够按曲轴转角或以时间为步长来进行。在多处理器的硬件上执行时，假如模型中包含大量的计算单元需要使用多个处理器时，可以将模型分解成小区域进行并行计算以便节约机时。

A1.3 湍流与传热

内燃机领域中绝大多数的流动过程是湍流，为了精确计算真实流动情况就需要尽量准确地对湍流现象建模，这点所以很重要，是因为湍流涡旋不仅决定了流动的细节，还对混合气形成和燃烧时发生的混合和反应过程有极大的影响。例如在内燃机中，湍流动能会对燃油喷注的发展和液滴的蒸发，以及随后混合气形成和燃烧过程产生决定性的影响。除了通常熟知的湍流模型如 $k-\varepsilon$ 模型、Spalart - Allmaras（单方程湍流）模型、Reynolds（雷诺）应力模型等，AVL FIRE®还提供了 $k-\zeta-f$ 湍流模型，它是特别针对内燃机中的流动、传热和燃烧过程研发并得到验证的方法（Basara，2006）。

与内燃机流体力学相结合，$k-\zeta-f$ 湍流模型能比简单的 $k-\varepsilon$ 类型湍流模型得到更为精确的结果，而且对复杂流动计算的数值稳定性也较好。与 Popovac 和 Hanjalic（2005）所建议的混合型壁面处理方法相结合后，采用标准壁面函数法，$k-\zeta-f$湍流模型可用于求解近壁区 y^+ 为任意值时的网格和流动情况。

如今 $k-\zeta-f$ 方法在 AVL FIRE®中已成为内燃机中用于计算湍流和湍流型壁面传热的标准模型，它的突出优点是在处理内燃机的零部件运动和高压缩流体时的可靠性很高。与混合型的壁面处理方法相结合后，$k-\zeta-f$ 模型能够可靠、省时和精确地提供最佳计算结果（见图 A.6）。

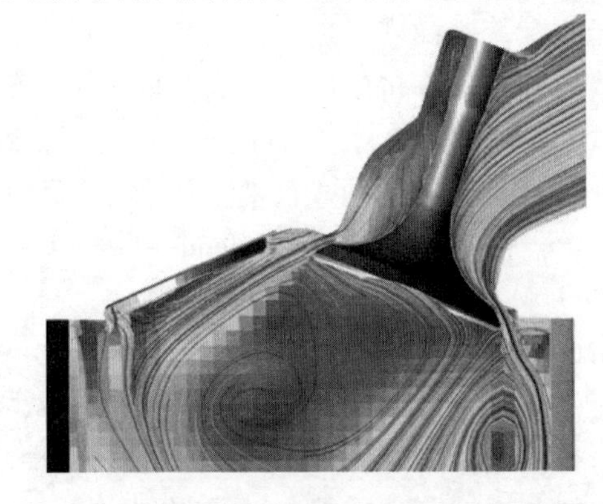

图 A.6　应用 $k-\zeta-f$ 湍流模型计算所得汽油机进气过程的流线与湍流分布（Tatschl 等，2006）

A1.4 喷油嘴中的多相流动

在喷油嘴内部流动模拟中最大的挑战来自其中出现的多相流，而 AVL FIRE®中是基于多流体法，并结合各种复杂现象如气穴、闪急沸腾等采用不同的子模型来进行处理的。在这些数值模拟中燃油喷射系统的特性，是通过将 CFD 方法与一维流动模拟离线或直接耦合来加以考察的（Chiavola 和 Palmieri，2006；Caika 等，2009）。

AVL FIRE®对喷油嘴内部流动的计算是基于多相流动模拟中最普遍化方法——Euler（欧拉）多流体法，其中每种流体都被看成是连续的单相流体，对其分别建立守恒方程。微观的相间界面则通过总体（系综）平均法来加以消除。由此可以得到宏观的守恒律，它们与单相流的守恒律相似，但必须引入新的变量“体积分数”以及多相之间的交换项（Drew 和 Passmann，1998）。这种多相流体法可以处理任意多的相数。

多流体法可用于多种场合，视模拟问题的不同（如气穴、闪急沸腾等），相应的多相之间的交换项可以方便地建模。由气穴现象引起的质量交换可用 Rayleigh（瑞利）方程近似处理，这时假定所有各相的压力场相同，按所用气穴子模型的不同，可以假定燃料蒸气泡的大小尺寸分布是单一的或是多种的（Wang 等，2005）。此外，也可将标准的 $k-\varepsilon$ 模型或 $k-\zeta-f$ 湍流模型扩展用于多相流体，用它们来对每一相求解独立的守恒方程组。因此，应用多流体法可以对柴油机和汽油机喷油嘴内的流动进行数值模拟，特别是可以用来研究喷油嘴内喷孔和针阀座部位的气穴现象。

由模拟的结果可以确定在哪些区域会出现气穴现象，以及发生气穴的燃料蒸气区域的形状和分布情况（见图 A.7）。此外，还可以很容易地对各种喷油嘴几何形状与结构，如油嘴类型（有压力室和无压力室等）、喷孔直径，以及其与喷孔长度的比例和喷油策略等对喷射过程的影响加以分析（Chiatti 等，2007）。

图 A.7　在柴油喷油嘴上通过数值模拟计算得到的气穴区域分布特征

根据计算结果还可以得到喷油嘴出口处燃油喷射速度、湍流强度，以及燃油蒸气的体积百分数等详细信息，这些信息可以作为对刚离开喷油嘴的燃油喷注的初次雾化作出评估的依据（Tatschl 等，2000a），也可以作为后续内燃机燃烧室中燃油喷雾模拟的输入数据（对柴油喷射过程见 Chiavola 和 Palmieri，2006，对汽油喷射过程见 Greif 等，2005）。

此外，对气穴现象的预测可用于喷油嘴和喷油装置部件中穴蚀问题的分析与研究（Greif 等，2005），也可以作为对柴油喷油嘴中热负荷的数值研究的依据（Leuthel 等，2008）。

A1.5　燃油喷雾与壁面油膜

在直喷或非直喷式内燃机中，对燃油和空气混合物随时间变化和在空间分布上的计算以及后续的燃烧模拟，其精度在很大程度上取决于所用模型的预测能力，这些模型描述燃油喷雾的发展过程、壁面油膜的形成与输运（Bianchi 等，2006；Bianchi 等，2007；Musu 等，2006）。AVL FIRE®包含了一个综合模型包用于计算燃油喷射、雾化、液滴的二次破碎、蒸发、液滴与壁面的相互作用等。本节将对应用于柴油和汽油喷射过程数值模拟的模型进行概述。

A1.5.1 离散化液滴-喷雾方法

当今用于内燃机中燃油喷雾与混合气形成模拟的喷雾模型，主要是基于 Lagrange（拉格朗日）“离散化液滴法”（Discrete Droplet Method，缩写 DDM。详见 Dukowicz，1980）。其中连续的气相由 Euler（欧拉）守恒方程描述，而离散相的输运则通过跟踪有代表性液滴包的轨迹计算得到。液滴包系由一定数量具有相同物理特性的液滴组成，它们在运动、破碎、撞击壁面或者蒸发时具有相同的行为。液滴包的运动是通过气态求解过程中单位时间步长内的一个子循环程序来计算的，它考虑到通过气态作用在液滴包上的力，以及与此相关的传热与传质（见图 A.8）。液相与气相的耦合则由质量、动量、能量和湍流之间的源项交换项来实现。

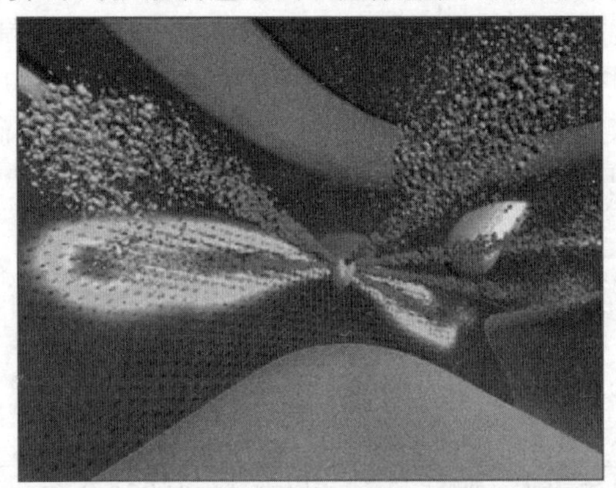

图 A.8 在一台直喷式柴油机燃烧室中燃油喷射时的液滴分布与蒸气凝结

当液滴包进入流动区域后需要起点位置和方向、尺寸大小、速度与温度等信息来作为进一步计算的初始条件。AVL FIRE®对于液滴的进入提供了相应的软件，这些液滴以喷雾的形式从喷油嘴喷出，其初始条件可以由用户指定，也可以由先前喷油嘴内部流动模拟计算的结果来确定，采用后一种方法时，还可以确定喷油嘴内部流动对于喷射出的液态燃料初次雾化特性的影响，由此可以进一步确定喷注形状和液滴大小分布的演化过程（Tatschl 等，2000b；Chiavola 和 Palmieri，2006）。

对于初次雾化的建模，AVL FIRE®在 DDM（离散化液滴法）中提供了两种基本选择：第一种选择是引入一系列与喷孔直径一样大小较大的液滴，它们代表了集束液态射流，即燃油喷注，其直径随后将按照初次雾化模型算得的质量消减律逐渐减小（Fink 等，2009）；第二种选择是基于对喷油嘴喷出液柱进一步破碎的分析，采用一个分离的子模型来计算在喷油嘴下游液滴从喷柱表面脱离的情况，这样形成的液滴一开始就已经明显小于喷油嘴直径（v. Berg 等，2005）。

两个模型都要用到先前对喷油嘴内部气穴化流动模拟的详细信息，来计算液滴的初次雾化率，以及由此引起的碎片或液滴的大小。上述处理方法建立了喷注模拟和喷油嘴内部流动计算之间的直接联系，从而证明它对喷油过程精确的初次雾化以及其后的柴油机混合气形成模拟具有决定性的作用（Masuda 等，2005；Nagaoka 等，2008）。喷油嘴内部流动模拟和喷雾模拟之间的联系，是通过喷油嘴出口处横截面上双方对应数据之间的交换来实现的。

二次雾化是在喷注锥体内紧接着初次雾化发生的过程，它是由于气流与液滴间的相互作用引起，直到液滴的大小达到一定的平衡为止。液滴的破碎雾化机理由相应的模型描述，它们包括变形破碎、气泡破碎、边界层分离、毛细管波分离，以及由 Rayleigh - Taylor（瑞利 - 泰勒）不稳定性引起的剧烈分解等（v. Künsberg Sarre 和 Tatschl，1998）。

湍流扩散模型处理单个液滴与流场中的局部湍流涡旋之间的相互作用。每一作用在液滴上的力都取决于涡旋的瞬间速度以及颗粒的惯性。碰撞 - 聚合模型通过概率密度函数来描述液滴间碰撞的概率和后果，该函数确定了碰撞事件的频率与种类。最近的研究还考虑了边界碰撞现象和飞溅效应（Stralin，2006）。

变形与空气阻力模型研究液滴因空气动力学原因造成的变形，以及由此产生的对液滴空气阻力系数的影响。

为了正确计算蒸发过程，有多种方法可对液滴受热和由液态转变为气态时的物质变化过程建立计算模型（见图 A.9）。在最初的建模方法中曾假定：液滴为球状、其表面满足准静态条件，而且液滴的温度和内部涡流均匀。对于每种模型的传热和传质系数均按相应的物理定律分别给出。由于以上方法中对传热、液滴变形及其内部涡流都做了简化，故还需要附加修正函数予以补偿。此外还有一个多组分蒸发方法可用来计算由任意多组分组成的液滴蒸发过程（Brenn，2007）。实际上内燃机使用燃油的组分大约有 4 ~6 种，因此，依据各单一组分的挥发特性就可以确定燃油的蒸发性质，实践证明此方法能满足所需的计算精度要求。

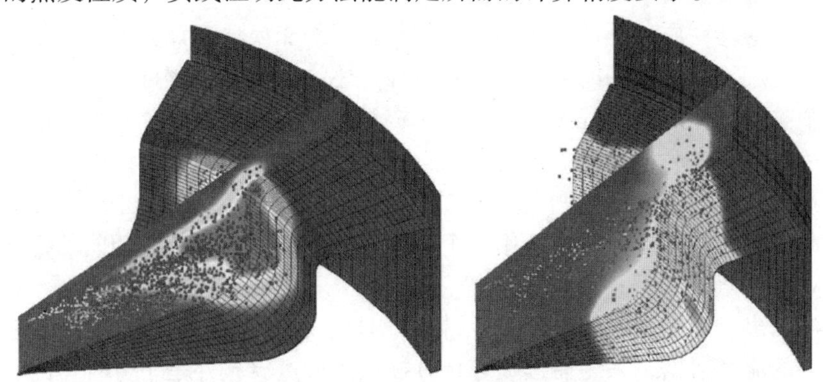

图 A.9 当一台直喷式柴油机从冷机起动时，在曲轴转角分别为上止点后 20°（左图）与 30°（右图）工况下，壁面附近燃油喷注雾化以及空燃比的分布情况

液滴碰壁模型描述了与壁面相撞燃料液滴的行为，以及与速度、直径、物理性质和壁面粗糙度与温度等参数之间的关系。当撞击速度很低时，液滴将附着在壁面上或者会进入壁面油膜（见图 A.10）。当撞击速度增大时，会在液滴下游形成一个蒸气或空气层，从而使液滴在接近壁面时反弹并因此丧失一部分动能，故液滴的反弹速度一般要低于撞击前的速度。当撞击速度进一步增大时，将产生扩散和飞溅

现象。人们直到最近才在扩展的液滴飞溅模型中考虑了壁面温度的影响（Birkhold 等，2007）。

图 A.10　在一台直喷式汽油机中燃烧室中燃油液滴的分布与壁面油膜的形成

A1.5.2　Euler（欧拉）喷雾模型

上述离散化液滴模型主要适用于稀疏的喷雾，但在用于喷油嘴出口附近的稠密喷雾时，则具有一定的局限性，因为那里气相和液滴相互相紧密耦合，也因为局部网格过度细化引起统计收敛性问题。为此，可以采用 Euler（欧拉）方法来替代 DDM 方法。此时，将喷雾液滴按大小分类并将其视为互相分离又相互渗透的相。目前使用的基于 Euler 多相方法的模型，是从主要的守恒方程组通过总体（系综）平均法推导得来的（Alajbegovic 等，1999）。计算时，对每相都求解其动量、能量守恒方程组，以及相应的湍流动能及其耗散的方程组。在每个计算单元中对每个液滴相通过一个确定的体积分数和确定的直径，有时也通过液滴数目来加以描述（v. Berg 等，2001）。

对所有与液滴大小或液相比表面积相关的交换过程也要相应地建模，也就是说相关过程的物理性质，是通过界面上相与相之间的交换项来计算的。此外，还使用特别的模型用于计算燃油的雾化和蒸发过程。燃油的雾化过程分为初次雾化和二次雾化两个阶段，在前一过程中密集的喷注核先分裂为较大的碎片，然后进一步分裂成单个的液滴；在后一过程中不稳定的大液滴再在空气动力学力的作用下分解为稳定的小液滴。考虑到空气阻力和湍流扩散力也对气相与液相之间的动量交换有影响，对此也将相应建模。最后还用一个蒸发模型来描述液相与气相间的物质和热量交换（v. Berg 等，2003；Vujanovic 等，2008）。

喷油嘴出口处完全采用 Euler（欧拉）网格，由独立的喷油嘴流动计算所得并事先储存的流场数据，来为后续喷雾计算提供入口边界条件是十分合理的，这些数据包括喷油嘴喷孔的几何形状，以及按 Euler 喷雾模型来为液相或在发生气穴情况下也包括气相计算所得的随时间变化的流动数据。针对喷孔内流动数值模拟所得的湍流信息，可以作为计算初次喷雾模型中液滴破碎率和最终稳定尺寸的依据。在近喷油嘴稠密区处，Euler 喷雾模型与燃油喷注在燃烧室内扩散、雾化以及与燃烧过程的数值模拟之间的结合，是通过“AVL 代码耦合界面”（AVL Code Coupling Interface，简称 ACCI）使用一种嵌套网格结构来实现的，具体实例见图 A.11（Edelbauer 等，2006；Suzzi 等，2007）。

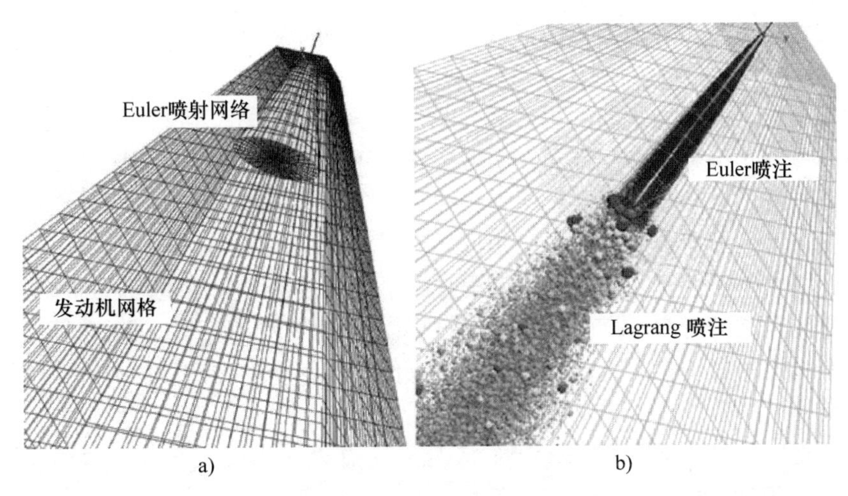

图 A.11 使用嵌套网格与 ACCI 耦合的 Euler/Lagrange（欧拉/拉格朗日）方法计算得到的喷注雾化情况（Edelbauer 等，2006）

a）嵌套网格 b）Euler/Lagrange 方法

A1.5.3 壁面油膜输运

AVL FIRE® 中的壁面油膜模型可以模拟油膜的形成、运动和蒸发（见图 A.10）。它考虑了壁面油膜与气流、燃油喷注之间的相互作用，以及壁面表面粗糙度对油膜输运的影响。所用的建模方法是假定气流和壁面油膜流动可以作为互相独立的相来加以处理。壁面油膜模型建立的基础是使用了一种二维有限体积法，来对燃烧室和管道的壁面方程组进行离散化（Stanton 和 Rutland，1998）。

气相和液态油膜之间的耦合是通过半经验公式计算所得的，两者之间在油膜表面的物质与动量交换来确定的。假定油膜表面平行于壁面运动，油膜厚度与气体流动区域的尺度相比很小。在这种油膜厚度很薄的情况下，油膜和气流界面上的摩擦力与纵向剪应力要比惯性力和横向剪应力的影响大得多。对于油膜的形成与流动有影响的物理效应还有油膜的剥离（由于较大的剪应力使油膜在表面处破裂）、与燃油喷注的相互作用、油膜与壁面，以及气相间的传热、油膜的蒸发（包括由多种组分组成的燃油膜的蒸发），还有相间的剪应力和重力等，它们均由相应的子模型近似处理（Ishii 和 Mishima，1989；Birkhold 等，2006，2007）。

A1.6 燃烧

对燃烧化学反应以及烃类物质氧化时湍流与化学反应间的相互作用建模，是在对湍流反应流进行模拟时重要而且困难的任务。典型的烃类－燃料反应动力学过程包含数百种中间产物，其反应途径通常包含数百至数千个反应步骤。我们对烃类－

燃料反应的细节及其反应率系数了解得不够，由于计算过于复杂费时也不可能用三维 CFD 对整个反应作出计算。

化学反应与流场变量间的紧密耦合源自化学反应速率，由于温度和浓度场局部随机波动呈现出明显的非线性。在实践中通常用一种平均方法，将瞬时流场变量用其平均值与波动来替代。这在数学上将使守恒方程组中出现这样的项，它们包含波动的统计关联性并且能正确表达已知流场变量的平均值。

在过去数十年间开发了多个复杂程度各不相同的模型，希望能通过守恒方程组定量地研究烃类的着火与燃烧化学反应过程以及平均反应速率。对于特殊的燃烧过程需要有特殊的模型来研究其反应机理，以保证对其物理化学过程的计算结果达到所需的精度。

以下将对 AVL FIRE®中用于压燃式与火花点火式内燃机的着火与燃烧过程的模型进行简要介绍。

A1.6.1 柴油机中的燃烧

对于柴油机中燃烧过程的计算，在目前通用的燃烧模型中存在对压缩着火起关键作用的三个阶段，即自燃、预混合火焰燃烧和非预混合的扩散燃烧（见图 A.12）。自燃的预反应系在气缸中燃油与空气预混合的过程中进行计算，气缸充量除燃料与空气外还包括一定量的残余废气，而着火延迟期则由局部温度、压力、空燃比以及残余废气量来确定。紧接着缸内局部自燃以后的是燃油、空气和残余废气组成的混合物的预混合燃烧，这段时间是从喷油开始到缸内全面自燃为止。第三阶段是扩散燃烧，其化学反应是在一个燃油和氧气界面的狭窄区域内发生的。在现今的模型中通常假定反应区内的化学反应时间要小于扩散过程所需的时间，因此扩散燃烧时的反应速率系由燃油和空气湍流混合的速度来确定的（见图 A.13）。而后者，即混合速率或强度，则是基于一种特征时间尺度通过湍流模型的计算来得到的（Colin 和 Benkenida，2004）。

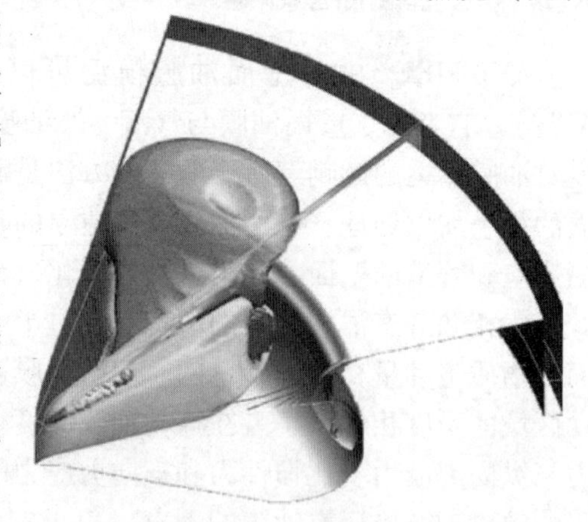

图 A.12　直喷式柴油机燃烧时的燃油液滴、等温面以及沿喷雾轴线的温度分布示例

由于对不同着火燃烧机理的清晰划分，使得目前的模型不仅适用于研究传统柴油机的燃烧，而且可用来研究柴油机的其他替代燃烧过程（Tatschl 等，2007；Priesching 等，2007）。尽管传统柴油机的燃烧主要属于扩散燃烧（见图 A.14）；而在其他替代燃烧过程中预混合将占很大比例（见图 A.15）。但由于该模型的普遍

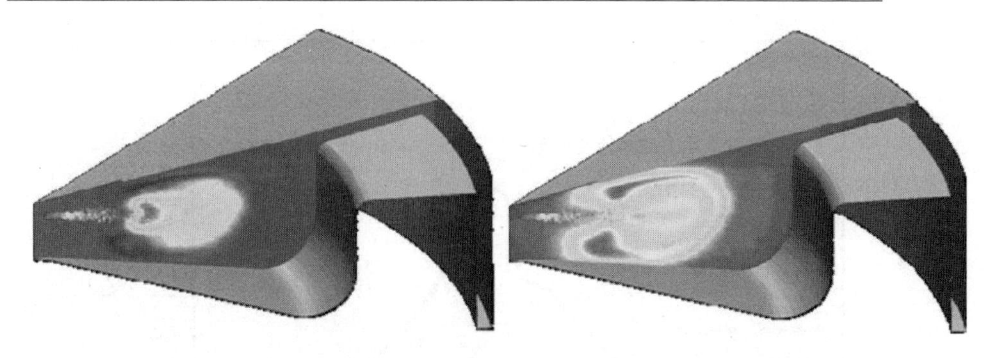

图 A. 13　在一台直喷式柴油机燃烧室某扇形截面上当曲轴转角为上止点后 10°时的燃油蒸发浓度（左图）和温度分布（右图）情况

性，它适用于当今和未来内燃机有可能使用的各种燃油。对于自燃的预测可使用预先计算好的着火延迟数据，它们被保存在所谓“事先准备好的表格（Look - up Tabellen）”中，在使用 AVL FIRE®时只需针对具体所用的燃油读取相应的数据即可。这类表格中表示复杂反应机理的数据是通过反应动力学计算得来的（Curran 等，1998）。表中的数据是以压力、温度、空燃比和残余废气含量等的函数形式保存的。这些参数的范围应当涵盖气缸中燃烧前后一定时间带宽内的压力、温度和混合气成分。在 CFD 模拟中实际确定着火延迟时将采用对自燃指示组分输运方程的求解来进行，其形成率则从相关表格中的数据推得。一旦指示组分的局部值达到了一定的极限值自燃即会发生。燃油燃烧速率将由一个特征化学时间尺度调节，以确保自燃后实现迅速的燃烧（Colin 等，2005）。

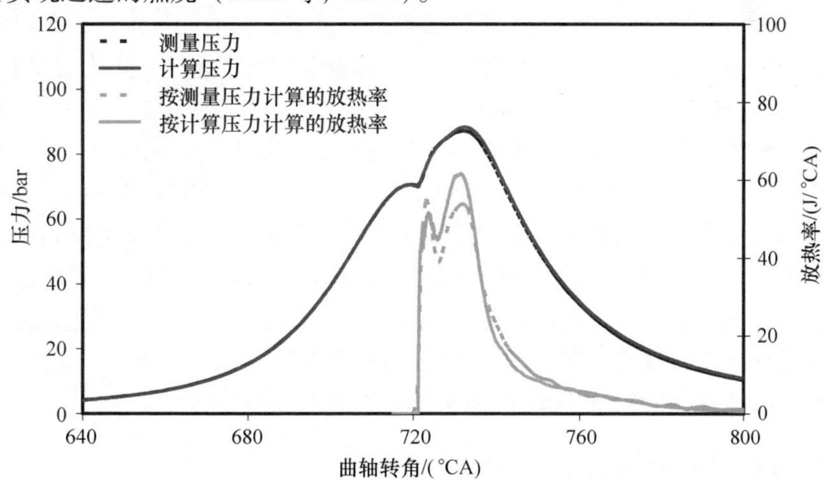

图 A. 14　传统柴油燃烧缸内压力变化与放热率计算值与测量值的比较（Tatschl 等，2007）

在高温燃烧时烃类氧化过程的计算将分为三个主要反应步骤。燃料首先部分氧化为 CO 和 CO_2，接着 CO 将在有 O，H 和 OH 自由基参与的后续过程中继续反应（可通过化学平衡法确定），直至形成主要由稳定的 CO_2 和 H_2O 组成的最终产物。

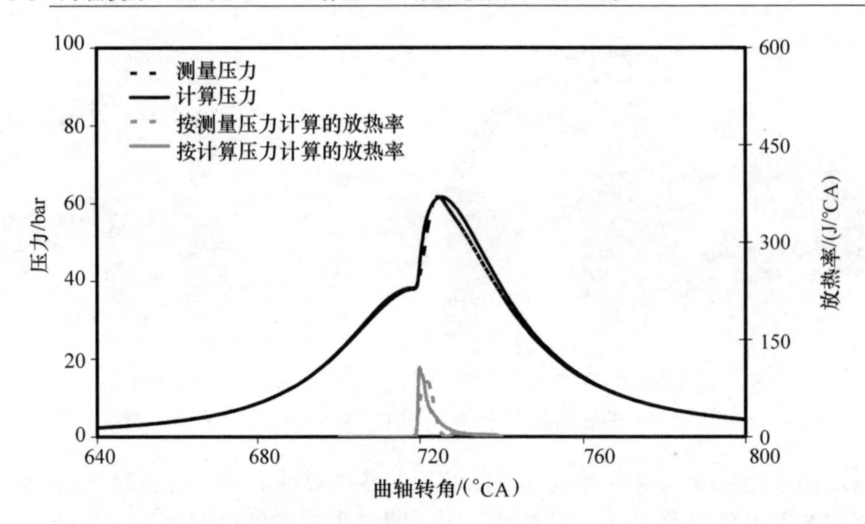

图 A. 15 HCCI－柴油燃烧缸内压力变化与放热率计算值与测量值的比较（Priesching 等，2007）

上述燃烧反应能够详细描述对发动机缸内燃烧至关重要的混合物组成（是稀还是浓），以及实际的残余废气量。除了燃烧放热和稳定的最终产物外，所用的方法还能提供 CO 和自由基组分的所有重要信息，这对后续关于有害物质的计算十分重要。

除了上述的燃烧模型外，AVL FIRE®还提供一系列其他模型，用于压燃式燃烧过程的分析研究。例如，有一个湍流燃烧模型，通过与适当的自燃模型相结合后可分别用于常规柴油燃烧（Tatschl 等，1998；Dahlen 和 Larsson，2000；Cipolla 等，2007），或 HCCI－燃烧（Priesching 等，2003）。具有特征时间尺度的模型可按最初 Kong 等（1995）的方法使用，也可以与化学动力学的机理相结合用于 HCCI－燃烧（Priesching 等，2003）。

对于详细的化学反应动力学的直接计算有一个常微分方程（Ordinary Differential Equation，缩写 ODE）求解器可供使用，它已集成在 CFD 求解器的基础算法中，从而可以确保快速得到耦合方程组的稳定解。为了解局部的反应动力学过程需要在每个计算单元内计算化学反应，而湍流混合过程则通过特征时间尺度方法予以考虑。有关反应化学动力学机理的具体数据，可以通过常用的 CHEMKIN 数据格式读入，此外用户还能通过开放的软件接口来完全控制源项和湍流相互作用模型的计算，例如可以加入自己的子模型（Wang 等，2006）。

A1. 6. 2　汽油机中的燃烧

在汽油机中燃烧时的预混合火焰的传播特性主要受到气缸内的湍流、混合气的分布，以及缸内火焰前锋前方未燃混合气的压力和温度条件的影响。湍流火焰的局部传播速度则取决于相应燃油的层流火焰速度和流场中的局部湍流强度。汽油机中湍流燃烧照例是在预混合的条件下进行的。

在现有研究汽油机湍流燃烧的模型中通常将湍流火焰前锋看作是褶皱的层流火焰前沿。该模型基于火焰表面密度的输运方程的求解，其中湍流折叠效应会使作为源项的火焰表面积增大，而化学反应会使火焰表面积变小（见图 A.16）。由于 AVL FIRE®中所提供的拟序火焰燃烧模型充分考虑了空燃比的不均匀性和残余废气对火焰传播特性的影响，因此也能对分层燃烧进行计算（Duclos 等，2000；Georjon 等，2003；Patel 等，2003）。

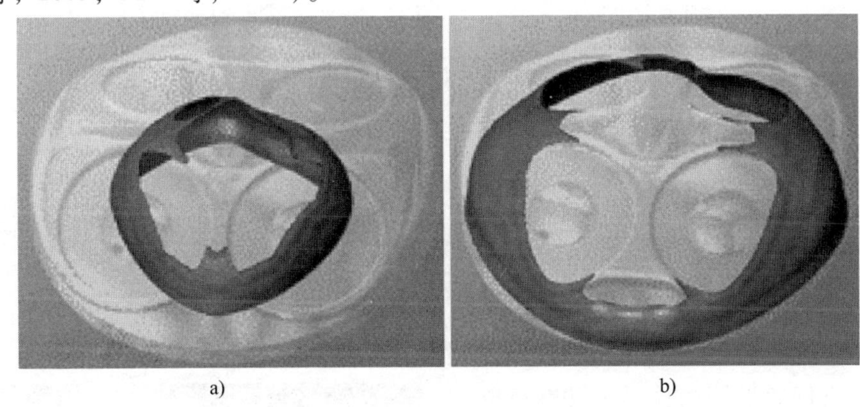

a) b)

图 A.16 在一台四气门汽油机中火焰前锋的形状与位置

a）上止点后曲轴转角 15° b）上止点后曲轴转角 25°的情况

在拟序火焰燃烧模型中需要的层流火焰详细速度信息，可以直接取自经验数据（见 Metghalchi 和 Keck，1982），或者通过反应动力学计算得到层流火焰速度，它们是作为温度、压力、空燃比和残余废气量的函数，制成表格形式以便查找（Bogensperger 等，2008），这项制表工作是在 CFD 计算前独立进行的。一旦有了各种特定燃油的列表数据，AVL FIRE®在以后所有的计算中都可以加以使用。通过快速插值算法读取表格中的湍流火焰速度，可以保证在燃烧计算中 CPU 更有效地使用有关化学动力学的详细信息。

在燃烧模型中计算燃油氧化过程可以使用非常复杂的化学动力学机理，但在现实条件下进行多维模拟时，燃油组分的数量则受到 CPU 容量的限制，因此实际上则尽量采取较为简化的反应机理，以便与化学平衡方法相结合来确定火焰区与再氧化区的高温氧化过程（见图 A.17）。

对于火花点火和早期火焰核生长的建模既有半经验方法可用，也有复杂的模型可以用来充分考虑点火系统特性、火花塞处的热量损失以及充量的不均匀性和流场对早期火焰核生长的影响（Duclos 和 Colin，2001）。

“弧线与火焰核跟踪（Arc and Flame Kernel Tracking，缩写 AKTIM）”点火模型由四个子模型组成（见图 A.18）。其中一个子模型描述了电感应系统的次级效应，用于计算点火所需的能量持续时间。另一个子模型则用来模拟电火花本身，它由一组沿着火花传播路径排列的粒子组成。火焰核则由 Lagrange（拉格朗日）标记粒子

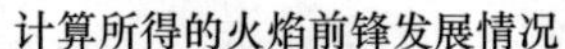

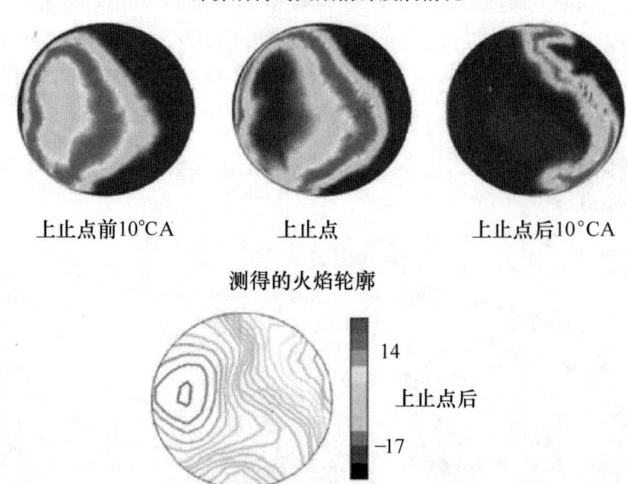

图 A.17　在一台两气门汽油机气缸垫平面处计算所得的火焰前锋（上图）与测得的火焰轮廓（下图）的比较

描述，它们通过湍流输运，其能量取自感应电流但在电极处因热传导而有所损失。因此，AKTIM 可以对火花点火和早期火焰核生长过程进行相当完善的描述，从而十分适合用于详细分析火焰的形成过程及后续火焰传播特性。除了经典的 AKTIM 方法外，AVL FIRE®还提供了更为简洁流畅的精简版 AKTIM，称为“强制伸展点火模型（Imposed Stretch Spark Ignition Model，缩写 ISSIM）”。

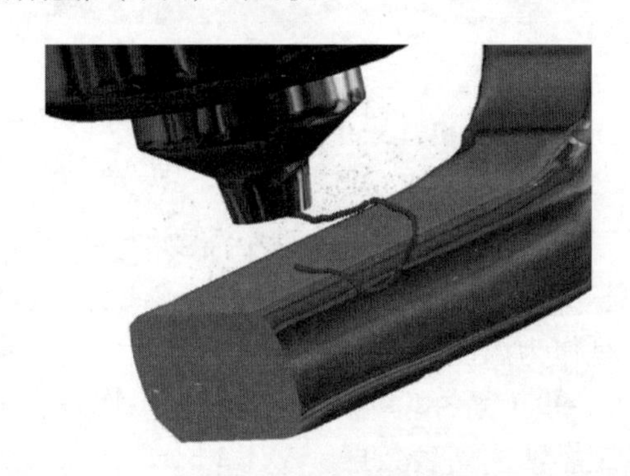

图 A.18　用 AKTIM 模型计算所得的电火花诱发的等离子流与湍流场的相互作用情况

对于最终引起汽油机爆燃的尾气中的预反应，有多种复杂程度不同的模型可供使用。所谓的 AnB－爆燃模型基于对爆燃诱导根基生成率的计算，它能描述自燃－预反应的进度。而爆燃诱导根基生成率的计算则基于熟知的表示化学反应速率的 Arrhenius（阿伦尼乌斯）方程，其中反应参数是所研究的燃油种类以及燃烧室中局部热化学条件的函数。由化学反应动力学计算得到的对某些具代表性烃类（燃油）的自燃数据表格，也可以用来确定爆燃诱导根基的生成率。

在有的化学反应动力学爆燃模型中尾气的预反应，是通过简化的动力学机理并使用所谓的通用化学组分来建模的（见图 A.19）。动力学爆燃模型反映了烃类自燃的复杂特性，例如冷焰的出现或者在一定温度范围中着火延迟的负温度效应。也有优化的反应率参数可用于一系列具不同辛烷值的燃料。

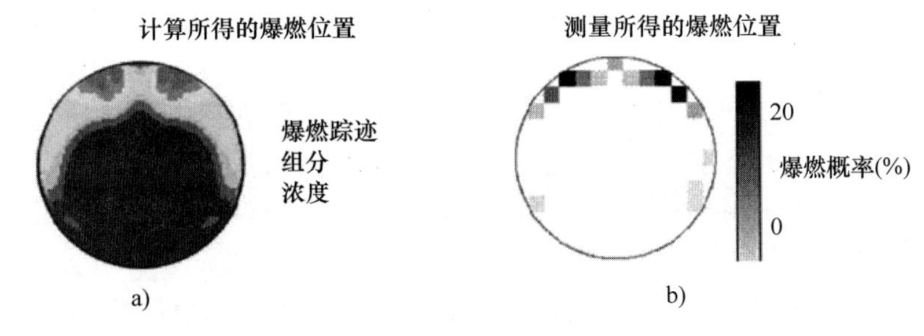

图 A.19　在一台四气门汽油机气缸垫平面处计算所得的爆燃位置与实验测得的爆燃位置概率分布的比较（Tatschl 等，2005）

a）计算所得　b）实验测得

除了拟序火焰燃烧模型外，AVL FIRE®还提供了一系列模型来对预混合充量中的火焰传播进行模拟。湍流控制模型假定平均反应速率与反应动力学无关，因此反应过程是通过冷的反应物与热的燃烧产物相混合来确定的。这个模型可用于对汽油机中流动与火焰的相互作用作出迅速、简易的评估（Ahmadi - Befrui 和 Kratochwill，1990）。

此外，对于汽油机中均匀和不均匀的预混合燃烧过程的模拟还有一个普遍适用的“湍流 - 火焰 - 速度 - 封闭（Turbulent - Flame - Speed - Closure，缩写 TFSC）”方法，它允许用户能够方便地根据相关燃油和湍流条件预先给出自己拟定的火焰速度关系。“TFSC 方法”的基础是将反应速率视为局部层流火焰速度的函数，并结合湍流强度与尺度的信息予以确定（Wallesten 等，1998）。充量温度、压力、局部空燃比以及局部湍流条件与残余气体的影响都将加以考虑。

为了对火焰传播过程进行详细的基础研究，AVL FIRE®还提供了一个所谓的“联合标量概率密度函数输运（Transported JointScalar - Probability Density Function，缩写 TJS - PDF）”方法来对汽油机的燃烧过程进行建模（Cartellieri 等，1994；Tatschl 和 Riediger，1998；Amer 和 Reddy，2002）。TJS - PDF 模型并不像通常的方法那样假定化学反应速率为无限大，或是存在一个很薄的反应层，而是同时详尽地考察既是有限反应速率（Finite - Rate - Chemistry，有限反应速率化学），又考虑了湍流混合过程的效应，这样就无需对这两个过程中的某一个假定平均反应率。所用的模型可以通过求解 TJS - PDF 输运方程得到反应系统的热量、热化学参数、混合气形成，以及其他反应过程变量。TJS - PDF 输运方程采用 Monte - Carlo（蒙特卡罗）法，即统计模拟法求解，其中平均速度、压力和标量场等都通过有限体积法求解器不断进行迭代更新，直到方程组能完全收敛为止。

A1.7　有害排放物质的形成

本节将对 AVL FIRE®中计算内燃机中 NO（氮氧化物）和炭烟形成的模型作一

简介。所述模型对压燃式和火花点火式发动机均适用，并且可以和前一节所描述的着火与燃烧模型结合使用。

根据以上两种模型可以了解混合气形成、燃烧以及有害排放物质形成之间相互作用的细节。按照燃烧室中不同部位的温度与组分浓度的分布，可以很方便地解释大多数过程所发生的现象。从而可以评估燃烧参数在不同的空间与时间上的变化对炭烟和 NO 形成机理的影响。得到的有关有害排放物质形成的全部数据又可以作为后续对不同工况下燃烧品质评价的基础，例如可以分别研究喷油始点、喷油压力、进气压力、残余废气含量和增压度等对 NO 和炭烟形成的影响。

A1.7.1 氮氧化物的形成

在典型的燃烧条件下形成的氮氧化物主要是氧化亚氮（NO），它有三个主要来源：热 NO 是由空气中的氮气离解形成的；瞬发（即瞬间发的）NO 是烃类物质裂解组分与空气中的氮气结合形成的；燃油 NO 是燃油中含氮的组分形成的。上述最后一个通常在内燃机中可以忽略不计，因为在汽油或柴油中的含氮量是很少的。另外两个形成机理是发动机的 NO 形成的主要来源，其具体比例视燃烧方式有所不同，其中多数为热 NO，占主要地位，但有的瞬发 NO 也占不少的分量。

按照热 NO 和瞬发 NO 的形成机理，NO 既可以在反应区（即火焰区），也可以在已燃区内形成。内燃机缸内燃烧时，缸内压力升高，这样会使已燃气体因受到压缩而升温，致使其温度比直接燃烧后的温度还要高。由于在高温的已燃区驻留的时间较长，使得已燃气体中热 NO 的形成通常要比在火焰前锋生成的瞬发 NO 还要多，从而成为内燃机中氮氧化物的主要来源（见图 A.20）。在 AVL FIRE® 中热 NO 的生成是根据 Zeldovich（泽尔多维奇）机理来建模的（Zeldovich 等，1947），该机理基于化学平衡假定，即视氮原子为附加的中间产物。由于其浓度与烃类物质氧化的动力学无关，故热 NO 可通过以下的反应步骤来形成，这也就是人们熟知的 Zeldovich 机理的扩展形式：

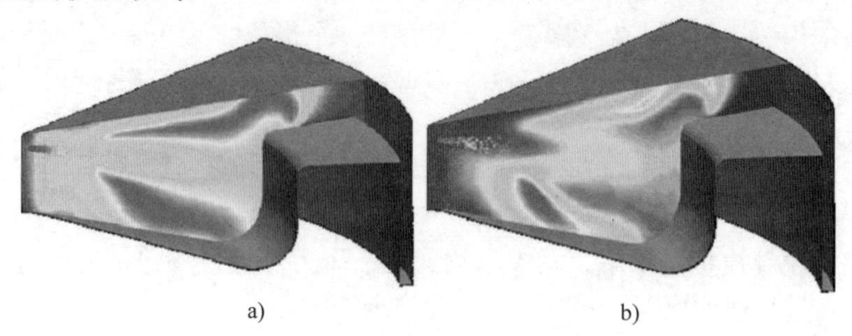

图 A.20 在一台直喷式柴油机中温度与 NO 浓度于上止点后 20° 曲轴转角时的分布情况

a）温度 b）NO 浓度

$$N_2 + O \underset{k_{1b}}{\overset{k_{1f}}{\leftrightarrow}} NO + N$$

$$N + O_2 \underset{k_{2b}}{\overset{k_{2f}}{\leftrightarrow}} NO + O$$

$$N + OH \underset{k_{3b}}{\overset{k_{3f}}{\leftrightarrow}} NO + H$$

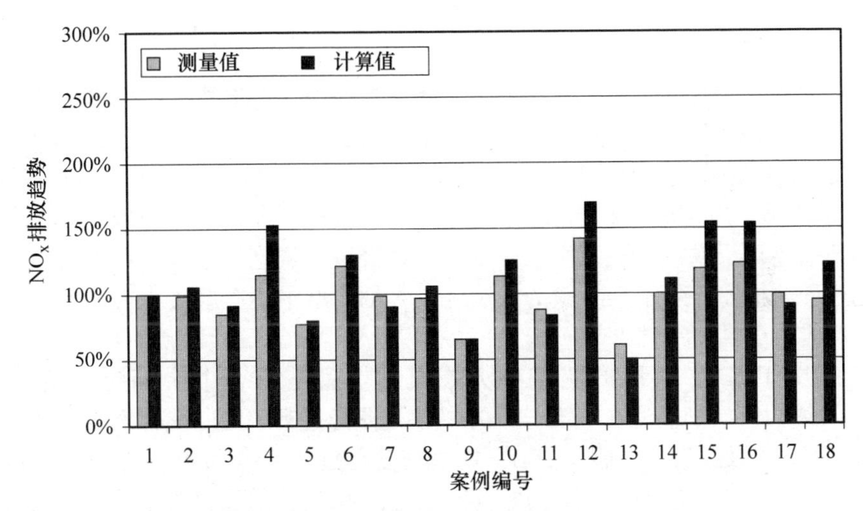

图 A. 21　一台直喷式柴油机在不同燃烧参数下计算所得与实测的 NO 排放趋势的比较（Priesching 等，2007）

上述第一个反应式描述了热 NO 生成机理中反应速率受到限制的部分。为了克服空气中氮牢固的三键结合力，需要很高的激活能（温度），因此该反应只有在高温且具有较大速度的情况下发生。在第二个反应式中，氮原子在混合气接近化学计量比或稍稀条件下氧化为氧化亚氮。第三个反应除非是混合气过浓的燃烧情况，一般均可忽略不计。从以上反应链可以看出，由氮气生成的热 NO 主要由五种化学成分 O、H、OH、N 和 O_2，但不是由所用的燃油所确定的。根据上述 NO 反应机理可将全部的 NO 形成速率用下式来表达（Bowman，1992）：

$$\frac{dc_{NO}}{dt} = 2k_{1f}c_O c_{N_2} \frac{\left(1 - \frac{k_{1b}k_{2b}c_{NO}^2}{k_{1f}c_{N_2}k_{2f}c_{O_2}}\right)}{1 + \frac{k_{1b}c_{NO}}{k_{2f}c_{O_2} + k_{3f}c_{OH}}}$$

为了对以上方程求解需要知道氧原子和 OH 自由基的浓度，视燃烧模型的不同，它们可以在 AVL FIRE®中通过详细的或简化的化学动力学计算方法获得，也可以由经验公式取得。

在特定的工况条件下，例如在某些柴油替代燃烧过程中，烃类物质燃烧形成 NO 的速率会比 Zeldovich 机理所确定的高，而烃类物质是燃油在燃烧过程中裂解产生的。由于瞬发 NO 生成是通过大气中的氮气与这些烃类物质裂解组分反应形成的，这种 NO 形成机理正如它的名称所表达的那样，是瞬间发生的，它在火焰中形成 NO 的速率要远远高于热 NO。在 AVL FIRE®中对于瞬发 NO 的计算模型用了 De Soete 于 1975 年提出的一种总体反应方法。

在 AVL FIRE®中采用一种假设的概率密度函数（PDF）来计算相关化学动力学的反应速率，以考察湍流场中温度波动对 NO 生成速率的影响（Vujanovic 等，2006）。

A1.7.2 炭烟的形成

炭烟的形成是脂肪族化合物转化为大分子芳香烃的聚集物，然后再转化为颗粒物的过程。至于初级颗粒的凝结和固态炭烟微粒的生长，则是由于气态成分的聚集。颗粒物的氧化则是在高温下氧原子与炭粒子作用的结果（Frenklach 和 Wang，1990）。

AVL FIRE®中的炭烟模型是基于适当扩展、调整过的化学－物理反应速率的组合，用于描述粒子成核、表面生长以及颗粒物聚集和氧化等过程。对于炭烟形成及其氧化过程的描述，除了半经验的方法外，炭烟模型中还有层流小火焰方法和简化的化学反应式可供使用。

在 AVL FIRE® 中所用的层流小火焰炭烟模型基于一个炭烟源项的数据库（Mauss，1998）。炭烟模型在三维 CFD 中的实现是通过求解反应混合物成分及其变化的输运方程，以及通过一个假设的 β－概率密度函数（β－PDF）分布对瞬时炭烟形成速率积分来求取平均形成率的（Priesching 等，2005）。尽管该模型在化学动力学方面非常复杂，但因为炭烟形成与氧化的源项在 CFD 模拟前，已经求出并保存在数据库中，该模型在计算精度和速度方面还是非常有效的（见图 A.22 和图 A.23）。

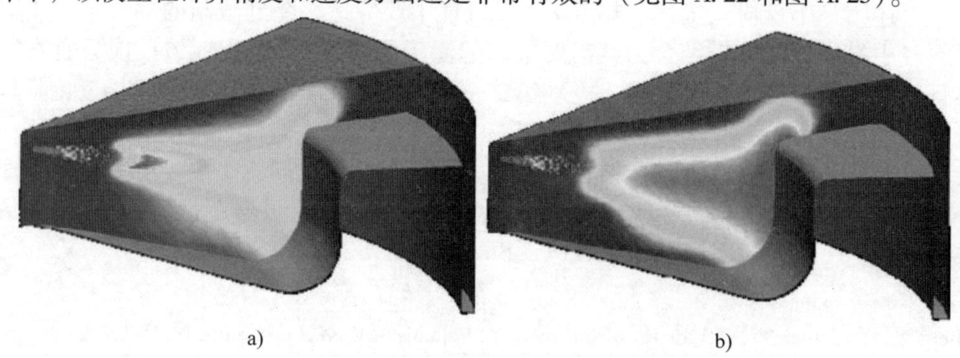

a) b)

图 A.22 在一台直喷式柴油机中，燃油蒸气与炭烟浓度于上止点后 20° 曲轴转角时的分布情况

a）燃油蒸气 b）炭烟浓度

AVL FIRE®中动力学炭烟模型的基础包括求解炭烟形成与氧化的详细的化学反应过程。它结合了以下这些机理：多环芳烃的形成；由于烃类分子凝结形成早期炭烟；通过脱氢加乙炔（Habstraction－C_2H_2－addition，缩写 HACA）反应和添加聚炔烃造成的炭烟粒子生长；乙炔裂解；纯碳聚集物的形成和烃类氧化反应等（Krestinin，2000；Agafonov 等，2002）。此外，现有的模型对于组分的数量以及上述机理所涉及的反应数量略有减少，且对一定数量发动机燃油的反应速率的系数进

行了适当优化，从而使其成为三维 CFD 模拟中计算炭烟的有效方法。

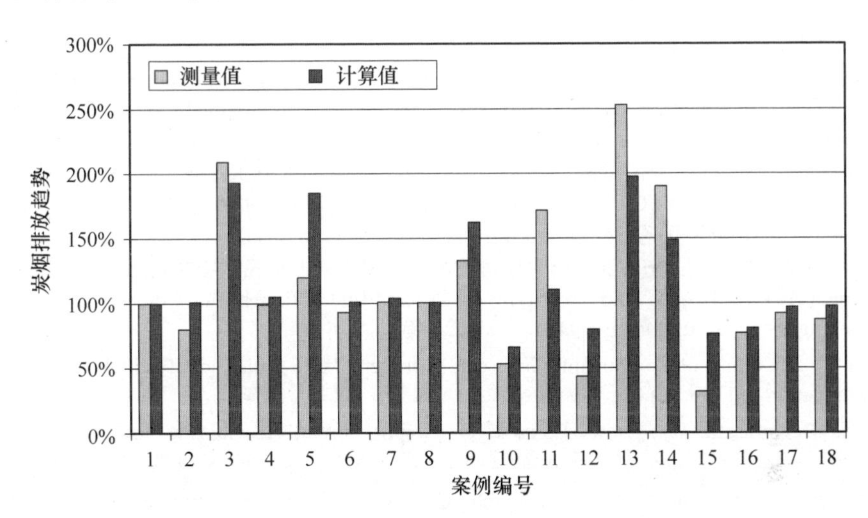

图 A. 23 一台直喷式柴油机在不同燃烧参数下计算所得与实测的炭烟排放趋势的比较（Priesching 等，2007）

参考文献

Agafonov, G.L., Nullmeier, M., Vlasov, P.A., Warnatz, J. and Zaslonko, I.S.: Kinetic Modeling of Solid Carbon Particle Formation and Thermal Decomposition During Carbon Suboxide Pyrolysis Behind Shock Waves. Combust. Sci. and Techn. **174**, 1–29 (2002)

Ahmadi-Befrui, B., Kratochwill, H.: Multidimensional Calculation of Combustion in a Loop-Scavenged Two-Stroke Cycle Engine. In: Proc. of COMODIA 1990, S. 465–474. Kyoto, Japan (1990)

Alajbegovic, A., Drew, D.A., Lahey, R.T.: An Analysis of Phase Distribution and Turbulence in Dispersed Particle/Liquid Flows. Chem. Eng. Comm., **174**, 85–133 (1999)

Amer, A.A., Reddy, T.N.: Multidimensional Optimization of In-Cylinder Tumble Motion for the New Chrysler Hemi. SAE 2002-01-1732 (2002)

Basara, B.: An Eddy Viscosity Transport Model Based on Elliptic Relaxation Approach. AIAA Journal **44**(No. 7), 1686–1690 (2006)

v. Berg, E., Edelbauer, W., Tatschl, R., Alajbegovic, A., Volmajer, M., Kegl B., Ganippa L.C.: Coupled Simulation of Nozzle Flow, Primary Fuel Jet Break-up, and Spray Formation. Journal of Engineering for Gas Turbines and Power **127**, 897–908 (2005)

v. Berg, E., Alajbegovic, A., Tatschl, R., Krüger, C., Michels, U.: Multiphase Modeling of Diesel Sprays with the Eulerian/Eulerian Approach. In: Proc. of ILASS Europe 2001, Zürich, Switzerland (2001)

v. Berg, E., Edelbauer, W., Alajbegovic, A., Tatschl, R.: Coupled Calculation of Cavitating Nozzle Flow, Primary Diesel Fuel Break-up and Spray Formation with an Eulerian Multi-Fluid-Model. In: Proc. of ICLASS 2003, Sorrento, Italy (2003)

Bianchi, G.M., Brusiani, F., Postrioti, L., Grimaldi, C.N., Di Palma, S., Matteucci, L., Marcacci, M., Carmignani, L.: CFD Analysis of Injection Timing Influence on Mixture Preparation in a PFI Motorcycle Engine. SAE 2006-32-0022

Bianchi, G.M., Brusiani, F., Postrioti, L., Grimaldi, C.N., Marcacci, M., Carmignani, L.: CFD Analysis of Injection Timing and Injector Geometry Influences on Mixture Preparation at Idle in a PFI Motorcycle Engine. SAE 2007-24-0041

Birkhold, F., Meingast, U., Wassermann, P., Deutschmann, O.: Modelling and Simulation of the Injection of Urea-water-solution for Automotive SCR DeNOx-systems. Applied Catalyst B **70**, 119–127 (2007)

Birkhold, F., Meingast, U., Wassermann, P., Deutschmann, O.: Analysis of the Injection of Urea-water-solution for Automotive SCR DeNOx-Systems: Modelling of Two-phase Flow and Spray/Wall-Interaction. SAE 2006-01-0643

Bogensperger, M., Ban, M., Priesching, P., Tatschl, R.: Modelling of Premixed SI-Engine Combustion Using AVL FIRE® – A Validation Study. In: Proc. of International Multidimensional Engine Modelling User's Group Meeting. Detroit, MI (2008)

Bowman, C. T.: Control of Combustion-Generated Nitrogen Oxide Emissions: Technology Driven by Regulation. In: Proc. of Combustion Institute **24**, 859–878 (1992)

Brenn, G., Deviprasath, L.J., Durst, F., Fink, C.: Evaporation of Acoustically Levitated Multi-component Liquid Droplets. Int. Journal of Heat and Mass Transfer **50**, 5073–5086 (2007)

Caika, V., Sampl, P., Tatschl, R., Krammer, J., Greif, D.: Coupled 1D-3D Simulation of Common Rail Injector Flow Using AVL HYDSIM and AVL FIRE®. SAE 2009-24-0029 (2009)

Cartellieri, W., Chmela, F., Kapus, P., Tatschl, R.: Mechanisms Leading to Stable and Efficient Combustion in Lean Burn Gas Engines. In: Proc. of COMODIA **1994**, 17–24. Yokohama, Japan (1994)

Chiatti, G., Chiavola, O., Palmieri, F.: Injector Dynamic and Nozzle Flow Features in Multiple Injection Modeling. SAE 2007-24-0038 (2007)

Chiavola, O., Palmieri, F.: Coupling Codes for Nozzle Flow Modelling in Diesel Injection System. In: Proc. of ICES2006. ASME International Engine Division 2006 Spring Technical Conference, Aachen, Germany (2006)

Cipolla, G., Vassallo, A., Catania, A.E., Spessa, E., Stan, C., Drischmann, L.: Combined Application of CFD Modelling and Pressure-based Combustion Diagnostics for the Development of a Low compression Ratio High-Performance Diesel Engine. SAE 2007-24-0034 (2007)

Colin, O., Benkenida, A.: The 3-Zones Extended Coherent Flame Model (ECFM3Z) for Computing Premixed/Diffusion Combustion. Oil & Gas Science and Technology – Rev. IFP **59**(6), 593–609 (2004)

Colin, O., Pires da Cruz, A., Jay, S.: Detailed Chemistry-Based Auto-Ignition Model Including Low Temperature Phenomena Applied to 3D Engine Calculations. In: Proc. of Combustion Institute **30**, 2649–2656 (2005)

Curran, H.J., Gaffuri P., Pitz W. J., Westbrook C.K.: A Comprehensive Study of n-Heptane Combustion. Combustion and Flame **114**(1–2), 149–177 (1998)

Dahlen, L., Larsson, A.: CFD Studies of Combustion and In-Cylinder Soot Trends in a DI Diesel Engine – Comparison to Direct Photography Studies. SAE 2000-01-1889 (2000)

Demirdzic, I., Lilek, Z., Peric, M.: A Collocated Finite Volume Method for Predicting Flows at All Speeds. Int. Journal for Numerical Methods in Fluids **16**, 1029–1050 (1993)

Drew, D.A., Passman, S.L.: Theory of Multi-component Fluids. Springer, New York (1998)

De Soete, G.G.: Overall Reaction Rates of NO and N2 Formation from Fuel Nitrogen. In: Proc. of Combustion Institute **15**, 1093 (1975)

Duclos, J.M., Bruneaux, G., Baritaud, T.A.: 3D Modelling of Combustion and Pollutants in a 4-Valve SI Engine; Effect of Fuel and Residual Distribution and Spark Location. SAE 961964 (1996)

Duclos, J.M., Colin, O.: Arc and Kernel Tracking Ignition Model for 3D Spark-Ignition Engine Calculations. In: Proc. of COMODIA 2001, S. 343–350. Nagoya (2001)

Dukowicz, J.K.: A Particle-Fluid Numerical Model for Liquid Sprays. Journal of Computational Physics **35**, 229–253 (1980)

Edelbauer, W., Suzzi, D., Sampl, P., Tatschl, R., Krüger, C., Weigand, B.: New Concept for On-line Coupling of 3D-Eulerian and Lagrangian Spray Approaches in Engine Simulations. In: Proc. of ICLASS 2006. Kyoto, Japan (2006)

Fink, C., Frobenius, M., Meindl, E., Harndorf, H.: Experimental and Numerical Analysis of Marine Diesel Engine Injection Sprays under Cold and Evaporative Conditions. In: Proc. of ICLASS 2009, Vail, Colorado USA (2009)

Frenklach, M., Wang, H.: Detailed Modeling of Soot Particle Nucleation and Growth. In: Proc. of Comb. Inst. 23, S. 1559–1566 (1990)

Georjon, T., Bourguignon, E., Duverger, T., Delhaye, B., Voisard, P.: Characteristics of Mixture Formation and Combustion in a Spray-Guided Concept Gasoline Direct Injection Engine: An Experimental and Numerical Approach. SAE 2000-01-0534 (2000)

Greif, D., Alajbegovic, A., Monteverde, B.: Simulation of Cavitating Flow in High Pressure Gasoline Injectors. In: Proc. of ICLASS 2003, Sorrento Italy (2003)

Greif, D, Morozov, A., Winklhofer, E., Tatschl, R.: Experimental and Numerical Investigation of Erosive Effects Due to Cavitation within Injection Equipment. In: Proc. of ICCHMT 2005, Paris-Cachan, France (2005)

Halstead, M.P., Kirsch, L.J., Prothero, A., Quinn, C.P.: A Mathematical Model for Hydrocarbon Auto-Ignition at High Pressures. Proc. R. Soc. Lond. A. **364**, 515–538 (1975)

Ishii, M., Mishima, K.: Droplet Entrainment Correlation in Annular Two-Phase Flow. Int. Journal of. Heat and Mass Transfer **32**(10), 1835 (1989)

Krestinin, A.V.: Detailed Modeling of Soot Formation in Hydrocarbon Pyrolysis. Combust. Flame **121**, 513–524 (2000)

v. Künsberg Sarre, C., Tatschl, R.: Spray Modelling/Atomisation – Current Status of Break-Up Models. In: Proc. of IMechE Seminar on Turbulent Combustion of Gaseous and Liquids, Lincoln, United Kingdom (1998)

Kong, S.-C., Han, Z.Y., Reitz, R.D.: The Development and Application of a Diesel Ignition and Combustion Model for Multidimensional Engine Simulations. SAE 950278 (1995)

Leuthel, R., Pfitzner, M., Frobenius, M.: Numerical Study of Thermal-Fluid Interaction in a Diesel Fuel Injector. SAE 2008-01-2760 (2008)

Masuda, R., Fuyuto, T., Nagaoka, M., von Berg, E., Tatschl, R.: Validation of Diesel Fuel Spray and Mixture Formation from Nozzle Internal Flow Calculation. SAE 2005-01-2098 (2005)

Mauss, F.: Entwicklung eines kinetischen Modells der Rußbildung mit schneller Polymerisation. D 82 (RWTH Aachen), ISBN 3-89712-152-2 (1998)

Metghalchi, M., Keck, J.C.: Burning Velocities of Mixtures of Air with Methanol, Isooctane and Indolene at High Pressure and Temperature. Combustion and Flame **48**, 191–210 (1982)

Musu, E., Frigo, S., De Angelis, F., Gentili, R.: Evolution of a Small Two-Stroke Engine with Direct Liquid Injection and Stratified Charge. SAE 2006-32-0066 (2006)

Nagaoka, M., Ueda, R., Masuda, R., von Berg, E., Tatschl, R.: Modeling of Diesel Spray Atomization Linked with Internal Nozzle Flow. In: Proc. of THIESEL 2008, Valencia, Spain (2008)

Patel, S.N.D.H., Bogensperger, M., Tatschl, R., Ibrahim, S.S., Hargrave, G.K.: Coherent Flame Modeling of Turbulent Combustion – A Validation Study. In: Proc. of Second MIT Conference on

Computational Fluid and Solid Mechanics, Boston MA (2003)

Priesching, P., Wanker, R., Cartellieri, P., Tatschl, R.: Detailed and Reduced Chemistry CFD Modeling of Premixed Charge Compression Ignition Engine Combustion. In: Proc. of Int. Multidimensional Engine Modeling User's Group Meeting 2003, Detroit, MI (2003)

Priesching, P., Tatschl, R., Mauss, F., Saric, F., Netzell, K., Bauer, W., Schmid, M., Leipertz, A., Merola, S.S., Vaglieco, B.M.: Soot Particle Size Distribution – A Joint Work for Kinetic Modeling and Experimental Investigations. SAE 2005-24-053 (2005)

Priesching, P., Ramusch, G., Ruetz, J. and Tatschl, R.: 3D-CFD Modelling of Conventional and Alternative Diesel Combustion and Pollutant Formation – A Validation Study. JSAE 2007-72-85 (2007)

Popovac, M., Hanjalic, K.: Compound Wall Treatment for RANS Computation of Complex Turbulent Flows. In: Proc. of Third MIT Conf. On Comp. Fluid and Solid Mech., K. Bathe (editor), **1**, 802–806, Elsevier (2005)

Stanton, D.W., Rutland, C.J.: Multi-dimensional Modelling of Heat and Mass Transfer of Fuel Films Resulting from Impinging Sprays. SAE 980132 (1998)

Stralin, P.: A Lagrangian Collision Model Applied to an Impinging Spray Nozzle. SAE 2006-01-3331 (2006)

Suzzi, D., Krüger, C., Blessing, M., Wenzel, P., Weigand, B.: Validation of Eulerian Spray Concept Coupled with CFD Combustion Analysis. SAE 2007-24-0044 (2007)

Tatschl, R., Riediger, H.: PDF Modelling of Stratified Charge SI Engine Combustion. SAE 981464 (1998)

Tatschl, R., Pachler, K., Winklhofer, E.: A Comprehensive DI Diesel Combustion Model for Multidimensional Engine Simulation. In: Proc. of COMODIA 1998, S. 141–148, Kyoto (1998)

Tatschl, R., v. Künsberg Sarre, C., Alajbegovic, A, Winklhofer, E.: Diesel Spray Break-Up Modeling Including Multidimensional Cavitating Nozzle Flow Effects. In: Proc. of ILASS Europe 2000, Darmstadt, Deutschland (2000a)

Tatschl, R., Wiesler, B., Alajbegovic, A., v. Künsberg Sarre, C.: Advanced 3D Fluid Dynamic Simulation for Diesel Engines. In: Proc. of THIESEL 2000, S. 113–121, Valencia, Spain (2000b)

Tatschl, R., Winklhofer, E., Fuchs, H., Kotnik, G., Priesching, P.: Analysis of Flame Propagation and Knock Onset for Full Load SI-Engine Combustion Optimization – A Joint Numerical and Experimental Approach. Proc. NAFEMS World Congress, Malta (2005)

Tatschl, R., Basara, B., Schneider, J., Hanjalic, K., Popovac, M., Brohmer, A., Mehring, J.: Advanced Turbulent Heat Transfer Modelling for IC-Engine Applications Using AVL FIRE®. In: Proc. of International Multidimensional Engine Modeling User's Group Meeting, Detroit, MI (2006)

Tatschl, R., Priesching, P., Ruetz, J., Kammerdiener, T.: DoE Based CFD Analysis of Diesel Combustion and Pollutant Formation. SAE 2007-24-0049 (2007)

Vujanović, M., Baburic, M., Duic, N., Priesching, P., Tatschl, R.: Application of Reduced Mechanisms for Nitrogen Chemistry in Numerical Simulation of a Turbulent Non-Premixed Flame. In: Proc. of CMFF 2006, 13th International Conference on Fluid Flow Technologies, Budapest, Hungary (2006)

Vujanović, M., Edelbauer, W., von Berg, E., Tatschl, R. and Duić, N.: Enhancement and Validation of an Eulerian-Eulerian Approach for Diesel Sprays. In: Proc. of ILASS-Europe 2008, Como, Italy (2008)

Wallesten, J., Lipatnikov, A.N., Chomiak, J., Nisbet, J.: Turbulent Flame Speed Closure Model: Further

Development and Implementation for 3-D Simulation of Combustion in SI Engine. SAE 982613 (1998)

Wang D. M., Han J., Greif D., Zun I., Perpar M.: Interfacial Area And Number Density Transport Equations For Modeling Multiphase Flows with Cavitation. In: Proc. of ASME FEDSM 2005, 9th International Symposium On Gas-Liquid Two-Phase Flow, Houston, TX (2005)

Wang, Z., Shuai, S.-J., Wang, J.-Y., Tian, G.-H., An, X.-L.: Modeling of HCCI Combustion: From 0D to 3D. SAE 2006-01-1364 (2006)

Zeldovich, Y.B., Sadovnikov, P.Y., Frank-Kamenetskii, D.A.: Oxidation of Nitrogen in Combustion. Translation by M. Shelef, Academy of Sciences of USSR, Institute of Chemical Physics, Moscow-Leningrad (1947)

译后记

内燃机，更严格地说活塞式内燃机是目前世界上效率最高也是应用最为广泛的热力发动机。众所周知，任何一台完整的机械应当包括动力—传动—工作三个组成部分，其中动力部分无疑是全机的“心脏”。内燃机的功能就是把燃料中储存的化学能通过燃烧转换成热能和机械能，从而能对外做功。由于化石燃料是当今世界上能量密度最高的工业用储能体，使得内燃机成为了在工农业、交通运输乃至国防各个领域内不可或缺的动力机械，也由于石油和天然气是不可再生的宝贵资源，化石燃料的燃烧也会对环境造成难以弥补的影响，因此人们在力求内燃机能发出更大功率的同时，也对其节能和环保性能方面不断提出更严格的要求。经历了一百多年的发展，目前内燃机已发展为集机、热、电于一身的高科技产品。作为如此神奇的高效“能量转换器”，其内部的物理和化学过程当然是十分复杂且难于掌控的，为了总结已有成果和指导未来的研发工作，需要有大量的文献资料，各种专著也因此应运而生。

在众多的书籍文献中，德语的资料无疑是十分丰富的，因为德国（也包括奥地利和瑞士等德语地区）乃至整个欧洲大陆是内燃机的诞生地（点燃式和压燃式内燃机的发明人 Nicolaus August Otto 和 Rudolf Diesel 均来自德国），当今许多著名的内燃机企业和研究单位（如 Benz、VW、KHD、MAN、BMW、MTU、BOSCH、MAHLE 和 AVL、FEV 等）也都处在这一地区，这里的主要大专院校也大多设有关于内燃机和汽车方面的专业。除了大量专著、教材和手册以外，两本相关的专业杂志 MTZ（发动机技术杂志）和 ATZ（汽车技术杂志）也早已享誉世界，它们专门发表与内燃机和汽车有关的高质量科技论文。

1957 年译者从当时的南京工学院（现东南大学）机械工程系毕业，参与南工汽车拖拉机（含发动机）专业创建，并于 20 世纪 60 年代初转到镇江农机学院从事内燃机学科建设时，当时在大学期间只能学习俄语的我开始借助于字典自学和翻译德语文献，起初是从 MTZ 上翻译一些论文发表在当时的“内燃机快报”（后扩编与改名为国外内燃机）、“内燃机译丛”和“机械译丛”上。记得那时我国尚处于封闭时代，原版杂志很少，学校图书馆的外文杂志都还是影印版，做这件事只是出于对专业的热爱和对知识的追求，对于未来只有模模糊糊的憧憬，也未曾想到这是自己今后走出国门迈向国际的第一步。此后我相继翻译了几本内燃机的德语专业书籍，计有 O. Kraemer 和 G. Jungbluth 的“往复与旋转活塞式内燃机”H. Mettig 的

"高速内燃机设计"（机械工业出版社，1981 年 12 月出版，原书作者为德国 KHD 公司设计部主任）；Hans List 教授（AVL 创始人）和 Anton Pischiger（Graz 工业大学内燃机教授）主编的李斯特内燃机全集新版第一卷，由 H. Maass 教授（KHD 公司研发中心主任）编写的"内燃机设计总论"（机械工业出版社，1986 年 3 月出版），最后这本书系我 1981 年 12 月在奥地利获得博士学位后，AVL 的老李斯特（Hans List）教授在参加我的授衔仪式时亲自签名送给我留念的，并且他为中译本专门写了序言，以后又为我们争取到德国 Springer 出版社免费赠送的版权。

1984 年，我被当时的国家教委（后为教育部）和国务院学位委员会特批为教授和博士生导师，这时我已年近 50 岁，后又担任了一段时间的学校领导工作，一直忙于教学、科研与行政任务，也就没有时间也不可能再有精力去做翻译工作，但是与国外朋友的联系并未中断，也鼓励青年教师和研究生（特别是我校汽车和内燃机专业的）在"一外"学好英文的基础上，"二外"最好优先选德语，如有可能也做点翻译工作，毕竟现在的条件比我们年轻时好得多，学校图书馆里 MTZ 和 ATZ 以及其他外文杂志大多有原版，版面（特别是图表）比过去要清晰得多了。但是由于目前学校执行的工作量考核制度偏重于论文与著作，因此影响了青年教师搞翻译工作的积极性，而我退休后已是"人生七十古来稀"的老人，自然也不敢再有什么"雄心壮志"，何况当时还正在和时任无锡油泵油嘴研究所所长朱剑明高级工程师合编一本有关柴油机燃油喷射系统的专著（后由机械工业出版社在 2010 年 3 月出版），自然也无心再关注翻译方面的工作，因此我包括翻译在内的业务生涯似乎本应到此为止，但或许是老天不想让我太悠闲，又给我派下了本书的翻译任务，这中间也确实还有点故事可说。

大约两年多前，我从奥地利格拉茨（Graz）探亲回来前，按惯例总喜欢去书店逛逛，每次买一两本原版的德语专业书籍，那次也是鬼使神差地多买了几本，其中就包括了本书的第 6 版。我买这本书的理由固然是因为它属于 ATZ 和 MTZ 这两本我过去十分熟悉著名杂志的技术丛书，也受到世界知名内燃机研究单位和生产企业如 AVL、MAN、MTU 和 BOSCH 等的出版赞助，更主要的是看中它丰富的内容（包括内燃机原理、构造、测试、燃料、排放和数值模拟各个方面）。加之对于该书的主编 G. P. Merker 教授我也较为熟悉：1996 年我曾受 DAAD 资助作为客座教授携夫人在德国汉诺威（Hannover）大学由他任所长的内燃机研究所度过了三个月，邀请函是前任所长 K. Groth 教授（现已故）发的，到后才知已由他接班，他们两人均为德国内燃机界的著名教授，前任来自 MAN，后任来自 MTU 公司，我们去后主要活动仍由 Groth 教授安排，他不顾年事已高，亲自陪同我们访问了德国不少与内燃机有关的高校和企业，包括著名的 MAN 公司在奥格斯堡（Augsburg）的总部和在那里陈列的第一台 Diesel 发动机。但我们回国临别时的晚宴则是由 Merker 教授在家中安排的，以后我又与他两度在 CIMAC（2004 日本京都和 2007 奥地利维也纳）国际会议上相见，而这以前我 1999 年有机会去弗里德利希港（Friedlichshafen）MTU 访问，参观了一些非道路车辆发动机的生产过程，包括当时世界最先进的用于海军舰艇的 MTU 20V－8000 型柴油机（见本书第 7 版图 3.15），也得益于他的推荐。因此多年后当我再看到这本由 Merker 教授主编的专著时，心中自然也感到更加亲切。不禁暗想，若能将此书译成中文，介绍给中国读者该有多好。但也觉得此项工作已不适合我这个已近八旬的老人来承担，毕竟我越过“人生七十古来稀”这条红线已快十年了。因此看来好梦只好到此为止，但没有想到转机竟然也来得很快。

回国后才得知道，我国的机械工业出版社已经和德国 Springer 出版社签订合作协定，而且拿到的是第 7 版新书。这说明了版权方面已不存在问题。在出版社徐巍副社长和孙鹏编辑的鼓励和邀请下，使我重新考虑能否组织此书的翻译问题。我当时想，虽已近耄耋之年，但精神还可以，若能抓好本书第 7 版的翻译，也是对我一生钟爱的内燃机事业和我国内燃机行业所尽的最后一份贡献。但能否或如何完成这部厚部头大作，开始时心中也没有底。幸亏在关键时刻，又得到好友西安交大前校长蒋德明教授（中国内燃机学会名誉理事长）和无锡油泵油嘴研究所相关领导的鼓励和支持，蒋校长还亲自为本书中译本写了序言，使我更坚定了抓好本书翻译工作的决心。终于在各方面的大力支持下，搭建了一个自愿组成的翻译班子，并于 2014 年 11 月份在无锡油泵油嘴研究所举行了一次碰头分工会议，开始了本书翻译的征程。使我特别感动的是：在我们翻译团队中，无锡油泵油嘴研究所退休高级工程师范明强是除我以外年龄最大的，也是年过古稀的老人，承担了本书第 3 章和第 19 章的翻译任务，不仅任务最多，而且交稿最快；上海交通大学张玉银教授和同济大学倪计民教授不顾学校和社会工作繁重，也为积极支持此项翻译工作承担了较多的任务，张老师和德国 BOSCH 公司的张璠琳女士共同翻译了第 9 章；倪老师带领他的研究生高懿、闵祥超、张泽、彭煌华完成了第 5 章和第 10～13 章的翻译任务；同济大学的孙敏超老师（后任职于长城汽车股份有限公司动力研究院）翻译了第 8 章和附录。

我校（江苏大学）汽车学院、能动学院、能源研究院以及挂靠在我校的江苏内燃机学会的相关领导也很关心和支持这部书的翻译任务，对我在邀请合作人选与资料查找等方面提供了很大的方便。还要特别提到的是，这项工作还得到江苏高校品牌专业建设工程项目的资助。我校参与此项工作的中青年骨干教师工作态度更使我十分感动，他（她）们明知翻译在目前学校通行的工作量考核指标中算不了什么，但仍非常热心地参与此项工作：梅德清老师翻译了第 6 章并和杜家益老师共同翻译了第 7 章；何志霞老师翻译了第 14、15 和 17 章；魏胜利老师和杜家益老师共同翻译了第16章；赵国平老师和杜家益老师共同翻译了第18章；其余的第1、2和4章以及原书的序言、目录和公式、符号说明等则由我本人亲自翻译，全书的校对和统稿也由我负责。

为了加快工作进度和提高功效，我还自费通过德国朋友在网上购买了本书的第4版英译本的电子版（德语电子版由无锡所提供），内容虽然比现有的第7版少得多（只有700页不到，但价格反而更贵，系国外重视翻译的价值所致），但也有部分章节基本上与德文版相同，这就为团队中英语较好的同志工作时提供了方便，我虽然英语水平不高，不过在碰到疑难句子时对照两种文字反复推敲，也感到颇有收获，何况原书不少名词和符号也是常用英文的。由于参加翻译的人员很多，各人水平与风格也不尽相同，统稿工作当然十分繁重，我也是尽自己所能，用了“洪荒之力”，但所有译稿人也都是尽心尽力，基本上按时完成了任务。我从他（她）们的专业素质和工作态度上也学到了很多。

另外还要提到的是在本书翻译过程中也得到国内外一些朋友和亲人的帮助，德国 G. Elsbett 先生 是我校客座教授，也是我多年的老友，每当有问题和他探讨时（特别是名目繁多的缩写，一时字典和网上均很难找到），他都及时帮助分析和查找并迅速给予答复，我远在奥地利 Magna 公司工作的女儿高芸（Yun - Schoegler）也主动为我查找了不少疑难问题。我校流体机械的杨敏官教授帮我审查了有关增压的第5章内容。无锡油泵油嘴研究所的杭勇博士也帮我查找了电控方面的一些问题。我校何、梅、杜老师连同编辑部的孙编等也不时受到我的打扰并在他（她）们擅长的领域内帮我解决了不少问题。对此在这里一并表示谢意！最后还要特别感谢的是我的夫人恽璋安女士，她是我校工程热力学和传热学方面的退休教师，除了经常与她探讨专业上的问题以外，更令我难忘的是这两三年来她对我生活上无微不至的关心和家庭事务上无私的奉献和支持。

由于我念年事已高，眼力也大不如前，在网上修改书稿件较为困难，加之原书字体又小，为此只能采用将外文和送来的中文译稿统统打印出来再进行加工的办法，我修改的文字和自己的译稿也是采用早已习惯原始的手写方法，因此后续加工量也十分繁重，多亏梅老师的几位研究生（岳姗、李立昌、顾萌等）大力帮助，他（她）们在打印和修改电子版稿件方面任劳任怨并及时高质量地完成了任务，而杜老师不仅和梅、何老师一样协助我审稿，更是亲自动手制作了本书大部分的电子稿。总之有了整个翻译团队的齐心协力，才使我们交给出版社的是一部比较完整并接近出版水平的翻译稿。因此这部书的中译本与其说是我人生最后阶段交给祖国的一份合格的答卷，倒不如说是我们整个翻译团队奉献给我国内燃机界的一份大餐。

时间过得真快，转眼间已到2016年8月12日，今天是我80周（实）岁的生日，本来出版社方面是希望该书能在此前交稿，作为对我 80 大寿的献礼，但因工作量实在太大，为了保证质量，也顾不得追求形式。好在时至今日大局已定，面对厚厚的原版书和半米多高的复印件，真是感慨万千，也终于可以舒一口气了，因为大部分外协稿件均已返回，经我仔细修改的稿件电子版也已逐步群发至包括出版社在内的整个翻译团队，以征求修改意见。原来面对如此庞大的工作量，我虽不曾打退堂鼓，但也不能不防万一，为此曾与出版社方面商量，万一这中间我因意外情况，脑力或体力不能再坚持工作的话，是否能请团队中德语水平较高的范工或/和倪教授代替我完成全书统稿任务。现在看来已无此必要，亦无须再给他们增添麻烦。这也就是说，我们团队这个小小的长征也快到胜利的终点，曙光就在前头！

此外，还要说明两点：一是与内燃机相关的名词太多，国家标准、行业习惯、教科书引用和各出版社规定均不尽相同。因此如无特殊情况，均以机械工业出版社的规定为准；二是外语译音虽有大体规定，但仍比较乱，为更科学与准确起见，本书中译本作如下处理：国名只写中文名不注外文，如德国、奥地利、美国等；地名则在中译名后加注原文，如汉诺威（Hannover）、格拉茨（Graz）、底特律（Detroit）等；公司与作者人名，除少数众所周知的名人和大企业，有时会写中文译音在前，如奥托（Otto）、狄赛尔（Diesel）、李斯特（List）、博世（Bosch）、奔驰（Benz）、大众（VW）等，但多数情况下，只写原文，如 MAN、MTU 和 GM 等。但对以科学家人名命名的公式和参数，由于中译名称不够统一，则采取将原文放在前面，译音有时置于后面括号中的做法（这与一般国内翻译情况相反），如 Newton（牛顿）公式、Bernoulli（伯努利）方程、Reynolds（雷诺）数等，或干脆直接采用原文以免产生误解。另外，尽管此书原文为德文，但许多专业名词及其缩写均用了英文，而且也常有英、德混用的情况，为了与国内多数文献的习惯用法相一致，翻译时也尽量将德文缩写转为英文缩写，例如“废气再循环”用“EGR”，不用“AGR”；“曲轴转角”用“CA”，不用“KW”，等等。

总的说来，尽管我和大家作了很大努力，可以说是用了双倍“洪荒之力”，但因内容太广，个人水平有限，仍难免有不足、遗漏与错误之处（原书虽经多次修订，但译者也发现至少 20 多处的明显错误，均已改正），欢迎读者及时批评、指正。

最后希望本书能作为我国广大从事内燃机教学、科研和生产方面人员有益的参考书，特别是对有关高校的师生有所帮助。在今后可以预见的很长一段时间内，尽管会有不少清洁能源陆续登场，但我坚信内燃机仍将是动力机械的主角，特别是最近我国在南海率先成功开采出可燃冰/水合物的消息更坚定了我上述信念。今后本书也可能会有它的第 8、甚至第 9 版，到时我固然希望还能为此再出力，但也相信“长江后浪推前浪”的道理，即使没有我，受前辈精神熏陶而健康成长的年轻一代一定会做得比我们老一代更好！

由于在学术领域并无那种专门关注娱乐、八卦新闻的“吉尼斯”记录可以申请，翻译上也没有什么“大奖”好得，但整个工作也确实够得上是老、中、青三代共同辛苦得来的可喜成果。闲暇之余，谨以我这耄耋老人的以上“故事”来作为译后记。

江苏大学　高宗英

图书在版编目（CIP）数据

内燃机原理．下，工作原理、数值模拟与测量技术/（德）京特·P. 默克，（德）吕迪格·泰希曼主编；高宗英等译．—北京：机械工业出版社，2018.11
（内燃机先进技术译丛）
书名原文：Grundlagen Verbrennungsmotoren
ISBN 978-7-111-61435-7

Ⅰ.①内…　Ⅱ.①京…　②吕…　③高…　Ⅲ.①内燃机－理论　Ⅳ.①TK401

中国版本图书馆 CIP 数据核字（2018）第 267263 号

机械工业出版社（北京市百万庄大街 22 号　邮政编码 100037）
策划编辑：孙　鹏　责任编辑：孙　鹏
责任校对：王明欣　封面设计：鞠　杨
责任印制：张　博
河北鑫兆源印刷有限公司印刷
2019 年 1 月第 1 版第 1 次印刷
169mm×239mm·26 印张·6 插页·529 千字
0 001—2 500 册
标准书号：ISBN 978-7-111-61435-7
定价：199.00 元

凡购本书，如有缺页、倒页、脱页，由本社发行部调换

电话服务	网络服务
服务咨询热线：010－88361066	机 工 官 网：www.cmpbook.com
读者购书热线：010－68326294	机 工 官 博：weibo.com/cmp1952
010－88379203	金 书 网：www.golden－book.com
封面无防伪标均为盗版	教育服务网：www.cmpedu.com